U0266003

中建八局匠心营造系列丛书

菩提禅境　匠心营造

现代佛教建筑关键施工技术

Key Construction Technologies of Modern Buddhist Building

孙晓阳　张晓勇　著

中国建筑工业出版社

图书在版编目（CIP）数据

菩提禅境　匠心营造：现代佛教建筑关键施工技术 / 孙晓阳，张晓勇著. — 北京：中国建筑工业出版社，2019.8
（中建八局匠心营造系列丛书）
ISBN 978-7-112-23018-1

Ⅰ.①菩…　Ⅱ.①孙…　②张…　Ⅲ.①佛教 — 宗教建筑 — 建筑施工 — 研究　Ⅳ.① TU252

中国版本图书馆CIP数据核字（2018）第270828号

现代佛教建筑作为一种新的建筑类型，是博大精深的佛学文化和现代建筑技术相融合的产物，是传承和弘扬民族文化的重要载体。本专著是基于近年承建的无锡灵山梵宫、南京牛首山佛顶宫、山东兖州大兴隆寺、南京大报恩寺塔、普陀山观音法界等当代佛教建筑，介绍中建八局匠心营造精品工程的关键技术。本书由 7 篇组成，第 1 篇与佛之缘，展示现代佛教建筑形象；第 2 篇佛教宫殿，总结现代佛教宫殿建筑的关键施工技术；第 3 篇禅宗装饰，介绍佛教建筑特色的室内装饰关键施工技术；第 4 篇佛语声光，详解现代佛教建筑特殊的舞台工艺、照明和音响工程；第 5 篇菩提寺塔，阐释禅寺佛塔建筑关键施工技术；第 6 篇禅境景观，提炼出佛教建筑景观园林和室外雕塑施工技术；第 7 篇禅修顿悟，共享现代佛教建筑施工总承包管理的心得体会。

本书可供建筑施工技术人员、管理人员及建筑院校师生参考使用。

图书策划：张世武
责任编辑：王砾瑶　范业庶
责任校对：赵　菲

中建八局匠心营造系列丛书
菩提禅境　匠心营造
现代佛教建筑关键施工技术
Key Construction Technologies of Modern Buddhist Building
孙晓阳　张晓勇　著
*
中国建筑工业出版社出版、发行（北京海淀三里河路9号）
各地新华书店、建筑书店经销
北京点击世代文化传媒有限公司制版
北京富诚彩色印刷有限公司印刷
*
开本：880×1230毫米　1/16　印张：26¼　字数：686千字
2019年9月第一版　2019年9月第一次印刷
定价：395.00 元
ISBN 978-7-112-23018-1
（33103）

书法作者简介：

吴硕贤，建筑技术科学专家，中国科学院院士，华南理工大学建筑学院教授，亚热带建筑科学国家重点实验室第一任主任。

序　一

PREFACE

中国古建筑具有悠久的历史和光辉的成就，是一套成熟独立的建筑体系，在世界建筑史上独树一帜，并影响到周边国家和地区的建筑形式。

旧石器时代的华夏先民利用天然洞穴作为栖身之所；新石器时代黄河中游的氏族部落，利用黄土层为墙壁，用木构架、草泥建造半穴居住所，逐步形成聚落；长江流域，因潮湿多雨，使用榫卯构筑木架房屋，发展出架空的干栏式建筑。随后经历夏、商、周朝代的发展，建筑以木构架为主，屋顶开始使用陶瓦。秦朝统一天下，促进以中原为中心的文化交流，此时建筑规模宏大。西汉时形成了以“秦砖汉瓦”和木结构的完整建筑结构体系，史称之为“土木之功”。木质斗栱既起力学支撑作用，又有艺术装饰效果，还有抗震作用，逐渐成为最核心的建筑构件。斗栱足以象征和代表中华古典的建筑精神和气质。

隋、唐时期的建筑，继承了前代成就又融合了外来文化影响，形成独立而完整的建筑体系，规定建筑等级，控制建筑规模，并规定民间不得使用斗栱，民族建筑技术渐趋成熟，影响深远。由大宋皇帝亲自颁布的《营造法式》（李诫著），规范了宫廷官府建筑的制度材料和劳动定额，是我国古代最完整的建筑技术书籍，标志着中国古代建筑已经发展到了较高阶段。元朝经济、文化发展缓慢，建筑大多简单粗糙。明代建筑上承宋朝的营造法传统，下启清代官修的工程做法，建筑规模宏大，气象雄伟。清代建筑大体沿袭明代，更追求华丽，善用琉璃瓦进行雕琢。

总体看，明清建筑形体简练、细节考究，已经达到了中国传统建筑的巅峰。这里必须要提的是来自江西永修的传奇家族“样式雷”，执掌皇室宫廷“样式房”两百余年，并创造性地制作“现场活计图”，展现建筑施工的进展；给皇帝审阅而制作的“烫样”，形象逼真，构件精准，就类似于现在的 BIM 施工动画和三维模型。“样式雷”是我国古代建筑史上成就卓著的杰出代表和传奇，清朝时期的中国古典建筑技术领先于世界其他各国。

中国古典建筑采用卯榫和斗栱进行连接，有非常合理的力学结构，有“墙倒屋不塌”的特性，并经国外专家试验能抵抗 10.1 级地震，被誉为“天才”建筑。建筑为中华先民提供了良好的生存空间，建筑的雕梁画栋、楹联匾额、戗脊鸱吻，也成为传承民族文化的重要载体。

中华民族的传统文化以老子、孔子为代表的道儒文化为主体，加上古印度传入中国的佛教，形成以儒、道、释三教合一的华夏显学，有“以佛治心、以道治身、以儒治世”的说法。儒、道、释学说共同的思想是：倡导善良，尊重自然，传播改造世界，增进人类文明的理论，让人们在社会劳动生活中，遵守规律，平等进取，使世间生活更和谐美好。

佛教于西汉末年传入中国，距今已有两千多年的历史。随着社会的发展，佛教文化与艺术逐渐渗透到中国传统文化的各个领域。其建筑和装饰文化与中国本土的思想文化不断冲突与调和，装饰艺术与建筑形式协调发展，自成一体。

最早见于我国史籍的佛教建筑，是东汉明帝时建于洛阳的白马寺，当时寺院布局仍有西域特征。佛教在两晋、南北朝时期得到很大发展，并与中土建筑文化融合，形成独具特色的中国佛教建筑。隋唐五代至宋，是中国佛教的另一个发展时期。敦煌壁画资料表明：隋唐时期较大佛寺的主体部分，仍采用对称式布置，即沿中轴线排列山门、莲池、平台、佛阁、配殿及大殿等，殿堂已经成为全寺的中心，佛塔则退居后面或一侧。唐代晚期密宗，佛寺中出现千手千眼观音的形象。明初以前，钟楼一般位于寺院南北轴线的东侧。田字形罗汉堂，最早建于五代。元代统治者提倡藏传佛教。明清时佛寺更加规整化，大多依中轴线对称布置建筑，塔已很少。佛教建筑成为中国建筑文化中的一个重要组成部分。佛教的诵经修行需要远离尘嚣、打坐静思，自古形成“天下名山僧占多”的局面。佛教建筑多选址于山林之间，或建于山脚，或嵌在山腰，或雄踞于山巅，与自然环境融为一体。

五千年的连绵发展，作为文化综合体的中华文明呈现“多元一体”格局。体现在建筑上，就形成了独具特色、精彩纷呈的文化建筑。文化建筑按需要传承的文化体系分类，可以分为儒家建筑，如古典的孔庙、现代的曲阜尼山圣境；道家建筑，如古典的道观和嗣汉天师府；佛教建筑，如古典寺庙、现代的普陀山观音圣坛；以及伊斯兰教和基督教文化建筑，如礼拜寺、教堂等。各种文化建筑的设计和施工技术，都需要研究土建结构、室内装饰、雕塑、照明灯光、园林景观等内容。现代佛教建筑以其所需承载文化独特的精神思想和宗教信仰，辅以现代科学技术支撑，建造的现代佛教建筑自然别具一格，成为一种新的建筑类型。

随着时代的发展，现代科技的不断进步，东西方建筑文化交流日益频繁，现代佛教建筑形式风格及其营造体系的转型也成为必然。但目前围绕现代佛教建筑的设计和施工技术研究还相对滞后，具有佛学文化功底的建筑设计、装饰设计、灯光设计、雕刻工艺、智能化设计等综合型专业人士稀缺，现代佛教建筑工程数量不多，且相对分散，工程建设时出现理论严重落后于工程建设的被动局面，是佛教建筑现代化转型发展亟待解决的难题。

近年国内投资建设了一批大型现代佛教建筑，如无锡灵山胜境、南京牛首胜景、灵山拈花湾、山东兖州大兴隆寺、南京报恩寺塔等工程。通过工程实践，参建单位的建设者们逐渐积累了宝贵的工程经验，筑造了现代佛教建筑精品，为我国建筑史增添了一道亮丽的风景。这些现代佛教建筑在与时俱进的创新中，注入了和谐发展、保护自然的新理念，利用建筑活动改造自然环境并保护自然环境。主要表现有：依山而建，利用山体中原有废弃场地或矿坑等；采用钢或铝合金等材料打造大跨度空间结构，形成殿堂式宗教空间。

中建八局作为国家首批房建施工总承包特级企业，是中国建筑股份有限公司的核心骨干企业，承建了一批设计精美、工艺精湛、美轮美奂的现代佛教建筑。结合佛教文化特征，总结提炼，按建筑形象、土建施工、室内装饰、多媒体、寺塔、景观和总承包管理技术七个部分综合介绍现代佛教建筑的关键施工技术，形成本专著，让读者近距离、全方位感受佛学的文化内涵。本书经过作者们辛苦努力，顺利出版发行，本人甚感欣慰。

中国工程院院士

中国建筑股份有限公司首席专家　肖绪文

2019 年 1 月

序 二

PREFACE

中国建筑第八工程局有限公司始建于1952年，企业发展经历了“兵改工、工改兵、兵再改工”的过程。作为世界五百强企业中国建筑股份有限公司的核心成员、中国建筑的排头兵及行业发展的先行者，中建八局实施“大科技”的科技兴企战略，传承红色基因，弘扬铁军文化，在国际建设市场奋勇拼搏，企业取得了长足发展。

在现代文旅建筑尤其是现代宗教建筑领域，中建八局是行业开拓者。有世界佛教大会永久会址的无锡灵山梵宫，也有供奉世界佛教最高圣物——释迦牟尼佛顶骨舍利的南京牛首山佛顶宫；还有改建、扩建、重建了千年寺塔，如金陵大报恩寺塔、兖州大兴隆寺塔、上海太平大报恩寺塔等；更有集朝圣、观光、体验、教化功能于一体的佛教建筑传世之作——普陀山观音圣坛。除佛教建筑外，还有世界级儒家圣地、举办世界文明论坛的曲阜尼山圣境，以及东方太阳城的标志性建筑——日照太阳神殿等项目。不只单体文旅建筑，中建八局还承建了无锡灵山小镇、朱家尖禅意小镇、南京溧水城隍庙小镇，以及世界禅宗文化交流中心——大南华曹溪文化小镇等项目。

在工程品质方面，南京牛首山佛顶宫项目荣获了鲁班奖、詹天佑奖和中国钢结构金奖。项目团队匠心营造了美轮美奂的禅境福海、神秘华丽的千佛殿、金碧辉煌的万佛廊，以及珍藏世界唯一佛顶骨舍利的藏宫大殿，建筑品质得到业主单位和广大信众的高度认可。

中建八局在超高层、大型体育场馆、机场航站楼、重大会展、大型剧院、高端工业厂房、卫星发射场等领域具有核心竞争力。系列精品宗教建筑的成功实施，对传承民族文化作出了积极贡献，也让文旅建筑成为中建八局的拳头产品之一。

近年来，以中建八局总承包公司的文旅事业部为主力的研究团队，在时任总承包公司总工程师张晓勇同志和文旅事业部总工程师孙晓阳同志的带领下，基于现代佛教建筑的工程实践，开展系列科技研发，攻坚克难，对特殊宗教剧场、大型佛像雕塑、宗教艺术彩绘、特殊氛围照明、大跨艺术空间等内容进行了系统研究，取得了丰硕的科研成果，并培养了大批文旅建筑人才。

南京牛首山佛顶宫是我国目前建成的供奉佛教圣物等级最高、单体建筑面积最大、荣获工程奖项最多的现代佛教建筑，本专著以佛顶宫项目的核心技术为主，融入其他佛教建筑的特色技术与核心技术，按“与佛之缘”、“佛教宫殿”、“禅宗装饰”、“佛语声光”、“菩提寺塔”、“禅境景观”、“禅修顿悟”七个部分展示现代佛教建筑的关键施工技术，构思新颖，别出心裁。品读专著，犹如徜徉在佛国天宫，感受佛祖的无量加持，令人对佛教文化心生向往。

最后，感谢建设单位、设计单位及其他参建单位为建设现代文旅建筑的辛勤付出，感谢各级领导和行业专家的亲切关怀，感谢文旅团队拼搏奉献筑造精品工程。也期望本专著在总结技术资料的同时，也参照国内外类似项目的工程技术，取长补短相互促进，为更好地服务社会，建设美丽中国，传承和弘扬民族文化，促进“一带一路”建设，继续贡献铁军力量。

校荣春

中建八局党委书记、董事长　校荣春

2019 年 1 月

前言

FOREWORD

中国共产党十七届六中全会通过的《中共中央关于深化文化体制改革推动社会主义文化大发展大繁荣若干重大问题的决定》提出：要加快发展文化产业，推动文化产业成为国民经济支柱性产业。习近平总书记在十九大报告中提出，要坚定文化自信，推动社会主义文化繁荣兴盛。要坚持中国特色社会主义文化发展道路，激发全民族文化创新创造活力，建设社会主义文化强国。

随着国家实施"文化战略"，以及"文化产业"的不断发展，文化旅游业对区域经济的促进作用逐渐凸显。文化旅游是以人文资源为主要内容的旅游活动，包括历史遗迹、建筑、民族艺术和民俗、宗教等方面。据不完全统计，全国已有30个省（市、区）将文化旅游业定位为支柱产业、主导产业、先导产业。据估算，未来五年文化产业加旅游产业的经济总量可达到15万亿元，是国家发展规划的重头戏。

现代文旅建筑是文化旅游产业兴起的产物，种类繁多，按承载的文化内涵区分，有主题游乐型、景点依托型、度假酒店型、文旅小镇型等类型。由中建八局总承包公司、青岛公司、一公司等合力承建的上海迪士尼乐园，属于主题游乐型；由中建八局总承包公司承建的无锡灵山梵宫，属于佛教文化的主题游乐加景点依托型建筑，上海世茂深坑酒店项目属于度假酒店型，山东日照太阳神殿属于民间信仰和道教太阳神文化的主题游乐型建筑。由中建八局一公司承建的曲阜尼山胜境属于儒家文化的主题游乐型建筑；由中建八局总承包公司承建的无锡灵山禅意小镇、朱家尖禅意小镇，则属于佛教文化的文旅小镇型。

现代佛教建筑、现代儒家建筑、现代道教建筑是现代文旅建筑的重要组成部分。尤其是现代佛教建筑，其文化内涵、建筑形式、装饰风格、园林景观等内容都别具一格。近年来由中建八局承建的现代佛教建筑项目，合同额共计约220亿元，施工面积共计约376万m^2。

无锡灵山梵宫是中建八局承建的第一项现代佛教建筑工程。梵宫是2009年世界佛教论坛的永久会址，也是一座集旅游观光、会议演出、传统文化展示等多功能为一体的大型现代宗教建筑，融合中国本土文化和佛教文化，巧妙运用东阳木雕、敦煌壁画、温州瓯塑等传统装饰元素，集塔、殿、堂、厅、廊于一体，工程气势磅礴，布局庄严和谐，多维度展现了佛教的神圣庄严和博大精深。梵宫在佛教建筑史上独树一帜，成为21世纪中国独具特色的佛教建筑的传世杰作。

精美绝伦的梵宫得到业主和广大信众的一致好评，中建八局也积累了现代佛教建筑宝贵的工程经验，从此与佛结缘，随后便陆续承接了系列现代佛教建筑项目。目前已建成的项目中，以供奉佛顶骨舍利的南京牛首山佛顶宫项目最为突出。

南京牛首山文化旅游区佛顶宫是一座古典与现代结合、当代建筑和佛教文化相融的佛教艺术殿堂。工程设计优秀，施工精湛，整体气势恢弘，禅韵浓厚，融佛理与艺术于一炉，形制上精美绝伦，义理上庄严殊胜。堪称世界佛教文化新遗产、当代建筑艺术新景观，更是一处教科书般的佛教文化艺术殿堂。项目秉承“生态修复、文化修补、再现奇观、再造奇迹”的思想，在遗留的矿坑基址上，对山体进行地质加固，充分利用牛首山优越的自然条件和厚重的历史文化资源，通过巧妙设计，建造以佛教文化为主题的现代文旅建筑。围绕佛教文化主题，打造佛顶宫当代文化景观，实现了生态修复、历史展示和文化景观塑造的有机统一，并在自然山水间有机呈现。“补天阙、藏地宫”，再现了历史上牛首双峰的景观意象。

系列现代佛教建筑的成功实施，也获得了累累硕果。截至目前，佛顶宫工程已荣获 2016 ~ 2017 年度中国建设工程鲁班奖、2016 年中国钢结构金奖、2017 年中国土木工程詹天佑奖，中建八局项目团队发表论文 21 篇，并获得 1 项国家级工法、23 项省部级工法、30 项授权专利。另外，山东兖州大兴隆寺项目荣获 2014 ~ 2015 年度中国建设工程鲁班奖、2015 ~ 2016 年度国家优质工程银质奖、2016 年中国安装工程优质奖（安装之星）；无锡灵山拈花湾项目荣获 2016 年“华东六省一市”优质工程“华东杯”、2016 ~ 2017 年国家优质工程奖等。

就专项工程技术方面，牛首山佛顶宫项目的“250m 袈裟状异形铝合金屋盖施工技术”获 2016 年度中国施工企业管理协会科技进步一等奖，“废弃矿坑百米边坡治理及生态修复技术”获得国家级工法，“佛教建筑手工艺术彩绘”、“双曲面拉索式异形树影状镂空铝板天花技术”、“莲花旋转升降宗教剧场舞台安装技术”、“150m 摩尼宝珠造型铝合金穹顶结构技术”、“高浮雕莲花 GRG 装饰板天花制作及安装技术”等 10 多项技术获得省部级工法；“南京牛首山现代佛教建筑关键施工技术”并先后获 2016 年中建总公司科技进步一等奖、2017 年中国建设工程施工技术创新成果一等奖；“南京牛首山大型佛教建筑关键施工技术”经鉴定，整体达到国际领先水平；“文化引领 科技创新 精雕细琢 打造现代宗教文旅项目新地标”获 2016 年全国优秀项目管理成果一等奖。

编写本专著的初衷，是为系统分析和总结中建八局近年来施工建设的现代佛教建筑项目技术经验，为促进我国现代文旅建筑的施工技术略尽绵薄之力。也为弘扬鲁班文化，传承工匠精神，给广大信众营造精美的佛国禅境，编撰本专著，以飨读者。

本专著以南京牛首山佛顶宫项目为主，穿插融入其他八个现代佛教建筑的核心技术和特色技术。本书编撰过程中得到诸多专家、学者的大力支持，尤其是得到各佛教建筑的建设单位的首肯和帮助，在此表示感谢。现代佛教建筑的成功营造，也有诸多设计、咨询、专业分包单位的巨大贡献，在此一并致谢。

由于现代佛教建筑工程内容量大面广，佛学文化博大精深，本书内容无法全面覆盖，且作者水平所限，本书不当之处在所难免，还望广大读者批评指正。对于书中的问题，读者可发邮件至 xuanyuanyang@163.com 邮箱交流咨询。

目 录

CONTENTS

第1篇　与佛之缘——现代佛教建筑项目概况

禅语：一花一世界，一树一菩提。

现代佛教建筑融合现代建筑设计与施工技术，采用大跨度空间结构形成佛教活动场所，通过舞台、装饰、灯光、声学等技术营造佛学意境，拉近信众与佛的距离；采用现代化仿古建筑技术，建造具有斗栱、茅草、树皮瓦等特征的仿古建筑；采用钢结构、索结构等现代建筑技术与琉璃拼花、GRC幕墙等装饰技术建造具有现代风格的佛塔建筑；采用信息化技术、光影技术，以全新视角与方式展示佛学经典与教义。

本篇介绍无锡灵山梵宫、南京牛首山佛顶宫、山东兖州兴隆文化产业园、南京金陵大报恩寺、无锡耿湾禅意小镇、舟山观音圣坛等项目概况，展现现代佛教建筑特色、建筑理念、功能格局、佛教文化与建筑艺术的完美结合。

第 1 章　无锡灵山梵宫

1.1　工程概况

项目地址：江苏省无锡市滨湖区马山镇灵山风景区
建设时间：2006 年 8 月至 2009 年 8 月
建设单位：无锡灵山文化旅游发展有限公司
设计单位：华东建筑设计研究院有限公司
工程奖项：2009 年度中国建设工程鲁班奖

1. 整体介绍

无锡灵山胜境三期工程梵宫建筑，是 2009 年世界佛教论坛的会场，作为一座集旅游观光、会议、演出、传统文化展示等多功能为一体的大型现代建筑工程气势磅礴，布局庄严和谐，巧妙融合现代建造技术、装饰技术与传统装饰工艺，充分展现了宗教建筑的新方向。

工程依山傍水而建，布局庄严和谐，建筑恢宏大气。总建筑面积 71800m^2，其中地上部分 51880m^2，地下室面积 20000m^2。南部：地下一层，地上四层，建筑高度 22m，最高点（塔尖）62.5m，其建筑功能由会议区、餐饮区、廊厅和进厅组成；北部圣坛：地下两层，地上四层，建筑高度 21m，最高点 45m。建筑形式突破传统，以石材等坚固耐久材料为主，大量运用高大跨的梁柱、高耸的穹顶、大面积的厅堂，融合东阳木雕、敦煌壁画、温州瓯塑等传统装饰元素，现代建筑手法与传统装饰工艺交响辉映，巧妙融合，堪称经典，既体现佛教的博大精深与崇高，又将传统文化元素与鲜明时代特征相融合（图 1.1-1 ～图 1.1-3）。

灵山梵宫建筑外观以华藏塔风格为主，揉合了中国石窟艺术与历代佛教建筑特色，气势磅礴，以“永不落幕的中国当代佛教文化艺术博览会”为建设定位；梵宫五座正门，皆为铜铸，各高数十米，重达千斤，以降妖伏魔的金刚杵为门饰。“大悲、大智、大行、大愿”四座门，分别象征着大乘佛教中观音、文殊、普贤、地藏四大菩萨代表的精神愿力。灵山梵宫广场，东西宽约 200m，南北长约 150m，面积约 30000m^2，可容纳万人。在梵宫广场远眺，灵山梵宫、五印坛城与灵山大佛遥遥相望。

2. 梵宫华塔

梵宫顶部依次错落五座鎏金宝塔—梵宫华塔，是整个梵宫精神的象征，这种单层塔的形制起源于北宋，塔尖较大，上面是一瓣瓣的莲花，花瓣上还有佛龛，里面有佛像，其含义是“一花一世界，一叶一菩提”。五座梵宫华塔，如五朵莲花，在层层裹卷的花瓣之间又含藏着一座座精巧的佛寺，寺依花立，花聚成塔，塔在寺中，融入了“五方五佛”、“五佛五智”和“莲花藏世界”的象征（图 1.1-4）。

图 1.1-1　工程正面实景

图 1.1-2　项目手绘图

图 1.1-3　实景鸟瞰图

图 1.1-4 梵宫华塔

1.2 梵宫廊厅

1. 梵宫门厅

走入梵宫，最先映入眼帘的建筑空间是门厅，它将天圆地方的阔大格局与东方建筑的文化韵律完美结合，通过房山汉白玉雕琢的精美门楼与象征佛陀入胎的圣物六牙白象，以佛门最高礼仪，恭迎远道而来的有缘者同沾法喜（图 1.2-1）。

图 1.2-1 梵宫门厅图

2. 梵宫廊厅

廊厅位于梵宫的中轴线上，是一条贯穿南北，轩敞开阔的廊形空间，其廊柱、藻井、横梁、柱础，皆为中华建筑的传统元素；飞天、佛像、释典、禅心等，均是佛教文化的思想结晶（图 1.2-2）。

廊厅顶部以方形套叠藻井为基本结构，藻井中央及四角装饰着精美的浮雕莲花图案。通过LED 照明系统，使建筑周身发出美妙圣洁的光辉（图 1.2-3）。

廊厅顶部两侧的梁柱上，共有 34 尊飞天，在敦煌壁画平面飞天艺术基础进行再创造（图 1.2-4）。采用已有 1500 多年历史的“生漆脱胎”造像工艺，以圆雕方式塑造而成。形态生动润美，意态空

图 1.2-2 梵宫廊厅

图 1.2-3 廊厅藻井

图 1.2-4 廊厅飞天

灵飘逸，昭示着生命的纯美与世界的和乐。飞天是佛教伎乐神，象征佛教中的欢乐吉祥。

飞天的艺术造型盛于唐代，敦煌飞天以传统的壁画、浅浮雕、线刻最为著名，而梵宫的飞天则是采用了圆雕的形式，这在国内乃至世界上都是首创，可以多方位、多角度地欣赏三维立体飞天雕塑。这些飞天造型采用了生漆脱胎的造像工艺，每一个飞天制作时间都在半年左右，整个制作过程全部由手工操作，取材和用料十分讲究，它经久不蛀，光泽度好，不开裂，不变形，而且轻巧坚固。

3. 梵宫彩绘《天象图》

灵山梵宫穹顶上，绘有绚丽的《天象图》，结合穹顶的独特建筑形态，依据唐代不空法师所译《佛说炽盛光大威德消灾吉祥陀罗尼经》，以炽盛光佛、九曜星全图、十二宫等为主要元素构成。圆心是祈福消灾的炽盛光佛，内圈是九曜星，外圈是十二宫，分三个层次依次排布于整个穹顶之中。二十八宿的图案散布其间，并将佛教文化特有的飞天、莲花、葡萄纹等图形与整个画面有机结合，每个穹顶四角各有一飞天，守护四方。

整幅作品呈现出四方天宇，高朗明丽，飞天腾跃，云气缥缈，天花旋转的图景，突出了天象图的动感意向，展现了佛教曼陀罗意味的天象幻境。为了展现丰富多彩的艺术形式，并与周边环境色调相呼应，壁画选取了唐代为主的风格，画面以金黄褐色为主调，运用了宝像花，绕枝莲花等元素。为了更好地把佛国的空灵与天象的幻境完美地融合，在继承发扬敦煌壁画特色的同时，又从图案、色彩上做了相应简化，令各图形之间既独立又有联系，使穹顶富有起伏变化的建筑美感，营造出庄严华贵、圆融明丽、舒展大气的佛教艺术气息，彰显东方佛教文化之魅力（图 1.2-5）。

图 1.2-5 彩绘

1.3 梵宫塔厅

1. 塔厅

梵宫塔厅位于梵宫建筑中心区域，高 61m，是梵宫内的最高点。由三层塔楼组成，分别象征着生命的三重境界，最下一层塔，以八大佛龛彩绘，表现八则生动的佛教故事；第二层塔以一个个佛本故事，赞叹大乘佛教舍身忘我的菩萨精神。最高一层的蓝色穹顶，星光灿烂，深邃悠远，象征心性与智慧的纯正，生命的升华与相融（图 1.3-1）。

梵宫内处处可见精美的木雕，共采用 1300m^3 金丝楠木，最大构件重量约 2t。花式复杂，拼接要求高。工艺上以平面浮雕为主，层次丰富、立体感强，同时不施彩绘，色泽清淡，保留了原木的天然纹理，格调高雅。题材和内容上，采用了中国传统艺术中几乎所有的吉祥图案和花纹，表现了中国传统文化中美好的道德寓言。

图 1.3-1　梵宫塔厅

图 1.3-2　梵宫精美木雕

2. 雕花

梵宫塔厅无处不雕花，弧形天顶及四周墙面装饰有大量的珍贵楠木为主材，雕刻精美的东阳木雕。四周墙面分布四组巨幅木雕，以净、信、孝、和形式结合精湛的东阳木雕工艺，形象展示了佛教信阳的精神内涵，又极具视觉感染力和震撼力，具有艺术、文化双重价值，是反映当代佛教艺术成就的精品（图 1.3-2）。

梵宫内部大量采用艺术石材，利用一流的雕刻与抛光工艺，雕画出繁褥富丽的图案，琢磨出光洁如镜的质地。外立面 16000m^3 高浮雕石材幕墙，计 12.6 万块，分为 136 种单元类型，约 930 种规格；最大板块为 3.5m × 3.9m、重达 3t，形式多样，纹理细腻、精美（图 1.3-3）。

3. 华藏世界—巨幅琉璃壁画

巨幅琉璃壁画《华藏世界》，面积 100m^2，由 160 块 1m × 0.5m 的纯净琉璃构件组成，供奉着以毗卢遮那佛为主尊的华藏世界诸佛菩萨，壁画镶嵌黄金、翡翠、珊瑚、玛瑙等佛教七宝圣物 12.8 万颗，涉及镶嵌、錾活、花丝等多种中国传统工艺，内胎 500kg 白银，外部 20kg 黄金。

艺术大师用宫廷御用金银工艺，锻造出圆满无瑕的佛身，用细如银发的金丝银线，编制出精美绝伦的华盖、身光、莲台，五光十色的琉璃在融融火焰中化为群山、泻为海水、流为祥云，乃至凸显为飞禽走兽，奇花异草，护法菩萨。无数颗金、银、琉璃、珊瑚、琥珀、贝壳、玛瑙等佛教“七宝”缀满其上（图 1.3-4），其面积和创作难度为世界琉璃艺术之最。

《华严经》记载，在风轮之上的香水海中有一朵大莲花，莲花中含藏着无穷无尽的世界，被称为“华藏世界”，象征佛法最高真理的毗卢遮那佛在此说法。

图 1.3-3 梵宫墙面及地面石材

图 1.3-4 华藏世界—琉璃壁画

1.4　圣坛剧场

梵宫圣坛剧场是一个集会议、演出于一体的多功能超大型剧场，剧场为圆形设计，周围可270°开合，建筑面积达35000m²，可容纳1500名观众，是目前国内首个超大型旋转舞台（图1.4-1）。

圣坛上方是巨大的穹顶（图1.4-2），净高超过40m，穹顶上层层层环抱组合着28层莲花瓣灯，每层均为48盏，共计1344片，色彩旋换，光光相互，寓意美妙无穷的华藏世界。

图1.4-1　圣坛室内舞台

图1.4-2　圣坛穹顶

1.5　汉传厅、五观堂

1. 汉传厅、藏传厅、南传厅

汉传厅主要展示汉传佛教尤其禅宗的精神意境与文化特色，融合了汉传佛教的艺术元素与汉唐宫廷的装饰风格，雍容典雅。

藏传厅的陈设与装饰，保持原汁原味的藏式风情，整体风格颇具现代美感（图1.5-1）。

南传厅以南亚地区装饰风格及文化特色为主，巧妙运用各种材质，表现天然质朴的建筑肌理，充满独特的异域风情（图1.5-2）。

图 1.5-1 汉传厅、藏传厅

图 1.5-2 南传厅

2. 覆钵状曼陀罗形态圣坛

梵宫圣坛屋面造型新颖，覆钵形屋盖突破传统建筑结构模式，重 1970t，跨度 72m，呈半球状，由五十一榀环向桁架和二十七榀径向桁架，以及屋面檩条及支撑系统组成，通过 24 根 ϕ 100 和 12 根 ϕ 120 预应力钢拉杆与预埋件连接，实现整个圣坛屋面的稳定；具有大跨度（72m），超高（净高 42m），悬挂形（斜拉结构柱支撑管桁架），预应力棒结合管桁架等特点（图 1.5-3）。

图 1.5-3 梵宫圣坛屋面

3. 灵山梵宫五观堂

五观堂，又称“千人宴会厅”，面积约 1800m^2，可供千人同时用餐。千人宴会厅没有一根立柱，采用大跨重型箱形桁架组合梁结构体系，单根梁自重接近 90t，高度 2.6m，跨度 38.2m，形成高近 10m 的大空间。五观，是佛教倡导人们在用餐前应当思考的五个问题：一则思量饮食来之不易；二则思忖自身德行欠缺；三则提防过度贪恋美味；四则正视事物能除饥渴；五则明确餐后更当努力。深刻的内省意识，将简单的用餐行为升华为一次次感恩大众与自我激励的修行。

宴会厅内《五彩荷花》、《荷花映日》正面展现了世界非物质文化遗产—温州瓯塑。作为中国传统艺术，瓯塑将堆漆艺术与现代立体壁画相结合，用油漆、白陶土及各种矿物颜料为画料，形成了绘画和浮雕两位一体，远看一幅画，近看似雕塑，被誉为东方的立体油画（图 1.5-4）。

图 1.5-4　五观堂

第 2 章 南京牛首山佛顶宫

2.1 工程概况

项目地址：江苏省南京市江宁区牛首山风景区

建设时间：2012 年 9 月至 2016 年 7 月

建设单位：南京牛首山文化旅游集团有限公司

设计单位：华东建筑设计研究院有限公司

工程奖项：2016 ~ 2017 年度中国建设工程鲁班奖；2016 年中国钢结构金奖；2017 年中国土木工程詹天佑奖

1. 整体介绍

佛顶宫是佛顶圣境的核心建筑景观，坐落于牛首山西峰，位于牛首山顶由采矿形成的 150m 废弃矿坑内，总建筑面积 13.6 万 m^2，地下 6 层，地上 1 层。作为佛顶骨舍利的永久供奉地点，是一座融佛禅文化、金陵文化、古典与现代结合、当代建筑和佛教文化相融、弘扬和展现中国优秀文化的世界级佛教艺术殿堂。

所谓“金陵春归处，牛首山水间”，充分依托牛首山人文及自然地理优势，深度挖掘和传承佛教文脉，打造山林观光禅境、山水休闲胜境、山顶瞻礼圣境，重现南京佛教文化中心的盛景。整个佛顶宫以佛祖顶骨舍利供奉为主题，外部分为大穹顶和小穹顶两个部分，寓意外供养和内供养。大穹顶形如佛祖袈裟覆盖在小穹顶之上，象征着佛祖的无量加持；小穹顶下部为莲花宝座造型，上部为摩尼宝珠造型，上下结合形成“莲花托珍宝”的神圣意象。佛顶宫室内设计大量采用了各种中国传统的营造技艺，选择佛教不同发展阶段的石窟文化元素作为创作素材，旨在打造天人合一的佛教文化艺术空间。

整个地宫共有九层，依据空间气氛分为三大部分，分别由三大核心空间引领，自上而下依次为禅境大观、舍利大殿和舍利藏宫，其气氛从现代禅意的“人间山水”过渡到庄严殊胜的“佛国天宫”，最后归结为神秘幽远的“宇宙佛种”（图 2.1-1）。

工程利用历史形成的矿坑而建，建筑以“莲花托珍宝，袈裟护舍利”来分别寓意外供养和内供养。以曲线自然模拟山体形态的建筑设计手法，完成从实际形体上修复现状已坍塌的西峰，重现历史上牛首山双峰双塔的恢宏格局（图 2.1-2）。

2. 佛前广场

佛前广场在佛顶宫的首层，通过景观广场可直接到达禅境大观（图 2.1-3）。

图 2.1-1 工程实景图

图 2.1-2 工程俯视图

图 2.1-3 佛前广场外景

工程秉持生态修复、文化创新的绿色建筑理念，充分利用天然矿坑地形建造，避免了大量挖填方。同时与周边现有景观自然融合，将建筑隐于山、景之中，利于节能（图 2.1-4）。

图 2.1-4 废弃矿坑山体景观修复

3. 飞天菩提门、云纹如意柱

莲花宝座上有 56 座飞天菩提门和 56 根云纹如意柱。菩提象征着佛祖的无量智慧，云纹如意柱寓意吉祥如意（图 2.1-5）。所用石材为黄金麻花岗石，不仅外观美观，而且整体性较好。

每道门需要 200 名左右的工人雕刻半个月才能完成，同时门的安装工艺也极为复杂，为使佛顶宫整体的椭圆形不变形，每道门的 260 多个点位都需要精确定位。

图 2.1-5 飞天菩提门、云纹如意柱图

4. 摩尼宝珠穹顶

穹顶长约 150m，宽约 100m，采用单层铝合金网壳结构，由内外两层铝合金单层三向网格组成，铝板上安装约 5000 块佛手造型，寓意万人朝宗，并形成摩尼宝珠的造型，穹顶整体犹如佛祖发髻，单个为双手合十造型，寓意千万信众对佛祖供养（图 2.1-6、图 2.1-7）。

5. 小穹顶基座

小穹顶基座为莲花宝座造型，整个莲花宝座共由象征佛陀无量智慧的 56 座飞天菩提门，以及象征吉祥如意的 56 根云门如意柱组成，与小穹顶摩尼宝珠上下结合，形成“莲花托珍宝”的神圣意象（图 2.1-8）。莲花托珍宝，来自佛教六字真言：“唵（ōng）嘛（mā）呢（nī）叭（bēi）咪（mēi）吽（hòng）”，象征面对无上的佛法，得到一切菩萨的慈悲与加持。

图 2.1-6 摩尼宝珠穹顶

图 2.1-7 项目手绘图

图 2.1-8 莲花宝座

6. 袈裟状屋盖

袈裟状屋盖从建筑外形上以自然的弧度曲线，贴合西山的山体走势，将西峰因采矿以及后期塌方等因素缺失的山体轮廓修补完整；采用全镂空铝合金结构体系，形成一个南北方向约 251m，东西方向约 112m，投影面积 20968m^2，杆件计 8151 根，节点盘 2896 块，最高处距地面广场约 56.5m 的空间的袈裟状外形，象征着佛祖的无量加持（图 2.1-9）。

袈裟状铝合金屋盖由南北两个“娑罗树”状钢结构柱支撑，作为支撑超大铝合金屋盖的竖向构件及装饰构件，两颗钢结构树为世界第一高（50m），世界第一大（树冠投影面积 5000m^2），单支重量第一重（70t）（图 2.1-10）。

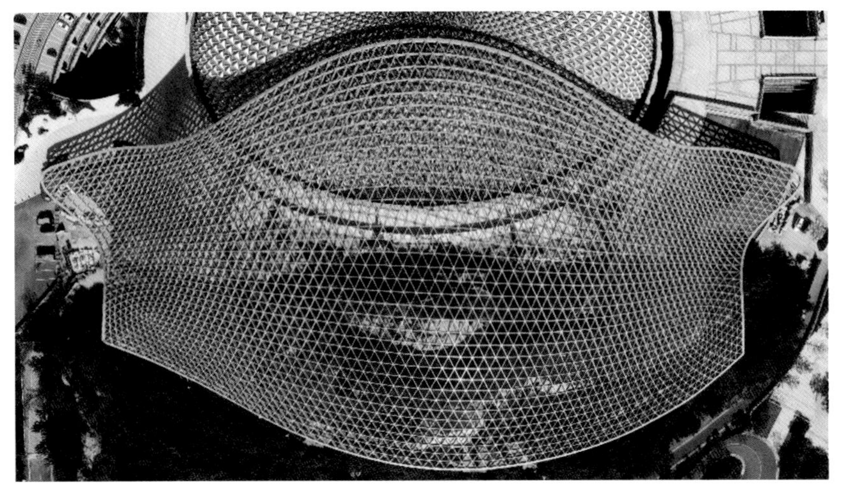

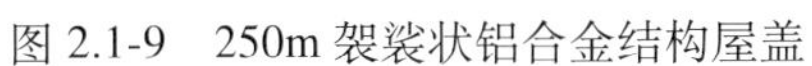

图 2.1-9　250m 袈裟状铝合金结构屋盖

图 2.1-10　“娑罗树”状巨型钢结构柱

7. 佛顶摩崖、文殊圣山

“佛顶摩崖·文殊圣山”高约 16m，总长 83.4m，石材共 1058 块，总重达 1260t，气势宏伟，内容丰富，整体形象如同一只巨型佛手握着一串无量宝珠。分上下两层，上层依照北方石窟之形态，取天然巨石雕凿 13 座大小石窟，下层以各种浅深浮雕和经文石刻为主，上下两层合为一只巨型佛手（图 2.1-11）。其中下层造型相当于佛手的大拇指部分，以一副独特“佛·牛”图为中心，描绘了牛首众生听禅悟道的奇妙景象。

图 2.1-11　摩崖石刻

2.2 禅境大观

1. 如莲剧场

禅境大观，又叫禅境福海，是按照佛祖涅槃的景象打造的无柱空间，南北长 112m，东西宽 62m，高度为 41.2m。

如莲剧场中间有一个极具创意和创新的超大型原创莲花机械舞台，庞大的莲花造型与佛顶宫宏伟的气势相得益彰（图 2.2-1）。整个剧场由中间的升降舞台和外围 36 片莲花瓣围合而成，每 12 片围一圈，分 3 层不同的莲花瓣，一圈围一圈，内外高低错落，当有演出的时候，中间舞台部分会降下去，水会排掉，莲花瓣升起，形成一个合围的剧场，可供 800 人演出。

莲花瓣外饰面是全部人工手绘，内饰面是 4000 多个凹佛，细节处独显匠心。礼佛墙、大理石台面莲花纹饰、巨型的卧佛等舞台装饰无处不体现着浓郁的佛教文化。

2. 巨型“娑罗树”意境镂空铝板天花

为体现娑罗树下树影斑驳的元素和寓意，铝合金穹顶下采用双曲面拉索式异形树影状镂空铝板天花技术，总面积约 20000m^2，按照双杆娑罗树的茎和脉造型建模，利用约 1200 多种拉杆，约 1600 多种拉索与铝合金结构形成稳定曲面壳体受力体系；自下而上共计三层，底层由铝通形成树状线条；中层由 3800 多块尺寸和形状各不相同的三角镂空铝板组成；上层由 3000 多种不同尺寸防火透光软膜组成，加工工艺复杂。具有跨度大（130m）、超高（净高 44m）、构件复杂（尺寸和镂空花纹无重复）、制作安装难（相交复杂、无规律）等特点（图 2.2-2）。

图 2.2-1 如莲剧场舞台变化图

图 2.2-2 禅境大观巨型娑罗树意境镂空铝板天花

3. 菩提铜树、无忧铜树

树与佛教有着千丝万缕的联系，佛陀降生于无忧树下、得道于菩提树下、涅槃于娑罗树下，“三树”也渐成为佛教传统的重要象征物，代表文化的本源备受尊崇，佛教建筑内也常用树木来表现佛陀出生、悟道和寂灭的一生；而受限于环境气候、光照、水分等因素的制约，鲜活树木在室内不易成活，往往运用现代科技手段和新型材料来模仿树木形态制作装饰树，在特定场合展现真实效果。

“禅境大观”内有 10m 高的无忧树和菩提树。无忧树，是佛祖出生的树，菩提树是佛祖成佛的树（图 2.2-3）。

图 2.2-3　菩提铜树和无忧铜树

4. 仿汉白玉青铜卧佛

大型复杂佛教铜像作为一种艺术表现形式，既揭示了金属工艺的技术面貌，又体现了蕴含的文化内涵，同时做到了传统工艺技术的现代化与时俱进，在佛教文化中居于重要的地位。针对大型佛教艺术构件制作、安装工艺技术的研究，成为中国传统文化重要组成部分的传承与保护。

“禅境大观”中央有尊 7.5m 的铜制卧佛，采用纯铜铸造，表皮仿以汉白玉材质（图 2.2-4）。卧佛的造型借鉴于敦煌莫高窟 158 号窟中的卧佛塑像及其比例，面容庄严而慈祥，同时卧佛还能 360° 缓慢地旋转，象征佛陀的目光遍照无余，也寓意佛法恩泽四方。

图 2.2-4　仿汉白玉青铜卧佛

2.3　万佛廊

万佛廊由地下三、四、五层构成（图 2.3-1）。地下第三层重点表现中国佛教文化，有两条经文偈语走廊和十六幅绢裱工笔画。地下第四层展现印度佛教文化，环廊内设有二十诸天，以及七面表现印度佛教教义故事漆画。进入地下五层，其主题为佛陀本生与舍利文化，包括展示佛教舍利文化多媒体视频、十幅贤劫十六尊瓷板画，以及八大灵塔和相关实物展陈。

图 2.3-1 万佛廊

2.4 千佛殿

千佛殿以红色、黄色和暗金色为主色调，整个千佛殿空间呈穹窿状，平面为椭圆形，千佛殿外圈有万佛廊，万佛廊在空间上涵括了地下三层。

千佛殿依照华藏世界的五方五佛来布局，以代表金刚界大日如来的舍利圣塔为中心，加之圣塔上的四波罗蜜菩萨、对称于环廊四周的四方佛、慧门十六尊菩萨、四摄菩萨和八内外供养菩萨，立体呈现了佛教密宗金刚界曼荼罗第四供养会的神圣场景（图 2.4-1）。

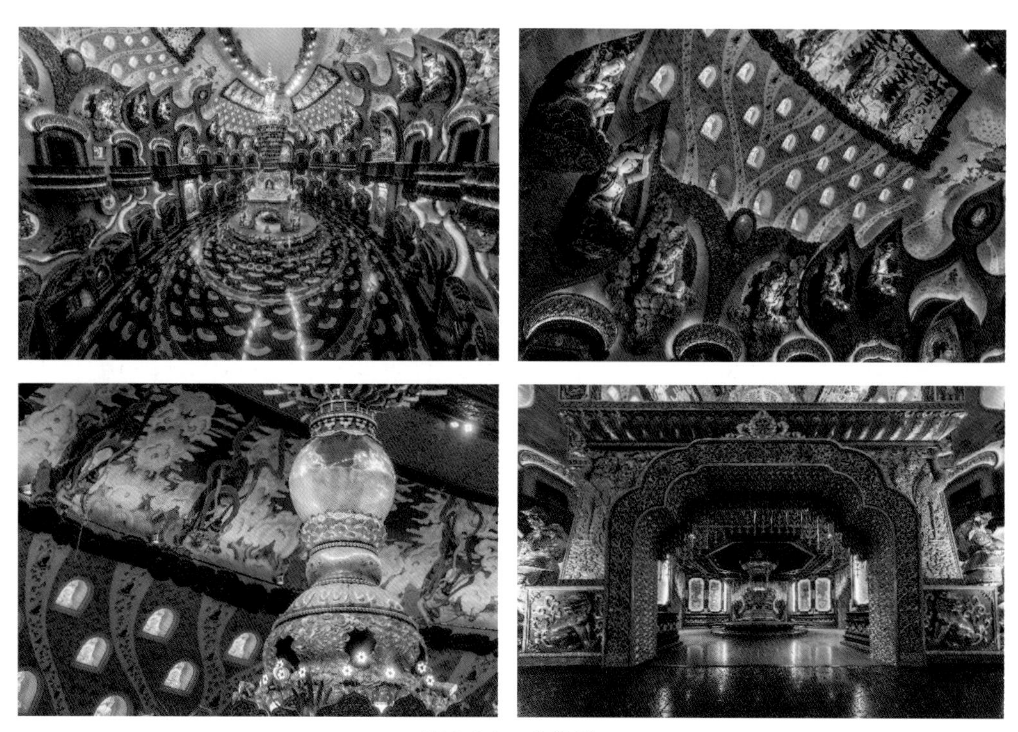

图 2.4-1 千佛殿

2.5　舍利藏宫

舍利藏宫位于地下44m处。藏宫的中心区域属于宗教场所，称为藏宫大殿，佛顶骨舍利将长期供奉在藏宫大殿内。舍利藏宫以暗色调为主，营造庄重、神秘的氛围。在整体500m^2的圆形空间内，有庄严的舍利宝幢和舍利小塔，有目前国内单件最大的德化白瓷烧制的四大菩萨，也有运用石材天然纹理妙手天成的佛陀八相成道的石材画。天花和地坪的波纹似莲花又似佛陀法脉的能量，在黑色似宇宙的空间中扩散，泽被众生。长廊长66m，根据六波罗蜜的供养内涵布局，六波罗蜜是菩萨的六种行为，分别为持戒、布施、忍辱、精进、禅定、智慧（图2.5-1、图2.5-2）。

图2.5-1　舍利藏宫的清雕佛像

图2.5-2　舍利藏宫

2.6　莲花环廊及法雨流芳

1. 高浮雕莲花环廊

走进菩提门，内为总面积约3800m^2椭圆形环廊（图2.6-1），顶部藻井的设计来源于敦煌石窟，采用高浮雕佛教八宝造型图案，共56个造型单元。材质为GRG（玻璃纤维加强石膏板），工艺涉及GRG板建模、加工、安装，仿木纹，佛像雕花金边，仿黄金麻真石漆等，施工难度大。

图2.6-1　高浮雕莲花环廊

2. 扶梯大厅－法雨流芳

从扶梯厅下地下五层，两边是琉璃和石材拼成的笔画，琉璃亮的地方刻有 88 佛名，是佛光雨，恩泽众生的意思（图 2.6-2）。

图 2.6-2　法雨流芳

第 3 章　兖州大兴隆寺

3.1　工程概况

项目地址：山东省兖州酒仙桥北路 10 号
建设时间：2010 年 12 月至 2015 年 8 月
建设单位：兖州惠民城建投资有限公司
设计单位：中国建筑上海设计研究院有限公司
工程奖项：2014 ～ 2015 年度中国建设工程鲁班奖；2015 ～ 2016 年度国家优质工程银质奖；
　　　　　2016 年中国安装工程优质奖（安装之星）

1. 项目整体介绍

兖州兴隆文化园工程位于兖州酒仙桥北路以西，文化东路以北。功能定位于香客朝拜、游客结缘、文物展示、传承文化。建筑物呈阶梯式方形宝殿，长 140m，地上九层，地下一层，总建筑面积为 67909m^2，其中地上建筑面积为 49384m^2，地下建筑面积为 18525m^2。

整个建筑外方内圆，中轴对称，底部为阶梯式的方形宝殿，顶部设置 58m 高金黄色紫铜宝瓶，气势非凡，雄伟壮观（图 3.1-1 ～图 3.1-3）。工程设计理念以满足新旅游要求的基础上阐述佛教建筑设计、人文设计、流线规划和动态设计。充分展现简约的震撼现代风格与宗教理念的绝妙融合，体现了人文、新潮的建筑设计理念，实现地域性历史文化和建筑、旅游完美结合。

2. 超高宝瓶

宝瓶钢结构主要由管桁架组成，柱顶高度为 105m，瓶身高度为 58m，由 4 组格构式钢管柱支撑上部钢管桁架组成（图 3.1-4）。

图 3.1-1　工程照片

图 3.1-2　项目实景图

图 3.1-3 项目手绘图

图 3.1-4 莲花宝瓶

3. 楼梯御道

楼梯御道如图 3.1-5 所示。

图 3.1-5 楼梯御道

3.2 礼佛殿、舍利殿及其他

1. 礼佛大殿

灵光宝殿礼佛大殿层高为 31.45m，跨度 63m，比无锡灵山梵宫高度更高，跨度更大。穹顶面积 $1800m^2$，为双曲面造型，弧形钢架龙骨采用∟50×5 角钢及□30×20×2 方管焊接完成，面层采用 GRG 板材，表面刮防水腻子后进行矿物质彩绘。礼佛大殿内供奉着四尊 18m 高的横三世佛与未来佛。灵光宝殿室内释迦牟尼佛像，采用传统的珐琅工艺打造而成，已获室内最高珐琅佛吉尼斯世界纪录（图 3.2-1）。

2. 舍利殿

舍利殿（图 3.2-2）供奉释迦牟尼佛顶骨真身舍利。

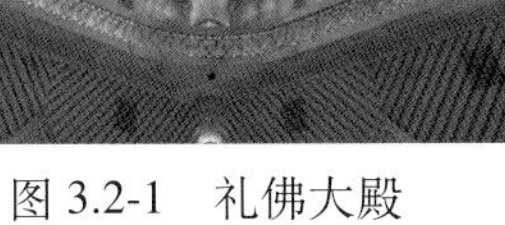

图 3.2-1 礼佛大殿

图 3.2-2 舍利殿

3. 五观堂

五观堂，也叫斋堂，是寺院僧众用斋饭的地方（图 3.2-3），也称为香积厨因。僧人戒律规定，进餐之前应作五种观法而得名。

4. 菩萨殿

菩萨殿大殿如图 3.2-4 所示、其吊顶如图 3.2-5 所示。

5. 曲面琉璃背光

琉璃背光位于礼佛大殿核心区域，琉璃背光及钢架高度约为 21m，宽度约为 20.1m，共有 4 个面，总面积约为 1780m^2，主要分为大背光（共约 980m^2）和小背光（共约 800m^2）两个部分，单面一共 186 块，单块最大面积约为 5m^2，单块最重为 1t（图 3.2-6）。

图 3.2-3 五观堂

图 3.2-4 菩萨殿

图 3.2-5 菩萨殿吊顶

图 3.2-6 琉璃背光

第 4 章 无锡灵山拈花湾

4.1 工程概况

项目地址：江苏省无锡市马山镇
建设时间：2012 年 8 月至 2015 年 12 月
建设单位：无锡灵山文化旅游集团有限公司
设计单位：华东建筑设计研究院有限公司、上海禾易建筑设计有限公司
工程奖项：2016 年“华东六省一市”优质工程“华东杯”；2016 ～ 2017 年国家优质工程奖

1. 项目整体介绍

灵山胜境五期工程—灵山小镇·拈花湾建筑，是 2015 年世界佛教论坛的分会场，作为继梵宫之后又一精品力作，守望灵山大佛，依托太湖山水，弘扬江南禅风，心接四面八方，选址天造地设的“拈花湾”，精心打造休闲、娱乐、度假、住宿、旅游、禅文化于一身的“灵山小镇 - 拈花湾”。

工程靠山面湖，更与灵山大佛依山为邻，小镇整体建筑风格与日本奈良非常相似，又融入了中国江南小镇特有的水系，打造出了一种独有的建筑风格，使得整个小镇沉浸在美轮美奂的意境中（图 4.1-1）。拈花湾规划面积 1600 亩，建设用地 1300 亩，建筑面积约 35 万 m^2，地上总建筑面积约为 17 万 m^2，地下建筑面积约为 13 万 m^2 ，共计 315 栋单体。景观面积 55 万 m^2，水域面积 20 万 m^2，从整个小镇的总体布局来看，拈花湾通过三条主要交通道路和水系的组织，规划了“五谷”、“一街”的主体功能布局，并配以禅意的命名体系，形成以“五瓣佛莲”为原型的总平面。建筑形式突破传统，外立面采用大量天然元素材质，以茅草、树皮、夯土涂料、木材、石材、竹篱笆、苔藓等传统装饰材料元素，现代建筑手法与传统装饰工艺交相辉映，巧妙融合，堪称经典，将传统文化元素与鲜明时代特征相融合。

图 4.1-1 工程效果图

2. 云门谷

云门谷，是拈花湾的游客中心和内外交通换乘中心，也是拈花湾最南端的一个山谷，是“莲花八观”中“五片花瓣”的第五片花瓣。从“云门”入门，进入拈花湾。云门无门，溪谷有路。

进入景区，首先映入视野的是“拈花一笑”（游客服务中心）（图 4.1-2）。禅宗有佛祖“拈花微笑”的典故。据载：世尊在灵山会上，拈花示众，当时所有的人都不理解，沉默不语，唯有迦叶尊者破颜微笑。佛祖当即宣布：“我有普照宇宙、包含万有的精深佛法，熄灭生死、超脱轮回的奥妙心法，能够摆脱一切虚假表相修成正果，其中妙处难以言说。我不立文字，以心传心，于教外别传一宗，现在传给摩诃迦叶。”然后把平素所用的金缕袈裟和钵盂授与迦叶。这就是禅宗“拈花一笑”和“衣钵真传”的典故。中国禅宗把摩诃迦叶列为‘西天第一代祖师’。这也就是禅宗的起始。

图 4.1-2　游客服务中心立面图

3. 半山衔日

半山衔日，落帆影于岩中。万壑留风，过樵声于枕上。

《禅行》演出中，水幕电影的表演区，每天晚上，当水幕喷起，流光溢彩的水幕便将上演佛祖“拈花微笑”、达摩祖师“一苇渡江”等禅宗典故，美轮美奂，似空非空，观赏效果非常震撼（图 4.1-3）。

图 4.1-3　半山衔日（水幕电影）

4. 香月花街——禅意主题商业街区

香月花街是拈花湾的禅意主题街，是拈花湾休闲度假生活的核心区域，是欣赏和体验拈花湾禅意生活的绝佳去处，被称为“禅意生活的缩影和绝佳体验地”（图 4.1-4）。

行走其中，木制的唐风建筑与桥梁，让清雅禅意扑面而来，街道两旁所有的建筑、景观都像是会呼吸般的浑然天成，使人感到如同进入一个充满禅意的世界中。

香月花街是拈花湾的禅意主题街，这里是拈花湾休闲度假生活的核心区域，也是最具人文特色的街区。这里的建筑以唐风宋韵为主，古朴典雅，尺度宜人。街区中分布着茶道、花道、香道以及禅修会馆等身心休憩场所，还有琳琅满目的文创产品小店和特色体验工坊，还有各种主题餐饮、创意美食、当地小吃的店铺，以及风格主题各异的禅意主题客栈。

图 4.1-4 香月花街图

4.2 亭台楼阁

1. 禅乐馆

很有特色的建筑便是禅乐馆，整个建筑外立面采用镜面不锈钢和拉丝不锈钢材质，它是拈花湾独具魅力的禅趣游乐场所。由“迦叶之镜”“心心相印”“无我无相”“点亮心灯”和“镜花水月”等组成。每间小馆都是根据禅境创意出来的禅趣空间、互动活动和游戏体验。身处其中，都可以体验轻松、愉悦、开心的禅悦，获得蕴含禅意的人生感悟和收获，寄托美好祝福（图 4.2-1）。

图 4.2-1 禅乐馆

2. 福田阁

福田阁（图 4.2-2）供奉的是财神陶朱公的形象。陶朱公—范蠡是历史上太湖流域的著名人物，因其退隐后经商有道，成就斐然，千百年来被人们奉为“商圣”，是著名的文财神。传说当年范蠡携西施泛舟五湖，就隐居在这里。到现在，拈花湾南侧还有“伴奴湾”的地方。

清代诗人陈绍琦曾经作诗《伴奴湾怀古》：“风景悠闲比苎罗，浣纱人去可如何。海棠着雨怜红粉，杨柳含烟想翠娥。千古尚遗倾国恨，五湖无复采莲歌。欲寻少伯来游处，一涧潺溪咽绿莎。”

财神殿门口的“柴井”，谐音“财井”，是旧时留存下来的。井水甘冽洁净，可供游人取饮，解渴之余，顺赋财运。殿门楹联：“富而可求求人不如求己，物惟其有有德自然有财。”其中蕴含的哲理，值得细细品味。

图 4.2-2　福田阁图

3. 拈花塔

拈花塔是和风木结构楼阁式五重塔。四方五层，由须弥座台基、塔身、塔刹三部分组成，直棱窗棂、重唇板瓦、转角斗栱、蜀柱斗子等让拈花塔古朴典雅；出檐深远，不可攀登，和风尽显。宝塔高 27.98m，有东南西北四门，塔身高 21.28m，塔刹高 6.7m，由覆钵、仰莲、相轮、华盖、三花蕉叶、宝珠、刹链、风铎等组成，黄铜铸就，外贴金箔。拈花塔是拈花湾小镇主街区—香月花街的最高点，古朴庄重之中融合了传统、和风和禅意。

拈花堂重檐歇山顶，广五（七）间、深三间（拈花堂下檐正面出抱厦），斗栱上下檐均为五铺作单抄单下昂。平座栏杆用斗子蜀柱承寻杖，转角处，横向构件双向出挑。柱均有升起，外槽檐柱有侧脚。梁架为平梁上施平棊，门用实踏板门施铜钉与铺首。窗为直棂窗。大殿柱身粗壮，斗栱宏大，再加上深远的出檐以及非洲红花梨榫卯细凿构筑，给人以雄健有力的感觉（图 4.2-3）。

图 4.2-3　拈花塔

4. 拈花堂、百花堂

在拈花塔的旁边和对面，是拈花堂和百花堂。拈花堂、百花堂是拈花湾重要的景观建筑（图 4.2-4、图 4.2-5），重檐歇山顶，广五（七）间、深三间（拈花堂下檐正面出抱厦），斗栱上下檐均为五铺作单抄单下昂。平座栏杆用斗子蜀柱承寻杖，转角处横向构件双向出挑。柱均有升起，外槽檐柱有侧脚。梁架为平梁上施平棊，门用实踏板门施铜钉与铺首。窗为直棂窗。大殿柱身粗壮，斗栱宏大，再加上深远的出檐以及非洲红花梨榫卯细凿构筑，给人以雄健有力的感觉。

具有典型的唐代木构建筑的特点：结构简朴、朴实无华、雄伟气派。其造型特点极为鲜明：大殿斗栱硕大，屋檐看上去极为深远；大殿有简单而粗犷的鸱吻，鸱吻是房屋屋脊两端的一种装饰物，一般作鸱鸟嘴和鸱鸟尾状；大殿屋顶平缓，举高低矮，不超过前后撩檐枋距离的四分之一，同时屋瓦呈现黑青色。大殿色调单纯，所包含的颜色不超过两种，为黑白两色或红白两色，体现了唐风审美取向。拈花堂、百花堂两座大殿浓缩古代建筑的精华，整齐而不呆板，华美而不纤巧，舒展而不张扬，古朴却富有活力，在舒缓的唐风中体现佛教文化的博大精深。

图 4.2-4 拈花堂、百花堂外立面图

图 4.2-5 拈花堂、百花堂内部图

5. 妙音台

妙音台是灵山小镇·拈花湾的戏台。台口立柱楹联“慧眼见一切，妙音满十方”。上场门和下场门的“来兮”、“归去”，亦是富有浓浓禅意，将戏台小天地、天地大戏台的传统戏剧文化与禅文化巧妙融合在一起，使人感慨，耐人回味（图 4.2-6）。

6. 五灯湖（禅行演出）

五灯湖位于拈花湾的核心区域，是小镇各个水巷溪流的汇集之处，游客们在这里投放祈愿“荷花灯”“荷花灯”将会流遍整个小镇，是寄托情感、放飞心灵的一项体验活动。这里是大型演出“禅行”的主要表演区域。每到夜晚，荷花仙子们乘着荷叶舟，踏着梦幻灯彩，伴着禅音妙乐，和着虫鸣与乐、月光与影，流转于清风流水之间，宛若渐入世外，亦梦亦真（图 4.2-7）。

图 4.2-6 妙音台立面图

图 4.2-7 五灯湖图

4.3 民宿客栈与生态谷

1. 民宿客栈

拈花湾目前有 13 家禅意客栈，有近 891 间风格各异的禅意主题客栈，这些客栈分布在山野溪流处、湖畔云水间，大多以禅宗公案和佛教故事为题材进行创意设计，以一花一世界、吃茶去、棒喝、一池荷叶、半窗疏影、门前一棵松、萤火小墅、芦花宿、百尺竿、云半间、一轮明月、无门关、无尘等富有诗意和禅机的字眼命名，让人如临其境，处之忘俗。这些客栈在禅意风格的设计思路下，使用原木和棉麻材质，处处隐喻东方美学的质朴。栖居拈花湾，体验的不仅是禅意住宿，更是一段禅意生活的邂逅（图 4.3-1）。

2. 禅心谷—佛教论坛会议区

禅心谷，是灵山小镇·拈花湾从北往南的第二个山谷，是“五片花瓣”中的第二片花瓣。这里是世界佛教论坛的永久会址，主要布局有世界佛教论坛会议中心及专属会议宾馆等配套建筑群（图 4.3-2），禅心谷也因此而得名。取义灵山盛会，佛祖拈花，迦叶微笑，始开禅风。禅心谷的禅意生活，也因此可以名之为“拈花禅”。

图 4.3-1　民宿客栈外立面图

图 4.3-2　波罗蜜多酒店

拈花湾会议活动中心，它具有世界顶级会议配置，千人大型会议，百人中型会议，小型会议都可举办，也是世界佛教论坛永久会址的配套项目，是以世界级的会议标准建造的酒店会议中心，面积共计 5000m^2，设施完备，完全满足世界佛教论坛这一国际会议的需求（图 4.3-3）。会议中心配备 9 个规格多样的多功能厅及专业的灯光音响设备。既可满足 80 人的小型会议，也能接待 1200 人的大型会议。这里同时也是一个开放的、多元化的国际文化艺术交流中心和人文会展中心。

图 4.3-3　会议中心图

3. 竹溪谷、银杏谷—度假物业禅居区

银杏谷，它位于灵山小镇·拈花湾的中部，当年是周边几个自然村落的中心，是拈花湾的地理中心。从北往南走来，银杏谷是拈花湾的第三个山谷，是“莲花八观”中“五片花瓣”的第三片花瓣。在这个山谷的正中间，有一棵古老的银杏树，苍劲的枝干，满是岁月的刻痕，建设者们将她精心保护下来，并围绕着她的四周，尽可能多地聚集了当地一些历史遗存，尽可能地保护并传承这里厚重的文化记忆，银杏谷因此得名，也因此成为整个拈花湾最具历史文化气息的“乡土禅”体验中心（图 4.3-4）。

图 4.3-4　度假物业区立面图

4. 鹿鸣谷—生态禅谷区

鹿鸣谷，是灵山小镇·拈花湾最东北面的一个狭长山谷，是“莲花八观”中“五片花瓣”的第一片花瓣，主要分布有“松月山房”、“半间居”等著名高僧住锡的静修禅院，主要接待来自世界各地的参禅僧人、国内外大德居士和资深修禅人士（图 4.3-5）。此外，这里还“藏”有一些著名企业专属的禅修拓展培训基地及高端禅文化艺术私人会所。鹿鸣谷的得名，缘于一段千年佳话。据说，当年唐僧取经回来路过这里，将两只从天竺国佛祖的鹿野苑带回来的神鹿，放归了山林，至今山湾深处，还有一处清池叫作“鹿眠潭”。这里的禅意生活，也因此被形象地称为“鸣眠禅”。

图 4.3-5 鹿鸣谷图

第 5 章　南京大报恩寺塔

5.1　工程概况

项目地址：南京市秦淮区雨花路 1 号

建设时间：2013 年 3 月 8 日至 2015 年 12 月 1 日

建设单位：南京大明文化实业有限责任公司

设计单位：东南大学建筑设计研究院有限公司

1. 项目整体介绍

1856 年，在太平天国的轰隆炮声中，南京中华门外的大报恩寺琉璃塔轰然倒塌，这一当时的世界七大奇观之一的雄伟建筑，从此只留存于典籍记载和人们的口耳相传之中。

金陵大报恩寺遗址公园是中国规格最高、规模最大、保存最完整的寺庙遗址，遗址公园中保护性展示了大报恩寺遗址中的千年地宫和珍贵画廊，以及从地宫中出土的石函、铁函、七宝阿育王塔、金棺银椁等世界级国宝。

项目位于南京市秦淮区中华门外，北临秦淮河、南至未拆迁晨光宾馆，西到雨花路、东至 1865 园区。基地总占地 71778.9m^2，总建筑面积 42666m^2，其中地下面积 5931m^2。遗址公园由一号建筑（大报恩寺琉璃塔遗址保护建筑）、二号建筑（含画廊等遗址保护）、三号建筑（碑亭重建 / 御碑保护建筑）、寺院内大殿遗址和观音殿遗址的保护和展示、寺院西侧香水河遗址保护和展示及相关配套服务管理设施等共同构成有机的整体（图 5.1-1、图 5.1-2）。

2. 香水河、香水桥遗址

香水河、香水桥遗址（图 5.1-3）位于大报恩寺遗址西侧，2009 年 10 月发掘出土，为寺内主体建筑之一。考古发掘表明，明代香水河河道上口宽 3m、底宽 2m，逐层收分，深 2.3m，主河道南北长约 170m，河道的两岸与底部皆用长方形青条石铺砌。河上香水桥为石拱桥，长 4.5m，宽 2.5m，通厚 65cm，七层，砌筑于石板桥底之上。香水河桥位于大报恩寺建筑群中轴线上，在古代，站在桥面上眺望，正好能把大雄宝殿、琉璃塔宝顶连成一线，足见当初设计者的精妙构思。

3. 御碑亭

御碑亭基址共两座，分处中轴线南北两侧，南部为永乐御碑，北部为宣德御碑（图 5.1-4）。

两碑皆面向中轴线，距中轴线 52m。两碑亭基址布局相同，皆为基槽围绕的方形夯土台基，边长 14m。基槽四角设有大型角石，边长 55 ~ 58cm，高 170cm。夯土台基上共有 12 个柱础，四角各设三个。台基正中为石碑座，用 8 块长方形大石砌筑。碑座上为石屃赑，整石雕凿。

图 5.1-1 工程实景图

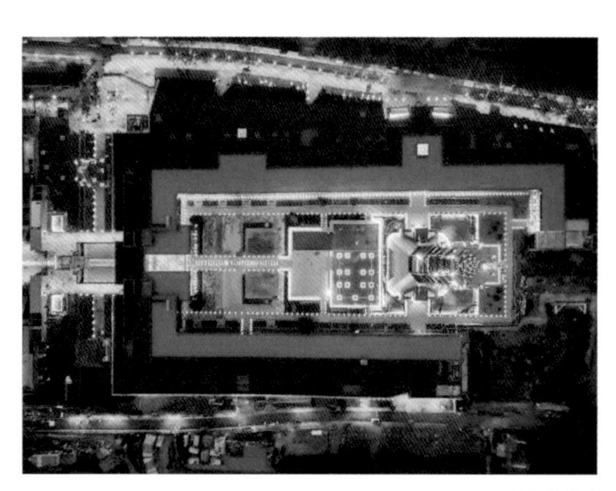

图 5.1-2 工程夜景图

图 5.1-3 香水河、香水桥遗址

图 5.1-4 御碑亭

永乐御碑现已不存，宣德御碑尚存。两基址朝向中轴线方向皆设台阶。两碑间有一条砖铺道路，宽 6.6m，与中轴线垂直。

4. 北画廊

北画廊（图 5.1-5）遗址区位于大报恩寺遗址东段北侧。据文献记载，明代大报恩寺南北两侧，曾有画廊多达 108 间。在 19 世纪外国画师所绘大报恩寺塔的铜版画中，大报恩寺塔周围的画廊清晰可辨。明代周晖的《金陵琐事》也盛称大报恩寺的画廊“壮丽甲天下”，堪称一绝。

图 5.1-5 北画廊

5. 水工遗址

水工遗址上方悬挂的是出土的琉璃构件。窗内窗外的明代水工设施是明代大报恩寺的排水暗渠，水通过这个暗渠排往秦淮河。砌造暗渠的砖，是明代建城墙的砖。暗渠中还设有栅栏，用来防盗。这是南京最大的明代大型官修水工设施。压在排水暗渠上面的是明代大报恩寺北部院墙的墙基，是目前发现的大报恩寺最北侧的边缘（图 5.1-6）。

图 5.1-6 水工遗址

5.2 舍利佛光室内景观

1. 千年对望

“千年对望”的时空长廊两旁共八根琉璃立柱，寓意释迦牟尼佛八相成道；步道上七朵莲花，寓意佛陀“七步生莲”。长廊尽头是玄奘法师与佛陀的对望。玄奘大师在世与佛陀涅槃相隔约一千年，玄奘顶骨舍利与佛陀顶骨舍利共同瘗藏于此地也约一千年。“千年对望”完美呈现大报恩寺与佛陀、玄奘舍利的殊胜因缘（图 5.2-1）。

图 5.2-1 千年对望

2. 前世今生

展现大报恩寺前世今生的大型沙盘模型，自建初创始，长干再继，天禧更名，直至永乐报恩，从东吴年间至明代中期，长干里区域寺庙屡毁屡建，佛脉延续不断，见证了大报恩寺的千年佛缘。用沙盘模型复原大报恩寺场景，展现了大报恩寺在前代遗址上以宫阙规制建造的宏大场面和建筑特色（图 5.2-2）。

图 5.2-2　前世今生

3. 琉璃门券

这是当年大报恩寺塔标准层的琉璃门券（图 5.2-3）。可以看到拱门上有很多动物，这是藏传佛教艺术的一个特有造型，称为“六拏具”。正中是大鹏金翅鸟，在密宗中寓意慈悲。两边是龙子龙女，表救度之相。紧接着是长翅膀的飞羊，象征福报；狮子比喻自在相；最下方的白象，意为善师。

图 5.2-3　琉璃门券

4. 阿育王塔

这是长干寺地宫铁函内出土最珍贵的七宝阿育王塔，塔以檀香木制作骨架，外裹银皮，通体鎏金。塔上有452个圆孔以“佛教七宝”。四面刻有：皇帝万岁、重臣千秋、天下民安、风调雨顺。此塔由宋真宗恩准可政大师募化钱财制作而成。通高1.17m、最大边长（塔座底板）0.45m，是目前中国境内出土的体积最大、工艺最复杂、制作最精美的阿育王塔，堪称“塔王”，在塔基部分有两份金棺银椁，内藏佛顶真骨、感应舍利（图5.2-4）。

图5.2-4 阿育王塔

5. 江南首寺

“江南首寺”两侧的石雕分别是康僧会和支谦，头顶垂挂的纱幔上印有他们译经传道的文字，两侧壁画，描绘的是译经传道的故事（图5.2-5）。继支谦在建业传授佛教、翻译佛经，作为南京佛教的初传后，康僧会也至建业开始弘法传道，孙权“神其事，创建初寺及阿育王塔，故南朝始有寺焉”。在孙权支持下，建初寺实际成为南京的佛教传播中心。西域高僧相继来华译经、传经，江南佛教随之初兴。

图5.2-5 江南首寺

6. 莲池海会

眼前的场景就是西方极乐净土。正中央是西方阿弥陀佛，在它背后是康僧会，魏晋的法显、竺道生，南朝梁武帝和宝志禅师与明朝皇帝朱元璋及朱棣等（图5.2-6）。

图 5.2-6　莲池海会

7. 南朝四百八十寺

这里两侧陈列的和描绘的都是六朝至明代金陵梵刹的模型（图 5.2-7），对面的两个人，正是梁武帝在问道于达摩祖师。梁武帝自称“菩萨皇帝”。他广泛结交名僧，大力倡建寺院，长干寺由于收藏有佛祖舍利，因此备受梁武帝的重视。长干寺也借此机会新建了很多佛殿、佛堂，达到了空前的规模。与此同时，梁武帝还亲自颁发《断酒肉文》，确立了汉传佛教不食酒肉的仪轨。他还命人制定《出要律仪》，创立僧尼戒规。

图 5.2-7　南朝四百八十寺

8. 伽蓝殿遗址

大报恩寺伽蓝殿遗址位于观音殿左侧，据文献记载，原先供奉的是“伽蓝三尊”，发正中为波斯匿王、左方为祇多太子、右方为给孤独长者。现在的伽蓝殿遗址融护法与报恩两大主题于一体。遗址两侧雕刻伽蓝三尊与马皇后、碽妃雕像，两侧墙面分别刻有《佛说父母恩重难报经》和《大乘本生心地观经》的经句（图 5.2-8）。

9. 舍利佛光

大报恩寺汇集了佛顶骨舍利、感应舍利、玄奘顶骨舍利和诸圣舍利四份佛门至宝。本厅设有八万四千盏灯，寓意“八万四千法门”。另外根据佛经记载，阿育王统一印度后将佛舍利分为八万四千份，建八万四千塔。中国有十九处，金陵长干塔位列第二。大厅中央是佛陀涅槃所在的娑罗双树，中央静卧着涅槃佛，背后五方佛宝相庄严（图 5.2-9）。展厅内不定时幻化的七色光芒，正对应感应舍利曾七次放光，使南京成为佛光普照之圣地的文献记载。

图 5.2-8 伽蓝殿遗址

图 5.2-9 舍利佛光

10. 经变画廊

这条隧道叫作“经变画廊”，壁画上是大家熟知的九色鹿形象（图 5.2-10）。故事里面九色鹿的善良从容与落水男子的贪婪无义形成了鲜明的对比，劝人向善，劝人知恩，诸恶莫作，众善奉行。

图 5.2-10　经变画廊

5.3　寺塔和地宫

1. 琉璃塔

大报恩寺琉璃塔为明成祖朱棣敕建，并亲赐“第一塔”之名。自永乐十年（1412 年）至宣德三年（1428 年），历时十七年方才完工。明清时代，一些欧洲商人、游客和传教士来到南京，称之为“南京瓷塔”，将它与罗马斗兽场、亚历山大地下陵墓、比萨斜塔等“中古世界七大奇观”相媲美，称之为是当时中国的象征。1856 年，大报恩寺琉璃塔在太平天国战火中被毁。

新建的大报恩寺塔以现代工艺成就新塔古韵，塔高 93.157m，采用四组钢管斜梁跨越遗址土方，地梁落脚点位于整个塔基遗址的外侧，塔基上方构建轻质九层塔，既保护千年地宫又传承历史记忆（图 5.3-1）。

图 5.3-1　大报恩寺塔夜景图

2. 千年地宫

2007 年 2 月至 2010 年末，南京市博物馆考古队对大报恩寺遗址北区进行了全面的考古发掘。2008 年 7 月 18 日，在大报恩寺琉璃塔遗址下方发现了宋代金陵长干寺地宫。

金陵长干寺地宫为圆形，从原始山体中垂直下挖而成，从现存地表开口至埋藏坑底部共深达 6.74m。地宫之内，从上至下以一层石块，一层夯土的方式有规律地填充、夯筑。金陵长干寺地宫是南方竖穴式地宫的杰出代表，是迄今为止国内发现的最深的佛塔地宫。

为保护千年地宫，在遗址外围新建了“覆钵型”新的地宫，在原地宫遗址上安放七宝阿育王塔，安奉佛陀舍利，以供万世瞻礼。步入地宫，在瞻礼佛陀舍利之余，可见地宫之内有圣宫的建筑奇观（图 5.3-2、图 5.3-3）。

3. 经藏如海

汉文大藏经展区为南区重点区域，展陈设计采取主题演绎表现手法，大胆实践“见光不见灯”的设计构想。空间循序呈现藏经、集经、取经、译经、刻经、印经、传经等内容，集中展示浩瀚博大的佛教经藏文化。空间设计几大展示亮点：以藏经文化盛世开篇打造气势宏大的藏经阁艺术装置，与顶部藻井壁画互为呼应，震撼瞩目；设计制作精品艺术沙岩浮雕展示历史内容，环环相扣；巧妙设计“一线天”寓意从梵文到汉字的转变，传达“译经”展示内容；提炼刻经板作为空间元素，打造浩瀚经架，高抵穹顶，展示经板 5500 多块，气度恢宏（图 5.3-4）。

4. 南画廊及云中佛殿

南画廊展区展示陈列采用了复原展示的手法，重现大报恩寺画廊“壮丽甲天下”的盛况，并在古长廊中增加临时展示功能，以现代展示语言诠释传统展品，从材质、色彩、元素等多方面创新设计，注重对展品内涵的提炼和解读（图 5.3-5、图 5.3-6）。

图 5.3-2 千年地宫舍利子

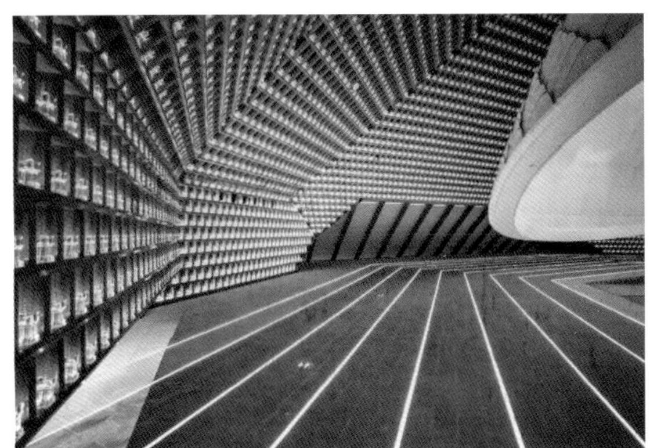

图 5.3-3　千年地宫

图 5.3-4　经藏如海

图 5.3-5 南画廊

图 5.3-6 云中佛殿

第 6 章　在建的现代佛教建筑

6.1　浙江普陀山观音圣坛

项目地址：浙江舟山朱家尖
建设时间：2015 年 8 月至 2019 年 6 月
建设单位：普陀山佛教协会
设计单位：华东建筑设计研究院有限公司、上海禾易建筑设计有限公司

1. 概况

观音圣坛为“一主两从”品字形建筑群，两侧分别是善财楼和龙女楼，建筑整体布局具有向心性和对称性，主体建筑创意坚持“圣坛即观音”的整体定位。按照普陀山普济禅寺的毗卢观音坐像，根据意向和具象结合的设计理念，突出观音元素，整体建筑给人以毗卢观音端坐莲台的想象力和视觉冲击力。建筑风格综合中国传统楼阁特色与现代高层建筑技术，集当代佛家艺术之大成，有机吸取现代建筑元素，突出神圣性、唯一性、体验性和观赏性，旨在打造引领当代佛教潮流，具有现代元素的建筑，兼容大型宗教活动、共修法会、高端会议、主题展览、节庆汇演等功能，集宗教、艺术、参学、观光、弘法于一体，并成为观音法界的建筑地标和文化地标，是目前世界上最大规模体量的佛教文化综合项目，是世界上最大规模的四众弟子教化基地和将佛教造像原型作为建筑形态意象的佛教建筑（图 6.1-1 ～图 6.1-7）。

图 6.1-1　观音法界整体鸟瞰图

图 6.1-2 观音圣坛夜景效果图

图 6.1-3 观音圣坛正面图

图 6.1-4 观音圣坛泛光照明效果图

图 6.1-5　观音圣坛雪景效果图

图 6.1-6　手绘图 1

图 6.1-7　手绘图 2

观音圣坛主体建筑占地面积 55 亩，加上广场为 380 亩，建筑高度达到 91.9m（九月十九观音涅槃日），建筑总面积 61900m^2（六月十九观音成道日），按其内部功能分为 9 层。圣坛建筑直径 150m，圣坛广场直径为 219m（二月一九观音生日），可容纳 5 万人左右，圣坛中轴线纵深为 619m。圣坛附属楼善财、龙女楼高度为 33m，分为三层，建筑体量均为 3000m^2。

观音圣坛建筑外立面形态来源于普陀山普济寺所供奉的毗卢观音：背光寓意佛光普射四方，头戴五瓣毗卢冠，每瓣一化佛，正中毗卢遮那佛，即是大日如来。毗卢观音双手腹前结禅定印，结跏趺坐于多层莲座之上。

圣坛内部圆通大厅是进行佛礼朝拜、朝礼会议的主要场所，是整个圣坛最核心的区域。

圣坛外立面整体围绕“毗卢观音建筑造像”展开纹样设计。纹样设计包含整个建筑的外立面及基座内走廊，分为六大板块：大台阶、基座、莲花座、塔身、大背光及毗卢顶（图 6.1-8、图 6.1-9）。

观音圣坛外立面整体装饰纹样的主题为“从花到果的修行之路”，是一个人从开始修行到正觉，再到涅槃，一个开花结果的过程。

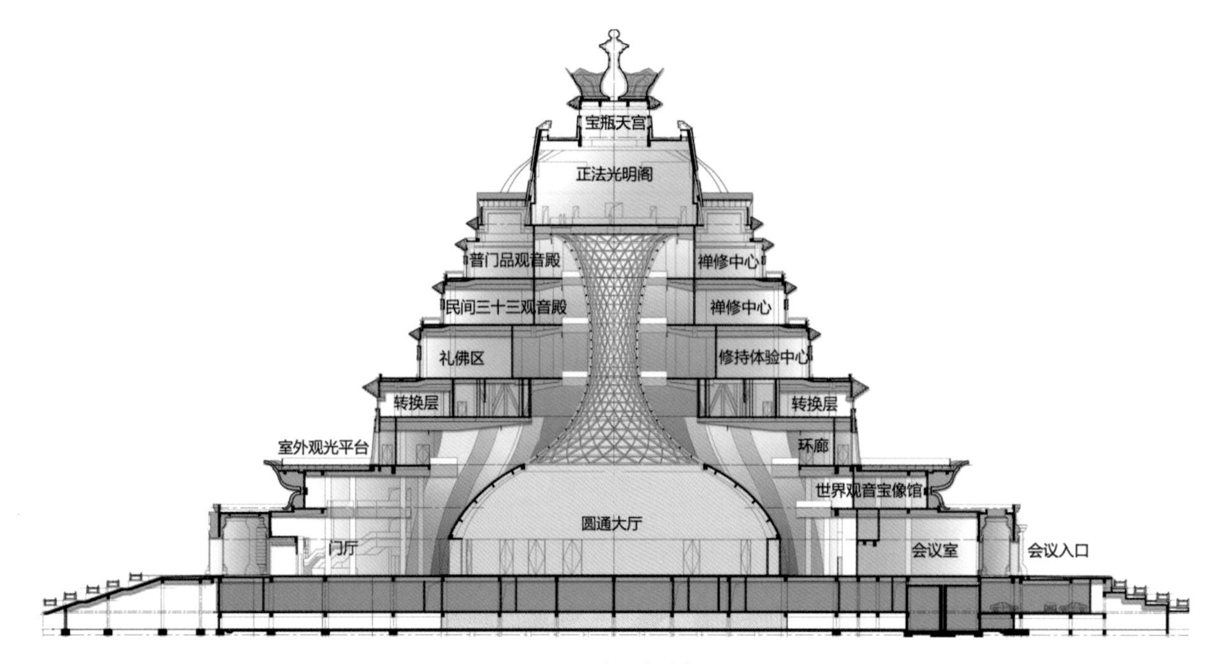

图 6.1-8 观音圣坛剖面图

图 6.1-9 观音圣坛每层设计定位

6.2　上海太平大报恩寺

项目地址：杨浦区丹阳路 169 号（兰州路丹阳路交叉口）
建设时间：2016 年 7 月至 2020 年 5 月（暂定）
建设单位：太平报恩寺
设计单位：上海东方建筑设计研究院有限公司

千年古刹太平报恩寺原名太平教寺，始建于宋太平兴国八年（公元 983 年），距今已有一千多年历史。千百年来，太平教寺历经沧桑。鼎盛之时，殿堂巍峨，香火旺盛，信众云集。

项目总用地面积 5799.6m²，规划总建筑面积 32240m²，其中地上建筑面积约 24661.44m²，地下建筑面积 7578.56m²。建筑高度 169.379m，由一幢地上 31 层（裙房 5 层）、地下 2 层的超高层塔楼组成，含大雄宝殿、观音殿、药师殿、弘法大堂、罗汉堂、钟楼、鼓楼、寺物佛堂、禅堂、藏经阁和佛教藏经用房等，并配有地下停车库（图 6.2-1）。

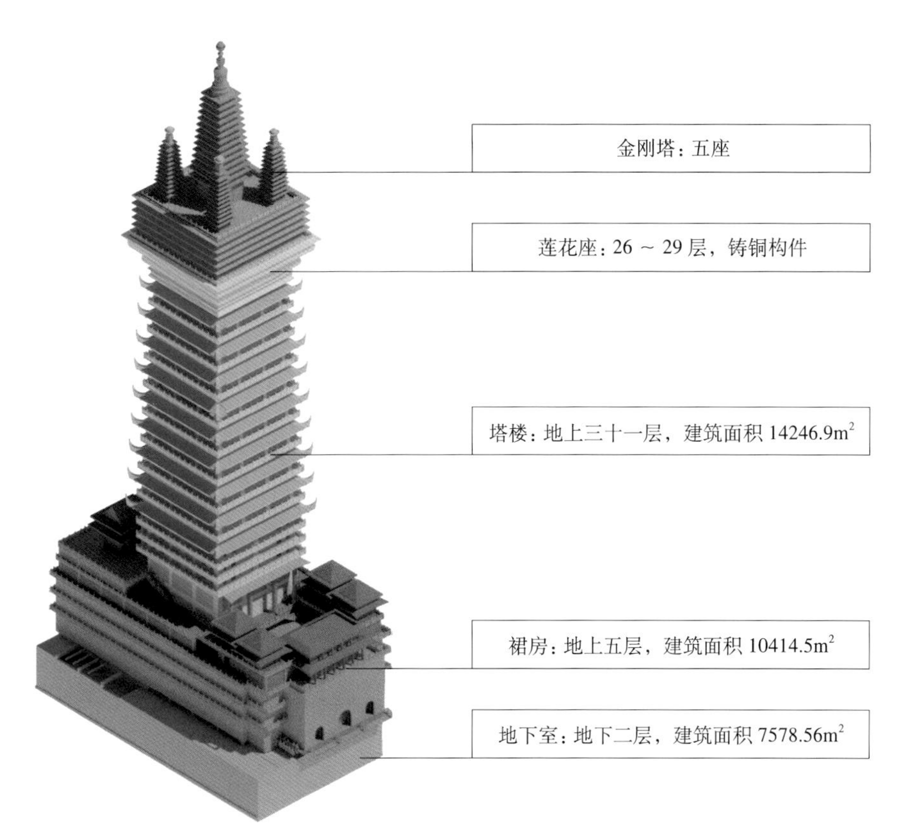

图 6.2-1　项目功能分区介绍

本项目使得太平报恩寺真正成为一座上延释迦牟尼佛成道地菩提伽耶佛塔为蓝本的与汉地佛塔相结合的佛塔建筑，一座具有佛教优良传统、具有佛教利世特征，庄严巍峨独具特色的佛教丛林道场。项目建成之后作为中国第一高寺，将会成为上海市又一地标性建筑（图 6.2-2、图 6.2-3）。

图 6.2-2 俯视效果图

图 6.2-3 手绘效果图

6.3 海南南海佛学院

项目地址：三亚市南山文化旅游区西侧
建设时间：2016 年 6 月至 2018 年 12 月
建设单位：海南国兴南海佛学院工程建设有限公司
设计单位：中元国际（海南）工程设计研究院有限公司

1. 整体介绍

南海佛学院位于海南省三亚市南山景区，由海南省民宗委主管、海南省佛教协会主办的三大语系高级佛学院，面向全球招生。南海佛学院是目前世界范围内唯一一所融汉语系、藏语系、巴利语系三大语系于一个组织管理体系内的高级佛学院，总建筑面积 4.07 万 m^2。该院由佛学研究区、文化交流区、南传佛教区、汉传佛教区、藏传佛教区、居士修行区及其他功能区等部分组成，可满足不同语系四众弟子的学历教育、进修培训、研究交流及真参实修（图 6.3-1）。

2. 戒律大道、教学区

戒律大道由 220 级、宽 30m 的台阶组成，是中国佛教建筑中之最长，落差 45m，从山脚延伸至山腰，包括台阶、中央水系、22 个花架、44 个花池。戒律大道的两旁，分布着 11 所禅意学堂，构成了整个南海佛学院的教学区，禅茶课室、美术课室等一应俱全。其中八所禅意学堂完美对称，与戒律大道浑然一体，颇为壮观（图 6.3-2）。

图 6.3-1　工程效果图

图 6.3-2　戒律大道外景

3. 宿舍区、斋堂

宿舍区依山而建（图 6.3-3），工程秉持生态修复、文化创新的绿色建筑理念，充分利用天然矿坑地形建造，避免了大量挖填方。同时与周边现有景观自然融合，将建筑隐于山景之中，利于节能。

4. 大禅堂

大禅堂在戒律大道的顶端，通过戒律大道可直接到达大禅堂。大禅堂穹顶整体犹如佛祖发髻，单个为双手合十造型，以佛教偈语“无见顶相，于此相中有一切人天不能见之顶点”，寓意千万信众对佛祖供养（图 6.3-4、图 6.3-5）。

图 6.3-3　宿舍区外景

图 6.3-4　大禅堂外景

图 6.3-5　大禅堂穹顶

5. 禅修中心

项目在设计时使用少量的画面和元素，呈现出耐人寻味的空间感受，同时结合佛学院得天独厚的优美自然环境，使得室内与室外环境相辅相成，呈现一种宁静平和的状态。运用禅宗美学做到“少则多”，以便给人们带去“清逸起于浮世，纷扰止于内心”的感受，为僧众打造一个适合身心休憩之所（图 6.3-6）。

图 6.3-6　禅修中心

6. 方丈院

佛寺方丈拥有开坛传戒、普度弟子的职责，德高望重，戒行精严，受全体道众拥戴。方丈院建设布局如图 6.3-7 所示。

图 6.3-7 方丈院

6.4 广东韶关南华寺曹溪广场

项目地址：韶关市曲江区马坝镇南华禅寺旁
建设时间：2018 年 5 月 28 日至 2019 年 7 月 6 日（暂定）
建设单位：韶关大南华投资发展股份有限公司
设计单位：广东省建筑设计研究院

1. 概况

具有 1500 多年的南华寺，是我国著名的禅宗祖庭，同时又是禅宗六祖惠能弘扬佛法的发源地。曹溪，六祖惠能的别名。以六祖惠能在曹溪宝林寺演法而得名。曹溪被看作“禅宗祖庭”，曹溪水常用以喻指佛法。

曹溪广场以六祖坛经为主题，是传承南华禅宗传统文化、宣扬社会主义核心价值观的一个重要载体。从物质的空间布局来说，广场应以南华禅宗精神为体，构筑佛教禅林的庄严氛围；从精神的文化传承而言，广场应以禅宗文化为魂，凸显富有地域特色的文化景观，达致提升文化品位的目的，形成独特的地域标识。广场的总体设计突出文化的重要性，空间布局着重考虑文化意象的呈现。

“曹溪之路”作为设计的核心部分，位于广场中轴线。通过“三点一线”的空间构成，将“无念为宗、无相为体、无住为本”的禅宗思想巧妙融入“南广场”“中心广场”“北广场”三个景观点，最后又统一成为曹溪禅宗文化主题片区（图 6.4-1、图 6.4-2）。

图 6.4-1　曹溪广场

图 6.4-2　夜景泛光设计效果图

2. 踏碓廊 – 惠能踏碓

本区域展示惠能踏碓的故事，惠能在黄梅求法期间，被派在碓房里踏碓，一共八个多月。“愿竭其力，即安于井臼；素刳其心，获悟于稊稗”。设置枯山水庭园，中式园林庭园等景观节点（图 6.4-3）。

3. 经书廊 – 初闻经书

本区域展示惠能初闻经书的故事，惠能初次听到金刚经“应无所住，而生其心”便有所领悟，于是安顿好母亲后决定去黄梅参礼弘忍（五祖）。主要通过唐风亭廊、经书景墙等景观构筑物塑造一个禅境空间。

4. 心动廊、仁者亭 – 光孝寺落发

本区域展示惠能仁者心动故事。惠能过了五年劳苦的生活，终于因缘成熟而出家。乾封二年

图 6.4-3 踏碓廊

图 6.4-4 心动廊

（667）正月初八日，惠能到了广州法性寺（今光孝寺）。印宗正在讲涅槃经，惠能在座下参听。“因论风幡语，而与宗法师说无上道”。印宗非常欣奇，问起来，才知东山大法流传岭南的，就是这一位。于是正月十五日普集四众，由印宗亲为惠能落发，心动廊如图 6.4-4 所示。二月初八日为惠能授具足戒，此时惠能 30 岁。

5. 坛经廊 - 大梵寺说法

惠能到韶州大梵寺说法，是《坛经》所明记的。刺史韦据等到曹溪宝林寺，礼请惠能出山，在城内的大梵寺说法，听众一千余人，是当时的盛会。惠能“说摩诃般若波罗蜜，授无相戒”。记录下来，就是《坛经》的主体部分。《坛经》后来经过不少的增损，但惠能顿教的内容、特色，及其渊源，仍可依此而有所了解。坛经廊如图 6.4-5 所示。

图 6.4-5　坛经廊

6. 菩提叶大门雕塑与无相佛

南广场大门不仅是交通上的重要节点，也是景观结构的重要节点，不仅在功能上具有“门”的作用，同时兼具“佛”的意象。大门采用现代公共艺术创作手法，以钢结构交接的形式，勾勒出菩提叶的形状。大门整体高 21.8m，宽 20.4m。入口处的禅定人像虚门与中心广场的禅定坐像形成对应的正负形体，相互呼应与交错。大门色彩采用具有自然意象的原木色，钢架结构上面附着金属菩提叶，形成风动装置，对应“心动与风动”的经典偈语。

透过多层次复合钢结构，观众可隐约看到门后风景。清风徐来，菩提叶飘动，折射出闪闪微光，营造出一种“非风动，非幡动，仁者心动”的艺术氛围，既是禅宗公案的再现，又是禅意哲学的具象化。同时，观众进入大门中心，能感受到菩提叶造型的大门顶端投射出一束自然光，象征禅宗的智慧之光（图 6.4-6 ~图 6.4-9）。

图 6.4-6　菩提叶大门雕塑

图 6.4-7　菩提叶大门雕塑夜景照明

图 6.4-8　无相佛夜景照明（一）

图 6.4-9　无相佛夜景照明（二）

第2篇　佛教宫殿——现代佛教宫殿关键施工技术

禅语：在天地之间觅得一方安详，听风雨，听山语，听禅语。

佛教宫殿建筑于闹市中取静、于山林中取幽，形而气势恢宏、意而安宁祥和，为佛教信众、普通百姓提供参佛拜佛、感受佛教文化之博大精深提供活动场所，往往能成为建筑瑰宝。

本篇对现代佛教宫殿建筑在地基基础施工、主体结构工程施工及屋面工程施工等阶段遇到的问题进行了详细的介绍与分析。针对佛教宫殿建筑在施工过程中遇到的诸多问题，本篇提出了有效的技术方案，解决了相应的施工难题，达到降低施工难度、提高施工技术水平的目的，为佛教宫殿复杂结构的实现提供了技术支持，同时为未来佛教宫殿的设计提供新的思路。

第 7 章 现代佛教建筑地基基础工程施工技术

现代佛教建筑采用新型建筑施工技术，因地制宜的对自然环境进行改造，在地质条件较为恶劣的环境中打造经典佛教宫殿，大大拓展了佛教建筑的适用场所，且节约了可利用土地面积。尾矿渣填区、废弃矿坑、复杂地质超高边坡等场地原本不适宜建设建筑工程施工，但结合现代佛教宫殿跨度大、结构新、高度高等特点，经过改造后可成为佛教宫殿建筑的良好建造场地。

本章针对尾矿渣堆积体或山体滑坡体塌孔控制技术难度大的问题，介绍了袖阀管及高压旋喷桩加固旋挖桩成孔施工技术，解决了灌注桩在回填层、尾矿渣层等复杂地层的护壁及钻进问题；针对废弃矿坑地质条件复杂、坑内作业难度大的问题介绍了采用锚索框架与锚墩相结合、采用全套管钻进或固壁注浆等技术，解决了保护原始地貌并加固边坡的问题；并且结合佛教宫殿建筑超长超大混凝土基础梁钢筋的施工进行了技术创新。

7.1 尾矿渣填区桩基施工技术

1. 技术概况

随着工程建设的蓬勃发展，城市和环境保护对基础施工技术及工艺的要求越来越高标准，旋挖钻机因其高效、低噪、环保、成孔质量高、机械化程度高的特点，成为近期迅速发展起来的先进的桩基施工技术。但当施工经验不足或一些场地的地质条件复杂，特别是对于景区一些山体滑坡体或尾矿渣堆积体等有环境保护无法湿作业地方，塌孔控制技术难度大，容易出现一系列质量问题，造成严重的经济损失，为此，在工程实践的基础上，经过不断的探索总结，形成了尾矿渣区袖阀管及高压旋喷桩加固旋挖桩成孔施工技术。

2. 技术特点

（1）利用袖阀管注浆工艺对地面的杂填土进行分段、定量和间歇注浆加固处理，改善地层条件，减小填区孔隙率和提高摩擦桩的承载力。

（2）采用高压旋喷桩对灌注桩施工区域进行土体加固，防止灌注桩施工中易塌孔及控制桩底沉渣的厚度。

（3）利用旋挖桩进行干作业成孔，同时根据地质地层情况，选用短螺旋钻头、旋挖钻斗或截齿筒式钻头改善和解决施工的进度和效益问题，达到提高工效，降低成本，缩短工期的目的。

3. 工艺流程及操作要点

（1）施工工艺流程

施工工艺流程如图 7.1-1 所示。

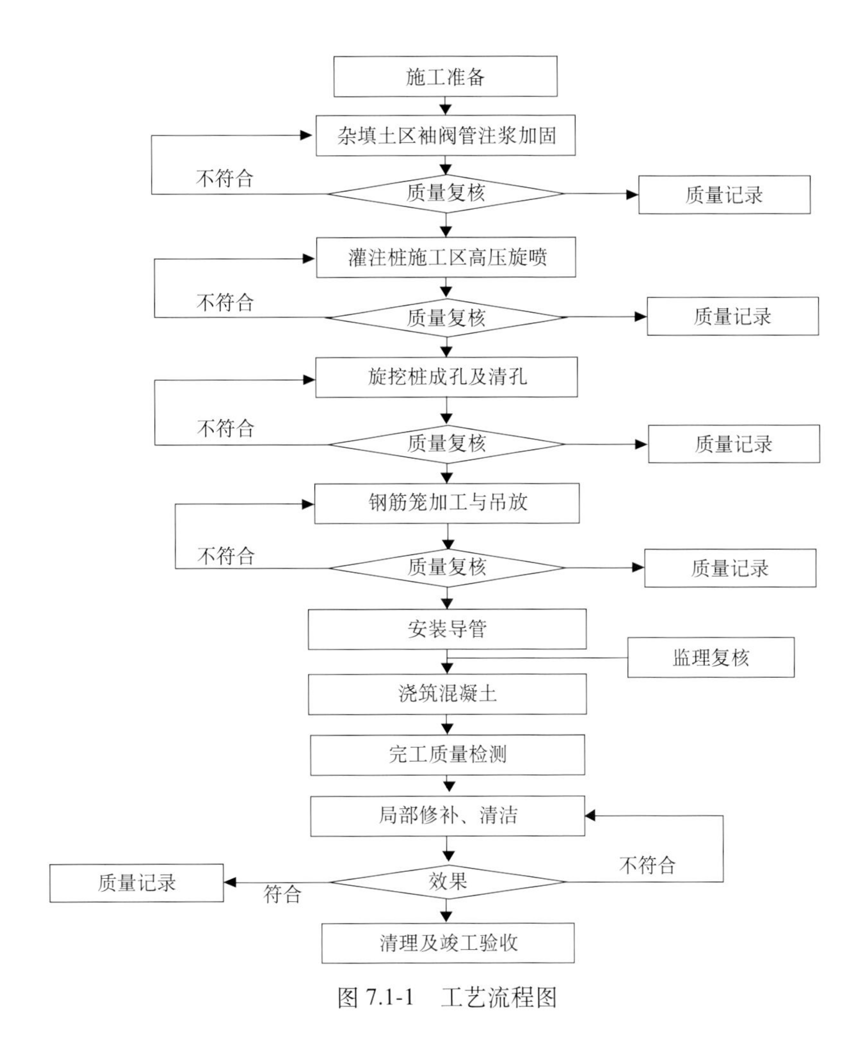

图 7.1-1 工艺流程图

(2) 操作要点

1) 施工准备:

①场地清理、平整。

施工前,场地应完成三通一平,场地平整采用挖机平整,人工配合。平整后用挖机来回进行碾压,旋挖钻机作业场地平整尺寸为10m×10m,对地基不好处应进行换填处理,以满足钻孔设备的稳定性要求。

②试桩试验。

根据设计确定的施工喷浆量、水灰比、注浆压力等参数,在现场打设不少于3处袖阀管和旋喷桩的试桩,并根据实际情况,调整喷浆量、搅拌桩头提升速度、搅拌轴回转速度、压力等施工工艺参数。

2) 杂填土区袖阀管注浆加固:

①对地面的杂填土进行注浆加固处理,注浆加固范围为结构轮廓线以外5m范围。加固深度:从现状地面加固到设计底标高,若到底至标高仍处于杂填土层,再继续向下加固到强风化层1m。因回填层孔隙较大,为防止跑浆,对轮廓周边采用水玻璃封闭注浆。

②工艺流程:放样定位→钻机就位→开钻→成孔→置换套壳料→下袖阀管→注浆(含二次注浆)。

先用全站仪通过基点坐标在周围引入一些辅助坐标点,再通过这些坐标点定出钻孔孔位。定出孔位后，用水泥砂浆在周围加固。

钻机就位后，应使其平整稳固，开钻前利用吊锤钻头和钻孔的垂直度进行检测，并在钻进 2m 时及以后每加一节钻杆均对钻机调平校正，钻孔的倾斜度应≤ 1%。在钻进的过程中，一般采用合金钻头，当遇到岩石时，采用金刚钻头。为防止钻孔的塌孔，采用膨润土进行调试泥浆护壁。泥浆的循环通过皮管和钻杆连接完成，护壁泥浆比重为 1.05 ～ 1.12，如图 7.1-2 所示。

图 7.1-2 钻机引孔

成孔后即通过钻杆将套壳料置换孔内泥浆，套壳料的配比为（重量比）：水泥（P.032.5）：膨润土：水为 1 : 1.5 : 2，置换孔内泥浆；通过循环泥浆管接到挤压式注浆机上，在注浆压力的作用下，通过钻杆将孔内泥浆置换成套壳料。套壳料在压力的作用下，通过钻杆进入钻孔底部，随着套壳料的进入，泥浆从地面孔口置换出来，置换出来的泥浆通过钻孔口的泥浆沟排到泥浆循环池。

套壳料置换结束后立即插入袖阀管。每节袖阀管的长度为 4m，插入时相邻两节袖阀管用长度为 20cm 的 PVC 套管连接，采用 U-PVC 胶粘剂将袖阀管和连接套管粘牢。袖阀管每节连接好后，依次下放到钻孔中，直到孔底，下放时应保证袖阀管的中心与钻孔中心重合。同时保证袖阀管的上端头露出地面 20cm，用套头套牢，防止杂物进入管内，如图 7.1-3 所示。

图 7.1-3 袖阀管连接头安装

套壳料养护 5 ～ 7d，强度达到 0.3 ～ 0.5MPa 后，将注浆内管与双塞管连接好一起放至袖阀管底部，由下往上分段、定量、间歇双液注浆，注浆管采用直径 48mm 袖阀管，长度 13 ～ 17m（根据实际地形调整），注浆孔间距 2m × 2m，三角形布置，注浆扩散半径为 1.5m，填土孔隙率为 25%；注浆结束后，采用止浆塞封闭注浆孔，防止冒浆。

3）灌注桩施工区高压旋喷桩加固：

①灌注桩施工区域位于尾矿渣回填区，为防止灌注桩施工中塌孔及桩底沉渣厚度过厚，需在灌注桩施工前对相应区域内的矿渣体采用低掺量旋喷桩土体加固，使固结体有较高的强度和耐久性；旋喷桩采用三重管法注浆工艺，有效桩径一般 800mm，相互搭接 200mm，水泥掺量 15%、水灰比 1.0、喷射注浆压力 25MPa 并根据现场试桩情况进行调整，如图 7.1-4 所示。

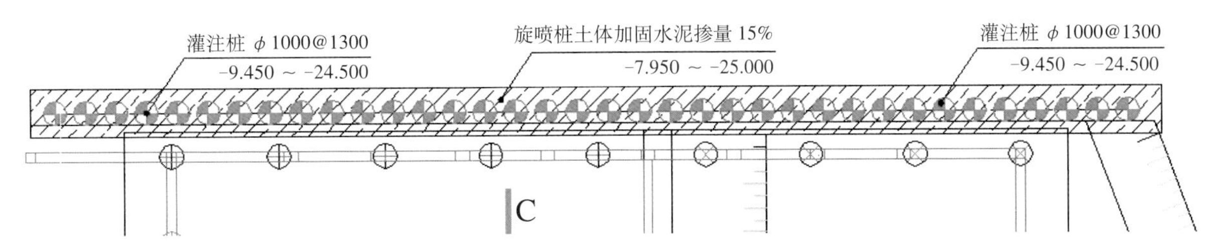

图 7.1-4　灌注桩施工区高压旋喷桩加固

②工艺流程：测量放线→钻机就位→钻孔→下注浆管→喷射注浆作业→回灌浆液。

对场内旋喷桩位进行放样，右侧旋需喷成 4m × 15.5m × 27m 的长方体，左侧需旋喷成 3m × 14.5m × 26m 的长方体，插设竹片桩标识编号、白灰圈点。施工时严格按放样桩位进行施工，钻机安置在设计的孔位上，钻头对准孔位的中心；钻机就位后，作水平校正，使其钻杆垂直对准钻孔中心位置；在钻机就位和钻孔过程中，随时校核钻杆的垂直度，发现倾斜及时纠正，确保钻孔倾斜度在设计允许的范围内。

进行钻孔时，钻孔深度至风化岩层，并尽可能深入岩层，插管与钻孔同时进行，插管至钻孔深度。插管过程中，为防止泥浆堵塞喷嘴，一边喷水一边插管，水压一般不超过 1MPa。当喷管插入预定深度后，由下而上进行喷射作业。

4）旋挖桩成孔。

根据场地地质为强风化凝灰岩、中风化（破碎）凝灰岩、强风化蚀变安山质凝灰岩的不同情况，采用旋挖钻机、旋挖钻斗、短螺旋钻斗、硬质合金截齿筒式钻头等加快施工进度，提高工效。

5）钢筋笼加工与吊放。

桩采用通长配筋，钢筋笼加工采用长线法在加工场地集中加工，汽车运输到施工现场吊装现放。钢筋笼分 2 ～ 3 节加工制作，基本节长 9m，最后一节为调整节。将每根桩的钢筋笼按设计长度分节并编号，保证相邻节段可在胎架上对应配对绑扎。制作钢筋笼时，按设计尺寸做好加劲筋箍，标出主筋位置，把主筋摆在平整的工作台上，标出加劲筋的位置，然后点焊。按设计位置布好箍筋并绑扎。

钢筋笼吊装时配备专用托架，平板车运至现场，在孔口利用 25t 汽车吊吊放。下放前检查钢筋笼垂直度，确保上、下节钢筋笼对接时中心线保持一致，调节平面位置，使钢筋笼中心线与桩位中心轴线的平面位置一致，偏差在 50mm 范围内，主筋对位后焊接固定。

6）安装导管。

钢筋笼安装就位后，紧接着安装导管，采用直径为 300mm 的快速卡口垂直提升导管，分节长 3m，最下节长 6m，导管预先编号，安装时按号码顺序逐节拼装，接口用橡胶垫紧贴密实，上紧螺栓。导管制作要坚固，内壁光滑、顺直、无局部凹凸，各节导管内径大小一致，偏差为不大于 ±2mm。采用 25t 吊车安装，下放过程中保持导管位置居中，轴线顺直，逐步沉放，防止卡挂钢筋笼和碰撞孔壁。浇筑首盘混凝土时，导管底部至孔底距离控制在 40cm。

7）浇筑混凝土。

因现场桩基较长（18 ～ 23m），如混凝土直接垂直浇筑，极易在下落过程中出现离析现象，最终导致桩基底部混凝土质量不合格，故采用混凝土导管浇筑混凝土。具体为：先将导管全部连接好，伸入离桩底面高度不大于 1m 处，封底必须使用储料斗，储料斗与导管连接处用隔水盘封闭，足量混凝土倒入储料斗后，起出隔水盘，储料斗内混凝土落至桩底后，保证导管埋入混凝土面超过 1.0 m。储料斗的下口需自带隔水盘，若使用没有隔水盘的储料斗，要事先预制略大于导管口径的混凝土圆块或木块，用钢丝吊在储料斗底，初盘混凝土施工时待储料斗内装有足够混凝土时，取出圆块或木块，能起到隔水盘的作用。

8）完工质量检测。

灌注桩施工完毕后，进行成桩质量检测，工程设计等级为甲级的大直径（≥ 800mm）灌注桩，全部采用低应变法检测；同时增加采用声波透射法检测，检测数量不应少于总桩数 10%，且不得少于 10 根。在桩内埋设 4 根 ϕ50 的声测管，用声波透射法测量桩身的完整性。

4. 小结

在景区一些上覆松散填土层的山体滑坡体或尾矿渣堆积体等有环境保护无法湿作业的场地，塌孔控制技术难度大等条件下，袖阀管及高压旋喷桩加固旋挖桩成孔施工技术的应用，不仅解决了灌注桩在回填层、尾矿渣层等复杂底层的护壁及钻进问题，而且高压旋喷桩、袖阀管注浆对不同的回填区采用不同的加固处理措施的应用，经济适用、加固效果显著。同时，干作业旋挖钻孔，不同钻头的选用，加快了施工进度，减少了对周围环境的污染，在高效率、高质量完成施工任务同时，降低了施工成本，取得了明显的经济效益和社会效益。

7.2 复杂地质超高矿坑内边坡加固施工技术

1. 技术概况

随着矿产资源的不断开采，遗留了许多废弃矿坑，造成了土地资源的极大浪费，尤其是随着社会的迅速发展，各大城市城区、城郊土地资源变得紧张，土地价值激增，位于城区内或城郊的既有深坑更是浪费了巨大的土地资源。出于绿色节能，建立集约型社会的目的，针对既有深坑土地资源重新开发利用，已经引起越来越多的重视。本节以佛顶宫项目建设为例，介绍废弃矿坑（图 7.2-1）地下空间超高边坡加固技术。

图 7.2-1 矿坑原始地貌

2. 技术特点

(1) 矿坑临近古建筑，为降低爆破震动危害效应，无法大面积造孔爆破，同时为保证破碎质量及效果，需孔内外延时微差爆破、分层爆破。

(2) 边坡高差大（最大高度150m），边坡较陡，出渣困难，需开设若干条出渣道路，且不能直接从开挖面出渣，要多次翻运出渣。

(3) 边坡采用逆作法施工（先削坡完成，后从下往上施作），材料一次投入量大，造成脚手架安全隐患大，设备就位、移动十分困难，脚手架与山体拉接复杂且量大。

(4) 边坡地质条件复杂，裂隙发育，总体上为中等密实的中风化凝灰岩，局部为较为疏松的强风化凝灰岩或破碎带及堆积体。爆破质量难以控制，往往需进行镐头机大量二次修整。

(5) 在地质较差处（堆积体、破碎带），岩体风化破碎十分严重，成孔过程中经常塌孔、卡钻、跑风漏气、漏浆严重，需解决造孔难、穿索难、漏浆量大及与土建作业穿插等难题。

(6) 矿坑内近60m深的坑内施工，材料运输，机械布置，开挖、支护、土建等交叉施工多，竖向、水平施工组织难度较大。同时由于边坡陡峭，坡面狭窄，施工均在边坡脚手架上进行，作业条件危险且降效严重。

(7) 堆积体、破碎带开挖受雨季作业影响较大，开挖过程中塌滑现场发生频繁，故堆积体在边坡削坡施工阶段对引排水及安全监测要求高。

3. 工艺流程及操作要点

(1) 工艺流程

施工工艺流程如图7.2-2所示。

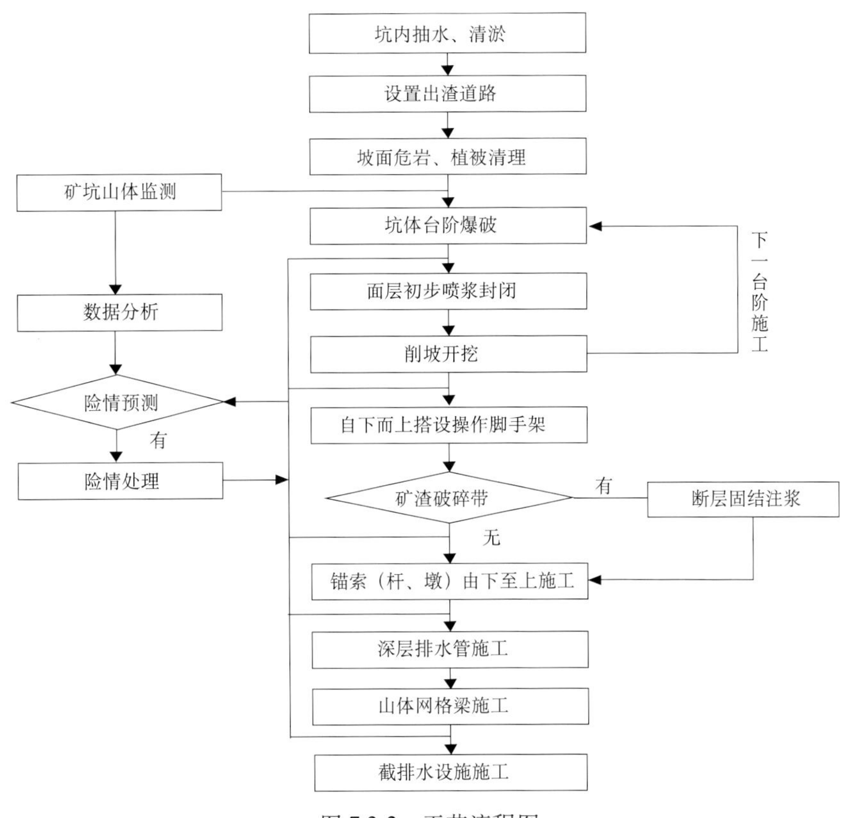

图7.2-2 工艺流程图

（2）操作要点

1）坑内抽水、清淤：

①矿坑内约 30 万 m^3 积水，先采用大功率水泵抽除至坑内淤泥面以上 2m 后，利用加工的浮漂绑定扬程高于 60m 的泥浆泵向上抽排余水。

②底部泥浆转变淤泥，用生石灰干土搅拌，干土由挖土机从周边山体取出，从东侧便道上用挖机将干土、生石灰甩进矿坑后，挖土机入矿坑将干土、生石灰、淤泥搅拌均匀，确保上车不渗水，不落便道上即可。

③坑底东、西两侧各安排若干台挖机将淤泥进行多次倒运至东侧坑底集中处，处于东侧施工平台抓斗机工作范围，抓斗机旁安排挖机于平台处对淤泥进行装车外运，如图 7.2-3 所示。

④将抓斗机平台北侧下降并填土形成三个台阶，用大型挖机将淤泥接甩到装车平台。

图 7.2-3 坑内抽水及淤泥清运

2）设置出渣道路。

因本工程边坡高差大，出渣困难，削坡前需预先设计并开凿出共 6 条出渣道路，其中西侧、北侧在 143m、163m 标高处开设 4 条出渣道路，东侧在 143m、163m 处开设两条出渣道路。标高 163m 出渣道路在削坡前开凿出，用于 163m 以上削坡出渣用（163m 削坡时道路消除），143m 出渣道路在削坡至 163m 标高时开凿。为便于后期结构施工，西侧在削坡至 127m 后，形成道路及作业平台，如图 7.2-4 所示。

3）坡面危岩、清理。

坑体山坡植被覆盖高，多为灌木、杂树及野草，且由于早期采矿进行爆破，使得宕口面较破碎，加上长期的风化剥落，边坡上多处分布有松动孤石，存在崩塌隐患。因此在进行支护施工前先对坡面松动岩块及植被人工清除，拆除障碍物；对边坡局部不稳定处进行清刷；对较大的裂缝进行灌浆或勾缝处理，然后支护施工。边坡支护施工前，先完成坑口以上的土石方开挖，以免支护施工和开挖施工交叉，开挖造成松动土石掉落危及下面的施工人员和设备。

4）爆破后削坡、土石方自上而下分层开挖。

土方削坡顺序为从上至下，形成坡度后结合人工清坡，清除坡面凹凸不平之土层、堆积、浮石、坡脚的杂物，要求坡面尽量平整，并在完成治理结构后及时进行坡面绿化工作，主要采用机械削坡，配合后续人工修坡。采用挖机抛甩渣料至边出渣道路处坡底，再用出渣车将渣料运走。

削坡施工阶段，按照矿坑东、西、南、北四个区域分段分层施工，四个区计划同步进行削坡支护施工，尽量减少边坡坡面无支护暴露的时间。

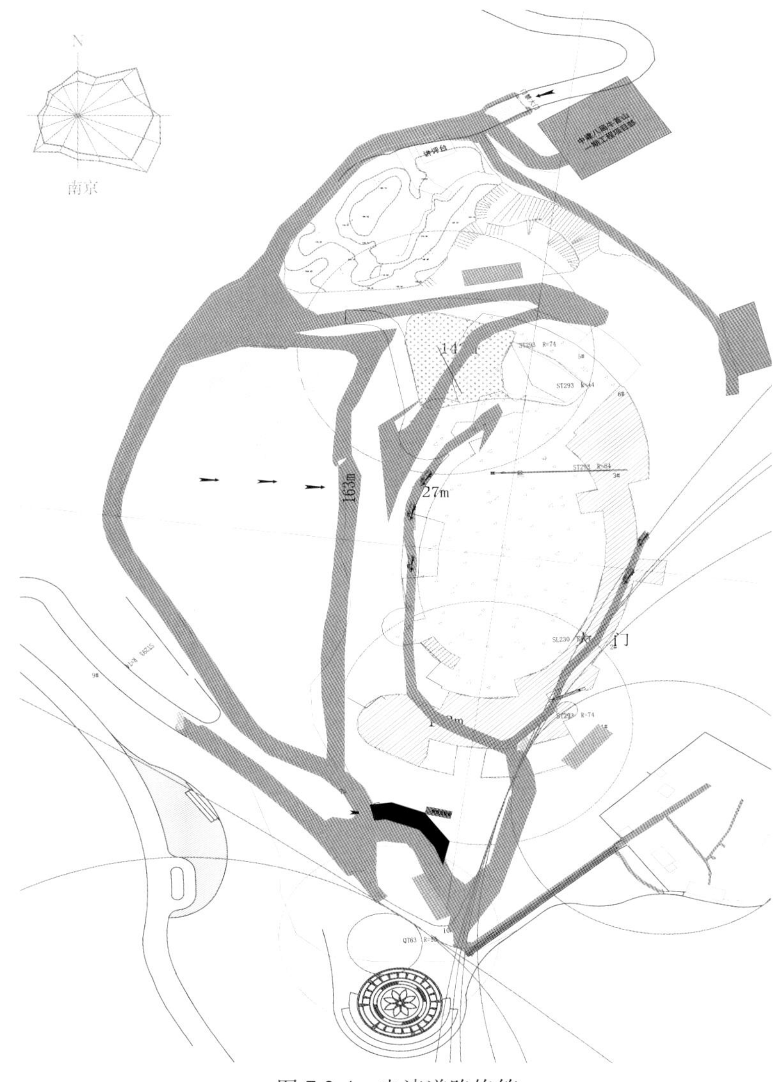

图 7.2-4　出渣道路修筑

5）面层初步喷浆封闭。

边坡施工采用逆作法，故锚索（杆）、网格梁施工周期较长，造成边坡裸露时间过长，在此期间要经历春雨期、梅雨期、秋雨期，中风化的凝灰岩易雨水软化，给边坡的稳定、安全施工造成极大的安全隐患；为确保边坡及施工安全，避免雨水的冲刷及浸泡造成边坡不稳定，对坡面进行挂网喷射混凝土处理（网筋为 ϕ 8HPB235 钢筋，网格 300mm × 300mm）；分两次喷射，喷射厚度 130mm（第一次 50mm 素混凝土），待网格梁完成后，挂网第二次喷射厚 80mmC20 混凝土。

6）搭设操作脚手架。

本工程施工场地地质条件复杂，且位于边坡段，涉及预应力锚索、预应力锚杆及普通锚杆、挂网喷射混凝土、格构梁及主动防护系统等多个工艺平行交叉作业；设计马道宽仅 1.5m，不满足施工要求，采用钢管扣件式综合爬坡脚手架体系作为施工平台。

7）断层固结注浆、主动防护网设置。

对边坡局部不稳定处进行清刷或支补加固、主防护网；对断层破碎带、节理裂隙发育区采用固结注浆加固。

8）锚索（杆、墩）分层作业。

本工程锚索由直径 15.24mm、强度 1860MPa 的高强度低松弛无粘结钢绞线编束而成，锚索自由段、锚固段钢绞线施工前剥皮，在锚索钻孔过程中采用压缩空气，无水钻进。

锚索水平间距和竖向间距为 3m × 3m，锚索长度 26 ～ 45m，锚索孔孔径 175mm，锚固段长度 12m，锚索需进入中风化岩不小于 13.5m；锚固段长度 10m，锚索需进入中风化岩不小于 11.5m；锚索注浆采用 P.O.42.5R 普通硅酸盐水泥，采用纯水泥浆，水灰比 0.38 ～ 0.45，浆体强度不小于 35MPa，注浆压力不小于 1.5MPa。

9）深层排水管施工：

①为了进一步减少地质条件异常因素对边坡安全的影响，顺利将坡体内水排出，确保佛顶宫边坡安全，在坡面渗水点或疑似渗水点设置泄水孔，排水孔用钻机钻进，泄水孔间距 3m，梅花形布置，深层排水管长度 40m，仰角 8°，孔内预埋外径 ϕ75mmPVC 管，PVC 管超出构造物背面 10 ～ 20cm，端部 30cm 长上半圆应设 ϕ10mm 圆孔并用透水土工布包裹连接。

②在排水管上半圆，钻 5 个或 6 个进水孔，孔径 ϕ10mm，孔间距 25mm，梅花状布置；或选择排水管四周均匀布置进水孔，如图 7.2-5 所示。

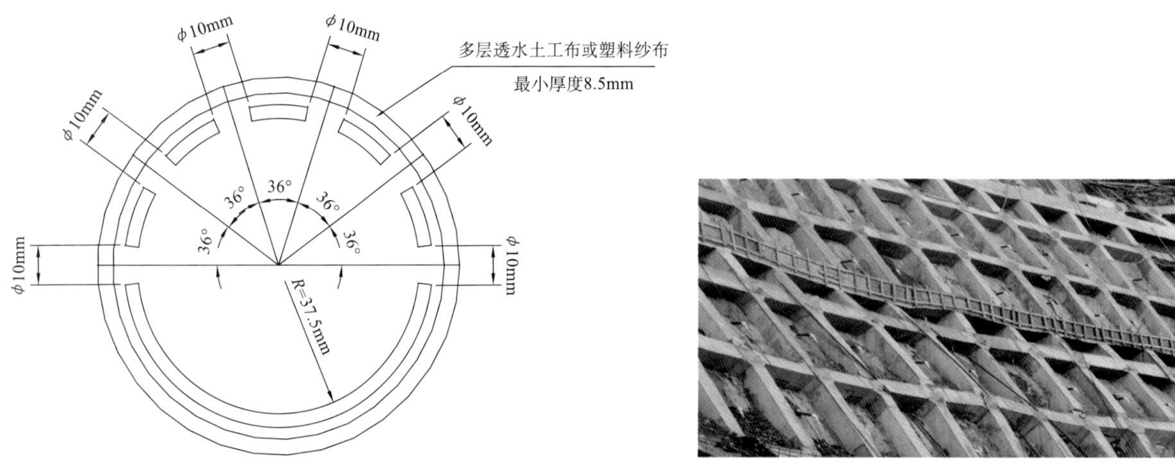

图 7.2-5　深层排水管剖面图及实景图

③采用多层透水土工滤布或塑料纱布封包裹排水管和进水端头，最小厚度 8.5mm；孔口管下接软管或 PVC 塑料管至边坡排水系统（截水沟）。

10）山体网格梁、锚墩施工。

施工工序为：测线定位→开挖梁槽、基底砂浆调平→钢筋制安及锚头结构绑扎→模板制安→浇筑混凝土→拆模→养护。

11）截排水设施施工。

为避免雨水、地下水对开挖坡面形成冲刷破坏，除对坡面进行喷混凝土封闭永久防护外，布置有边坡地表排水系统及边坡地下排水系统，地表排水系统主要以边坡排水孔为主，另外在开挖边坡开口线外设置坡顶截水沟。在各马道上设置系统的坡面排水沟，沿坡道从上至下设置急流槽；截水沟（图 7.2-6）、坡面排水沟、急流槽形成网络与设置的坡底排水沟、集水井相接，最终通过市政系统排出。

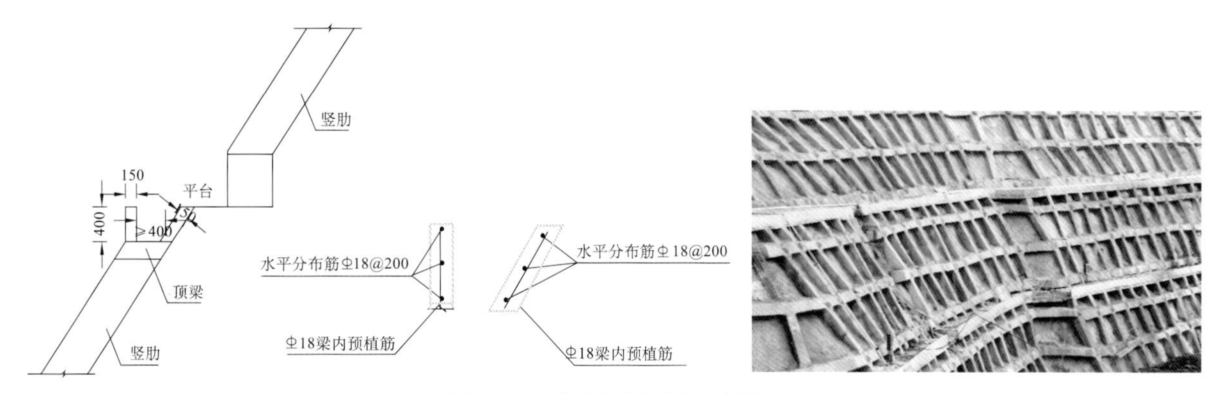

图 7.2-6　截水沟剖面图及实景图

4. 小结

工程建于既有矿坑内侧，具有工期紧，削坡、挖方高度较大，体量大，地质条件复杂，技术复杂，坑内作业，削坡、支护与土建交叉施工，原有植被景观、文物保护困难等特点，通过以锚索框架与锚墩相结合，尽量保护原始地貌；结合岩土体特性，以合理坡率保证边坡自稳，从上至下先削坡完成，再搭设爬坡架至顶进行逆序加固施工：对尾矿渣堆积体、破碎带严重区，采用全套管钻进或固壁注浆施工技术；对临近古建采用微差爆破分层爆破，保证安全和减少坡体扰动及利用锚索张拉台座节点与脚手架体进行连接等方法加快了施工速度，达到了加固边坡、保护环境的目的，解决了交叉施工的困难，并通过施工过程的严格组织与实施，确保了工程质量和施工安全。

7.3　超长超大基础梁钢筋升降安装施工技术

1. 技术概况

目前对于截面大、箍筋密集、肢数多、间距小的超长混凝土基础梁，传统施工方法在梁内焊接角钢支架支撑钢筋绑扎工效低、成本高，且难以保证钢筋密集部位施工质量。如何创造一种适用于超长超大混凝土梁钢筋整体吊装安装的施工技术，在钢筋优化、安装架体设计、吊装系统设计、工序安排和质量控制等方面均有独特的创造性，是急需解决的问题。

为此，结合工程实践，研制了一种安全简便、经济有效、工期合理的超长超大基础梁钢筋升降安装施工技术，如图 7.3-1 所示。

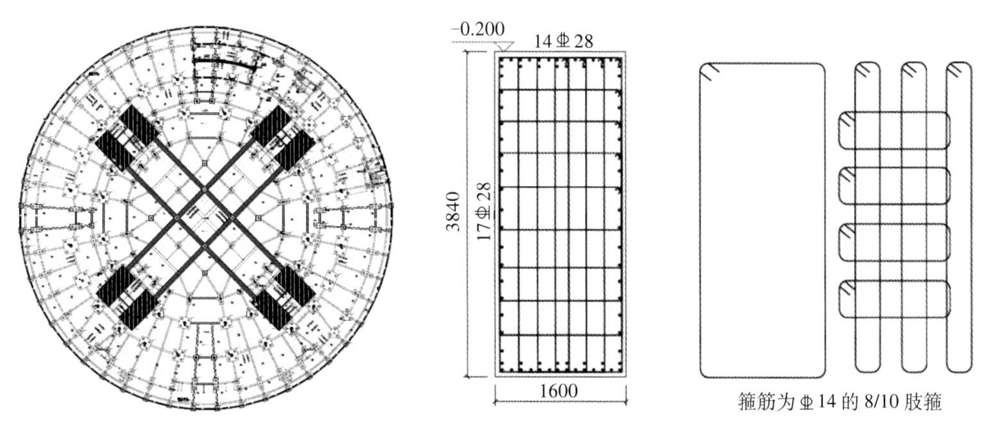

图 7.3-1　超大超长基础梁结构示意图

2. 技术特点

（1）本技术根据项目实际工况，应用 BIM 三维模型对施工全过程进行模拟分析，有效解决了超大截面梁钢筋安装的难题。

（2）研制了一套可升降型钢装置作为钢筋安装平台，实现了在平台上安装钢筋，解决了常规方案一次性投入大量型钢，成本高的难题。

（3）采用分段递推流水吊装技术，减轻了劳动强度，提高了劳动效率，节约工期。

（4）通过有限元分析软件对施工过程进行模拟试验，验证实施的安全可靠性、可行性。

（5）研制一种可升降型钢装置作为大梁钢筋安装平台，通过 BIM 软件精确建模、应用有限元软件进行受力分析，有效解读可升降型钢装置支撑体系的安装过程、钢筋笼绑扎的工序。最后采用手动起重葫芦以分段递推流水吊装的方式对大梁骨架进行合理下放，节约成本，加快进度，保证钢筋质量控制，如图 7.3-2 所示。

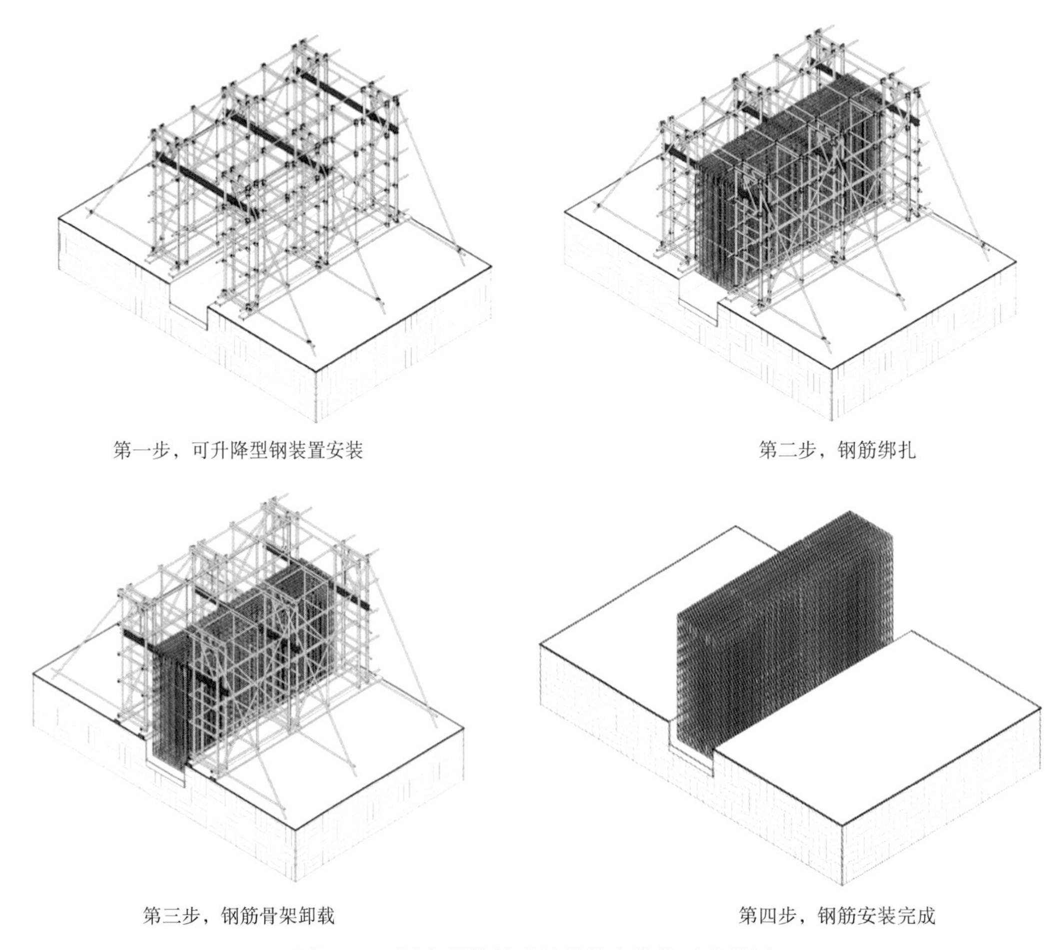

图 7.3-2 超大超长基础梁升降安装施工步骤图

3. 工艺流程及操作要点

（1）施工工艺流程

施工工艺流程如图 7.3-3 所示。

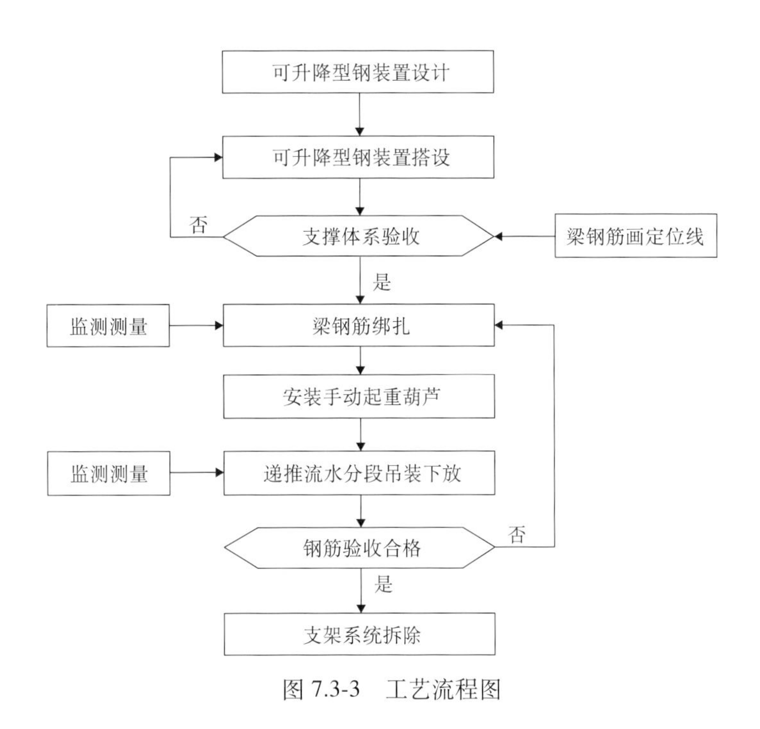

图 7.3-3　工艺流程图

（2）操作要点

1）可升降型钢装置设计。

应用 CAD 软件对可升降型钢装置的架体构造进行设计，确保架体稳定性，确保施工易于操作，质量易于控制。在 CAD 底图的基础上应用 Revit 软件建模，如图 7.3-4 所示。

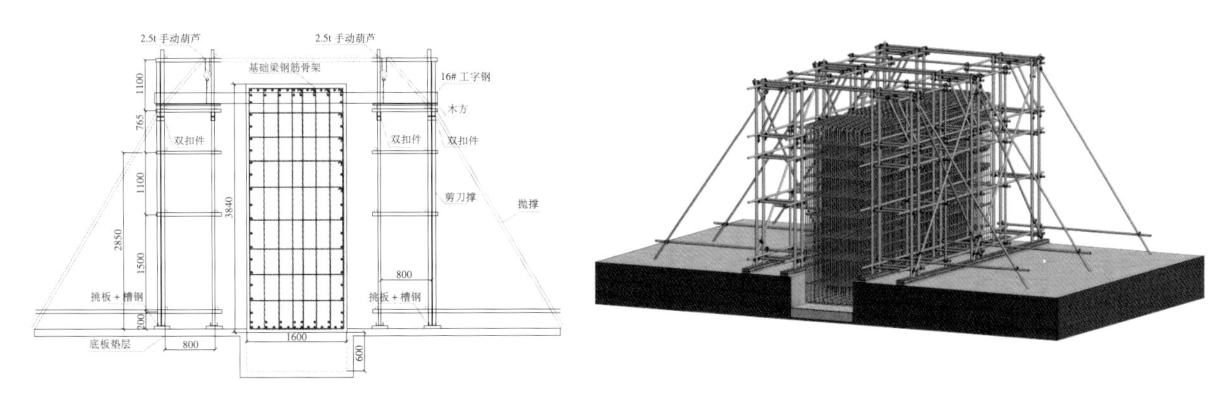

图 7.3-4　可升降型钢装置剖面结构图及效果图

应用 MIDAS 软件对吊装系统进行建模分析，恒荷载为钢筋笼骨架以及吊装系统自重，钢筋笼线荷载为 8.571kN/m（取 9kN/m）；考虑每个支座处 4 人同时操作，每人体重为 75kg，最不利工况下活荷载取值为 $2kN/m^2$。计算得出最大应力为 0.23MPa，最大变形为 0.36mm，整体结构的各个构件均满足承载力设计要求，如图 7.3-5 所示。

2）可升降型钢装置搭设。

可升降型钢装置的架体搭设于钢筋骨架两侧，竖向立杆纵向间距、竖向立杆横向间距根据梁宽确定，设置剪刀撑、抛撑杆和顶部拉结横杆作为可升降型钢装置架体的稳固措施。为保证架体受荷载后沉降均匀，竖向立杆与垫层之间铺设两层通长木跳板，木跳板上放置槽钢。

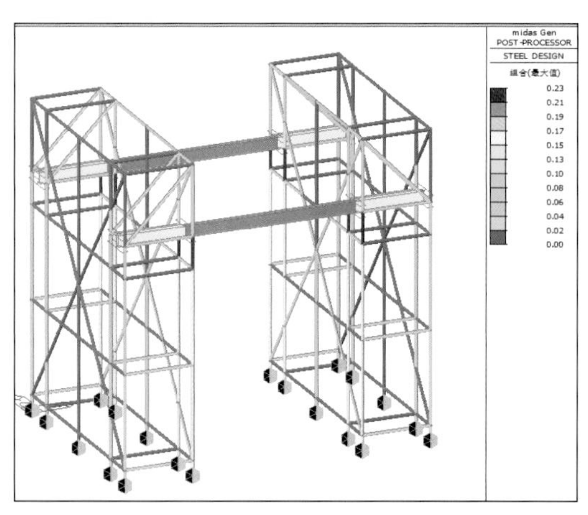

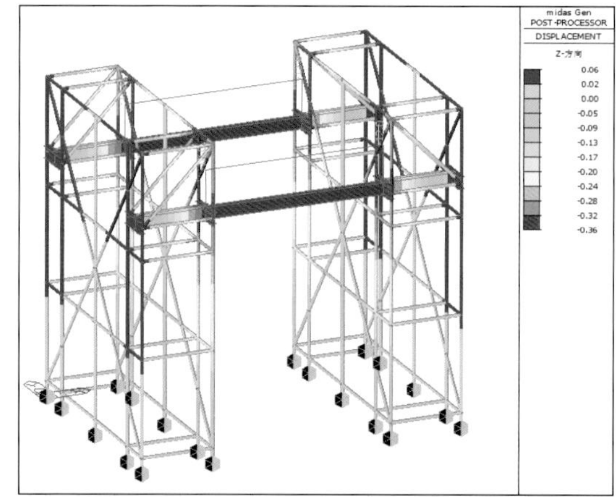

图 7.3-5 应力变形计算图

工字钢吊梁位于可升降型钢装置的架体限位横杆上用于钢筋骨架安装，纵向间距 3m，安装高度根据梁上部钢筋确定。工字钢吊梁架设处两侧设双立杆，双立杆间距 300mm 形成整体下放导轨。为减小钢筋安装难度，工字钢吊梁的高度应使混凝土梁钢筋骨架安装高度整体提高至少 600mm，下部留有箍筋的安装空间。

3）梁钢筋绑扎。

可升降型钢装置安装完成后，在工字钢吊梁上画钢筋定位线，先安装混凝土梁上排钢筋。梁上排钢筋安装完毕后，在工字钢吊梁之间集中套入竖向箍筋，随后进行梁下排钢筋安装。下排钢筋安装完成后，安装梁横向箍筋。

4）安装手动起重葫芦。

基础梁钢筋安装完成后，拆除中部连接横杆。手动起重葫芦挂在架体顶部斜撑杆与小横杆的连接处作为受力点，采用钢丝绳连接手动起重葫芦与工字钢吊梁。通过手动起重葫芦将工字钢吊梁连同梁钢筋骨架整体缓缓提升 50 ~ 100mm，随后卸掉工字钢吊梁底部限位横杆。

5）递推流水分段吊装下放。

工字钢吊梁下部限位横杆全部拆除后，开始钢筋骨架逐步由中间向两端分段吊装下放、就位。钢筋骨架由中间向两端分段吊装下放，钢筋骨架下放前，在每排支撑钢管竖向立杆处标识标高刻度线，每 50mm 一道。下放时，每 100mm 划分为一层，从中间一端向承台另一端逐步依次进行。第一步下放第一、二点，第一个点下放 100mm，第二个点下放 50mm，第二步下放第一、第二、第三点，相邻两点下放高度差控制在 100mm，重复上述下放步骤，依次重复进行每一步钢筋下放方式，直至混凝土梁钢筋骨架下落至混凝土下凹口底部，如图 7.3-6、图 7.3-7 所示。

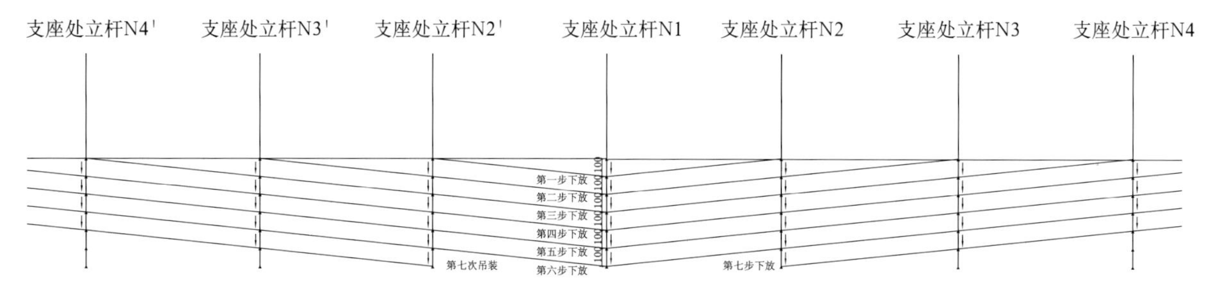

图 7.3-6 分段递推流水吊装下放原理示意图

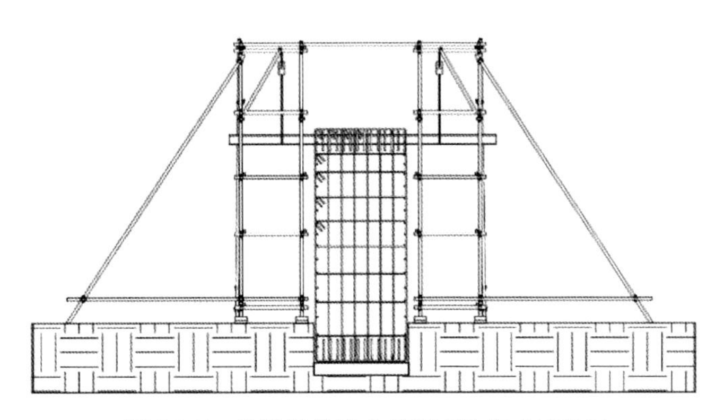

图 7.3-7　分段递推流水吊装下放完成示意图

6）钢筋验收。

大梁钢筋施工过程中，检查基础梁钢筋的弯钩和弯折情况，箍筋的末端是否有弯钩、钢筋加工的情况、钢筋的接头位置、同一构件内的钢筋的接头位置是否错开、箍筋的加密区。箍筋加密区的数量、绑扎的钢筋骨架，它们的间距、排距、保护层的厚度、中心线的位置、水平高差，如图 7.3-8 所示。

图 7.3-8　钢筋安装完成及现场验收

7）架体拆除。

所述混凝土梁钢筋骨架下放完成后，钢筋骨架位置准确，保护层厚度符合要求后，即可拆除工字钢吊梁及可升降型钢装置（图 7.3-9）。

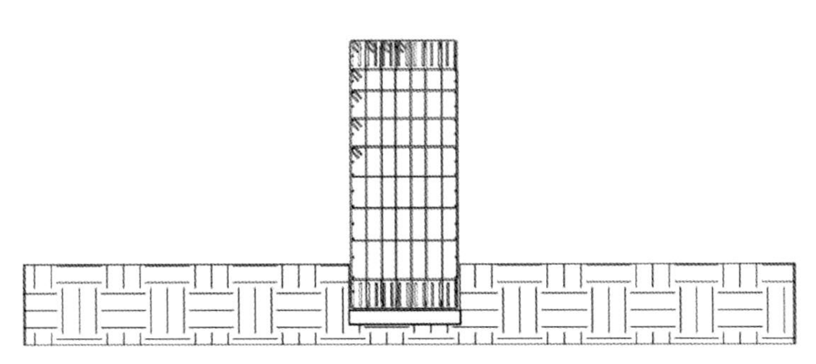

图 7.3-9　架体拆除后的完成效果

4. 小结

超长超大基础梁钢筋整体吊装安装施工技术在安装平台设计、吊装系统制作、工序安排和质量控制等方面均有独特的创造性和可借鉴性。降低钢筋施工难度，提高施工效率，钢筋定位准确，混凝土成型质量良好，单根梁钢筋安装缩短工期 15d 以上，取得了较好的经济和社会效益。

采用钢筋整体吊装安装施工技术，不仅顺利完成了主体工程大梁的施工，更积累了超长超大截面高密度大直径梁钢筋半成品化施工技术，为类似工程施工积累了丰富的经验，也为解决大截面高密度大直径钢筋安装问题提供了新的方法和思路，具有一定的推广应用价值。

第 8 章 现代佛教建筑主体结构工程施工技术

现代佛教建筑的宫殿有条件追求恢弘气势，营造僧众与百姓瞻仰佛教文化的圣地，在佛教宫殿方面会出现设计新颖的大空间厅堂，如特殊的佛教观演空间。本章结合国内现代佛教建筑宫殿的特点，介绍解决大空间施工的新技术。

8.1 重型钢结构箱形桁架组合梁吊装施工技术

1. 技术概述

梵宫建筑宴会厅钢屋面采用大跨度箱形桁架组合梁结构体系，形成从 2 层顶面（8.350m）到主梁下表面（17.55m）之间的大空间。下设 1200 多座位，上覆 2000m^2 景观绿化屋面，如图 8.1-1 所示。

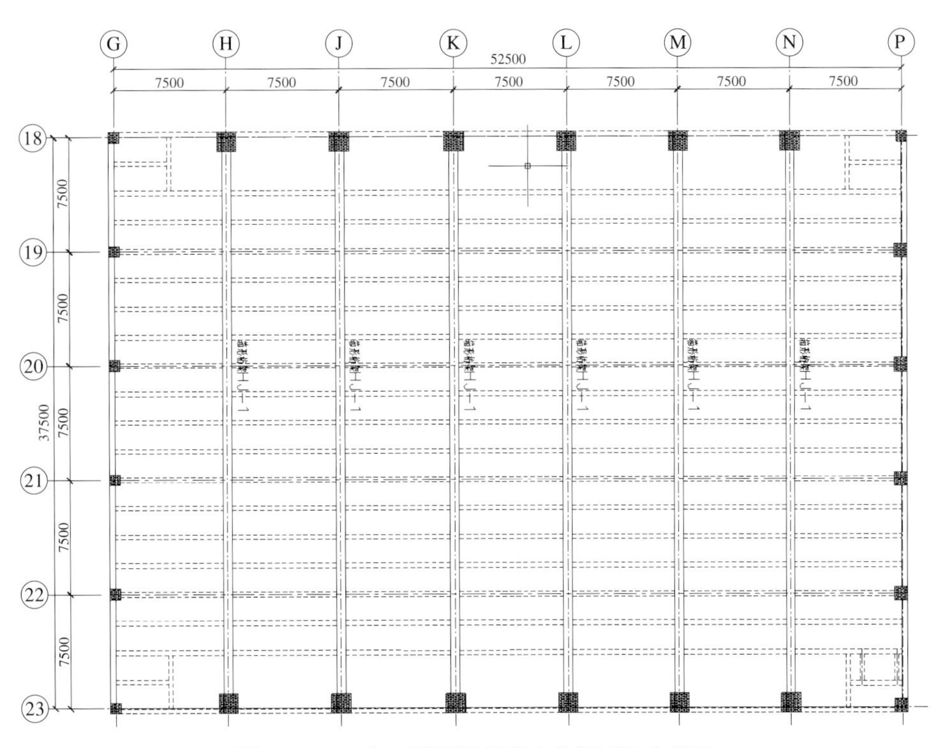

图 8.1-1 宴会厅箱形桁架组合钢梁平面布置图

整个屋面的钢结构分布在Ⓖ～Ⓟ / ⑱～㉓轴。主梁共 6 榀，布置在Ⓗ～Ⓝ轴，主梁高 2.6m，宽 0.8m，跨度 37.5m，长度 38.2m，单榀重 86t，为上下平行弦箱形梁，腹杆为 H 型钢，点支在

⑱轴和㉓轴的钢筋混凝土柱柱顶，通过柱顶锚栓与钢柱固定。主梁之间设置次梁，间距基本为1875mm和1925mm，共147根，断面为焊接H型钢H594×302×13×26，与主梁及周边混凝土墙上的埋件采用高强度螺栓及焊接连接，钢结构总量约700t。

2. 技术特点

（1）利用钢箱形桁架梁截面性能佳、结构承载力高、外观平整美观、受力性能好等特点，代替混凝土结构来实现大空间、大跨度效果，同时便于以后功能分区的改变，并着重解决大型箱梁拼装、整体吊装等关键技术问题，不需搭设高空脚手架，减少高空作业及劳动强度，加快施工进度，提高施工的安全性、质量和效率。

（2）结构大跨度，使得主梁超长、超重，根据加工及运输要求，分成几段，运至现场，再将分段制作的桁架单元在地面的胎架上拼装成整榀桁架（或多榀组合），控制好钢箱梁的挠度，复核起拱准确度，拼装完成后先利用电脑模拟吊装技术，确定吊装机械停靠点后，再利用大吨位的吊机停机跨外将整榀（或多榀组合）整体吊装到设计标高位置，并加以固定的施工方法。

（3）该施工工艺不需要高大的拼装支架，最大限度地减少了高空作业，容易保证施工安全与连接质量，但需要起重量大的起重设备，技术较复杂。同时，主梁超大、两端支座形式复杂，主梁与埋件及次梁之间采用螺栓连接，加之主梁又有“起拱”要求，对构件的加工、拼装以及安装的精度要求是相当高。

3. 工艺流程及操作要点

（1）工艺流程

施工工艺流程如图8.1-2所示。

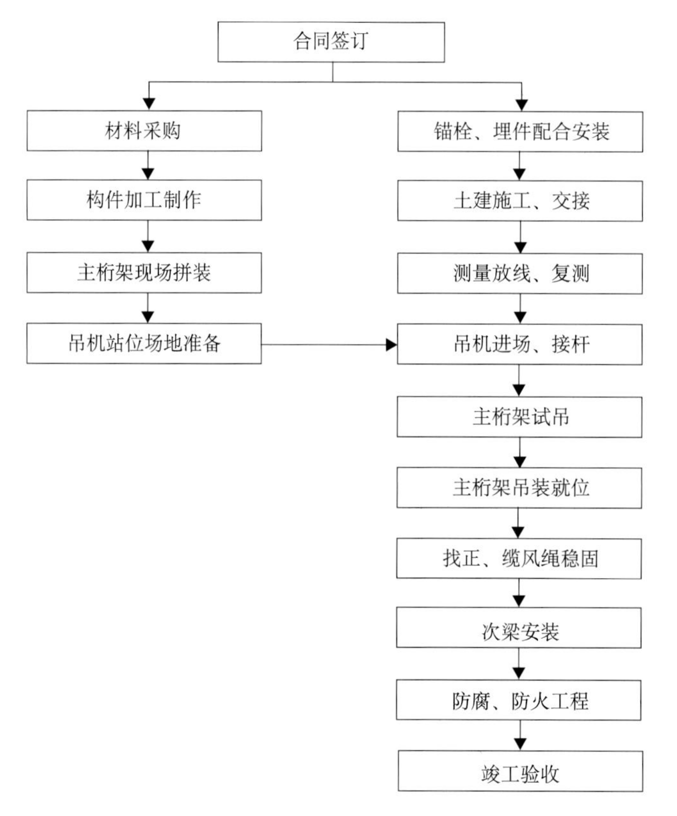

图8.1-2 工艺流程图

（2）操作要点

1）锚栓、埋件配合安装。

钢箱梁支座支撑在柱顶，柱顶预埋锚板垫板，锚板在预埋前进行表面处理，应保证表面平整度；柱混凝土浇筑前将锚板与混凝土体内钢筋定位固定，精确测定锚板标高及水平位置；锚板上开设混凝土浇筑孔，确保柱混凝土浇筑密实，顶部混凝土体厚 30 ~ 50mm，进行高强无收缩料的后浇灌浆施工，控制顶部的混凝土体密实以及锚板的变形。

2）测量放线。

箱形梁在现场进行分段组装，为保证整体安装精度，应控制好每段的安装位置。

吊装前，先在梁底标识中心线，在梁端适当位置标识标高控制点，利用吊机和拉绳等使箱形梁初步就位，用吊线锤的方法使梁底中心线对准事先测设在柱顶预埋件上的中心线投影标志，通过支撑于箱梁两端下部的千斤顶进行标高调整；采用捯链和千斤顶进行平面位置的调整。

3）吊机站位场地准备。

吊装技术人员到现场查看，根据周围环境确定吊车位置，确定桁架拼装场地。对拼装场地进行平整碾压，使整个场面保持在同一平面内，实地测量简易钢支架的实际距离。

4）主桁架的拼装。

将超长的几桁主梁，每桁在加工厂分成若干段运至现场，长度分别为总长的若干分之一。运抵现场后，先卸车吊装中间段，用 100t 履带吊吊装到拼装指定位置后，主梁在搭设简易钢胎架平台上进行拼装，钢胎架平台采用长道木及 30b 型工字钢作衬垫，12 号槽钢作斜撑焊接形成。

按照在加工厂预拼装的标记进行对接，分层焊接，焊接前进行焊接工艺评定，确定焊接材料品种、规格，焊接电流、焊接速度、焊接层数等或是否需要采用特殊的焊接方法及相关工艺参数。每层焊接完成清除焊渣并磨光。

焊接采用 CO_2 气体保护焊，因主桁架梁分段后，单个重量很重，焊接时为保证焊接质量、防止变形，对拼后，在其上焊接控制钢板（图 8.1-3），钢板螺栓连接后采用对称焊接，在钢梁焊接完成稳定后，拆除控制钢板；经探伤合格后（按 100% 探伤检测）靠建筑物直立排放，设临时支撑稳固，防止倾翻。

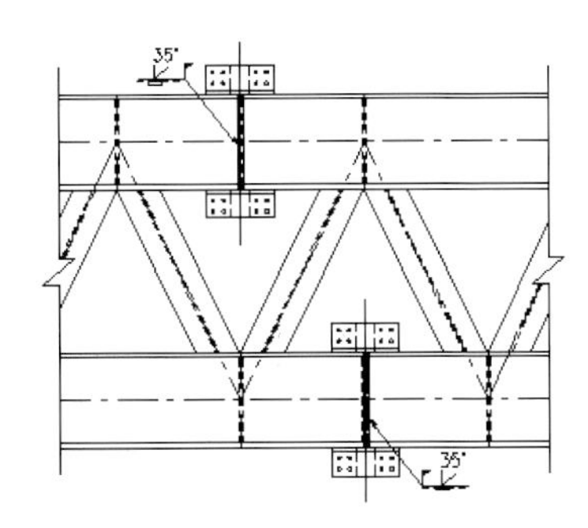

图 8.1-3 箱形桁架梁现场拼装、焊接图

焊接完成后焊缝须通过超声波探伤及 x 射线探伤，检测前需对焊缝进行打磨、清理，焊缝检测合格后应补上底漆，刷中间漆、面漆。

5）主桁架梁的吊装。

根据主桁架梁大小及现场地质条件，选用 350t 或 400t 甚至更大的 750t 履带吊以四点起吊方式安装，吊装时天气必须能见度好，无雨无雾、无大风等情况；就位后进行位置找正，锚栓临时固定，上弦拉设缆风绳临时稳固。然后进行垂直度找正。主桁架找正后，及时安装与混凝土墙或桁架之间的次梁，使桁架形成稳定结构。

主桁架吊装时，起身应平稳，缓缓升钩→慢慢回转→吊装到指定位置后→缓缓松钩（吊钩带30t力）→柱顶螺栓固定→缆风绳两边临时固定→吊机松钩（悬浮配重落地）→悬浮配重支架固定销拆除→次梁吊装固定（一钩多吊），如图 8.1-4 所示。

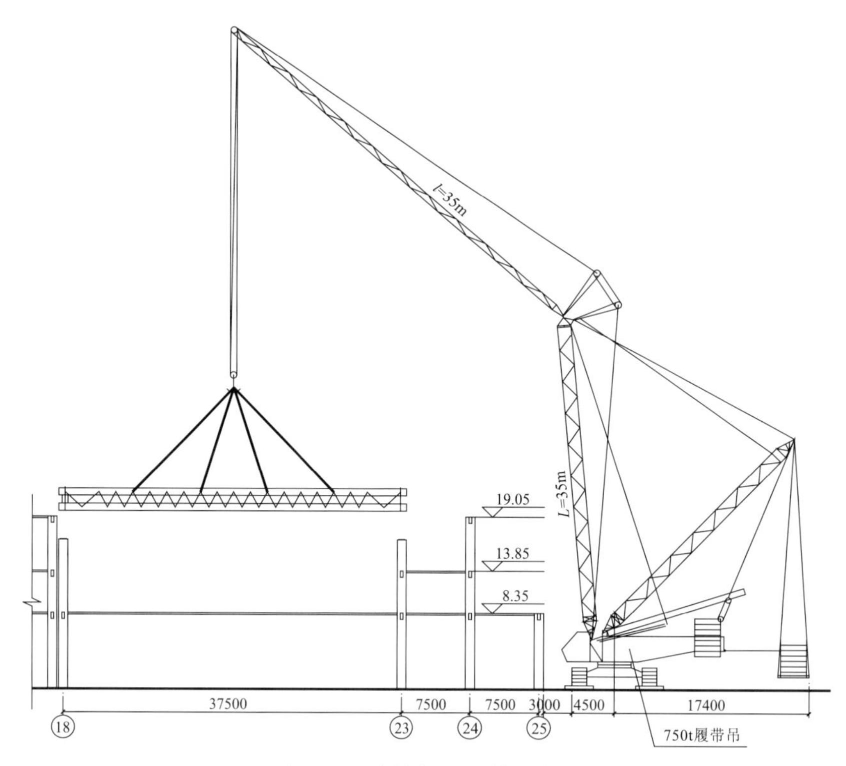

图 8.1-4 主桁架梁吊装示意图

6）次梁安装。

次梁用吊机吊装。采用一钩多吊的方法，在主桁架就位找正后安装。

部分吊机不能吊装到位的构件可以在主桁架上弦设置小拔杆，将次梁用吊机放到二层平台上，然后水平倒运至吊装位置，采用两台拔杆抬吊的方法就位。在结构形成空间稳定体系后锚栓固定。

7）防腐、防火工程：

①钢箱梁涂装分成工厂和现场两部分，构件底漆在工厂内完成，现场拼装、焊接完成，焊接位置做好表面处理后，进行补底漆工作，面漆在现场喷涂。所有涂料按设计要求采购，涂料进厂时应有规定的国家法定检测机构的涂料检验证书，只有合格的涂装材料才能用于工程的涂装施工。

涂装完成后，检验人员应按施工规范要求，在构件上测量任意 10 个分布点，其 10 个点之中 80% 不得低于规定值，且其中任何一点膜厚值不得低于规定值的 70%，并将所测值填写膜厚记录表，送工程监理检查确认。

②钢箱梁防腐涂装前，应先检查钢材表面处理是否达到防锈等级的要求，是否仍有返锈或重新污染的现象，否则应重新处理，同时除锈后要求在 12h 以内即喷底漆。对于还需涂装和禁止涂漆部位，应事先用胶纸带遮盖起来以免涂上漆。

4. 小结

本技术开拓了大跨度箱形桁架梁整体吊装施工在建筑工程领域（会议场所、剧院）等的应用，为类似工程应用提供了参考，同时解决了在复杂城市环境下大跨度钢箱梁应用于建筑工程的施工难题。最大限度地减少了高空作业，加快施工进度，且容易保证施工安全与连接质量。

8.2　主塔厅转换层曲面预应力大梁优化及施工技术

1. 技术概述

为了适应灵山梵宫大跨度的空间使用要求，使平面布置灵活，主体结构主要采用框架结构；在需要做高耸穹顶及超大面积厅堂的情形下可采用钢结构；当需要改善构件变形、控制裂缝宽度时，可采用预应力结构。

灵山梵宫的各个楼层中大量运用了预应力技术，用以改善梁的挠度变形及裂缝宽度，提高其工作性能，增强其耐久性。图 8.2-1 所示为该建筑塔楼 22.4m 标高处转换层的各梁配筋。由于该转换层的梁跨度大而且承受重载，梁截面也比较高，受力比较复杂，是结构非常重要的构件，故采用了预应力技术。

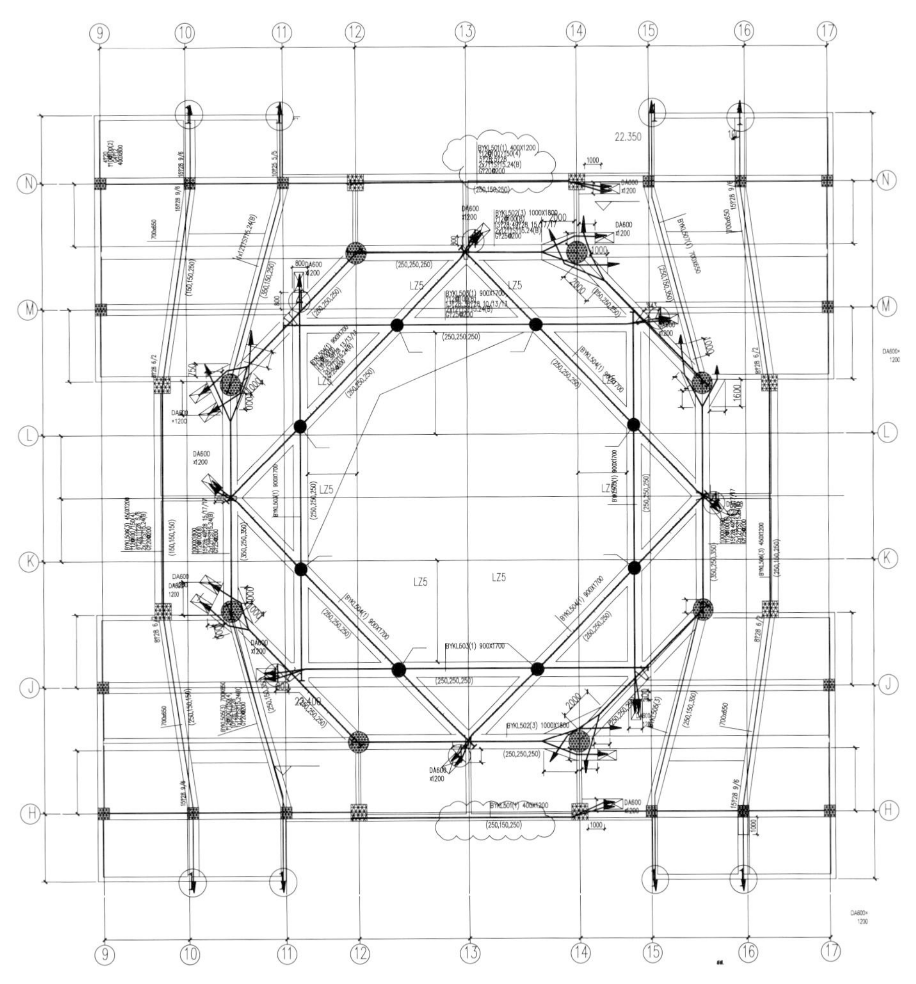

图 8.2-1　转换层梁配筋图

2. 技术特点

（1）由于转换层大梁内同时配有预应力筋及普通钢筋，这样在转换层各个柱节点处存在多根梁汇交（最多达5根）在一起，存在节点处普通钢筋与预应力筋并存，而且预应力筋的布置与普通钢筋的布置交错在一起，导致节点处普通钢筋和预应力筋相互干扰，无法保证预应力筋和普通钢筋的正常位置，如按正常的普通钢筋应避让预应力筋的施工原则，将导致柱中普通钢筋大量被割断，费工费时，会严重影响施工质量和进度。

（2）柱节点处大量预应力筋汇交于该点，柱子节点处承受巨大的压力，如何保证局部压力满足强度要求而不发生破坏。

（3）柱节点处多条大梁汇交于此，柱节点处于严重超筋的状态，如何保证柱节点处混凝土的振捣密实，确实混凝土的浇筑质量。

（4）如何解决上述矛盾，在保质量、工期的前提下使施工顺利进行，是需要解决的问题。

3. 预应力大梁节点的优化设计

（1）为了避免在柱节点处预应力筋与普通钢筋的相互干扰，对预应力梁柱节点进行了深化设计，将预应力筋绕过柱子，通过环绕柱子加腋，既扩大了局部受压的区域，又使得预应力筋和普通钢筋尽量不相互干扰，方便了施工。

（2）预应力梁加腋的深化设计。

1）预应力筋加腋尺寸的确定：满足预应力筋张拉端排列的构造要求，根据构造要求确定加腋的高度、长度及宽度。

2）预应力筋加腋尺寸的构造钢筋的配置：预应力筋的加腋承受巨大的压力，其局部压力易使加腋部分产生局压破坏，针对加腋所承受预压应力，需要对预应力加腋的构造钢筋进行局部预压应力的计算，然后再确定加腋处的构造筋的配筋量。

（3）针对柱节点处于严重超筋的状态，普通钢筋间距过密的情况，为了保证柱节点处混凝土的振捣密实，确保混凝土的浇筑质量，在柱节点处采用比设计强度高一级的细石混凝土浇筑，并现场监督，确保振捣密实。

4. 预应力大梁的施工

为保证预应力梁施工的质量，应严格按照预应力施工工艺进行。其中有粘结预应力筋的施工工艺如下：

（1）有粘结预应力梁施工工艺流程，如图8.2-2所示。

（2）为了保证张拉质量，应严格按照预应力张拉工艺进行张拉：

1）预应力钢绞线的张拉顺序应符合设计要求。本工程对于两端张拉的预应力梁采用一端张拉一端补拉。

2）两台千斤顶在梁两端对称张拉两束，张拉到位后两端千斤顶换束另端补张。

3）预应力次梁张拉为两根钢绞线时，可以先左后右不对称张拉。

4）为减少钢绞线的松弛损失，采用超张拉3%相应等级控制应力的方法进行张拉。

（3）预应力的灌浆与封锚。

灌浆作为一道预应力张拉后的最后一道工序，对于保证预应力筋与大梁的粘结力，提高预应力梁的整体工作性能和耐久性，具有重要作用。

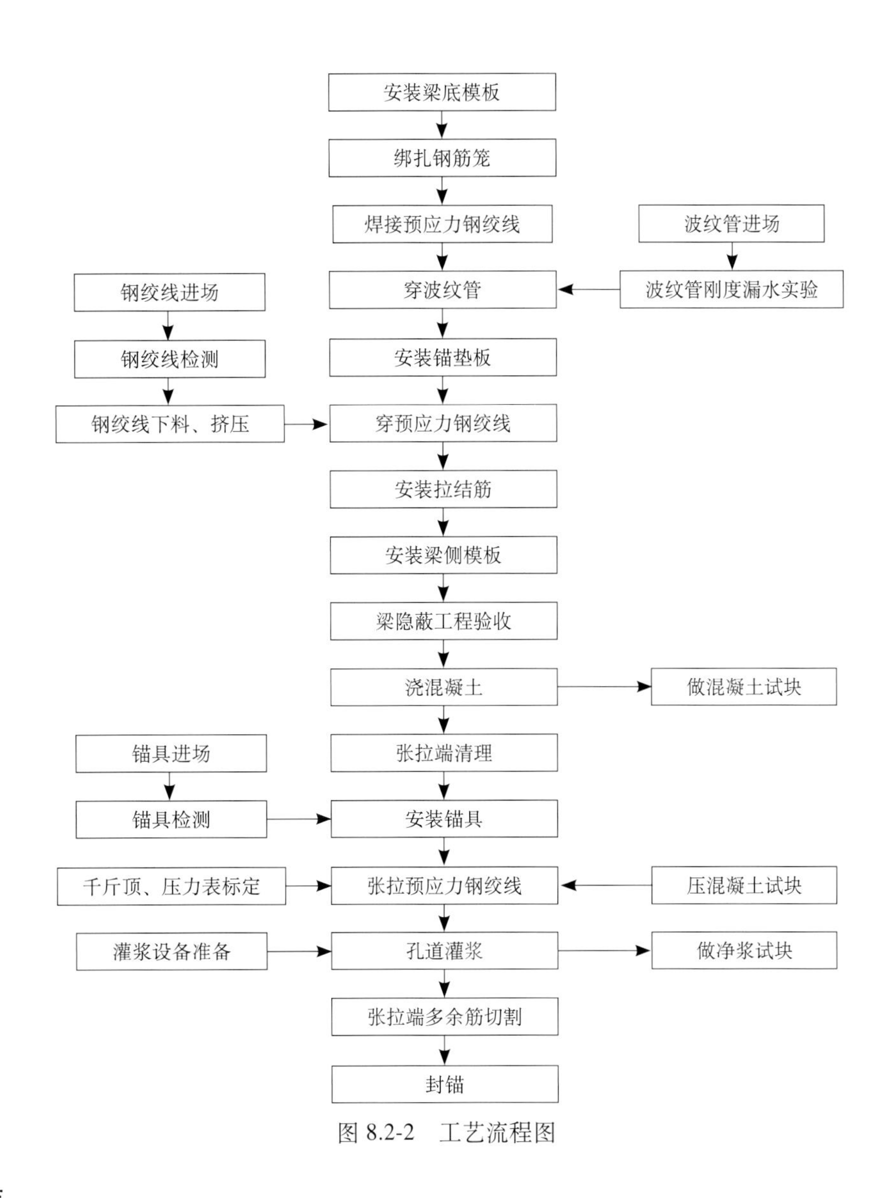

图 8.2-2　工艺流程图

5. 小结

通过对预应力筋的优化设计和施工质量的精心控制，将原来在柱节点处无法施工及难以保证施工质量部位，采取相应技术措施，既满足了设计要求，又方便了施工，确保了质量，得到了良好的效果。

8.3　预应力混凝土弧形桁架梁施工与测试技术

1. 技术概况

施工阶段的结构测试是一项检验结构质量、判断工程安危的必不可少的工作。通过对主体结构施工过程的测试，可对结构的力学性能和状态进行监测，并对结构的受力、变形等信息及时反馈，它既为设计者们的建筑设计、结构设计的创新、优化提供可靠的依据，对结构施工方案的调整提供参考。

无锡灵山梵宫主体结构中，在标高 18.9m 和 26.7m 间设置有一道预应力混凝土弧形桁架。根据设计单位提供的设计图纸可以知道，弧形桁架位于（R12）～（R15）轴间，曲率半径为

35.7m，弧度角为60°，弧长37.366m，下弦梁YKL007和上弦梁YKL101所在的结构平面如图8.3-1、图8.3-2所示。

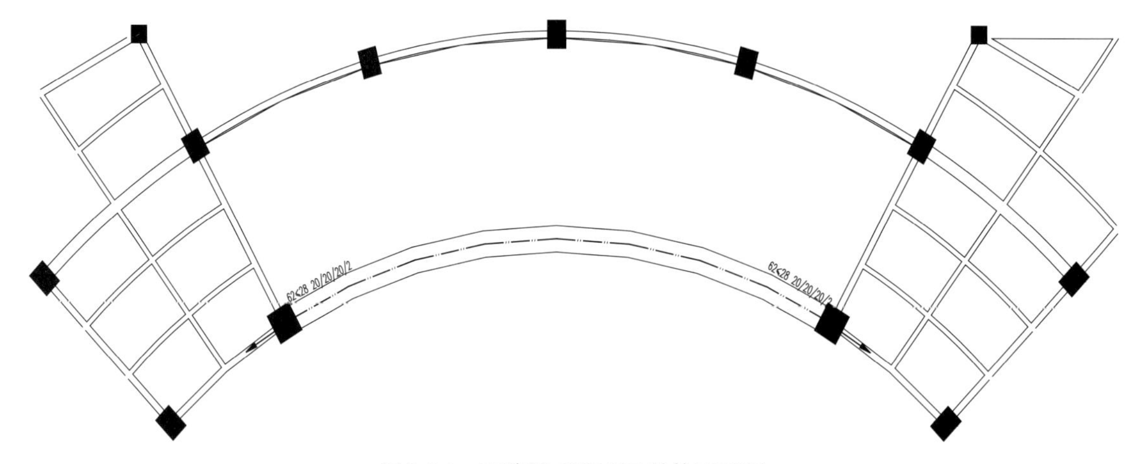

图8.3-1 下弦梁YKL007结构平面图

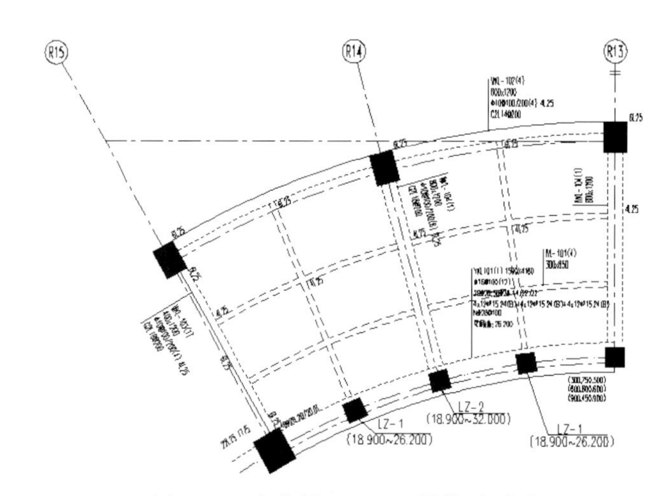

图8.3-2 上弦梁YKL101结构平面图

由于弧形桁架跨度大而且受重载，下弦梁YKL007和上弦梁YKL101的截面也比较高，受力比较复杂，是结构非常重要的构件，而且混凝土的浇筑量比较大，施工难度也比较大，根据设计要求需要对该梁进行预应力施工测试，测试的主要内容有：预应力筋的有效预应力；上、下弦杆内非预应力纵向钢筋的应力；框架柱外侧混凝土表面应力；框架柱端的侧移；预应力施工阶段梁的挠度；梁内混凝土的温度。

2. 测试内容和方法

(1) 张拉阶段预应力筋有效预应力检测

为检测施工中空间多波段曲预应力筋的有效预应力建立是否满足设计要求，测试的内容包括：

1) 张拉伸长值测试；

2) 张拉控制应力和被动端应力测试；拟采用直尺测试张拉伸长值测试，采用力传感器测试张拉端和被动端的拉力。通过测试结果可以推断摩擦引起的预应力损失，张拉控制应力减去预应力损失即为有效预应力。

（2）非预应力钢筋的应变和应力测试

通过纵向非预应力筋和混凝土应变的测试，可以分析得到非预应力筋和混凝土的受力状况，可与计算分析结果和设计控制指标比较。拟采用振弦式混凝土应变计量测。与传统的应变片和手持式应变计测量应变相比，振弦式应变计采用电感调频原理设计制造，具有高灵敏度、高精度、高稳定性和温度影响小的优点。

（3）框架柱混凝土表面应力

经分析，张拉阶段框架柱内会产生一定的次弯矩，通过框架柱混凝土表面应力的测试可以知道框架柱混凝土表面拉应力是否过大而引起开裂。采用表面式的振弦式混凝土应变计量测。

（4）张拉阶段柱侧移变形测试

柱侧移和梁端的轴向变形是相关的，柱侧移水平综合反映了梁对柱的牵动以及柱对梁的约束，可以综合反映预应力效应建立的状况。采用经纬仪测试张拉施工阶段的柱侧移变形。

（5）张拉阶段反拱和挠度变形测试

反拱和挠度综合的反映了梁、板预应力建立的效果以及外荷载的施加状况。采用高精度水准仪测试施工阶段的竖向挠度值。

（6）梁内混凝土温度测试

由于上、下弦梁的混凝土浇筑量比较大，应当控制好梁内的混凝土水化热。另一方面，整个施工周期比较长，温度的变化会使大跨度梁有较大的热胀冷缩，当这些轴向变形受到约束，会在梁内产生温度应力，因此需要测试梁内混凝土的温度。由于选用的钢筋应力计具有温度监测功能，故不再选用温度传感器。

3. 测点布置和数量

（1）张拉阶段预应力筋有效预应力检测

选择 YKL007 和 YKL101 梁中各 3 孔（1 ~ 3 每排 1 孔）预应力筋进行测试，共测试 6 孔。

（2）梁内非预应力纵向钢筋测点

选择 YKL007 和 YKL101 梁两端和跨中布置测面，共计 6 个测面，每个测面有 6 个测点，共计 36 个测点。

（3）框架柱混凝土表面应力

选择上弦和下弦支座框架柱的上部内侧和下部外侧可能出现拉应力的位置布置测面，每个侧面布置 2 个测点，共 4 个测面，共计 8 个测点。

（4）张拉阶段柱侧移变形测试

测试框架梁下柱端相对柱根的两个方向的水平位移，共 4 个柱端，8 个测点。

（5）施工阶段竖向反拱测点

4. 主要控制指标

摩擦系数 κ 和摩擦系数 μ 依照《建筑工程预应力施工规程》CECS 180 取值分别为 0.0015 ~ 0.0030 和 0.25 ~ 0.30，其中 κ 设计时取 0.0015，μ 设计时取 0.25。

预压区平均压应力依照《混凝土结构设计规范》GB50010 的规定，应不大于 $0.8f'_{ck}$；预拉区平均压应力应不大于 $2.0f'_{tk}$。

受拉区钢筋应力依照《混凝土结构设计规范》GB50010 的规定，取≤ 150MPa。

在 YKL007 和 YKL101 梁端、跨中和 1/4 处布置反拱测点，共 6 个反拱测点。

5. 小结

经过以上的测试方案布置和实施，在实际埋设过程中根据实际情况对方案进行了调整，但基本上遵照原方案执行，经过长达近两个月的漫长测试过程，取得了较好的效果。测试结果显示，摩擦系数 κ 和摩擦系数 μ 测试的数值较规范取值较大，摩擦损失比按规范计算的数值大。预应力张拉过程中其他各项数据正常，均满足规范和设计者的要求，通过测试方案的实施，对预应力梁的施工起到了很好的指导作用，从而保证了预应力梁的施工质量。

8.4 巨型“娑罗树”状结构柱施工技术

1. 工程概况

近几年，树状结构作为空间仿生结构的一种，在国内蓬勃发展，较多应用在火车站雨棚、会展建筑等项目，树状结构高度、单柱覆盖面积、重量较小，多采用高空散装法和单元吊装法施工。然而，对于大型树状结构，这两种方法存在局限性。当树状结构投影面积较大、树枝位置较高时候采用高空散装法搭设满堂脚手架费工费时。当施工周边场地复杂时，单元吊装法因大型起重机械难以入场而无法应用。

南京牛首山佛顶宫屋盖为铝合金单层网壳，呈不规则曲面，跨度 150m，最大高度 56m，由南北两个大树状结构柱支撑，作为支撑超大铝合金屋盖的竖向构件及装饰构件，两颗钢结构大树属于世界第一高（50m），世界第一大（树冠投影面积 5000m^2），单支重量第一重（70t）的“黄金树”。具有构件种类多、重量大、加工难，节点构造复杂，场地狭窄、安装难度大、精度高等难点，如图 8.4-1 所示。

图 8.4-1 铝合金穹顶及树状柱图

2. 施工特点、难点

（1）通过运用 3d3s 软件进行施工过程模拟分析，采用 MIDAS 有限元分析软件对钢格构柱支撑架、提升塔架及支座、提升拉索进行整体受力分析、稳定性验算及复核。

（2）利用计算机模拟技术，将树状结构中树干、八边形树枝、树干顶部球节点和树枝相连节点、树枝分叉节点、树枝顶部与大穹顶屋盖连接节点等各个主要部件进行分解，确定构件精确尺寸，实现工厂化精确生产制作，提高工效。

（3）树状结构构造、节点复杂，包括球节点、树枝节点、分叉节点等，制作、加工精度要求高。

特别是八边异形树枝，需扭曲八边形变径加工，折板精度、焊接成形、对接质量将直接影响成形效果。

(4) 树枝长度长、重量重，只有根部连接，平面外刚度非常差，安装极易产生变形，且安装过程中，与铝合金结构屋盖的空间体系未形成，结构受力体系改变大，需保证结构的应力与挠度满足要求。

(5) 地处废弃矿坑内，施工场地狭小，既有混凝土楼面无法满足大吨位吊车使用，采用在树状结构的树干部分设置提升塔架及提升设备斜向原位提升树枝，无须额外搭设脚手架或采用大型起重机械来安装，缩短安装周期，保证安全与质量，节约施工成本。

3. 工艺流程及操作要点

(1) 工艺流程

施工工艺流程如图 8.4-2 所示。

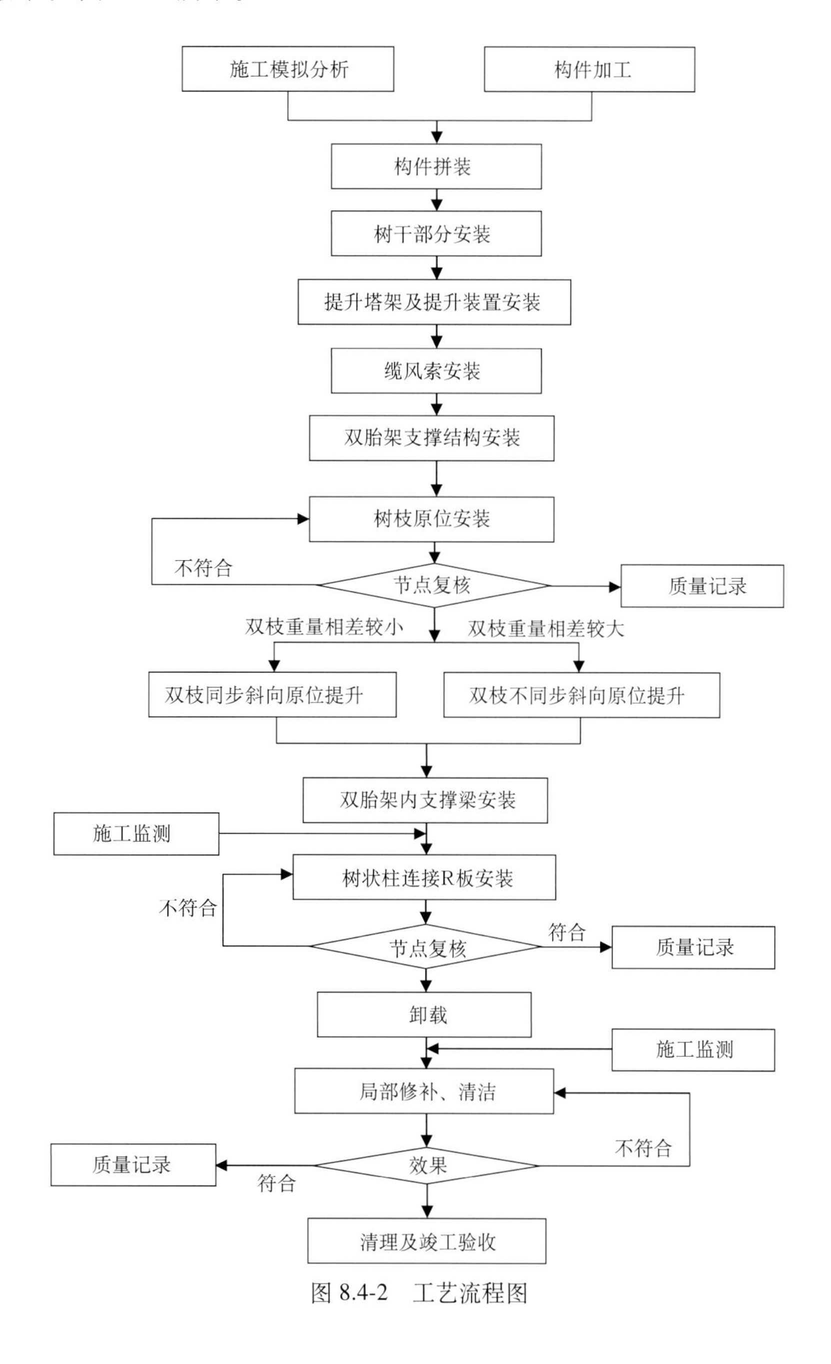

图 8.4-2　工艺流程图

（2）操作要点

1）施工模拟分析。

采用 3d3s 软件进行施工过程模拟分析，分析树枝提升过程中索力变化过程，塔架位移和应力比，树枝的挠度和应力比，树干应力，支撑塔架的变形和支座反力，提升架下球铰支座的挠度和应力等，确保整个施工过程安全可靠（见图 8.4-3）。

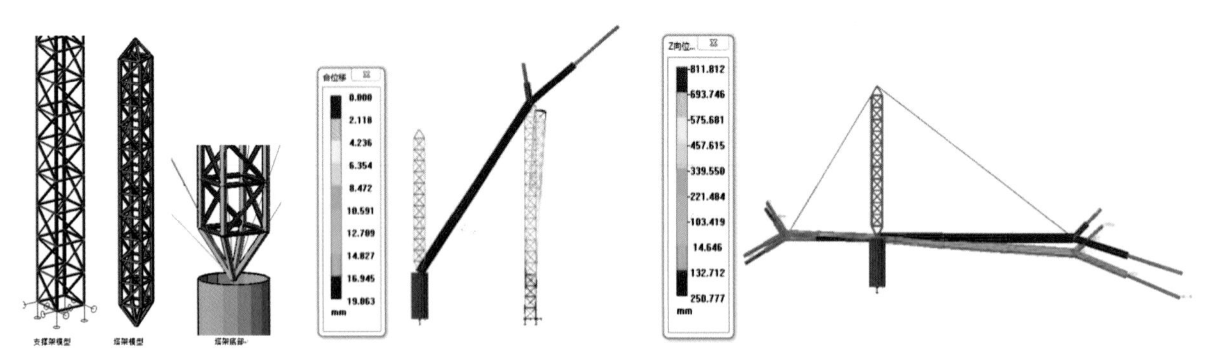

图 8.4-3 施工过程模拟分析

2）构件加工。

①八边形构件制作工艺：树状柱为更贴近自然大树造型，采用八边形截面的异形构件。加工工序为：折板→组立→焊接→对接，加工时采用四块板件对接工艺，其中两块需要经过折板加工（见图 8.4-4）。

原材料钢板下料后，将对接的边预先打好坡口，需折边的钢板折边后，拼接焊接树枝中间的箱形部分，最后把折边件与箱形件拼装成形后，焊接其他钢板。

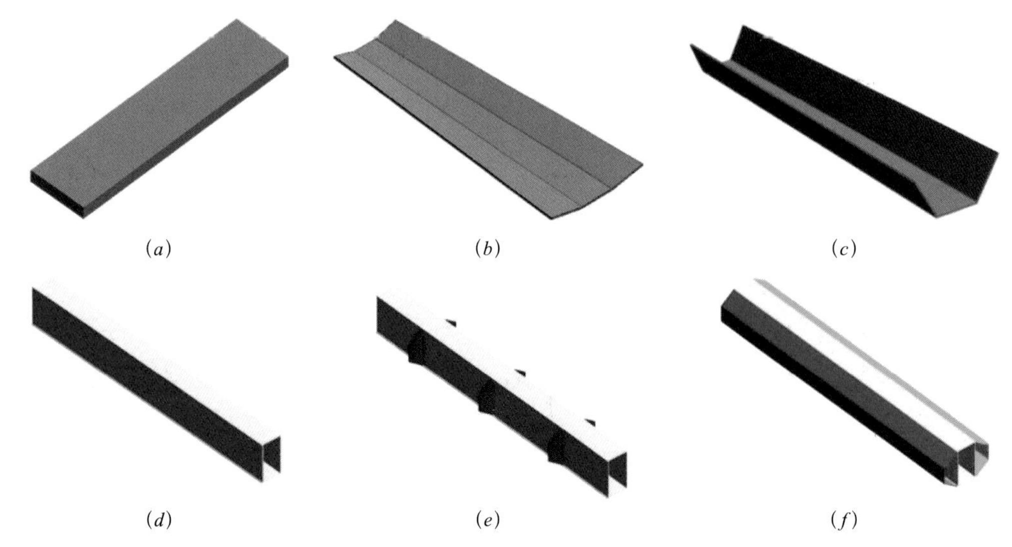

图 8.4-4 八边形树枝加工制作

（a）原材料下料；（b）下料画线；（c）折边成形；（d）拼焊箱形件；（e）拼焊工艺隔板；（f）拼焊折板件

②球节点制作工艺。

根据球径大小，分为 6 ～ 8 个瓜片 +1 个顶盖，经拼装焊接完成。根据运输和球径过大（焊接树枝小牛腿）情况，选择现场焊接。由于压制时板厚变薄，球节点钢板采购时需加厚 4mm，如图 8.4-5 所示。

图 8.4-5　球节点加工、制作图

③树枝分叉节点加工。

由三维模型生成按数控下料机的下料程序，控制好外形尺寸下料，对局部节点处板材有翘曲的，用压力机压弯加工。通过 1∶1 放样，完成节点的准确组装，如图 8.4-6 所示。

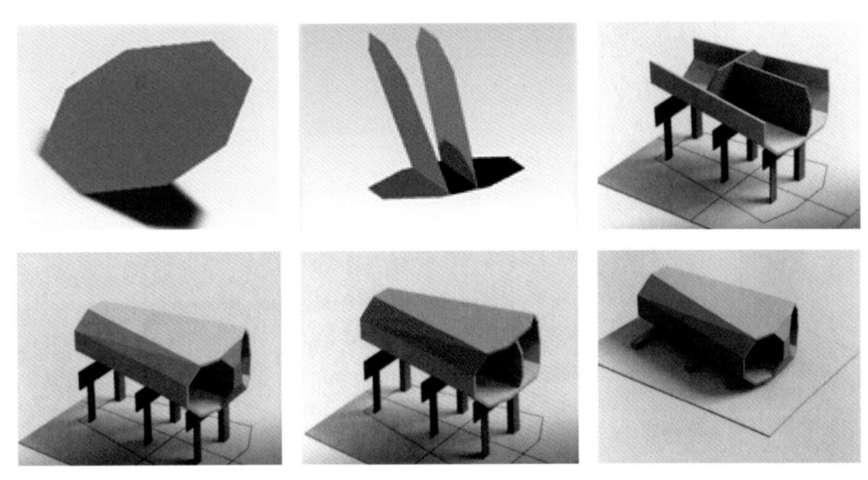

图 8.4-6　树枝分叉节点加工、制作图

④构件拼装。

场地埋设按一定间距布置的预埋钢板，固定好拼装胎架；放样组装树杈分叉处节点，将节点组装到八边形截面杆件，在节点组装处做好标记，顺序准确安装。

⑤树干部分安装。

采用两台 70t 汽车吊，将树干分节安装到位，单节重量小于 40t；球铰支座通过焊接与树干球顶相连，如图 8.4-7 所示。

⑥提升塔架及提升装置安装。

在树干部分上设置提升塔架，采用两端铰接的轴心受压梭形柱，底部汇交一点与树根球头铰接。采用钢丝绳张紧装置，控制钢丝绳的张紧度，提高钢丝绳两端结构的拉结度，防止钢丝绳在使用过程中变松。利用钢丝绳索力测量装置，测得待测钢丝绳长度变化，根据长度变化计算待测钢丝绳的索力，避免钢丝绳索力过大拉断，如图 8.4-8 所示。

⑦双胎架支撑结构安装。

采用双胎架支撑结构，在胎架中间形成提升通道，提升通道内设有用于支撑提升到位的提升构件的支撑梁，使构件在提升通道中进行提升，防止构件在提升过程向提升平面外晃动，如图 8.4-9 所示。

图 8.4-7 树干部分安装图

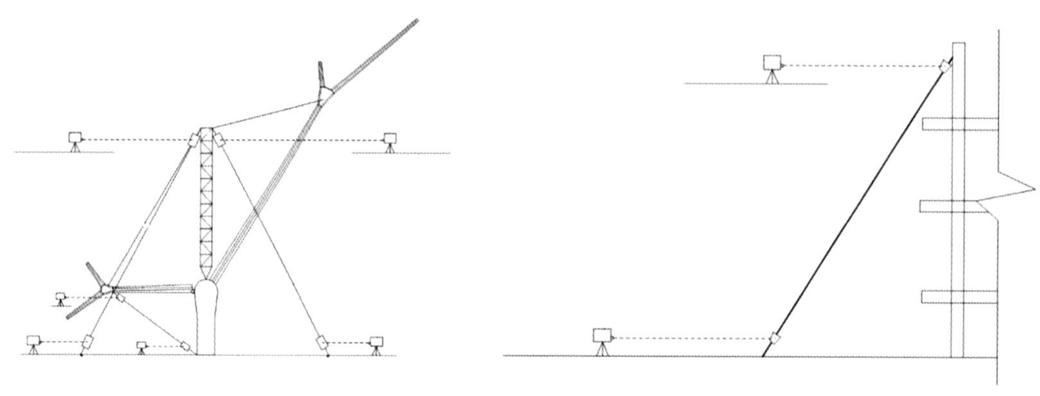

图 8.4-8 钢丝绳测力装置及方法图

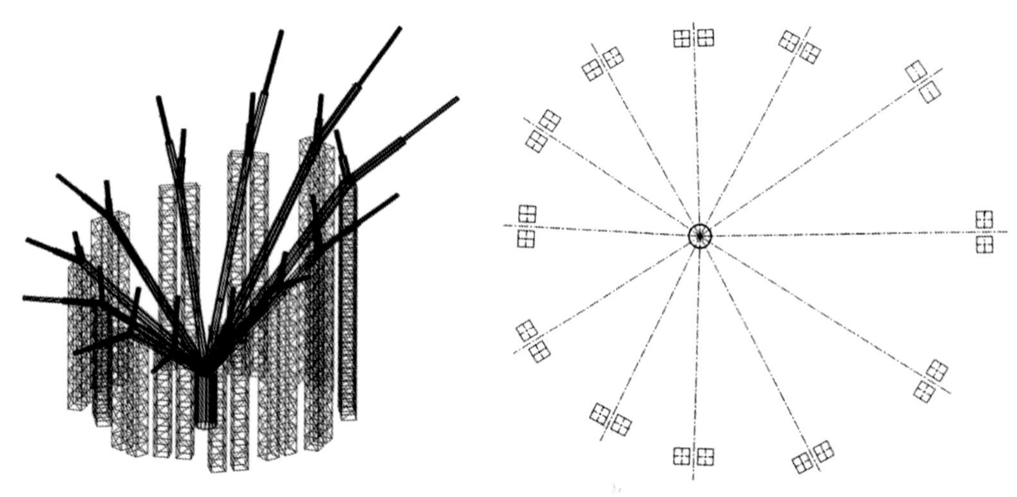

图 8.4-9 双胎架支撑结构构造示意图

⑧树枝原位安装。

重量大的树枝在胎架支撑结构上分段拼装完成，其余树枝直接吊起至待提升位置；将树枝部分与树干部分铰接，并于树枝部分与提升设备之间拉设提升索装置，如图 8.4-10 所示。

图 8.4-10　树枝原位安装图

⑨双枝不等重斜向原位提升。

将树枝部分划分为多组提升单元，每组提升单元包含位于树干部分两侧的树枝，如图 8.4-11 所示。

对称两侧树枝重量相差较小时，采用原位对称两片同步提升，快速便捷地提升每组提升单元，保证树干部分受力均衡、稳定，如图 8.4-12 所示。

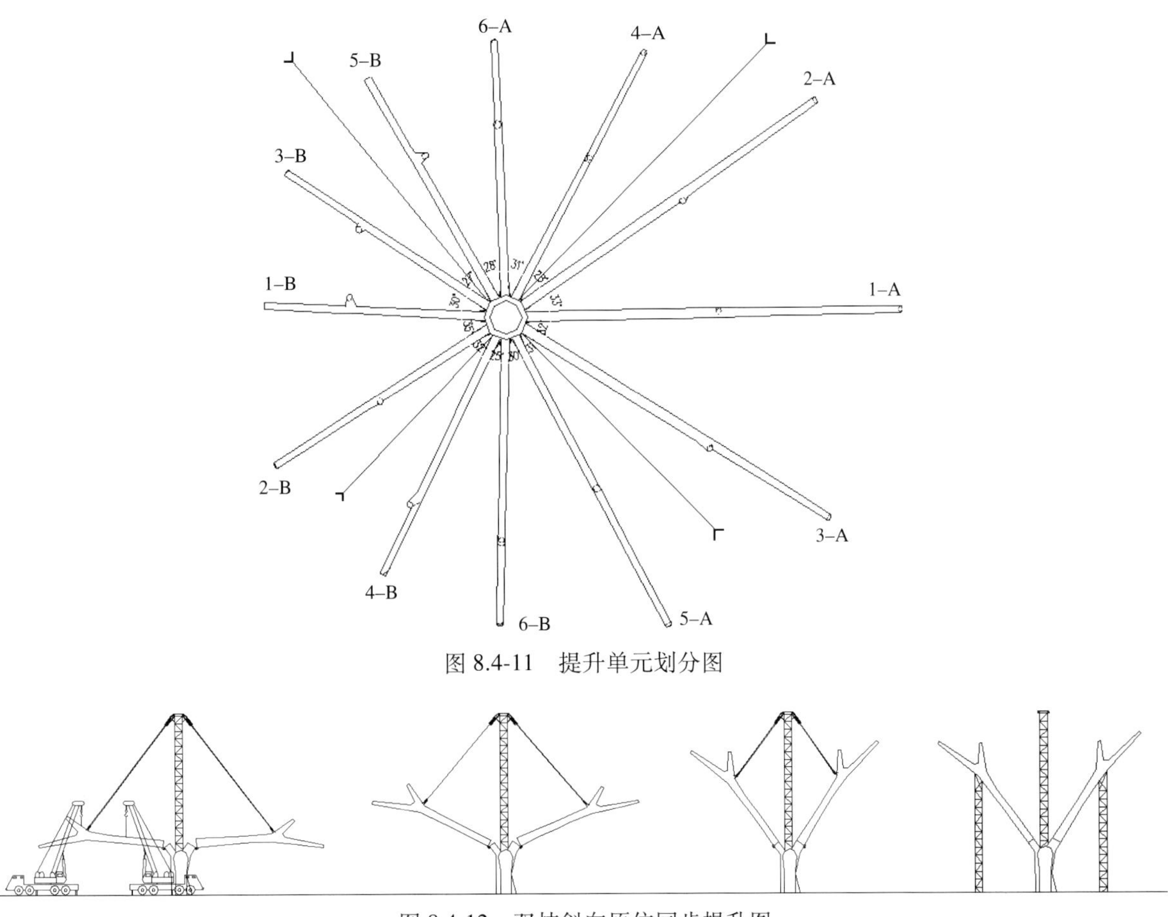

图 8.4-11　提升单元划分图

图 8.4-12　双枝斜向原位同步提升图

对称两侧树枝重量相差较大时，先提大树枝，再提小树枝；先提升较重的一根树枝，并在背部设置一根背索，较重一端提升到位后，拆除背索提升另根树叉，如图 8.4-13 所示。

⑩ 树状柱连接 R 板安装。

在铝合金穹顶安装完成后，安装树状柱与网壳之间的 R 板、关节轴承，将上下端头 R 板分别与树状柱、节点构件焊接连接，再通过关节轴承与上、下端头 R 板连接，如图 8.4-14 所示。

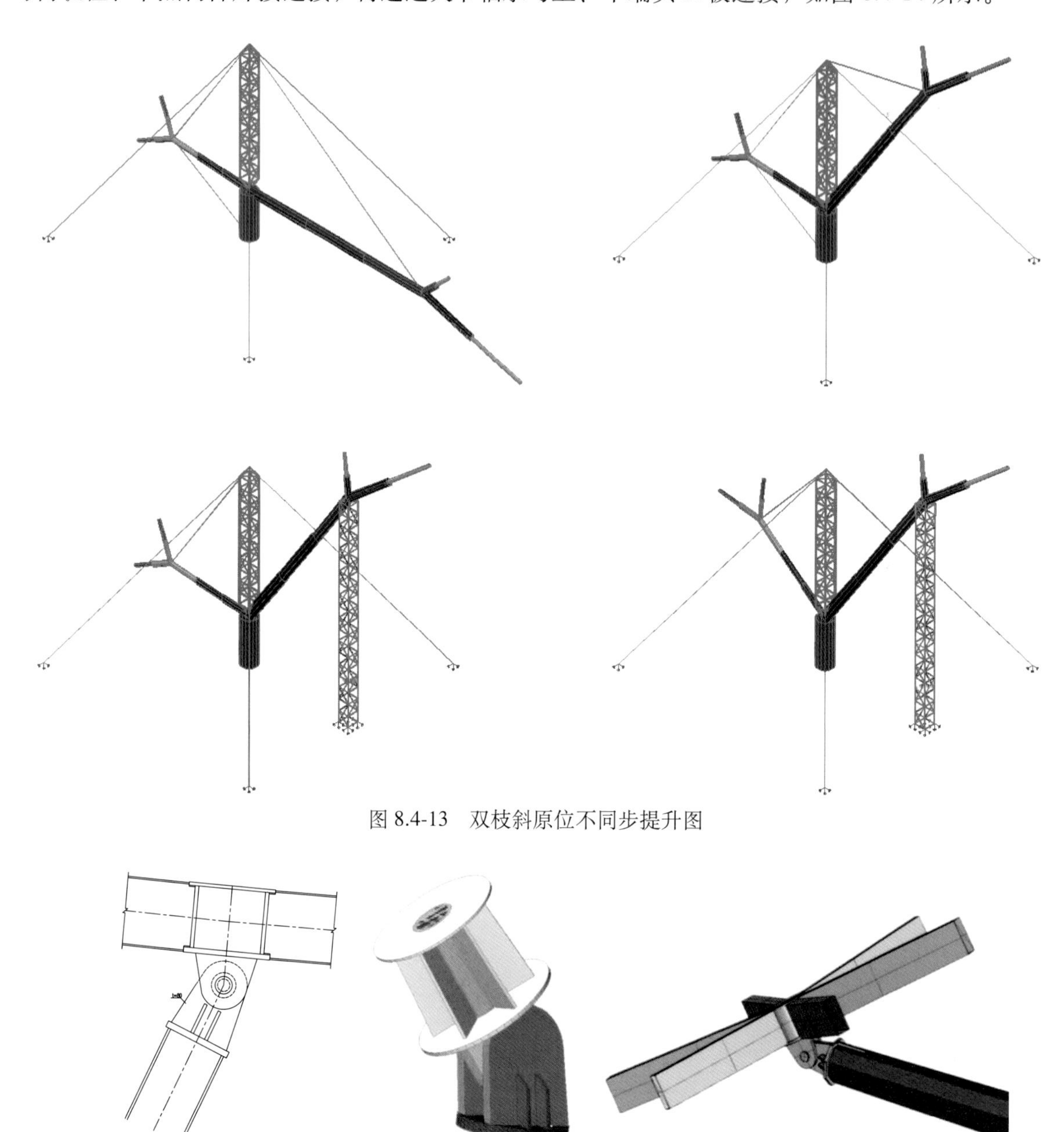

图 8.4-13　双枝斜原位不同步提升图

图 8.4-14　树状柱与网壳连接节点图

⑪ 卸载。

支撑胎架须在树状柱和大穹顶屋盖共同工作，体系完全形成后逐个卸载。卸载顺序：铝合金穹顶→位移为正的树枝→位移为负的树枝，如图 8.4-15 所示。

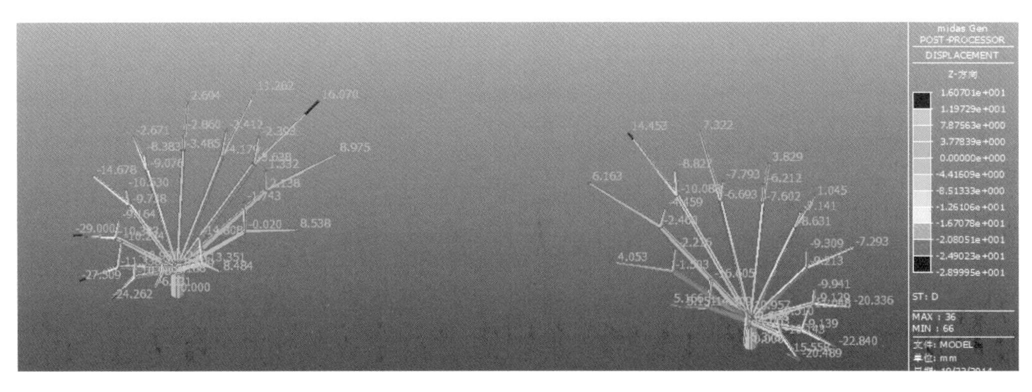

图 8.4-15　树状柱和大穹顶屋盖整体工作的竖向位移

⑫ 监测。

树状柱属于重要承重构件，屋面所承受的荷载传递给各级树分枝，再由各级树分枝向上一级树枝传递，最后，再把所有的力汇总在树状柱树干上。在树状柱根部安装若干只振弦式应变计进行应力、应变监测，如图 8.4-16 所示。

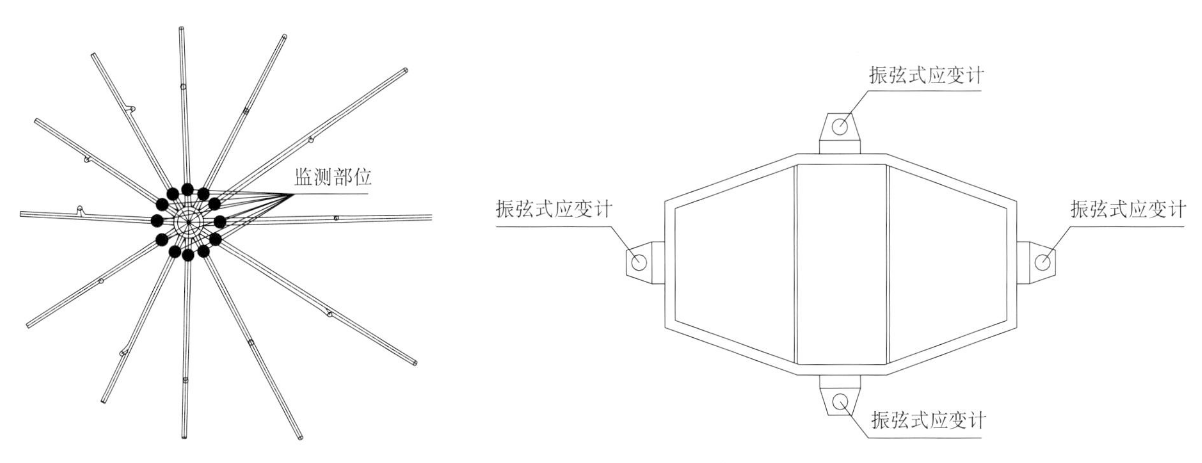

图 8.4-16　树状柱内力监测部位及应变计布置示意图

4. 小结

佛顶宫大穹顶由两棵大型树状钢结构柱和铝合金大穹顶屋盖共同组成受力体系。利用有限元施工模拟分析，计算机三维模拟放样、安装；复杂构件数控加工、双枝不等重斜向原位全柔性提升工艺、旋转式提升横梁结构、钢丝绳张紧装置等，解决了矿坑空间狭窄及既有混凝土平台载荷受限情况下，超大、超重、超高树状结构安装及快速卸载的难题；保证施工安全及进度的同时，保证了工程质量；推动了大型树状钢结构安装技术的进步，社会效益显著，也为今后类似工程的施工提供了借鉴与参考，具有广泛的推广应用前景。

8.5　复杂纵向曲面巨形混凝土束筒结构施工技术

1. 工程概况

普陀山观音圣坛项目的复杂纵向曲面巨形混凝土束筒结构施工，基于巨形混凝土束筒结构曲率较大、测量精度高、钢筋密集、结构施工难度大的特点，提出采用测量网络控制定位施工技术、单侧受载满堂架施工技术、大角度柱多点提升混凝土浇筑技术及折线形屋盖混凝土对称浇筑技术等，明确复杂纵向曲面巨形混凝土束筒结构施工质量。实践表明，所提出的施工技术安全可靠且经济可行，见图 8.5-1。

图 8.5-1 观音圣坛结构模型

2. 技术特点、难点

（1）束筒结构高度约 65m，曲率大小不一，测量定位精度要求高。

（2）束筒结构内为劲性钢骨柱，呈倾斜角度，最大倾斜角度为 52°，为斜向分段拼装，安装难度大。

（3）束筒结构上部为折线形屋盖结构，其不等高的折点多达 88 个，长度 51m，顶部高度 21m，楼板根部坡度约 80°，结构施工难度大。

（4）束筒结构为纵向曲面，内劲性钢骨柱倾斜安装，梁柱节点处钢筋密集交叉，混凝土振捣困难，质量难以保证。

（5）模架体系为异形曲面，搭设难度大，且混凝土浇筑时会对模板支架产生较大的水平推力，需保证模架体系有足够的侧向刚度、强度及稳定性。

3. 施工工艺流程

关键工艺流程如图 8.5-2 所示。

4. 施工操作要点

（1）测量网络控制定位施工技术

1）平面控制：束筒结构呈斜向分布，其水平面线位尺寸需要根据倾角进行 CAD 放样，通过计算出从基准轴线到各层斜柱中心线，中心线到控制轴线的位置，从而实现现场实际放线和斜柱位置控制。

2）空间控制：将束筒结构各关键点在 CAD 中进行放样，准确测量出各关键点与相应轴线或中心线的水平距离，实现后续钢结构、钢筋、模板等各工序作业的有效控制。

3）束筒结构浇筑混凝土过程中，设有专业测量人员对斜柱顶端下沉和模板变形情况进行实时观察，并在测量放线控制时预留下沉变形量，保证束筒结构成形时满足设计要求。

4）折线形屋盖采用三维定位技术进行测量放线，并通过平面坐标与高差进行复核，待通过底模安装完成后，利用三维扫描技术与原屋盖模型进行对比分析，最终偏差控制在 2mm 以内，如图 8.5-3 所示。

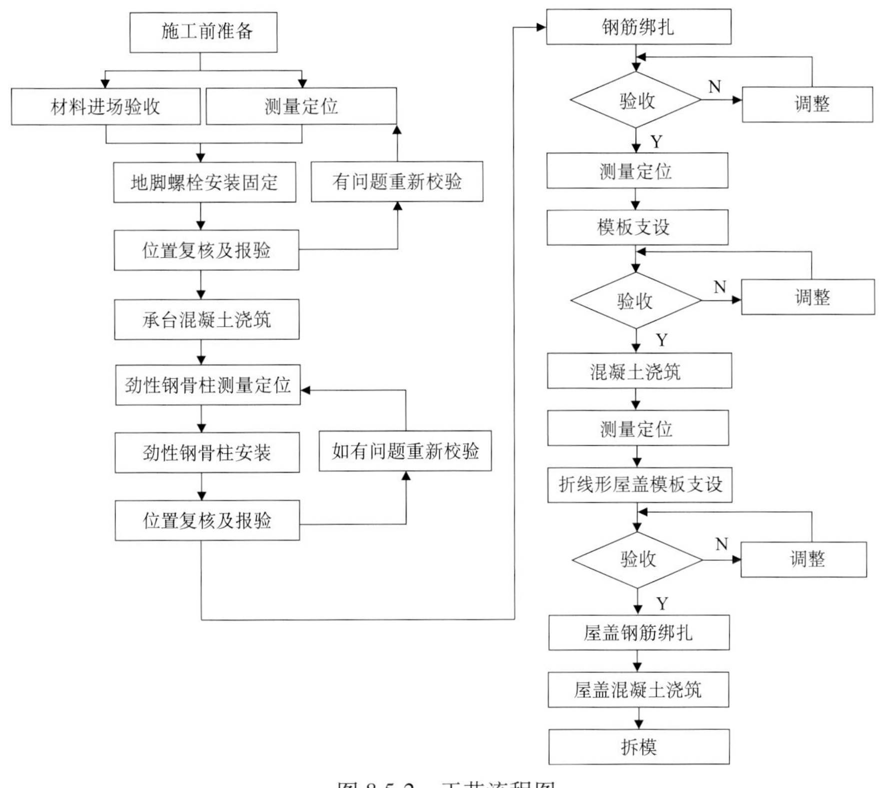

图 8.5-2　工艺流程图

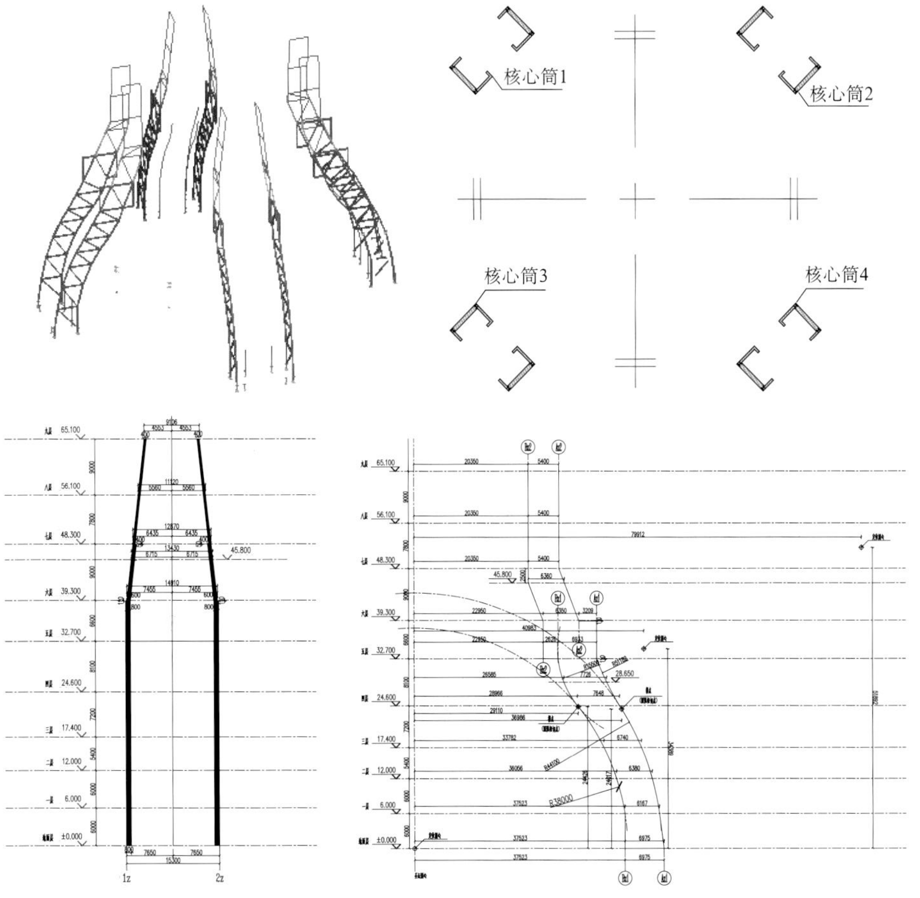

图 8.5-3　束筒结构定位图

（2）劲性钢骨柱安装控制技术

1）地脚锚栓安装（图 8.5-4）：绑扎完毕的柱基面筋上测设出对应螺栓组十字中心线，将定位钢板置于基础面筋上，找正找平，进行初步固定，再将地脚螺栓与定位钢板焊接固定形成束筒内部劲性结构，平均分布在束筒结构的四处承台位置，精度均在 1mm 之内。

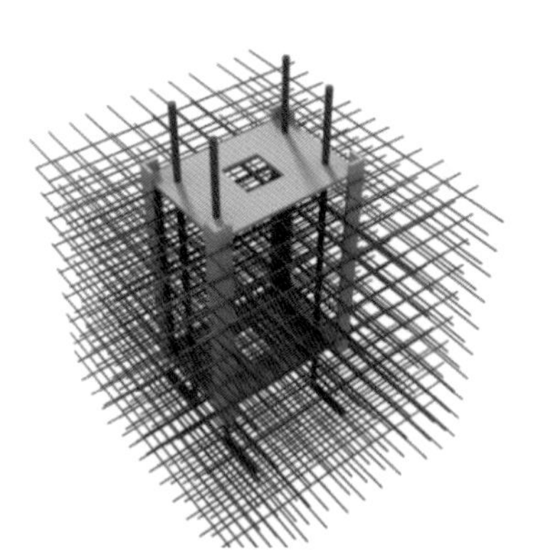

图 8.5-4 地脚锚栓与钢骨柱柱脚

2）承台浇筑。束筒结构下部承台长 8500mm，宽 1600mm，高 3890mm，属于超长、超高大体积混凝土承台。在混凝土浇筑过程中，采用分段浇筑，先浇筑至基础层高，再浇筑设计标高。为防止后期开裂，在其内部增加了 6 道 ϕ 14 钢筋网片，上下每隔 50cm 配有 16 号槽钢，整体采用三角撑斜顶。

3）束筒结构内劲性钢骨柱安装。

束筒结构内劲性钢骨柱倾斜角度较大，如果采用常规加大临时支撑的方法固定安装，将对楼板质量及工期不利，因此采用“人字形”单元进行分段分层高空散装，钢构件全部采用塔吊两点吊装方式吊装，在翼缘板板厚方向增加两道连接板进行固定安装，安装时拉设缆风绳进行校正固定，待下层混凝度浇筑完成后，再依次安装上层劲性钢骨柱，以此保证劲性钢骨柱的稳定性，如图 8.5-5、图 8.5-6 所示。

4）钢结构焊接：主要采取对称同步焊接的工艺，焊接前对焊接区域进行先预热（图 8.5-7），焊后进行保温（图 8.5-8），每道焊缝加设息弧、引弧板，并使用红外测温仪、温度湿度计、焊缝检测尺等仪器，对焊接环境、焊接质量进行实时监控。

图 8.5-5 内劲性钢柱安装

图 8.5-6 拉设缆风绳进行校正固定

图 8.5-7 钢结构对称同步焊接

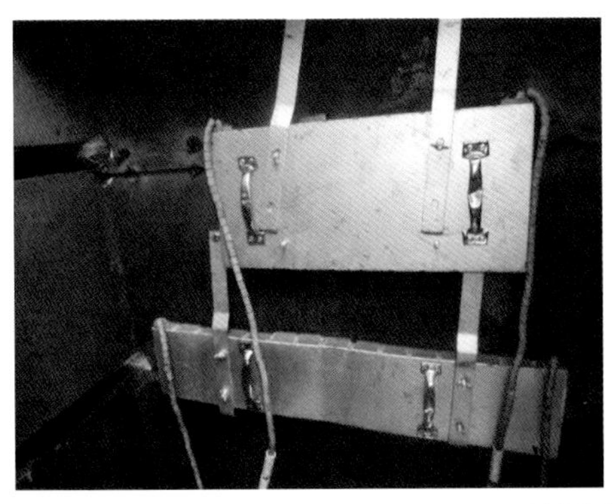

图 8.5-8 单侧受载满堂架施工技术

（3）支撑体系搭设

1）束筒结构芯筒墙支撑体系搭设（图 8.5-9）。

采用扣件式钢管满堂支架，在束筒结构模板内侧的立杆上设可调托撑（见图 8.5-11），并加设斜撑与楼地面锚固，防止浇筑时不均匀荷载引起的较大变形和模板倾覆。满堂支架搭设根据现场束筒结构芯筒墙每层结构高度逐层向上搭设。

2）折线形屋盖脚支撑体系搭设（图 8.5-10）。

根据折线形屋盖特点，为保证屋盖支模整体成形，所有底模必须一次性支设完成，屋盖模架体系分塔身区域外架和折线形屋盖区域内架两部分，塔身区域外架直接从 8 层楼板向上搭设落地式脚手架。此文不再进行描述。

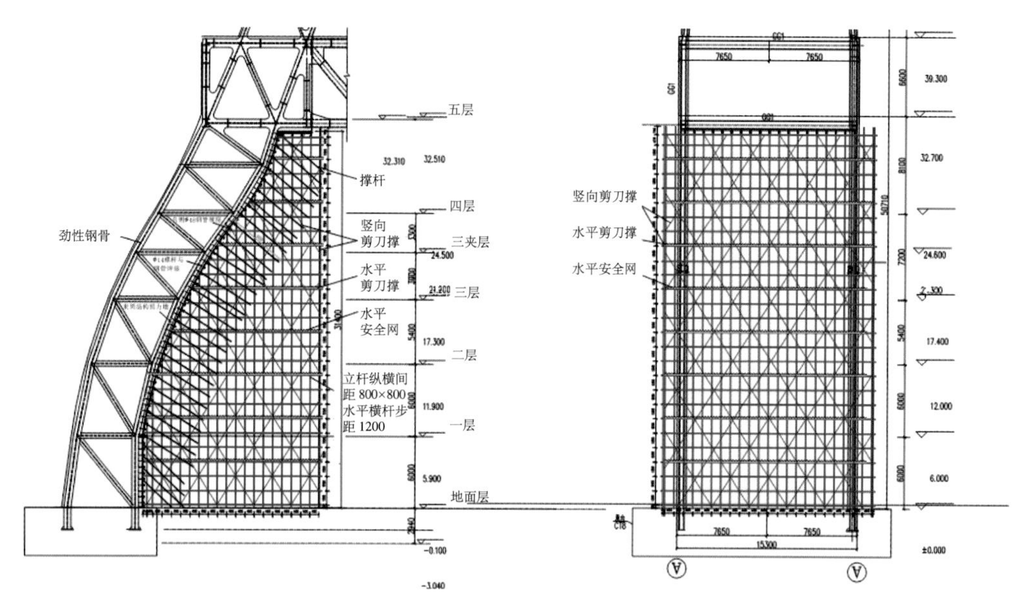

图 8.5-9 束筒结构芯筒墙支撑体系

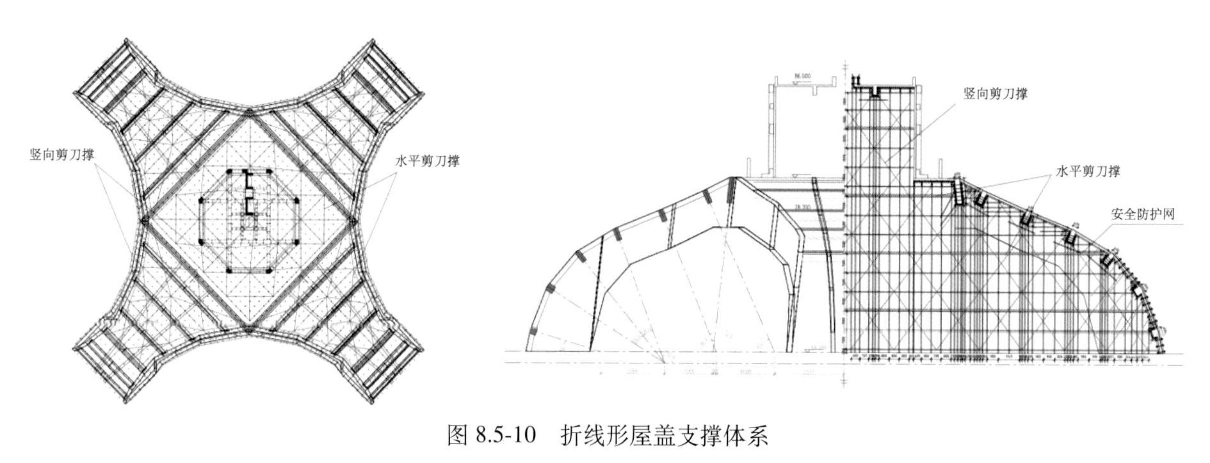

图 8.5-10 折线形屋盖支撑体系

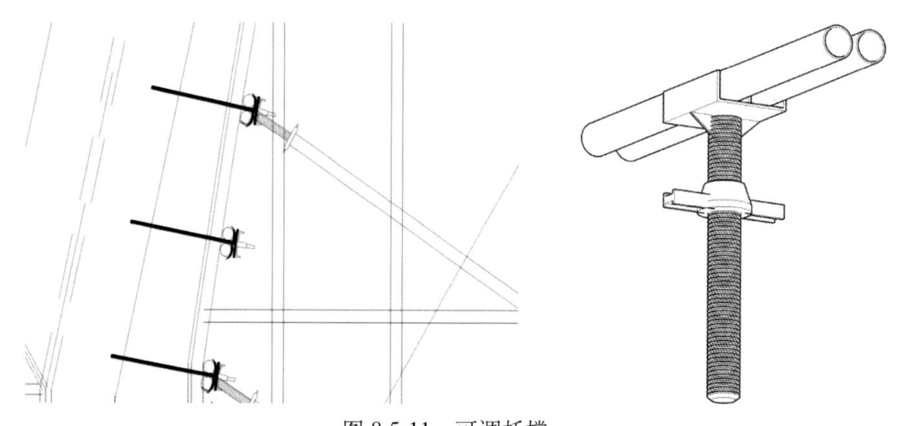

图 8.5-11 可调托撑

内支撑架采用型钢悬挑脚手架，16 号工字钢作为基础，锚固段锚固在 9 层楼板上。在锚固段与楼板连接处，采用直径 18mm 螺栓连接固定，并在每段悬挑工字钢端头设置直径 16mm 的拉环，与混凝土结构预埋拉环之间采用保险钢丝绳拉结牢固。

（4）钢筋安装

1）BIM 优化。内劲性钢骨柱复杂节点处，通过 BIM 建模分析节点处截面尺寸，合理排布纵向主筋，严格预留钢筋穿孔标高，确保内劲性钢骨柱钢筋穿洞精准，如图 8.5-12 所示。

图 8.5-12　束筒结构钢筋绑扎模型

2）振捣棒预留。由于钢筋密集，空间狭小，施工不具备使用正常振捣棒的条件，因此选用直径 30mm 的小型振捣棒。在混凝土浇筑之前预先插入 32 支振捣棒，插入振捣棒的位置如图 8.5-13 所示，浇筑混凝土时，边浇筑混凝土边往上提拉振捣棒，保持振捣棒拔出高度统一，从而使钢骨柱空隙部分的混凝土挤密，确保钢骨柱混凝土的浇筑质量。

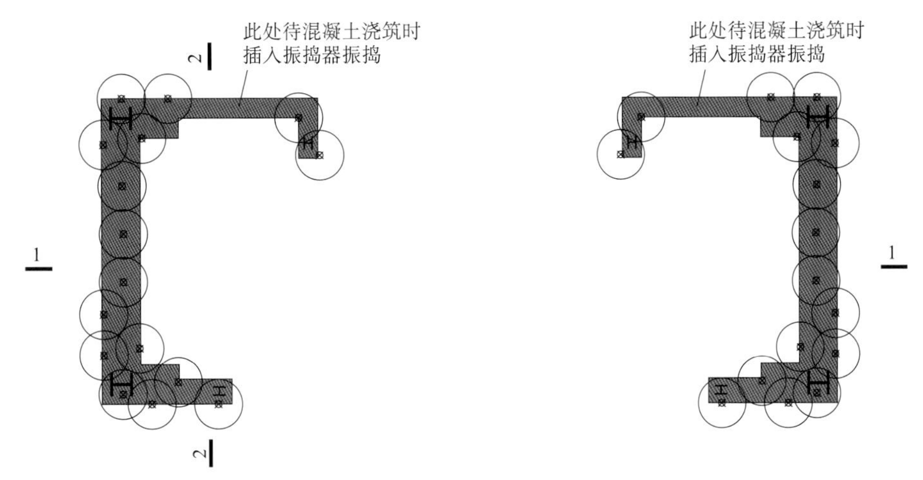

图 8.5-13　束筒结构构件混凝土振捣棒插入布置图

3）钢筋绑扎工艺。束筒结构：调整下层预留纵筋→套入箍筋→安装并连接束筒结构纵筋→箍筋定位并绑扎箍筋→检查验收。见图 8.5-14。

折线形屋盖结构：因屋盖无操作面，无法在作业面进行钢筋调整，需提前进行钢筋折弯。

（5）束筒结构模板安装

1）模板采用 18mm 厚木胶合板为面板，每 200mm 设置 50mm × 100mm 木枋龙骨。为了抵抗束筒结构混凝土的侧压力，采用双钢管柱箍，并增加双向 M14 对拉螺杆。

2）混凝土浇筑预留槽：模板安装时需侧面模板上留置楔形槽口作为混凝土入料口（图 8.5-15、图 8.5-16）。

图 8.5-14 束筒结构钢筋绑扎

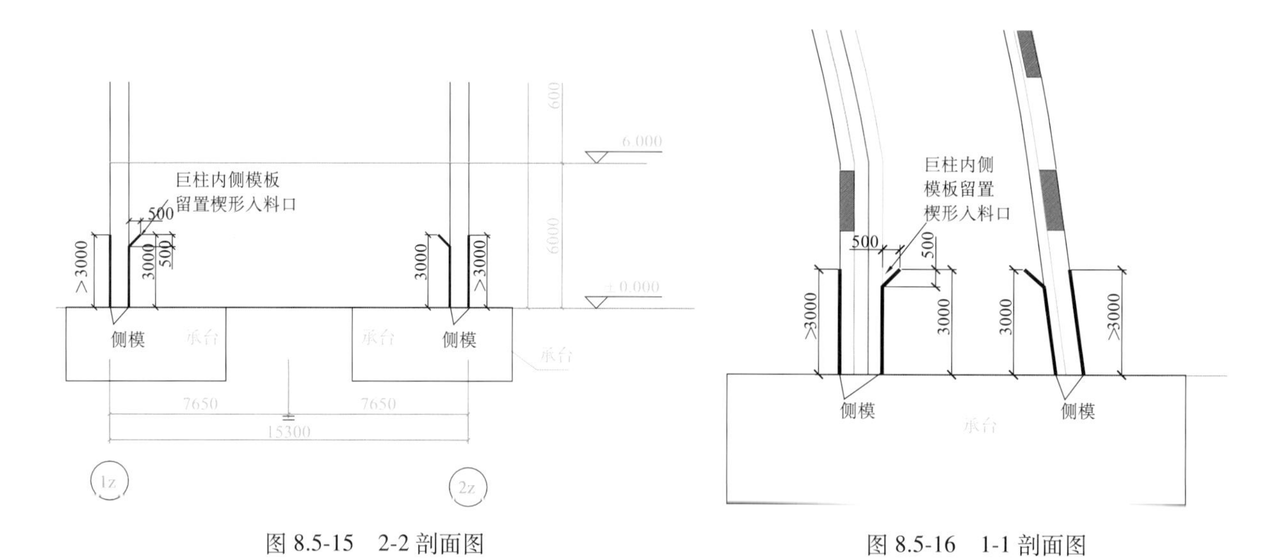

图 8.5-15 2-2 剖面图

图 8.5-16 1-1 剖面图

（6）大角度柱多点提升混凝土浇筑及折线形屋盖混凝土对称浇筑技术

1）大角度柱多点提升混凝土浇筑技术。为了使先后浇筑的混凝土更好的粘结，浇筑混凝土前，先浇筑 150mm 厚的水泥浆接缝，保证接缝的质量。

混凝土浇筑过程中每次不超过 4m，以首层束筒结构为例，其高度为 6m，分两次浇筑，第一次浇筑高度为 3m，第二次浇筑至首层楼板平。

为了确保钢骨柱和钢筋之间的混凝土的密实度，使用混凝土泵车浇筑，浇筑混凝土的同时向上提拉振捣棒，保持振捣棒拔出高度统一，从而使钢骨柱空隙部分的混凝土挤密，确保钢骨柱混凝土的浇筑质量。

2）折线形屋盖构件混凝土对称浇筑技术。根据折线形屋盖特点，为了确保其支模架受力均衡，混凝土浇筑采用分段、对称浇筑。屋盖混凝土分段浇筑示意图，如图 8.5-17、图 8.5-18 所示。

（7）束筒结构构件混凝土养护

为了防止大体积束筒结构混凝土施工时里表温差过大，在其内部铺设贯通式冷凝降温管来降低混凝土内部温度。混凝土终凝前，在模板上挂土工布后进行洒水养护，待混凝土强度达到设计强度的 100% 时拆除模板，在表面涂刷一层养护液，采用薄膜覆盖养护，养护时间至少 14h。

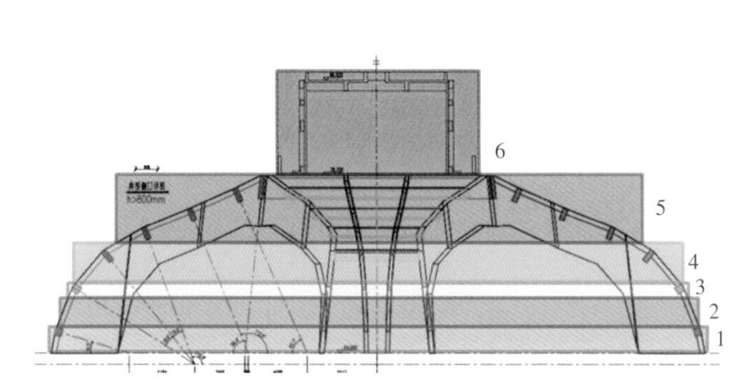

图 8.5-17　折线形屋盖混凝土竖直方向分段浇筑示意图

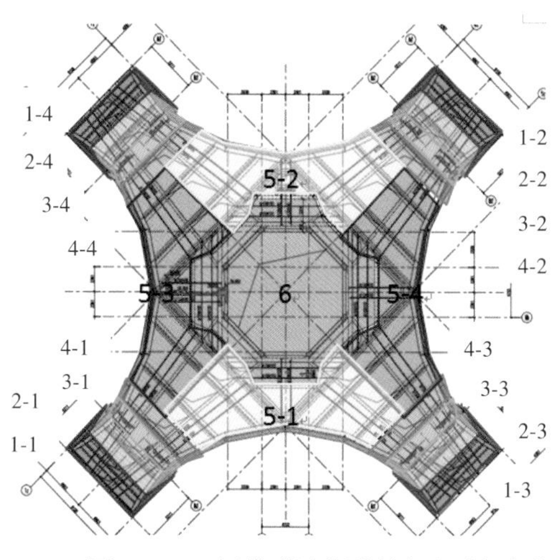

图 8.5-18　折线形屋盖混凝土水平方向分段浇筑示意图

5. 施工注意事项

（1）在束筒结构柱模板内侧的立杆上设可调托撑，待模板安装完成后升起，水平杆待模板吊装完成后接长。模板支架内侧加设斜撑与楼地面锚固，防止浇筑时不均匀荷载引起的较大变形和模板倾覆。

（2）钢筋绑扎过程中，先安装竖向钢筋再套入箍筋，箍筋套好后，调整主筋并固定，再进行箍筋绑扎，利用箍筋控制斜柱两侧和里侧钢筋，最后挂拉钩钢筋。针对梁柱节点位置，需在钢梁加工时预留箍筋孔，箍筋做成 U 形箍筋，穿过钢梁搭接焊，做成封闭箍筋。

（3）混凝土浇筑过程中，振捣棒插点采用行列式的次序移动，每次移动距离不超过混凝土振捣棒的有效作用半径的 1.25 倍，针对梁底板的混凝土振捣，采用斜坡式分层振捣，斜面由泵送混凝土自然流淌而成，振捣快插慢提，从浇筑层的底层开始逐渐上移，保证分层混凝土间的施工质量。

（4）根据屋盖的特点，为防止人员高处坠落，在屋盖支模阶段，在外架与内架之间每两步设置一道安全兜网，并在外架两端设置钢丝绳，操作人员安全带系挂在钢丝绳上，防止高处坠落。

6. 小结

普陀山观音圣坛项目以巨形束筒结构作为整个建筑的主要承重传力构件，具有曲率较大、测量精度高、钢筋密集、结构施工难度大等特点，施工中通过采用测量网络控制定位施工技术、单侧受载满堂架施工技术、大角度柱多点提升混凝土浇筑技术及折线形屋盖混凝土对称浇筑技术等，确保了巨形束筒结构质量安全，且加快了施工进度，降低了工程成本，取得明显的经济效益，为今后复杂异形曲面巨形束筒结构施工提供借鉴参考。

第 9 章 现代佛教建筑屋面工程施工技术

佛教建筑通常通过装饰模拟佛教中各种重要器物以表达意境，营造佛教文化氛围。如南京牛首山文化旅游区佛顶宫采用铝合金结构形成摩尼宝珠及袈裟造型，成功营造出“莲花托珍宝、袈裟护舍利”的意境；无锡灵山梵宫采用钢拉杆及预应力棒悬挂型管桁架形成半球状穹顶，状似覆钵体造型，优美且有气势。

9.1 覆钵状造型屋盖结构施工技术

1. 技术概况

无锡灵山三期梵宫圣坛结构工程，主体为预应力棒悬挂型管桁架，结构形式为穹顶形，呈半球状，跨度 72m。由五十一榀环向桁架和二十七榀径向桁架以及屋面檩条和支撑系统组成，通过 24 根 ϕ 100 和 12 根 ϕ 120 钢拉杆与预埋件连接来稳定整个结构，结构最高点为 41.286m，最低点为 11.5m，环向桁架的标高为 14m、23m、29m、38.726m，如图 9.1-1 所示。

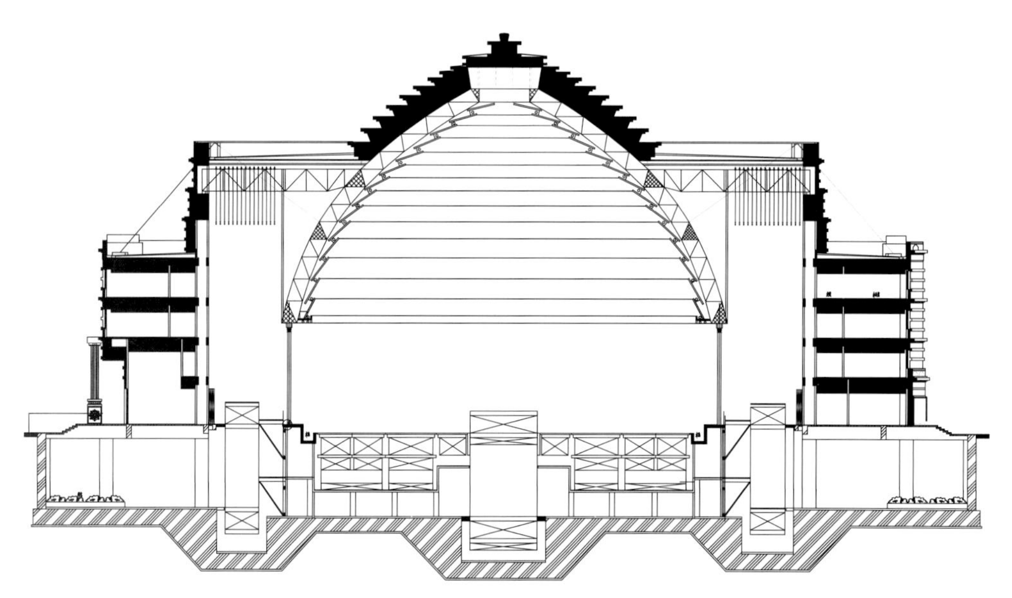

图 9.1-1 预应力棒悬挂型管桁架结构

2. 技术特点

（1）本工程结构形式呈 1/2 对称。径向桁架呈四边形，由四根主管和斜腹管组成；环向桁架程三角形状，由三根主管和斜腹管组成，结构形式呈单向曲线。

（2）构件规格种类多。环向桁架由 $\phi 299 \times 12$、$\phi 180 \times 8$、$\phi 245 \times 12$、$\phi 245 \times 10$ 组成，径向桁架由 $\phi 273 \times 16$、$\phi 245 \times 12$、$\phi 245 \times 10$、$\phi 180 \times 10$ 组成，檩条由 HM400 × 300 × 10 × 16 组成。

（3）桁架结构复杂。径向桁架为两种结构形式，径向桁架一为单向曲线，径向桁架二为平面框架结构；环向桁架为单向曲线；径向桁架与环向桁架组成半球状结构。

（4）结构节点形式为管管相贯。径向桁架与环向桁架通过相贯口焊接连接，环向桁架与檩条之间通过螺栓连接，径向桁架与钢拉杆之间通过销轴连接。

（5）支撑塔架高，承受竖向荷载大。支撑塔架的高度整体上看，呈现出很强的类主结构外形性，中心塔架高为 52m，屋盖主结构自重大。

（6）首次采用预应力钢拉杆张紧系统，施工工艺复杂。

3. 技术方案选择

本工程钢结构为预应力棒悬挂型管桁架，跨度 72m，在管桁架完成吊装、焊接，内外预应力钢拉杆施加预应力后，方可完成。因此，无法采用一般的双机抬吊、整体拼装、液压提升等方案，根据现场实际情况结合以往施工经验，选择吊车、胎架高空对称双榀组拼焊接就位，施加预应力后拆除胎架卸载的组合安装方案和工艺。优点为：

（1）解决了现场场地空间有限，且无大吨位塔吊的现状，吊车只在有限的几个吊点进行作业。

（2）在设计位置进行一次高空拼装、校正、焊接，省掉了高空提升环节，节省了大型吊机费用，并加快了施工进度。

（3）单块结构可在地面组拼径向或横向桁架体，可与高空拼装形成流水作业，加快施工速度。

（4）台车和胎架形成固定的操作平台，既便于操作，又保证了安全和焊接施工质量。

（5）未占用地面空间，可与幕墙、装饰等单位分段搭接展开交叉作业。

4. 主要分项技术方案

（1）拼装胎架技术

1）半球状桁架结构分别在内环采用 4 根、外环采用 12 根四肢格构式塔架支撑。单个标准节尺寸为 2m × 2m，其中内环塔高 52.33m，外环塔高 22m。每个塔架均设置竖向和水平斜撑，均由双拼角钢构成。

2）内环和外环塔架柱顶均受钢桁架自重产生的轴力和风荷载引起的弯矩的共同作用，是典型的压弯构件，所有支撑塔架顶部均按简支处理，验算时假定结构在各个方向上的几何尺寸和受力特性都是完全对称的。

3）根据现场施工分区情况，结合钢结构工程主结构施工需要，支撑塔架随主结构划分为Ⅰ、Ⅱ两大施工区域。Ⅰ区为中心胎架，Ⅱ区范围为四周胎架（先安装Ⅰ区胎架，安装后，连成整体；再逐渐向环向两侧扩展），如图 9.1-2 所示。

4）为提高支撑塔架的整体刚度和稳定性，在每组支撑塔架上设计六根缆风绳，用于抵抗水平风荷载的作用。缆风下端拉结于已埋设的基础上，上端拉结于提升梁上，塔架底部与已完成的基础焊接。

5）为保证内环 4 个塔架的整体稳定性，将 4 个塔架连接成一个整体，沿塔架高度方向每隔 12m 布置一道侧向桁架支撑。

6）构架顶部标准节上设置刚度较大的十字交叉梁，用于比较均匀地传递由顶部提升梁传来的

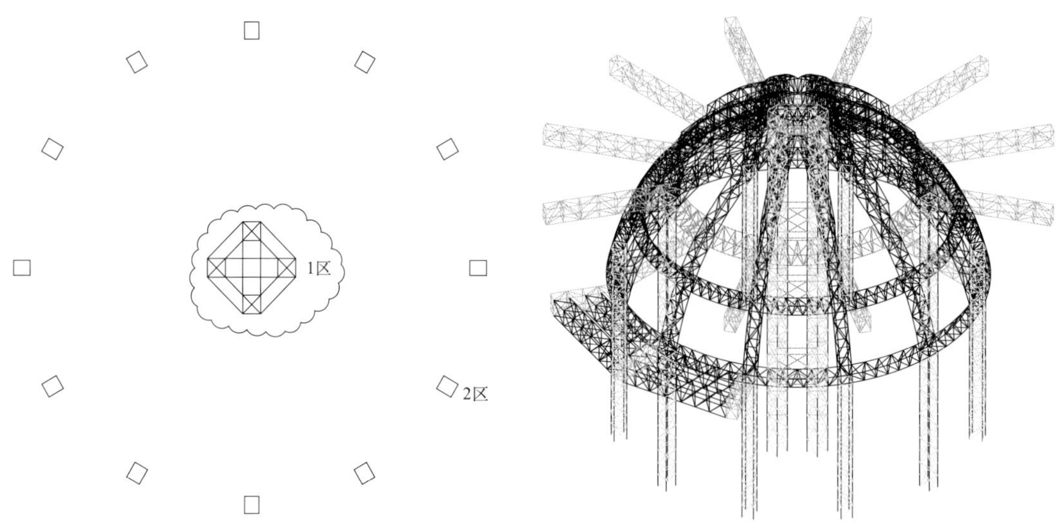

图 9.1-2 塔架分区布置图

竖向荷载，十字交叉梁与提升梁均采用箱形截面。支撑塔架主顶的十字交叉承重梁和提升梁的材质均采用 Q345B，其他构件的材质均为 Q235B。

（2）管桁架的拼装、焊接、涂装、吊装

1）管桁架的拼装。

杆件散件运送至场地后，在地面就地设置径向或横向桁架体拼装场地，拼装采用卧拼法。采用全站仪在拼装平台上进行放线，确定出节点位置，先拼上下弦杆，后拼腹杆，所有杆件采用点焊定位牢固，为确保拼装精度，上下弦杆拼装时，应严格控制节点中心和管口中心位置，桁架平面中心线和节点位置均用墨线在主弦杆上弹出，以确保桁架腹杆的相对位置和所有腹杆在同一平面内。

2）焊接。

本工程钢结构焊接构件类型主要为对接安装接头构造，采用加垫板大间隙单边坡口全熔透的钢板焊接，焊接位置为全方位焊，母材为 Q345B。按照焊接工艺评定报告参数进行焊接，所有的对接坡口焊缝及对接焊缝均为一级焊缝，为控制焊接变形，钢桁架采用两台电焊机分别以相等的速度同时进行对称施焊，采用相同的焊接规范安装施焊，径向桁架与环向桁架焊接时，采用单台焊机先下后上施焊。

3）涂装。

本工程钢结构涂装分成工厂和现场两部分，所有构件底漆在工厂内完成，现场拼装、焊接完成后，对焊接位置做表处理后，进行补底漆工作，面漆在现场喷涂。涂装后，如发现有气泡、凹陷、洞孔、剥离生锈或针孔锈等现象时，应将漆膜刮除并经表面处理后，再按规定涂装时间、间隔层次予以补漆。

4）测量、定位。

本工程钢结构安装测量工作分为两个阶段，第一阶段为对混凝土柱脚进行定位复测和主结构的定位放线，第二阶段为钢结构安装工作中对构件空间就位的测量和校正。第二阶段就位测量工作中，由于钢结构为高空对接，因此对接点在构件未安装到位时，实际上总是一个理论上的空间点，不能将明确的标志设置在该点上，而必须采用水平或竖直方向引出控制点的方法，对构件就位进行引导。

5）吊装。

根据设计图计算及现场施工条件，吊装作业半径最大达到 65m，吊重 14t；径向桁架一最重，重量达到 30t，吊装作业半径达到 48m；环向桁架最重为 7.9t，吊装作业半径为 28m。根据以上吊装工况，选择 LR1350/1-350 型履带吊进行吊装作业，主吊钢丝绳选用两根直径大于 36mm 钢丝绳，辅吊采用直径 22mm 钢丝绳，吊装前先采用计算机三维模拟吊装区域，确定吊机停靠位置，吊装过程中严格控制吊车安全使用规范，不得超负荷起吊重物，如图 9.1-3、图 9.1-4 所示。

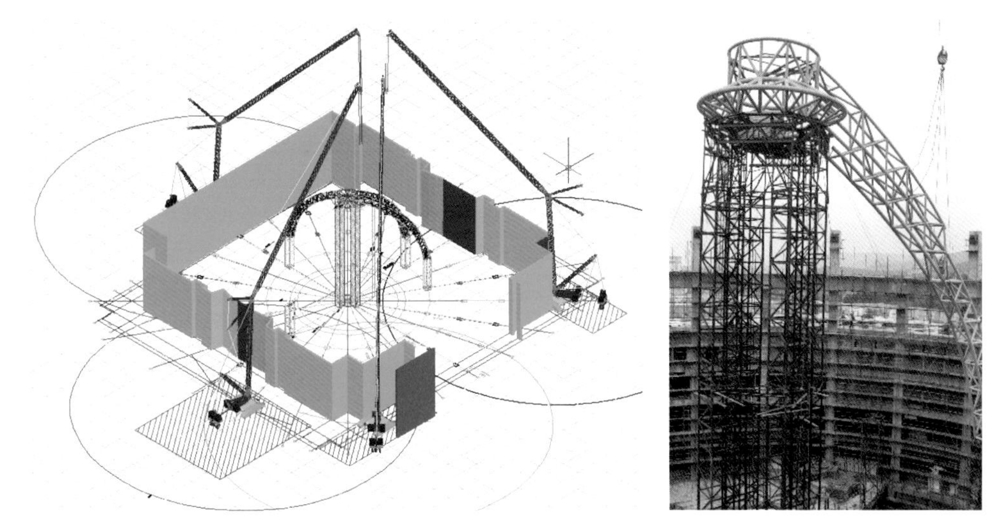

图 9.1-3 管桁架吊装三维模拟图

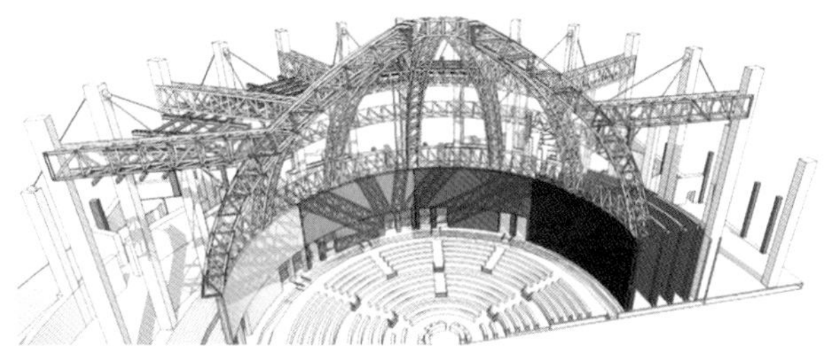

图 9.1-4 管桁架吊装图

桁架安装前控制临时托架的高度，并用水准仪进行检测。起吊前先吊起 100 ~ 200mm 时停吊，检查索具是否牢固，为避免吊起的桁架自由摆动，在桁架上绑好麻绳，作为牵制溜绳的调整方向，当桁架距离托架位置 40 ~ 100mm 时，指挥吊车下降就位，将桁架临时固定，并将柱端主桁架支撑焊至主桁架上固定，如图 9.1-5 所示。

（3）预应力钢拉杆张拉

本工程悬挂型管桁架通过 24 根 ϕ100 的钢拉杆斜拉于 12 个混凝土结构柱，柱外侧则采用 12 根 ϕ120 钢拉杆平衡内侧拉杆的水平力，工程预应力张拉的范围为柱外侧的拉杆，按设计要求，施加的预应力为 170kN，如图 9.1-6 所示。

水平拉杆由一根钢棒组成，调节套筒位于杆段，张拉到达设计力值，经检查确定无误后，旋紧调节套筒，以保证螺纹充分结合，如有角度或尺寸偏差应立即纠偏和调整。张拉过程必须平稳、缓慢进行，严禁超载作业。同时为保护悬臂柱节点，同一悬臂柱的两吊杆必须同时张拉，整个拉杆施工顺序为先里后外，对称张拉。

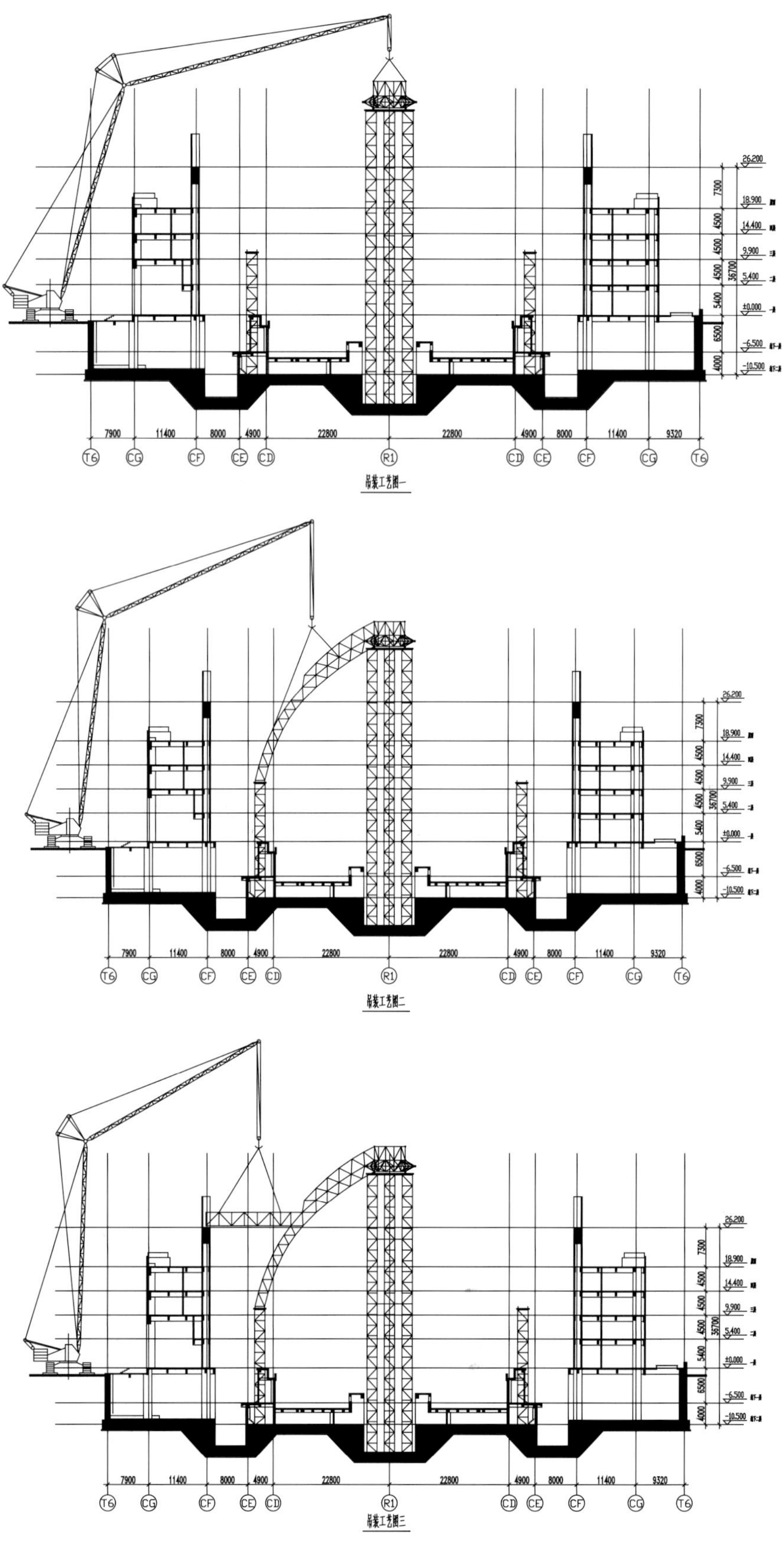

图 9.1-5 管桁架吊装工艺

图 9.1-6　拉杆外侧张拉

5. 小结

针对无锡灵山三期梵宫圣坛钢结构工程大跨度、悬挂型、预应力棒结合管桁架的特点，采用塔吊、胎架、大吨位履带吊组合使用的吊装工艺，化整为零、分块拼装、分段吊装，成功解决了施工场地有限、桁架吨位大、长度长、高空焊接量大、质量难以保证及先吊装后张拉的问题，加快了施工速度，降低了施工成本，并通过施工过程的严格组织与实施，确保了工程质量和施工安全，管桁架挠度最大值为 25mm，满足规范要求。为今后类似大跨度悬挂型管桁架的施工提供一定的借鉴与指导意义。

9.2　袈裟状铝合金屋盖结构施工技术

1. 技术概况

南京牛首山佛顶宫屋面采用大跨度铝合金结构体系，整个大穹顶为自由曲面，形似袈裟，长 250m，宽约 112m，投影面积 20968m^2，结合树状钢结构柱共同受力支撑起整个屋盖。工程具有地形复杂、构件种类多、曲率变化大、安装精度高、成形困难，安装无规律可循等特点，国内外无此类案例可循，安装难度巨大，如图 9.2-1 所示。

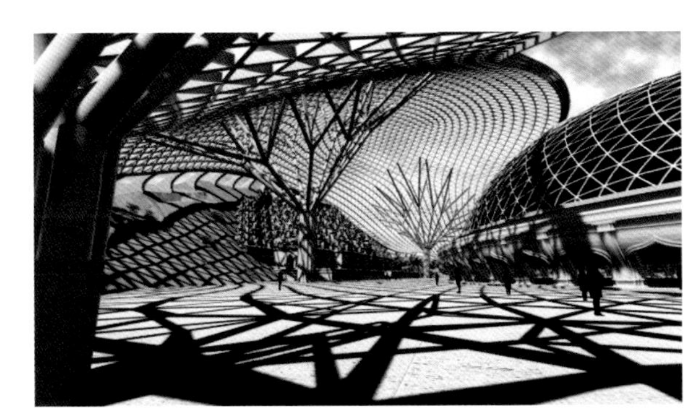

图 9.2-1　大跨度多曲率异形曲面铝合金穹顶效果及完成图

2. 技术特点

（1）工程为多曲率异形曲面铝合金结构，构件的种类、截面类型、节点构造多，为保证安装精度，采用犀牛软件 1 : 1 模拟建模技术，将体系中的结构型材、面板、节点盘等主要部件逐个分解，确定构件的精确尺寸，实现构件工厂化精确生产制作及现场安装。

（2）大跨度铝合金穹顶于牛首山西峰，山坡地形复杂，高低不平，且坡度较陡，搭设高空操作架体无法直接坐落在山体上，需进行相应的加固措施，防止操作架滑移以及保持受力均衡化，高空操作架体的施工难度大。

（3）施工中需搭设高空钢结构胎架及钢桁架梁作业平台，需通过运用SAP2000软件对支撑胎架整体模型进行受力分析，来确定支撑胎架构造、尺寸、间距等，同时运用MIDAS（GEN）有限元分析软件对滑移轨道、单元网壳、钢格构柱进行整体受力分析、稳定性验算及工况分析复核。

（4）铝合金网壳结构的节点为板式铆接节点，其结构的袈裟曲线变化处理均在节点板上，节点盘的孔位孔径允许偏差不大于0.1mm，构件的孔位允许偏差为±0.5mm，孔距允许偏差为±0.5mm，累计偏差不应大于±1.0mm，因此构件加工制作的精度高。

（5）大跨度异形曲面铝合金大穹顶和椭球形铝合金小穹顶有3500m^{2}的重合区域，椭球形铝合金小穹顶外层已安装完成，大穹顶钢结构操作平台的胎架立柱需从小穹顶内部23.5m混凝土平台上搭设并穿出小穹顶屋面，穿屋面孔部分需要进行防水处理，保证内部装修推进，实施难度大。

（6）大跨度异形曲面铝合金大穹顶安装综合采用了高空散装、分块单元吊装、分块曲面滑移等技术，以最大限度地减少高空安装工作量，节省人工，缩短施工周期，保证施工质量与安全。其采用分块曲面滑移推进技术实现了大异形铝合金结构整体安装就位，为国内外首次采用，创新及施工难度大。

（7）铝合金结构的分块单元吊装技术、曲面滑移技术需通过1∶1足尺模拟实验对单元拼装、分块滑移进行检验，验证工艺可行性及确定操作流程，成功后方可实施，工艺不确定因素多。

3. 工艺流程及操作要点

（1）施工工艺流程

施工工艺流程如图9.2-2所示。

（2）操作要点

1）施工准备：

①按照设计意图进行图纸深化设计，三维建模后，生成构件加工图，编制加工计划，将需要进行场外加工和采购订货的材料、部件加工订货。

②根据三维模图确定穹顶基座及节点盘三维坐标，进行平面定位及空间位置复核，如图9.2-3所示。

③编制安装方案并对操作人员进行交底。

根据现场条件，穹顶杆件分别采用散装、单元拼装及分块滑移推进三种方式进行安装。分A→B→C→D四个区域进行安装。操作平台采用满堂盘扣脚手架以及格构钢平台，如图9.2-4所示。

2）高空操作架体搭设：

①根据建筑形状及周边地形情况，分别搭设满堂操作架及高度变化不一的独立塔桁架式承插盘扣操作架；满堂操作架立杆间距不大于1.5m，独立塔桁架式承插盘扣脚手架以1.2m×1.2m架体为一个格构单元，格构单元间垂直高度每隔1.5m高度连接一道，格构单元横纵间隔3.6m，满足架体的整体稳定性要求，如图9.2-5、图9.2-6所示。

②山体部分的土体为矿山土质，高低不平，坡度较陡，局部操作架立杆无法落地时，设置型钢转换层进行处理；设置定间距的水平剪刀撑及连续竖向剪刀撑内部满搭竖向斜拉杆。

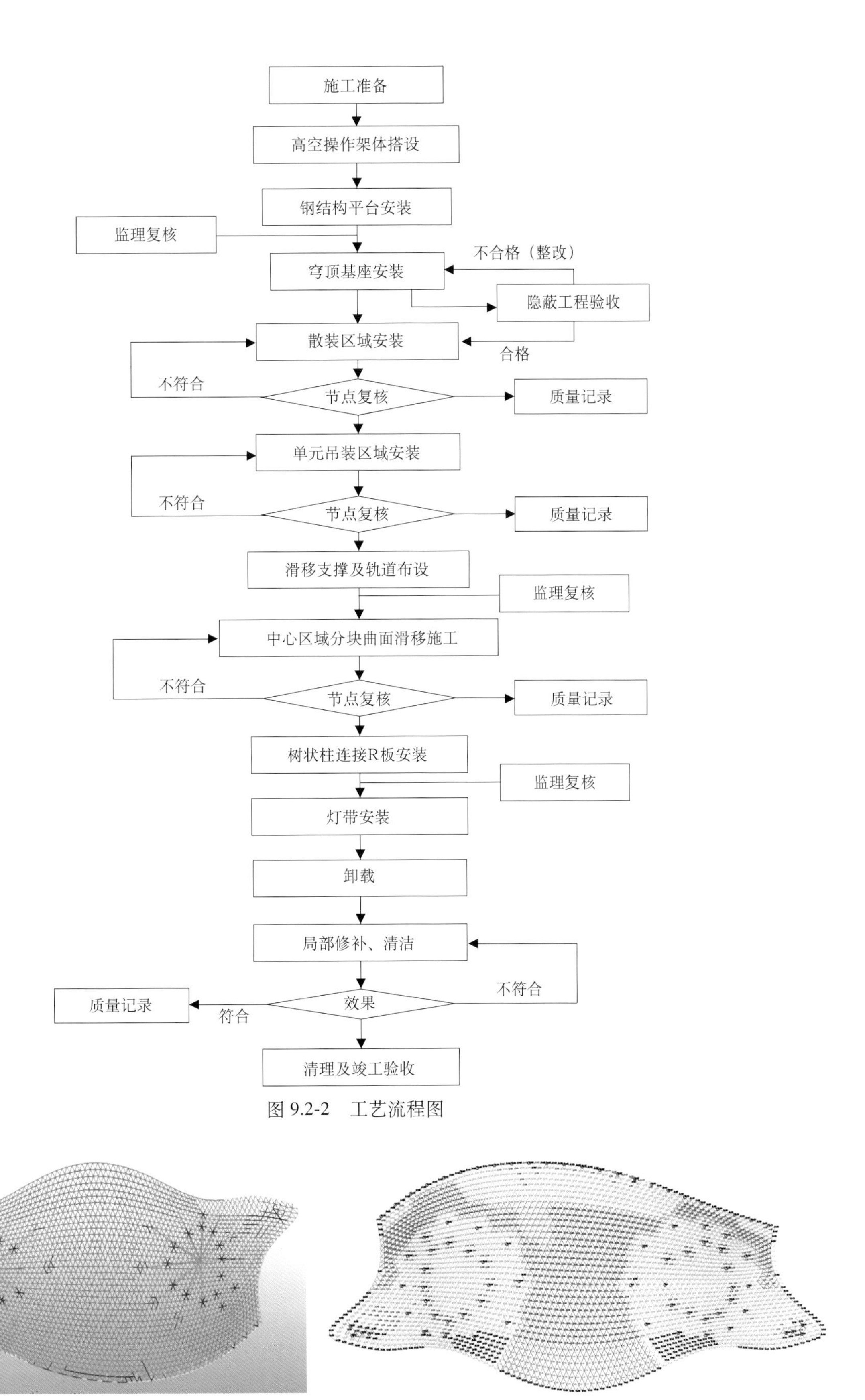

图 9.2-2　工艺流程图

图 9.2-3　穹顶三维图及节点盘坐标

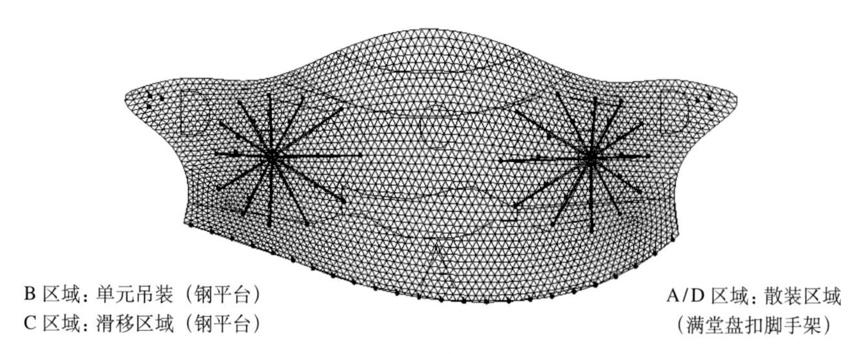

图 9.2-4 穹顶安装分区图

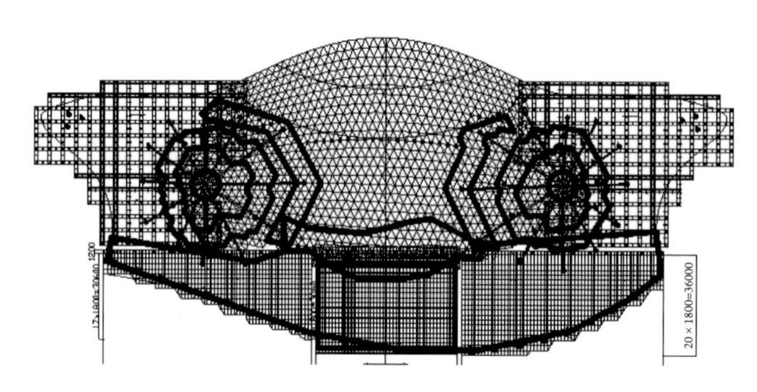

图 9.2-5 操作架体整体搭设平面图

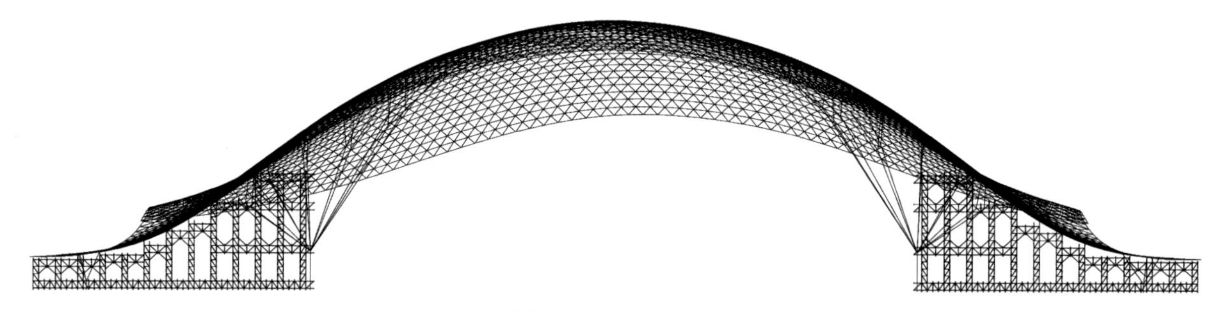

图 9.2-6 独立塔桁架式承插盘扣操作架搭设立面图

③坡顶抱柱、抱梁、操作架区域扶壁外扩处理。利用钢管将混凝土柱基与操作架横杆或竖杆相连接，每个柱基拉结两道；水平钢管与操作架横杆或竖杆连接处安装双扣件；设置钢丝绳将架体与结构梁拉结。

3）钢结构平台安装：

①树状钢结构柱区高于 24m 的部分及中心滑移区域采用钢结构平台，如图 9.2-7 所示。

②安装顺序：树状柱内圈加高节安装→树状柱外圈胎架及桁架梁安装→中心滑移区胎架及桁架梁安装→悬挑区域胎架及桁架梁安装，如图 9.2-8、图 9.2-9 所示。

③树状柱内圈支座在树状柱胎架的正上方，故在树状柱胎架的基础上按安装杆件的高度进行加高。

④钢平台安装以塔吊安装为主，以塔吊吊装能力对钢柱进行分段分节，塔吊盲区采用汽车吊进行吊装。

⑤桁架梁采用槽钢双拼构造，斜腹杆及顶、底部加强处采用角钢焊接，桁架梁与胎架之间焊接连接，焊缝高度不小于 10mm。

图 9.2-7　钢结构平台三维图

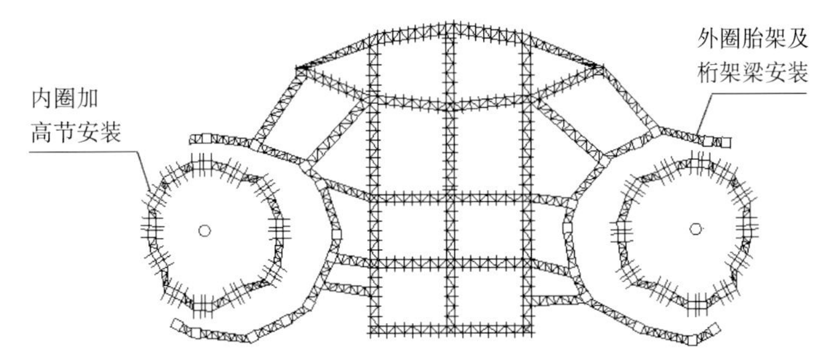

图 9.2-8　钢结构平台平面图

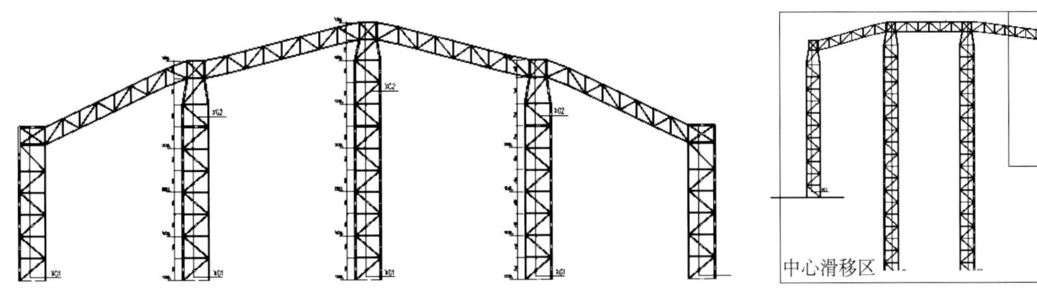

图 9.2-9　钢结构平台剖面图

4）穹顶基座安装：

①滑动支座安装：底部设置调节件与预埋钢板焊接连接，根据现场标高情况，采用钢板焊接加工制作调节件，调节件安装完成后，浇筑混凝土包裹。

支座连接板上开有若干孔位，将节点板孔位与支座连接板孔位对齐，铝合金杆件孔位与节点板孔位对齐，采用高强度螺栓临时固定；待铝合金杆件、支座连接板固定到位后，采用硬铝合金螺栓紧固，如图 9.2-10 所示。

②固定支座安装：支座采用钢板焊接成圆柱形，支座底部与预埋钢板焊接连接；支座安装完成后，周边钢杆件与支座焊接固定，形成固定支座，如图 9.2-11 所示。

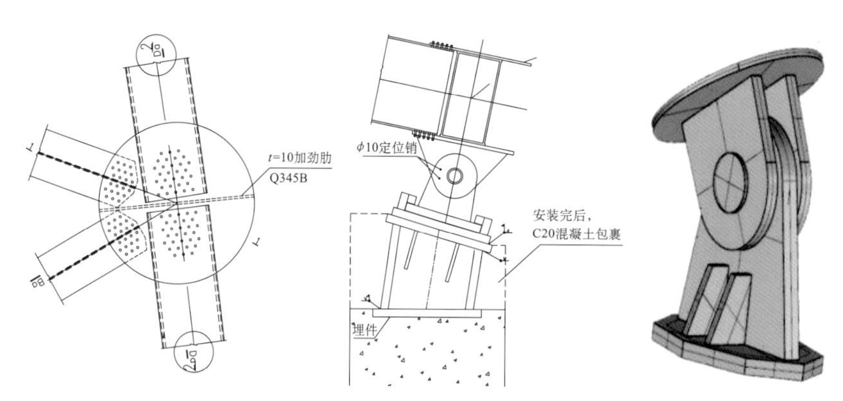

图 9.2-10 滑动支座 R 板及定位销轴图

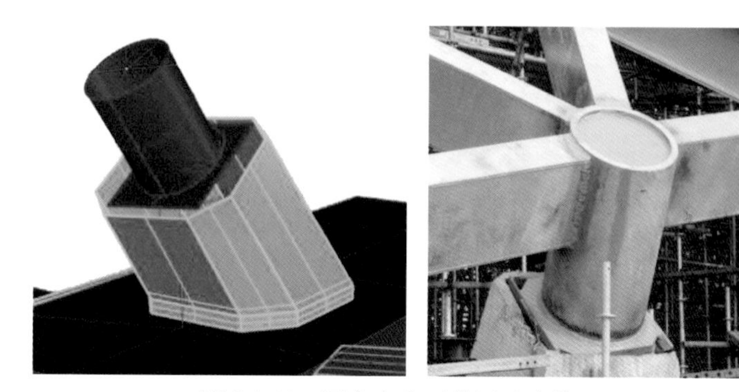

图 9.2-11 固定支座三维图及实物图

5）散装区域安装：

①散装区域位于操作架满堂搭设区，为满足滑移区域拼装平台要求，先行安装滑移区域拼装平台前的散装杆件，如图 9.2-12 所示。

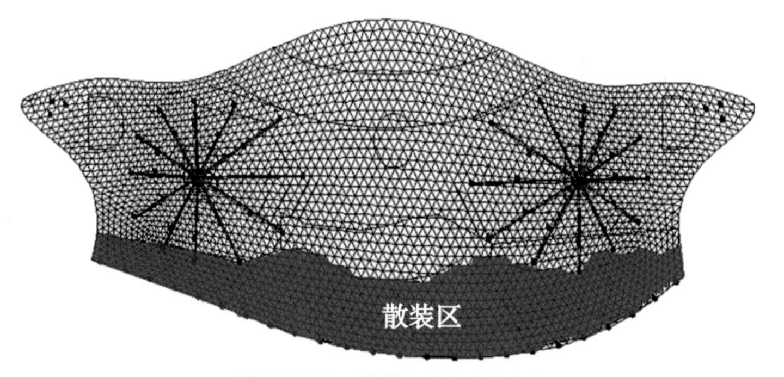

图 9.2-12 散装区域示意图

②为避免先行安装的结构发生变形，利用脚手架为支撑将杆件撑起安装单元，待安装构件有一定的刚度相互约束后，拆除支撑，再依次循环安装。杆件安装过程中应及时复核安装偏差，消除安装偏差，保证建筑外形；杆件安装时采用气动铆钉枪进行铆钉紧固，保证杆件安装固定牢固。

6）单元吊装区域安装：

①分块单元吊装：在树状柱区域以塔吊吊装为主，依据塔吊吊装能力，分若干个单元进行分块吊装，控制单块吊装重量，如图 9.2-13、图 9.2-14 所示。

②单元吊装安装流程：如图 9.2-15 所示，第一步以散装形式安装大树内圈支座处杆件并形成合

拢；第二步，将地面拼好的单元逆时针依次吊装并及时锁紧全部螺栓；第三步，内圈的分块单元依次吊装完成并合拢；第四步，散装安装树状柱外圈支座处的杆件并合拢（未用粗线标识的为操作架区域）；第五步，单元吊装安装大树内外圈之间的杆件；第六步，依次完成大树内外圈之间的杆件安装并合拢。

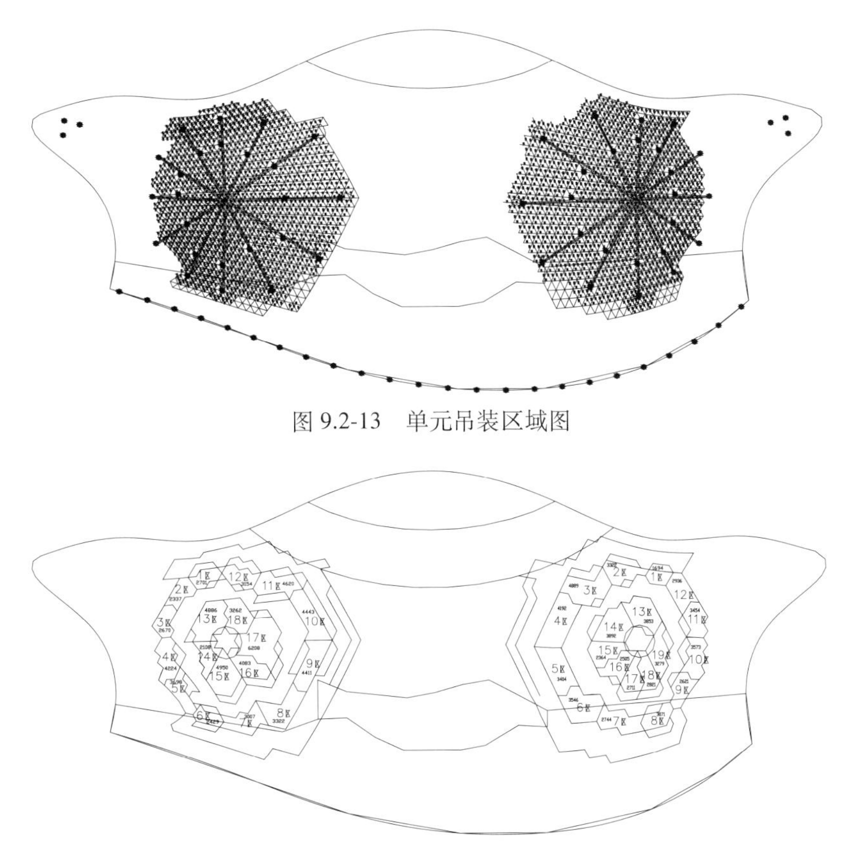

图 9.2-13　单元吊装区域图

图 9.2-14　区域杆件分区单元布置图

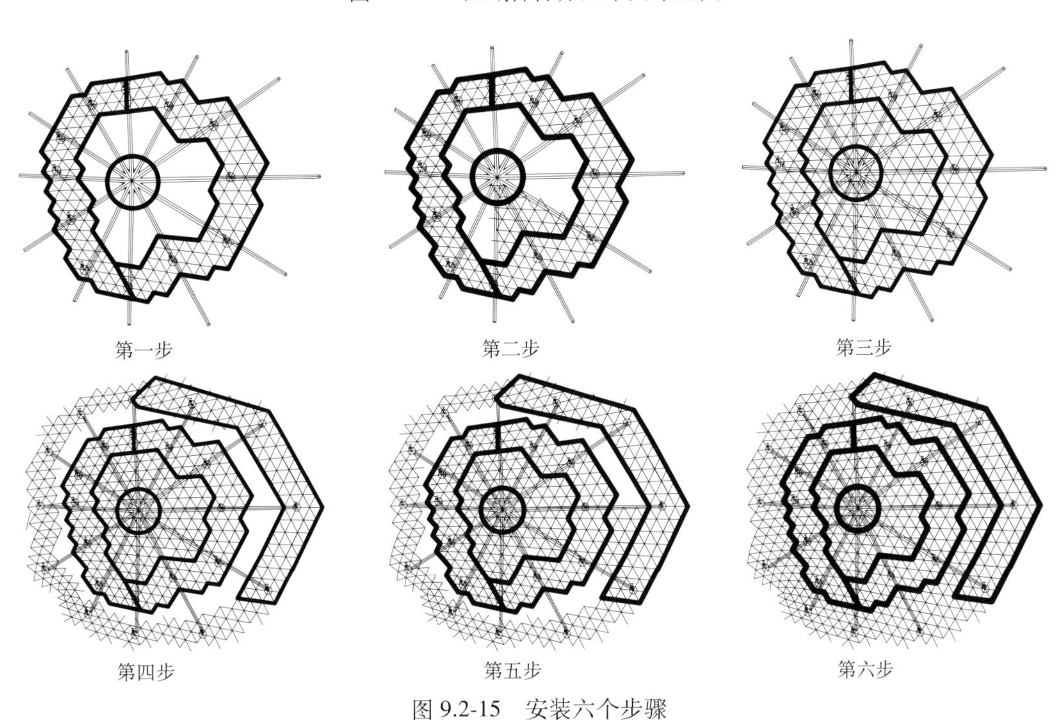

图 9.2-15　安装六个步骤

③单元吊装过程中，杆件螺栓全部安装就位后方可进行吊装。

④吊装就位后，利用全站仪对就位后的单元网壳上的节点盘进行坐标测量，并依据测量的偏差对网壳进行调整，待调整到位后方可将对接处的螺栓全部锁紧，如图 9.2-16 所示。

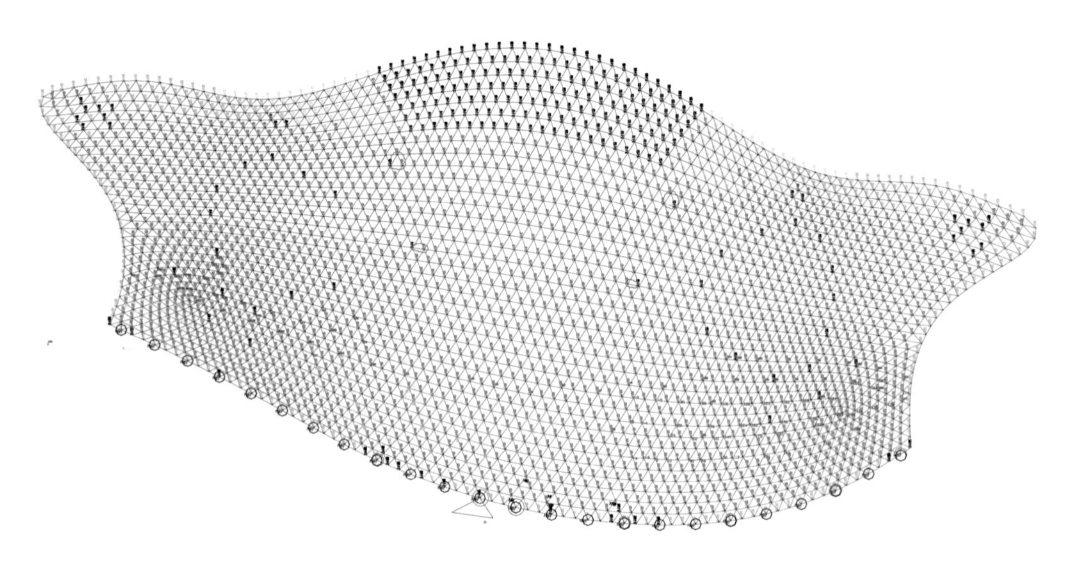

图 9.2-16 穹顶节点盘测量点位图

7）中心区域曲面整体滑移施工：

①中心分块曲面滑移区域共分 16 个单元区域，1 区到 8 区为曲面滑移推进，9 区到 16 区为分块单元吊装。塔吊需满足分块单元吊装的重量要求，如图 9.2-17 所示。

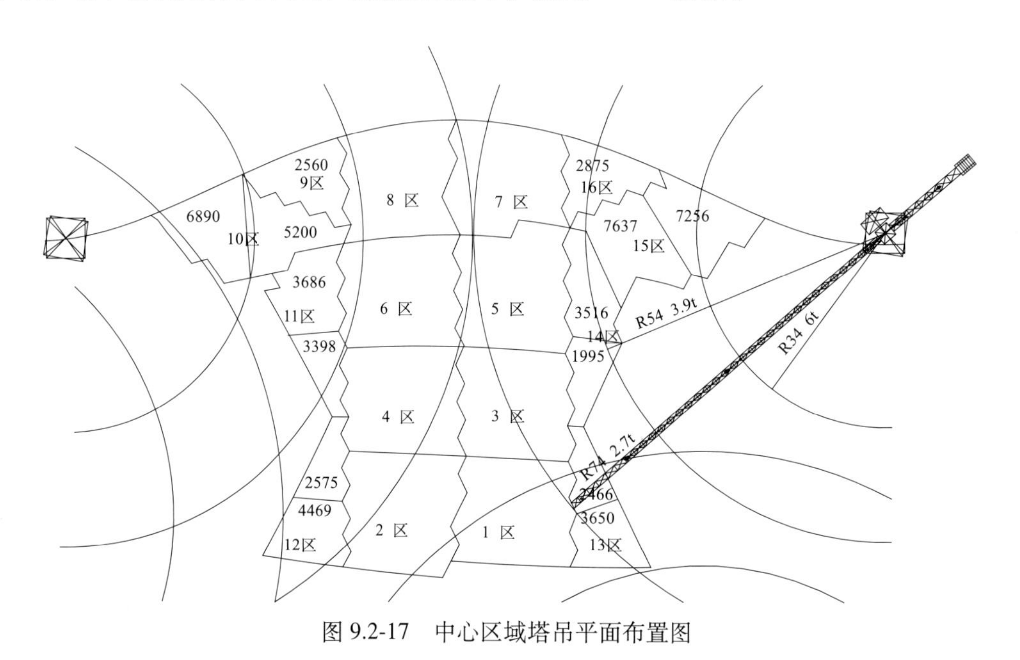

图 9.2-17 中心区域塔吊平面布置图

②在轨道上方拼装需要滑移的单元网壳，同步安装节点盘、盖帽及侧封板等。

③对分块滑移及单元吊装的最大网壳进行工况分析，确定最大位移及杆件最大应力比，满足设计及安装要求，如图 9.2-18 所示。

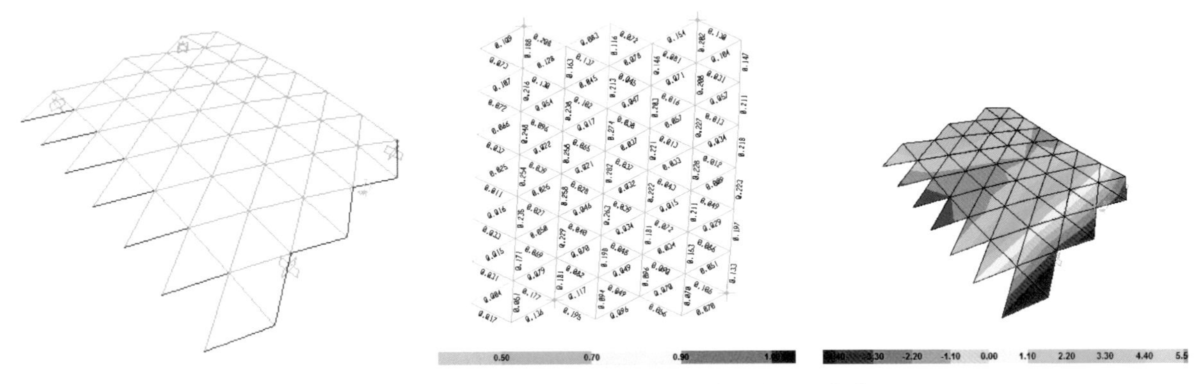

图 9.2-18　中心区域最大分块模型图、应力比图、位移图

④在滑移末端安装两台 5t 卷扬机，将网壳滑移就位。

⑤网壳就位后，用龙门架将网壳吊起，移除下方轨道，再将网壳缓慢放置在设计标高位置，与后方已安装的网壳进行就位安装，并将前端杆件的坐标调至设计坐标，前端在后方安装就位后用支撑杆进行支撑。

8）网壳与树状柱连接 R 板施工：

铝合金网壳结构安装完成后，安装树状柱与网壳之间的 R 板、关节轴承，将上下端头 R 板分别与树状柱、节点构件焊接连接，再通过关节轴承与上、下端头 R 板连接。

9）卸载：

按计算结果，支撑拆除后，网壳会有向上位移的，约束先行解除；向下位移的，约束后解除；并遵循先小跨度后大跨度、先两边后中间逐步卸载，如图 9.2-19 所示。

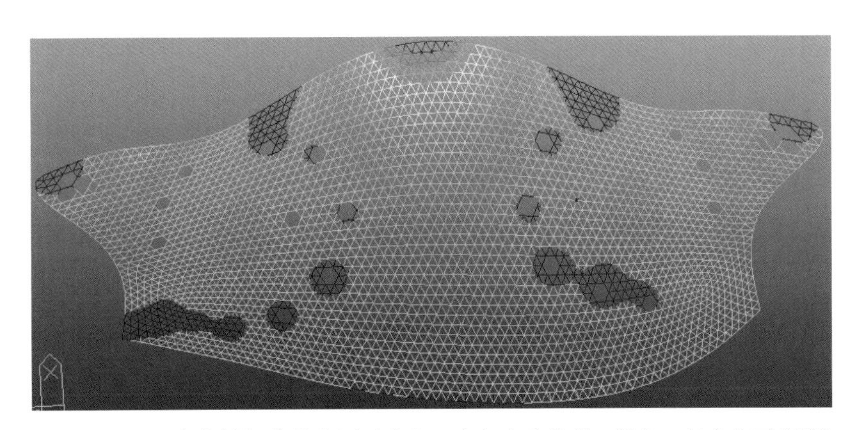

图 9.2-19　网壳支撑卸载分序图（蓝色、青色向上位移；绿色、红色向下位移）

4. 小结

佛顶宫上部采用铝合金大穹顶覆盖，从建筑外形上以自然的弧度曲线，贴合西山的山体走势，将牛首山西峰因采矿以及后期塌方等因素缺失的山体轮廓修补完整；大穹顶采用大跨度全镂空铝合金结构屋盖体系，形似袈裟，象征着佛祖的无量加持。施工过程中，采用计算机三维模拟放样、工厂精密数控加工，高空胎架、桁架梁支撑系统和高空盘扣操作架拼装作业平台相结合及高空散装、单元拼装、分块曲面滑移技术，既保证了铝合金结构的安装质量及速度，又推动了铝合金结构体系安装技术的进步，同时现场螺栓铆接工艺，装配式施工，也减低了环境污染，降低了消耗，大

大提高安装效率，在国家大力提倡发展节能环保型建筑的当前，具有广泛的应用前景。

9.3 摩尼宝珠造型穹顶结构施工技术

1. 技术概况

铝合金穹顶结构以其耐腐蚀、重量轻、加工工艺好、螺栓铆接、多功能一体化及全装配式施工等诸多优点，作为大跨度空间结构的一种科学先进形式，在国内得到了越来越多应用。

南京牛首山佛顶宫是大跨度铝合金结构的经典应用案例，其通过大小穹顶营造出“莲花托珍宝，袈裟护舍利”的宏大意境。大小穹顶均采用铝合金构件及节点组装而成，结构轻盈，造型优美，蔚为壮观，如图 9.3-1 所示。

图 9.3-1 铝合金穹顶

2. 技术特点

（1）穹顶铝合金构件由几万组规格、形状各不相同的构件、铝板、压条、玻璃组成，网壳结构采用板式铆接节点，结构的曲线变化处理均在节点板上，大部分单一节点折弯角度的不同。同时，穹顶为椭球形结构，为确保铝合金杆件顺利安装及闭合，对节点表面的各孔精确度及埋件、构件的定位、放线的精准程度提出了非常高的要求。

（2）网壳为椭球形异形结构，需根据建筑形状、内外单层网壳结构施工及壳体内部各专业穿插作业，搭设在不同标高、灵活调节的高空桁架式承插盘扣型操作架。

（3）矿坑内的施工作业有异于常规工程，塔吊大多布置于建筑内；结构封顶后，为满足室内精装修条件，将原建筑内部分塔吊拆除，并完成穹顶铝合金结构施工；在现有结构面设置若干台塔吊满足施工需要。

（4）铝合金网壳结构构件的安装采用由四周向中央逐圈逐件拼装的方法，为避免后期安装偏差累计较大，安装过程需确保构件形成空间稳定体系，并及时复核、消除安装偏差，实现大面积高空闭合体系自约束安装。

（5）穹顶外层铝板安装完成后，外层 70° 坡度陡峭，佛手安装难度特别大，需搭设高空材料周转及安装平台。

（6）工程涉及土建、机电安装、灯光、装饰等多专业协同配合，网壳安装完成后，铝板作业、灯具安装、佛手安装以及机电设备等的安装，整个工序衔接交叉量大，需合理协调调度，做好各专业之间的协调工作。

3. 工艺流程及操作要点

（1）工艺流程

施工工艺流程如图 9.3-2 所示。

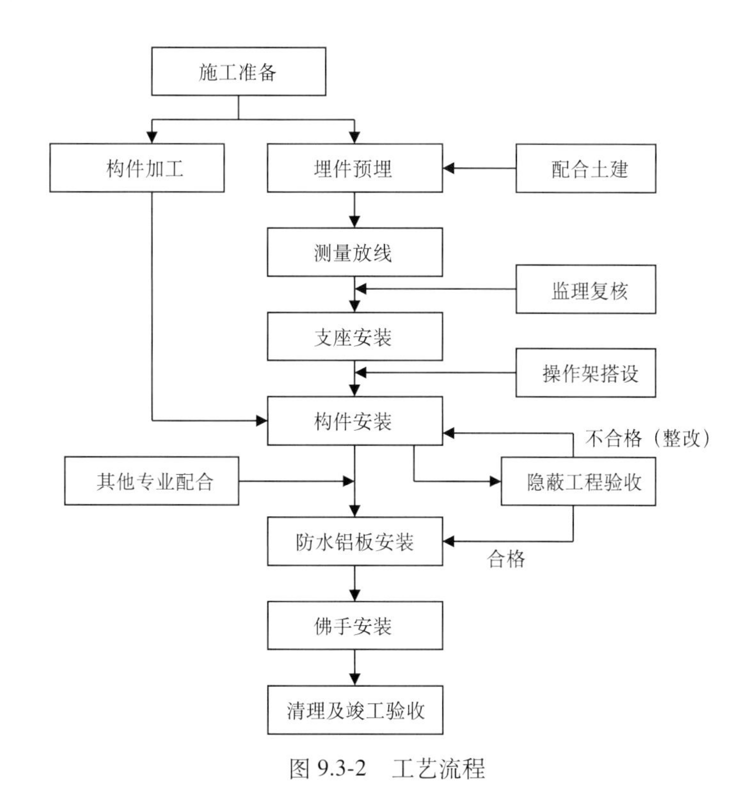

图 9.3-2　工艺流程

（2）操作要点

1）预埋件施工。

埋件在加工厂制作完成，运至现场后，利用吊装设备将埋件运至安装位置，安装时，根据设计支座坐标值用全站仪将埋件位置、标高调整好，并在埋件板上放中心线，与主体结构焊接固定。

2）高空独立塔桁架式承插盘扣型操作架搭设：

①为满足顶部铝合金结构、机电设备及装饰施工，需根据建筑椭球形状，搭设高度变化不一的高空操作架，最高搭设高度 52.8m。由于架体较高，须在满足承载及架体稳定前提下尽可能减轻架体自重，减少楼面荷载。经分析比较，采用承插盘扣形成具有刚度和稳定性的三维空间桁架体系，通过独立塔连接成操作平台，既满足承载要求，又可减轻架体自重，具有灵活的可拆卸调节性能，如图 9.3-3 所示。

②考虑安全、荷载因素，以 3.6m × 3.6m 架体为一个单元，单元与单元之间间隔 3.6m，单元间

每隔 1.5m 高度连接一道，以满足架体的整体稳定性要求；顶层设置一层工作面，满铺钢踏板，顶层工作面四周在 1.0m 高位置设置扶手杆，架体满搭竖向斜拉杆；架体顶层满铺轻质压型钢踏板。

③为保证结构的整体稳定性，通过线性屈曲分析，对屈曲模态以及易发生屈曲的位置进行计算分析，判断结构的稳定性。架体整体稳定系采用 MIDAS/GEN 软件建立模型进行三维受力分析。屈曲分析时，考虑 1.0 恒载 +0.5 活载作为结构的初始荷载，如图 9.3-4 所示。

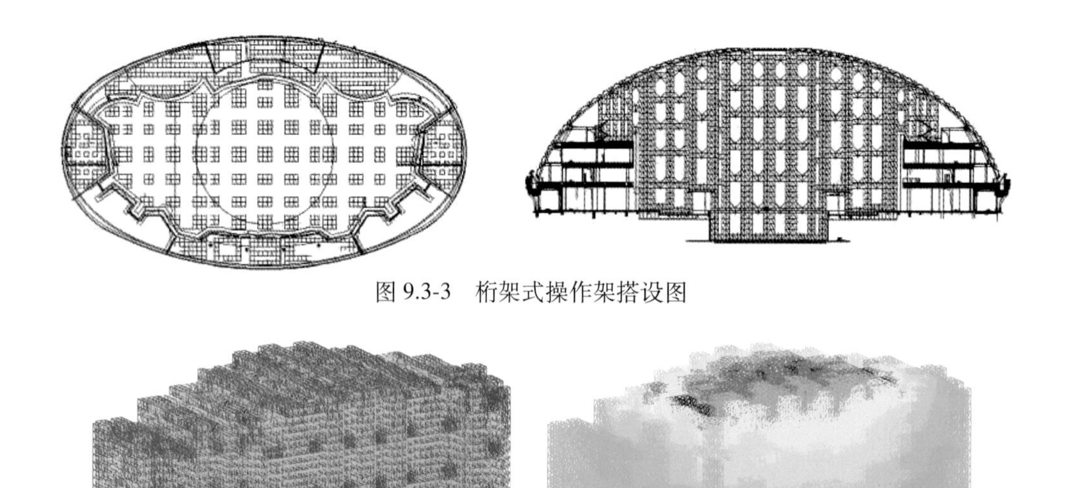

图 9.3-3 桁架式操作架搭设图

图 9.3-4 结构应力对比图及恒载作用下竖向变形图

3）塔吊设置：

①主体结构封顶后，为满足室内精装修需求，将布置于建筑内部的塔吊进行拆除。剩余塔吊不能覆盖穹顶铝合金结构施工范围。此外，小穹顶佛手造型采用地面拼装后整体吊装方式，佛手共计 4800 个，分布界面广，穹顶外层坡度陡峭，安装难度大，需利用塔吊进行整体吊装的方式进行安装。鉴于此，在南北两侧结构柱、板处安装两台高度 60m，臂长 74m 的 STT293 平头塔吊来满足施工需要，如图 9.3-5 所示。

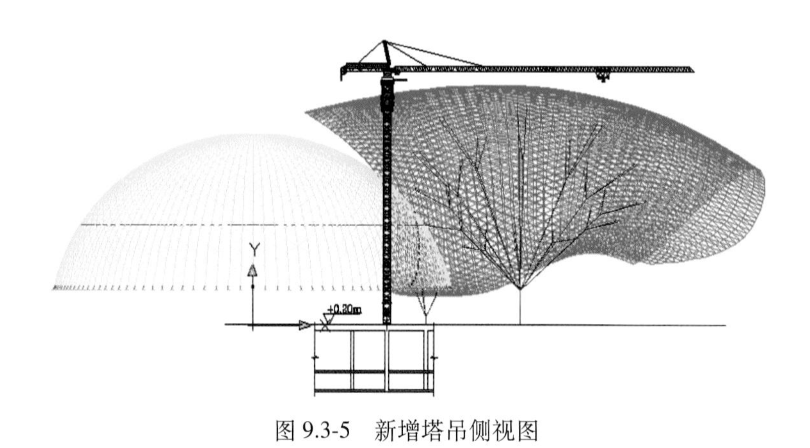

图 9.3-5 新增塔吊侧视图

②新增塔吊位于车道结构平面 –1m 加固柱帽上，新增南侧塔吊位于加固处理后的莲道柱帽上。

③有限元建模：根据现场实际情况，对塔吊所处位置的计算模型进行修改，模型如图 9.3-6 所示。对经过修改过的计算模型施加塔吊荷载后计算，得出梁柱板的配筋和截面更改，根据计算结果，对塔吊基础处楼面更改。主要包括梁截面更改，部分地方增加梁、柱配筋，使结构受力满足需求。梁柱配筋图根据软件算出的结果，得出最终的配筋方案。

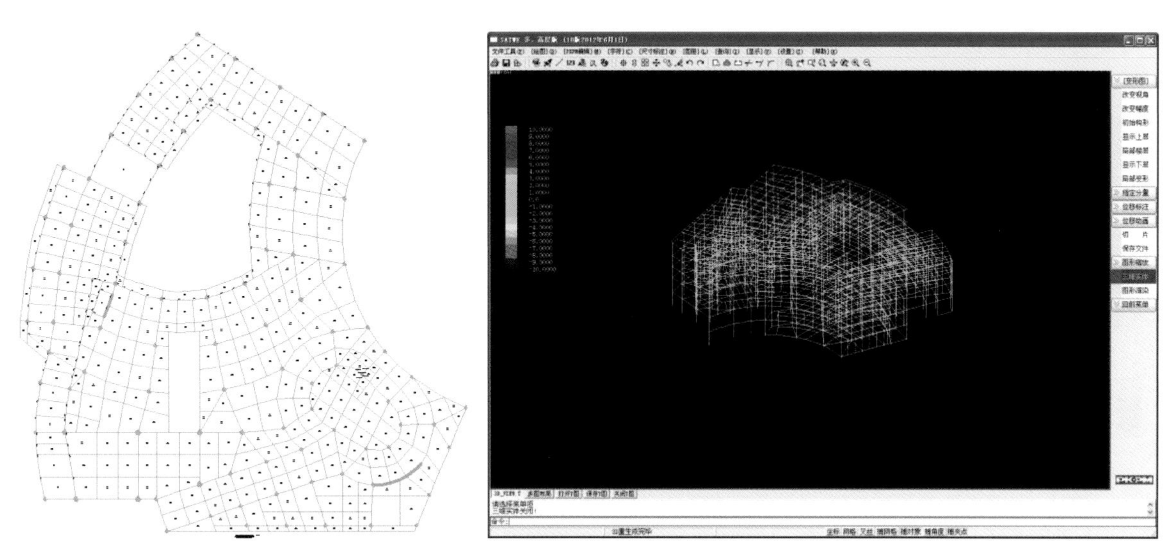

图 9.3-6　塔吊基础处 PKPM 模型图

4）穹顶铝合金网壳结构安装技术：

①穹顶外层铝结构安装顺序：在对支座预埋板进行测量复核后，上下安装顺序为：Ⓐ轴线由中间标高 23.5m 支座开始向下安装至标高 8.3m 支座，在将支座周边的铝合金杆件安装完成并形成一个封闭的空间结构后，对此空间结构进行空间的定位复核并校正。然后再由 23.5m 向下施工，直至到 8.3m 结构层为止，当铝合金结构施工至 8.3m 标高时，整个结构已经相对稳定。最后再由外至内一圈一圈施工，直至整个外层穹顶施工完成（图 9.3-7）。周边安装顺序为：先安装轴线Ⓓ到轴线Ⓔ的构件，然后安装轴线Ⓔ到轴线Ⓕ的构件，最后由轴线Ⓓ安装至轴线Ⓐ，预留轴线Ⓐ内部构件作为内层铝合金结构构件入口。

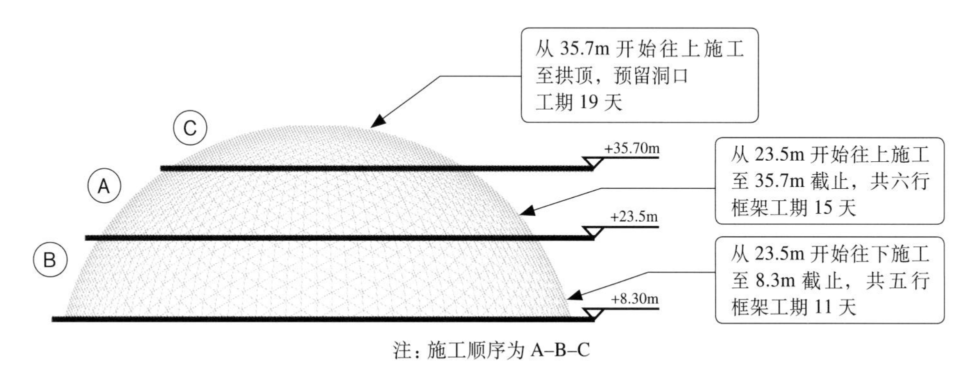

注：施工顺序为 A–B–C

图 9.3-7　穹顶外层网壳上下安装顺序

②穹顶内层铝合金结构施工方法跟外层结构施工类似，区别在于，内层由外层向内施工，直至施工完毕，如图 9.3-8 所示。

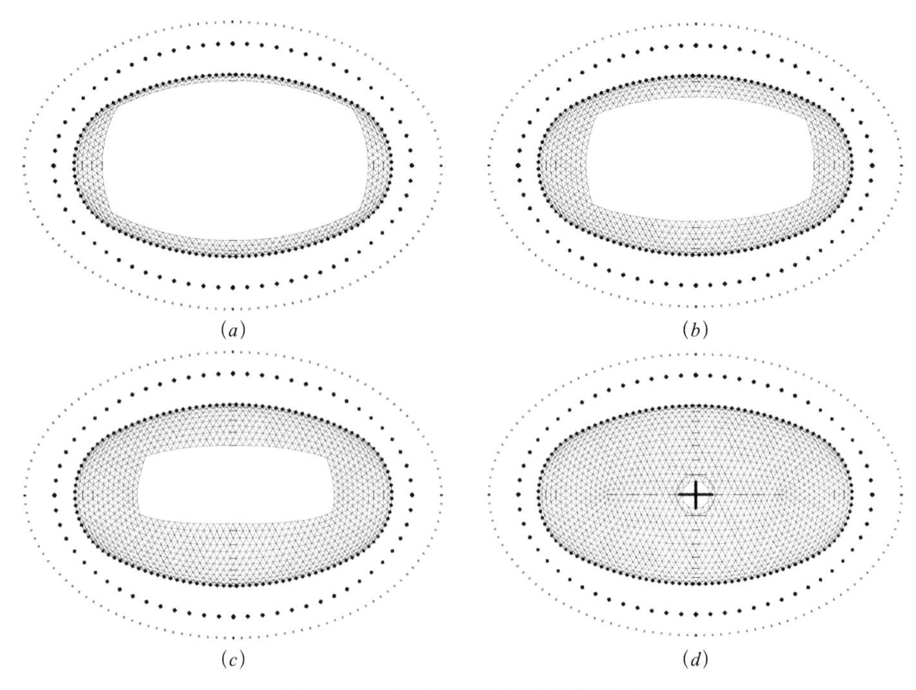

图 9.3-8 穹顶内层铝合金结构施工

(*a*) 由轴线Ⓓ开始向中心环形安装；(*b*) 由轴线Ⓓ开始向中心环形安装；(*c*) 向椭圆球心推进安装；(*d*) 小穹顶内层安装完成

③铝合金构件连接节点采用硬铝合金螺栓拼接连接，杆件端部的螺栓孔的规格、数量与节点板上对应的螺栓孔的规格、数量一致，杆件和连接板均在工厂加工，现场以铆钉枪进行装配式连接施工，具有速度快、难度小等特点。支座底部采用镀锌钢板与预埋钢板焊接连接，支座顶部圆板用螺栓与铝合金杆件连接，通过钢板开孔形成可以转动的铰接，以释放全部的弯矩，如图 9.3-9 所示。

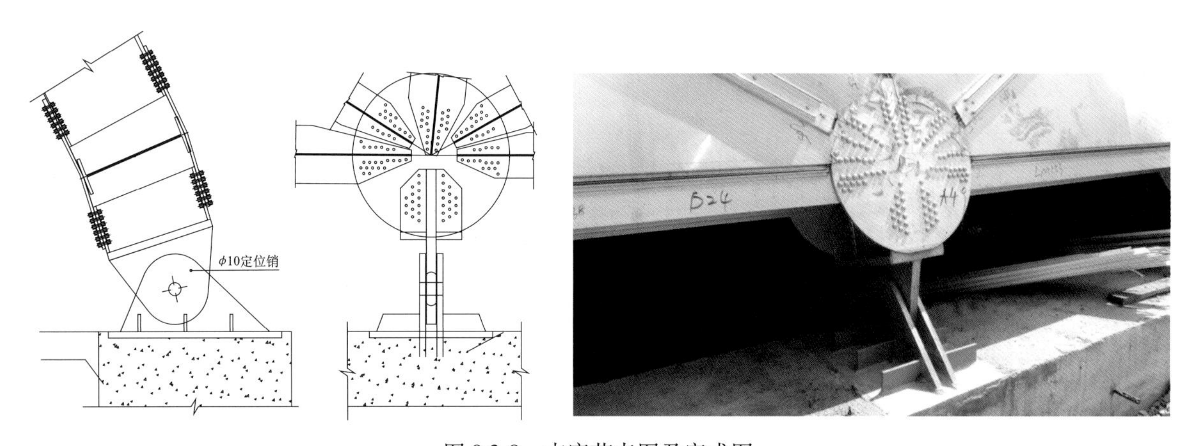

图 9.3-9 支座节点图及完成图

5）铝合金铝板安装：

①铝合金结构安装完成后，穹顶表面坡度非常陡峭，防水铝板和佛手安装难度大，需要将特定位置的脚手架延伸出铝合金网架，连接成整体，搭设环形防护施工脚手架平台。为此，在铝合

金穹顶中间标高23.5m一圈搭设悬挑施工通道，并于19.1m标高处平台搭设卸料平台，作为倒运防水铝板和佛手的临时平台，布置如图9.3-10、图9.3-11所示。

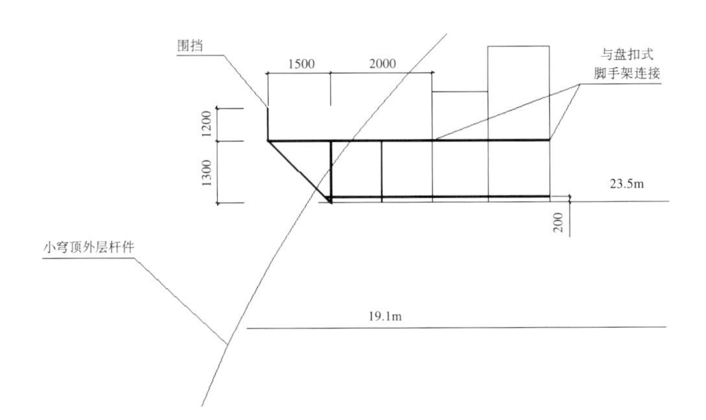

图9.3-10　施工通道剖面图及实景

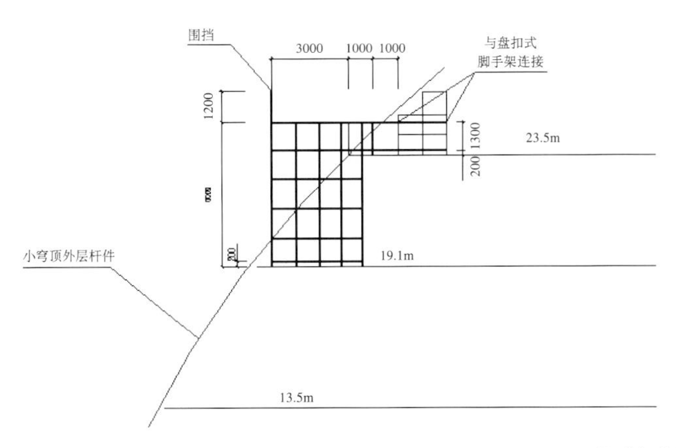

图9.3-11　卸料平台剖面图

②临时卸料平台作为防水铝板临时倒运的堆料平台，塔吊将材料吊运至平台后，由工人尽快的将防水铝板转运至安装位置。在做佛手安装时，拼装好的佛手先吊至平台，再转运至安装位置。

③在铝合金杆件安装完成后，从单层铝合金屋盖穹顶的顶部交圈区域为起始点，向网壳周边发散进行铝合金屋面铝板的安装；安装过程中严格遵循边安装边封闭固定的原则，以避免在施工过程中因未及时封闭造成雨水等对屋面板内侧的铝膜造成污染，而影响建筑物内部的观感质量和效果。

④防水铝板底部的VR贴面、保温棉等均在工厂内制作完成，与铝板形成一体化的构件；安装时，将铝板边角卡槽与铝合金杆件卡槽对准，将铝板端部的螺栓孔与节点板上螺栓孔对准，螺栓拧紧固定后；再将铝合金压条准确安装，压条内放置防水胶条，定位螺栓垂直拧紧后；螺栓从中部开始向两端初拧，待整体稳定后，再采用扭矩扳手终拧。

6）佛手安装：

①佛手安装在防水铝板安装完成后进行，是穹顶造型关键所在，对制作及安装的精度等要求非常高。根据佛手与构件连接的特点，采用施工平台场地精确组装，现场整体吊装到对应位置，屋面精确定位的方式施工。由于每个佛手的构件都不相同，每个佛手由七面各不相同的铝板组成，玻璃采用夹胶安全玻璃，玻璃通过螺栓及结构胶与铝合金板材连接。拼装完成的佛手（图9.3-12）通过特制的安装吊篮吊至安装位置，再与构件连接，形成整体。

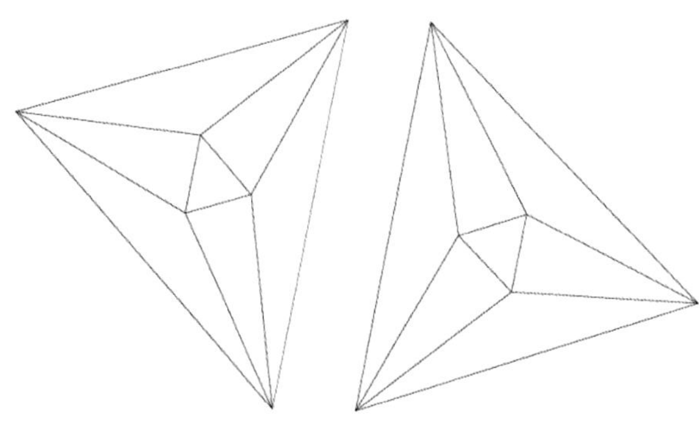

图 9.3-12 组拼完成后佛手造型图

②佛手组拼完成后，将佛手起吊到对应安装位置，佛手通过已安装的铝合金压条与铝合金结构连接。安装流程：当铝合金构件安装完毕后，进行高强度铝板安装，佛手通过高强度不锈钢螺栓与铝合金压条连接。

③佛手运至安装位置后，通过螺栓与预制卡槽连接，螺栓有两次拧紧过程，初拧和终拧，螺栓初拧过程中，螺栓枪应垂直，拧紧顺序可选择从中间向两边延伸，或者从一端向另一端依次拧紧。图 9.3-13 所示为两个佛手对接情况三维示意图。

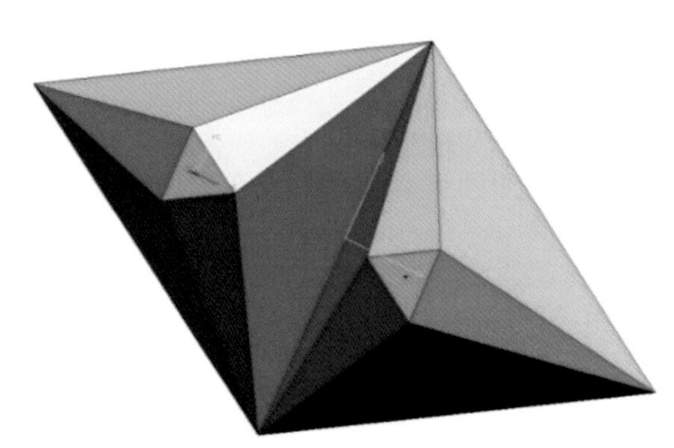

图 9.3-13 两个佛手安装对接示意图

4. 小结

作为大型现代佛教文化场所，通过采用内外单层铝合金网壳结构，结合防水铝板、保温棉等形成承重结构与维护结构一体化的多功能屋盖体系，并配以千块佛手造型形成了摩尼宝珠造型，施工难度大；施工过程中，通过标准化、精确化的工厂化加工，快速的现场装配式施工，结构塔吊、拼装平台的合理布置，有序的合理穿插等，有效地解决了狭窄空间大跨度铝合金穹顶结构及装饰体系的安装难题，取得了良好的实施效果。

9.4 钛瓦铝檐椽组合屋面系统施工技术

1. 工程概况

中国古代佛教建筑在建筑的设计、施工中很早就将构件的定型化和模数制实行了，并将相当详细的规定贯穿于建筑整体到局部的形式、尺度和做法中。但随着时代的发展与进步，传统木结构在防火性能和防腐性能方面的缺陷日渐明显，为将中国古代佛教建筑这一宝贵艺术传承下去，更好地适用于现代社会生活环境，越来越多的新技术、新材料融入到传统建筑形制当中去，形成了现代佛教建筑鲜明的特点。

普陀山观音圣坛项目塔身屋面为五层仿唐重檐歇山顶屋面，成四面阵列环绕圣坛，是由钛瓦（筒瓦、板瓦、勾头、滴水、正吻、正脊、围脊、戗脊）、铝合金檐椽组合的屋面体系。其中钛瓦投影面积 7875m^2，铝檐椽展开面积 7968m^2，钛瓦位于屋面的上部，采用 0.6mm 厚钛合金制作，表面呈灰色效果；铝檐椽位于屋面下部，是由 3mm 厚铝单板制作的定型单元块，颜色为金色，如图 9.4-1 所示。

图 9.4-1　普陀山观音圣坛钛瓦铝檐椽效果图

2. 工程特点

（1）地处海盐颗粒环境，酸雨 pH 值 3.82 ~ 6.27，耐久性要求可维护 100 年以上，要求表面颜色无变化，台风季节防风能力要求极高。

（2）钛瓦与铝檐椽的成品构件均为单元构造，加工精度及安装成形的精度要求高。

（3）本项目钛瓦铝檐椽组合体系的连接结构为幕墙类结构，钛瓦造型为古建筑的筒瓦造型，铝檐椽造型为古建筑檐椽造型，如何借鉴幕墙施工技术与古建施工技术保证安装质量是难点。

3. 建造工艺流程

建造工艺流程如图 9.4-2 所示。

4. 操作要点

（1）BIM 建造技术

1）BIM 模型搭建：利用 Revit、Rhino、Solidworks 等三维软件工具，准确、高效地搭建 BIM 模型，使施工监理、建设单位在内的各参建方更加直观地理解设计意图，为错、漏、碰、缺检查及设计优化、施工综合排布、四维施工模拟和主材工程量统计等后续工作提供基础模型。

2）碰撞检查及设计优化：利用已经搭建完成的模型和碰撞检查软件，进行各种错漏碰缺的检查，并导出碰撞检查报告，提出设计优化建议，一方面可以提高设计质量，另一方面避免在后期施工过程中出现各类返工引起的工期延误和投资浪费。屋面所有构件的连接设计，都在 BIM 模型中进行，复杂节点将进行 1∶1 试验件制作，保证结构设计合理、可靠。复杂构件采用犀牛软件进行 1∶1 建模，使用犀牛软件 offset 命令，将金属模型内模、外模导出。模型数据输入数控机床加工，保证金属模具的精度。

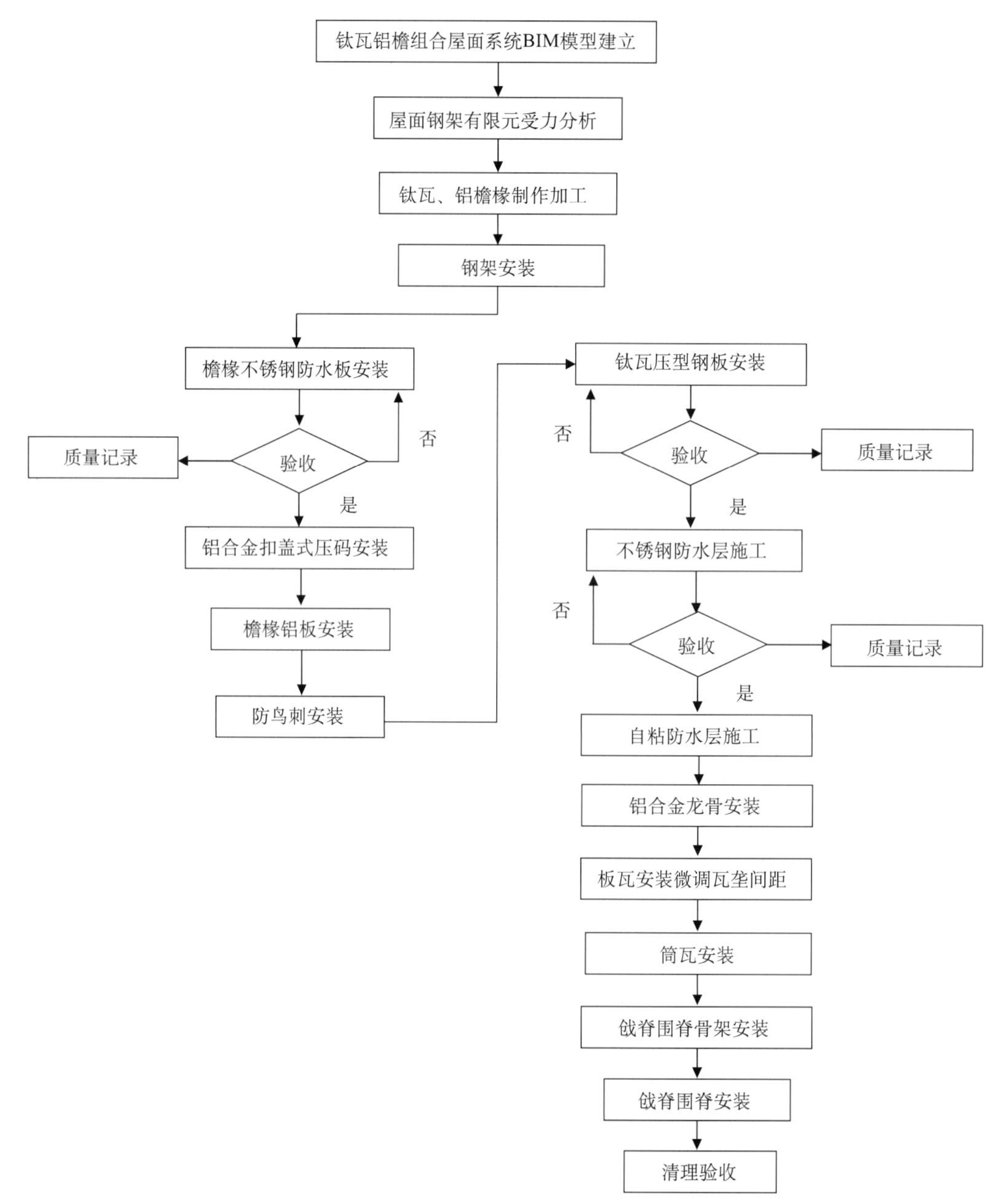

图 9.4-2 建造工艺流程

3）四维施工模拟（可视化进度计划）：利用四维施工模拟相关软件，根据施工组织安排的施工进度计划，在已经搭建好的模型基础上加上时间维度，分专业制作可视化进度计划，即四维施工模拟。一方面可以指导现场施工，另一方面可以非常直观地进行可视化进度控制管理。

4）虚拟装配技术指导：针对技术方案无法细化、不直观、交底不清晰的问题，解决方案是，应改变通过纸介质表达传统的思路与做法，转由借助 4D 虚拟动漫技术呈现技术方案，使施工重点、难点部位可视化，提前预见问题，确保工程质量。对每一层单元构件布置的偏差调整，通过对每个屋面连檐的长度进行测量，结合钢结构 BIM 模型进行排列模拟，提前解决实际的偏差问题。遵循幕墙施工规范，借鉴《营造法式》和《中国古建筑瓦石营法》，按照深化设计结构进行系统 BIM 建模，关键节点制作施工动画进行技术交底，技术员和质检员全程跟踪，如图 9.4-3、图 9.4-4 所示。

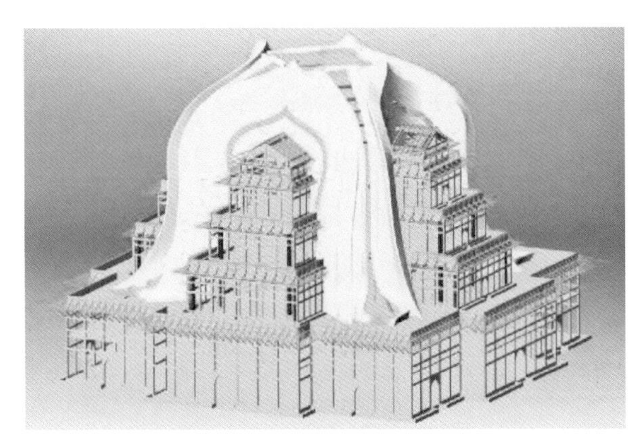

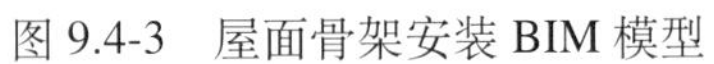

图 9.4-3 屋面骨架安装 BIM 模型

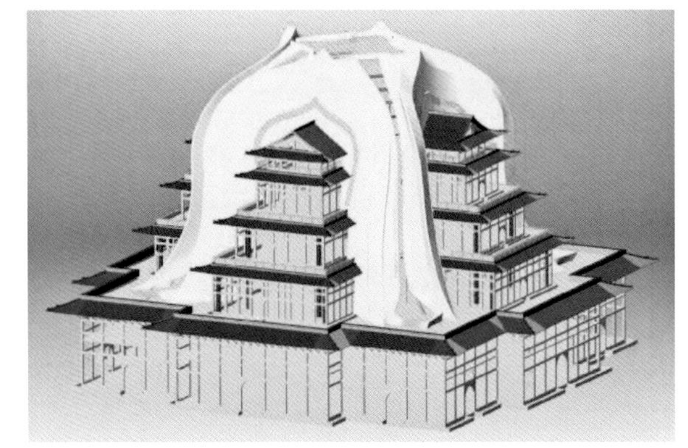

图 9.4-4 屋面钛瓦铝檐椽安装 BIM 模型

(2) 受力分析有限元计算技术

通过利用 SAP2000、3d3s 等有限元分析软件，对项目风载荷、地震作用、温度应力等载荷进行分析计算。根据《建筑结构荷载规范》体型系数的取值对复杂造型结构并不适用，通过理论分析的方法难以准确地描述项目表面风载压力系数真实分布情况。必须对项目周围的风场环境进行风洞试验模拟，从而较为精确地确定结构的风荷载取值，为结构设计计算提供依据。

采用有限元程序 3d3s 计算软件分析屋面基础钢架结构的应力和变形情况。支撑钢结构采用主龙骨□ 80×80×5 矩形管，次龙骨采用□ 50×50×4 以及□ 40×40×4 矩形管，钢管材质 Q235 钢。在输入极限荷载设计值作用下，由 3d3s 软件对屋面钢架进行强度验算和刚度验算，如图 9.4-5、图 9.4-6 所示。

如图 9.4-5、图 9.4-6 所示，由 3d3s 软件计算得到钢结构的应力比为 0.329，均小于 1.0，强度计算合格。在最不利向下荷载标准组合作用下钢架最大挠度变形 .：u=0.881mm < 2L/250=6920/250=27.68mm，满足设计要求。综上，结构安全。

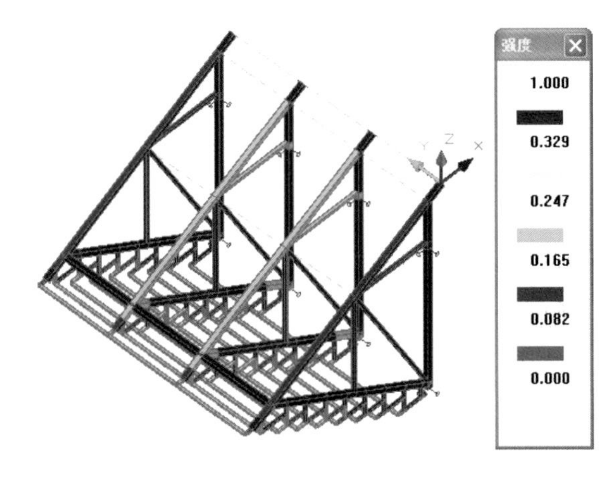

图 9.4-5 应力效果图

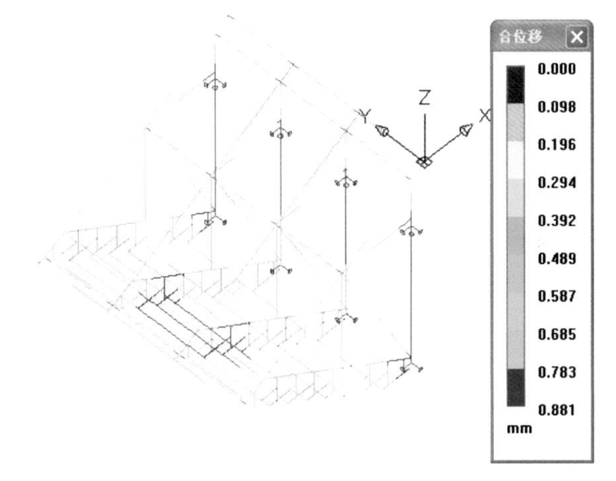

图 9.4-6 变形效果图

(3) 钛瓦（筒瓦、板瓦、勾头、滴水、正吻、正脊、围脊、戗脊）加工成形工艺

1) 机械数控加工：板瓦采用激光下料，模具连续冲压工艺，可以根据屋面板瓦长度需要，冲压出不同长度的板瓦，筒瓦采用无边料冲压工艺，有着制作快（每小时可以制作约 50 块筒瓦），

省材料的特点（筒瓦的展开形状下料，成形后无需切边）。勾头、滴水、正吻、正脊、围脊、戗脊等复杂配件或复杂纹饰构件则结合精铸成形工艺，如图 9.4-7 所示。

图 9.4-7 钛瓦冲压成型效果图

2）钛瓦表面处理：根据纯钛板材的材料特性，为了得到中国传统建筑瓦片“青砖黛瓦”的外观效果，首先，用喷砂工艺对钛瓦进行表面毛化处理，以提高钛瓦表面粗糙度，得到类似于传统陶瓦的表面结构，同时降低钛瓦表面的金属质感；然后，采用阳极氧化的技术对钛瓦进行氧化处理，通过对工艺控制，使得钛瓦表面生成约 1μm 的稳定的氧化层，使其表面强钝化，同时该表面具有极好的亲水性，具备自洁功能，后期易于维护保养；最后，采用 PE 保护膜对钛板进行覆膜处理，防止钛板在运输、安装等过程中发生人为损坏。钛瓦表面处理工艺流程：表面清洗→毛化→清洗→阳极氧化→清洗→覆膜→包装。

钛瓦表面阳极氧化后色差试验论证：

①耐酸性试验：采用 pH3 的酸性溶液浸泡 20d，相当于 100 年的曝光时间，结果色差都在允许范围内。

②耐高低温试验：在试验湿度 85%，高温 60℃持续 1h，低温 -10℃持续 1h，测试周期 12 循环 /d，共 10d 的条件下，色差在 5 左右，属于色差变化允许范围。

③钛板耐盐雾试验：在试验温度 35℃，试验溶液 5%NaCl，试验周期 50d 的条件下，色差在 5 左右，属于色差变化允许范围，如图 9.4-8 ～图 9.4-10 所示。

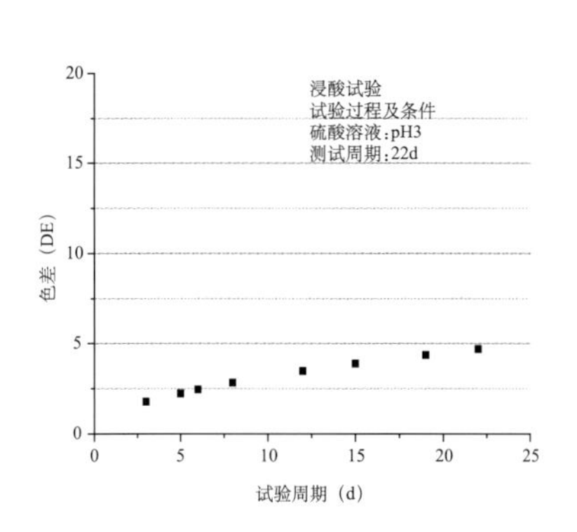

图 9.4-8 耐酸试验结果图

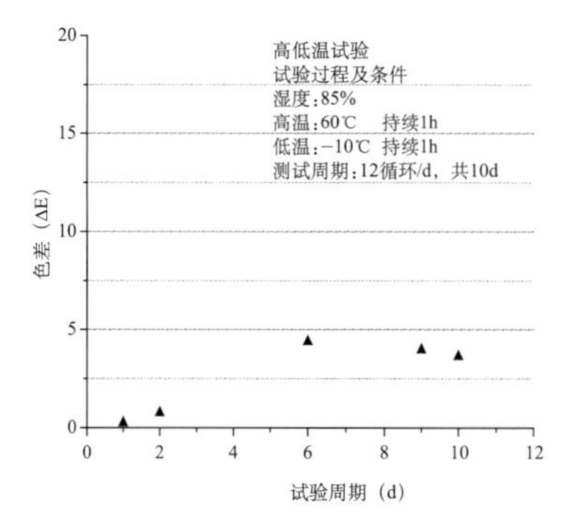

图 9.4-9 高低温试验结果图

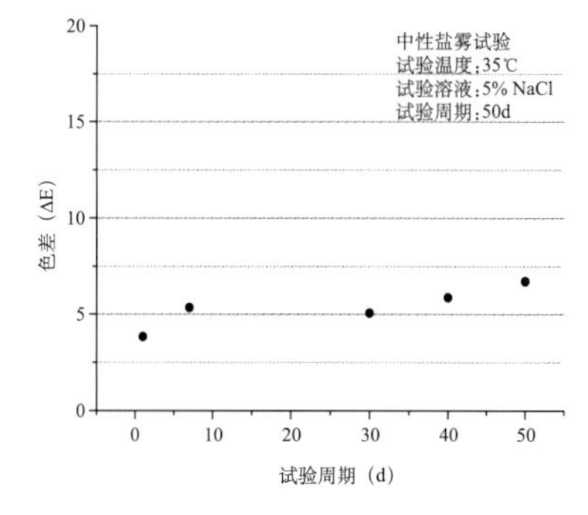

图 9.4-10 盐雾试验结果

（4）檐椽铝板加工加工成形工艺

1）现场测量控制点坐标，反馈数据重新利用设计软件修正模型，划分铝板单元格，利用参数化下单软件，自动生成下单数据。

2）采用先进异形铝板生产工艺，每块铝板定尺加工，一体化成形，减少施工损耗，同时保证产品加工的精度和品质，如图 9.4-11 所示。

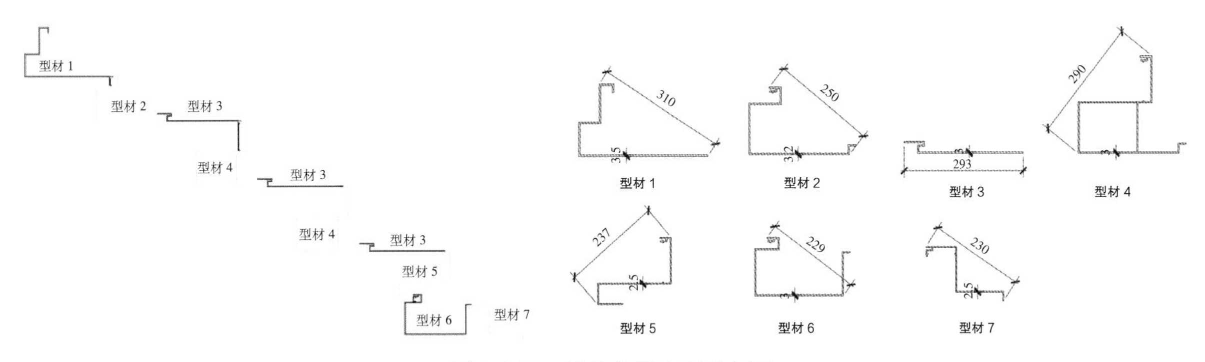

图 9.4-11　檐椽铝板定尺化加工

3）在安装系统的构造上，直接在工厂完成铝方通与铝板的机械固定，保证每一个方通的精确定位和紧密连接，减少工地二次加工和施工难度。飞椽端头采用铸压成形，后部为型材方管，两者焊接固定，如图 9.4-12 所示。

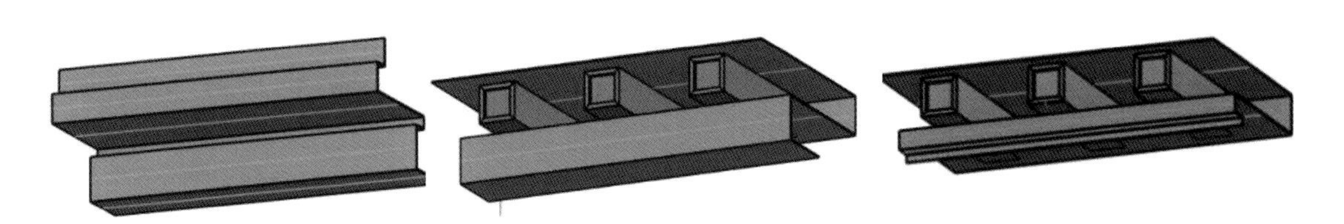

图 9.4-12　檐椽铝板加工成品效果图

4）根据图纸尺寸，在铝板竖向板缝翻边处，使用不锈钢抽芯铆钉固定铝合金挂件。在横向板缝翻边处使用抽芯铆钉及铝合金植钉固定板缝连接件，用于伸缩缝的处理。

（5）檐椽铝板安装工艺

由于铝檐椽和钛瓦屋面之间存在着防水搭接关系，为了保证屋面系统的防水性能，在建造时优先完成铝檐椽的安装，再进行钛瓦屋面的安装。

1）屋面基础钢架安装及校核：根据主体结构上的轴线和标高线，按设计要求将屋面基础钢架的安装位置线准确地弹到主体结构上，为屋面基础钢架安装提供依据。将连接件与主体结构上的预埋件焊接固定。当主体结构上没有埋设预埋件时，可在主体结构上打孔安设膨胀螺栓与连接件固定。按弹线位置准确无误地将经过防锈处理的屋面基础钢架用焊接或螺栓固定在连接件上。安装中应随时检查标高和中心线位置，对骨架竖杆，必须用测量仪器和线坠测量，校正其位置，以保证骨架竖杆铅直和平整（图 9.4-13）。

2）防水层铺设：根据三维模型和图纸对不锈钢防水板进行折弯，保证防水层安装贴合。使用抽芯铆钉将基层钢骨架用 1mm 厚海防级不锈钢板全部封闭（图 9.4-14），铆钉处涂刷防锈漆覆盖。

3）单元檐椽铝板安装：根据古建施工原则，钛瓦勾头需与飞椽位置对应，所以将铝挑檐分为 1200mm 宽一块，上下分底层板、中层板、顶层板三类，每个单元块背部有 U 形背筋，加上转角处过渡块，共四种规格单元板块。安装顺序为从下往上，从中间往两边，单元块之间留 6mm 缝隙。

①安装底层板：下口 3 块角码自攻钉固定，两边四个扣盖式压码固定。

②安装中层板：下口与底层板一胶条密封，两边四个扣盖式压码固定。中层板之间安装均为一胶条密封，两边四个扣盖式压码固定。

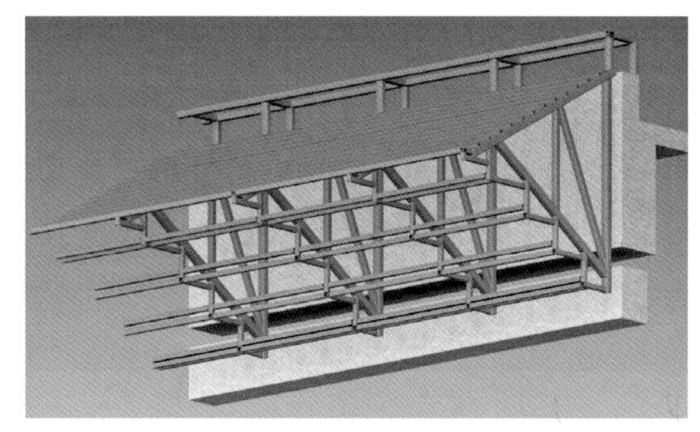

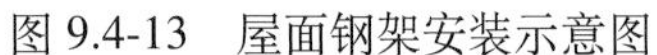

图 9.4-13 屋面钢架安装示意图

图 9.4-14 海防级不锈钢板安装示意图

③安装顶层板：下口与中层板胶条密封，两边四个扣盖式压码固定，同时上口用三个角码自攻钉固定，如图 9.4-15 所示。

使用不锈钢燕尾螺丝固定铝合金扣盖式压码，该压码安装系统可以有效解决铝板热胀冷缩产生的温度变形，同时也能很好的解决施工中的安装偏差，如图 9.4-16 所示。

④飞椽和防鸟刺安装：飞椽为厂内制作后用铆钉固定于单元块上，防鸟刺购买成品，厂内固定于两个飞椽之间，如图 9.4-17 所示。

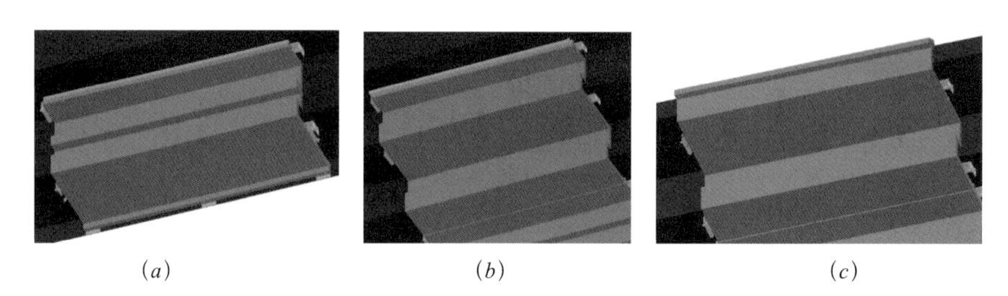

(*a*) (*b*) (*c*)

图 9.4-15 单元檐椽铝板安装示意图

(*a*) 安装底层板；(*b*) 安装中层板；(*c*) 安装顶层板

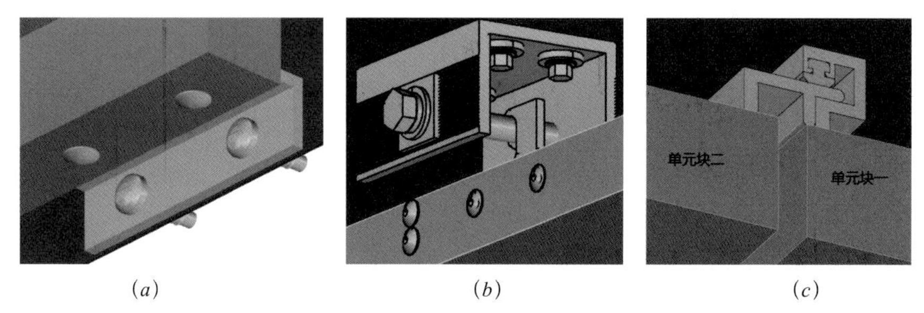

(*a*) (*b*) (*c*)

图 9.4-16 单元檐椽铝板安装连接件示意图

(*a*) 角码自攻钉固定底层板；(*b*) 扣盖式压码固定单元板；(*c*) 单元板拼缝间挂接胶条密封

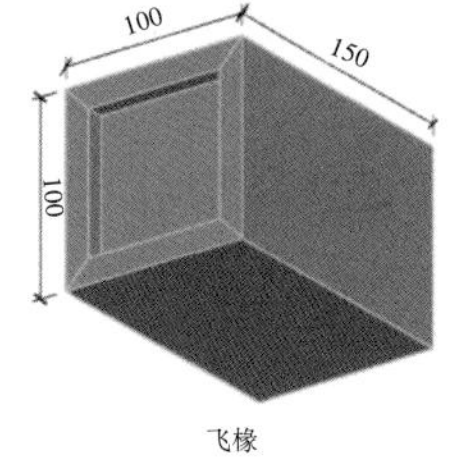

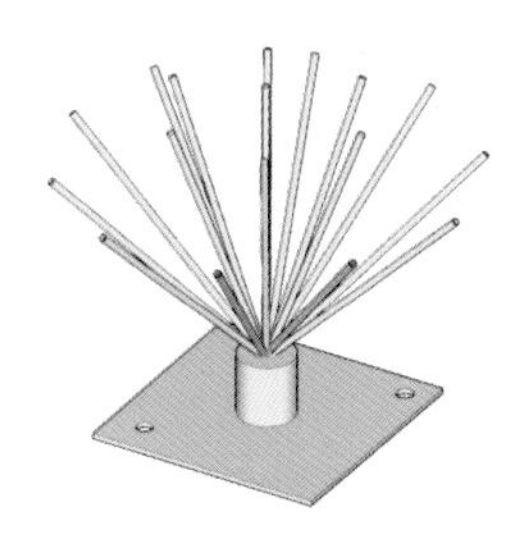

图 9.4-17 飞椽和防鸟刺

4）安装完成后，清除板面保护膜，将板面清理干净，如图 9.4-18 所示。

图 9.4-18　单元檐椽铝板安装示意图

（6）钛瓦安装工艺

钛瓦仅为装饰构件，钛瓦构件包括筒瓦、板瓦、勾头、滴水、围脊、正脊，下部结构构件包括屋面基础钢架、镀锌钢转接件、压型钢板、不锈钢防水层、自粘防水层、横向铝合金龙骨、檐口封板、U 形不锈钢龙骨（图 9.4-19）。

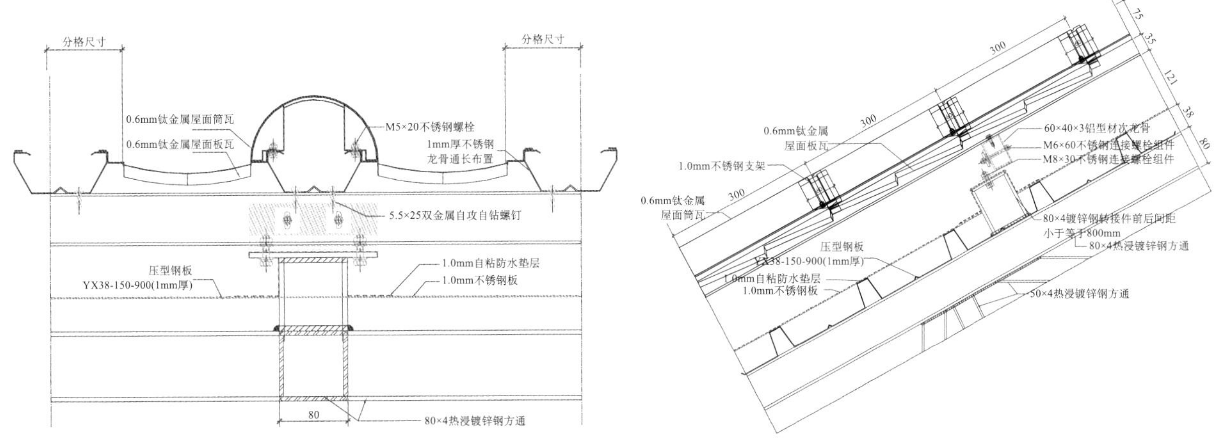

图 9.4-19　钛瓦系统剖面示意图

1）屋面基础钢架校核：内部钢结构的定位准确决定了整个屋面和檐椽的安装质量，必须严格按照 BIM 模型和图纸反复校核，确保准确。

2）安装镀锌钢转接件：镀锌钢转接件高度决定铝合金龙骨的定位，需严格放线，控制纵横网格的精度。严格按照布置图位置弹线定位焊接连接件，尤其横向的直线度必须保证，如图 9.4-20 所示。

3）铺设压型钢板、不锈钢防水层、自粘防水层：防水层自下而上，从中间往两边铺设，搭接重叠宽度不小于 100mm。压型钢板起支撑和找平屋面的作用，用防水自攻钉进行固定。按照从檐口往屋脊，从中间往两边的顺序铺设不锈钢防水层，搭接 100mm，戗脊处制作三角拱坡便于排水，完成不锈钢防水板安装后即由下向上铺设自粘防水卷材，如图 9.4-21 所示。

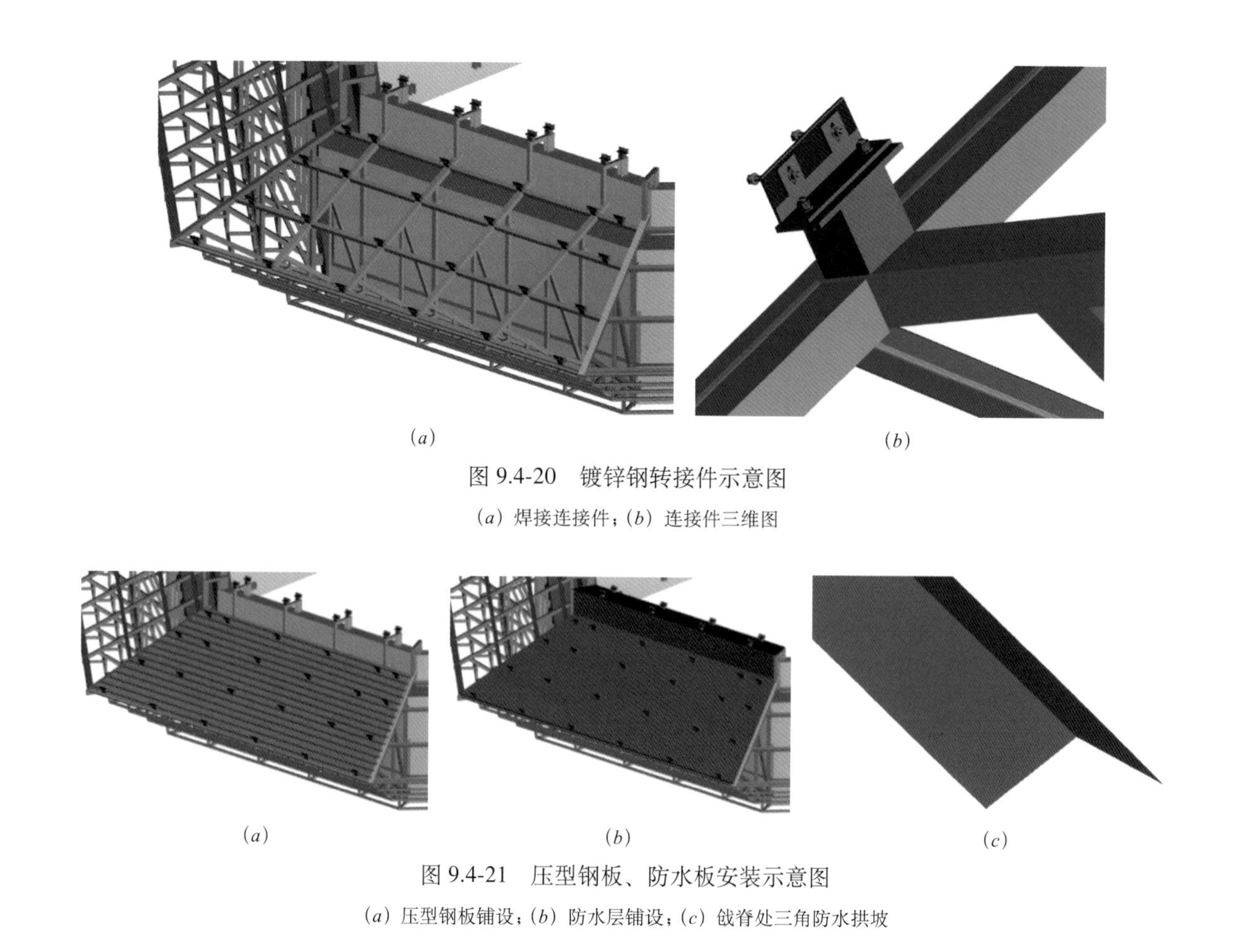

(*a*) (*b*)

图 9.4-20 镀锌钢转接件示意图

(*a*) 焊接连接件；(*b*) 连接件三维图

(*a*) (*b*) (*c*)

图 9.4-21 压型钢板、防水板安装示意图

(*a*) 压型钢板铺设；(*b*) 防水层铺设；(*c*) 戗脊处三角防水拱坡

4）安装横向的铝合金龙骨：通过 L 形连接板调整铝合金龙骨的高度，用靠尺量测，控制前后铝合金龙骨的不平整度控制在 5mm 以内。铝合金龙骨的标高决定瓦垄的起伏，必须用靠尺进行控制前后铝方通的标高，保证屋面的整体美观。水平的微调通过连接板的长孔实现，如图 9.4-22 所示。

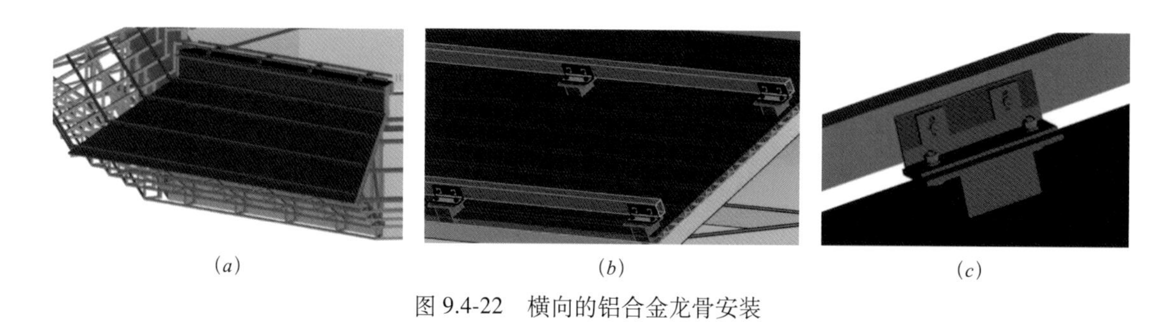

(*a*) (*b*) (*c*)

图 9.4-22 横向的铝合金龙骨安装

(*a*) 铝合金龙骨安装定位；(*b*) 铝合金龙骨和连接件固定；(*c*) 铝合金龙骨和连接件固定节点

5）檐口封板：为防止飞鸟进入防水层与钛瓦夹层，在檐口的铝方通外侧用自粘防水层将缝隙封闭，如图 9.4-23 所示。

6）排瓦：在檐口通过调整 U 形不锈钢龙骨的间距进行排瓦，U 形不锈钢龙骨弹性可调节板瓦的垄距，且安装时调瓦垄距是必不可少的环节，U 形不锈钢龙骨的位置决定板瓦的垂直度和瓦垄间距，必须严格放线控制定位。排瓦规则严格按照《中国古建筑瓦石营法》规范排瓦，如图 9.4-24 所示。

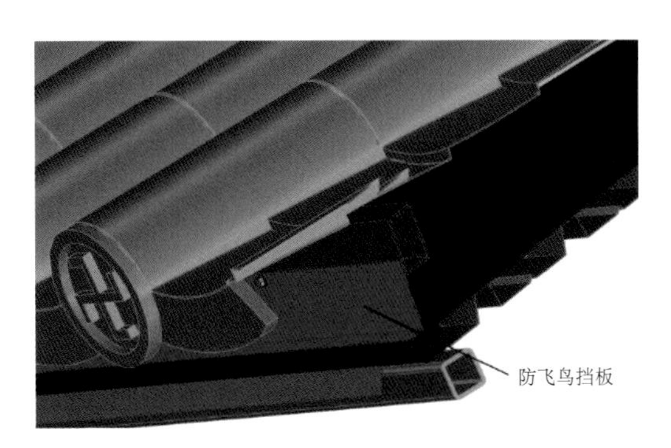

图 9.4-23　防飞鸟挡板

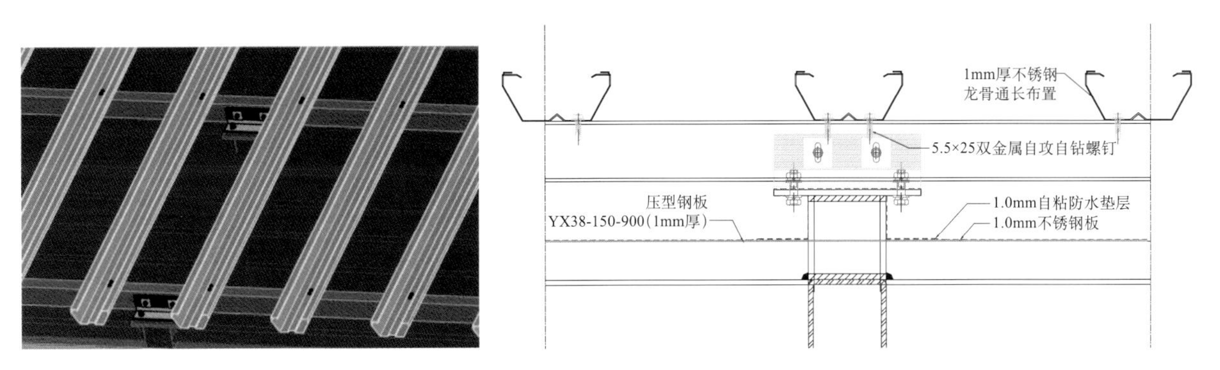

图 9.4-24　U 形不锈钢龙骨安装

7）安装板瓦、筒瓦、滴水、勾头、围脊：从中间往两边安装，同时将当勾及正面屋脊板安装好。确保瓦垄直顺、线条流畅。

①安装板瓦：根据支架位置定位，板瓦的折角边用自攻钉与支架固定。前后板瓦进行对接满焊，打磨平整，接通长后进行安装，如图 9.4-25 所示。

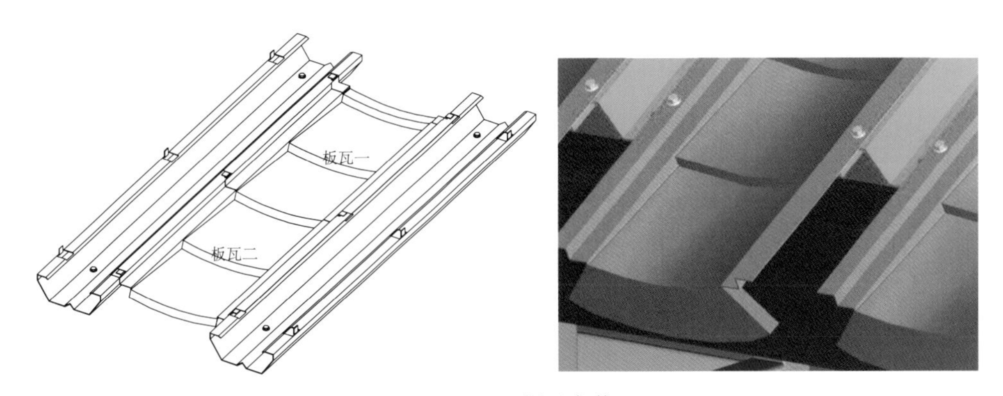

图 9.4-25　板瓦安装

②安装筒瓦：从檐口勾头开始安装筒瓦，筒瓦采用一端焊接一端钉螺栓固定的形式。依靠板瓦折边可保证瓦垄的直顺度，如图 9.4-26 所示。

③安装围脊：图纸所示围脊为开放式系统，因防水要求和维护困难，建议封闭，即平面的缝隙焊接封闭，如图 9.4-27 所示。

④安装当勾：当勾接缝处理，为保证防水，需将筒瓦、板瓦延伸至当勾内部，将筒瓦和当勾接缝处焊接打磨平整，板瓦和当勾的缝隙控制在 3mm 以内，缝隙用建筑胶密封，如图 9.4-28 所示。

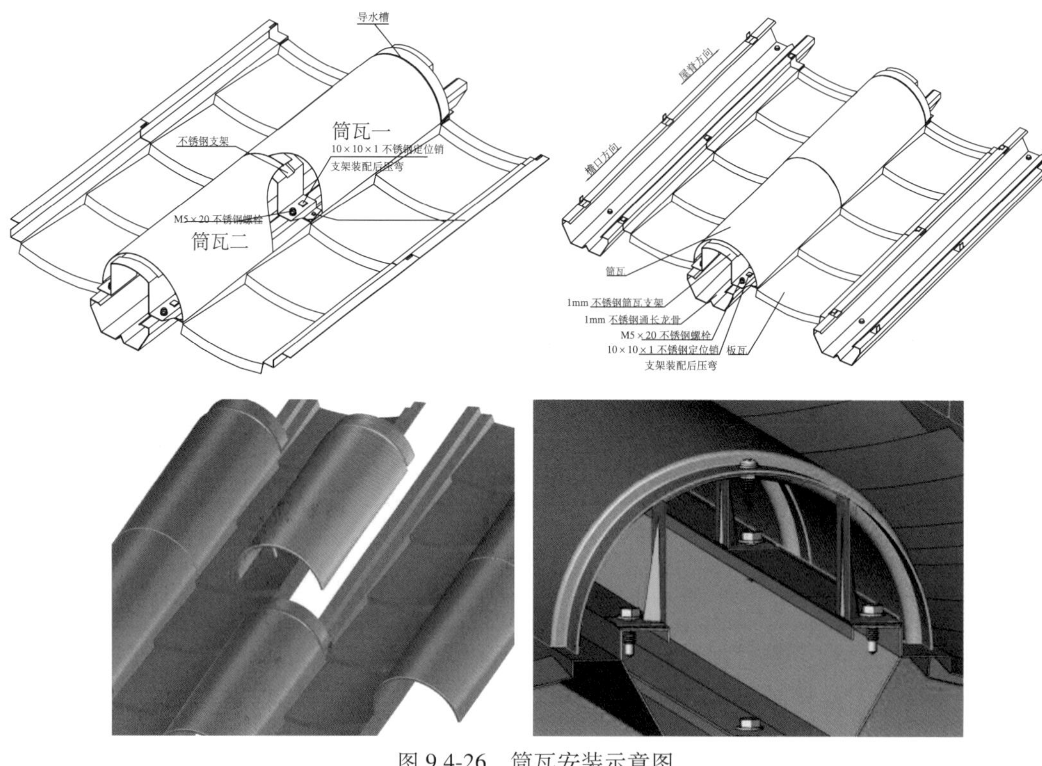

图 9.4-26 筒瓦安装示意图

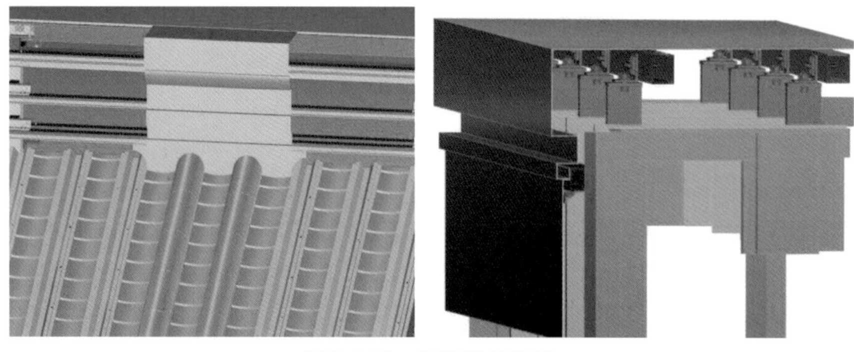

图 9.4-27 围脊板块连接

图 9.4-28 当勾安装

⑤安装勾头滴水：勾头通过 3 个 ϕ3.2 不锈钢铆钉与筒瓦固定，筒瓦与勾头直接设 1mm 钛板支架，确保端头构造强度，滴水通过 2 个 ϕ3.2 铆钉与板瓦固定，如图 9.4-29 所示。

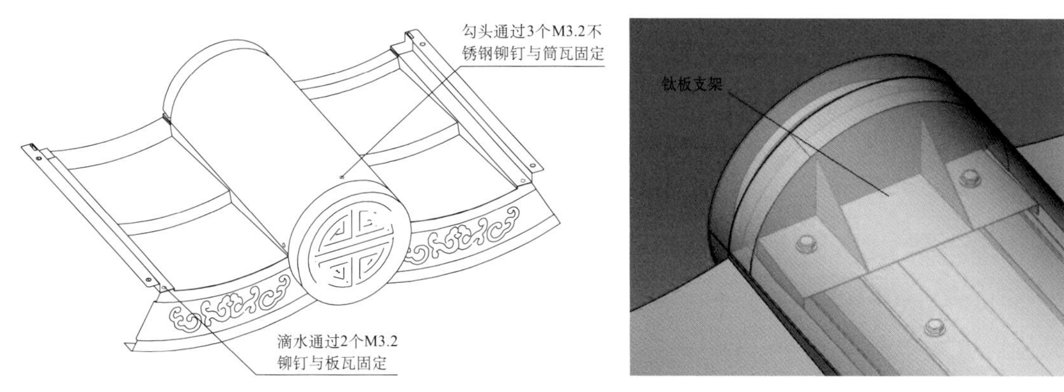

图 9.4-29 勾头滴水安装

8）安装戗脊、收边：戗脊的龙骨与内部钢结构焊接，对于戗脊起翘的板块通过三维模型提前将龙骨的弧度制作，保证钛板的连接牢固。因钛瓦屋面安装完成后不可上人，最终戗脊两侧钛瓦作为收边，做好成品保护，如图 9.4-30 所示。

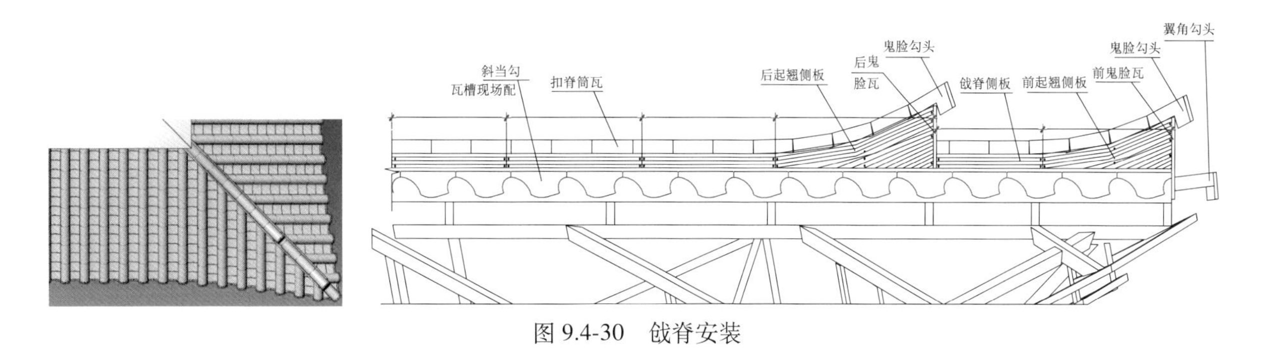

图 9.4-30 戗脊安装

9）钛瓦全部安装完成后，检查屋面质量：要求瓦垄间距一致、瓦垄直顺度、瓦垄与封檐板的垂直度、屋面平整度、围脊的平直度、戗脊的直顺度、当勾与筒瓦板瓦接缝偏差、勾头滴水出檐直顺度。检查验收合格后清理钛瓦安装过程中的局部灰尘，然后拆除保护膜，组织两次淋水试验，验收合格后即可拆除脚手架。

5. 质量控制措施及新技术应用

（1）质量控制措施

1）产品首件质量评定机制：项目筒瓦、板瓦、脊、斗栱、檐椽等批量制作的产品件，均在首件制作完成后由项目技术负责人组织评审，进行首件认定，必要时进行第三方检测，合格后放进入批量制作。

2）钢骨架连接件与墙上的预埋件焊牢后应及时进行防锈处理，不同金属的接触面应采用垫片作隔离处理。

3）铝板安装中应随时检查标高和中心线位置，并检查平整度、垂直度，避免出现较大的累积偏差。

4）铝板四周与主体结构之间的缝隙，应采用防火的保温材料填充；内外表面采用密封胶连接封闭，接缝隙应严密不漏水。

5）铝板的伸缩缝必须满足设计要求。伸缩缝的处理一般使用弹性较好的氯橡胶成形带压入缝隙边锚固件上，起连接密封作用。

6）加工与安装过程中，施工人员戴好手套，轻拿轻放，避免碰伤、划伤，加工好的钛瓦表面贴好保护膜。在施工过程中以及施工完毕后未交付前，工地专门针对钛瓦制定24小时轮班守卫制度，换班时间明确，坚持谁值班谁负责的原则，明确值班人员职责，所有到场的工具和材料，以及安装的成品和半成品的看护，减少人为破坏的因素。

7）在靠近安装钛瓦处安装简易的隔离栏杆，避免施工人员有意或无意的损坏，必要时在每层屋面上安装隔离挡板，防止上层施工杂物掉落屋面，造成钛瓦破坏。

8）施工中及时采取气吹及干抹布清除钛瓦及其构件表面的粉尘附物，保证钛瓦表面的光洁，避免钛瓦表面被划伤。

9）钛瓦屋面安装完成后，制定清扫清洁方案，采用中性清洁剂进行清洗清洁，在使用中性清洁剂前应进行腐蚀性试验，确保中性清洗剂对钛瓦无腐蚀伤害，中性清洗剂清洗后应及时用清水冲洗干净。

（2）保证质量的新技术应用

1）项目设计协同工艺设计：项目设计采用设计与工艺协同设计模式，在设计期间即考虑制作安装的工艺性，从而提高设计的经济性、可操作性，优化设计方案，提高设计质量。

2）数字化制造技术：采用数控激光切割机进行下料，采用冲床、数控折弯机进行加工制造，确保制造质量。

3）数字化模型仿真模拟安装：项目安装前，项目技术负责人建立项目数字化BIM模型，模拟项目施工工序，模拟安装对接过程，提前判定安装过程中可能出现的干涉、交叉等问题，并针对问题进行制定改进措施，并以动画形式体现，正确指导操作人员进行施工。

4）高精度全站仪辅助安装及验证：在安装过程中，现场技术人员运用全站仪实时定位、辅助安装，并在安装完成后用全站仪对安装定位坐标、垂直度、水平高度、对称性、一致性进行验证，确保施工质量。

5）BIM激光扫描模型数据比对：项目施工完成，脚手架拆除前，技术人员用BIM激光扫描仪扫描工程局部，获取实际安装结果BIM数据模型，并与理论模型进行比对，获取更精准的施工效果数据，从而不断提升施工的准确性，提高施工质量。

6）高空无人机航拍视觉质量查验：拆除脚手架过程中，采用无人机对项目进行多角度航拍，查验视觉盲区的工程表面质量，对于发现的问题及时返工，避免二次搭建脚手架。

6. 小结

普陀山观音圣坛屋面为五重仿唐歇山顶屋面，屋面构造为钛瓦铝檐椽组合的屋面系统，在保持古建筑屋顶外形不变的前提下，经过技术分析和模拟实验，形成了四项关键技术：（1）钛瓦铝檐椽BIM建造技术，使施工重点、难点部位可视化、提前预见问题，确保工程质量；（2）形成的钛瓦铝檐椽组合屋面受力分析有限元计算技术，结合风洞试验的风荷载取值，解决了台风季节防风能力极高的要求；（3）钛瓦铝檐椽制作加工技术，解决了耐久性要求极高，同时要求表面颜色无变化的难题，数控激光切割和冲压精铸技术使构件在艺术效果上，细部做得更逼真，曲线优美流畅，确保了成型后的装饰效果具有传统古建筑飞檐、翼角的韵味，满足了仿古建筑的艺术效果；（4）钛瓦铝檐椽组合屋面系统现场安装技术，解决了钛瓦铝檐椽组合体系的连接结构、加工精度及安装成形的精度要求高，达到幕墙标准，实现了幕墙施工技术与古建施工技术结合，保证安装质量的要求。通过以上关键技术的应用，使得钛瓦铝檐椽组合屋面施工操作更方便，构造安全，大大减少了施工现场的作业量，有效地降低了劳动强度，质量验收观感好，为类似工程施工积累了丰富的经验，可为类似的金属仿古屋面施工提供参考。

第3篇　禅宗装饰——现代佛教建筑室内装饰关键施工技术

禅语：一念心清静，莲花处处开。

佛学经典教义博大精深，包罗万物，在哲学层面对世界有深刻的阐述。佛教建筑作为佛学文化的重要阵地，也承载着展示佛学、弘扬佛法的功能。在具体表现上，佛教建筑通过彩绘、浮雕、佛像等形式介绍佛学典籍、故事，类似敦煌彩绘、石窟雕刻等成为集艺术与历史文化于一身的珍宝。

现代佛教建筑中，新型装饰面板、新型结构、双曲墙面等建筑技术也得到创新应用。本篇介绍了彩绘及背光、浮雕、佛像、穹顶以及双曲墙面装饰等方面的施工技术，解决了现代佛教建筑中诸多室内装饰施工过程中的难题。借助中国传统工艺优势，并结合现代先进技术，使得建筑装饰更加新颖巧妙。同时对装饰材料进行尝试与不断创新，使得装饰构件制作更加简便，外形更加美观。

第 10 章 彩绘及背光装饰关键施工技术

佛教建筑内部装饰对其意境的表达及佛教文化氛围的营造至关重要。彩绘是内部装饰的一种重要表现形式，在现代佛教建筑中，背光作为新技术被应用在装饰工程中，通过灯光营造氛围，进一步提升佛教文化表达力。

10.1 万佛廊手工艺术彩绘施工技术

1. 技术概况

现代佛教建筑的装饰精华是手工彩绘装饰艺术，其建筑彩绘装饰艺术除满足功能上的实用需求外，最重要的是使建筑装饰更加恢弘、气派，并符合佛教教义的法则。彩绘装饰艺术所呈现的状态与兼容并蓄的思维，游刃有余又相互联系，不仅向世人展现了造型生动精致，纹饰规整精美，色彩靓丽淡雅的彩绘装饰，也体现出佛教建筑文化内涵，具有保护传承性。

南京牛首山佛顶宫工程以敦煌壁画为主要创作素材，汲取当代、传统艺术风格的不同特点，大胆运用装饰绘画，汉传、藏传佛教绘画及油画的表现技法，使彩绘装饰更凸显出祥瑞、圆融、时尚鲜明的艺术特点，工艺复杂，技术难度大，如图 10.1-1 所示。

图 10.1-1 佛教建筑艺术彩绘装饰实景图

2. 技术特点

（1）弘扬古建筑文化底蕴，以佛教图案为主要造型，利用传统工艺技术结合富于装饰性色彩效果，风格或典雅或绮丽，造型层次感强，工序衔接紧密，施工快捷。

（2）采用 Rhino 犀牛软件三维建模，模型切割及模拟安装等，确定彩绘基层构件的分块大小、连接构造及装顺序等。

（3）采用软件三维模拟放样，将GRG构件在工厂制作后，运至现场进行拼装施工。

（4）通过谱子将图案翻印在构件上，再针对贴金或描金部位，沥大小粉使图案纹饰线条饱满、连贯、高低一致。

（5）采用丙烯酸配置染料，用软毛刷在构件上根据所需颜色涂色及描摹，对彩绘修饰调整，确保无错漏的色块和线条，达到彩绘装饰艺术效果。

（6）描绘、镶贴金银箔或嵌以其他多种特殊材料，画面更加富丽堂皇的美感，实现彩绘内容和表现形式的完美组合。

3. 工艺流程

施工工艺流程如图10.1-2所示。

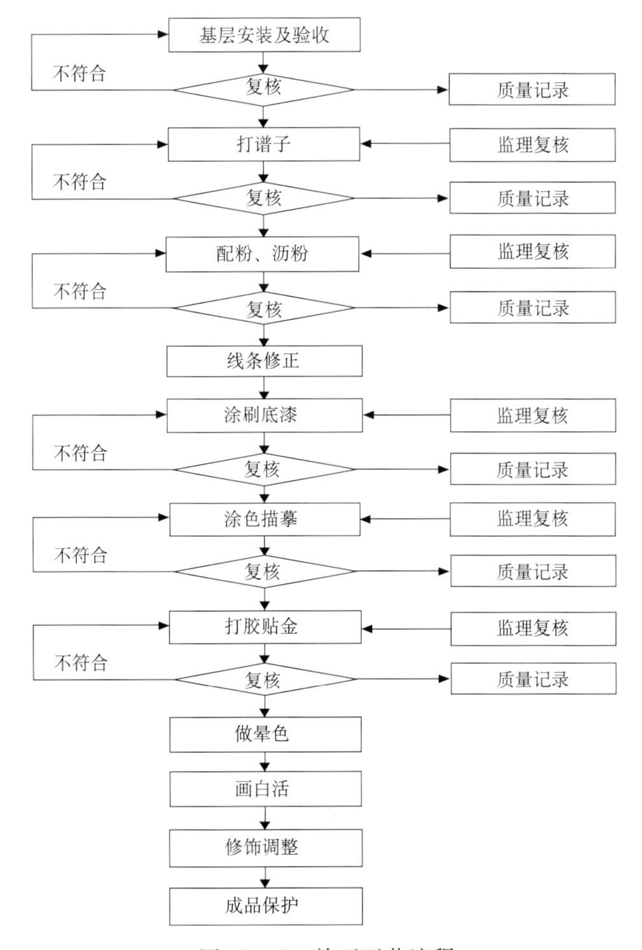

图10.1-2　施工工艺流程

4. 操作要点

（1）基层安装与验收

1）按照设计意图进行图纸深化，三维建模后，进行GRG板块深化建模及加工板块优化分割，生成构件加工图，满足场外加工和采购材料、部件加工订货，如图10.1-3所示。

2）根据设计图纸复核尺寸，对实际标高、轴线复核，进行平面定位及空间位置确定。

3）根据现场尺寸及 GRG 重量、二次吊顶钢架能承受的最大荷载，将 GRG 构件有规则地分割成若干块，分块进行制模、加工，然后到现场由中心向四周分块拼装，接缝处采用专用腻子修补后，批腻子、打磨、上乳胶漆，如图 10.1-4 所示。

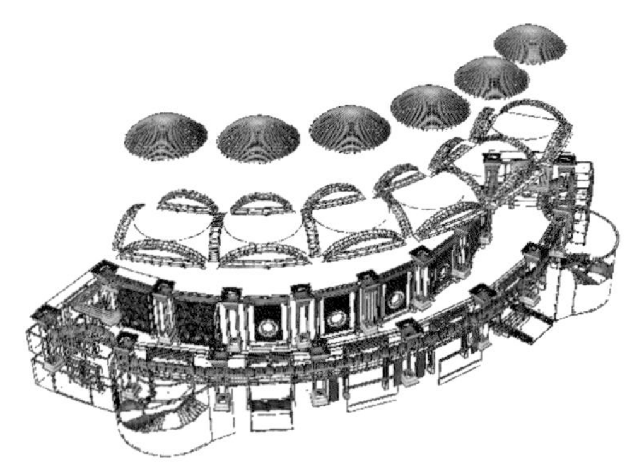

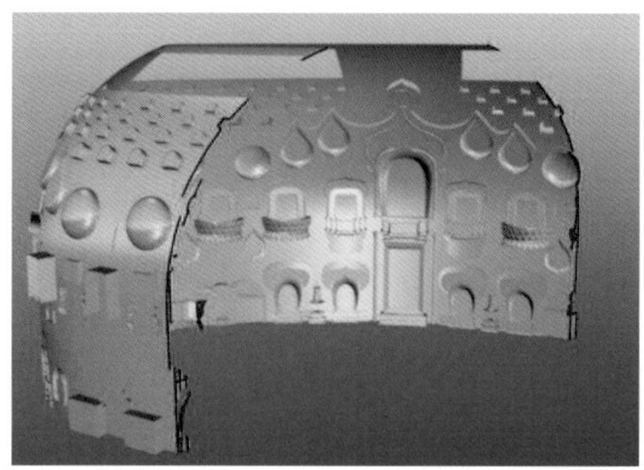

图 10.1-3　GRG 基层模型及分割图

图 10.1-4　GRG 分块及安装图

（2）构图

将彩画图案以中心为准，将整个彩绘的各个部位的中线找到，以便后面起稿构图，如图 10.1-5 所示。

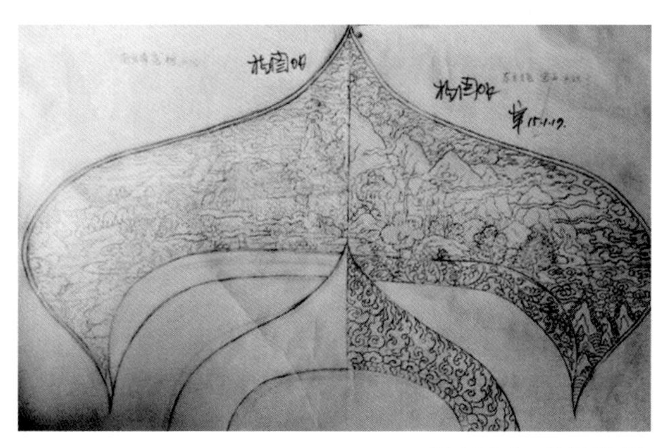

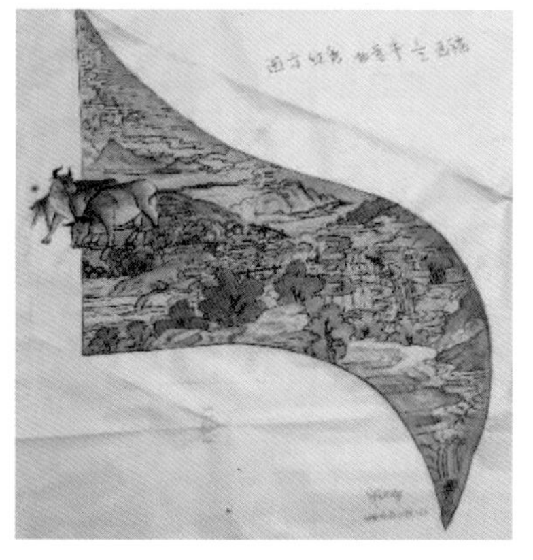

图 10.1-5　构图实例

（3）做谱子

1）起谱子：在准备好的牛皮纸上按构件的实际尺寸画出所要画的图案。

2）扎谱子：把谱子上的构图修正精确后，用粗针沿图案线条均匀的扎出针孔。刺孔时注意线条的起、终点和转角处必须有孔，中间直线段的孔洞间距不可过大，以保证图案的连贯性，如图 10.1-6 所示。

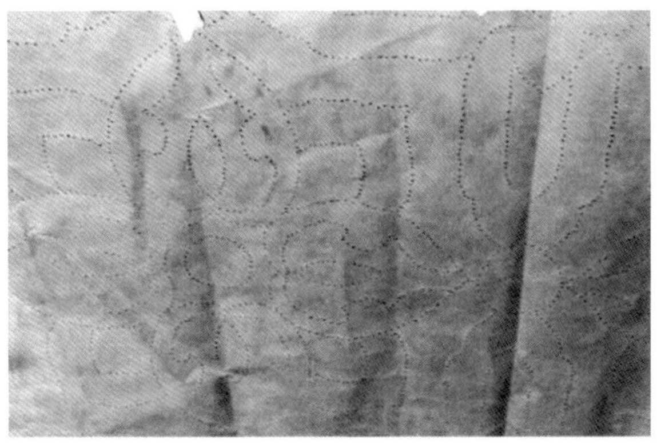

图 10.1-6　做谱子图

（4）拍谱子

把扎好的图纸紧附在构件的表面，用色粉包沿扎好谱子上的线拍打，使白色粉透过针孔把构图清晰地印制在构件基层上，拍出的谱子要线条清晰，花纹连贯不走样，为上色打下良好基础，如图 10.1-7 所示。

图 10.1-7　拍谱子及完成图

（5）沥粉

1）把需要贴金、描金的部位，使图案的线条凸起成立体效果，强调出彩画的主次和贴金后图案的文理清晰。此过程由专业美术技工配合自制的工具完成。

2）沥粉要沥大粉，如箍头线、房心线等；然后沥小粉，小粉主要表现的是图案的细部纹饰线条。大小粉沥出来的线条应饱满、流畅，具有连贯性，粗细高低一致，如图 10.1-8 所示。

图 10.1-8 沥粉及完成图

(6) 线条修正

待线条干燥后，用 240 号砂纸进行精细打磨，做到薄厚均匀，流畅美观。打磨完毕后，用细毛刷将粉尘清扫干净。

(7) 涂刷底漆

在线条表面刷一层底漆，保证粘结强度，使彩绘能够和基层紧密结合。

(8) 涂色描摹

1) 在打好的谱子上按要求涂上所需画的颜色（如大青、大绿等），然后再找补各种小色块，无论涂大、小色块，都要涂色饱满、均匀、整洁。

2) 依据现场情况，每种颜色由专人负责，避免绘制错误，描摹时要均匀，避免漏图或覆盖不到位；套色系列，先浅色后深色，方便盖色，如图 10.1-9 所示。

图 10.1-9 刷大色及上各层次色图

(9) 打胶贴金

1) 贴金的部位涂满一层金箔胶，保证金箔的粘结，胶内可加上颜色（黄或红），使贴出金箔光泽效果更好或便于区分涂过胶的线条。

2) 打金胶是贴金的基础，边缘部位要刷齐，各个角落都要刷到，薄厚要均匀，不允许出现流坠泪痕，也不得刷到不需要贴金处，以免贴上的金箔花乱不清。

3）打完金箔胶 3 ~ 5h 贴金，金箔贴后，用干细毛刷沿着线条方向涂刷，将多余金箔刷掉，如图 10.1-10 所示。

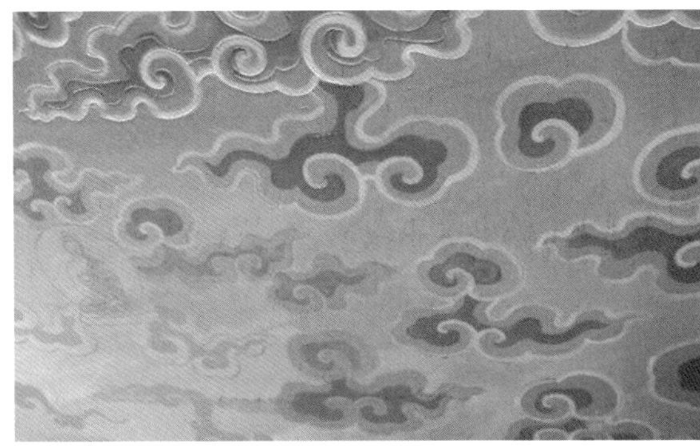

图 10.1-10　打胶贴金完成图

（10）做晕色

晕色是表现彩绘整体色条柔和的手段，通过色阶的过渡，达到由青至白、由绿至白或由其他颜色（如紫、红、黑等）至白的晕染效果，使颜色间过渡自然柔和，使色块、色条、线条色阶顺直、均匀、整洁美观。

施工时先拉晕色后拉大粉。拉晕色用捻子（一种专用刷色工具）沿大线的轮廓画出（要求画浅于大色的二色、三色）。拉大粉为画最浅的一道白色，如图 10.1-11 所示。

图 10.1-11　晕色及完成图

（11）画白活

白活包括彩绘中各种绘画内容，包括山水、人物、花卉、花鸟和风景。白活多画在包袱、枋心、聚饰、池子内及廊心等处，采用“硬抹实开”“落墨搭色”“拆垛”等各种不同做法，达到相应的艺术水准，如图 10.1-12 所示。

（12）修饰调整（打点活）

整体施工完毕后，用软毛刷二次清理，主要对面层金粉、局部彩绘修补；污渍地方，用砂纸打磨，涂刷两遍白色乳胶漆，确保颜色统一，如图 10.1-13、图 10.1-14 所示。

图 10.1-12 画白活及完成图

图 10.1-13 修饰调整图

图 10.1-14 手工艺术彩绘完成图

5. 小结

彩绘内容以敦煌壁画及佛教图案为主要创作素材，利用描绘、镶贴金银箔、沥金粉、做晕色、画白活处理等传统工艺技术，结合佛教装饰绘画的表现技法，使彩绘装饰精致优美、栩栩如生，凸显出祥瑞、圆融、时尚鲜明的艺术特点，施工简便、无污染、无辐射，维护费用低。在体现中国传统文化中唯美一面的同时，也提升了专业佛教艺术空间设计和施工水平，具有广泛的推广应用前景。

10.2 灵光宝殿曲面琉璃背光施工技术

1. 技术概况

本节主要分析曲面琉璃背光施工技术，从钢结构骨架安装到琉璃安装，施工过程中的策划、难点解决等方面介绍相关施工技术。主要解决了异形钢架安装定位及狭小空间内大钢架的吊装问题、易碎琉璃背光的运输、吊装及曲面琉璃背光高精度安装等难题。

灵光宝殿琉璃背光位于整个结构的⑦轴～⑩轴 / Ⓖ轴～Ⓚ轴之间，琉璃背光及钢架高度约为21m，宽度约为20.1m，共有4个面，总面积约为1780m^2，主要分为大背光（约980m^2）和小背光（约800m^2）两个部分，如图10.2-1所示。

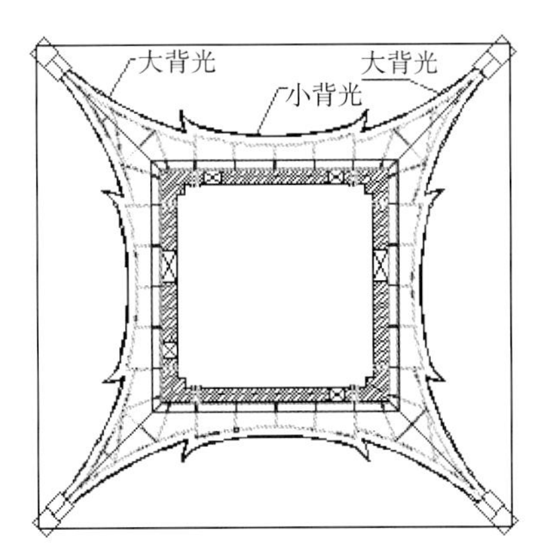

图10.2-1 琉璃背光平面图及立面图

背光钢架总重量约为142t。整个钢架主要由固定钢架的HN450×200×9×14的H型钢龙骨、龙骨支撑、悬挑钢架组成，悬挑钢架采用□50×50×5、□80×80×5和□100×100×6的方管拼装而成，外挂琉璃背光，材质除工字钢为Q345B外，其他区域均为Q235B。

本琉璃工程类似异型曲面幕墙结构，附着在原核心筒外挑方管钢架上，平面呈放射状弧形对称布置。琉璃背光的单面面积约445m^2，琉璃背光单面一共186块，单块最大面积约为5m^2，单块最重为1t。

2. 施工技术措施

（1）琉璃背光钢架施工技术

1）核心筒混凝土钻孔和埋件安装。

根据结构图纸，中央核心筒墙体厚度为700mm，因此对拉螺栓孔的钻孔设备选择水钻。水钻选用的关键是钻头的选用。根据以往施工经验及现场论证，决定选用进口钻头，共分3段，首段300mm，中间段和末段为200mm。为不影响埋板的力学性能，埋板开孔选用磁力空心钻机，钻头直径为32mm。

在核心筒结构开孔前，核对结构图纸，确定钢龙骨位置，然后凿除钢龙骨位置核心筒混凝土保护层，选择避开钢筋的位置，用水钻进行钻孔，这样可以最大程度地减少钻孔对原结构的影响。

2）钢结构安装：

①机械布置：根据构件数量、重量及工期要求等情况，在钢龙骨安装阶段考虑采用一台2t卷扬机进行竖向吊装，卷扬机固定在核心筒顶部混凝土结构上；立面钢架采用分块（单元）安装，分

块后的钢架单元重量控制在 1.5t 之内，吊装时以四个角部的悬臂吊车为主，卷扬机为辅。场内驳运主要以液压车和卷扬机，以及人工运输为主。

②钢龙骨安装：钢龙骨为 HN450 × 200 × 9 × 14H 型钢，长 11.66m，主要承担整个钢架竖向荷载，每个核心筒立面安装 8 根，共 32 根，单根重量 0.9t，龙骨之间间距 3m，采用卷扬机安装。安装前节点处搭设操作脚手平台，埋件上事先弹好中心线，从下往上安装，并焊接固定，如图 10.2-2 所示。

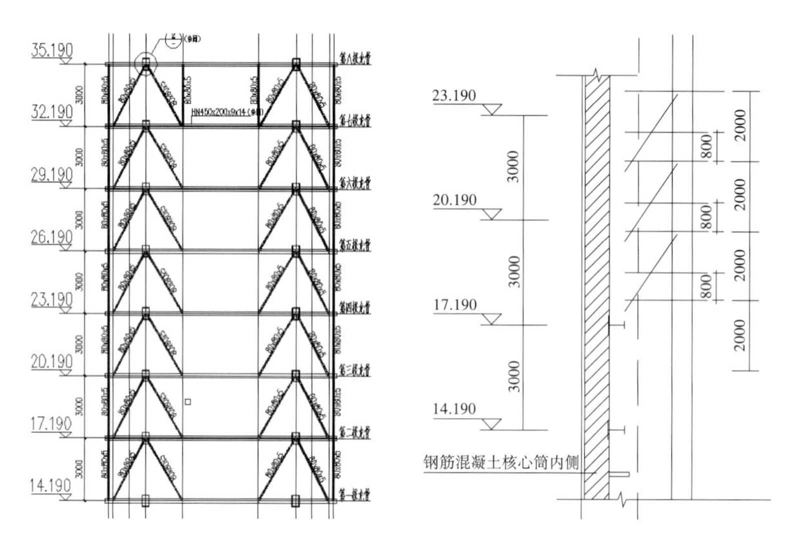

图 10.2-2 主钢龙骨安装平面图

3）钢架安装。

曲面琉璃背光钢架共 8 榀，对称分布于核心筒四个外墙面，与钢龙骨连接固定。吊装时以四个角部的悬臂吊车为主，卷扬机为辅。钢架安装前事先在拼装区域内进行小块拼装，再利用卷扬机进行吊装，吊装前在地面搭设临时支架，从下往上安装。钢架吊装前各项安全措施应到位，包括安全操作平台、卷扬设备的调试等，如图 10.2-3 所示。

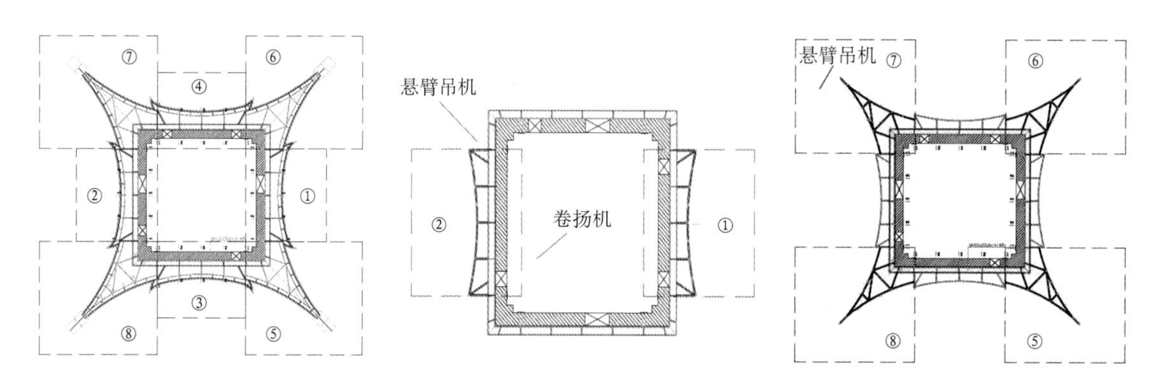

图 10.2-3 钢架分段吊装平面示意图

4）外层异形方管安装。

由于工程的特殊性，最外层异形方管为一大特点。在详图设计阶段，用 Tekla 建模软件进行建模工作，这些异形杆件均由工厂制作完成，并在每根杆件上做好编号工作。现场仅根据布置图进行吊装及焊接。

考虑到主钢架在实际安装过程中会有微小的偏差，因此在安装异形方管之前将对所有控制轴线以及中心点进行复核，并在主钢架上进行标记。

（2）曲面琉璃背光安装关键技术

1）施工平面布置，如图10.2-4所示。

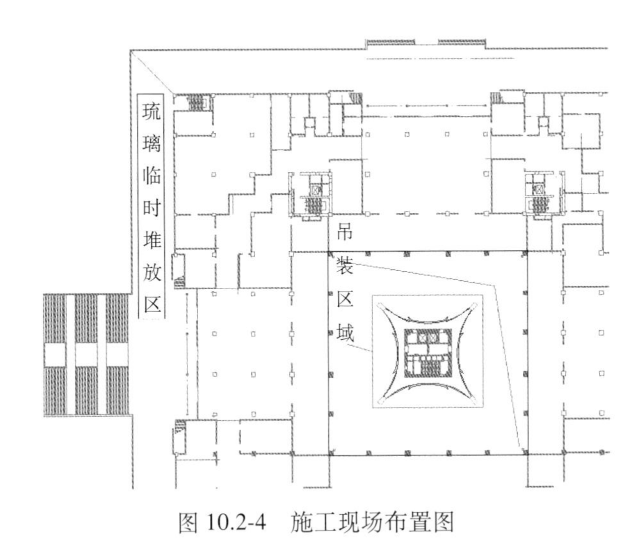

图10.2-4　施工现场布置图

2）琉璃安装。

施工现场琉璃运输、琉璃现场卸车主要采用液压叉车进行。琉璃用托架固定，采用临时绳绑定琉璃与托架来减少移动过程中的晃动。用吊车将琉璃吊运至二楼外平台临时堆放区，用2.5t的液压车（1～2台）以及自制平板车将琉璃从二楼外平台驳运至须弥台下，使用悬臂吊机吊运至须弥台上。

3）大背光琉璃安装。

大背光琉璃安装主要顺序为从上至下进行吊装，如图10.2-5所示。

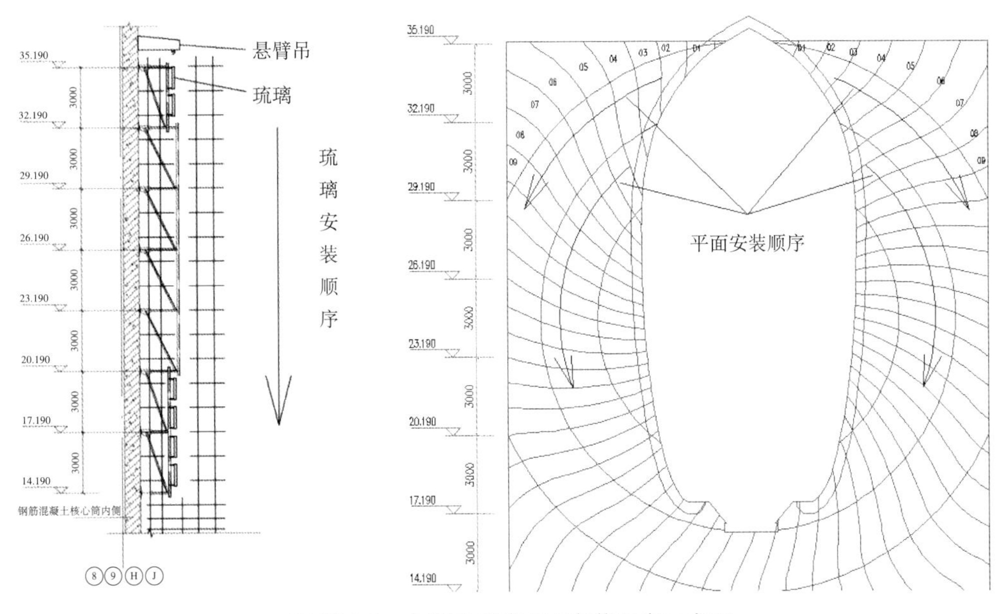

图10.2-5　大背光琉璃立面安装顺序示意图

大背光琉璃主要起吊设备为悬臂吊，平面角度调节辅助设备为手拉葫芦，同时采用人工缆绳作为稳固琉璃支架的保证方式，如图 10.2-6 所示。

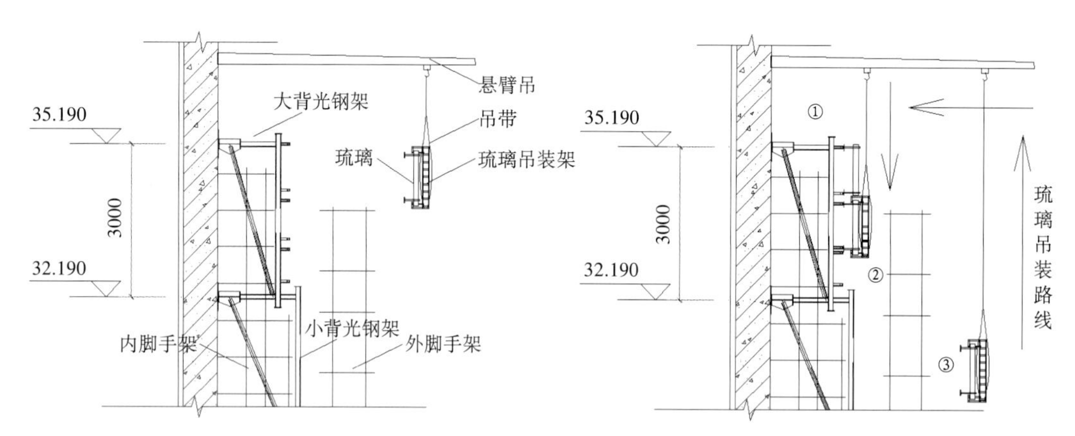

图 10.2-6 大背光琉璃起吊立面示意图

琉璃起吊吊至初步定位区域后，使用手拉葫芦进行垂直方向的角度调整，待琉璃靠近安装钢架约 500mm 距离左右，通过固定在支架上的 F 夹具将安装架和钢架方管固定，再用 F 夹具的螺杆进行琉璃的精确位置调整。完成调整后，将琉璃背后的固定支脚与钢架进行焊接。待点焊完成后拆卸安装架，最后进行支架满焊，如图 10.2-7 所示。

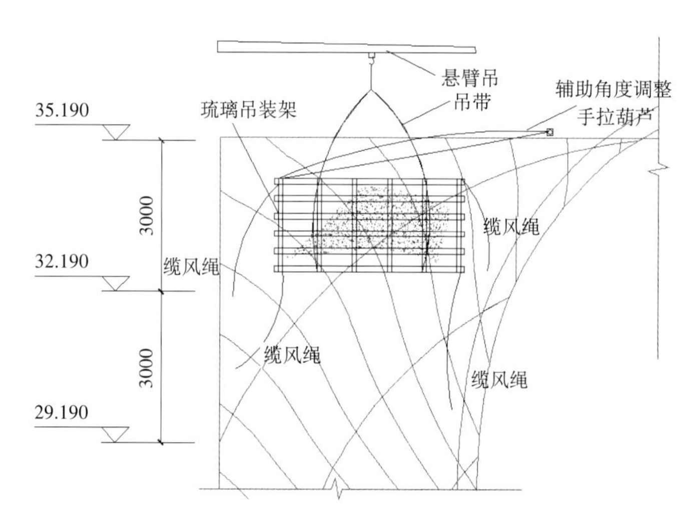

图 10.2-7 大背光琉璃平面安装示意图

4）琉璃安装拼缝处理。

每个琉璃编号由三个单元组成，每个单元之间采用彩色硅胶进行嵌缝，根据每个面的琉璃颜色不同，采用与琉璃同样的彩色硅胶嵌缝，并且每个单元之间拼缝缝隙应控制在 20mm 以内。

5）大背光光芒板及半球安装。

①大背光光芒板安装：采用在双曲杆与光芒板之间用螺栓连接固定的安装方式，在双曲杆上和光芒板上分别做连接板，在安装时用螺栓固定即可。

②半球安装：琉璃半球配有固定支架，将琉璃半球与支架固定后装到琉璃预留孔内，琉璃背面

用螺栓固定。固定支架留有穿线孔，半球内灯光电线可由琉璃背面引入半球内。

6）小背光四周琉璃、琉璃圆饼、铜装饰件安装。

①小背光琉璃安装：小背光琉璃、小背光宝像花琉璃、小背光圆饼琉璃在工厂内制作琉璃 U 形槽和琉璃结构支架，使琉璃和支架形成一个整体后运到施工现场。在现场制作支架挑出杆作为定位支撑，挑出杆焊接在现场主钢结构上。将琉璃和支架一起吊装到现场安装位置后将支架和挑出杆固定。

②琉璃圆饼安装：琉璃圆饼上的文字在工厂完成，文字制作时制作文字固定支脚，在琉璃圆饼上按照文字支脚开孔。在现场琉璃圆饼安装完成后将文字支脚穿到圆饼内，从琉璃圆饼反面用螺母将文字固定。

③铜装饰云纹安装：铜装饰云纹在工厂制作完成，云纹内部制作支撑结构。现场在小背光琉璃安装就位后安装铜装饰云纹，将铜装饰云纹支架与小背光 U 形槽固定完成安装。（注：先安装中央铜板再安装铜装饰云纹）

7）小背光中央铜背景安装。

中央铜板安装，中央铜板在工厂整体制作后分块，铜板背后制作支撑架。在现场制作支撑挑出杆件。支撑挑出杆件焊接在主钢结构上。在小背光铜装饰祥云安装前，将中央铜板连同支架固定在现场挑出杆上完成安装，如图 10.2-8 所示。

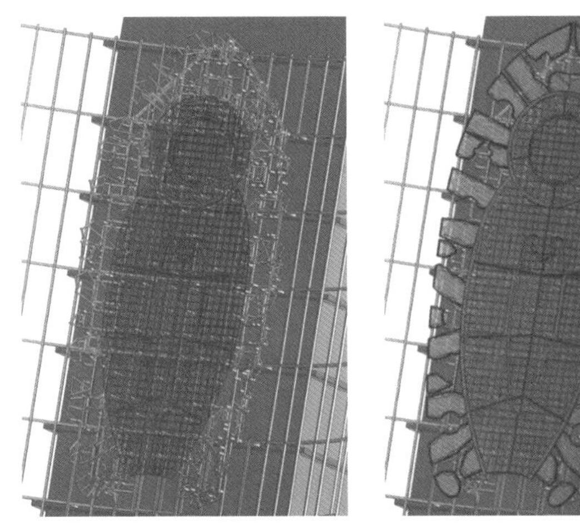

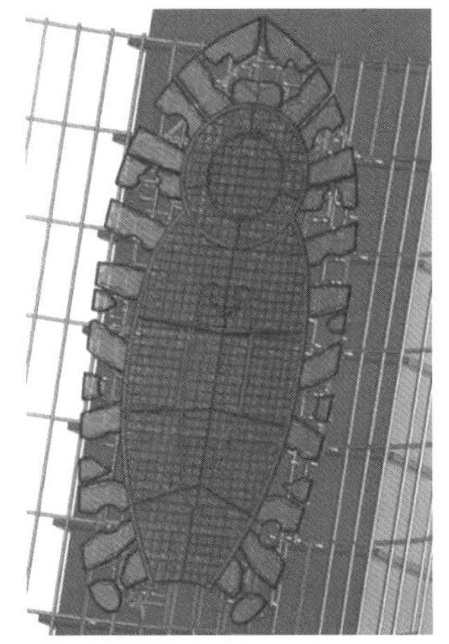

图 10.2-8　小背光琉璃节点与钢架、琉璃 U 形槽及中央铜板关系示意图

3. 小结

通过对琉璃背光施工技术的总结，解决了外围异形钢架加工问题；异形钢架安装定位及狭小空间内大钢架的吊装问题；易碎琉璃背光的运输、吊装及曲面琉璃背光高精度安装等难题，为类似工程施工提供一定施工经验。

10.3　观音圣坛双曲面铜火焰背光施工技术

1. 技术概况

佛像造像艺术，在中国美术史中有着无可替代的地位，而佛像背光是佛教艺术中佛像的重要组成部分，背光的种类繁多，造型上富有时代特色，制作上采用了木胎泥塑、石材雕刻、彩绘、金属工艺等手法，其繁复而精美的纹路、雕刻或绘画无不令人叹为观止，彰显了佛像艺术形象与圣洁庄严气质。

普陀山观音圣坛项目其外立面为 40m × 30m 的空间双曲面铜火焰纹背光，由墙面、飞边、幕墙窗和飞边相邻玻璃幕墙组成，采用曲面钢龙骨，H62 黄铜锻制铜板，数控加工型面板条，表面氟碳喷涂，花纹浮雕等。其工艺复杂，平整度、精度要求高，安装及变形控制难度大，如图 10.3-1、图 10.3-2 所示。

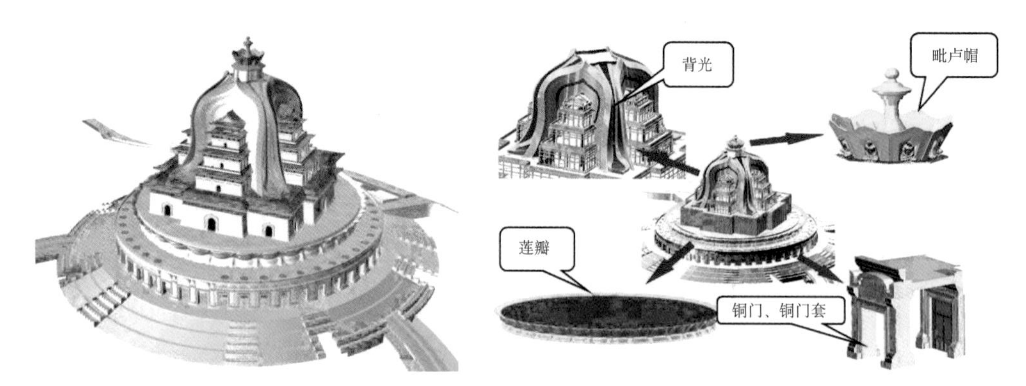

图 10.3-1 观音圣坛整体模型

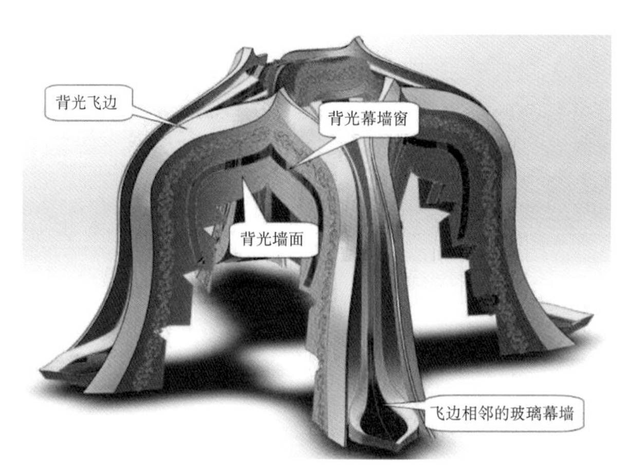

图 10.3-2 观音圣坛及铜火焰背光效果图

2. 技术特点、难点

（1）根据背光艺术造型，制作小样雕塑、缩比泥模、石膏模雕塑，通过纹饰雕塑三维逆向扫描及数据处理，对背光进行整体艺术效果设计。

（2）传统钣金工艺结合现代技术创新，采用三维数字化设计、3D 打印、CNC 数控加工、种钉连接、空间高精度壁板安装等技术，实现佛像背光精细造型设计与智慧建造，确保了背光细节的完美体现，形象美观，标准化程度高，施工快捷。

（3）使用有限元软件，利用三维模型，对项目周围流场进行数值模拟，并通过风洞试验模拟，确定结构风荷载取值，完成背光结构设计。

（4）根据工艺及运输条件，对背光铜板整体分层（分块大小控制在 2m × 3m）后，采用锻造工艺制作背光铜板，铜板与型面钢架利用种钉连接形成铜壁板。

（5）依据背光形态，设计、制作型面钢架与背光钢龙骨，铜壁板采用异形挂接组件与背光钢龙骨栓接，龙骨相邻钢架之间采用螺栓拼接，装配式安装，方便快捷，大大提高安装精度与缩短工期。

(6) 利用模型合理分段背光龙骨与铜板，模拟安装后，确定构件编号，加工分批运至现场。现场从下至上分段安装背光龙骨及铜壁板；过程利用数字化模型关键数据复核与纠偏，解决背光安装精度高的难题。

(7) 铜壁板采用 TIG 焊接工艺连接，控制焊缝质量；通过薄金属板焊接变形控制装置及矫形打磨工艺，减少拼缝焊接变形。

(8) 配制滨海高腐蚀环境下防腐蚀涂饰底漆、面漆、清漆，对背光表面涂饰，确保外观色泽满足观感及耐久性要求。

3. 施工工艺流程

施工工艺流程如图 10.3-3 所示。

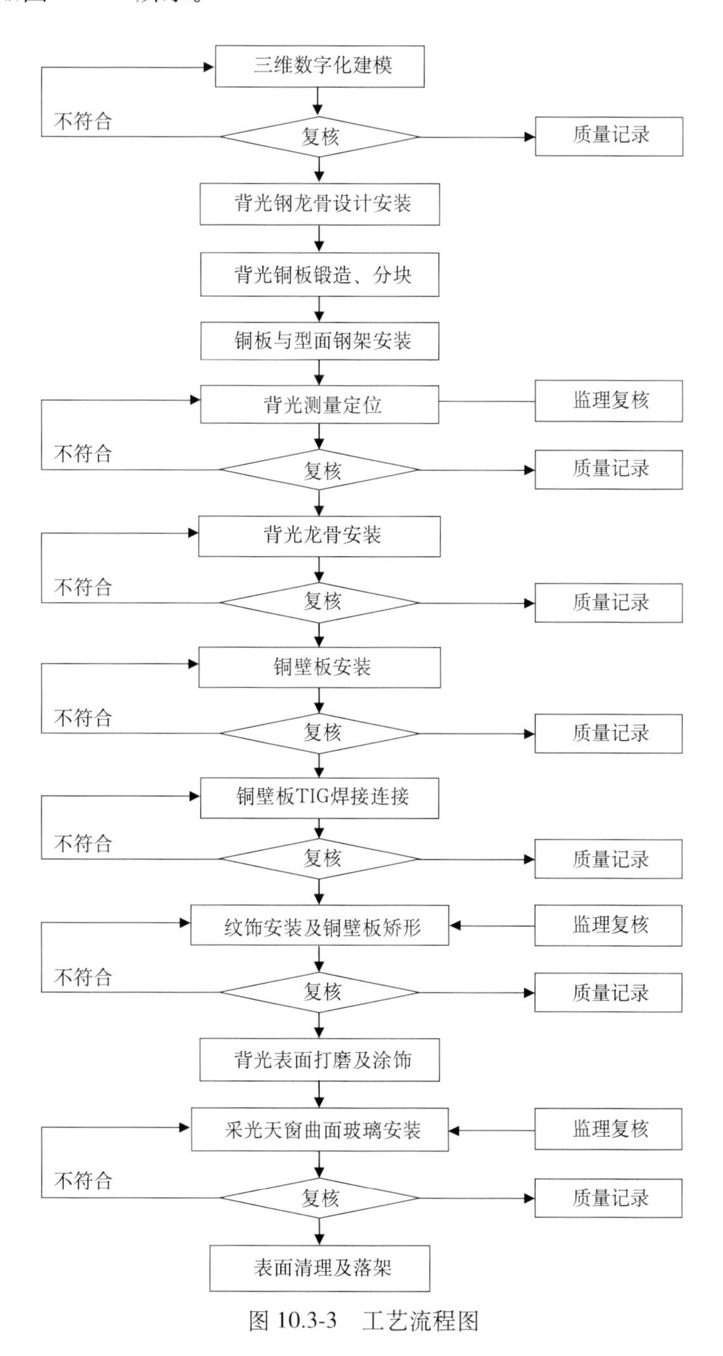

图 10.3-3　工艺流程图

4. 操作要点

（1）三维数字化建模

根据背光艺术造型，采用三维数字化模型设计，对佛像背光进行整体艺术效果的设计，如图 10.3-4 所示。

图 10.3-4 火焰背光三维模型图

（2）背光钢龙骨设计、安装

1）《建筑荷载规范》中体型系数的取值对复杂造型结构并不适用，为此采用风洞试验模拟，较为精确地确定结构的风荷载取值，为结构设计提供依据，如图 10.3-5 所示。

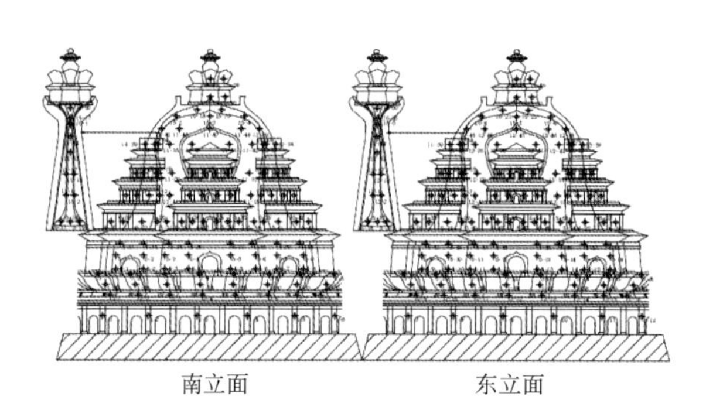

图 10.3-5 风洞试验模拟图

2）为提高背光整体稳定性，对背光钢龙骨结构进行载荷核算，在有限元计算软件中进行分析，通过核算确定钢龙骨结构尺寸、型号、规格，并对铜板、型面板条、异形挂接组件进行校核，如图 10.3-6 所示。

3）背光钢架是由横竖杆件组成空间钢网架结构，杆件采用热轧无缝圆钢管，根据分区、分层，在工厂焊接、拼装、涂装后，运至现场安装；相邻钢架之间采用螺栓拼接，如图 10.3-7 所示。

（3）背光铜板分段及锻造

1）工艺流程：下料→毛坯锻造→造型拟合→精细锻造→造型确认。

2）根据建立的三维模型、1∶1 石膏模型分块尺寸，制作样板，进行锻造下料，使用计算机软件编程、下料：预先设置好铜板板材的长、宽尺寸，在板材的尺寸内将各个需要切割的电子样板进行合理有效的排列后，用数控机床下料，如图 10.3-8 所示。

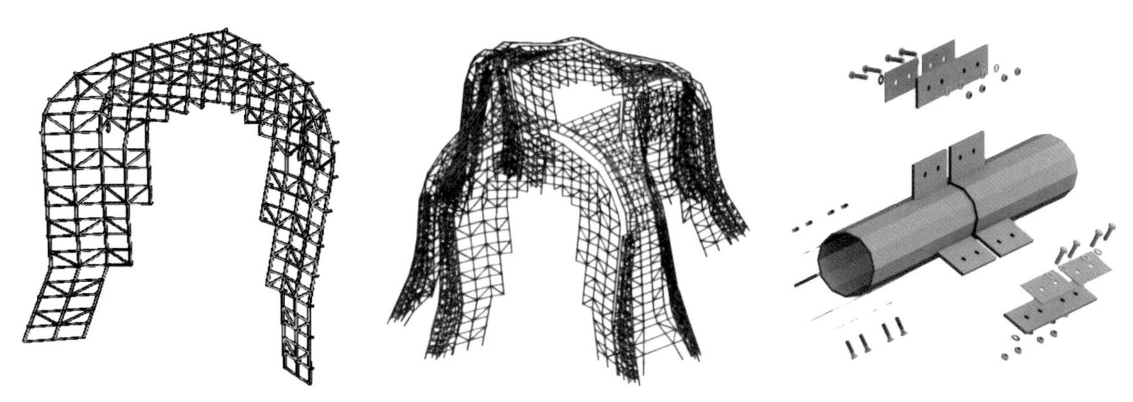

图 10.3-6 背光钢龙骨结构核算　　图 10.3-7 背光钢龙骨模型图及相邻杆件连接示意图

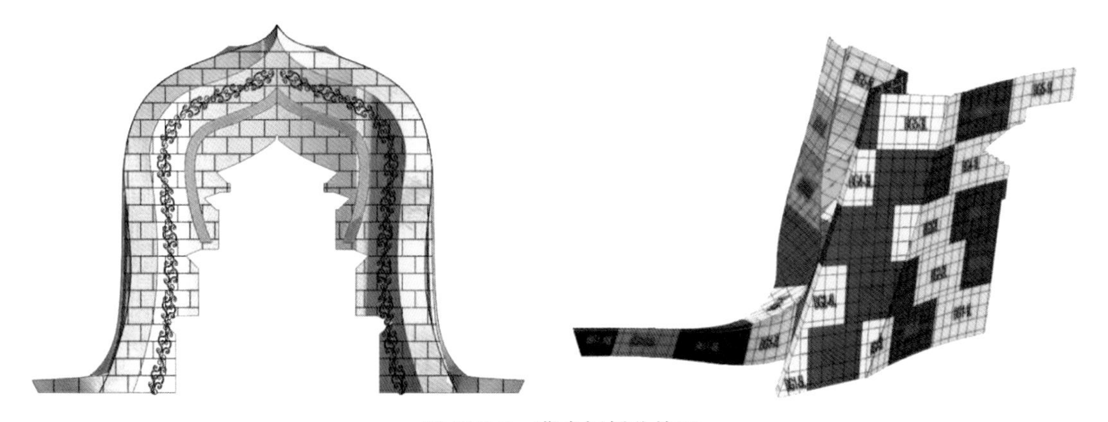

图 10.3-8 背光铜板分块图

3）毛坯锻造：参照背光 1∶1 石膏模型进行锻造，根据锻造构件大小深浅，选取合适锻造工具进行加工。锻造时在构件正面垫上软质物，如厚胶皮等辅助材料。

4）造型拟合：将锻造好的毛坯构件和石膏模型进行贴面拟合，检查是否和石膏模型相吻合，直至构件和石膏模型达到要求。

5）精细锻造：将被锻造物在不小于 40mm 厚钢平台上进行光滑锻造处理，根据工匠经验、通过手感触摸、测量等方法确保锻造构件平整度。

6）造型确认：确保平整度前提下，再次拟合造型来确保造型与石膏模型一致，如不符合拟合要求，重复“造型拟合”→“精细锻造”工序，直至符合要求，如图 10.3-9 所示。

图 10.3-9 锻造及造型拟合图

(4) 铜板与型面钢架安装

1) 根据背光铜板三维模型，放样 1 : 1 样条控制曲线，把所需切割的型面板条的数据输入数控激光切割机，得到样条控制曲线所对应的型面板条，如图 10.3-10 所示。

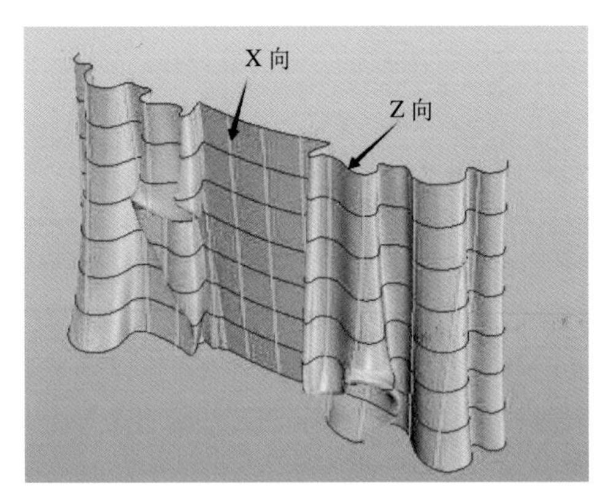

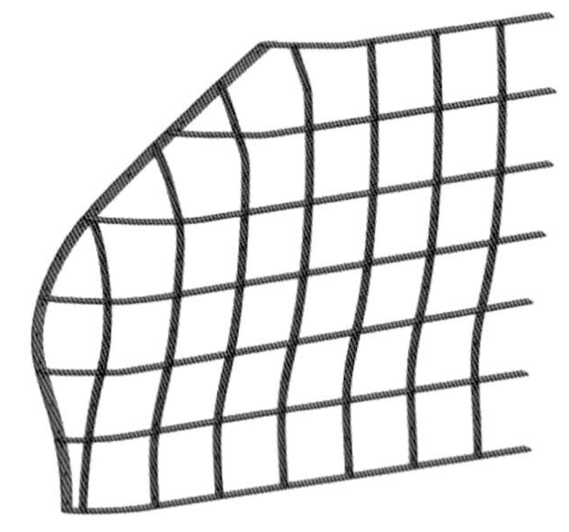

图 10.3-10 锻造及造型拟合图

2) 将制作好的型面钢架与分块锻制的铜板用种钉连接，形成铜壁板。具体将焊接螺柱焊接在金属面板上，螺柱通过螺栓与 L 形板连接，L 形板通过螺栓与型面钢架固定，将铜板和型面钢架牢固连接，如图 10.3-11 所示。

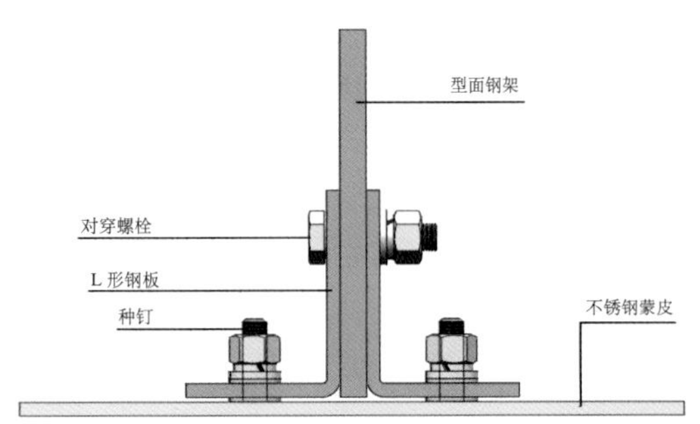

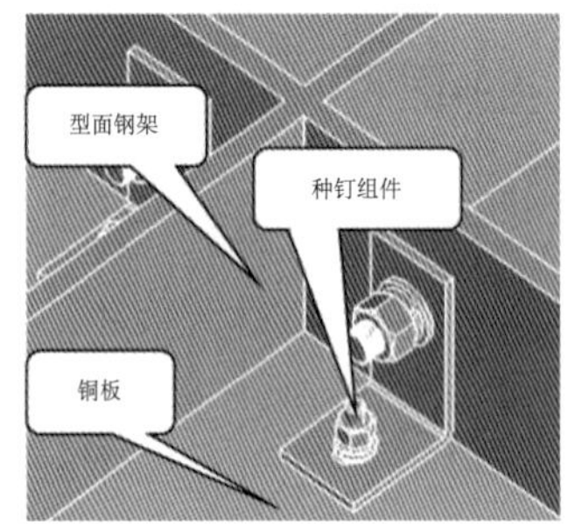

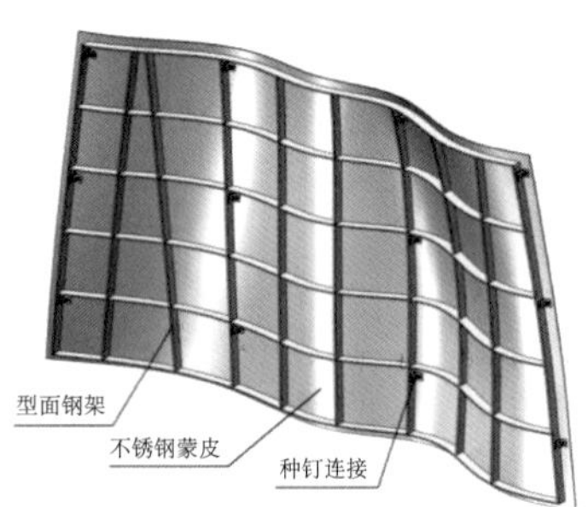

图 10.3-11 种钉组件图、铜板与型面钢架连接图、铜壁板示意图

(5) 背光测量定位

1) 利用 BIM 模型提取原始数据，输出每个塔刹完成面点位与水准点尺寸关系（如 C-C、C-C2 的尺寸距离），完成四个塔刹完成面点放线（塔刹完成面点为塔刹转角处点位）。

2) 通过模型数据输出 4 组背光的 8 个角点（A1、A2、B1、B2、C1、C2、D1、D2）与塔刹点线的关系，完成 4 组背光的 8 个角点所在的正方形线上，通过角点与正方位控制线的尺寸关系，确定 4 组背光的 8 个角点位，如图 10.3-12 所示。

3) 在塔刹的角点、背光角点位置均确定后，根据模型输出的背光高点 A3 与控制线 A1A2 的水平关系数据后，现场完成背光高点的定位工作。每组背光通过 3 个点来确定正确的安装位置。

(6) 背光龙骨安装

1) 背光龙骨在现场由散件拼装成吊装单元后，按照逆时针方向安装，采用塔吊分单元分片整体吊装就位，吊装单元间构件散件补装，如图 10.3-13 所示。

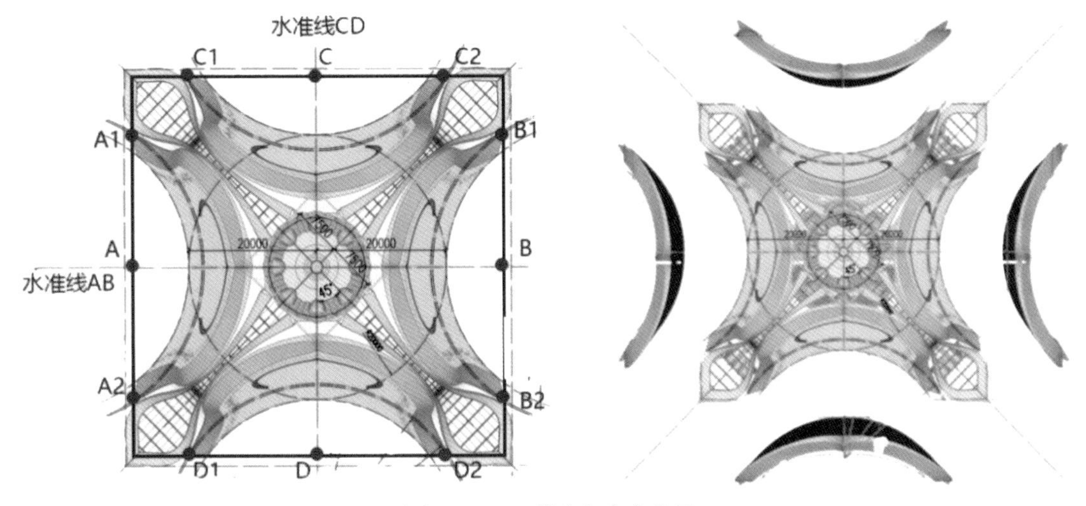

图 10.3-12 背光角点定位图

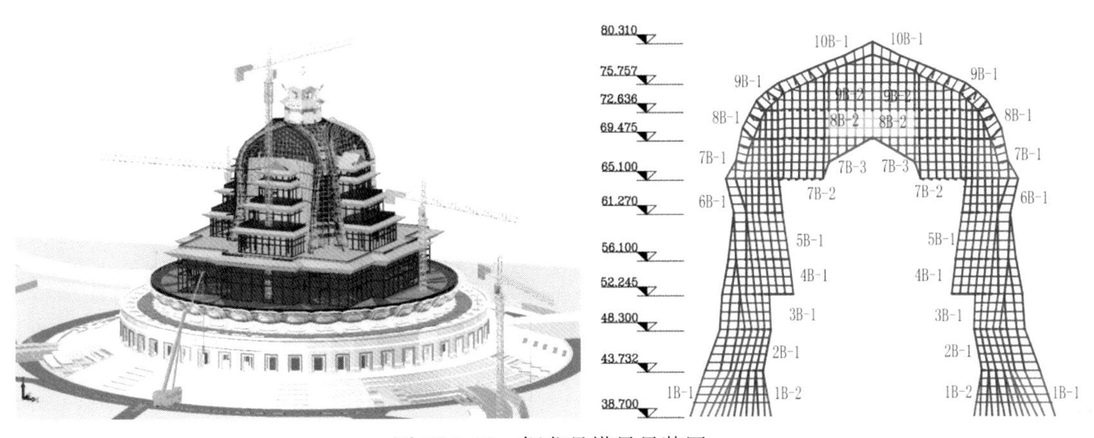

图 10.3-13 钢龙骨塔吊吊装图

2）安装工艺流程：弹竖向轴线、横向标高线→安装首层竖向杆件→安装横向杆件→安装第二层竖向杆件→安装第二层横向杆件，如此往复直至安装完毕。

3）第一层（六层至六夹层）竖向构件包括扶墙杆件，将竖向构件和埋件焊接牢固后，安装横向杆件，如图 10.3-14 所示。

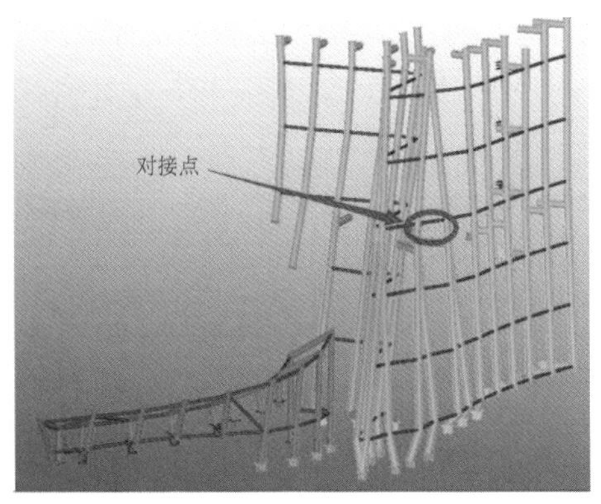

图 10.3-14 第一层、第二层钢龙骨安装示意图

（7）铜壁板安装

1）壁板吊装：用塔吊将壁板吊装至大致安装位置，使用手拉葫芦连接钢构横管和壁板上部竖向板条，塔吊松钩后使用手拉葫芦调整壁板位置。

2）壁板定位：壁板定位采用卷尺定位，事先在钢构竖向龙骨上打点标号，按照数据量取标号点至壁板定位点长度进行壁板定位。每块壁板有四个定位点，分别最顶部和最底部两排横向型面板条的最左最右端点。每个定位点有至少两个数据来控制定位点位置，调整壁板每个数据与图纸保持一致后方安装挂接组件固定，如图 10.3-15 所示。

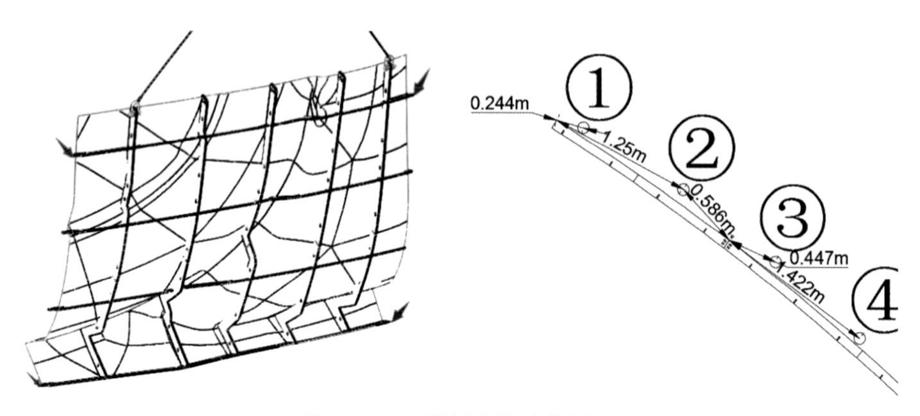

图 10.3-15 壁板定位示意图

3）钢壁板与背光龙骨异形挂接组件装配连接：挂接组件由抱箍、角度调节板和连接角钢组成，通过抱箍与角钢配合，实现装配快速连接，避免焊接连接，提高安装效率；通过弧形调节孔便于铜壁板的位置及角度调整，实现三维六向调节，提高安装精度，如图 10.3-16、图 10.3-17 所示。

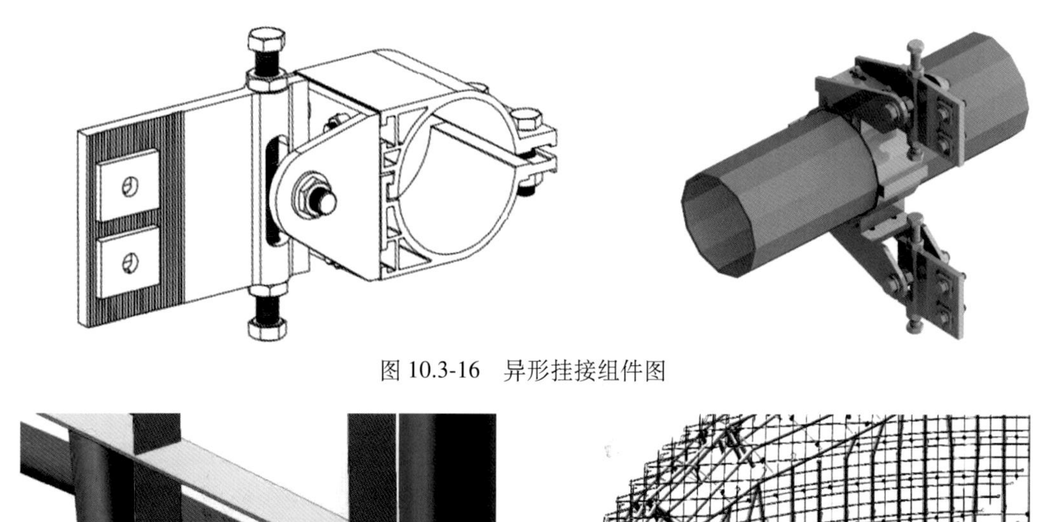

图 10.3-16 异形挂接组件图

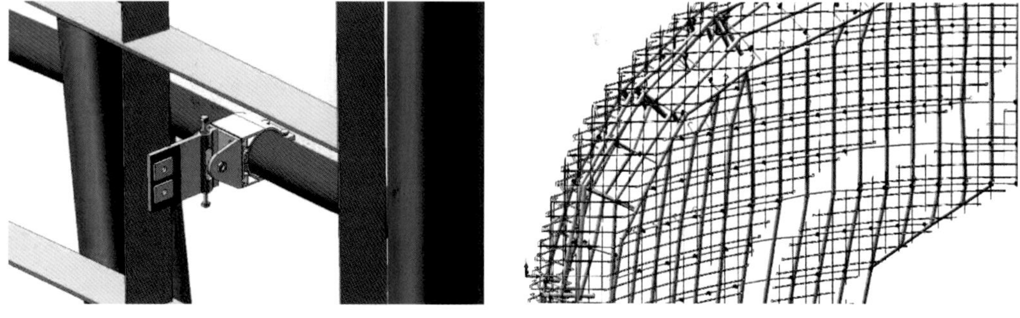

图 10.3-17 铜壁板与钢龙骨安装图

4）定位复核：挂接组件安装时，手拉葫芦已拉住壁板，松掉手拉葫芦后，壁板会松动跑位，需再次量取定位点数据与理论数据对比，保证壁板位置正确。

（8）铜壁板 TIG 焊接

1）壁板定位安装完成后，各壁板间有接缝，切割余料并焊接。依据型面走势，先点焊正确位置固定，逐步切割余料或增补铜板，完成剩余壁板焊接工作，并进行焊缝打磨。焊接完成需保证壁板走势平滑，不得有突兀感。

2）焊接时用铜焊钉及 L 形角钢组件将两侧铜板固定后对焊，通过预先施加约束的方式减少焊接时铜板的变形，采用 TIG 焊（非融化极气体保护手工焊）工艺，控制焊缝质量与成形效果，如图 10.3-18 所示。

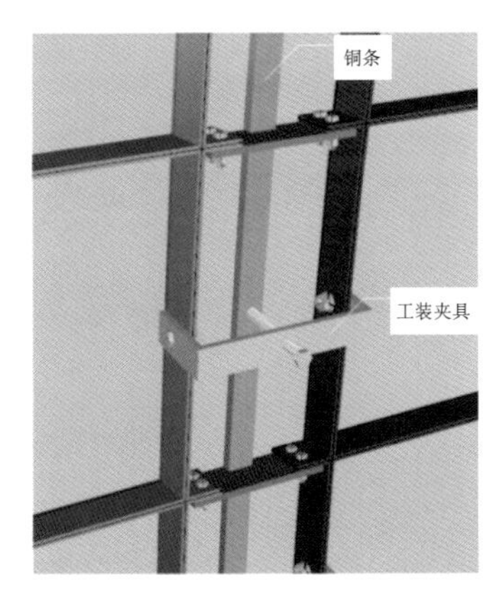

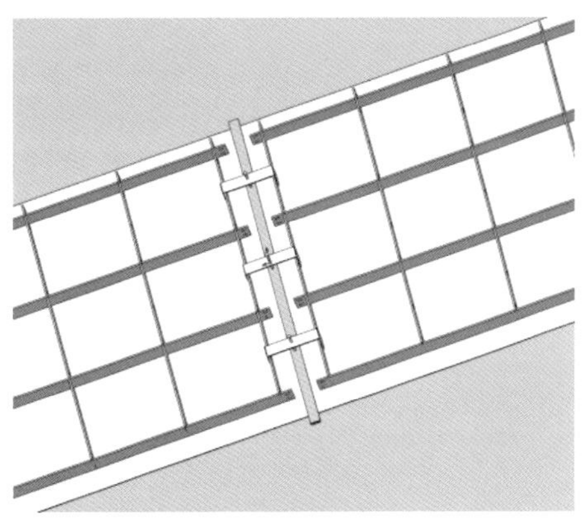

图 10.3-18　薄金属板焊接变形控制装置图

（9）纹饰安装及铜壁板矫形

1）钢壁板上焊接纹饰铜皮，纹饰铜皮相对壁板较薄，焊接时确保纹饰不变形，焊接完成后进行焊缝打磨。

2）壁板焊接完成后进行壁板校形工作，局部变形使用榔头逐步逐点进行敲击，直至型面走势平滑。大平面部位校形完毕，利用现场光源通过反光观察，找出不平整部位并修复。型面线条走势不得有断点、凹坑，不对称，确保平滑，如图 10.3-19 所示。

图 10.3-19　背光纹饰及安装图

（10）背光表面打磨及涂饰

1）校形与纹饰安装完毕后进行打磨，打磨在表面底漆喷涂前 1 ~ 3d 内进行，防止铜板长期暴露在空气中导致壁板氧化。打磨过程保证平滑流畅，不得出现过磨导致壁板磨透。

2）使用钢丝轮、角磨机打磨表面，清除表面氧化层；用气泵吹去铜板表面灰尘后，进行金属底漆喷涂。底漆完成后，刮第一道腻子，打磨后找补刮及找补第二道腻子，符合要求后，依次进行中漆、面漆、清漆喷涂，如图 10.3-20 所示。

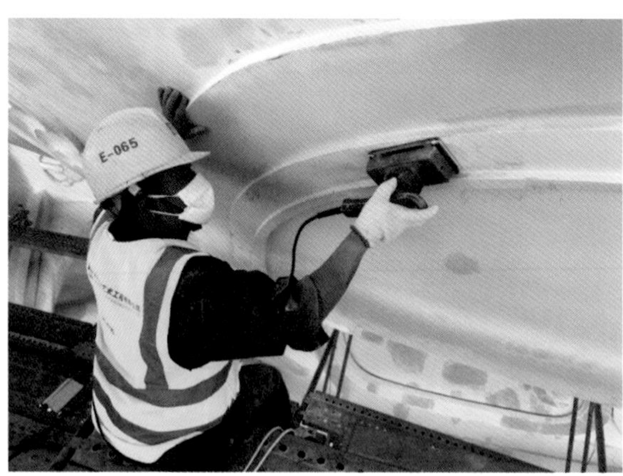

图 10.3-20 背光表面打磨及涂饰

（11）采光天窗曲面玻璃安装

1）利用 BIM 模型对曲面玻璃进行板块分析并优化区块，依次安装竖向、横向龙骨及铝合金压块，铝合金压块通过不锈钢螺栓与固定在立柱上的铝合金型材安装固定，如图 10.3-21 所示。

图 10.3-21 背光曲面玻璃分块及安装图

2）根据幕墙分格大样图、标高点、进出位线及轴线位置，定出幕墙平面、立柱、分格及转角等基准线，依据板片编号图进行玻璃板块安装，注意内外片的关系，防止玻璃安装后产生颜色变异。

（12）表面清理及落架

高空盘扣操作架拆除前，对有污染、破损的表面进行清理，全面检查铜壁板、灯具、曲面玻璃等，对松动灯具、脱落的螺栓、凹凸铜壁板修补，揭除玻璃面的聚乙烯薄膜；检查所有灯带照明情况，不符合要求的及时更换；待检查验收后即可拆除脚手架。拆架时，特别注意安全和对构件的成品保护。

5. 注意事项

（1）所有进场材料，必须有符合工程规范的质量说明书，材料进场后，要按产品说明书和安装规范的规定，妥善保管和使用，防止损坏。

（2）壁板型面钢架、型面蒙皮的材料外观、尺寸规格及材料检测报告等应符合设计要求。

(3) 锻造好的铜板与石膏模型贴面拟合时，应注意保护石膏模型，不允许在石膏模型上硬压、锻打等，吻合偏差应不大于 ±3mm，否则应重复毛坯锻造工序。

(4) 将锻造的毛坯料表面，采用 4 磅铁锤进行精细锻造，锻造时每次铁锤锻打力度、间距必须均匀，锻造前须将钢平台打磨平整光洁。

(5) 壁板主钢架、壁板的材料外形、尺寸规格及外观变形，材料检测报告等应符合设计要求，树干应摆放整齐，平稳转运，防止因存放、运输不当而产生变形。

(6) 铜壁板安装时，应注意手拉葫芦不得与壁板主要定位型面板条（每块壁板最顶部和最底部横向板条）连接，避免壁板自重会导致板条变形，导致定位不准确。

(7) 每层壁板安装完后，对壁板线条流畅度进行精细调整；壁板校形时，不能用大锤直接敲击铜壁板表面，遇线形偏差大，需开刀校正时，应按刀口短、效果好原则，选择合适的部位操作，做到曲面过渡自然。

(8) 所有焊缝外表面修磨平整后，修饰焊缝与周围壁板艺术过渡，对于产生焊接变形的焊缝应先进行焊缝校形，再进行焊缝打磨，避免将焊缝部位打磨成塌边，控制成形效果。

(9) 焊接前，清除焊缝两侧各 10mm 内母材表面氧化物，用丙酮清理油污，用四氯化碳或无水乙醇清洗除去表面焊丝油污。

(10) 喷涂氟碳漆，在合理的温度、湿度下进行涂装，施工温度应为 5 ~ 35℃，湿度不高于 85%，漆膜应丰满、光洁，保证必要涂层厚度。

6. 小结

作为观音圣坛项目艺术表现形式的高大铜火焰背光艺术幕墙，包含背光墙面、背光飞边、曲面玻璃、局部纹饰等，采用 3mm 厚 H62 黄铜钣金锻制，氟碳喷涂浅黄色，局部含佛教花纹；具有制作、安装工艺复杂，平整度、精度要求高，安装及变形控制难度大、海洋环境防腐蚀要求高等特点。通过集成三维数字化设计、风洞模拟、有限元分析、数控加工、3D 打印、钣金锻制、种钉连接、异形组合挂件连接及濒海防腐蚀涂饰等技术，实现了传统工艺与现代科技的融合；节能环保的同时减少材料消耗，缩短制作、安装工期，降低安装费用。为今后类似复杂艺术幕墙的施工提供参考。

10.4 无焊接装配式钢架系统技术及应用

1. 技术概况

装饰基层钢架基本大多采用焊接工艺，传统焊接型干挂钢架系统含钢量大，材料笨重，安装烦琐，需要焊接固定，且易造成钢架发热变形，对镀锌层局部破坏影响整体平整度及美观性。焊接会在钢架上留下焊疤，而焊疤还需要后期除渣防锈处理，处理不当，易氧化生锈影响钢架寿命。同时电焊连接最大的缺陷是容易产生虚焊，致使钢架系统埋下安全隐患。电焊作业施工现场火花四溅，烟雾缭绕，焊渣满地，需要专业设备及辅助设备配套，能耗相对较大，且电焊本身存在致命的隐患就是火灾。

通过对传统焊接钢架的总结分析，可以看出，现有的焊接型钢架存在以下不足之处：①能耗大，烟雾影响施工环境，需专业设备和辅助配套设备；②现场加工，管理成本高，易浪费材料；③焊接易虚焊，后期处理不当易氧化生锈，且会对钢材造成损伤；④焊工短缺会直接制约工期进度，如图 10.4-1 所示。

图 10.4-1 焊接工艺产生问题示例

针对上述问题，本书以南京牛首山文化旅游区佛顶宫等工程为例，创新研究形成一种无焊接装配式钢架，通过专用配件螺栓连接固定，实现现场装配式作业，并应用于工程实践，取得了良好的技术经济效果。

2. 新型无焊接装配式钢架系统设计

（1）总体设计思路

新型无焊接装配式钢架系统体现弹性设计思想，在主体结构产生较大位移或因温度变化等因素导致的结构变形情况下，不会在板材内部产生附加应力，特别适用于超高层结构及有抗震要求的地区或温差较大的地区。

整个系统以独创的型钢结构设计，将烦琐和严格的钢结构制作由施工现场搬至工厂，所有零部件均在工厂车间先进流水线按模制作生产成形，质量可靠。规模化按模生产加工成形，工地现场负责安装，装配精度高。整个系统采用锁扣连接后，可与石材一起分段施工。龙骨之间、配件与龙骨间、码片或挂件都可进行调节。因此，面板背打孔或开干挂槽，甚至干挂件都可以在工厂内一体完成，到现场直接安装。

（2）细部构造

新型无焊接装配式钢架系统由带通道槽的龙骨、螺栓卡锁、横（竖）向滑块、90°角连接件、过桥、钢架与墙面连接件、十字形接头等构件组成，钢架与墙面连接件以可拆卸方式固定在主体结构上后，龙骨与连接件同样以可拆卸的方式固定，横（竖）向滑块设置于龙骨通道槽上；利用螺栓、卡锁将钢架间配件的连接固定；干挂件固定在滑块上。

1）龙骨。横向或竖向主要受力钢架，呈凹字形，带有锯齿榫带的通道槽，可与螺栓卡锁的 U 形榫 槽呈相嵌咬合状，锯齿加大摩擦力，提高牢固性，如图 10.4-2 所示。

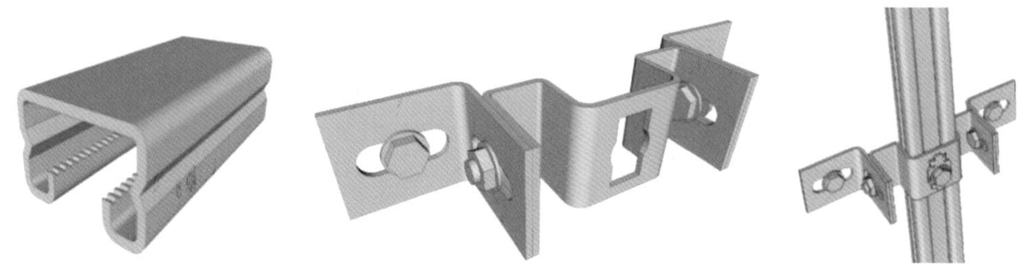

图 10.4-2 龙骨断面

2）钢架与墙面连接件。主要用途：将钢架与墙面固定。由调节件和固定件两部分组成，调节件为 L 形，位于固定件两侧，底面与主结构连接，侧面与固定件侧面连接，连接件上设置调节孔，当墙面不平整时有最大 4cm 的调节距离；固定件对应龙骨凹槽部位设置有连接孔，通过螺栓卡锁穿过连接孔后，在龙骨凹槽内卡紧，将龙骨与连接件连接。

3）横（竖）向滑块。与横（竖）向钢架的连接起固定或受力作用，可以随意横（竖）向滑动方便调节；外装干挂件。滑块为 L 形，在 L 形的两侧壁上开设有连接孔和调节孔，通过螺栓卡锁穿过连接孔将滑块和龙骨卡紧连接；通过螺栓穿调节孔固定干挂件，如图 10.4-3 所示。

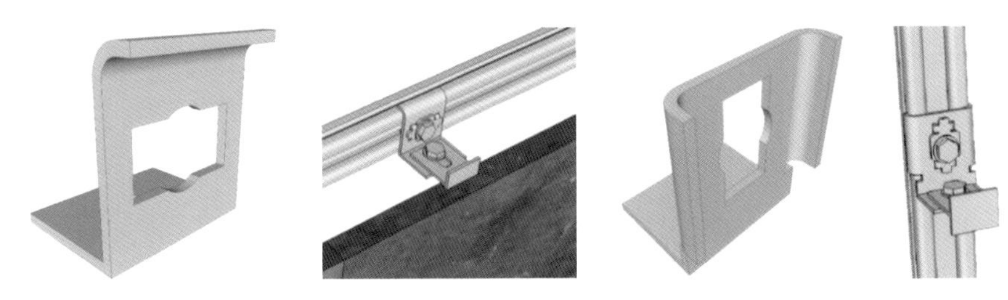

图 10.4-3　横向滑块和竖向滑块

4）过桥。钢架结构中，通常有纵横多条龙骨，采用过桥将横（竖）龙骨之间的连接，起固定和定位作用，其上开设连接孔，通过螺栓卡锁穿过连接孔后，将龙骨互相连接，如图 10.4-4 所示。

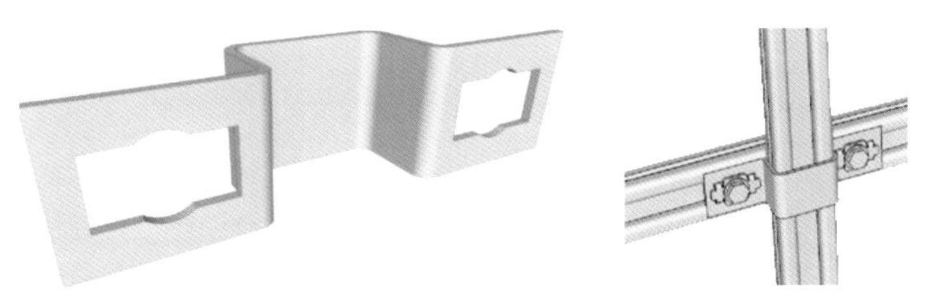

图 10.4-4　过桥连接件

5）90° 角连接件。主要用于收边位置的横（竖）龙骨连接固定及阴阳角处的横向龙骨的连接，增加转角钢架整体性，如图 10.4-5 所示。

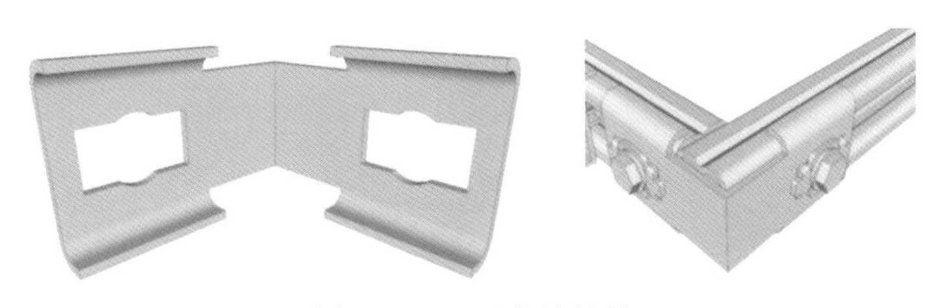

图 10.4-5　90° 角连接件

6）十字形接头。用于横竖钢架龙骨在同一平面时，横竖钢架龙骨连接固定，如图 10.4-6 所示。

图 10.4-6　十字形接头件

7）螺栓卡锁。用于钢架间配件的连接固定，卡锁上有两条锯齿榫槽，其中底部锯齿处理，呈U形状，起到防滑防转的功能，通过龙骨齿牙与锁扣齿牙机械咬合，确保在各种荷载综合作用下，仍能提供持续有效的支撑。

在龙骨固定后，将螺栓卡锁呈45°角套入过桥孔和龙骨通道槽后；按下螺帽不放，旋转90°，使锯齿榫带插入锯齿榫槽，再顺时针紧固螺扣，扭矩大于30N·m，如图10.4-7所示。

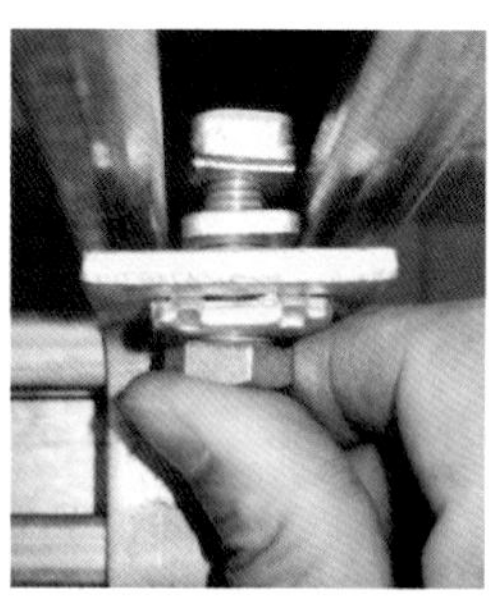

图10.4-7 紧固螺栓

3. 工艺流程

钻孔→锚栓→安装竖向龙骨（固定件）→插入对穿螺栓→安装横向龙骨（过桥连接件及锁扣）→安装横向龙骨（十字连接件及锁扣）→安装不锈钢挂件。

（1）确定墙体点位，并在墙体上钻孔，根据角码和立柱规格确定孔距，孔径和孔深根据所要安装的锚栓规格确定。

（2）插入膨胀锚栓或化学锚栓，采用墙面固定件+锁扣安装竖向龙骨，将锁扣塞入龙骨上锁扣孔内，按下螺栓大端，同时旋转90°，使锁扣卡板卡住龙骨榫带，并用扳手及时旋转紧固。竖龙骨最大间距不大于1200mm，可根据实际情况进行适当调整；在墙面不平整时，采用角码（根据完成面定制）+支座进行调节并固定，如图10.4-8所示。

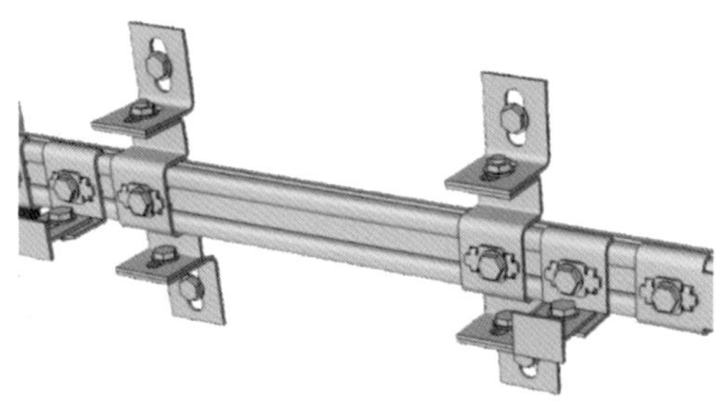

图10.4-8 向龙骨安装图

（3）安装横向龙骨。根据石材板块的分格高度画线，沿线用采用过桥连接件、十字连接件、一字连接件和锁扣固定安装横龙骨；固定横向龙骨，调整横向龙骨使其水平并紧固锁扣，如图10.4-9所示。

（4）连接不锈钢干挂架。采用专用卡锁（不锈钢螺栓、不锈钢垫圈、不锈钢垫片、卡板）进行连接固定，卡锁可以本身前后调节，并可进行左右位置的大范围调节；不锈钢挂件安装后，进行开槽挂石材，上胶凝固，如图10.4-10所示。

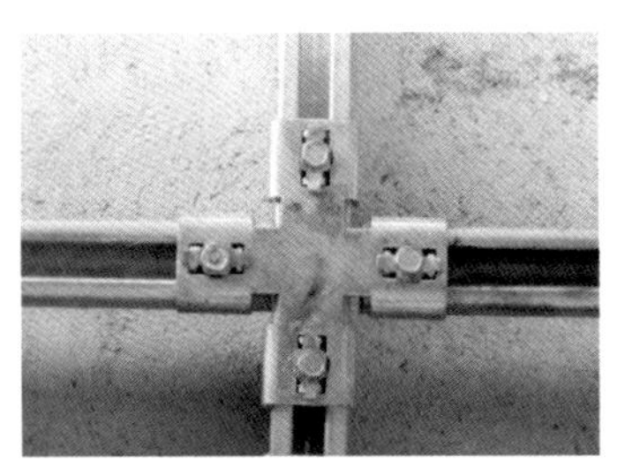

图 10.4-9 横向龙骨安装图

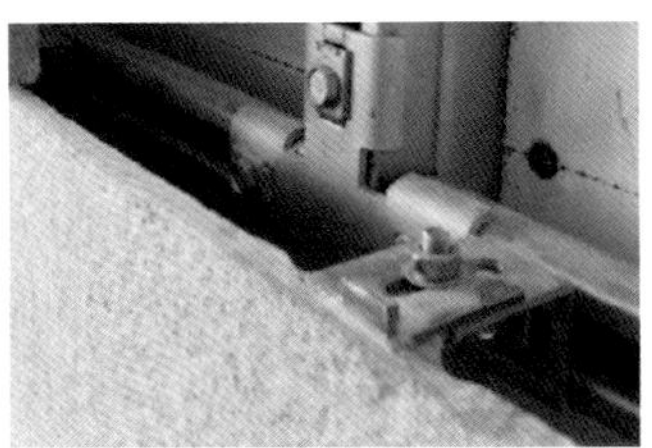

图 10.4-10 不锈钢干挂件连接图

4. 综合效益分析

无焊接装配式钢架安装与传统的焊接钢架安装相比，实现了工厂化制作、现场装配式作业，在质量、工期、环保、节能、绿色施工等方面取得了良好社会效益和技术经济效益，具体见表 10.4-1 和表 10.4-2。

无焊接装配式钢架与传统电焊式钢架对比　　表 10.4-1

序号	内容	无焊接装配式钢架	传统电焊式钢架
1	成品装饰	整个系统将繁琐和严格的钢结构制作由施工现场搬至工厂，规模化按模生产加工成形，工地现场负责安装	现场需要加工、焊接，管理、存储成本高，容易导致材料浪费、损失
2	低碳节能	无焊接组装式钢骨架体系，以其独创的型钢结构设计，使单位面积幕墙的钢用量大大降低	含钢量大，需要专业设备和辅助设备配套，能耗相对较大
3	安全环保	无焊接避免了火灾的隐患，整个施工现场无噪声、无火花、无烟雾、不扰民	需要电焊，需要动明火，安全性较差，很多的焊点容易生锈
4	快捷抢工	整个系统采用锁扣连接后，无需现场加工、焊接，施工强度降低，时间短，提高了施工工艺；材料到多少可安装多少，也可与石材一起分段施工	深化、放线、打孔、安装等工序要求精度高，施工难度较大，焊点不好处理
5	无需专业技术施工人员	施工人员进行简单培训后即可上岗，减少因人员不足带来施工困扰	要求施工人员必须持有特种操作证书上岗操作
6	可调节性	龙骨之间、配件与龙骨间、码片或挂件都可进行调节。所以，面板背打孔或开干挂槽，甚至干挂件都可以在工厂内一体完成，到现场直接安装	骨架固定、码片或挂件固定，无法调节
7	成品保护率	系统不存在电焊，对型材表面保护层（镀锌或其他）无破坏，有利于型材的耐久性；也有利于装饰材料的成品保护	电火花会对型材防腐保护层破坏和成品的损伤，需进行二次防腐或成品保护
8	满意度	系统由龙骨和专用配件组成，采用紧固件固定，施工现场干净美观，整体简洁	电焊产生电弧光、烟雾影响施工环境；焊接使钢架发热变形，影响整体平整度，容易导致受力不均，影响安装质量

技术经济效益 表 10.4-2

序号	方式	工艺特点	经济效益（100m）
1	传统电焊式钢架	竖向和横向龙骨采用焊接，石材干挂连接件采用抱箍形式	人工费：280×5=1400 元 电费：18×2.2×24=950.4 元 零件费：0.5×100+4.82×2=59.64 元 钢材费：8×100=800 元 总计：3210.04 元
2	无焊接装配式钢架	研发龙骨截面，使龙骨直接可以用固定件固定；无需焊接，将钢架加工过程搬到工厂去，现场只进行装配	人工费：150×3=450 元 配件费：0.5×140=70 元 钢材费：8×100×1.42=1136 总计：1656 元
3	无焊接装配式作业，节约人工和能源，安装简单快捷，产生的效益是传统电焊式钢架的 1.5 ~ 2 倍		

5. 小结

装配式钢架系统技术的龙骨及其专用配件、紧固件之间的连接方式与传统的电焊式钢架系统相比，配件定型化、标准化、工业化生产，保证了工程质量、降低安全风险；现场装配式施工有效减少了施工噪声、减少能源和材料的浪费，实现了节能减排与绿色施工，可缩短工期约 30 天，技术经济效益率大于 2%，取得了良好的技术经济效益。为高效、安全地完成类似装饰工程的施工提供一条全新思路，有良好的应用前景，经济与社会效益显著。

第 11 章　浮雕装饰关键施工技术

佛教建筑内部装饰中，浮雕是极为重要的表现形式。在现代佛教建筑中，浮雕的实现通常采用不同于传统的工艺，以提高施工效率、降低造价，且便于维修与更换。

本章介绍高浮雕莲花 GRC 装饰板天花的制作与安装施工技术，形成可仿木纹、仿黄金麻等效果的处理技术，施工简便，无污染，费用低；并介绍飞天菩提门浮雕造型艺术石材幕墙的施工技术，解决图案精美、安装精度高且重量重的高浮雕艺术石材幕墙的施工难题。

11.1　高浮雕莲花装饰天花制作及安装技术

1. 技术概况

近年来，随着我国经济文化事业的迅速发展，各类大型演艺场馆、综合场馆、宗教场所等建筑不断开建，单曲面、双曲面、三维覆面各种几何形状、镂空花纹、浮雕图案等任意艺术造型的异形化、大型化越来越多，传统的无纸面石膏板、铝板、GRC 板等难以满足异形图案及花纹造型，且在生产加工过程中存在大量污染，能耗高、施工不便、使用年限短等问题。

禅境大观是佛顶宫的核心大空间，同属禅境大观空间周边的回廊，首先将人引入禅境；约 3800m^2 的椭圆环形回廊天花吊顶复杂的高浮雕莲花和佛像图案，涉及 GRG 板建模、加工、安装，仿木纹，佛像雕花金边，仿黄金麻真石漆等，工艺复杂、施工难度大，如图 11.1-1 所示。

图 11.1-1　高浮雕莲花 GRG 装饰天花效果及实景图

2. 技术特点

(1) 采用 1 : 1 模拟建模技术，将主要部件分解，确定构件的精确尺寸，实现构件工厂化精确制作及过程模拟安装指导，提高工效。

（2）GRG 产品脱模时间、干燥时间短，可大大缩短施工周期。同时可塑性高，大面积分割、拼装，现场加工性能好，实现无缝对接，形成各种完整造型；并与各种涂料及面饰材料良好粘结，能完美展现艺术效果。

（3）现场采用螺栓铆接连接工艺，减少焊接量，标准化程度高，大大提高了施工效率。

（4）工厂化制造，现场装配式安装，标准化程度高，满足装饰工业化生产的需求，大大提高了施工效率。并通过表面喷漆、彩绘、贴金箔等装饰工艺，减少石材、木材使用，达到绿色环保的要求。

（5）构件属于散装式，运输方便，半成品保护容易；同时构件之间栓接构造，装配安装，节能环保，清洁、维修方便。

（6）GRG 造型莲花状，分块制作、安装，块与块之间、块与墙柱面花岗石石材构件接缝较多，接缝处理工艺要求高，精度控制要求高。

3. 工艺流程

施工工艺流程如图 11.1-2 所示。

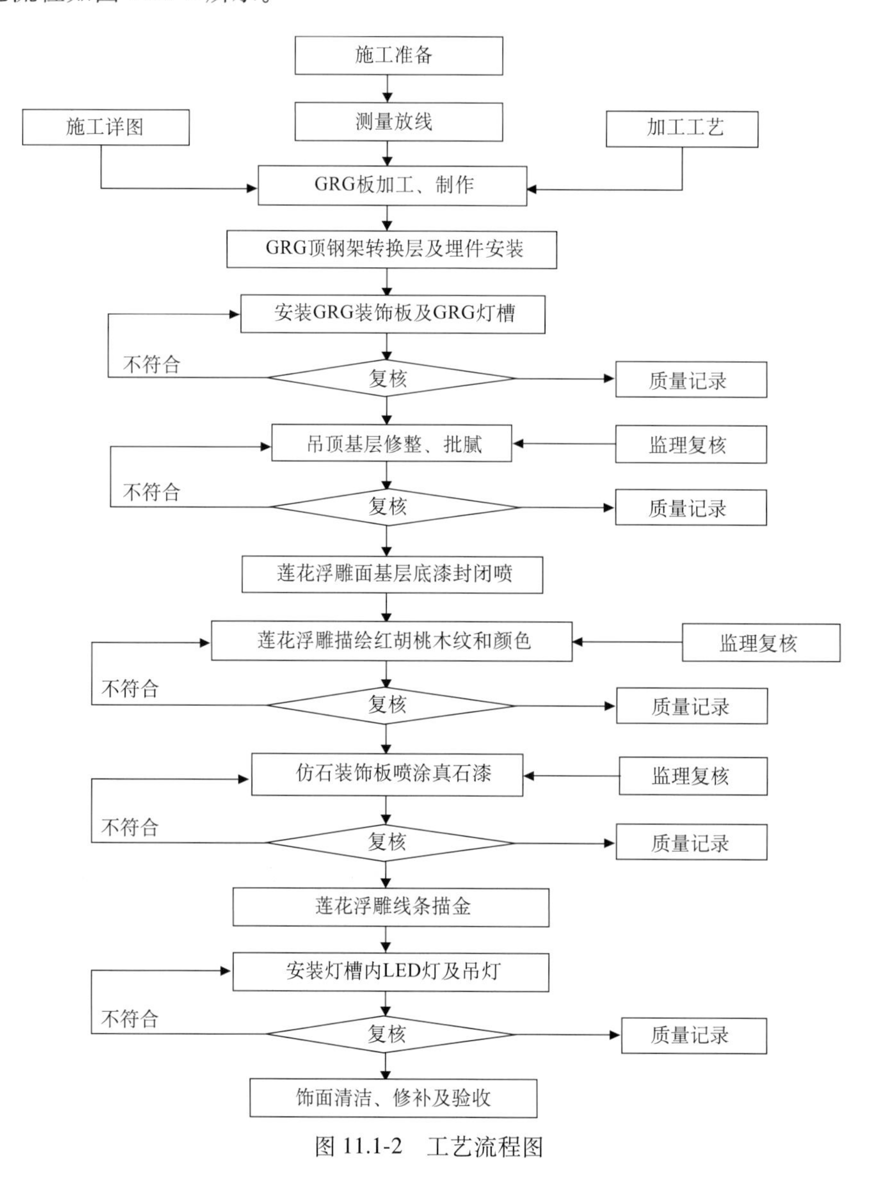

图 11.1-2 工艺流程图

4. 操作要点

（1）施工准备

1）按照设计意图进行图纸深化设计，三维建模后，进行 GRG 板块深化建模及加工板块优化分割，生成构件加工图，供场外加工和采购订货的材料、部件加工订货，如图 11.1-3 所示。

2）根据设计图纸复核尺寸，对实际标高、轴线复核后，进行平面定位及空间位置确定。

3）编制加工、制作、安装方案并对操作人员进行交底。

（2）GRG 莲花浮雕加工制作

1）GRG 莲花浮雕采用高品质阿法石膏制成，能提供稳定的物理强度，让产品完成面更光滑平顺，充分表现多曲面特性。

2）采用电脑数码控制自动铣床机（CNC）刨铣制模，提供一个高精的 GRG 模具，如图 11.1-4 所示。

3）设计院确认深化图后，按照浮雕样品制作模具。

4）采用镀锌预埋件作为结构连接件，在镀锌前做好连接口，采用螺栓连接，热镀锌预埋件的镀锌层应大于 45μm，根据深化图，间隔的埋入预埋吊件，间隔尺寸控制在 600 ~ 1000mm。

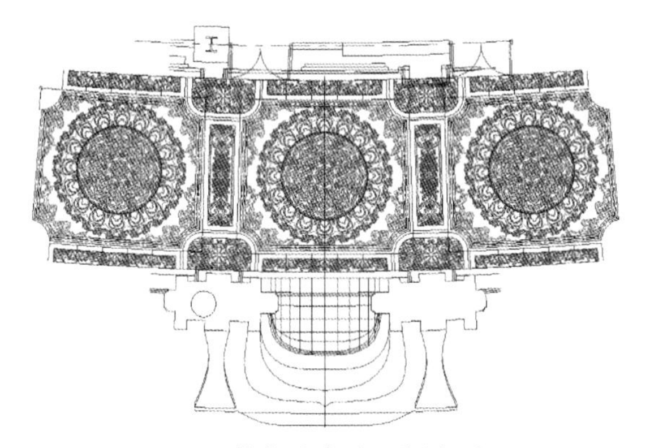

图 11.1-3 莲花浮雕平面分割、加工图

图 11.1-4 CNC 数控刨铣制模图

（3）莲花浮雕 GRG 钢架转换层及埋件安装

根据钢架转换层布置图，现场实测、打孔、安装埋件；吊杆采用角钢，角钢与板材预埋件用 ϕ8 螺栓连接，吊杆间距不大于 900mm，吊杆要垂直，如图 11.1-5、图 11.1-6 所示。

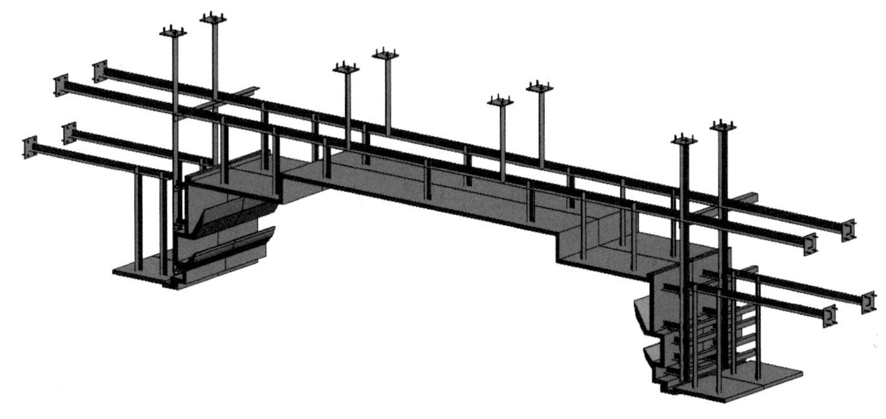

图 11.1-5 莲花浮雕 GRG 钢架转三维图

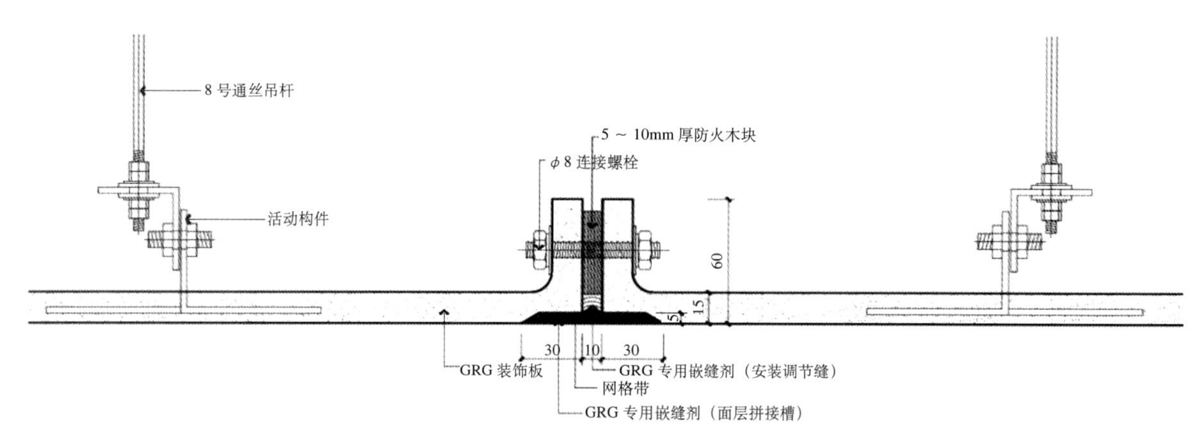

图 11.1-6 莲花浮雕 GRG 钢架转节点图

（4）莲花浮雕 GRG 装饰天花及灯槽安装

1）根据莲花浮雕布置图及已测放轴线，将吊顶边角线和中心线在地面测放，在墙柱上放好标高线。定出吊杆的吊点位，安装角钢吊杆后与预埋件连接固定。

2）对 GRG 莲花浮雕板仔细核对编号、使用部位，先安装最上级的圆形面 GRG 莲花板：①把连接方管预焊在方管的 GRG 板材预埋件上；②龙骨组立加橡胶垫片（3mm 厚），防止声音传导，减少振动；③固定件间距 <1000mm，两种板间距不一样；④板材调整用 C 形夹，夹住两张板，调平整度，确保机理对缝，用 ϕ 8 对拉螺栓固定锁紧，确保平整度；⑤板材安装以中心线为中轴，往两侧辐射。经复测无误后，进行第二级扇形面的安装，从单元吊顶中心线往两边安装，将误差消化在两边收口部位；⑥接着安装最低一级 GRG 装饰吊顶面，调整形面的间距和边线进出关系，便于两层灯槽的准确安装，如图 11.1-7 所示。

3）两层灯槽安装：最低面和扇形面确定后，控制好两个双曲面弧形灯槽的进出关系，填装两层灯槽。

（5）基层修整、批腻子、打磨

1）安装过程中，GRG 莲花板边角和浮雕花纹被损伤和污染部分，利用配给原灰，对损伤处进行修补；安装时预留的伸缩缝，用原灰调好填嵌，在背面缝隙处刷胶，用玻璃纤维网粘贴好后，浇填原灰石膏浆，如图 11.1-8 所示。

图 11.1-7 莲花浮雕 GRG 装饰天花安装完成图

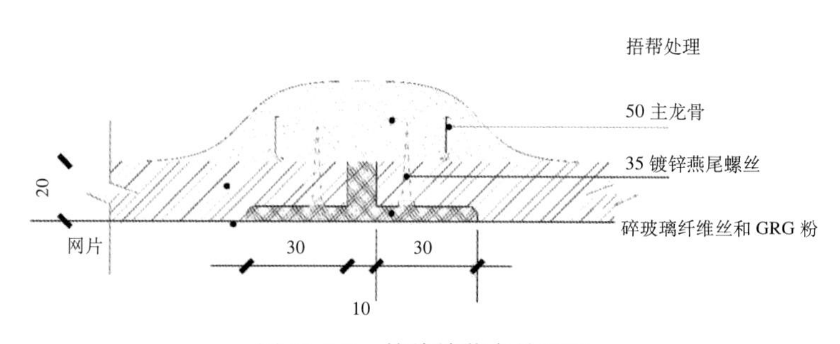

图 11.1-8 伸缩缝节点处理图

2）施工前，将灰尘、油污等清理干净，满刷环保型胶水，保证腻子基层与 GRG 材料的粘结度，避免 GRG 天花起壳、空鼓、裂纹、外饰面脱落等，并打磨平整。

3）灯槽口的内外边线加工脱模后，带有毛边，安装时，将其修补、打磨平顺、挺拔，确保投射出光线干净利索，清晰地展现浮雕图案，如图 11.1-9 所示。

图 11.1-9　基层修整、批腻子、打磨完成图

（6）基层底漆封闭

1）顺木纹从上至下，从里至外，从难至易涂刷。涂刷时应使漆刷垂直，用刷毛的腹部涂刷，在最后处理涂料刷痕、余漆时，用刷毛的前端轻轻涂刷。

2）批刮透明腻子 1 ～ 2 遍：腻子层间可不打磨，若有颗粒、残留物或污染物要用砂纸打磨掉。打磨后以木纹被填平且饰面光滑平整为标准。

3）刷 2 ～ 3 遍清底：方法同清底，待涂膜干后，对漏补、空补、钉眼处用色灰修补一次。干后用 800 号砂纸顺木纹打磨，若毛细孔较深的面板需多刷遍底漆。

（7）莲花浮雕面红胡桃木纹和颜色描绘

封闭底漆干透后，进行仿红胡桃木纹和颜色施工。装饰板满布浮雕图案，凹凸不平，特别是浮雕的根部不容易刷到，采用窄面锯齿橡胶板配以旧毛刷涂刷。

1）用腻子灰修补找平、打磨：批腻子后打磨使用 240 ～ 320 号细砂纸打磨，以免留下粗糙细孔和砂磨横纹。

2）紫荆花 PU 封闭底漆喷涂两遍，使用 240 ～ 320 号砂纸轻磨，除去研磨粉尘。

3）紫荆花白底漆喷涂三遍：打磨后可喷白底漆。采用 1 : 1 的稀释剂与白底漆，确保底漆效果。

4）木纹底色：使用专用喷枪喷色，喷底色之前先打磨，打磨后用气管吹去打磨后的灰尘。

5）做仿木纹：清除底色上灰尘，木纹颜色调好静止 10 ～ 15min 后使用，木纹颜色使用刷子刷在底色上，避免过于涂刷，造成底色与木纹颜色不协调。最后用画笔画出粗细不同的条纹。

6）紫荆花面漆：喷涂面漆之前，先用手摸木纹是否干透，木纹表面有无灰尘，采用 1 : 1 的稀释剂与面漆，达到面漆保护的最佳效果，如图 11.1-10 所示。

图 11.1-10　莲花浮雕红胡桃木纹、颜色完成图

（8）GRG 面饰仿黄金麻真石多彩漆

工艺流程：基层面检查、修补、清理→用角磨机将原有遗留物打磨处理→四周双层灯光带∟30×30×3 型阴角护角施工→底面分两层批柔性、防水、抗裂腻子施工→2 遍抗碱封闭底漆施工（RN-IIAB）→2 遍面饰多彩真石漆专用中间漆施工→2 遍面饰多彩真石漆（H1000）→2 遍多彩真石漆防尘罩面漆施工→清理场地。

1）基层处理：检查基层面平整度及线条是否顺直清晰，基层表面要平整、干燥（保养 15d），无浮灰、沥青等污渍。

2）专用腻子施工：第一遍腻子厚度 2mm，填补基层面的凹陷、气孔、砂眼和其他缺陷。第二遍腻子再次局部找平，第三遍腻子整体找平。待腻子干透后，用 320 号砂纸打磨一次后，再用 600 号砂纸打磨第二遍。

3）抗碱封闭底漆施工：喷涂真石漆之前，增加一遍接近真石漆颜色的底漆作为底层，保证基材的颜色一致。将中和处理后的墙面用清水冲净，待板面干燥后，进行底漆施工，底漆用量 0.15 ~ 0.20kg/m^2。

4）2 遍面饰施工：底涂层完全干燥后施工，先进行试验喷涂，确定施工所需压力、喷枪口径及喷涂量。第一遍干燥至八成后喷涂第二遍，第一遍把墙面、天花均匀覆盖一次，第二遍按样板花点均匀喷上，喷完后 30min 内将胶纸撕掉。

5）2 遍防尘罩面漆施工：在主涂层干燥后喷涂施工，喷枪的枪口垂直于墙面、距离 30 ~ 50cm 来回均匀喷涂上去，罩光漆一般喷两遍，液态花岗石喷涂罩光漆以后有涂膜，表面有柔光，如图 11.1-11 所示。

（9）莲花浮雕线条描金

在莲花浮雕线条部位用描金笔蘸取金水手工描绘装饰花纹、镶边，如图 11.1-12 所示。

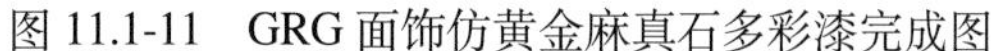

图 11.1-11 GRG 面饰仿黄金麻真石多彩漆完成图

图 11.1-12 莲花浮雕线条描金图

（10）安装灯槽内 LED 灯及吊灯

将灯带管用不锈钢螺钉固定于 GRG 莲花浮雕四周灯槽内，将吊灯安装于 GRG 莲花浮雕中心位置。并进行灯光测试，确保灯光、颜色、角度等各性能指标满足设计要求后，方可完成验收。

（11）饰面清洁、修补及验收

安装操作架拆除前，进行全面检查，GRG 莲花浮雕、灯具安装过程易受到污染、损伤等破坏，对松动、破坏、污染及时修补、清洁；检查所有灯带照明情况，不符合要求的及时更换；待检查验收后即可拆除操作架。

5. 小结

南京牛首山佛顶宫回廊高浮雕采用三维模拟放样、模拟安装，构件工厂化生产，现场铆接装配连接等，仿木纹、佛像雕花金边、仿黄金麻真石漆效果处理等技术，劳动强度低，节能环保；提高了安装效率，减少了材料损耗，大幅度缩短了安装工期，降低了安装费用。同时，施工简便、无污染、无辐射，维护费用低。

11.2 高浮雕造型艺术石材幕墙施工技术

1. 技术概况

佛顶宫采用高浮雕艺术石材幕墙为主要外装饰，装饰面积约为50000m^2，设置有56个11m高飞天菩提门、云纹如意柱以及摩崖石刻等。图案精美、制作工艺复杂，单块重量重，雕刻、拼接精度高，重型复杂高浮雕艺术石材幕墙安装施工难度大，如图11.2-1所示。

图11.2-1 飞天菩提门、云纹如意柱及摩崖石刻实景图

2. 技术特点

（1）建筑体型“莲花化”，造型层次感强，石雕图案拼接精度，高浮雕加工难度大，拼接精度、品质艺术效果要求高，工序衔接紧密。

（2）根据艺术幕墙曲面特性，采用Rhino犀牛软件三维数字化模型设计，对模型切割、模拟安装等技术，确定高浮雕莲花构件分块连接、安装顺序等；数字化模型指导安装，使石雕图案连贯完整、拼接完好，达到高品质艺术效果，保证实体安装与设计一致性。

（3）通过有限元软件对幕墙龙骨各工况下的稳定性进行分析，完成龙骨设计；采用BIM技术，通过截取、制作龙骨转换钢架的三维曲面模型，对龙骨模型进行分割，提取数据，实现龙骨钢架的精准加工。

（4）在传统工艺基础上改进与创新，使用三维数字化建模与CNC数控局部雕刻结合，效率高。通过1∶1模拟试验，反复测量，检验制作、安装工艺，确定构件安装编号及操作流程。

（5）通过现场测量形成现场排版图，工厂根据现场排版图制作。板块安装时，通过在面板支撑点处调整安装，解决高浮雕安装精度高的问题。背栓式干挂连接，通过铝合金挂件与骨架连接将石材干挂在骨架上，焊接量少，减少因焊接、打磨工艺造成变形，确保成形效果。

（6）造型莲花状，分块制作、安装，块与块之间、块与墙柱面花岗石石材构件接缝较多，接缝处理工艺及精度控制要求高。

3. 施工工艺流程

施工工艺流程如图 11.2-2 所示。

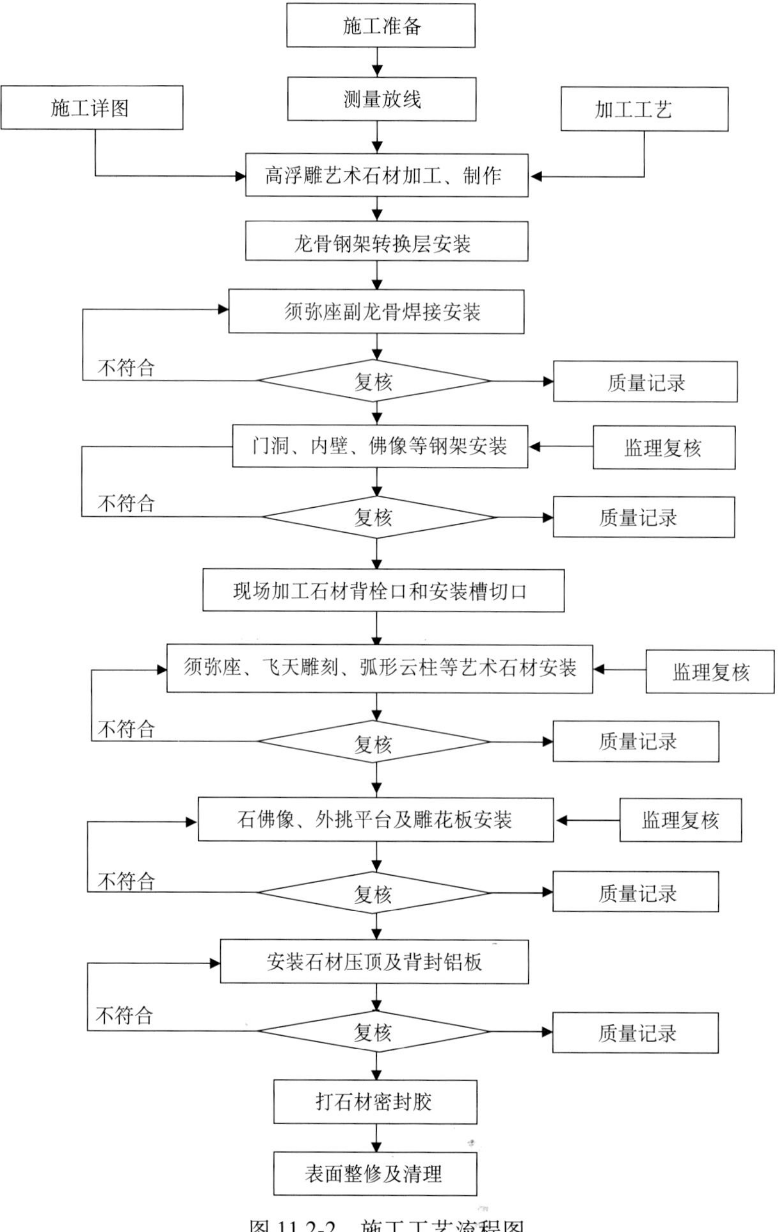

图 11.2-2 施工工艺流程图

4. 操作要点

（1）施工准备

1）按照设计图进行图纸深化设计，三维建模后，进行高浮雕艺术石材幕墙深化建模及加工板块优化分割，生成构件加工图，如图 11.2-3 所示。

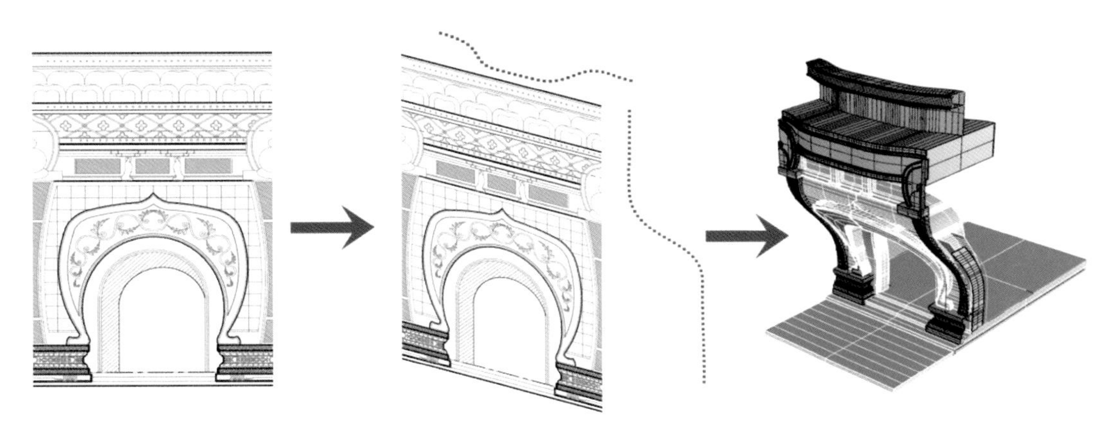

图 11.2-3　莲花高浮雕艺术石材幕墙平面分割、加工图

2）根据设计图纸，对实际标高、轴线复核后，进行平面定位及空间位置确定。

3）编制加工、制作、安装方案并对操作人员进行交底。

（2）测量放线

结构是弧形外观，采用全站仪测量方位进行精确定位，在地面标出纵横轴线及交叉点位和标高。门洞、须弥座、外悬石材位置重要点位在地面上画线体现，如图 11.2-4 所示。

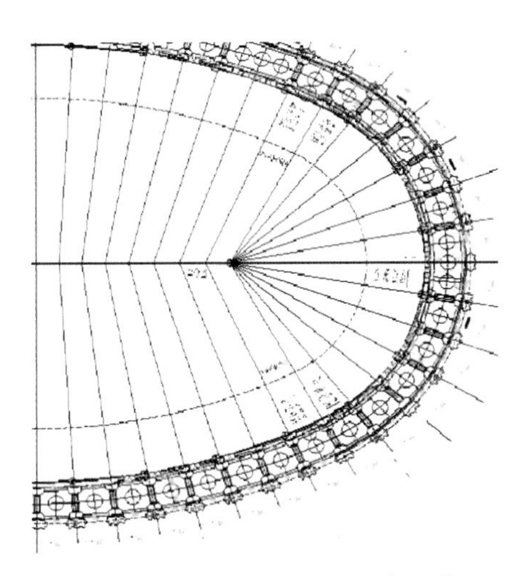

图 11.2-4　轴线控制网及平面投影线图

（3）高浮雕艺术石材加工、制作

1）结合建筑设计理念，融合丰富历史文化、佛教文化和生态文化，借鉴唐、宋、明以来的石刻风韵，经反复推敲、修改、深化设计，制作 1 : 1 石雕样品考核。

2）采用黄金麻石材雕刻，CNC 数码控制自动铣床机结合人工雕刻，大面采用机雕工艺，细部人工纹理雕刻，如图 11.2-5 所示。

（4）艺术石材龙骨钢架安装

钢架安装流程：热镀锌钢板预埋→操作架搭设→外悬垂线的设置和保护→校正地面水平→后置埋板安装→热镀锌耳板焊接安装→不锈钢转轴安装→纵向主龙骨安装→主龙骨横向和交叉钢结构连接。

图 11.2-5 高浮雕艺术石材机雕、人工雕刻加工图

1）热镀锌钢板预埋：埋件在加工厂切割、打孔、焊接制作，表面热镀锌完成。运至现场后，将埋件运至安装位置，安装时，根据设计坐标值用全站仪将埋件位置、标高调整好，固定牢固。

2）操作架搭设：造型不规则石材施工过程需较多的调整操作架，选用钢管操作架，根据外面形状搭设。搭设中考虑到石材的重量和现场运输要求，适当多设置必要运输通道。

3）外悬垂线的设置：根据地面放线基准点位，在对应高度的操作架上设置钢丝垂线以控制点位。钢丝线垂直定位后，在地面位置用三角钢设置固定，必要时用铁件焊接布置保护框。

4）校正水平位置：用水平仪引出标记在主体结构上的水平点位，在地面控制点位置的铁架上标识，每个门洞的位置设置左右两对基座底标高，以便安装时进行校对或拉线校正标高。

5）后置埋板安装：按照图纸上标设的后置埋板图纸点位尺寸在地面上放置埋板，严格控制板的水平度及整板的标高，空隙距离 5mm 内的用砂浆填实，更大的用细石混凝土补充填实，如图 11.2-6 所示。

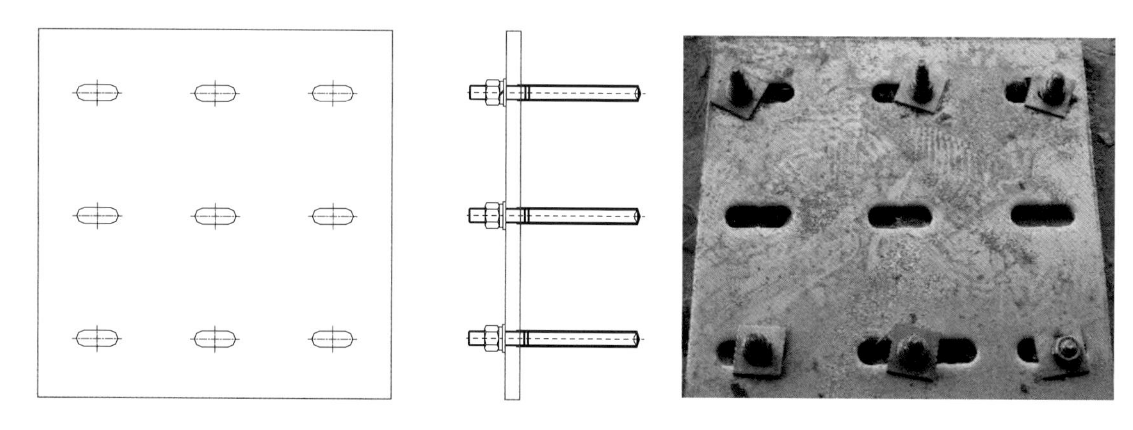

图 11.2-6 后置埋板安装图

6）热镀锌耳板焊接安装：后置埋板表面上弹出控制线，按照点位焊接安装耳板，耳板垂直于后置埋板，双面倒角满焊三级焊标准。每块埋板准焊接一对耳板，双耳板的中心点即对应该立柱的中心点。立柱底部的底板及耳板和后置埋板上的耳板进行连接。

7）不锈钢转轴安装：在立柱龙骨底部采用双耳板结构，四板四孔同轴式连接底板和钢立柱对齐，四个孔位保证保持一致，成对耳板孔位偏差不得大于 0.5mm。转轴为 ϕ 50 不锈钢圆柱，上下耳板对扣穿转轴连接后，转轴两端用方形铁板焊接在耳板上封闭，如图 11.2-7 所示。

图 11.2-7　不锈钢转轴及镀锌耳板安装图

8）纵向主龙骨安装：在安装好耳板的立柱底上弹出立柱安装位置，将立柱底部焊接在已安装就位的立柱底板上，垂直度偏差控制在 ±2mm。采用电动葫芦和手动葫芦相结合的方式安装。主龙骨立柱顶端采用水平拉杆受力结构，拉杆用耳板转轴同结构连接，拉杆和立柱电焊焊接，钢架所有的重量通过耳板转轴传导到板后置埋板。在固定好的主龙骨间焊接横向龙骨，横龙骨的切面要垂直于楞角，长度刚好镶嵌进立柱间；焊好横龙骨后焊接斜撑龙骨，相邻的斜撑龙骨镜像对称安装。立柱横龙骨的高度及每层间隔高度保持一致水平，如图 11.2-8 所示。

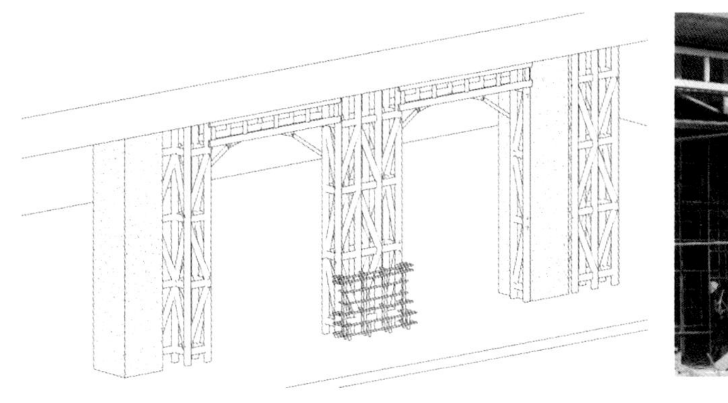

图 11.2-8　主龙骨安装图

（5）须弥座副龙骨安装

钢架安装好后焊接副龙骨用以安装石材勾挂件，在主龙骨框架上，按照石材安装图勾挂件的位置上弹出副龙骨的安装线位，切割、打孔、焊接副龙骨，副龙骨的两端用钢板焊接封盖，如图 11.2-9 所示。

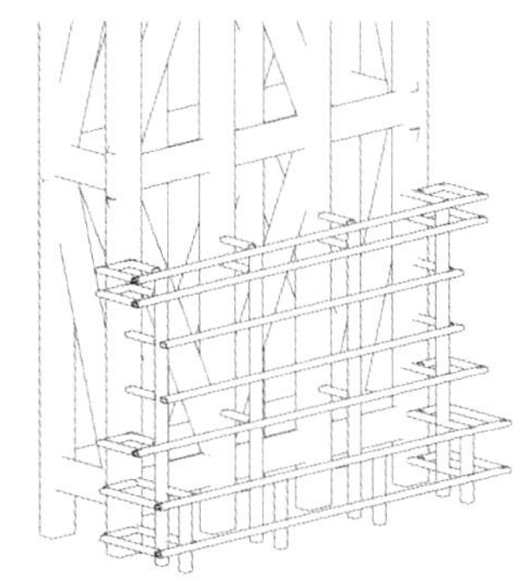

图 11.2-9　须弥座副龙骨安装图

（6）门洞、内壁、佛像等钢架安装

1）门洞钢架安装：门洞石材以倒悬方式悬挂在钢架上，根据石材门洞的形状，先在地面放大样，实地制作出门洞的轮廓主钢架，对照点位起吊焊接安装，再和两侧主钢架龙骨焊接牢固，再焊接安装门洞石材的副龙骨用以安装勾挂件。

2）内壁钢架龙骨安装：门洞内壁的石材是水平方向带内弧，竖向是垂直。横向副龙骨安装时内壁有一定的水平弧度。

3）外侧墙面悬挂钢架安装：外侧的钢架最大向外延伸近 3m，门洞上方为水槽，外部钢架为外悬结构，向下受力是靠斜撑支撑于内侧的主钢架上，钢架上部由向内的拉杆受力于屋顶水槽的内侧混凝土大梁上。外钢架先焊接立杆，使用电动葫芦或手动葫芦先就位，点焊固定后，进行测量和调整。

4）佛像钢支架安装：外部石材安装的是由门洞雕刻石材和雕刻云柱为主线的，云柱的顶端是重达 3t 的单体石佛座像。为底部和背部双受力的结构设计，增加底部钢架的支撑能力。

5）外悬钢架及顶端转轴拉杆安装：外部钢架的上部由向下的斜拉杆和顶部室外水槽的内侧大梁上连接，连接的方式为耳板转轴方式，耳板座面设计为斜向，对应斜拉杆的角度以方便施工安装。拉杆和立杆顶部的连接部位侧面加焊钢板以加强焊接部位强度，如图 11.2-10 所示。

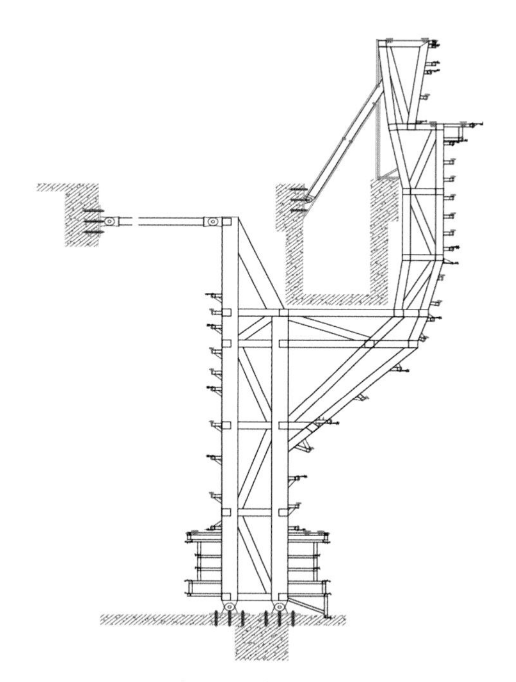

图 11.2-10 门洞、门壁、佛像等钢架安装图

（7）石材背栓孔和槽切口加工

石材安装前，进行安装构件的槽口切割以及背栓孔加工。根据图纸上勾挂件的尺寸，结合现场石材的具体尺寸，在石材背面侧面画切割线，进行安装构件的槽口切割以及背栓孔加工，同钢架副龙骨上的勾挂件预留孔位置要一致。

（8）须弥座、内壁、外悬弧形云柱、飞天雕刻等艺术石材安装

1）须弥座石材安装：首先安装须弥座，须弥座方位的正确与否决定着整个上部石材能否顺利安装。安装石材之前详细检查方位，发现钢架有偏差，用副龙骨及勾挂件调整，如图 11.2-11 所示。

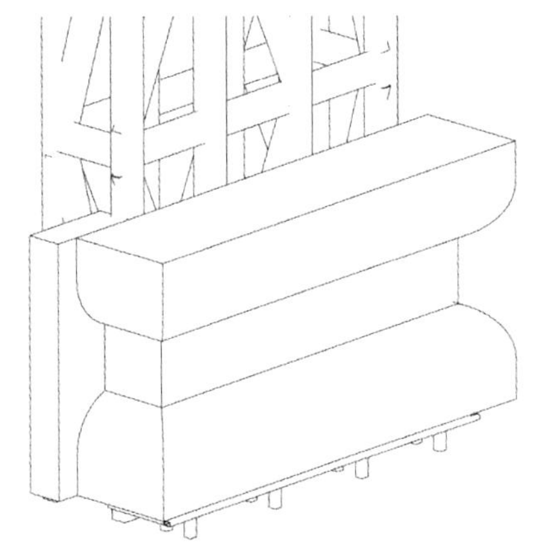

图 11.2-11 须弥座石材安装图

2）内壁石材安装：内柱石材的安装包括门内壁框、内云柱、雕花壁云板、平面衬板、雕刻压顶板的安装。内门框由弧形石材分段结合而成，安装时需保证弧度连续性，每个单段石材安装必须通过点位测量来完成。石材的两端使用顶端分叉的双钩件，中间使用 1 ～ 2 个单挂件进行固定。

3）外悬弧形云柱石材安装：外悬支柱是造型最外突支点，是整个外悬部位支承点。从第一块斜向石材安装起，和地面标记号进行垂线校对，石材两端勾挂件、中间部分背栓严格按照设计要求设置。云柱接面安装后保证纹的连续性。

4）门洞外门框飞天雕刻石材安装：门洞飞天造型雕刻形象丰富，线条众多，相邻接触倾斜度极大，中间石材的拼接倾角最小的只有 25°。飞天造型单块面积大、重量大，安装时用电动葫芦起吊，面层石材对位接口要做到严丝合缝，如图 11.2-12 所示。

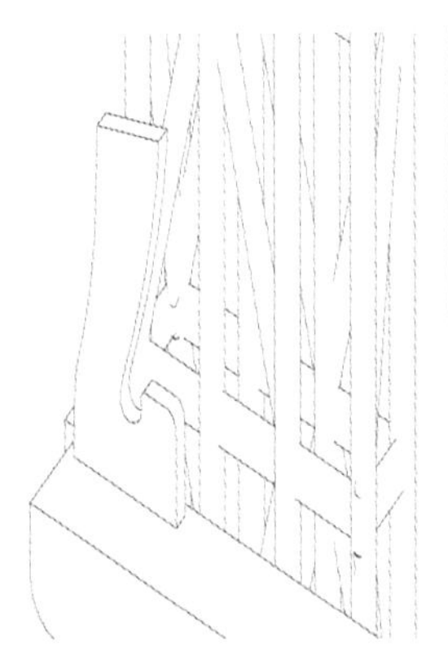
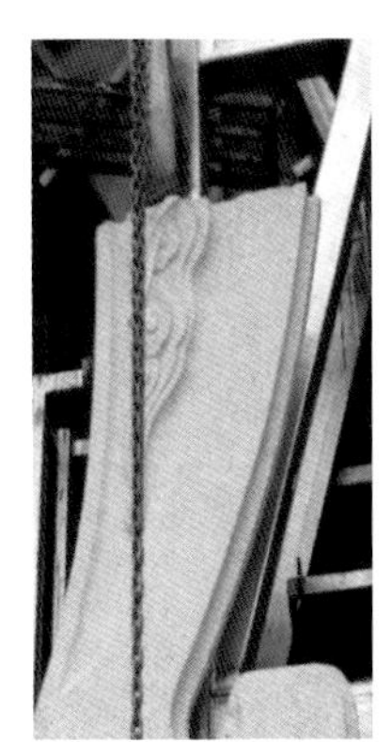

图 11.2-12 门洞外门框飞天雕刻石材安装图

5）门洞弧形板石材安装：门洞内侧的弧形板为两部分，门洞垂直于地面部分为横向弧面，飞天下缘至内侧弧形板的外缘部分的板材为双维面弧形板，安装点位难控制，通过垂直吊线、立杆刻度和外挑尺寸“三位一体”确定点位进行测量控制，如图 11.2-13 所示。

(9) 石佛像、外挑平台及雕花板等安装

1）石佛像安装：外云柱顶端的坐佛石像是整个门洞石材中重量最大的单体石材。安装在专门设计钢架上，石像背后设置两道专门竖向 12 号槽钢，槽钢用不锈钢螺栓固定在石像背面，槽钢由支撑钢架连接到外悬龙骨上。石像起吊使用汽车吊车，事先在石像侧面设计孔位专用于装吊时使用。

所有门洞石像标高保持一致，安装就位时校正石像朝向，保证石像面向垂直于水平轴线上，如图 11.2-14 所示。

图 11.2-13 门洞弧形板石材安装图

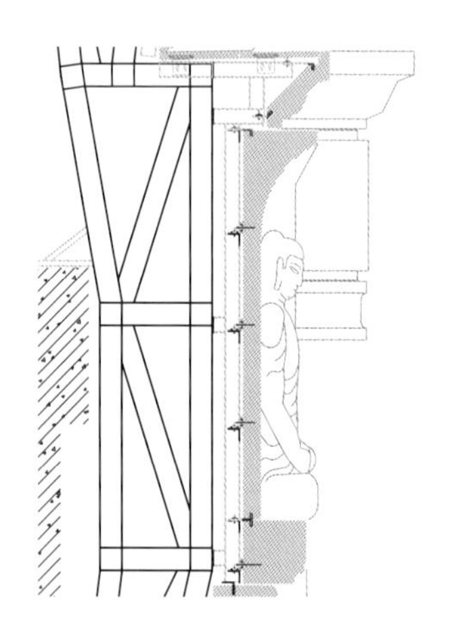

图 11.2-14 像石材安装图

2）外挑平台及雕花板安装：石材门洞之上为雕刻板材以及外挑平台，平台以下为菱形雕刻板，平台之上是双层莲花瓣雕刻石材。每个外挑平台对应下面的门洞成挑檐状，平台上方则是下缘折内的莲花瓣造型石材，内折的莲花瓣下部和平台面板之间形成的内倾角，安装时要防止因安装不到位产生大的空隙。雕花板的上下端面的连接采用不锈钢的单扣，上下之间的连接件的则采用双扣形式的不锈钢连接件。逐层进行安装并实时校正水平度和垂直度。

（10）石材压顶、背封铝板安装

压顶石材正面为团簇形状雕刻板收口，顶部压顶板为荔枝面平板石材。立面高于水槽部分用铝板背封，角码用螺栓安装于附着的石材钢架上的方管钢架上，板缝间满打耐候胶进行密封。

（11）打石材密封胶

石材分区块安装后，经自检合格后打胶。衬板石材之间预留有横缝，安装好后打耐候胶密封。打胶前板缝间先塞入相应直径的海绵棒填充，以防止胶水内泄，胶水表面收干后凹陷。平台板和上面的高位立板的夹角打耐候胶防水密封，胶缝保持同一宽度。

（12）表面整修及清理

石材安装完毕后，仔细清查表面瑕疵，如有破损处要及时修补，有形变造成的表面不平整要用专职的雕刻技术工人来现场，边光检边打磨平整平滑；雕刻石材注意线条的平缓对接，再凿出荔枝面和周边石材面融合一致。石材表面的零散胶水及污痕要清理干净，清理时不要伤害石材表面，采用钢丝刷和水冲处理，记号笔之类的痕迹采用化学药水清洗后冲洗干净。

5. 小结

南京牛首山佛顶宫采用高浮雕艺术石材幕墙为主要外装饰，图案精美、气势宏伟，制作工艺复杂，单块重量重，雕刻、拼接精度高，安装难度大。采用三维建模、模拟放样、安装，构件工厂化生产，现场装配安装，减少了材料损耗，缩短了安装工期，降低了安装费用，维护费用低。

11.3 大型钣金铜莲花瓣艺术幕墙施工技术

1. 工程概况

观音圣坛建筑外形来源于普陀山普济禅寺所供奉的毗卢观音像，从上至下依次由毗卢帽、火焰背光、塔身、莲花瓣和柱廊组成，莲花瓣位于第三层，直径约120m，高度8.8m，一圆周32组，由俯莲、腰线、仰莲组成，每组角度为11.25°，意象为观音结跏趺坐之底部莲座。

莲花瓣基本构造为2.5mm厚黄铜钣金面板，挂接于内部支撑龙骨之上，面层焊接固定1.5mm黄铜线条纹饰，氟碳喷涂上色，呈现整体艺术幕墙形态，如图11.3-1所示。

图11.3-1　莲花瓣艺术幕墙位置及效果

2. 技术难点

（1）如何通过支撑龙骨及连接挂件等支撑体系设计，呈现异形莲花瓣曲面形态，并通过模拟计算，满足结构安全性能是重中之重。

（2）薄壁多曲面钣金制作需满足复杂艺术造型，大曲面的流畅性与顺滑性，以及安装过程变形控制是难点。

（3）三维复杂曲面的空间测量，如何建立有效的坐标系及控制点，方便现场安装时快速精准定位，是影响工程进度的一大因素。

（4）主体结构及幕墙龙骨立面不规则，常规垂直运输机械难以实现龙骨的组拼安装，需有效利用场内材料搭建安装设备，加快现场施工进度。

（5）项目位于海岛地区，全年呈海盐性气候，本工程设计使用年限100年，且出于百年工程、传世经典的工程定位，支撑结构及外观艺术形象需保证极高的耐腐蚀性，防腐防锈处理是现场关键控制点。

3. 工艺流程及操作要点

(1) 方案整体思路

莲花瓣金属幕墙包括黄铜钣金面板及纹饰、背楞板条、支撑龙骨三大体系，其中面板及背楞板条工厂制作并组合安装，钢龙骨现场拼接安装，方案设计需通过模拟验证计算，选用合理的用材规格及布置，确保结构安全，如图 11.3-2 所示。

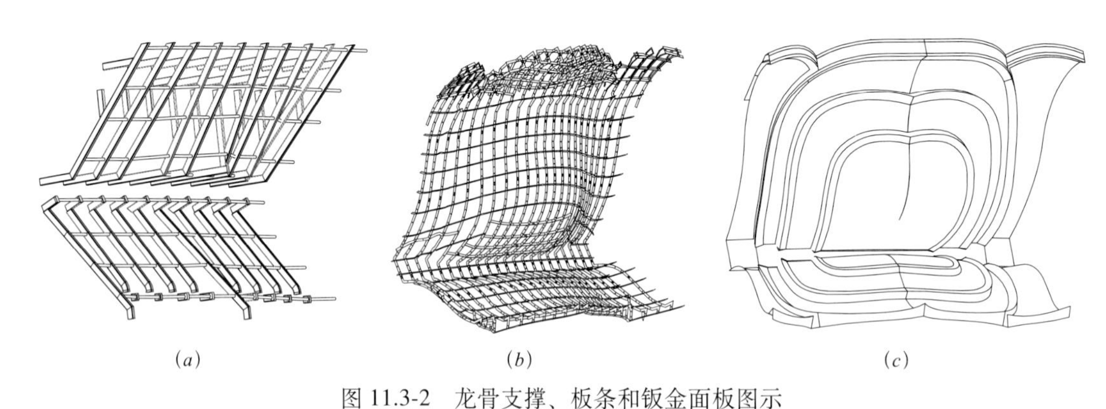

图 11.3-2 龙骨支撑、板条和钣金面板图示

(a) 不锈钢支撑龙骨；(b) 不锈钢背楞板条；(c) 黄铜钣金面板

(2) 工艺流程

施工工艺流程如图 11.3-3 所示。

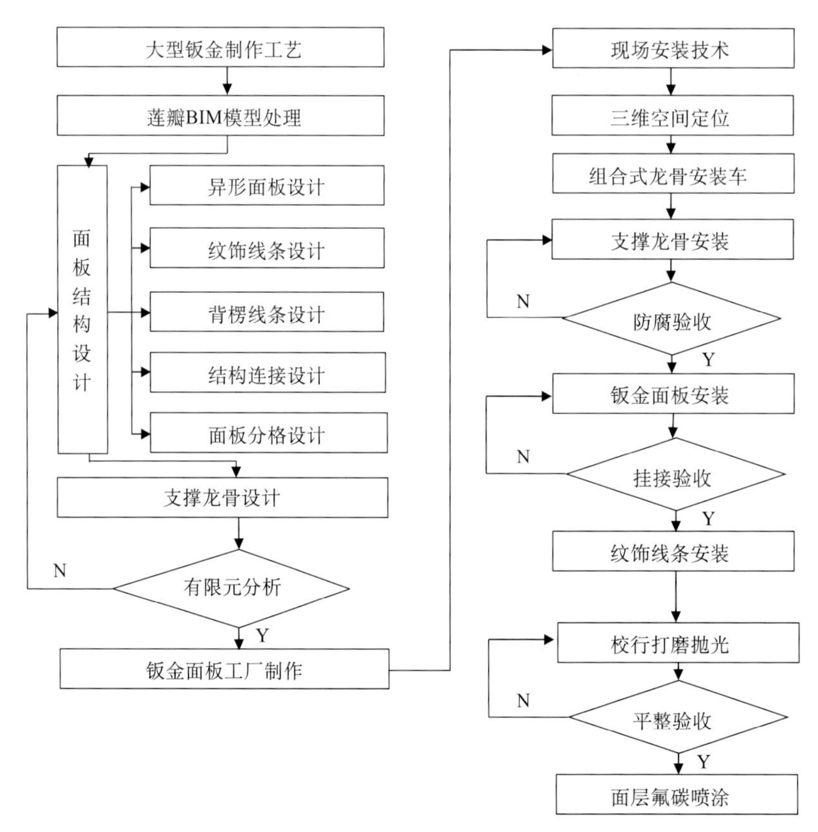

图 11.3-3 工艺流程图

（3）大型钣金制作工艺

1）面板结构设计：

①异形面板设计：莲花瓣的曲面形态需通过精准的三维设计实现，达到艺术幕墙的整体效果。基于BIM三维建模技术，对设计单元莲花瓣模型进行数据处理，采用CNC数控加工方法进行曲面造型放样，完成石膏模翻样，经雕塑形态修补调整、联合看样确认后，作为钣金曲面形态锻造基准，最终采用多点无模成形技术完成曲面钣金制作，如图11.3-4所示。

图11.3-4　面板设计图纸及模型

②纹饰线条创作：在曲面钣金设计基础上，通过在石膏模表面绘制纹饰线条，泥膜试样，初次完成纹饰方案确定。再进行三维逆向扫描技术，完成纹饰线条整体建模，通过数控冲压完成复杂纹饰线条钣金制作，如图11.3-5所示。

图11.3-5　纹饰线条创作

③找形背楞板条：根据面板的曲面形态，采用激光切割成80mm×8mm的对应样条曲线，组合为沿背板500mm×500mm相互交错的304不锈钢背楞，形成组合式面板背部钢框架，如图11.3-6所示。

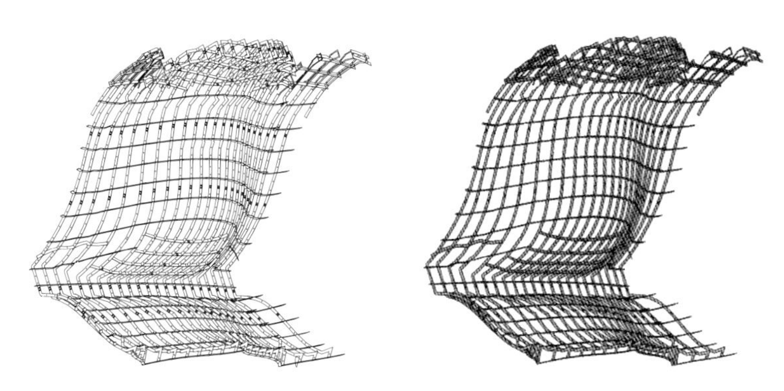

图11.3-6　背楞板条设计图纸及模型

④结构连接设计：背楞与面板之间通过4mm厚L形304不锈钢板连接，L形板与背楞采用M10高强度螺栓固定，与面板通过事先预留好的种钉组件连接，种钉组件是以瞬间强电流将焊接螺柱牢靠焊接在面板，如图11.3-7所示。

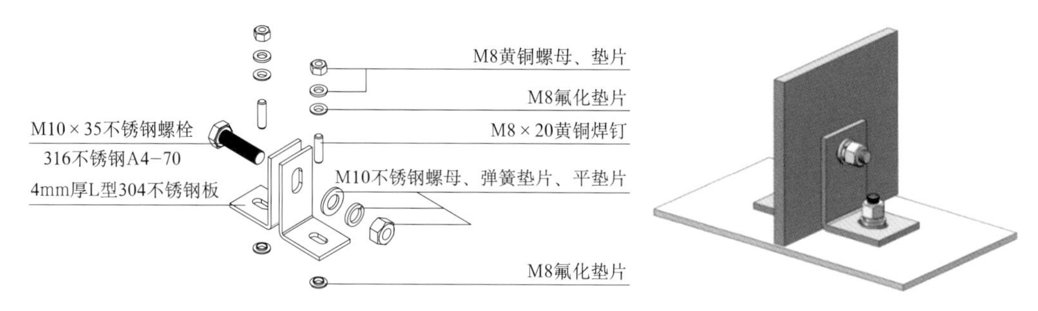

图11.3-7 面板与背楞板条连接构造

⑤面板分格设计：为便于运输及现场安装，减少拼缝避免焊接发生形变，根据单元莲花瓣面板高度及宽度，利用虚拟模拟技术，分析面板分格及安装方案，再经过样板施工论证，验证最佳分格为纵向5层、横向3组设计，如图11.3-8所示。

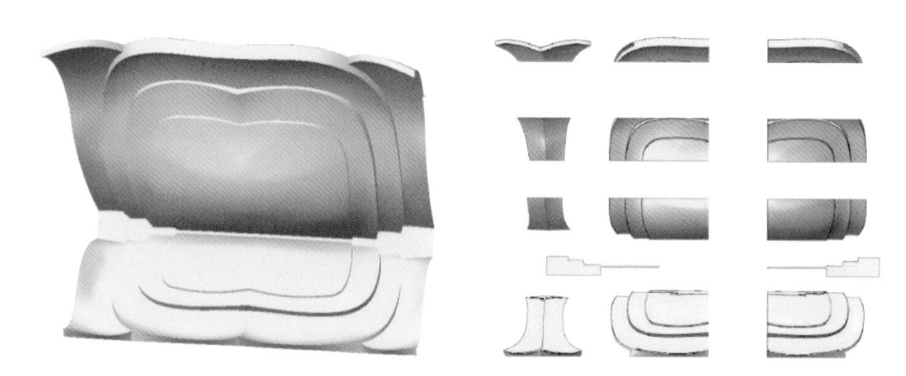

图11.3-8 面板分格设计模型示意

2）支撑龙骨设计。

根据组合面板曲面形态，采用SolidWorks软件设计支撑龙骨，主体钢材材质为Q235B，其中纵向龙骨采用□200×100×5矩形钢管@1000～1300设置，分上下两层。横向龙骨采用ϕ76×5圆钢@1000设置，作为纵向龙骨与∟75×5斜向次龙骨连接的传力结构，保证龙骨稳定，如图11.3-9所示。

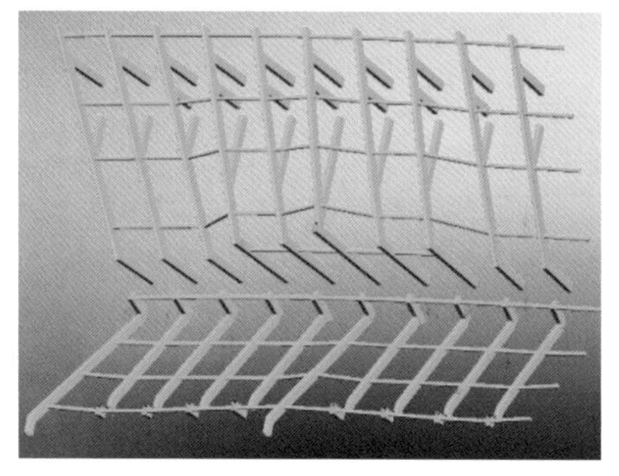

图11.3-9 支撑龙骨设计

其中纵、横向龙骨节点部位通过焊接连接，次龙骨与横向龙骨通过挂接件连接。由于莲花瓣面板结构与龙骨结构安装时间距很难控制在等间距，为快速连接固定，便于莲花瓣面板结构调整，创新采用组合式异形可调节挂接件，通过抱箍与角钢的配合使用，实现面板与龙骨的快速连接，避免现场安装焊接工作，同时可通过调节孔进行面板位置校准调整，提高安装效率，如图 11.3-10 所示。

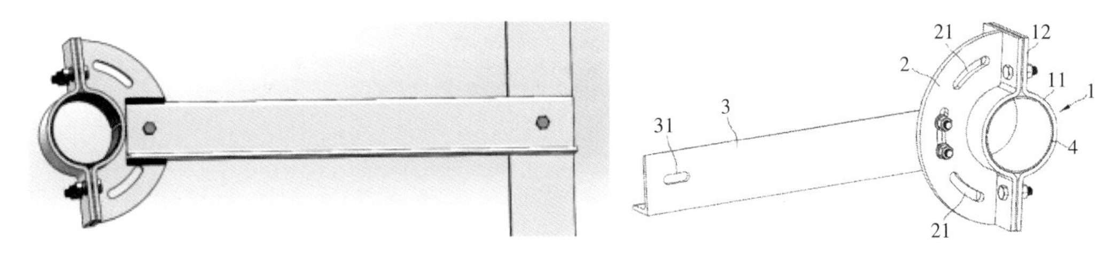

图 11.3-10　组合式异形可调节挂接件

3）有限元分析验证。

莲花瓣幕墙结构附着在主体结构之上，基于上述设计情况，采用有限元软件建立三维整体计算模型，对莲花瓣系统的主要荷载内容进行受力验算，包括自重荷载、百年一遇风荷载、水平分布地震作用、温度荷载、活荷载。

①支撑龙骨抗弯强度在荷载组合情况下最不利应力为 σ_{max}=99.2N/mm^2，小于设计值 f_y=205N/mm^2，满足设计要求。

②黄铜面板抗弯强度在荷载组合情况下最不利应力为 σ_{max}=184N/mm^2，小于设计值 f_y=220N/mm^2，满足设计要求。

③支撑龙骨挠度在标准组合荷载下最大变形量为 σ_{max}=2.7mm，小于设计值 d_y=16mm，满足设计要求。

④黄铜面板挠度在标准组合荷载下最大变形量为 σ_{max}=4.2mm，小于设计值 d_y=5.6mm，满足设计要求。

综上所述，面板设计规格、材质均在可控受力范围内，满足结构安全。

（4）现场安装

1）三维空间定位。

现场施工从预埋件定位，到主次龙骨安装、面板拼安装、测量定位是影响曲面精度和整体交圈的关键点，为简化大量的数据计算，建立以圣坛圆心为坐标原点、莲花瓣底标高（17.119m）为零标高、圣坛主入口中线为纵轴线的施工坐标系。通过 BIM 模型，导出埋件、龙骨中心线，以及主莲、辅莲上下仰莲及俯莲角点三维坐标，如图 11.3-11、图 11.3-12 所示。根据坐标的进出关系，使用高精度测量仪器按工序依次定位，指导现场施工。

2）主龙骨安装车。

由于主体结构立面不规则，莲花瓣上部龙骨收缩与楼板面下口无法采用塔吊及汽车吊进行吊装，需根据结构及龙骨形态现场组装吊装设备，提高埋件校正、支撑龙骨吊装及焊接等工作效率。

现场根据莲花瓣高度及龙骨进出关系，采用 80mm × 80mm × 5mm 镀锌方钢管焊接，底部作为龙骨操作平台，安装万向轮，方便快捷推行。立面横向排距均匀错开龙骨位置，上下对应设置限位槽口，用于龙骨定位、焊接及提升，如图 11.3-13、图 11.3-14 所示。

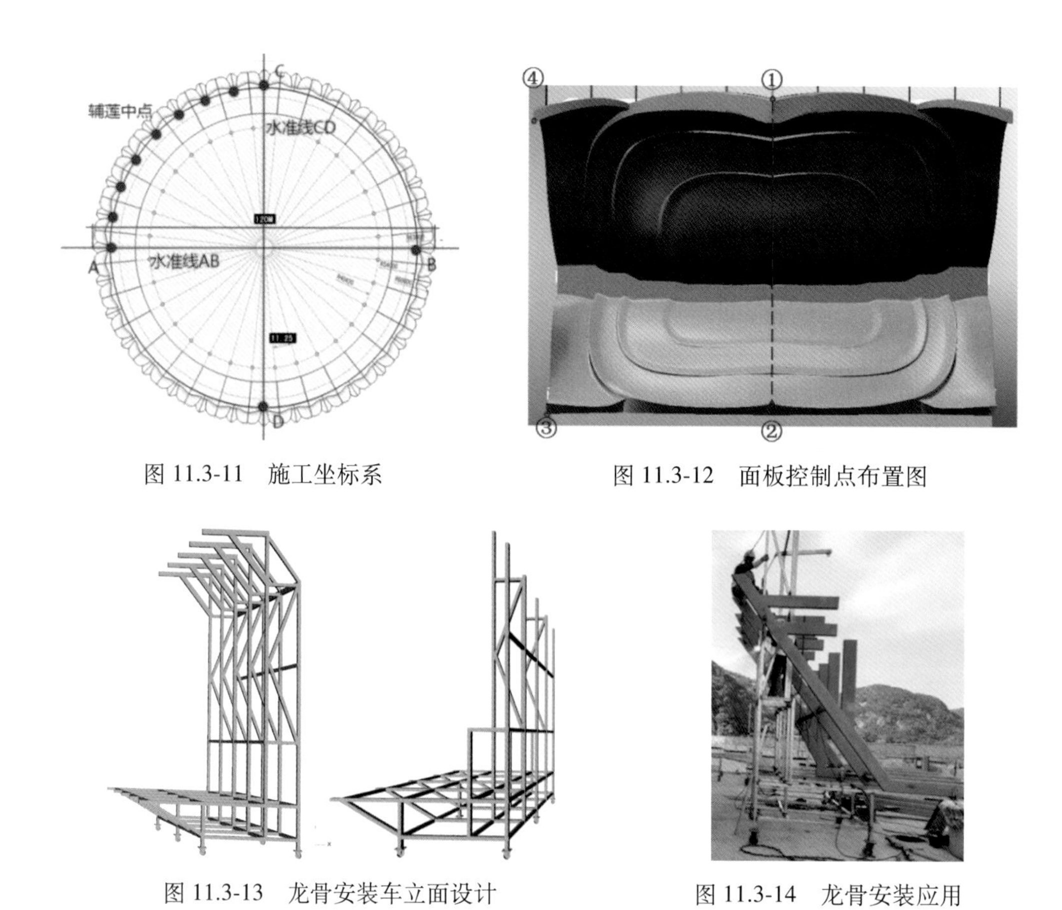

图 11.3-11 施工坐标系

图 11.3-12 面板控制点布置图

图 11.3-13 龙骨安装车立面设计

图 11.3-14 龙骨安装应用

3）支撑龙骨安装。

首先进行结构预埋件的精度复测及纠偏处理，确保主龙骨生根精度。再根据龙骨定位线，按照龙骨编号，初次就位，就位后采用经纬仪进行平、立面校正工作，对龙骨进行微调整，确保龙骨之间分格及间距与设计图纸一致，立即安排手工电弧焊接固定作业。安装顺序依次为纵向龙骨、横向龙骨、斜向次龙骨，由于项目所属海盐气候，焊接部位采用金属重防腐处理，确保长效防腐防锈，如图 11.3-15 所示。

图 11.3-15 支撑龙骨安装及防腐处理

4）面板及纹饰安装：

①主要施工流程：面板粗安装→面板定位→挂接件安装→定位复核→铜板拼缝焊接→校形→纹

饰安装→打磨。

②根据面板最顶部及底部两排横向背楞板条左右两端，共计4处定位点，对应在纵向支撑龙骨进行定位标记后，对面板进行精准微调，确保安装位置与设计图纸一致，如图11.3-16所示。

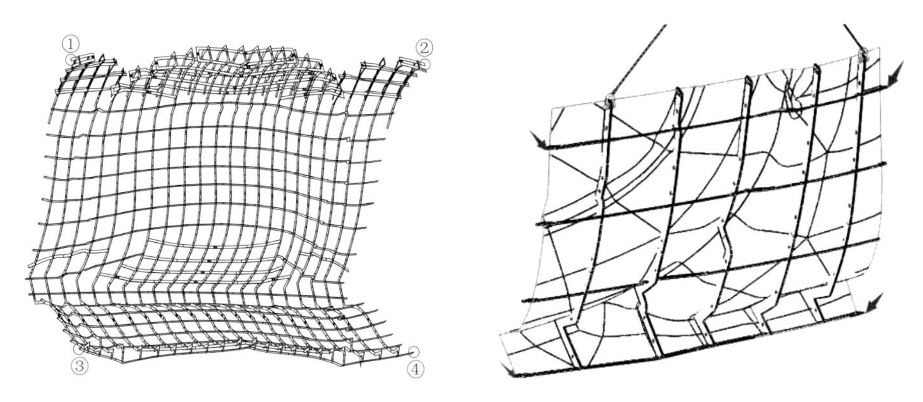

图11.3-16 背楞板条定位控制点

③依次从下至上采用场内塔吊吊装配合手拉葫芦精细调整。其中手拉葫芦根据单元面板横向位置，固定于面板上部纵向龙骨与横向龙骨，为避免面板整体变形，不可在面板主要背楞处挂钩，应均匀挂置于背楞板条预留栓孔处，如图11.3-17所示。

图11.3-17 莲花瓣面板定位安装

④莲花瓣挂接件每排横向龙骨均布挂接件1000mm/个，因加工偏差或安装累计偏差，局部距离有变化时，随面板竖向板条布置。莲花瓣最顶部面板延伸量较大，为增加承重能力，确保结构安全，每根横向龙骨处同时安装两个挂接件，且增设橡胶垫片以防止滑动、增大连接强度。挂接件安装过程中，面板处于手拉葫芦吊装受力状态，连接完成后拆除手动葫芦，再次进行点位复核，确保面板未松动跑位，若有变化及时进行精准调整。

⑤面板定位安装完成后，根据曲面形态先点焊相邻壁板接缝处作初步固定，再逐步切割余料或增补铜板，完成剩余面板焊接及打磨处理工作，确保面板整体曲线走势平滑。焊缝处因热效应引起面板局部变形，采用强电光源的反光观察，有利于快速检查断点、不平整、不对称等情况，通过人工敲击逐步逐点进行精细校正。

⑥莲花瓣束腰处的金刚杵及半球状纹饰，以及仰莲和俯莲处的卷草纹饰是点缀大曲面效果的关键元素，安装时需考虑整体形态效果，精准对称布置，因厚度仅为1.5mm，现场采用点焊形式

进行连接，焊点密度 10mm/ 个，减少焊接引起形变，焊接完成后再进行人工高精度修复处理，以满足接缝位置平滑过渡。

5）表面处理及氟碳喷涂。

面板长时间暴露在海盐气候环境下，表面易形成不均匀腐斑及氧化层，为确保表面涂装与铜板的有效结合，喷涂前 6h 内需进行精细打磨抛光及精饰处理，采用 80 目细密型砂盘，去除表层的氧化层、焊缝药皮、焊接飞溅物、油污、灰尘等杂物，抛光时需均匀控制，避免过度打磨导致面板厚度过薄。

表面涂装共分为底漆、中漆、面漆和清漆四道工序：

①底漆，采用环氧型底漆混合配置，依次在面板抛光后一道涂装、一层腻子批刮，交错三次，过程需严格控制底漆膜厚 30μm/ 道，腻子厚度 1mm。

②中漆，采用黄色丙烯酸聚氨酯型中漆混合配置，面漆和清漆均采用金色氟碳漆混合配置，涂装时要求色泽均匀，不发花、不流坠，控制膜厚 40μm/ 道，如图 11.3-18、图 11.3-19 所示。

图 11.3-18 抛光效果

图 11.3-19 氟碳漆效果

4. 管控要点

1）三维曲线空间定位，纹饰线条与面板拼缝处须严格控制测量精度，避免莲花瓣不对称影响整体艺术造型。

2）挂接件安装时所有螺栓都要安装垫片，与次龙骨螺栓连接完成后，仍需进行满焊，而背楞板条与次龙骨只需螺栓连接，无需焊接。

3）每一道油漆施工涂装完成后须进行外观和厚度的检测，经检验合格后才能进行面漆的涂装施工。底漆涂装后静置干燥，干燥前不应进行下道工序，最短间隔时间见表 11.3-1。

漆膜、腻子施工间隔时间（h） 表 11.3-1

温度 \ 相对湿度	30% ~ 40%	40% ~ 50%	50% ~ 60%	60% ~ 70%	70% ~ 85%
5 ~ 15℃	13	13	13	14	14
15 ~ 25℃	12	12	13	13	13
25 ~ 35℃	12	12	12	12	12

4）上下焊接作业时应注意成品防护，避免焊渣破坏已完成的防腐层，导致锈蚀。

5）面板结构进场时应严格验收，包括种钉密度、板条与面板的缝隙、面板间焊缝，确保结构质量。

6）主龙骨生根要与预埋件焊接牢靠，做好防锈处理，最底部龙骨应按照设计要求，粘贴不小于 250mm 高的三元乙丙防水卷材，并用套箍箍紧。

5. 结语

本工程外立面铜莲花瓣艺术幕墙造型设计及现场施工，通过三维逆向扫描、CNC 数控雕刻、多点无模成形、模拟分析验证等新技术应用，组合式异形可调节挂接件、组合式龙骨安装车研发，结合手工钣金工艺，有效地结合了现代技术与传统工艺，解决了复杂异形形态艺术幕墙的深化设计、艺术创作、空间定位、防腐防锈、表面处理等技术难点，实现了艺术创作及现场实施的精准定位，提高了现场作业效率，降低了工程成本，有效地提升了莲花瓣艺术幕墙的质量、安全等过程管控能力，同时，为类似钣金艺术幕墙工程提供借鉴。

第12章 佛像装饰关键施工技术

佛教建筑离不开佛像，佛像是佛教文化的重要表达载体。在现代佛教建筑中，佛像的制作与施工，也需要采用现代施工技术。

本章针对“失蜡铸造”技术的特点与工艺进行详细介绍，采用现代手法提高该技术的效率与质量，创造出美轮美奂的佛像艺术精品；针对佛教“三树”的故事介绍树木艺术构件的特点、建模、模拟、铸造、安装等工艺；针对卧佛铜像艺术装饰介绍复杂铜像金属工艺技法的制作加工及蒙皮锻打工艺；对室内高大佛像雕塑，佛像的荷载传递、基础制作、骨架加工与安装等技术工艺进行介绍。

12.1 “佛国天宫”铜构件浇铸工艺及技术

1. 技术概况

熔模铸造又称"失蜡铸造"，通常是指将易熔材料制成模样，在模样表面包覆若干层耐火材料制成型壳，再将模样熔化排出型壳，从而获得无分型面的铸型，经高温焙烧后即可填砂浇铸的铸造方案。由于模样广泛采用蜡质材料来制造，故常将熔模铸造称为“失蜡铸造”。可用熔模铸造法生产的合金种类有碳素钢、合金钢、耐热合金、不锈钢、精密合金、永磁合金、轴承合金、铜合金、铝合金、钛合金和球墨铸铁、铸铜等。

现代首饰制造行业常用的失蜡铸造工艺是由古代铸造工艺发展而来的。距今5000多年前的新石器时代晚期，我国古代工匠就在青铜器的制造中广泛采用了失蜡铸造工艺。当时的工匠根据蜂蜡的可塑性和热挥发性的特点，首先将蜂蜡雕刻成需要形状的蜡模，再在蜡模外包裹黏土并预留一个小洞，晾干后焙烧，使蜡模气化挥发，同时黏土则成为陶瓷壳体，壳体内壁留下了蜡模的阴模。这时再将熔化的金属沿小孔注入壳体，冷却后打破壳体，即获得所需的金属铸坯。现代失蜡铸造技术的基本原理并无二致，只不过更加复杂精密。主要体现在对蜡模型位精确的要求更加严格。

现代工艺中蜡模的获得不只是对蜡的直接雕刻，还可以通过对金属原模（版）的硅胶模压得到阴模，再由硅胶阴模注蜡后得到蜡模。浇铸材料也不再是黏土，而代以铸造石膏。这样的产品比古代的铸件精细得多。

2. 技术难点

（1）泥模的制作；

（2）烘焙温控技术；

（3）浇铸铜的纯度提炼。

3. 工艺措施

（1）材料

蜡、制壳耐火材料（如石英砂、铝矾土等）、胶粘剂（如水玻璃、硅酸乙酯、硅溶胶等）。

（2）操作步骤及操作要点

工艺步骤：深画手稿→泥模制作及修整→制作硅胶成形→蜡模拼接→烘焙→浇铸→精加工着色处理。

1）探讨方案、深画手稿。

手稿的创作。根据设计意向对构件进行形态探讨，在原有的佛教图案基础上进行创作、深度绘画手稿、制作三维效果图对构件的颜色、花纹雕刻深度等进行推敲，如图 12.1-1 所示。

图 12.1-1　方案、手稿示意

2）泥模制作及修整。

为保证艺术构件的精细度，提高工效，在硅胶成形前，将构件泥模整修，力求表面光整、完美。对细节花纹等参考手稿进行反复的修缮，如图 12.1-2 所示。

图 12.1-2　泥模制作及修整

3）制作硅胶成形：

①泥模制作。对泥土的比例有一定的要求，掌握配方中用料比例，做到软硬适中，使硅胶模型做成后能确保泥模形状逼真，并应制作一件玻璃钢或石膏作品。

②浇铸蜡模。必须在硅模表面用毛刷均匀上油，保证外形整体有油，防止出现微小气孔。

③修理蜡形。必须对照原模对表面进行修整；筛选分类，征求技术指导人员意见，对表面变形较大或有严重缺陷的无法修整者，坚决剔除，如图 12.1-3 所示。

4）蜡模拼接：

①拼接。再次对照原模，将分块蜡模实行拼接；拼接线务求隐蔽，力争做到蜡模与原模一致。

②安装。根据产品形状和熔化的铜水流动性规律，在不破坏原样整体效果的基础上合理设计与浇铸的冒口位置；此工序技术性较强，应强调由专业技术人员进行细致指导，如图 12.1-4 所示。

图 12.1-3 制作硅胶成形

图 12.1-4 蜡模拼接

5）烘焙。

模型烘焙前需对模型进行处理，涂层前务须先将蜡模进行脱脂处理。合理掌握涂料浆水的厚薄程度；检查面砂干燥程度；检查药水配料的比例。切实把握好每层涂料的浸泡时间与后道上砂的分融时间。指定技术熟练人员操作。

掌握各类产品烘焙时间，采用间断性加温，不可一次性将温度升的过高，以保证模壳干燥不变形，防止模型裂开，如图 12.1-5 所示。

图 12.1-5 烘焙

6）浇铸。

①真空吸铸机浇铸：石膏模烘焙接近尾声时，开始熔化已配好的金属并保持熔融状态。石膏模待保温完毕，在吸铸机口部垫好石棉垫圈，将钢铃迅速从电炉中取出，水口向上放入待铸的真空

吸铸机口部，注入铜水的同时轻踏吸铸板，即可完成浇铸。浇铸完成后，注意打开放气开关进行放气。

②真空感应离心浇铸机浇铸：首先打开机盖，在熔金坩埚中加入已配好的铜块，盖上机盖，设定预加热温度，开始熔铜。待达到接近熔融状态，放入已保温完全的石膏模，盖好机盖，首先抽真空，再加热到设定温度，并设定好离心加速度和稳定转速；达到设定温度后机器自动进入离心浇铸状态，约 1 ～ 2min 完成。浇铸完成后，注意打开放气开关进行放气，如图 12.1-6 所示。

图 12.1-6 浇筑

7）精加工及着色处理。

处理流程：浇口用气刨割（大型工艺品）→浇口用磨光机割（小型工艺品）→工艺品要求喷砂（干净、便于修整）→浇口飞边打光、修正→铜件拼装（要求按模子对样拼装）→拼装好（修正各个部位）→气孔用氧焊补（烧焊固定人员基本烧平，有花基本成花形）→按模型，全面细节精加工。

成品完成后上油、封蜡：等清理焊口与表面着色完后，接下来就是对其上油、封蜡了，上油、封蜡可以让雕塑长久保持最新，如图 12.1-7 所示。

图 12.1-7 精加工及着色处理

4. 小结

工程古铜构件从创作至泥模再到实样成品这一系列流程，通过手绘彩稿、泥模创作等将传统工艺与现代浇铸工艺进行结合，创造出各种美轮美奂的艺术精品，为今后铜艺术构件的创作提供一定参考和贡献。

12.2 佛教“三树”艺术构件制作与安装技术

1. 技术概况

佛顶宫的禅境花园设有菩提树和无忧树两颗大型艺术铜树，树高约 10m，采用三维数字化设计，3D 打印翻模电镀、锡青铜锻造、铸造，H62 黄铜冲压等传统与现代技术，制作工艺复杂，精度高，安装难度大。施工中，通过研发与攻关，攻克了佛教建筑复杂仿真铜树施工过程的各种难题，在此基础上，经进一步提炼形成本技术，为今后类似工程施工提供借鉴，如图 12.2-1 所示。

图 12.2-1 无忧树、菩提树实景图

两树的树干、树枝、树叶、花、果均采用纯铜制作，树冠最大宽度 8 ~ 8.5m，最大胸径约 0.8 ~ 1m，树叶尺寸最大 32cm，最小 18cm，中间两种规格分别为 25cm 和 22cm，四种规格任意组合进行搭配布置；树叶总数约 2 万片。成形方式如下：

1）树干及树枝采用砂型铸造，材料为锡青铜（C90300），壁厚约为 6mm。

2）树叶采用 H62 黄铜冲压成形，厚度约 0.4mm。

3）与树叶连接的树枝较细，末端树枝采用精密铸造。

4）花采用 3D 打印后翻制树脂，然后电镀铜成形。

2. 技术特点

（1）以佛教名树为主要造型，利用传统工艺结合现代技术，造型层次感强，工序衔接紧密，施工快捷。

（2）传统工艺基础上进行改进与创新，采用 Rhino 犀牛软件建立三维数字化模型；对树进行整体艺术效果设计；提取三维数据 3D 打印 1 : 15 主树干模型，根据打印模型 1 : 1 翻制石膏模样，主树干上副树枝 1 : 1 的 3D 打印，将打印的分段树枝根据树枝形态进行组合，验证整体效果；采用有限元软件对构件各工况下稳定性分析，完成主树干及较大树枝钢架设计。

（3）树干、树枝采用砂型铸造，末端较细树枝采用精密铸造，花 3D 打印后，翻制树脂并电镀铜成形，树叶采用 H62 黄铜冲压成形，多种成形制作工艺，形象逼真、美观。

（4）利用数字化模型指导安装，结合 3D 打印模样、形态，走向、定位距离及空间坐标进行安装，实现多种方法控制，保证安装精度。

（5）树叶与树枝采用铆钉连接，无需焊接，避免因焊接、打磨工艺造成局部过热而变形，保留树枝的原始状态；同时装配式作业，标准化程度高，安装方便快捷，大大缩短工期。

（6）采用铜材料制作，减少石材、木材使用，绿色环保。树干分段焊接，树叶与树枝采用铆钉连接。

3. 工艺流程

施工工艺流程如图 12.2-2 所示。

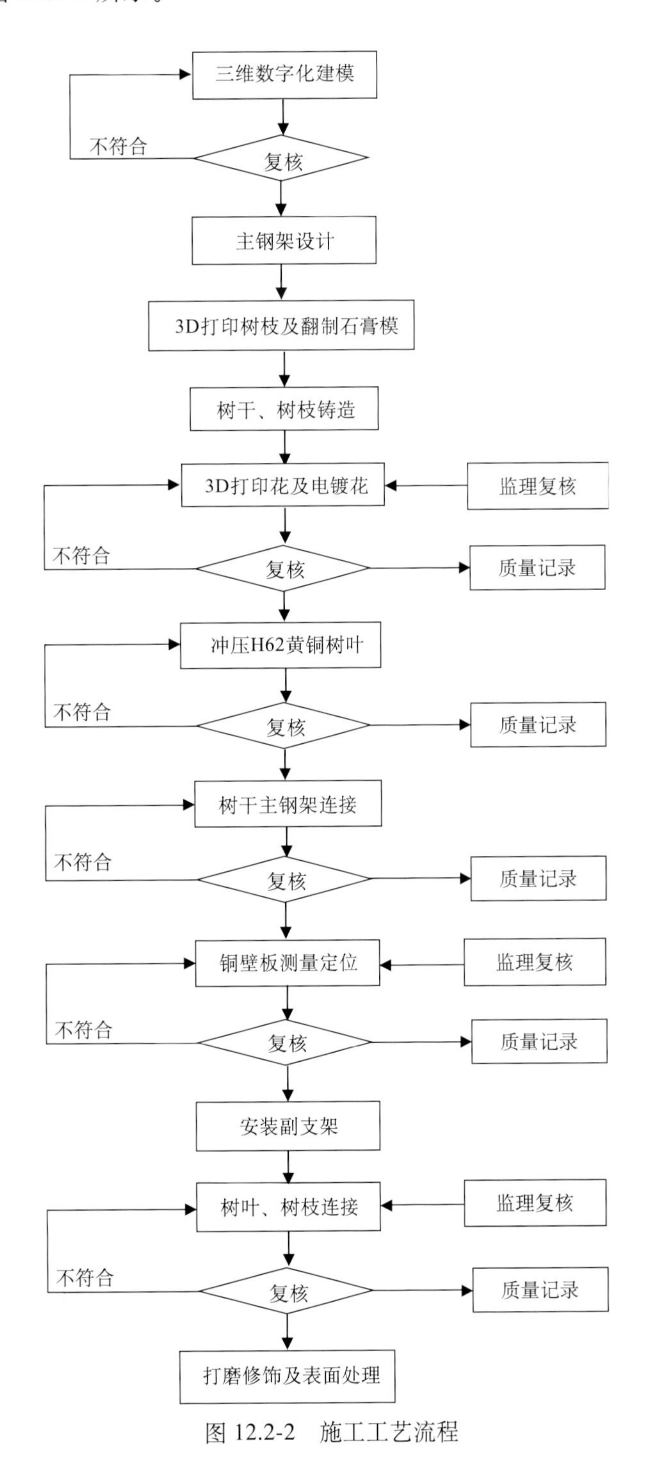

图 12.2-2　施工工艺流程

4. 操作要点

（1）三维数字化建模

根据无忧树或菩提树自然生长特性，采用三维数字化模型设计，对无忧树进行整体艺术效果的设计，如图 12.2-3 所示。

图 12.2-3 树干、树枝及树叶三维模型

（2）主钢架设计

为提高树整体的稳定性，对整个树钢结构进行载荷核算，选出树干的轴线，建立线单元导入 SAP2000 软件中分析，通过核算，钢结构需在图中黑色线所示的树干中增设，如图 12.2-4 所示。

树干内部由主钢架、副支架组成。树枝直径较大部分内设主钢架支撑，保证铜树结构稳定，根据树枝粗细将钢管分为三种尺寸，2 级树干根部选择 $\phi 159\times 9$ 钢管，主树干根部选择 500×16 钢管，其他需加强位置选择 $\phi 273\times 14$ 钢管。

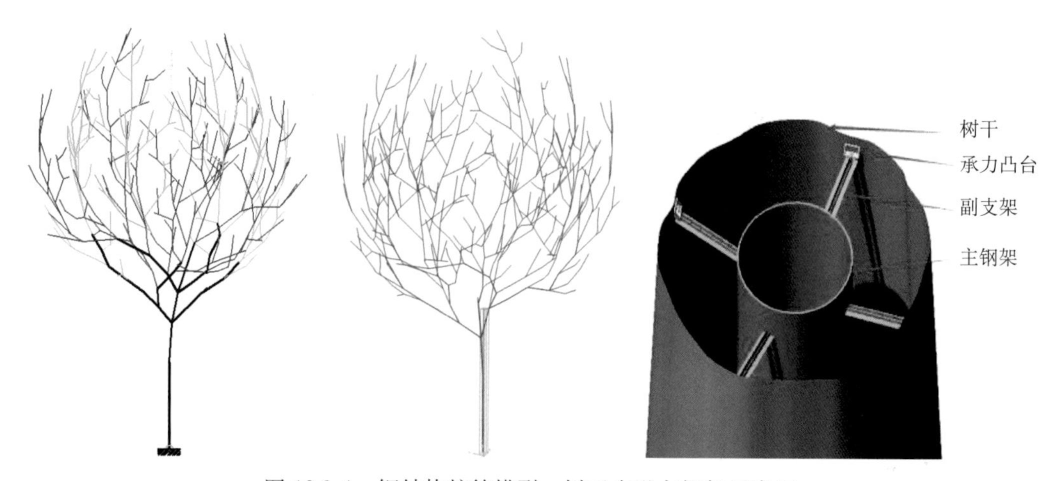

图 12.2-4 钢结构核算模型、树干内设主钢架示意图

（3）3D 打印树枝及翻制石膏模

3D 打印 1 : 15 主树干模型，根据打印模型进行 1 : 1 翻制石膏模样；几段树枝相同的部分做一个玻璃钢模子，后期采用一模具铸的砂铸方案。局部树枝直接 1 : 1 进行 3D 打印，如图 12.2-5、图 12.2-6 所示。

图 12.2-5 3D 打印树干图、石膏模样图

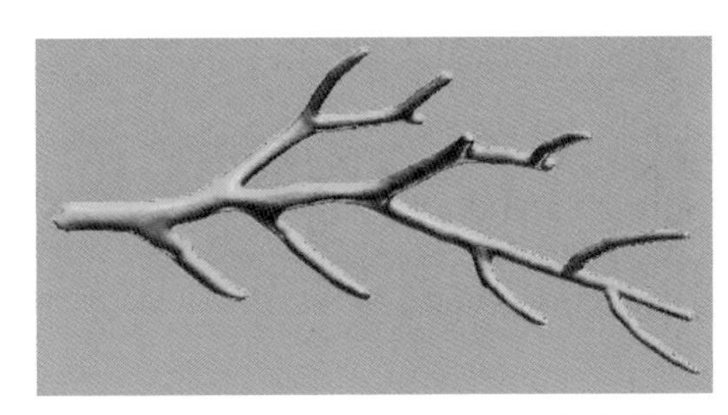

图 12.2-6 树枝模型及 3D 打印树枝图

(4) 树干、树枝铸造

采取砂型铸造、精密铸造以及压铸相结合的方法，树干和树枝采用砂型铸造，局部小树枝采用精密铸造。砂型铸造部分：材质锡青铜 C90300；铸型的涂料采用水墨石基涂料；主树干铸造壁厚 8mm，其余铸造壁厚 6mm，内部布置钢架加以固定，整体贴皮厚度为 5mm；浇注温度为 1180 ~ 1200℃，如图 12.2-7 所示。

图 12.2-7 砂型铸模及树干图

综合考虑铸造、运输、安装、焊接的便利，根据实际情况，将主树干分为 31 段，其他树枝从铸造工艺角度考虑进行分块。在每个树枝的分块端口处做 3 个标记点，便于后期安装定位，如图 12.2-8 所示。

精密铸造部分：部分树枝采用精密铸造，且无需分段；部分铸造成实心，部分铸造成空心，空心部分蜡型厚度 3mm；浇注温度 1180 ～ 1200℃，如图 12.2-9 所示。

图 12.2-8　树干分块图

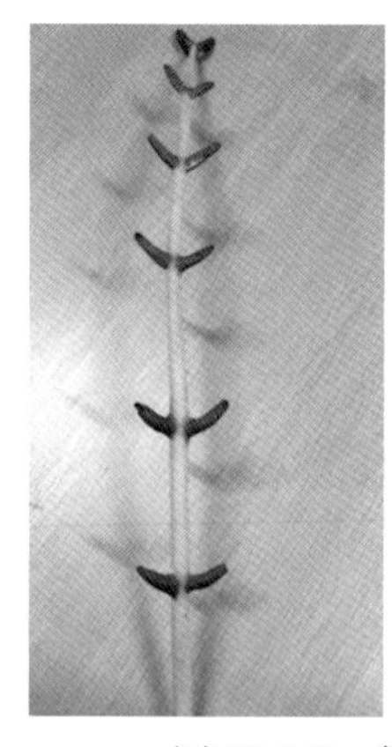
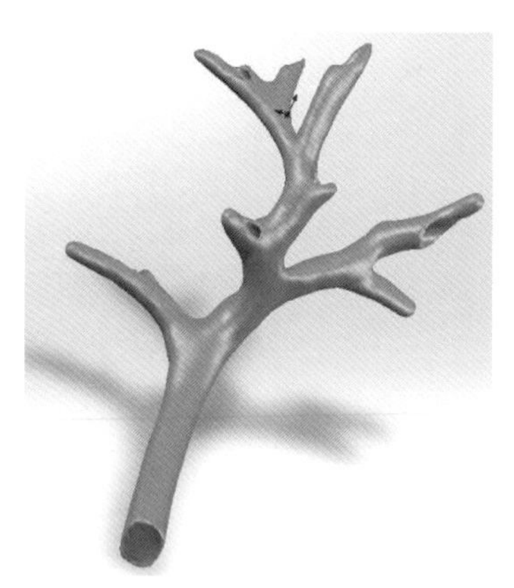

图 12.2-9　精铸树枝模型及精铸树枝图

（5）3D 打印花及电镀花

利用 3D 打印的无忧花模型进行翻制树脂模型，然后在树脂模型上进行电镀，在提高无忧花逼真度的同时降低重量，同时提高整体树的稳定性，如图 12.2-10 所示。

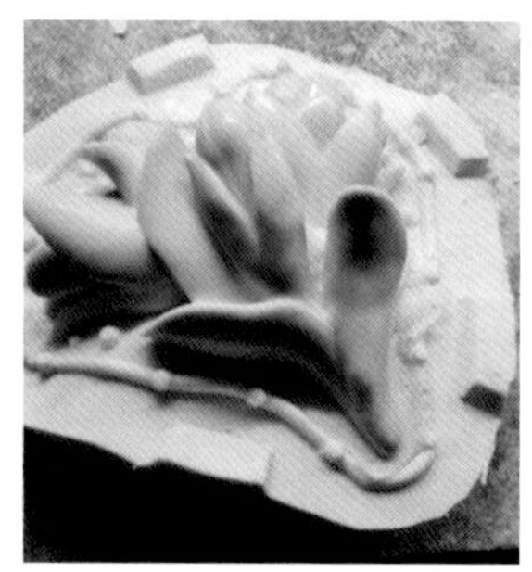

图 12.2-10　无忧花模型及翻制树脂模图

（6）冲压 H62 黄铜树叶

树叶采用 3D 打印，确认规格、形态后，利用 H62 黄铜冲压成形，通过精密模具，精度达微米级，厚度约 0.4mm，如图 12.2-11 所示。

图 12.2-11　树叶 3D 打印及冲压成形图

（7）树干主钢架连接

1）建立统一的测控坐标系和安装基准，根据图纸安装预埋板，主树干使用全站仪对每段树枝端口的标记点进行定位，将点位与三维模型一致，确保树枝安装后的线条流畅，如图 12.2-12 所示。

图 12.2-12 三维数据测量点图和实物图

2）钢结构与铜树枝交叉作业施工，即安装一段钢结构后将该段对应的铜树枝进行安装，将第一节树干吊入主钢架，安装就位核准后，将铸件依次遵循先安装钢架再进行树干套入方式进行安装。

3）树干与钢架之间采用螺栓固定的方式连接，保证树干不松动以及钢架与钢架方便焊接，如图 12.2-13 所示。

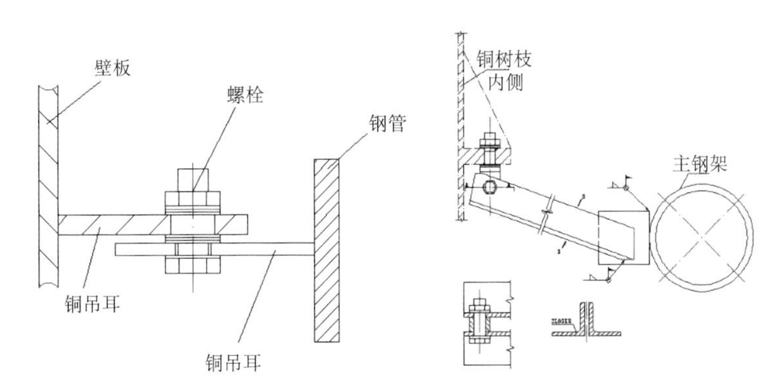

图 12.2-13 树干与主钢架连接图

（8）铜壁板的测量定位

采用自下而上分层安装，使关键壁板的定位准确，保证艺术形象。安装内部有钢架树枝时，将该段钢结构安装就位后，将铜树枝套入内部钢架，以测量树的模样分段处的标记点为基准，进行对树枝端口与端口之间的拼焊。

（9）安装副支架

树枝测量定位并预焊后，在壁板内部安装副支架，副支架采用焊条电弧焊连接，并将树枝通过副支架固定在主钢架上。

（10）树叶、树枝连接

1）树枝安装：根据效果图艺术形态，大树枝采用手工钨极氩弧焊双面焊接的方式和树干进行连接，如图 12.2-14 所示。

图 12.2-14 树枝焊接及安装完成图

2）树叶安装：小树枝和大树枝采用铆接连接方式，采用铸造方法制作树枝，将树叶根部和叶柄同时铸造出，在冲压树叶时，在树叶端口处冲压出长约 20mm 长的铜片，并卷成与树枝根部尺寸匹配的圆管。连接过程中，将树叶末端插入树枝中，通过铆钉方式将树叶连接到树枝上，如图 12.2-15 所示。

图 12.2-15 树叶结构图

（11）打磨修饰及表面处理

1）打磨修饰：分段树枝焊接完成后需进行打磨修饰，首先对焊缝部分进行打磨，最后对铜树枝表面进行整体打磨修饰。

2）表面处理：包括铜壁板外表面涂装着色和内部钢结构长效防腐两部分：对主钢架、副支架及壁板外表面进行防腐、涂装施工；树干及树枝表面均采用金属氟碳喷涂，树叶正面及背面色彩应有层次感，采用化学着色处理。在树叶着色后进行安装到叶柄，最终色彩确认色板为主。

（12）成品保护

脚手架拆除前，采用无黏性的聚乙烯薄膜或复合彩条布覆盖，避免再次污染。

5. 小结

南京牛首山佛顶宫建筑核心区域“禅境大观”内南、北侧各有棵 10m 高的无忧树、菩提树。主要由树干、树枝、树叶、花四部分组成，树高约 10 ～ 10.5m，树冠最大宽度 8 ～ 8.5m，最大胸径约 0.8 ～ 1m，树叶尺寸最大 32cm，最小 18cm，中间两种规格分别为 25cm 和 22cm，四种规格任意组合进行搭配布置。采用三维数字化设计、3D 打印等现代技术结合铸造、锻造、冲压、电镀等传统工艺，实现了传统技术的数字化智慧建造，大幅度缩短工期，降低费用；无污染、无辐射，节能环保，工程质量良好，得到了社会各界的一致好评，为今后类似建筑仿真艺术品的施工提供一定借鉴与参考，具有广泛的推广应用前景。

12.3　卧佛铜佛像艺术装饰施工技术

1. 技术概况

大型复杂佛教铜佛像装饰作为一种艺术表现形式，既揭示了金属工艺的技术面貌，又体现了文化内涵，在佛教文化中居于重要的地位。针对大型佛教铜佛像艺术构件制作、安装工艺技术，成为传承与保护中国传统文化的重要内容。

佛顶宫大型复杂铜佛像制作以金属工艺技法来表现出固定形式的立体人形、物体塑像，除了蒙皮锻打制作工艺，还需结合三维激光扫描、钢结构框架体系、软件数值模拟风洞、种钉连接组件、CNC 三维加工、3D 打印等现代技术综合处理制作，是中国传统文化、传统技艺、现代技术的有机结合，制作工艺复杂，难度大，如图 12.3-1 所示。

图 12.3-1　佛顶宫艺术铜佛像装饰实景图

2. 技术特点

（1）采用手持式自定位三维激光扫描组合成像技术，将大型艺术像泥塑模型转化精密三维模型，提取模型数据，进行构件模型的工厂化 3D 打印，实现精确生产制作。

（2）利用 BIM 技术结合数控等离子加工技术，实现型面钢架的工业化、标准化、精密化生产，有利于环境保护和减少噪声、扬尘，同时保证钢架的制作质量，节省人工，缩短生产周期。

（3）采用数值风洞模拟技术，利用复杂艺术件的整体三维模型，以 Midas 软件为平台，对构件周围流场进行数值风洞模拟，解决复杂艺术件体表面风载压力系数真实分布的难题。

（4）采用有限元软件对复杂构件各种工况下的稳定性进行分析，实现传统工艺技术的数字化智慧建造，技术创新效果明显。

（5）根据表面的复杂程度将 2mm 厚黄铜板裁剪成需锻制的板块，采用自由锻的方法锻制成形。构件壁板、型面钢架间连接采用螺栓连接的种钉组件工艺，装配式施工，实现蒙皮与型面板条的有效连接，减少了焊接及打磨痕迹，标准化程度高，可大大缩短安装工期。

3. 工艺流程

制作工艺流程如图 12.3-2 所示。

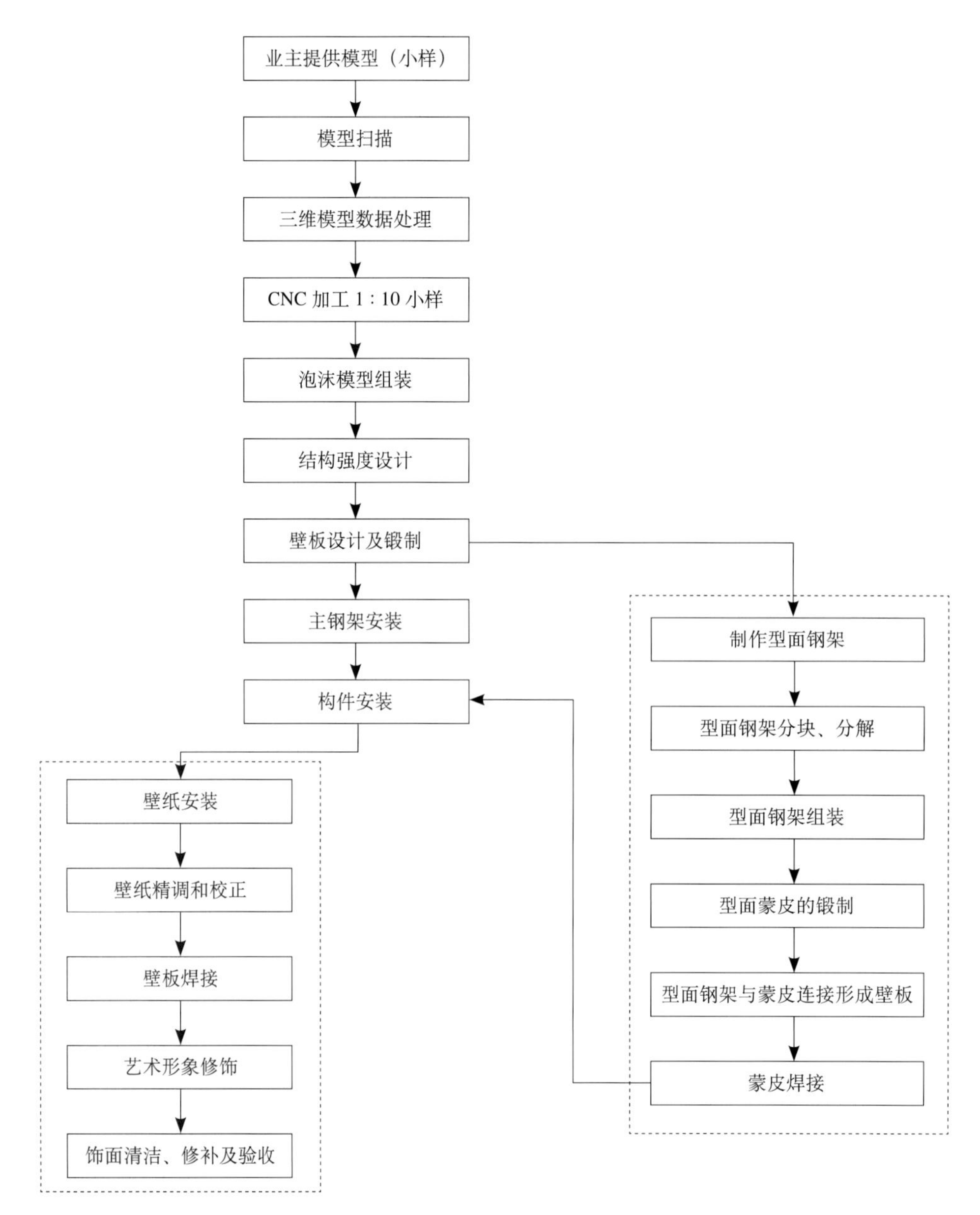

图 12.3-2 工艺流程图

4. 操作要点

（1）1∶10 模型的扫描

模型小样的测量采用手持式自定位三维激光扫描仪或进行激光扫描、采集数据，在计算机里用 Imageware 软件组合成像，成像后的艺术效果与业主认定的 1∶10 雕塑标准模型吻合。任意点测量精度均控制在小于 0.5mm 范围内，如图 12.3-3、图 12.3-4 所示。

（2）三维模型数据处理

扫描仪扫描出来的数据文件格式为点格式文件，通过数据处理软件对扫描数据进行光顺曲面、模型修补、细节雕刻等处理，修复模型自身的残损和丢失细节，生成 1∶10 模型的曲面数据。同时在计算机里面对处理后的 1∶10 模型数据进行缩放得到 1∶1 的模型。并根据需要，得到任意点的坐标和曲线，保证后期型面钢架造型的准确性，如图 12.3-5 所示。

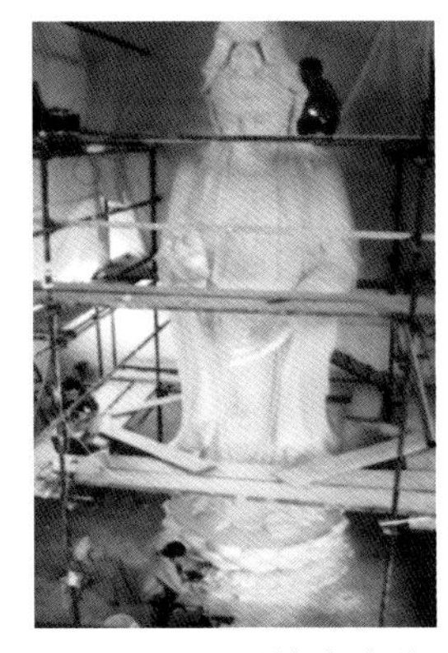

图 12.3-3　手持自定位激光扫描仪扫描

图 12.3-4　扫描数据前后修复示例

图 12.3-5　处理后三维模型

（3）CNC 加工 1 : 10 泡沫小样

严格按照 1 : 10 模型和模型的扫描数据，分段分类型制作 1 : 10 模型，采用 CNC 加工泡沫模型。使用 CNC 三轴和五轴加工中心加工制作 1 : 10EPS 泡沫材料模型，其中对于型面相对简单的模型或者复杂模型的简单部位，使用三轴加工中心进行加工；型面复杂部位，采用五轴加工中心进行加工，如图 12.3-6 所示。

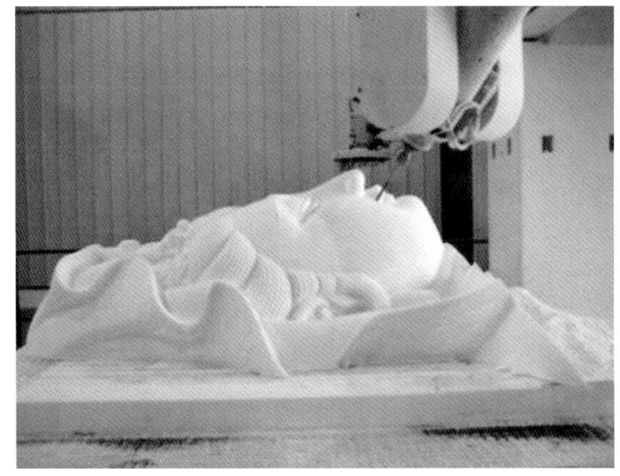

图 12.3-6　AXXESS-2121TC 三轴加工中心

（4）结构强度设计

1）大型构件一般高度都比较大，外形构成元素繁多，表面起伏巨大，风荷载较大。在恶劣的环境条件下，整体结构长时间内需安全可靠并保持其完美的艺术形象。通过强度分析计算工作，确保结构的适应性、安全性和合理性。

2）数值模拟风洞试验。

风荷载是构件的主要荷载，尤其对于外部结构更是主要控制荷载，由于其表面形状复杂，根据《建筑荷载规范》体型系数的取值，对此类结构并不适用，通过理论分析的方法难以准确地描述像体表面风载压力系数真实分布情况。对该构筑物周围的风场环境进行数值仿真模拟研究，从而较为精确地确定本结构的风荷载取值，为结构设计计算提供依据。

以有限元软件为平台，利用构件的整体三维模型，对构筑物周围流场进行数值模拟。数值模拟较传统的小样模型的实物风洞比，试验周期短，实验数据可以更完善，如图 12.3-7 所示。

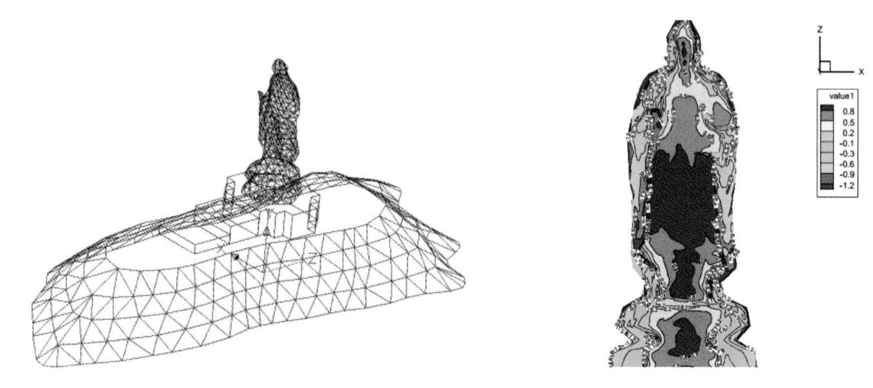

图 12.3-7 环境模型示意图

3）有限元分析。

构件内、外部结构的外形都不规则，根据《金属与石材幕墙工程技术规范》中理论公式很难计算各部分结构的应力和变形情况，通过以 SAP 软件为平台，建立结构分析模型，进行强度校核和优化，如图 12.3-8、图 12.3-9 所示。

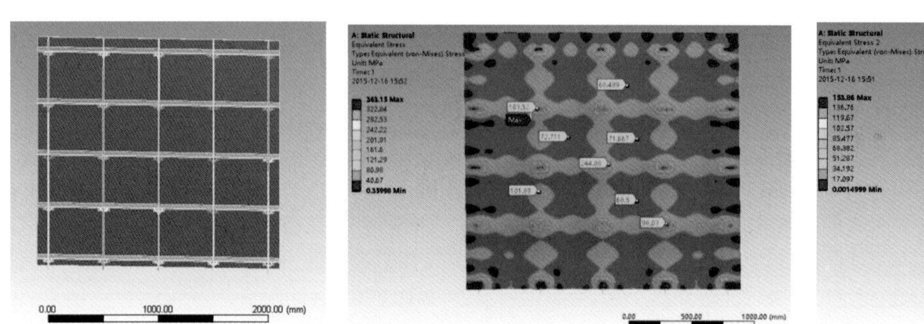

图 12.3-8 局部结构的校核单元及应力分布云图

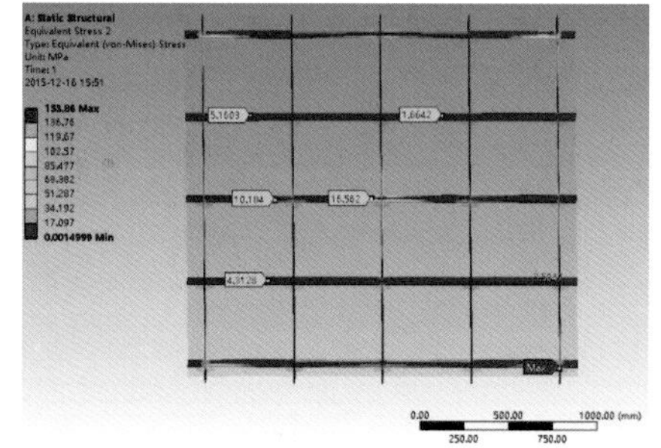

图 12.3-9 铜板内侧型面板条的应力分布云图

（5）壁板设计及锻制

锻制壁板的制作步骤为：模型分层与分块、型面板条制作、型面板条分块组装、型面蒙皮制作、型面钢架与型面蒙皮之间种钉连接。

1）模型分层与分块。

根据1∶1模型的三维曲面数据，综合考虑型面拼接、型面钣金等方面，对1∶1模型的三维曲面首先进行分层，再分块，确定每块型面的大小。三维曲面的分块，其大小应根据型面表面的复杂程度确定，分块时尽量减少板材消耗及减少拼缝长度。

2）型面板条制作。

因铜面板由薄板制成，其刚度较小，在荷载作用下表面形状易变形。为了提高其刚度和强度，在铜面板的背面沿着型面的形态增加加劲肋，加劲肋形成的钢框架称为型面钢架。

型面钢架由一根根纵横交错的型面板条组成，型面板条的制作包括板条曲线的放样、排版和数控切割3个工艺。工艺过程如下：

根据壁板的分层情况，利用犀牛软件截取每层的1∶1三维曲面数据，在三维曲面数据上截取纵横向间距1∶1样条控制曲线，对局部重复的样条控制曲线进行修建，注意每两层壁板间纵向曲线的连贯，如图12.3-10所示。

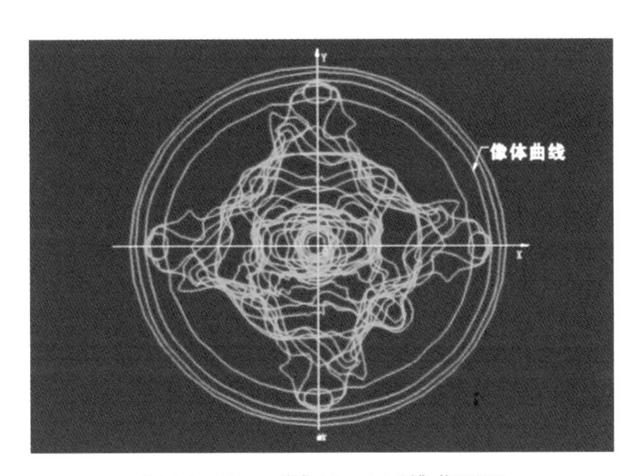

图12.3-10　壁板1∶1三维曲面图

根据样条控制曲线电脑放样每根型面板条的1∶1板条曲线。对板条曲线进行偏移、分割，绘制每根板条的轮廓线，制作型面板条的三维模型，如图12.3-11所示。对板条进行编号，标出拼装定位孔，导出将要排版的文件。

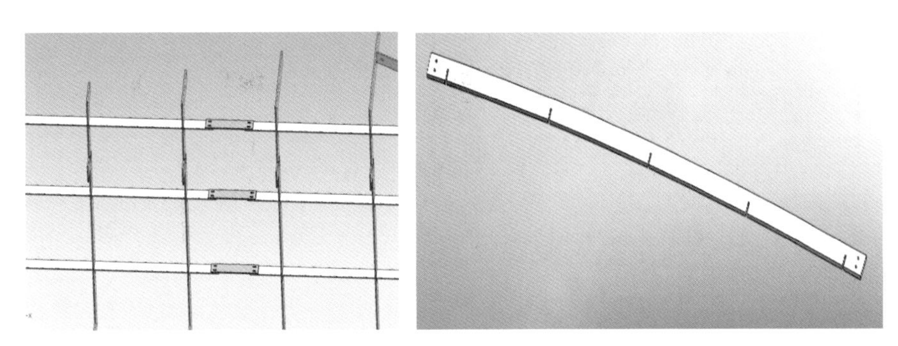

图12.3-11　型面钢架和板条三维模型图

PROCAST软件对型面板条进行排版，在样条控制曲线排版时应注意合理的布置，减少钢板的消耗。把所需切割的型面板条的数据输入数控激光切割机，得到样条控制曲线所对应的型面板条。

导入数控等离子切割机，型面板条宽 80mm，厚 8mm。

数控切割：数控切割完在每根型面板条上应打上钢印编号，刷漆后再用油漆喷上编号，便于寻找。

表面防腐处理：每根型面板条经喷砂后刷一层底漆、二层中间漆和一层面漆，最后一层面漆待壁板安装后再刷，漆膜应平整光滑，不允许存在流挂、堆积、气泡、脱落和漏涂等现象。

3）型面钢架分块、分解。

型面钢架分块：组装后的型面钢架经验收合格后按壁板分块设计方案进行分块。

型面钢架分解：型面钢架分块后按分块大小对型面钢架进行分解，型面钢架分解前根据型面钢架刚度情况对型面钢架进行加固。

4）型面板条组装。

根据现场场地情况对型面钢架进行分块焊接组装，每块型面钢架大小根据现场具体情况而定。

在空旷平坦的地面确定一个坐标系，要求该坐标系与项目总体坐标系一致。画出纵横向网格，搭建临时板条支撑架支撑横向板条，以便焊接；根据横向板条所提供的坐标参数，使用吊锤把每根板条位置摆放正确，焊接形成一块型面钢架。

5）型面蒙皮锻制工艺。

铜面板材料采用 2mm 厚 H62 黄铜板，铜面板的艺术外形依据为经认可的 1 : 1 实物模型。型面蒙皮由黄铜板锻制而成，黄铜板具有良好的塑性和较低变形抗力。型面蒙皮的分块是指根据构件表面的形状将黄铜板裁剪成需锻制的板块。大小根据构件复杂程度确定，构件表面平滑可直接用尺寸较大的黄铜板锻制。

根据小样模型采取手工自由锻制成型，2mm 厚黄铜板经分块后采用自由锻的方法分别锻制。

6）型面钢架与蒙皮连接形成壁板。

种钉连接：型面蒙皮和型面板条制作完成后，为保证铜面板的外观装饰性，通过背面种钉的方法将蒙皮和型面板条连接在一起，多块小铜板焊接后打磨形成整体的无缝单元，如图 12.3-12 所示。

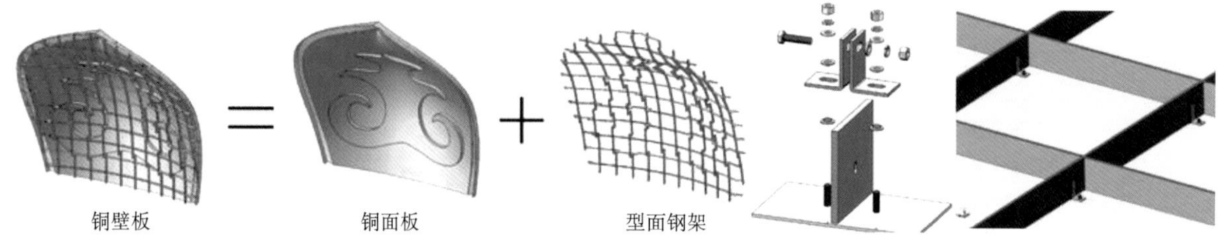

图 12.3-12 壁板种钉组件示意图

连接过程：蒙皮上定位出焊接螺柱位置，螺柱焊接 L 形钢板就位，与型面钢架焊接固定垫圈、螺母将 L 形钢板与蒙皮固定。

（6）副钢架结构安装

壁板的副支架是将铜壁板支撑悬挂在主体结构上，并将铜壁板上承受的风载、自重荷载、地震作用和温度荷载传递到内部主体结构上。副支架的一端连接在铜壁板的型面钢架上，另一端焊接在内部主体结构，如图 12.3-13 所示。

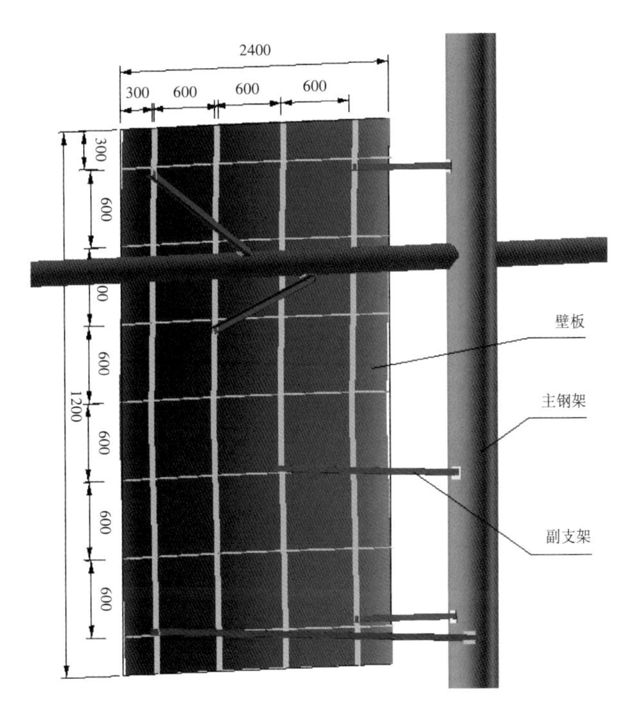

图 12.3-13　壁板的副支架结构示意图

（7）构件安装

安装工艺流程如下：安装钢结构→安装测量→安装壁板→校型→焊接→打磨、修饰→表面处理。

1）安装测量。

为使壁板精确定位，在佛像安装场地建立与 1∶10 模型相同的三维坐标系，确定坐标原点和轴线，并在外围建立若干观测站，采用量边交会法进行壁板定位。对于次钢架外围节点的坐标及埋件位置进行检测，并与次钢架设计图纸进行比对，判断次钢架与埋件的偏差是否影响安装。

在钢架外围的一周放出若干个安装基准点（与壁板等高的层高线上），在观测站用全站经纬仪测出其坐标值，然后计算出壁板每个角点到相应两个安装基准点间的距离，供壁板安装使用。

每层壁板安装完毕，测量正负 X、正负 Y 轴线的偏差情况，并将轴线上引至壁板上口端部，以便于上一层轴线处壁板的定位，保证像体不倾斜、不扭曲。测量每层壁板安装后的实际高度，保证高度符合相应的技术条件。对于关键壁板，应在仪器的测量监控下安装定位。

2）壁板安装。

壁板就位，根据主钢架相应层高上设定的安装基准点，通过直接测量壁板角点与相应安装基准点间距离的方法来使壁板初就位。壁板就位前应充分利用吊具进行壁板空间姿态的调整，如图 12.3-14 所示。初就位的壁板用挂接系统将其悬挂在主钢架上，达到壁板支撑、固定的目的。

3）壁板精调和校形。对于支撑后的壁板，根据壁板角点与相应安装基准点间距离数据进行姿态位置的精调。采用校形和修整的方法来达到较满意的艺术效果和焊接对拼缝的要求，采用定位焊的方法来达到维形的目的。

4）焊接。

挂接系统的焊接包括挂接系统与副钢架连接底座的焊接和挂接系统套筒的焊接。挂接系统的焊接方法采用手工电弧焊。黄铜板蒙皮的焊接采用手工钨极氩弧焊。

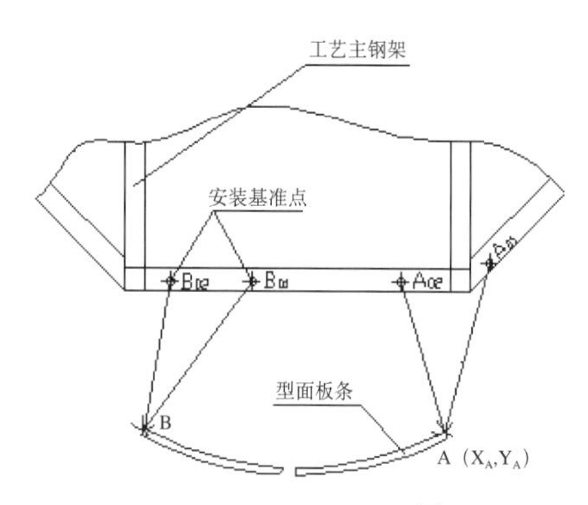

图 12.3-14 型面钢架定位原理图

（8）艺术形象修饰

1）对焊缝进行修饰：将所有焊缝外表面修磨平整后，修饰焊缝与周围壁板艺术过渡。对于产生焊接变形的焊缝应先进行焊缝校形，再进行焊缝打磨，避免将焊缝部位打磨成塌边。主要有：对线条不流畅的部位进行修饰；对在拼装焊后不够流畅时，应通过修饰加以消除；对壁板表面的意外损伤或残留的瑕疵进行修饰。

2）防腐处理：构件内部钢结构部分的防腐处理按《工业建筑防腐蚀设计》《涂装前钢材表面锈蚀等级和除锈等级》中的要求进行防腐。防腐蚀涂层配套，除锈等级为 Sa2.5。

构件表面处理：最终的外表面涂装着色颜色需经认定过试板后确定，表面涂层采用金属漆，总涂膜厚度为 120μm。

3）构件表面处理流程：

涂前准备→表面前处理→底漆涂装→批刮腻子（局部找平）→打磨→底漆涂装（局部）→中漆涂装→面漆涂装→表面清理。

表面涂装前，将待涂表面用 46 目砂盘分段分块进行打磨，去除表面的氧化层、焊缝药皮、焊接飞溅物、油污、尘土等杂物。打磨后的表面要在 6h 内涂上底漆。

打磨：喷涂环氧富锌抗锈底漆，喷涂厚度约 30μm，干燥 24h 以上。批涂原子灰。在底漆干燥后，薄批基层缺陷，干燥后打磨，对不足之处继续批补、打磨，直到达到饱满光洁的效果。

底漆涂装：对腻子打磨后的表面，清理后补涂底漆，涂装时控制膜厚 30μm/ 道。底漆涂装后静置干燥，干燥前不应进行下道工序。

检验：底漆涂装完成后须进行外观和厚度的检测，经检验合格后才能进行中漆的涂装施工。

中漆涂装：涂装完底漆的表面清理后喷漆中漆。涂装时要求色泽均匀一致，不发花、不流坠，控制膜厚 30μm/ 道，涂装后静置干燥，干燥前不应进行下道工序。

检验：中漆涂装完成后须进行外观和厚度的检测，经检验合格后才能进行面漆的涂装施工。

面漆涂装：涂装完中漆的表面清理后喷漆面漆。涂装时要求色泽均匀一致，不发花、不流坠，控制膜厚 30μm/ 道并记录，涂装后静置干燥，干燥前不应进行下道工序。

检验：面漆涂装完成后须进行外观和厚度的检测，并组织阶段性验收。

表面清理：表面涂装施工时和施工后，对涂装过的表面进行保护，防止飞扬尘土和其他杂物。

4）喷涂的基本方法。

喷涂时分块分段进行施工，把收边放在衣纹等不明显的部位，并做好交接。面漆的涂装必须由上至下逐层进行施工，选好收边部位并做好每层的对接。施工人员在涂装操作时要手法一致，喷涂时要做好和其他操作人员的对接。喷涂顺序：先上后下→先里后外→先难后易→先边角后中央，如图 12.3-15 所示。

图 12.3-15 佛像表面处理及完成图

（9）饰面清洁、修补及验收

表面处理完成后，进行全面检查，对受到污染、损伤、松动、脱落的螺栓、卡具、连接件及时修补；检查所有表面处理情况，不符合要求的及时更换；检查验收过程中，应注意对构件的成品保护，不得乱掷，避免砸坏构件。

5. 小结

大型复杂佛教铜佛像装饰作为一种艺术表现形式，在佛教文化中居于重要的地位。它既揭示了金属工艺的技术面貌，又体现了文化内涵，是中国传统文化重要组成部分。佛像制作的铸造、锻造、錾刻等传统工艺技术效率低，强度高，成本高；针对复杂佛教铜佛像艺术构件制作、安装工艺数字化智慧建造技术的研究，成为佛教建筑高效建造过程中亟待解决的问题。经过多项工程实践，实现了传统工艺技术现代化的与时俱进，劳动强度低，节能环保，减少材料消耗，大幅度缩短制作、安装工期，降低安装费用。为类此佛教建筑复杂铜佛像制作、安装提供了参考。

12.4 兖州灵光殿室内大型佛像施工技术

1. 技术概况

佛教建筑室内外大量高大雕塑林立，气势宏伟磅礴。在慨叹其不凡艺术效果的同时，对这些高大雕塑的施工工艺，各流程技术难题也非常重视。尤其是室内高大佛像的施工，如何将佛像的荷载导到结构主体，室内大型龙骨如何吊装精确安装到位，如何降低佛像重心而保证佛像的稳定，铜壁板如何与次龙骨连接等一系列技术难题亟需解决。

2. 技术特点

（1）室内佛像自重所产生荷载完全导到主体梁柱上，既保证了大型佛像的安全稳定，又保护了主体混凝土结构的安全。

（2）使用 3t 卷扬机及 2t 手拉葫芦配合将佛像雕塑各构件吊装就位、焊接、贴金，最终完成安装。

（3）钢骨架、铜壁板工厂生产，现场设 1 : 10 模型比照吊装，安装可靠，质量易保证。

3. 工艺措施

(1) 基础做法

在主龙骨进场前，对佛像基础进行处理。在主体混凝土结构的梁顶板上安装型钢，加强佛像基础的整体稳固性，使佛像自重所产生的荷载完全传到主体梁柱上，如图 12.4-1 ～图 12.4-4 所示。

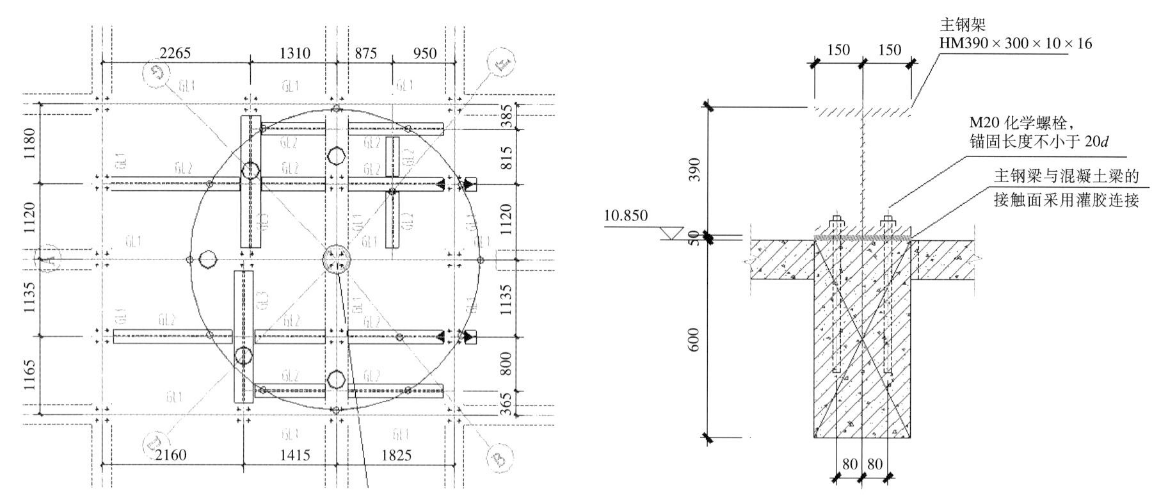

图 12.4-1　基础底座型钢与主体混凝土梁板化学螺栓连接

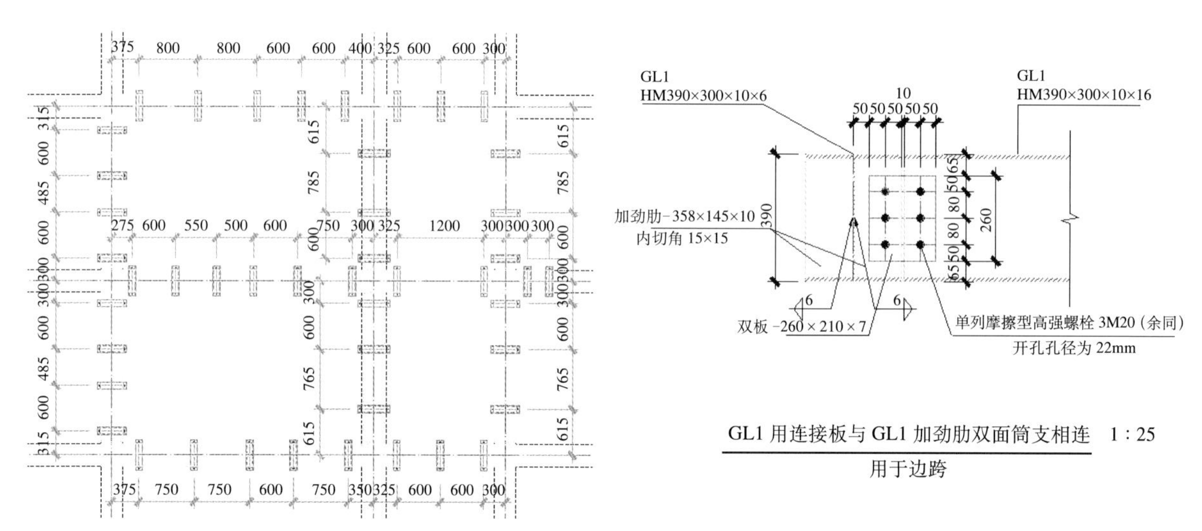

图 12.4-2　型钢与主体混凝土梁板对拉螺栓连接

图 12.4-3　佛像底座型钢安装前植筋、找平

图 12.4-4　底座型钢安装后注胶及完成图

（2）龙骨及铜壁板等构件吊装

在二层须弥台型钢基础上安装一台 3t 的卷扬机，然后在大厅顶板上找到与佛像对应的位置并打直径 100mm 圆孔，下穿钢丝绳，配合手拉葫芦及缆风绳等小型工具将佛像各构件吊升到位，然后调正位置进行焊接安装，如图 12.4-5、图 12.4-6 所示。

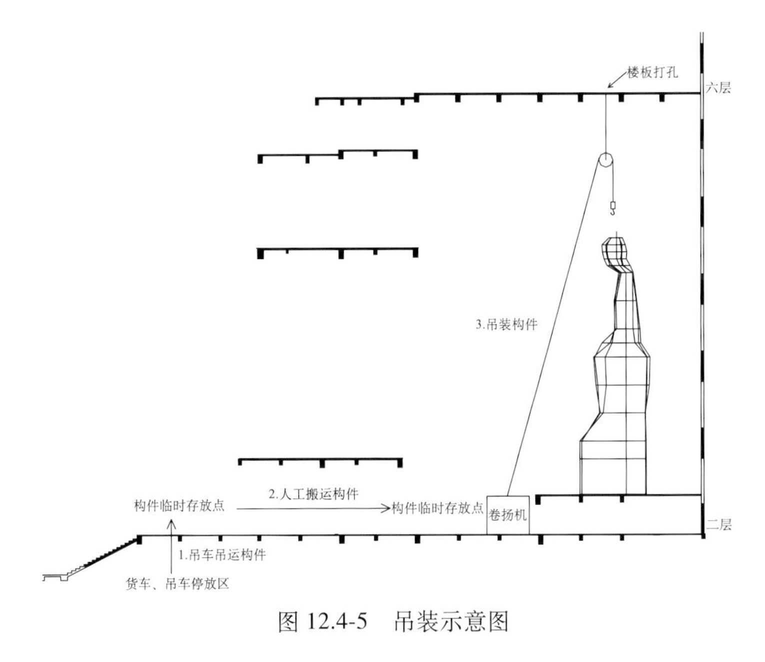

图 12.4-5　吊装示意图

图 12.4-6　使用卷扬机及缆风绳吊装佛像龙骨构件

（3）模型比照制作

壁板制作是金属雕塑制作的关键，是控制最终形态的重要因素。它要求每一块壁板都具有严格的仿真性、完整的形状、光滑的表面、极小的变形，同时还要确保壁板总装后艺术形象的完美和表面色泽的一致性。通过套圈放大定点，根据甲方确定的模型，根据模型的截面每 700 ~ 800mm 横向与纵向各套一个圈，然后根据 1∶10 模型放大 10 倍，用钢管安装这个型窝圈，连接线条，将钢管进行焊接，调整钢管比例关系是否与模型一致，线条是否流畅。模型制造的精度，很大程度上影响着雕塑的最终形态，必须加以严格控制，如图 12.4-7 所示。

（4）工艺流程及操作要点

1）工艺流程如图 12.4-8 所示。

图 12.4-7 佛像铜壁板安装完毕进行校型处理

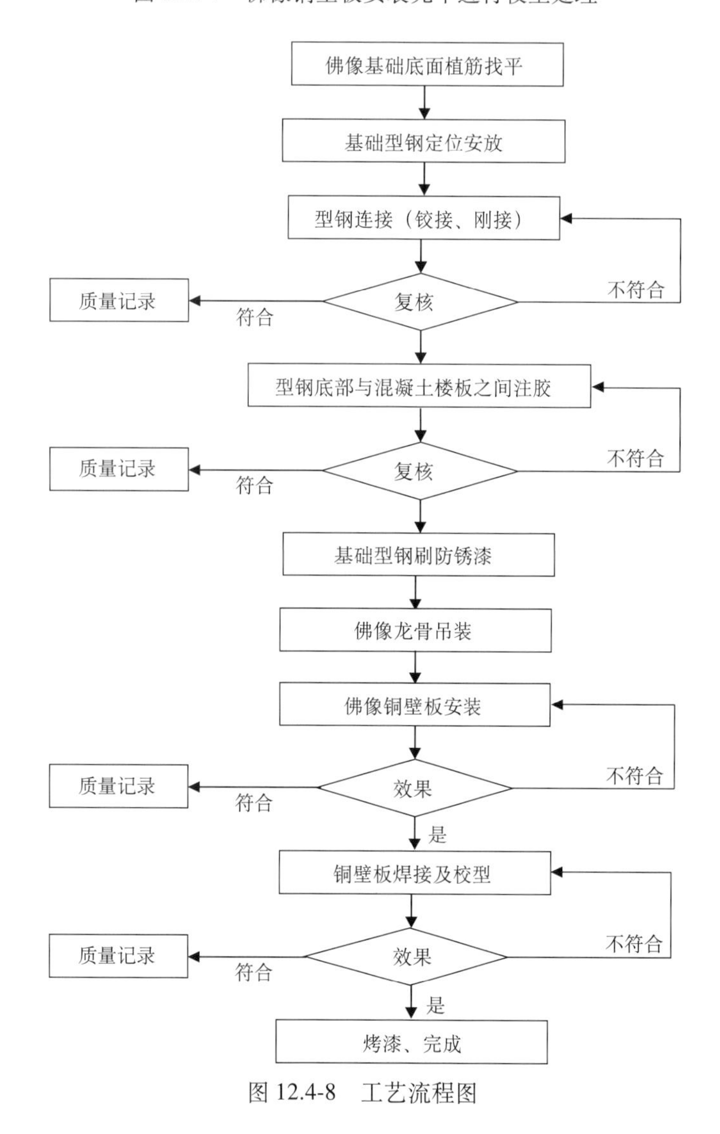

图 12.4-8 工艺流程图

2）操作要点：

①钢柱吊点设置在钢柱的上部。使用起重机将钢柱吊至指定位置，钢柱用吊机吊升到位后，将柱的四面中心线与基础放线中心线对齐吻合，四面兼顾，中心线对准或已使偏差控制在规范许可的范围以内时，将钢柱底部与预埋件焊接，打脚板。

②钢柱中层、钢柱上层钢柱之间连接的连接板待校正完毕，并全部焊接完毕后，将连接板割掉，并打磨光滑，并涂上防锈漆。割除时不要伤害母材。

③管桁架结构的构件连接是环行固定的焊接，在焊接过程中需经过仰焊、立焊、平焊等几种位置。因此焊条变化角度很大，操作比较困难，熔化金属在仰焊位置时有竖向坠落的趋势，易产生焊瘤，而在立焊位置及过渡到平焊位置时则有向钢管内部滴落的倾向，因而有熔深不均及外观不整齐的现象，焊接根部时，通常仰焊接头处容易产生内凹，这是仰焊特有的一种缺陷，平焊接头处的根部易产生未焊透的焊瘤。

④焊接：是将组装后的铜壁板连成一体的重要工序。在保证造型完美和雕塑整体强度的同时，焊缝的颜色必须和壁板颜色完全一致。

4. 小结

采用室内大型佛像施工技术在技术方面的优点是：型钢基础底座既能很好地与钢骨架连接，又能合理传导荷载，保护了主体结构，佛像质量容易保证，且焊接施工速度快；施工作业面较为独立，不影响其他工种施工；该技术安全系数高，施工质量有保障。从施工的项目来算，采用该技术施工的大型雕塑安装大大节约工期，且对工程主体等无较大影响。

12.5 超大铜铸佛像制作安装技术

1. 技术概况

上海大报恩寺超大铜铸佛像为卧佛殿铜铸卧佛，位于地下二层③轴～⑥轴/Ⓒ轴～Ⓓ轴，铜铸卧佛21.0m长，6.0m宽，最高5.3m，采用白铜铸造，重30.6t，卧佛内部钢框架采用14号槽钢，连接杆采用10号、8号槽钢和∟6.3角钢，钢结构重13.6t，卧佛总重达44.2t，如图12.5-1、图12.5-2所示。

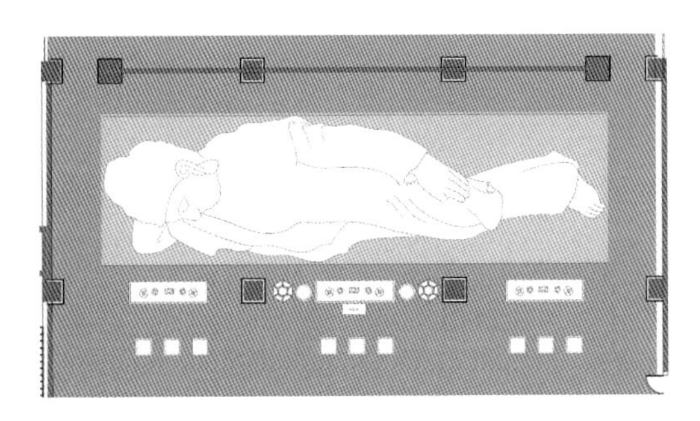

图12.5-1 卧佛平面图

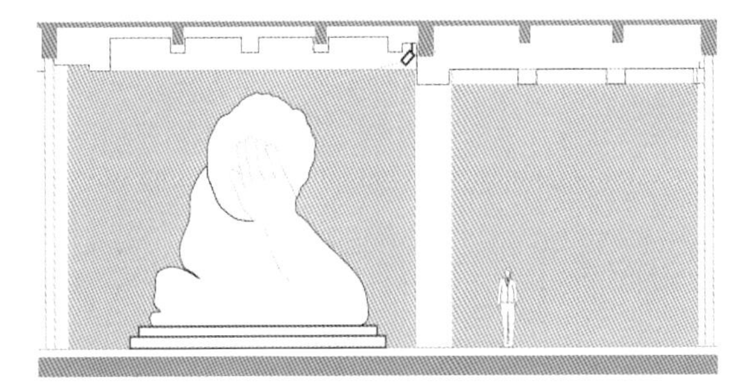

图12.5-2 卧佛立面图

2. 重点难点

1）超大铜铸佛像形态饱满、线条丰富、尺寸大，原型翻模及分块铸造难度大。

2）超大铜铸佛像曲面铜构件尺寸大、运输困难，狭小空间大构件吊装及曲面铜构件高精度安装技术要求高。

3. 技术措施

（1）超大铜铸佛像制作关键技术

1）超大铜铸佛像设计定位。

根据佛教典故：释迦牟尼在拘尸那揭罗国收了最后一个弟子善贤之后，便入寂灭乐，于双树间北首而卧。人参悲戚，感叹大觉世尊将寂灭，众生福尽。释迦牟尼便“右胁卧狮子床安慰大家”，这情景便是后来的卧佛形象。

结合地下二层卧佛殿空间尺寸 [26.3m（长）×15.55m（高）×7.6m（高）]、安奉背景、朝拜参观路线等要求，确定超大卧佛姿态和基本尺寸（21.0m×6.0m×5.3m）。

2）超大佛像小模型制作。

超大铜铸佛像小模型根据佛像制作专家擅长工艺，通常采用泥塑、木雕、石雕、玉雕等。根据超大铜铸卧佛基本尺寸，小模型采用 1∶100 比例制作，采用台湾雕刻大师木雕工艺品。

3）佛像模型三维扫描、三维设计。

利用三维扫描技术，采集木雕工艺品表面点的三维坐标值，将木雕工艺品表面的点云信息数据。通过三维软件专门处理，按超大佛像和实物模型的 100 倍数进行放大，如图 12.5-3 所示。

根据佛像尺寸、形象、姿势、铸铜工艺，结合佛像分块、运输、吊装、焊接等工况，经设计院强度、刚度和稳定性等验算，确定铸铜佛像铜板厚度、内部钢结构。

4）三维佛像模型合理分块。

根据 3D 数控雕刻机参数、工厂铸造能力、后期道路运输条件、运输车辆参数、分块成品保护难度、吊装设备参数、现场吊装工况、分块焊缝施工难度、佛像内部钢结构以及寺庙特殊需求等要求，确定佛像最佳分块位置、各分块尺寸、分块重量。

5）3D 数控雕刻佛像模型活块。

将佛像最佳分块模型数据导入 3D 立体数控雕刻机电脑软件内，调试好雕刻机，机床上固定好泡沫塑料，准备妥当后开始雕刻佛像模型活块。模型活块雕刻如图 12.5-4 所示，活块雕刻完成后按预拼装顺序进行编号。

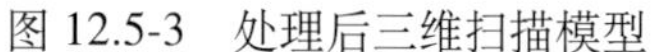

图 12.5-3 处理后三维扫描模型

图 12.5-4 3D 数控雕刻佛像模型活块

6）活块拼装、表面处理。

活块拼装顺序遵循从底层往高层安装，底层拼装时按从一边向另一边安装，拼装时按活块编号顺序进行，活块拼缝错层控制在 1mm 以内，拼装过程对活块进行临时粘结固定，底层拼装效果符合要求后进行活块粘结。再逐层向上拼装，同层活块拼装顺序和粘结要求同底层，直至完成整体佛像拼装。

整体佛像拼装完成后，先用石膏对接缝及缺陷位置进行填补，之后用石膏进行表面处理，石膏厚度控制在 8 ～ 10mm，最后打磨石膏面（图 12.5-5）。佛像模型石膏精细面层硬化后，切割表面精细处理活块，以便翻制模壳。

图 12.5-5 模型活块拼装后石膏面处理

7）活块翻制砂型（模壳）。

根据佛像浇铸精细程度、佛像分块部位、佛像铸造厂家技术工艺水平等选用翻砂铸造法或失蜡铸造法制作超大铜铸佛像分块。超大佛像薄壁分块采用失蜡铸造较为简单、方便，失蜡铸造法主要采用石膏制模；翻砂铸造法主要是黏土湿型工艺。

利用活块先制作蜡模模组，翻制外壳、内壳，薄壁佛像分块模壳制作如图 12.5-6 所示。待模壳强度达到要求后，放入热水槽中熔化蜡膜，形成中空模壳。

图 12.5-6 薄壁佛像分块模壳制作

8）模壳浇注。

采用翻砂铸造法时，铜料在熔化设备中熔化后，从砂型中浇注口浇铸的铜熔液，待熔液冷却后，打碎砂型取出铜佛像分块，掏出砂芯，切除浇注口，再进行清理、磨砺。

采用失蜡铸造法时，铜料在熔化设备中熔化后，从模壳中浇注口浇铸的铜熔液，待熔液冷却后，打碎模壳取出铜佛像分块，切除浇筑口，再进行清理、磨砺。

9）佛像铜分块预拼装。

预拼装采用汽车吊预拼装，拼装顺序遵循从底层往高层安装，底层拼装时按从一边向另一边安装，拼装时按分块编号顺序进行，分块间隙根据铜焊接和偏差调整要求控制在 5 ~ 8mm，拼装过程及时加固佛像。底层预拼装完成后逐层往上进行安装，直至完成指定拼装任务，预拼装效果如图 12.5-7 所示。

（2）超大铜铸佛像安装

1）佛像安装前定位。

超大佛像基础施工过程中及时设置预埋件，佛像安装前复核预埋件位置，同时定位佛像安装中心轴线位置和边线位置。

2）佛像分块装车、运输。

佛像分块根据安装顺序进行编号，编号喷涂在分块比较明显位置。装车、运输和吊装均采用分块编号数据。运输车辆主要采用平板挂车，装车时先吊装大型佛像分块，大型佛像分块只允许堆放 1 层，不能上下多层堆放（图 12.5-8）；对于小型不易变形构件，可上下堆放 3 层。为避免佛像分块在运输过程中发生偏移、滑动，允许分块构件间及分块构件和平板车采用点焊固定。

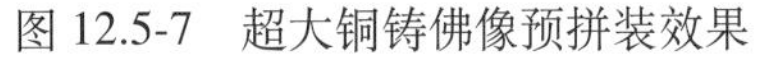

图 12.5-7 超大铜铸佛像预拼装效果

图 12.5-8 超大铜铸佛像平板车装卸照片

3）施工现场平面布置。

施工现场平面布置如图 12.5-9 所示，在佛像安装区外布置构件临时堆放区，安装好吊装用塔吊。

4）现场拼装、焊接。

根据佛像分块形状、尺寸、重量、拼缝位置，合理设置吊点，吊点采用吊装孔或焊接吊耳两种形式，每个分块至少两个吊点，吊点位于重心上方。

拼装顺序遵循从底层往高层安装，每层拼装时从一边向另一边安装，拼装时按分块编号顺序进行（见图 12.5-10），直至完成顶层佛像拼装。佛像分块拼装间隙控制在 5 ～ 8mm。佛像分块铜板错边量不大于 1mm。佛像分块安装过程中，及时安装各分块内部钢结构。

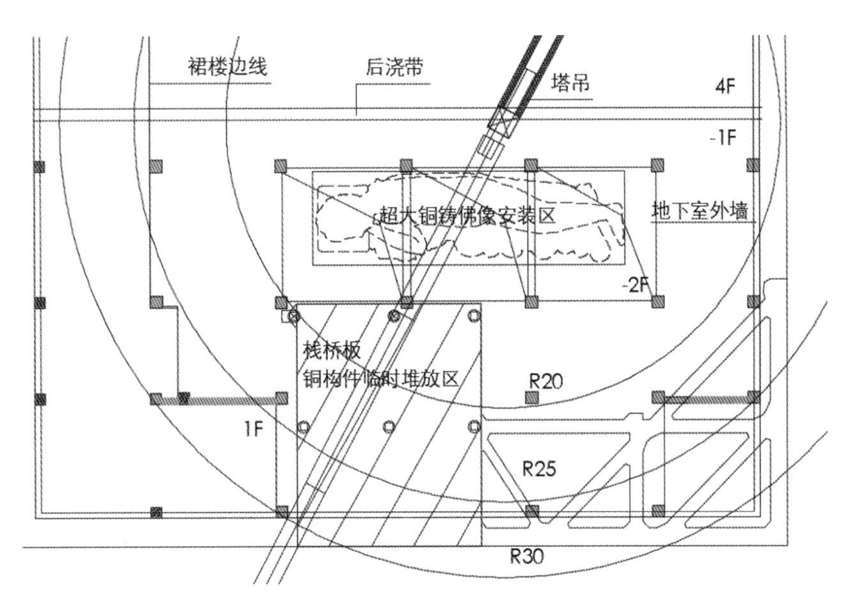

图 12.5-9　施工现场平面布置

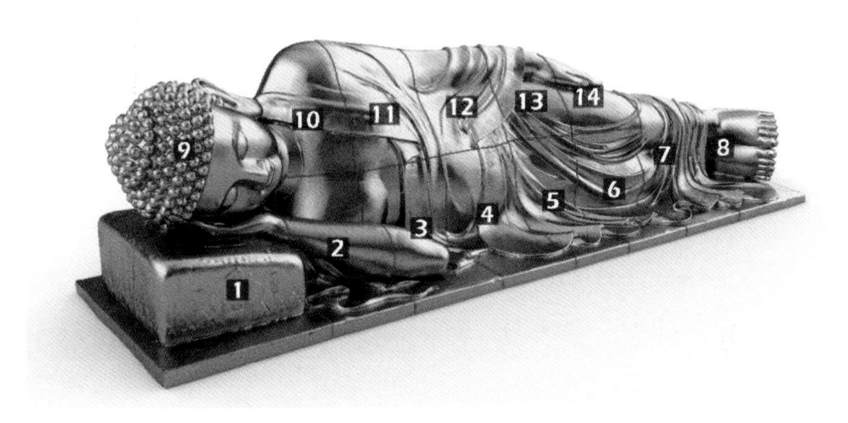

图 12.5-10　吊装编号图

佛像焊接分为点焊、正式焊接。佛像分块拼装过程采用点焊固定，当整个佛像拼装到位后开始正式焊接。铜板焊接坡口形式采用 I 形坡口焊接，佛像正式焊接分为内部焊和外部焊，内部焊接时需做好通风，穿戴好防毒面具。

5）打磨。

打磨分为粗磨和细磨，粗磨采用合金砂轮，把佛像表面痕迹磨平，表面效果有颗粒感，讲究把面和线条细致部分调顺；细磨即抛光细致打磨，以磨砂面为基础，然后用粗砂纸、水砂纸粗细分级一遍一遍的手工擦拭，十几甚至二十几粗细不等的砂纸，每一边都打磨到位，这样打磨出来的效果才光泽度统一。

佛像打磨顺序常规为粗磨从低处往高处作业，细磨从高处往低处作业，也可根据佛像形象、造像姿势选择合理打磨顺序。佛像粗磨如图 12.5-11 所示，成形效果如图 12.5-12 所示。

图 12.5-11　佛像粗磨

图 12.5-12　佛像粗磨后整体效果

4. 小结

通过对超大铜铸佛像制作安装技术的总结，解决了超大佛像原型确定、模型翻模、分块铸造问题，铜铸佛像异形大构件运输、狭小空间吊装及异形曲面高精度安装等难题，为类似超大铜铸件制作安装总结了一些制作安装经验。

第 13 章　穹顶关键施工技术

大跨度现代佛教建筑中，常采用装饰性穹顶营造大空间。本章分别针对大型穹顶的莲花瓣装饰板的定位、调整、安装问题，高强 GRG 材料加工、组装、固定问题，以及镂空铝板大穹顶的加工、装配施工等技术难题及解决方法进行介绍，采用精密加工、精确定位等现代建筑技术完成大型穹顶的施工。

13.1　梵宫穹顶莲花瓣装饰板施工技术

1. 技术概况

佛教建筑圣坛主会场穹顶最大直径为 160m，场内直径 94.40m，舞台面内直径 71.40m，穹顶面距舞台面最高点 36.0m，距舞台面最低点 10.50m。穹顶面为竖向抛物线形面，穹顶竖向抛物线形面上吊挂莲花瓣，莲花瓣装饰板共计 1344 组，单体最大几何尺寸为 3160mm × 3000mm × 430mm，莲花瓣饰面饰 99 金箔，莲花瓣展开面积为 5600m^2。

2. 技术特点

（1）技术方案选择

圣坛穹顶莲花瓣的制作与安装除需满足莲花瓣设计效果外，还要保证质量轻、强度高、环保达标等多项要求，针对以上要求，根据现场实际情况结合以往施工经验，决定采用新型的改良石膏制品 GRG 材料制作莲花瓣装饰板。

（2）GRG 材料装饰板特点

GRG 装饰板是实用型装饰板材，工艺较为先进，其特点是适应建筑物和装饰物的几何形状、形态进行多样变化；质量轻，单位重量是石材板的 1/3 ～ 1/10；强度高，几何形状加工精度也高，且表面装饰色彩可以任意组合喷涂。

（3）穹顶莲花瓣 GRG 装饰板特点

1）圣坛主会场穹顶莲花瓣 GRG 装饰板为立体几何形状，按照佛教理念规划出穹顶莲花瓣共二十八层，每层共 48 组。从下往上依次递减错位排列，每一层莲花瓣 GRG 装饰板的外形几何尺寸又不规则的递减，其图案相同、比例相同、几何尺寸不相同。同时按力学原理加设了周沿法兰盘，法兰盘的高度也不相同。穹顶莲花瓣外形最大几何尺寸为 3160mm × 3000mm × 430mm，最小几何尺寸为 530mm × 500mm × 110mm。

2）穹顶莲花瓣的花瓣周沿是云纹图案环绕，面层立体形状是多层阶梯凹凸槽。表面还存在 20% 的孔状吸声孔。背面加装了全封闭环保阻燃吸声体，以保证圣坛主会场整体效果的一致。

3）为保证莲花瓣云纹图案和阶梯凹凸槽的形成，GRG 装饰板的基材选用 α 半水石膏充实，内部构造采用 225 短切玻璃纤维（抗碱无捻玻璃纤维连续丝和抗碱玻璃纤维网格布）完成莲花瓣云纹肌理和凹凸阶梯槽肌理的展铺，以达到梵宫圣坛穹顶装饰效果。

（4）穹顶莲花瓣 GRG 装饰板工艺特征及过程特征

1）穹顶莲花瓣 GRG 装饰板外形几何尺寸按设计院的提供尺寸设计制作，装饰板成品完全成熟后的含水率≤ 8.0%，吸水率≤ 38%，每平方米质量控制在 8.0 ~ 13.6kg，外观尺寸及形位公差 ±2.0mm（≤ L/1000+2.0），厚度控制在 8 ~ 11mm。为保证强度及增加立体感观，莲花瓣周沿法兰盘的高度需在 110 ~ 430mm。

2）莲花瓣外观形态确定后需生产出莲花瓣加工过程需要的模具。首先雕刻出莲花瓣标准模具图案小样样本，然后使用热固性环氧树脂玻璃纤维网布及硅胶和相应的 PS 板等材料制成小样样本模具，浇注成形做好穹顶莲花瓣 GRG 装饰板小样样本，经业主和设计院审阅通过后。再雕刻出二十八种莲花瓣模具大样（二十八层穹顶莲花瓣为二十八种莲花瓣模具大样），最后大面积生产莲花瓣成品。

3. 技术措施

（1）穹顶莲花瓣 GRG 装饰板施工顺序

1）为了满足总装舞台安装所需的空间和时间，在梵宫圣坛标高 10.50m 处搭设钢网架平台，以满足穹顶莲花瓣安装施工。

2）根据梵宫圣坛穹顶主桁架钢结构特征，依穹顶莲花瓣式样的复杂性，对梵宫圣坛穹顶莲花瓣钢结构转换层进行结构设计的深化设计，取得设计院的认可后，进行穹顶莲花瓣钢结构转换层施工。

3）依据穹顶莲花瓣施工图依次、依序对穹顶莲花瓣单体安装施工；并根据面层图样、饰面材料进行饰面装饰施工。

（2）莲花瓣 GRG 装饰板安装工艺流程

测量放线→穹顶钢结构转换层施工→预埋件安装→在 GRG 装饰板上开启各种设备孔→安装穹顶莲花瓣 GRG 装饰板→安装 GRG 装饰板后 LED 灯光线路及灯具→安装 GRG 装饰板封口挡板→安装 GRG 装饰板配套环保阻燃吸声体→装饰板基层打磨和基层乳胶漆喷涂→装饰板面层金箔敷贴→穹顶莲花瓣 GRG 装饰板安装项目检查与验收。

1）测量放线。

根据业主提供的基准线，对穹顶结构的轴线、垂直线、控制线进行复核，并根据穹顶结构的特点测定总控制线，并以此为基准，分配分割线，锁定穹顶圆心和不同类型的交叉点。确定穹顶内的各个坐标、控制点、精密导线网点、精密水准点及垂直控制线。

2）穹顶钢结构转换层及预埋件施工。

转换层施工流程：钢材的质量检验→钢材焊制的技术复核→穹顶莲花瓣钢结构转换层稳定性检查→纵横向轴线位置调整→穹顶莲花瓣钢结构转换层标高调整→最终核验及焊接固定。

①钢材进场后，质量人员按设计图纸要求对钢材尺寸、厚度进行质量检验，确保质量偏差在设计允许范围内。

②严格按照设计图要求，完成钢件的制作与安装，并与主桁架进行焊接对安装位置、焊接质量、涂料防火喷涂、垂直度情况等进行检查，对质量偏差不符合要求的重新调整或返工。

③依照图纸、设计变更文件要求，对标高同在一个坡面位置上且每层转换层已经整体完成的确定为一个安装批次，现场进行轴线、标高的技术复核（图 13.1-1）。

图 13.1-1　GRG 通过连接件固定在环向龙骨上位置校正

④对已安装完成的穹顶莲花瓣钢结构转换层整体的稳定性进行检查，钢材焊制的牢固程度不符合要求的进行加固处理，并进行轴线定位，拉纵横轴线交会测定圆心，对有偏差的位置进行调整，允许偏差项目见表 13.1-1。

允许偏差　　　　表 13.1-1

偏差类型	平面尺寸垂直偏差	平面尺寸水平偏差	穹顶钢结构转换层焊缝偏差
转换层焊接制作	≤ 2.0mm	≤ 2.0mm	≤ 0.3mm
装饰板预埋件	≤ 2.0mm	≤ 2.0mm	

（3）穹顶莲花瓣 GRG 装饰板安装施工

施工顺序：定穹壳中心点→定位径向龙骨，每 45° 一根→定位环向龙骨（确保环向龙骨水平）→以定位的环向、径向龙骨为基准，施工其他辅助龙骨→ GRG 安装（以环向 45° 为一个施工单元）→由中心向四周逐层安装→校正相对位置、打磨批腻子。

采用全站仪确定穹壳中心，并经多次复核无误后将中心投影至施工平台上，并在穹壳骨架上设辅助杆件，用经纬仪测水平，沿高度方向每 6m 一道，每圈 45° 一个点，通过检测半径调测水平点位置，至少反复检测两次以上，以最终确定每测试层水平点位置（即半径末端控制点），然后施工 GRG 支撑钢骨架，并采用 22 号钢丝定位穹壳中心，由上而下的顺序安装 GRG 装饰板，对于安装偏差，采用上下层对应并 45° 平面角度范围调节进行消化，GRG 装饰板完成图如图 13.1-2 所示。

图 13.1-2　GRG 完成图

4. 小结

应用 GRG 石膏制品定制穹型莲花瓣装饰板创新施工技术，不仅成功解决了复杂、超高、大跨度穹顶施工问题，而且取得了很好的社会效益及经济效益，同时也深刻体会到 GRG 的施工工艺在异形顶制作方面带来的便捷，对今后同类型的有规则或无规则的特殊异形结构施工，都具有很好的借鉴与指导意义。

13.2 梵宫圣坛超高超大穹顶施工技术

1. 技术概况

梵宫圣坛的前厅顶面采用六个高大的穹顶吊顶，直径达 7.5m、拱高 1.8m，层高达 13m，顶与顶之间采用拱形顶予以连接，并且在穹顶四个角落采用弧形顶收头，表面再配以彩绘，施工工艺复杂，难度较大。如何解决顶面的施工及质量问题是本工程的施工难点，如图 13.2-1 所示。

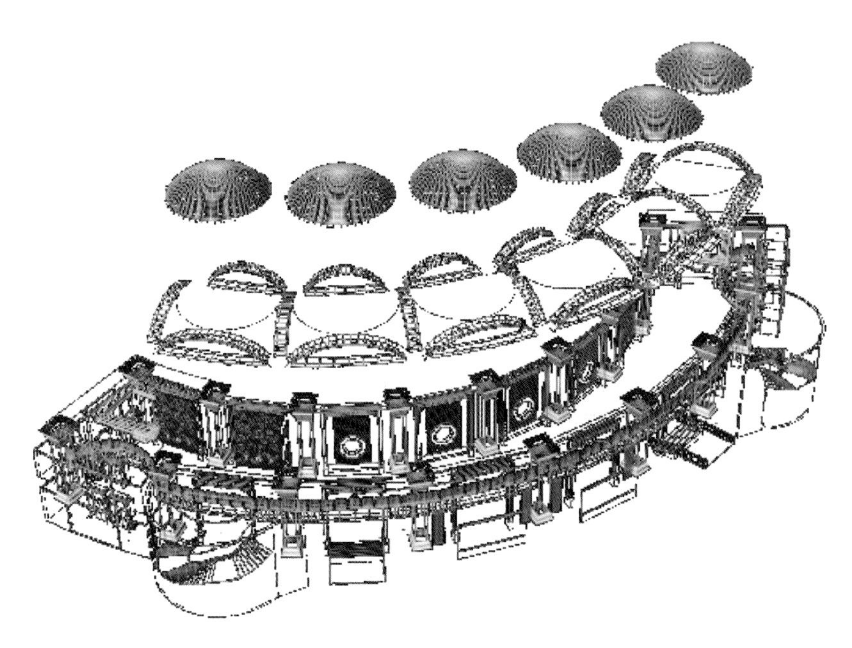

图 13.2-1 圣坛前厅顶面分解示意图

2. 技术特点

（1）工艺复杂、体量大（共有 6 个穹顶）、层高高（层高达 13m）。

（2）表面要绘制敦煌壁画，因此对基层要求特别高，不能开裂。

（3）工期紧，仅彩绘工期就需 3 个月，须尽快策划、施工。

（4）以装饰层来实现大跨度超高穹顶做法很少，需要进行技术创新。

3. 技术措施

（1）方案设想

针对此穹顶超高、超大、基层要求高等难点，围绕穹顶施工，结合现场实际情况和以往施工经验，初步考虑以下几种方案：

1）采用玻璃钢制作：经过专门设计、专业制造的纤维缠绕成形方法、整体成形，再进行吊装。

2）采用无纸石膏板制作：是以石膏为胶凝材料，面底均为石膏基，通过改性石膏基生成高强、耐水石膏板，经过人工弯曲覆于已做好的龙骨基层上，再进行涂饰。

3）GRG 高强石膏制品制作：是一种以纯天然改良特殊石膏为基料，添加专用增强玻璃纤维和水性添加剂，此种材料可制成各种造型平面板、各种功能建筑装饰构件，广泛应用于各类建筑的装饰吊顶、墙体板、超大型特殊异形构件等。

（2）方案的技术分析与比较

综合考虑各方案的可行性、安全性、经济性及施工周期等因素，对以上各方案逐个进行技术分析与比较，见表 13.2-1。

方案技术分析比较　　表 13.2-1

序号	比较内容	工艺做法		
		玻璃钢制作	无纸石膏板制作	GRG 高强石膏制品制作
1	产品性能	质量轻、强度高、使用寿命长	面结构强度高，表面不变色、不易脱落、起鼓	质轻高强，不变形、无毒无味，绿色环保
2	加工周期	加工周期约 15d	加工周期约 7d	加工周期约 12d
3	施工便捷	便捷，可调性差	便捷，对基层处理要求高	便捷，可调性强
4	成本	材料成本高，总成本高	材料成本低，人工成本高	材料成本稍高，人工成本低
5	材质表面附色性能	表面光洁度高，附色性能很差	面层多孔，附色性能较好，彩绘成本高	材质表面光洁、细腻可以和各种涂料良好的粘结
方案选择		不采用	不采用	采用

通过以上三种方案在可行性、质量、施工周期、经济性等方面综合比较后，最终选定 GRG 高强石膏制品方案，即“采用 GRG 高强石膏制品制作穹顶”。该方案所用材料强度高、成形快、施工操作简单、可靠性好、工期短等特点，同时有效解决了顶面施工后容易开裂的现象，方案为完成整个大穹顶施工任务及达到设计要求提供了保障。

（3）工艺流程及操作要点

1）GRG 高强石膏制品穹顶的制作流程，见图 13.2-2。

2）实施步骤。

①根据原方案设计图，复核现场水平标高、建筑尺寸，随后根据设计图纸运用红外投影仪在现场地面及墙面进行 1∶1 放样，将顶面轮廓线、石膏线、灯具、风口、喷淋投影到地面，并弹出吊顶标高线，注明高度。以把握穹顶占整个空间的比例情况，确保空间比例整体协调，并确认穹顶是否与其他安装设备相抵触，以便尽早协调、解决，如图 13.2-3 所示。

②由于本穹顶造型是由装饰层来实现的，而原有的土建结构板是平的，主梁高度约 700mm，因此要想达到装饰效果，且符合规范要求，必须设二次吊顶来进行装饰。二次吊顶采用热镀锌∟5 号

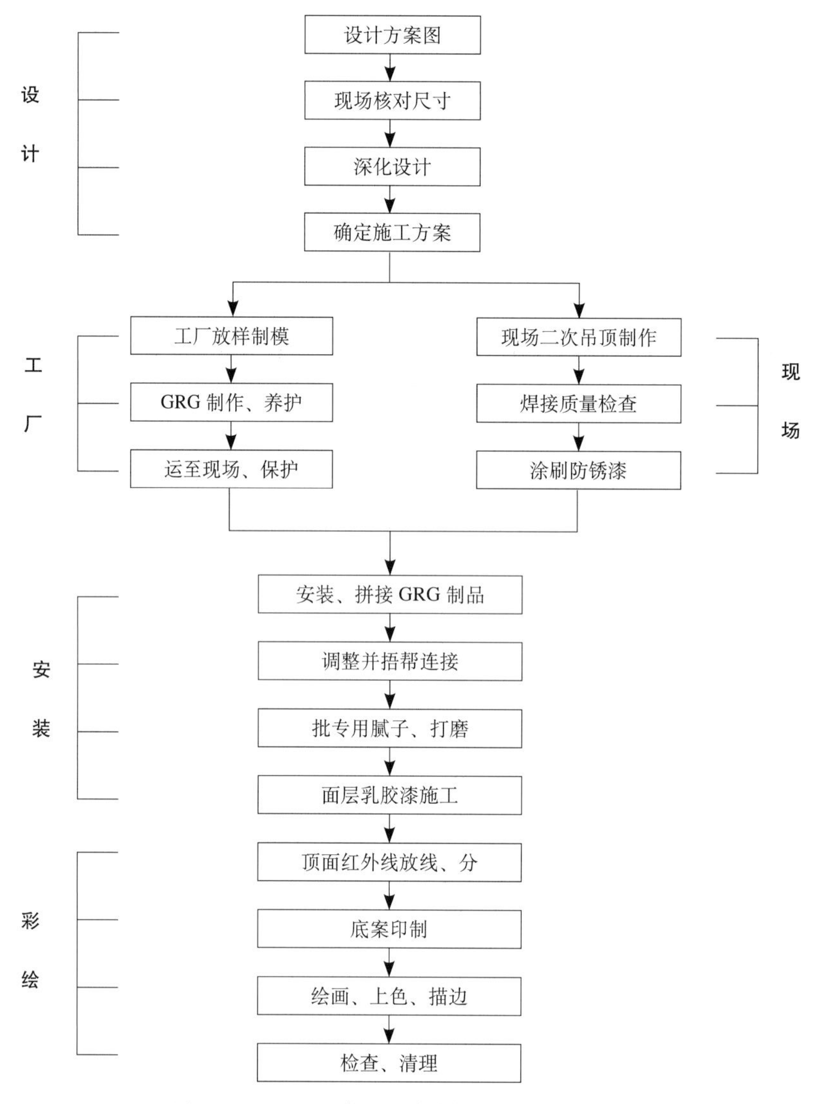

图 13.2-2 GRG 高强石膏制品穹顶的制作流程

角钢进行焊接，顶面加设 200mm × 200mm × 10mm 的后置锚板和膨胀螺栓进行加固，南北墙面设置角钢与二次吊顶连接撑牢，防止其晃动。

③根据现场实际尺寸及设计方案，到生产厂家进行参观、了解后，考虑 GRG 制品本身的重量

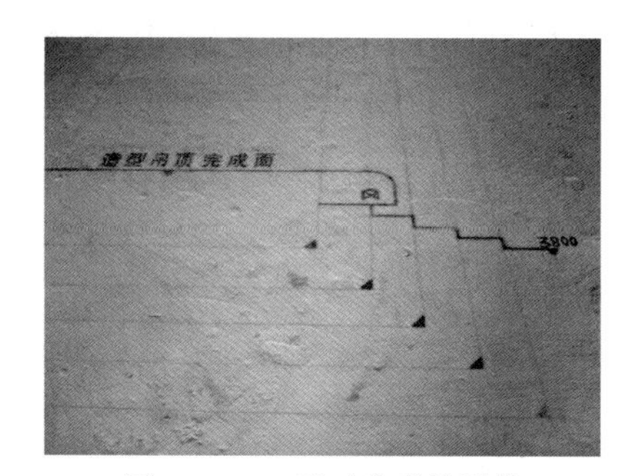

图 13.2-3 顶面造型投影线

图 13.2-4 顶面二次吊顶及吊筋分布图

及现场二次吊顶钢架所能承受的最大荷载，决定将穹顶有规则地分割成41块，分块进行制模、加工，然后运到现场分块拼装的形式进行施工（采用由中心向四周的安装顺序进行安装）（图13.2-4）。

④考虑到分块之间的接缝是今后开裂的主要隐患，为有效解决接缝位置对今后施工质量造成的影响，对接缝处进行了如下处理：

a. 为加固其强度，防止分块之间有错位现象发生，在分块接缝处的背面采用 $\phi 8$ 对穿螺栓进行对接，并用GRG材料进行捂帮加固，使其成为一个整体，如图13.2-5所示。

b. 在接缝处正面采用GRG专用腻子进行修补，然后批腻子、打磨，批腻子每一遍的厚度进行严格控制，每一层厚度不得超过2mm，第二次批腻子前必须待第一层半成干的时候再进行；打磨的时候必须用灯光进行检查，确保顶面的平整度和精细度，面层乳胶漆的施工必须采用喷涂方式进行。

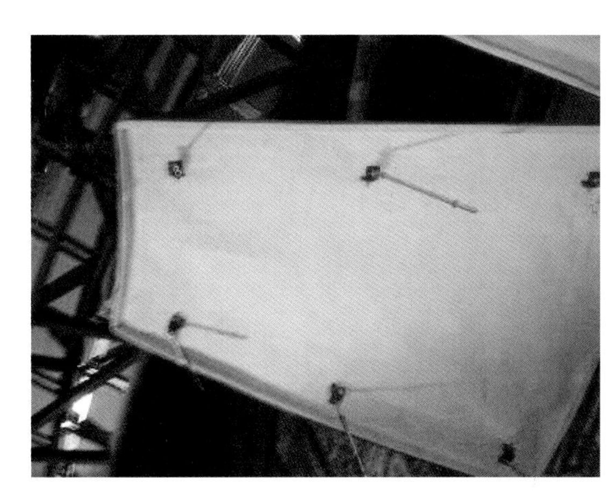

图13.2-5 每块GRG制品背部预埋连接件及拼装完成图

4. 小结

在灵山胜境三期建筑梵宫工程中应用GRG石膏制品定制穹形顶创新施工技术，不仅成功解决了超高、大穹顶施工问题及完工后易开裂现象，而且取得了很好的社会效益及经济效益，圣坛前厅的穹顶成为传播敦煌壁画和佛教文化的一个重要窗口。

13.3 禅境大观双曲面拉索式异形镂空铝板施工技术

1. 技术概况

镂空作为一种雕刻艺术，越来越多的建筑设计将其融入到建筑装饰上，通过不同图案，大小疏密的孔形变化搭配使物面产生动感，结合不同的构造及外形环境进行异形处理，使得线条更为明快、飘逸，突破传统造型概念，产生无穷无尽的思绪空间。作为一种实用又美观的新型装饰形式，目前已日趋成为异形空间的表现形式之一。

佛顶宫禅境大观的屋面采用大跨度铝合金穹顶结构体系，穹顶下采用双曲面拉索式异形树影状镂空铝板天花，总计施工面积约20000m^2，其中异形铝板12000m^2，防火透光膜为9000m^2，采用拉杆、拉索与铝合金结构形成稳定曲面壳体受力体系，拉杆尺寸共计1200种，拉索尺寸1600种；自下而上共计三层，底层由300mm宽及450mm宽铝通形成树状线条；中层采用超过3000块尺寸和形状各不相同的三角镂空铝板组成；上层为乳白色防火透光软膜，软膜共有3000种不同尺寸，软膜加工工艺复杂。通过法向拉杆、斜拉索和铝板拼花单元之间形成稳定的体系，体现佛教娑罗树下树影斑驳的元素和寓意，具有跨度大（130m）、超高（净高 44m）、构件复杂（尺寸和镂空花纹无重复）、制作安装难（相交复杂、无规律）等特点，目前为国内外首次应用，施工难度大，如图 13.3-1 所示。

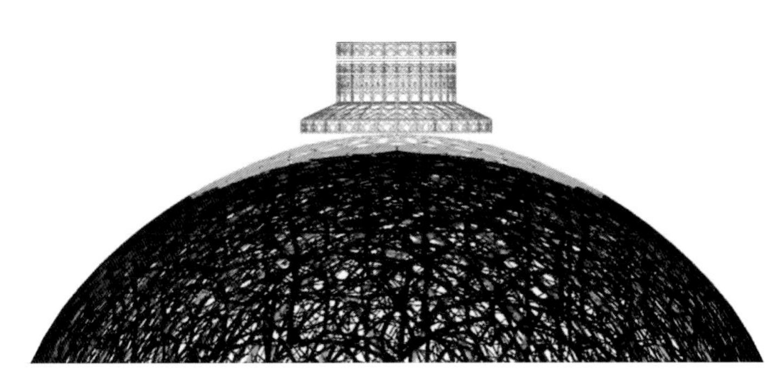

图 13.3-1 异形树影状镂空铝板天花剖面及效果

2. 技术特点

（1）采用 Tekla 和犀牛软件 1∶1 模拟建模技术，将体系中的异形镂空铝板、节点盘、连接件等主要部件分解，确定构件的精确尺寸，实现构件工厂化精确生产制作及安装指导，提高工效。

（2）本工程为双曲面穹顶，板块镂空图案都是随机组成，没有任何规律性和相同性，每个板块都是唯一的，板块安装过程需要定位准确，安装定位难度大。

（3）现场全部采用螺栓铆接连接工艺，没有任何冷加工，无需焊接，大大提高了施工效率。

（4）施工过程采用不锈钢拉杆、斜拉索、节点盘与铝板镂空拼花单元多向连接技术，形成稳定受力体系，最大限度减少自重的同时，保证了施工质量与安全。

（5）通过运用 Tekla 软件对大跨度镂空铝板天花的整体模型进行整体受力分析，稳定性验算及复核，对构件的厚度、尺寸、连接方式，拉杆、拉索的规格进行合理性确定。

（6）安装时，从穹顶各分区的底部向弓高方向安装，先安装两圈，待所有分区下面两圈安装闭合，形成一个封闭稳定的空间结构，减少累计偏差及防止局部荷载集中后，再逐次向上拼装至完成。

（7）沿铝合金网壳法向的拉杆、斜拉索与铝板拼花单元三者之间通过节点盘、转换连接件等形成一个稳定的体系后，将防火透光膜与铝型材、铝通形成的骨架，通过专用铝支架固定于镂空拼花铝板的铝通。

3. 工艺流程及操作要点

（1）工艺流程

施工工艺流程如图 13.3-2 所示。

（2）操作要点

1）施工准备：

①编制安装方案并对操作人员进行交底。

②按照设计意图进行图纸深化设计，三维建模后，生成板块加工图，加工时需按拟定分区和编号加工，用钢印在板块的非装饰面上打上编号，凿上三角形的钢印，表明板块的安装方向，保证加工和安装的有序进行（图 13.3-3）。

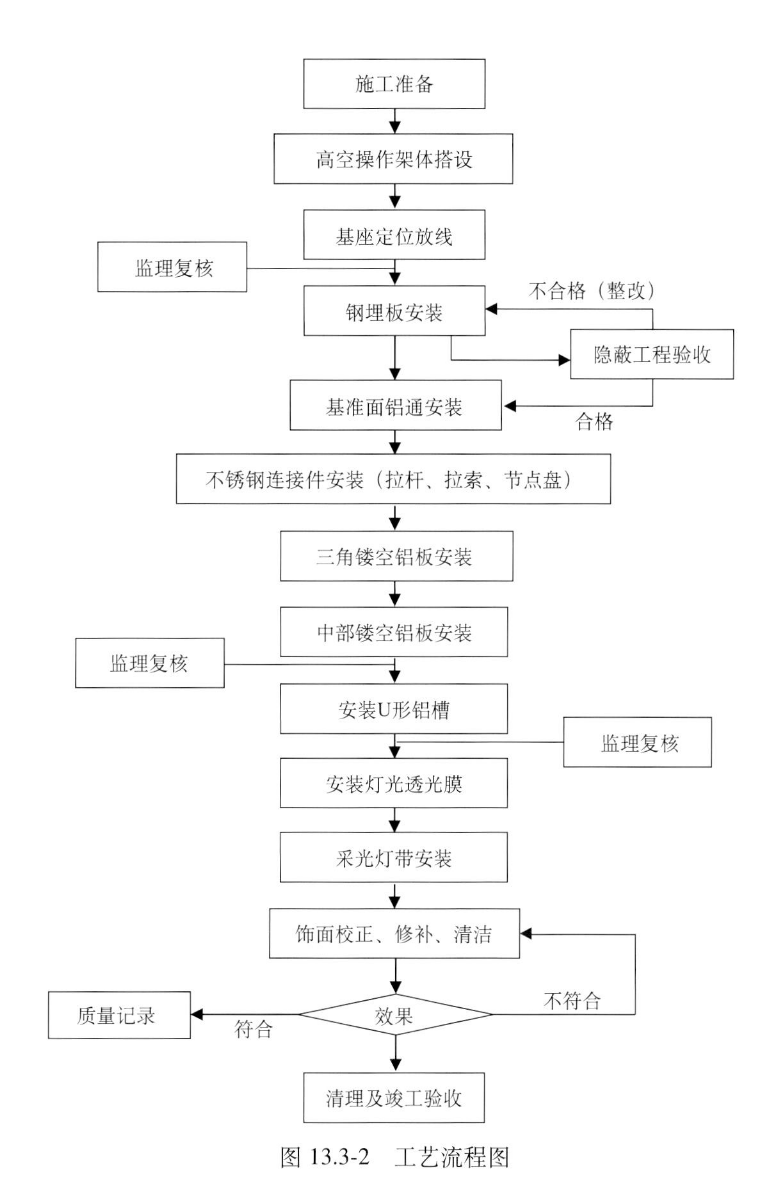

图 13.3-2 工艺流程图

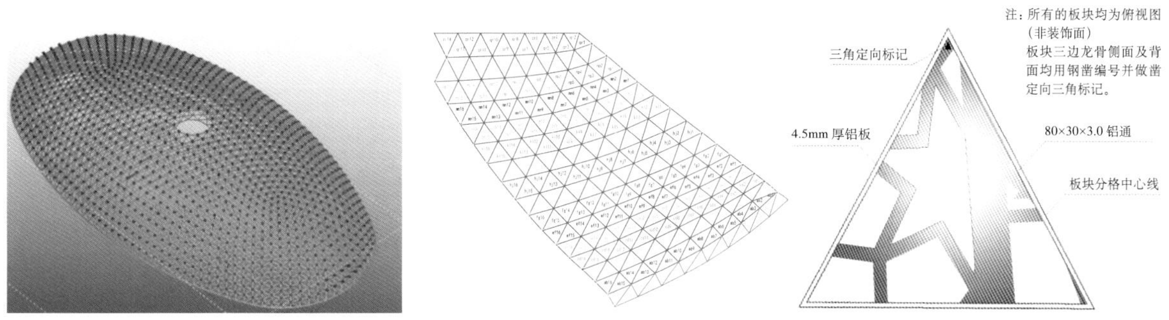

图 13.3-3 镂空铝板加工完成图

③根据三维模图对穹顶基座及板块进行三维定位，按照现场实际尺寸，编制加工计划，将需要进行场外加工和采购订货的材料、部件绘制加工图，加工订货。

2）高空操作架体搭设：

①根据建筑椭球形的形状，搭设高度变化不一的高空独立塔桁架式承插盘扣脚手架，减轻架体自重的同时，减少楼面荷载，形成具有刚度和稳定性的三维空间桁架体系，具有灵活的可拆卸、调节性能（图 13.3-4）。

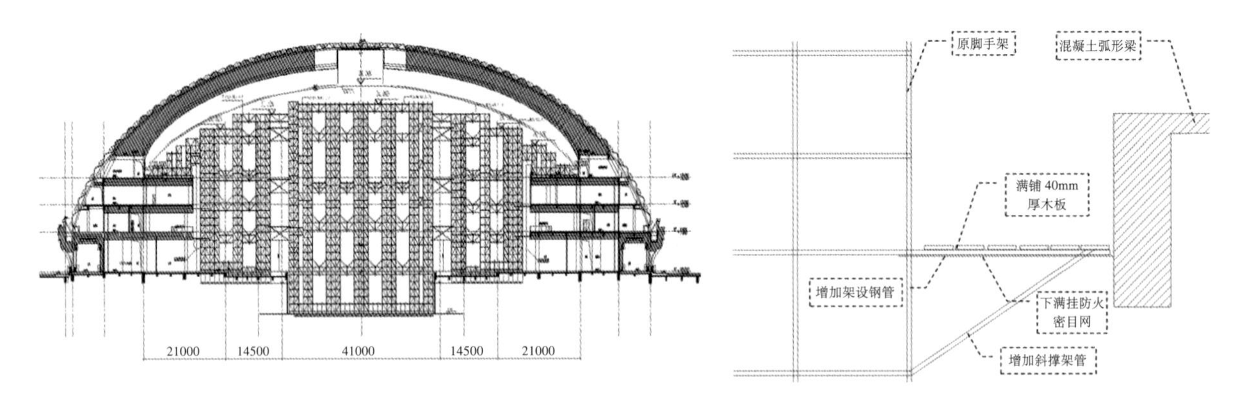

图 13.3-4 高空独立塔桁架式承插盘扣架图

②内圈弧形混凝土梁处，设置条形脚手架，悬挑 1m 作业平台，便于弧形部位作业。

3）基座定位放线。根据图纸标定基准点的坐标与穹顶饰面位置关系，测放底部天花铝板水平投影轮廓的控制线，在线上标明至铝板饰面的距离（图 13.3-5）。

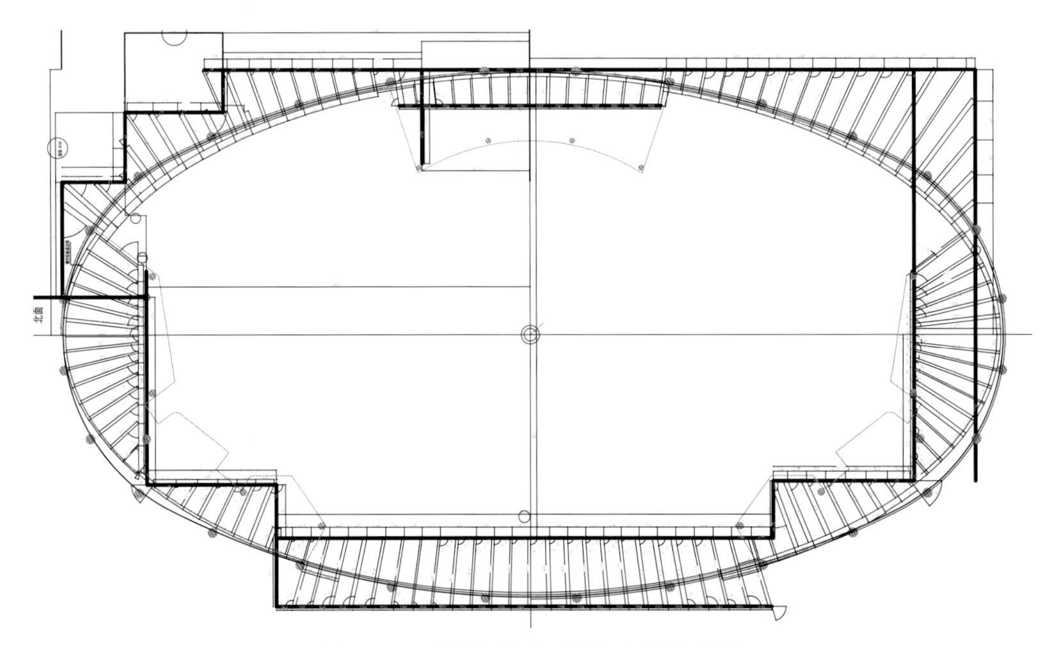

图 13.3-5 铝板天花与基座控制线定位图

4）钢埋板及钢架安装。在梁、柱预埋件面上弹出安装控制线及标高，确定螺栓及焊接件位置后钻孔、植入锚固螺栓，焊接连接板，将底层支撑钢架焊接于埋件（图 13.3-6）。

5）基准面铝通安装。在地面测放铝通位置线，利用线锤将位置线引至钢架，采用螺栓将吊杆固定于钢架，通过铝单板连接片、外六角自攻钉、吊杆等固定基准面铝通，再利用连接件、外六角自攻钉将镂空铝板构件和基准面铝通连接，如图 13.3-7、图 13.3-8 所示。

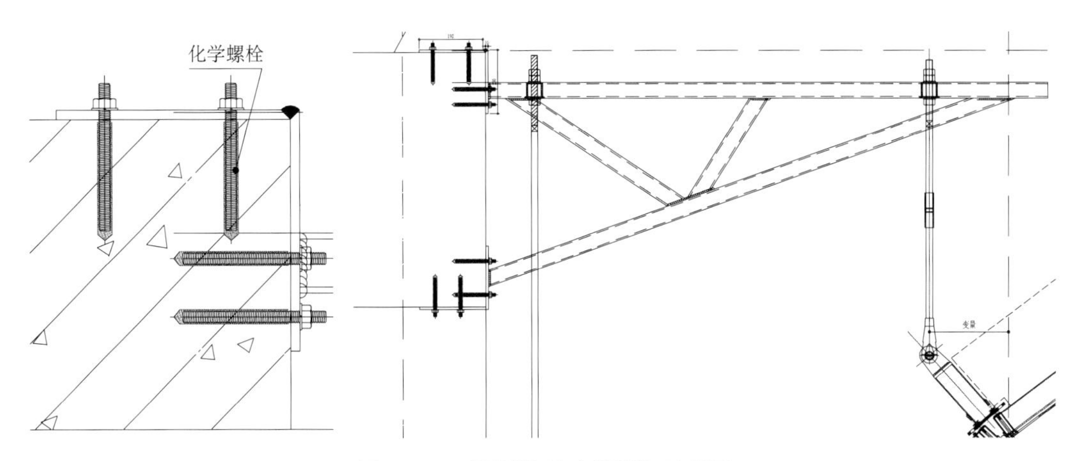

图 13.3-6 预埋件及支撑钢架示意图

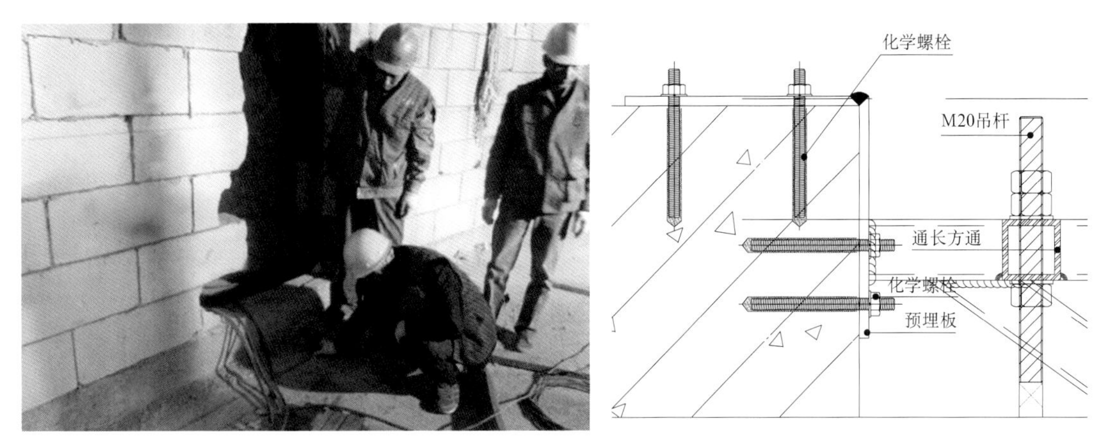

图 13.3-7 螺铝通基准线上引图及栓固定吊杆图

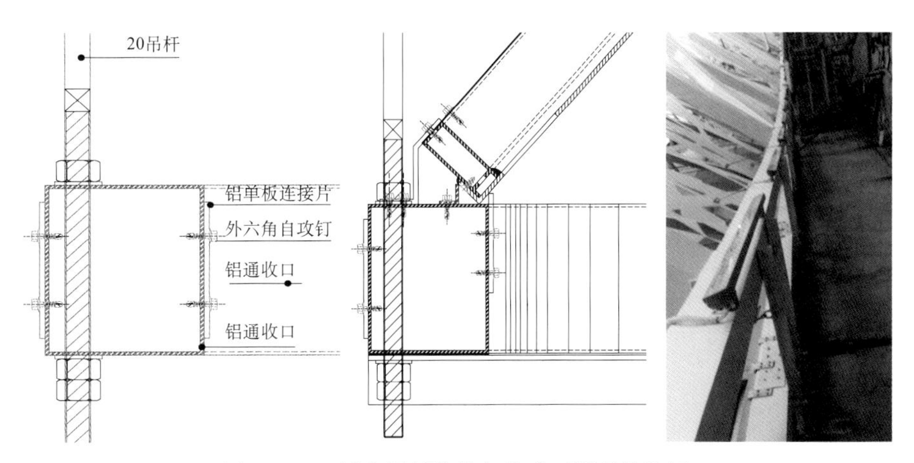

图 13.3-8 镂空铝板构件与基准面铝通连接图

6）不锈钢连接件安装（拉杆、拉索、节点盘）。

工艺流程：安装铝合金结构节点盘的 ϕ30 不锈钢法向拉杆安装→安装 ϕ8 钢拉索连接耳→安装 ϕ20 不锈钢拉杆→安装镂空铝板不锈钢节点盘→ ϕ8 拉索安装。

①铝合金结构上下节点盘预开 ϕ 32mm 圆孔，安装钢拉杆，上下部采用钢垫片，上部采用反脱销卡死（图 13.3-9）。

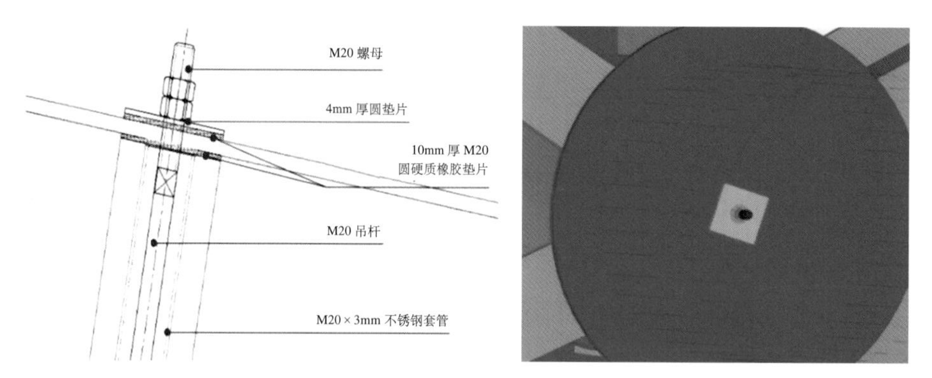

图 13.3-9　铝合金结构节点盘 ϕ 30 不锈钢法向拉杆安装图

②下端采用连接件、钢拉索连接耳片、销钉将 ϕ 20 不锈钢拉杆和 ϕ 8 钢拉索连接，不锈钢拉杆由内牙套筒及吊杆组成（图 13.3-10）。

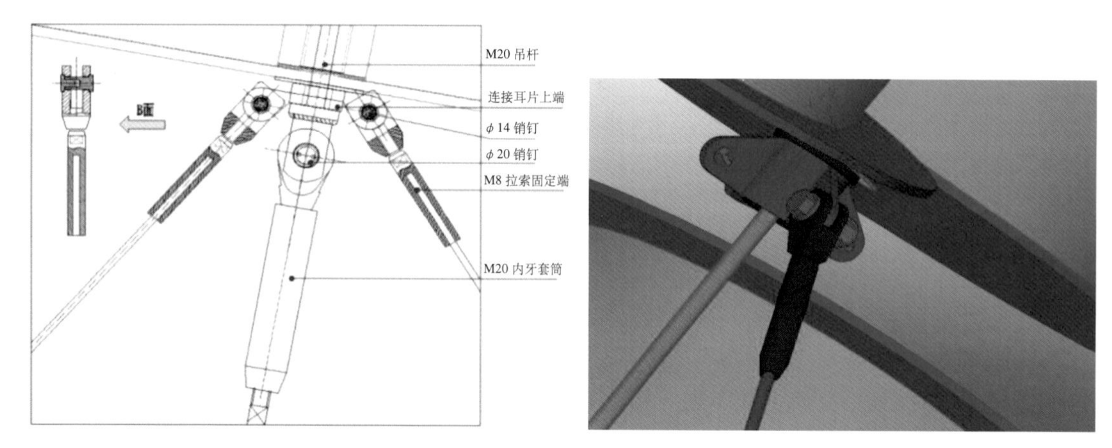

图 13.3-10　拉索、拉杆连接节点图

③ ϕ 20 不锈钢拉杆通过转换内牙套筒与 ϕ 30 不锈钢拉杆固定，钢拉索通过连接耳片下端与不锈钢拉杆销钉连接，ϕ 30 不锈钢拉杆通过销钉与节点圆盘连接固定，节点圆盘利用对穿螺栓、弹簧垫片、橡胶垫片、Z 形连接耳片与铝型材骨架连接固定（图 13.3-11）。

7）三角镂空铝板安装。

①施工区域划分：穹顶的天花板块按图中箭头所示方向顺时针划分成 12 个工作区域，即 A、B、C、D、E、F、G、H、J、K、L、M 区，如图 13.3-12 所示。

②材料到现场后用卷扬机分批次吊运到施工平台，铝板按编号在施工平台上进行预拼装，并检查镂空的图案是否与设计一致。

③根据编号，用不锈钢拉杆和拉索吊挂到相对应的位置，然后用全站仪对板块进行三维定位，确定与设计图纸无误后，固定好该板块。用同样的方法进行下一块的安装，板块与板块之间预留 10mm 缝隙。

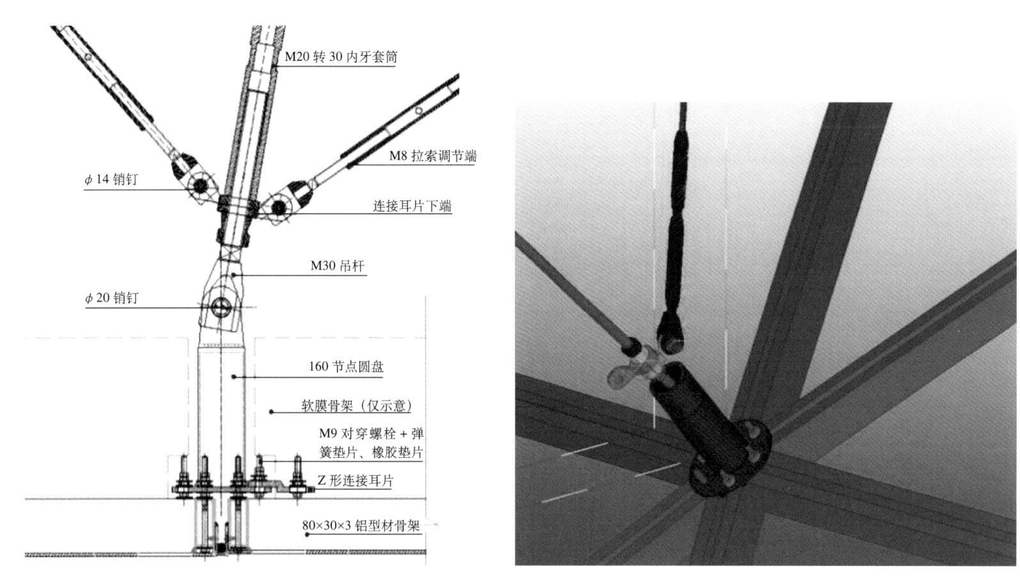

图 13.3-11　镂空铝板节点盘连接节点图

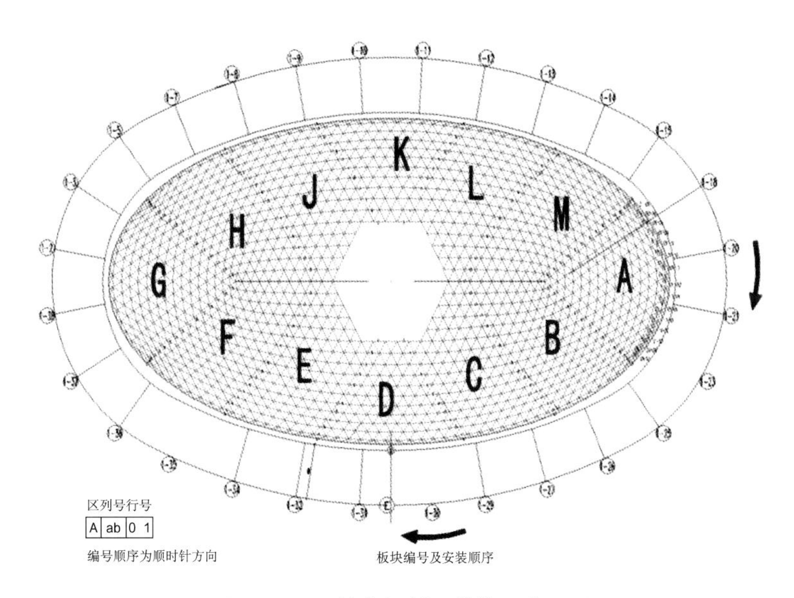

图 13.3-12　镂空铝板天花施工分区图

④从穹顶分区的底部向穹顶弓高的方向安装：每个分区先安装下面两圈，待所有分区下面两圈安装闭合后，再向上安装第三、第四圈，以此类推；安装完一个分区段后用全站仪对该区段边和顶点进行复测，如偏差较大，应及时调整，直到偏差控制在允许的范围内，再进行下一个板块的安装，如图 13.3-13 ~图 13.3-15 所示。

8）中部镂空铝板安装。

①上下节点盘预开 ϕ32mm 圆孔，垫好钢垫片后安装钢拉杆，上部采用反脱销卡死。

② ϕ30 钢拉杆固定于铝合金结构节点盘上，下端连接转换层 80mm × 80mm × 4.0mm 钢通。

③ ϕ140 × 4.0 圆钢管与 L 形钢角码焊接并固定于 80mm × 80mm × 4.0mm 钢通下。

④ ϕ20 法向拉杆通过牙套连接于转换层 ϕ140 × 4.0 圆钢管下，并通过节点盘、连接耳片等与铝型材骨架连接固定（图 13.3-16）。

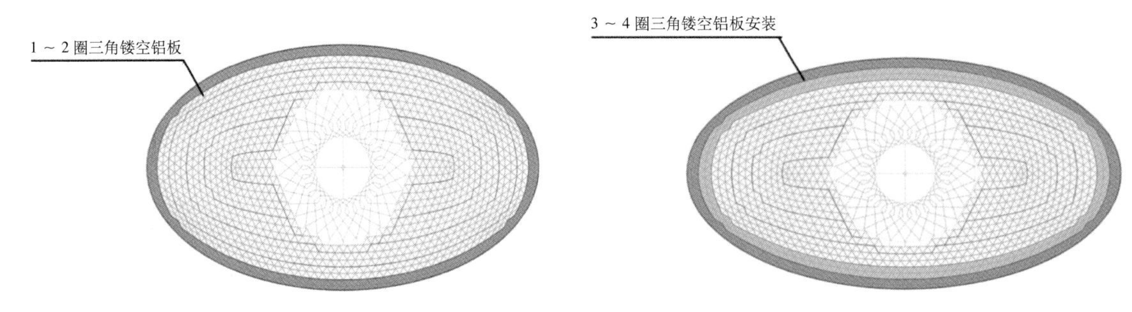

图 13.3-13 1 ~ 2 圈和 3 ~ 4 圈三角镂空铝板安装图

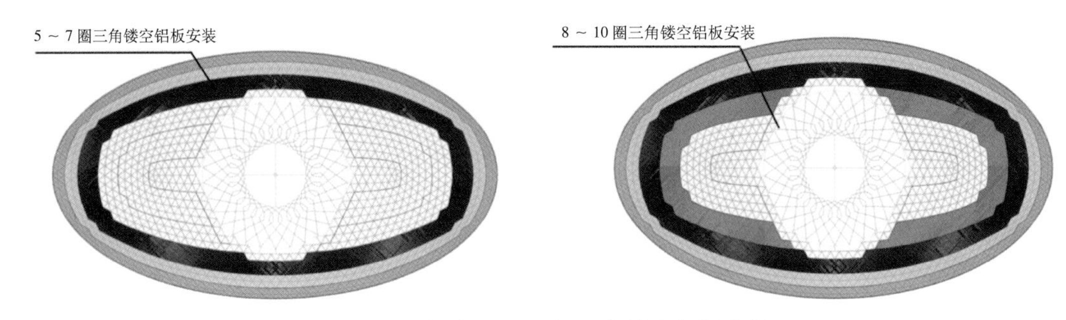

图 13.3-14 5 ~ 7 圈和 8 ~ 10 圈三角镂空铝板安装图

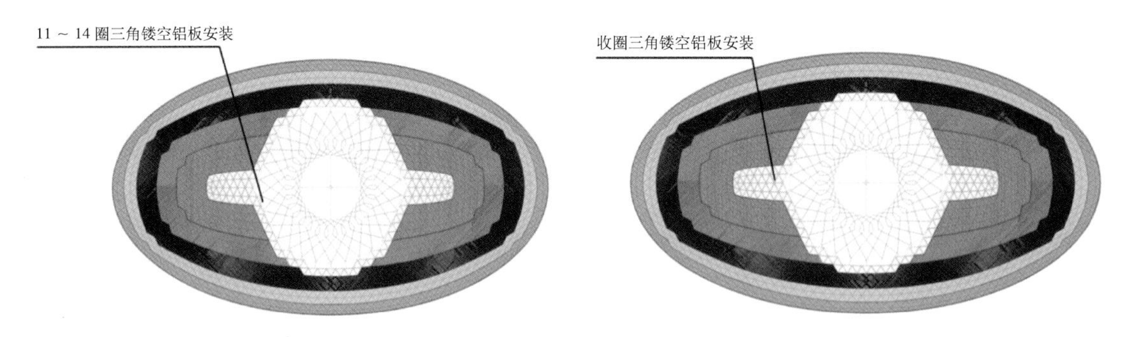

图 13.3-15 11 ~ 14 圈三角镂空铝板安装图、收圈三角镂空铝板安装图

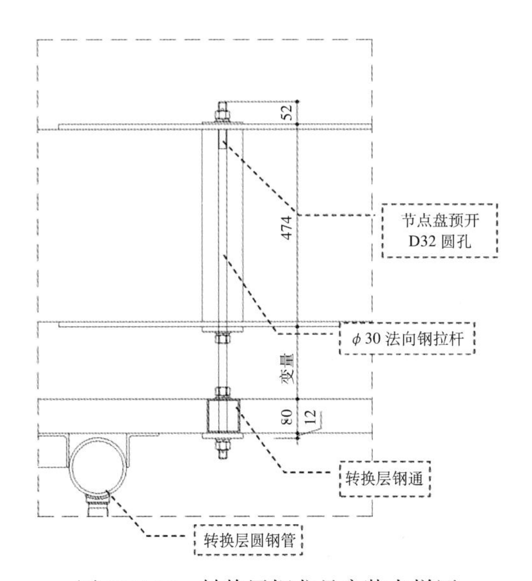

图 13.3-16 转换层钢龙骨安装大样图

⑤一榀单元块分5个部分（图13.3-17），进行板型编号加工。

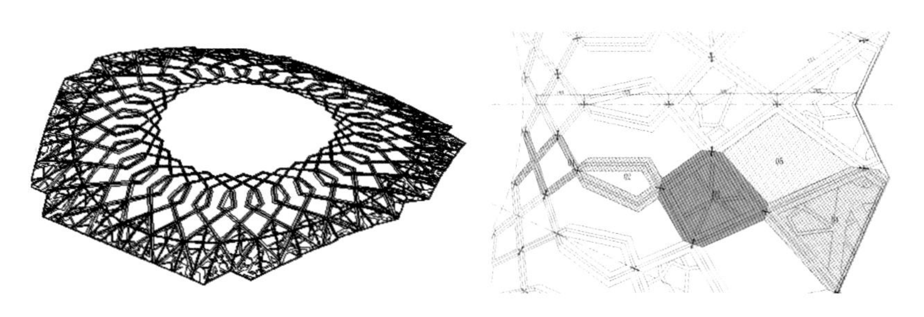

图13.3-17 中部镂空铝板平面图及三维图

9）U形铝槽安装。

工艺流程：U形铝槽定点定位测量→安装T形钢码→安装吊杆→安装U形铝槽→复核校正。

①镂空铝板检校后，进行下部4.5mm厚铝方通拼花的安装，拼花铝方通从穹顶中心向四周辐射安装（图13.3-18～图13.3-20）。

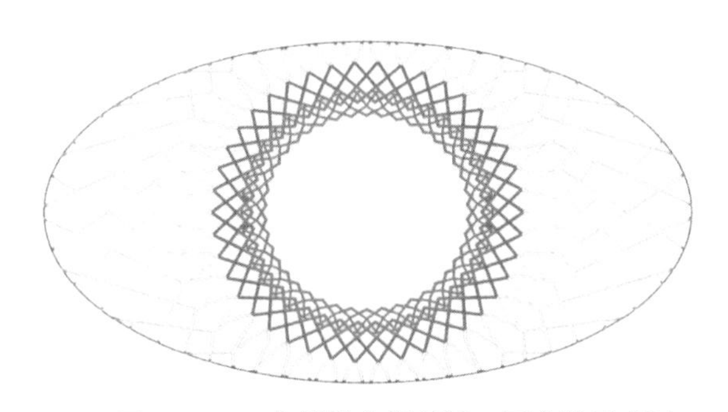

图13.3-18 中部镂空铝板第一圈安装示意图

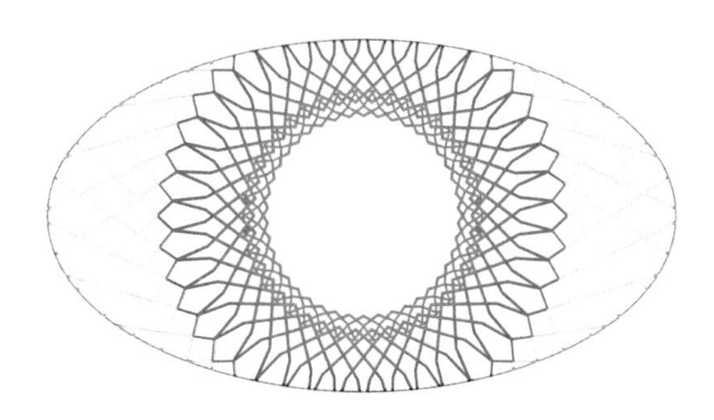

图13.3-19 中部镂空铝板第二圈安装示意图

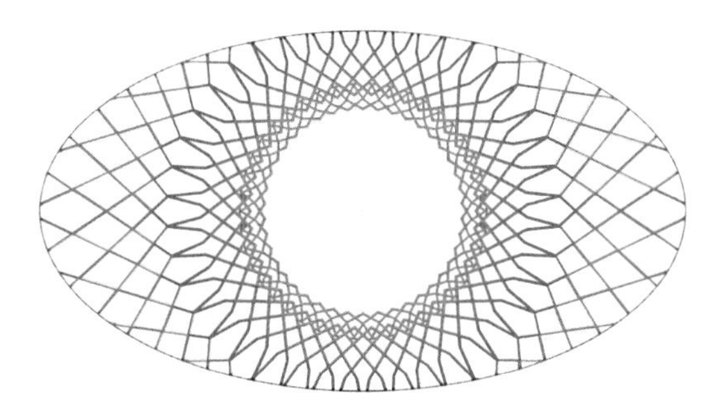

图13.3-20 中部镂空铝板安装完成图

②铝方通拼花采用6mm厚铝单板拼焊成不同规格方通，然后进行以折代曲，在4m长内采用一根直线U形铝槽，拼接成所需要的图形，每个单元体用对穿螺栓连接，如图13.3-21所示。

③铝方通拼花通过L形连接件、不锈钢花篮螺杆、不锈钢对穿螺栓同上一层镂空铝板连接（图13.3-22）。

10）防火透光膜安装。

防火透光膜采用铝型材和铝方通形成骨架，通过专用铝支架固定于镂空铝板拼花的铝通上（图13.3-23）。

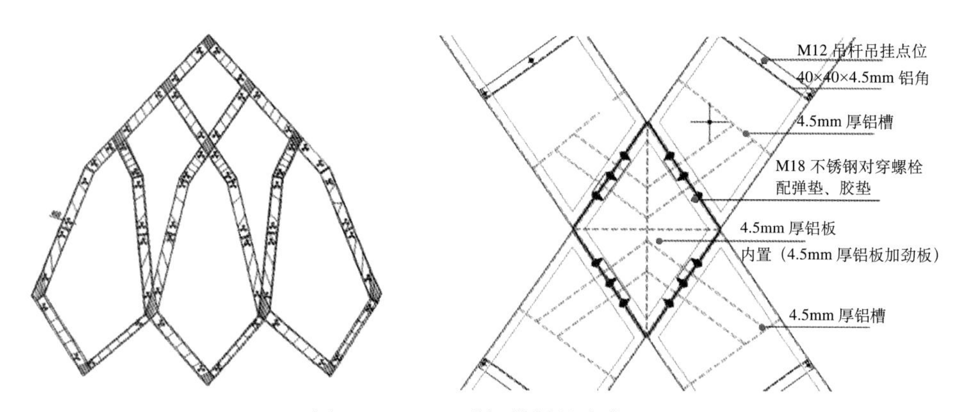

图 13.3-21 U 形铝槽拼接安装图

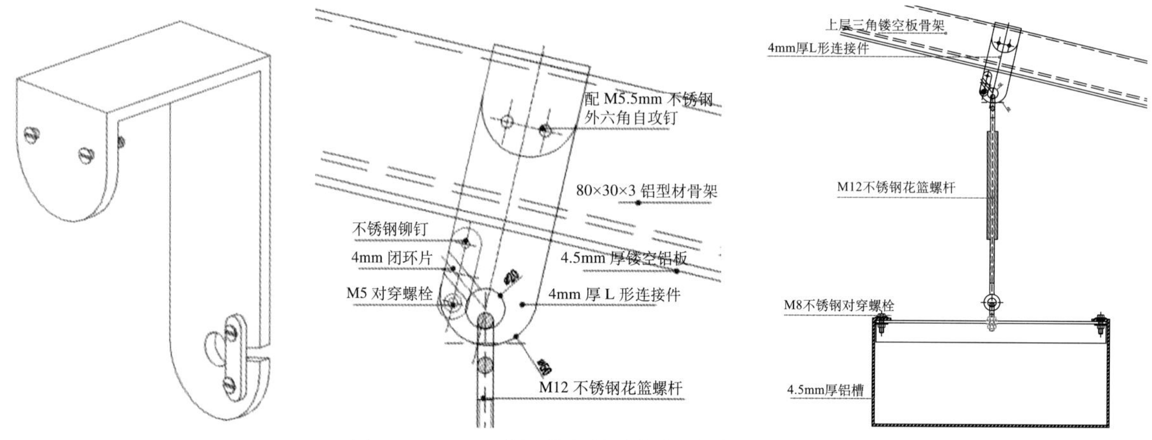

图 13.3-22 U 形铝槽与镂空铝板连接示意图

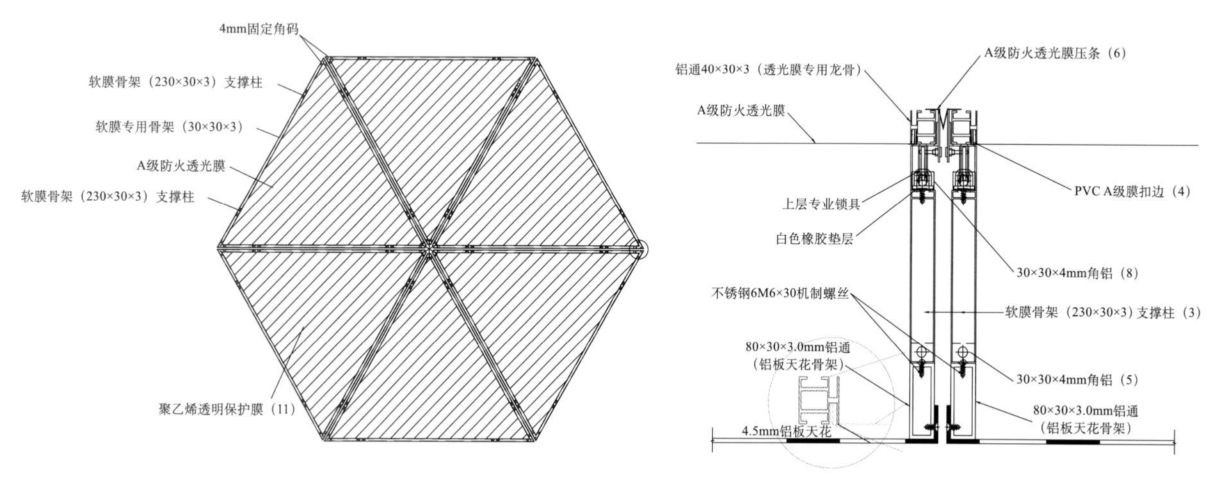

图 13.3-23 防火透光膜安装用铝支架示意图

11）采光灯带安装：

①采用“ω”形连接支架与铝合金杆件卡紧连接，将采光灯带管用不锈钢螺钉固定于“ω”形连接支架侧面（图 13.3-24）。

②透光膜上的灯光管采用自攻螺钉固定于透光膜骨架侧面（图 13.3-25）。

12）饰面清洁、修补及验收。

高空盘扣操作架拆除前，进行全面检查，镂空铝板天花及透光膜施工过程中易受到污染、踩踏等人为破坏，对松动或脱落的螺钉、卡具、连接件要及时修补；检查所有灯带照明情况，不符合要求的及时更换；待检查验收合格后即可落架。拆架时特别注意安全和对构件的成品保护，不得乱掷，避免砸坏构件（图 13.3-26）。

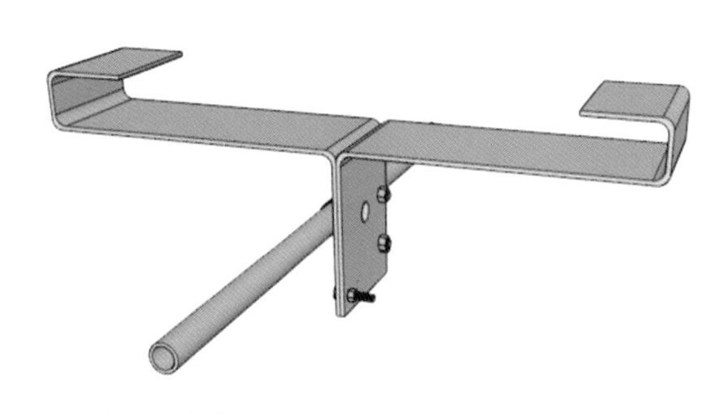

图 13.3-24　“ω”形连接支架三维图及安装图

图 13.3-25　透光膜上灯光管线安装图

图 13.3-26　拉索式镂空铝板天花完成图

4. 小结

拉索式镂空铝板天花施工过程中拉索式异形镂空铝板天花以其铝型材的耐久性，拉杆、拉索、节点盘的栓接装配施工，机床精密的构件加工工艺以及在美观度、耗能节源、生产成本等方面优异性能，有效解决了大跨度拉索式镂空铝板天花的施工难题，加快了构件安装速度，符合国家大力提倡发展节能环保型建筑的政策导向，社会效益良好。

第 14 章　双曲墙面装饰关键施工技术

佛教建筑由于意境、文化、功能等各方面的需求，一般采用丰富的造型、多样的材料、灵动的曲线。双曲墙面是佛教建筑的重要组成部分，造型优美但施工难度较大，墙面装饰石材的制作与安装是其施工重点与难点。本章对双曲面石材的加工工艺、双曲面 GRG 装饰面板的制作和面层处理、大跨度不规则的自由曲面结构的施工技术进行较详细介绍。

14.1　千佛殿异形空间双曲面石材施工技术

1. 技术概况

佛教建筑的工程性质对质量和观感的要求高，施工工艺复杂。佛顶宫千佛殿使用材料品种较多，不同材料之间的交接也很多，如何确保材料的交接自然、美观并且不产生开裂等质量问题是着重考虑的。

大堂及共享空间面积比较大，施工时候共享空间的安全防护是本工程的难点和重点，进场后安排施工人员搭设安全防护护栏和共享空间满堂脚手架。

工期比较紧，施工面积又比较大，施工难度高，工艺复杂，所以合理安排施工程序，确保工程保质保量完成是工程装修成功与否的关键。

2. 技术重点

工程技术重难点及解决措施见表 14.1-1。

技术重点难点和解决措施　　表 14.1-1

序号	重点、难点	解决措施
1	石材安装完成面放线定位	建立三维模型运用 BIM 技术，模拟现场放线
2	石材加工工艺控制	采用当下国内先进石材加工机械，应用 BIM 技术三维模型下单，加工完成后在后场进行预拼，将质量问题降至最低
3	石材与周边材料多层收口节点控制	利用三维模型模拟空间碰撞关系，避免石材与周边材料收口冲突

3. 工艺流程及操作要点

（1）工艺流程

双曲面石材安装工艺流程，见图 14.1-1。

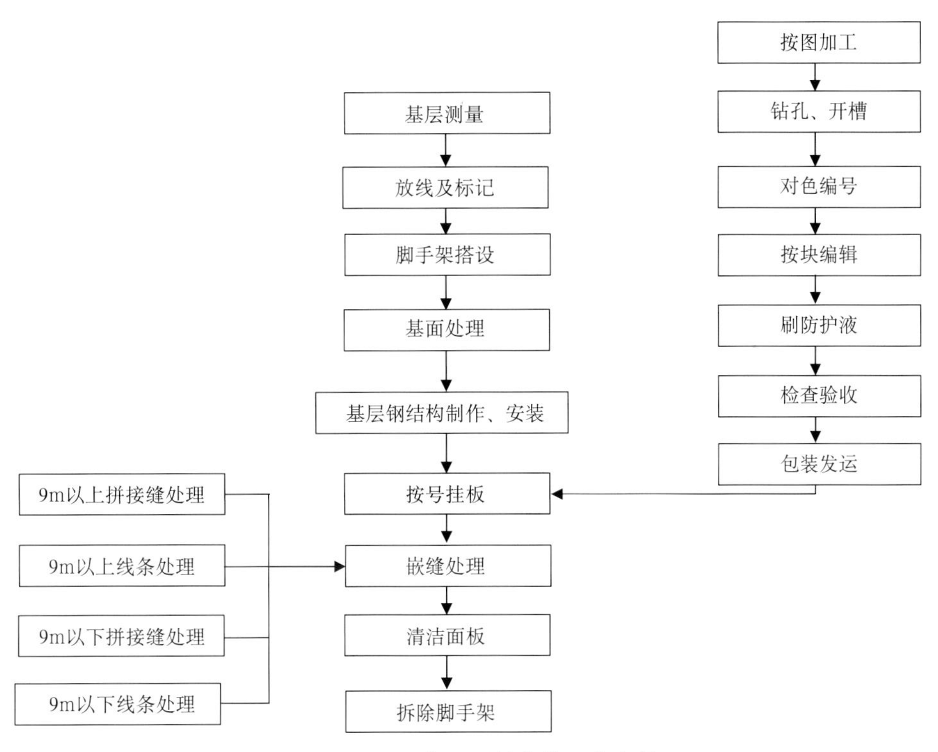

图 14.1-1　双曲面石材安装工艺流程

（2）操作要点

1）施工测量放线。

由于干挂石材造型均为异形双曲面结构，采用传统的放线技术无法完成面层石材的测量、放线、下单，运用三维扫描仪进行扫描，获得现场数据；并将扫描数据导入 Revit 软件，借助 BIM 系统，对材料构件进行模拟拆分，并在 BIM 系统中进行材料构件模拟组装，获得弧形石材墙面的基层完成面及面层材料完成面的尺寸，供现场放线，尽可能减少人工测量、放线的误差；同时在 BIM 系统中模拟现场施工环境，对双曲面、雕刻类石材的基层骨架安装位置及石材干挂点位的背面开孔位置进行比对，得出最佳的开孔位置，并将干挂系统的骨架安装位置及石材的背面开孔尺寸输入 BIM 系统，得出综合的数据，用来指导现场双曲面石材基层钢架及石材背面开孔的位置定位。

①千佛殿石材完成面测量放线流程。

前期准备，通过图纸进行建三维模型，模拟出空间的三维坐标（图 14.1-2）。

图 14.1-2　图纸三维模型

②校对。依照前期移交的点位对模拟坐标进行校对,对现场1m线进行复核,对控制线进行校对。

③建立站点。基准站点的建立。站点A为移交点位，通过A点测量出A1点位做上标记，记录坐标。通过A1站点测量出A2、A3、B1、B2、B3、B4点位做好标记，记录坐标（B1、B2、B3、B4点位为长轴及短轴的石材地面接触线点位，A2、A3为南北半球的中心点，A1点位为千佛殿的中心点位）以上点位为辅助点位（图14.1-3）。

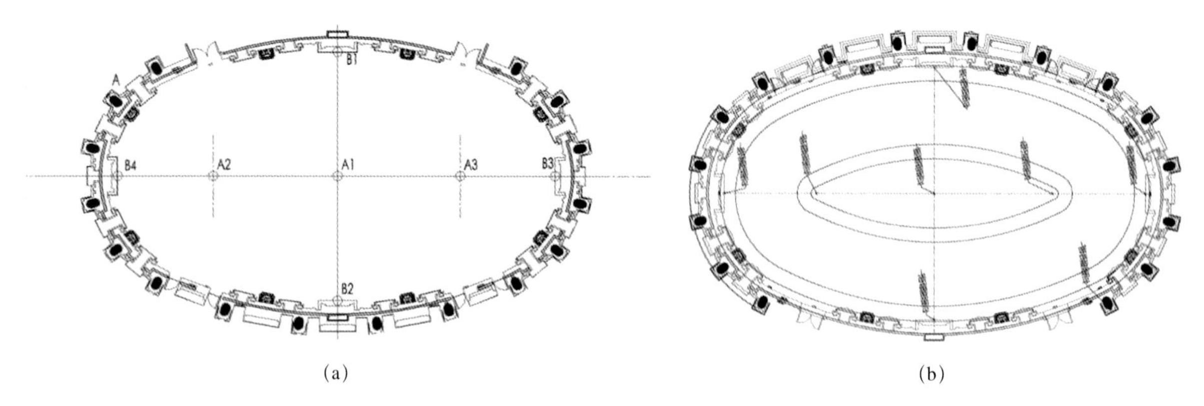

(a) (b)

图14.1-3 基准站点建立

④地面接触线的放线。结合“五步放线法”，将B4点位到B1点位的地面接触线（B1到B3、B2到B3、B2到B4区域地面接触线雷同），首先B1于B2点位相连弹线，此线为*X*轴，B3于B4连弹线，此线为*Y*轴。*X*轴向A2点位间距为5m平行偏移，于B1点不足5m间距为止，*Y*轴向B4点位间距为5m平行偏移于B4点不足5m间距为止。偏移最后的*X*轴及*Y*轴已间距500mm分别向A2、B1点偏移，不足500mm间距为止，绘制网格线，依据网格线进行放样放线（图14.1-4）。

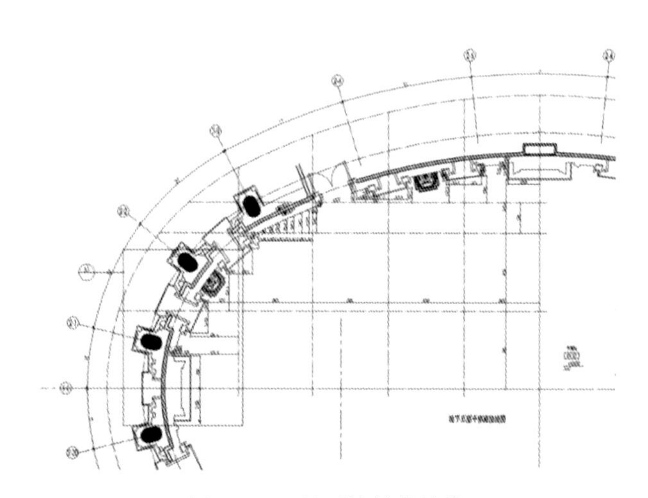

图14.1-4 地面接触线放线

⑤墙面标高线。

A1点支设全站仪，全站仪标高为1m，*Z*轴坐标设计为0°00′00″，测试出8m高处的点位（及为B4层1m水平线同时也是9m起拱点的位置）控制点，通过模型对千佛殿墙面关键点位进行划分，分为K1、K2、K3、K4点位。

K1为宫廷楼阁外口点位，主要控制顶面穹顶的外延尺寸，K1同时也是所有墙面结束的落脚点（及墙面造型的最高点位）。

K2为墙面双区面GRG的主要控制点位，同时也是顶面设备带的外口点位。K2点位对前期宫廷楼阁外挑的钢架、双区面GRG的钢架及安装控制点位。

K3为异形石材灯槽及2号慧门十六尊佛像的石材及GRG背板的标高控制点位。主要在前期控制石材钢架及后期佛像安装提供点位数值。

K4为八供养佛像下口异形灯槽点位，主要对千佛八供养佛像钢架、异形灯槽石材钢架及后期安装提供数据（图14.1-5）。

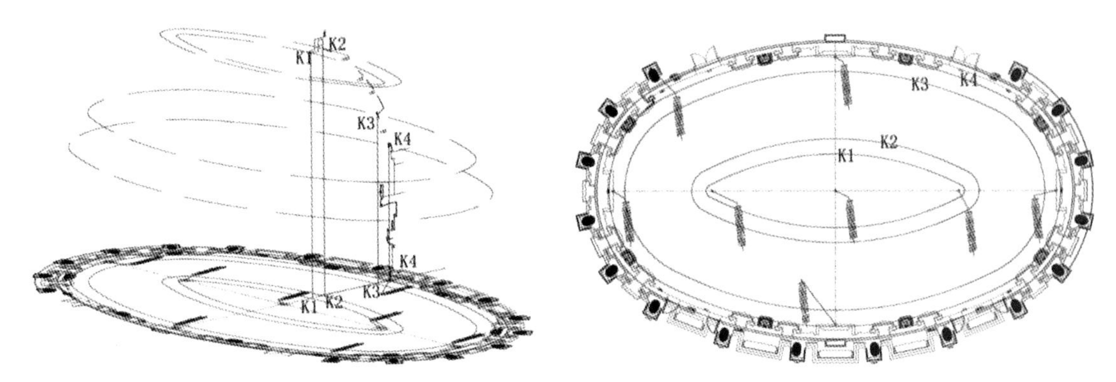

图14.1-5 墙面标高线点位

通过模型对以上的点位模型坐标轴，以A1为测量站点将K点位标注在地面上，测量出相关K信息的点位，绘制K1、K2、K3、K4轴线。

完成K信息的点位后，通过K1、K3测量L1点位，L1点位主要用于千佛殿大漆组雕飞天定位。

2）基层钢结构制作及安装。

钢结构施工分为二次主体钢结构施工、装饰造型基层钢架施工。二次主体钢结构主要承载装饰面层材料及基层材料的荷载，装饰造型钢架主要用于双曲面异形石材的安装及定位。

①二次主体钢结构以原结构中心为原点，长轴长度为53.4m，短轴长度为33.4m的椭圆中，其结构形式为空间双曲面形式，并对称设置于结构中心，共12跨，编号分别为GZ，GZ1，GZ1a，GL1，GL1a，GL2，GL3，GL4，GL5，GL6，GL7，LG。钢架底标高为-36.1m，顶标高为-10.185m，最大跨度为26m，最大高度为13m，其中底端通过销轴与变截面钢骨柱连接，中间弧形部分通过钢梁与钢骨柱连接，上部则通过原钢柱与上层原钢梁连接。钢架部分截面主要有盒式截面，H型钢，工字钢，钢方管及角钢，其中钢架截面尺寸为25b工字钢，HW25（255）型钢，□120×80×5钢方管，HW300×300型钢，HW175×175型钢，HM488×300型钢，16号工字钢，∟100×100×10角钢，HW300×300型钢九种形式。材质均为Q235B，工程量预计约为300t。结构示意图如图14.1-6、图14.1-7所示。

②弧形装配式骨架安装技术：为满足整体的承载要求，经过研究传统弧形墙面石材，一般都是采用横向角钢开槽进行弯曲，并对开槽位置进行焊接，作为干挂件横向连接的安装部件，破坏了材料结构。通过对干挂石材横向钢制龙骨的力学性能进行弯曲受力分析、比对，测试横向钢制龙骨的弯曲方式及加工方法，采用无缝钢管替代传统的角钢，并运用机械加工的方法，将无缝钢管

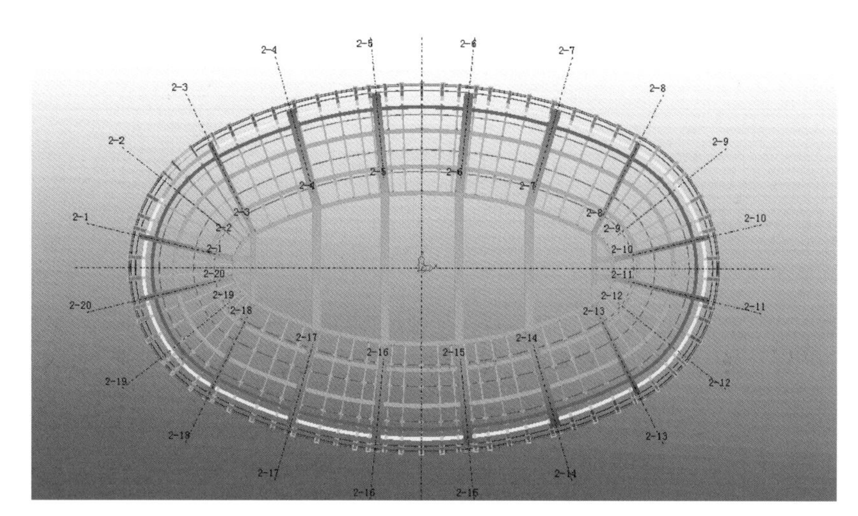

图 14.1-6 钢拱架结构示意图

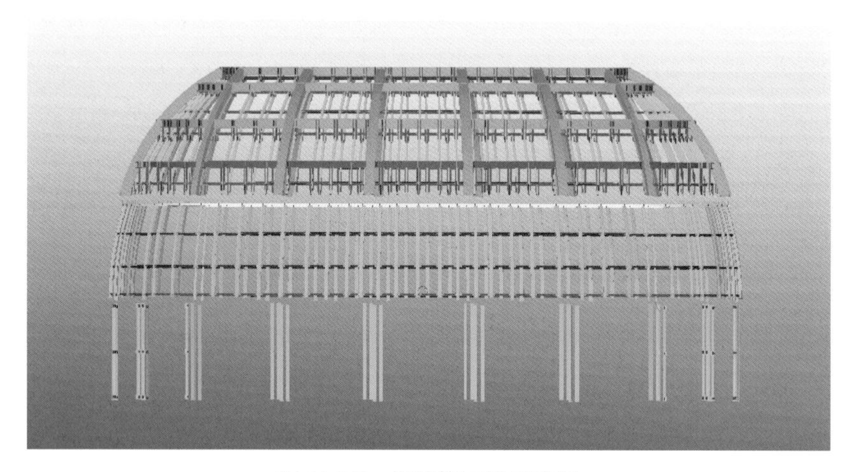

图 14.1-7 钢结构三维示意图

制作成成品弧形横向受力部件，以降低施工现场的质量、安全隐患；考虑到干挂石材传统的横向受力部件的受力方式，通过研究传统石材干挂横向受力部件的连接方法，结合弧形墙面石材的干挂特点，综合焊接、抱箍等连接方式，使用一套由环形套件、垫片等形成的专用固定锁扣系统，将弧形横向受力部件固定在竖向槽钢上，以实现双曲面、花瓣形石材干挂系统间横向弧形受力部件与竖向槽钢间的无焊化紧密连接（图 14.1-8）。

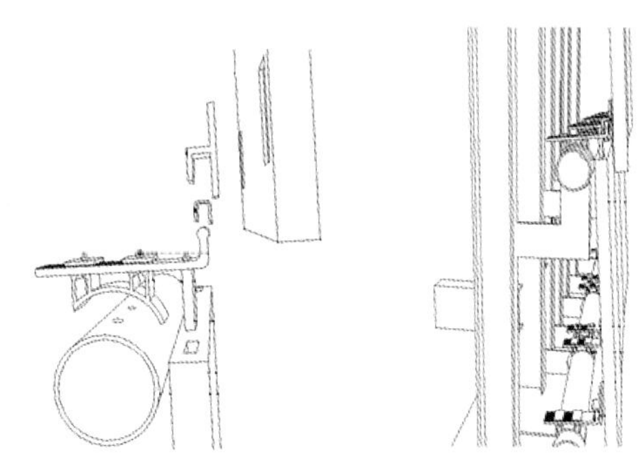

图 14.1-8 弧形装配式骨架

3）石材加工：

①石材加工方法。石材加工的基本方法有：锯割加工、研磨抛光、切断加工、凿切加工、烧毛加工、辅助加工及检验修补。

a. 锯割加工，是用锯石机将花岗石荒料锯割成毛板（一般厚度为 20mm 或 10mm），或条状、块状等形状的半成品。该工序属粗加工工序。锯割加工常用设备有花岗石专用的框架式大型自动加砂砂锯、多刀片双向切机、多刀片电脑控制花岗石切机和花岗石圆盘锯石机等。

b. 研磨抛光，目的是将锯好的毛板进一步加工，使其厚度、平整度、光泽度达到要求。该工序需要通过几个步骤完成，首先要粗磨校平，然后逐步经过半细磨、细磨、精磨及抛光，使花岗石原有的颜色、花纹和光泽充分显示出来，取得最佳装饰效果。常用设备有：自动多头连续研磨机、金刚石校平机、桥式磨机、圆盘磨机、逆转式粗磨机、手扶磨机。

c. 切断加工，是用切机将毛板或抛光板按所需规格尺寸进行定形切断加工。切断加工常用设备有纵向多锯片切机、横向切机、桥式切机、悬臂式切机、手摇切机等。

d. 凿切加工，是传统的加工方法，通过楔裂、凿打、劈剁、整修、打磨等办法将毛坯加工成所需产品，其表面可以是岩礁面、网纹面、锤纹面或光面。常用手工工具加工如锤、剁斧、錾子、凿子。有些加工过程可采用劈石机、刨石机、自动锤凿机、自动喷砂机等。

e. 烧毛加工，又称喷烧加工，是利用组成花岗石的不同矿物颗粒热胀系数的差异，用火焰喷烧使其表面部分颗粒热胀松动脱落，形成起伏有序的粗饰花纹。这种粗面花岗石板材适用于防滑地面和室外墙面装饰，常用设备有花岗石自动烧毛机。

f. 辅助加工，是将已切齐、磨光的石材按需要磨边、倒角、开孔洞、钻眼、铣槽、铣边等。常用设备有自动磨边倒角机、仿形铣机、薄壁钻孔机、手持金刚石圆锯、手持磨光抛光机等。

g. 检验修补，天然花岗石难免有裂隙、孔眼，加工过程也可能产生小的缺陷，通过清洗检验吹干，正品入库，缺陷不严重的可以粘接、修补减少废品率。这一工序通常是手工作业，在先进的加工线上采用自动连续吹洗修补风干机。

②石材加工流程。

根据前期三维建模对千佛殿石材进行建模，模型完成后对石材排版进行分割、编号。

a. 平面类的光板及拼花板：此类石材首先采用锯割加工后研磨抛光，加工过程中尽量减少对大板的搬运，以免损坏。抛光完成后需后场试拼，对尺寸及色差进行控制。在试拼排版过程中对细节及时标注出来进行修改（图 14.1-9）。

图 14.1-9　石材荒料切割及手工抛光

b. 弧形类的光板及拼花板：应用 BIM 技术形成三维模型抽取数据下单，导入 CNC 数据中心进行加工，弧形板主要采用金刚石绳锯对石材荒料按照模型弧度进行切割，对数据要求较高，主要依靠前期三维模型及深化图纸的质量来控制（图 14.1-10）。

图 14.1-10 石材绳锯切割打磨及试瓶装

c. 大型线条类：线条类石材主要采用锯割加工、研磨抛光、切断加工等加工工艺，为达到装饰的美观度，在线条的分缝上考虑做整体线条（图 14.1-11）。

图 14.1-11 石材线条切割与弧板试拼装

d. 大型雕刻类：雕刻首先需对荒料进行切割、冲形。简易的平面雕刻可使用金刚石水刀雕刻机雕刻。对雕刻内容负责、三维类的雕刻板目前只能采用人工雕刻方式。雕刻完成后需对表面打磨处理（图 14.1-12、图 14.1-13）。

图 14.1-12 千佛殿须弥座莲花瓣石材雕刻

图 14.1-13　雕刻类石材表面抛光打磨与手工细节处理

4）石材加工质量要求：

①同一石种颜色一致，无明显色差、色斑、色线的缺陷，不能有阴阳色。

②纹路基本相同，板面无裂痕。

③外围尺寸、缝隙、图案拼接位偏差小于 1mm。

④平面度偏差小于 1mm，没有砂路。

⑤表面光泽度不低于 80 度。

⑥对角线、平行线要直，要平行，弧度弯角不能走位，尖角不能钝。

⑦包装时光面对光面，并标明安装走向指示编号，贴上合格标签。

5）石材构件干挂安装：

①在钢骨架上插固定螺栓，镶不锈钢固定挂件。

②根据设计尺寸，将石材固定在专用模具上，进行石材上、下端开槽。开槽深度 15mm 左右，槽边与板材正面距离约 15mm 并保持平行，背面开一企口以便干挂件能嵌入其中。

③用嵌缝胶嵌入下层石材的上槽，插连接挂件，嵌上层石材下槽。

④临时固定上层石材，镶不锈钢挂件，调整后用 AB 结构胶粘结固定。

⑤安装上部石材，清理饰面石材，贴防污胶条、嵌缝。用塑料膜覆盖保护，墙、柱角用木制护角保护。

6）利用 BIM 三维模型模拟空间碰撞关系，避免石材与周边材料收口冲突。

4. 小结

在双曲面石材施工过程中，综合考虑了建筑物结构形式、荷载情况、钢结构承载等因素，成功地应用了当下先进的 BIM 技术进行模拟放线、建模、材料下单控制，模拟现场石材碰撞，解决各种技术难题，取得了良好的实施效果，同时也为类似高大空间异形双曲面石材安装工程提供一定的参考和借鉴意义。

14.2　千佛殿双曲面 GRG 制作及安装技术

1. 技术概况

预铸式玻璃纤维加强石膏板 GRG，可制成各种平面板、各种功能型产品及各种艺术造型，是目前国际上建筑装饰材料界最流行的更新换代产品。佛顶宫的千佛殿的双曲面 GRG 施工需要关注防开裂、面层处理、彩绘平整度、空间定位等难题，需要进行三维逆向建模并建立现场模型，模块化分区和空间定位施工难度大。

2. 技术重点难点

技术重点难点及解决措施见表 14.2-1。

技术重点难点和解决措施　　表 14.2-1

序号	重点、难点	解决措施
1	双曲面的制模	编程采用机雕模
2	GRG 与主题结构的防开裂	增加伸缩缝、吊挂方式安装
3	GRG 面层处理与彩绘绘画平整度	表面二次处理、喷涂清油，增加彩绘吸附力

3. 工艺措施

（1）图纸深化

1）三维建模。利用三维扫描逆向建模技术建立现场模型，将设计模型拟合至现场模型中进行比对，做相关碰撞实验，调整存在冲突的区域，形成指导施工模型。模拟现场安装，考虑各层次及与周边材料收口关系，在保证整体装饰效果的前提下，确定最优收口方案，绘制收口节点施工图（图 14.2-1）。

图 14.2-1　整体模型图

2）施工图纸标明材料及图纸编号（图 14.2-2、图 14.2-3）。

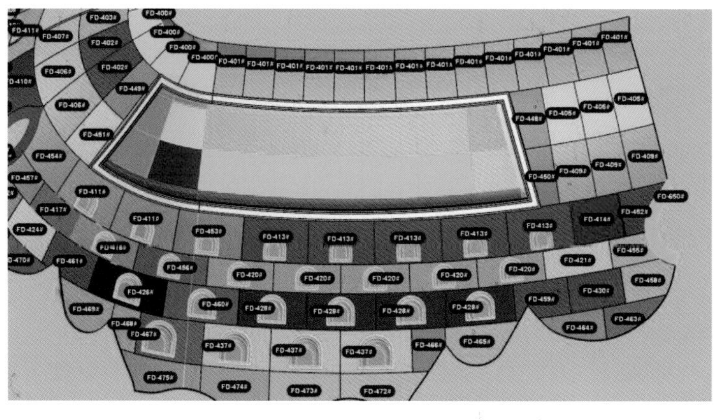

图 14.2-2　GRG 模型图片（效果渲染后）

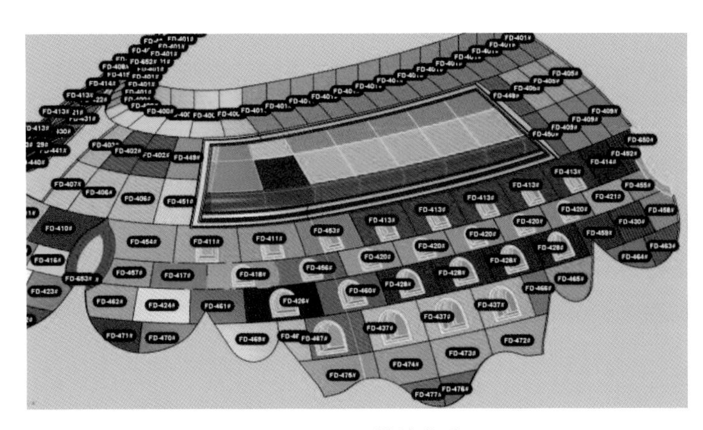

图 14.2-3 GRG 模块化分区图

（2）制模

复杂的双曲 GRG 弧板，人工无法制作出来，采用五轴的雕刻技术，配合三维软件技术，编写雕刻程序，从而达到需要的产品及效果（图 14.2-4、图 14.2-5）。

图 14.2-4 人工制模

图 14.2-5 机雕模具

（3）灌浆生产

灌浆生产见图 14.2-6。

（4）产品脱模细部修整

脱模细部修整见图 14.2-7。

图 14.2-6 灌浆生产

图 14.2-7 产品脱模细部修整

（5）施工安装工艺

1）放样定位：

①水平面尺寸：先确认工地现场（业主及营建单位），提供柱心线或墙心线等基准线。

②核对施工设计图，绘制相对轴线。

③图面标注至面板完成面间尺寸。

④钢卷尺拉引核对后，做点记号于平面，再以墨斗弹放墨线。

⑤用经纬仪确认无误时，投影在施作高度作为板面完成面之基准。

⑥用雷设仪扫出基准水平面。

⑦用钢卷尺往上拉引至每个标高、弹线，水平标高偏差 ±2mm。

⑧施作时，依照图纸标高。

2）GRG 安装：

①先在钢骨架基层表面把 GRG 排版的分割线全部弹好将其定位，然后将 2000mm × 831mm × 20mm 厚规格不等的板材分别用 35mm 镀锌燕尾螺栓固定在 30mm × 20mm × 2mm 热镀锌方管上（图 14.2-8）。

②在穹顶所有板块之间的固定方法均用 50mm 主龙在背面进行加固，并用 35mm 镀锌燕尾螺栓直接固定在 50mm 主龙上。安装完成后再进行捂帮处理（用玻璃玻璃纤维加 GRG 粉两者惨和物固定于 50mm 主龙和 GRG 板材上，学名“捂帮”）（图 14.2-9）。

③整个穹顶的板块接缝处均留有 10mm 宽间隙，防止因外部温差产生变形，而板缝则用玻璃纤维加 GRG 粉两者惨和一起，将缝隙进行修补。在面层修补时用网片铺设一层在用 GRG 粉进行修补防止开裂（图 14.2-9）。

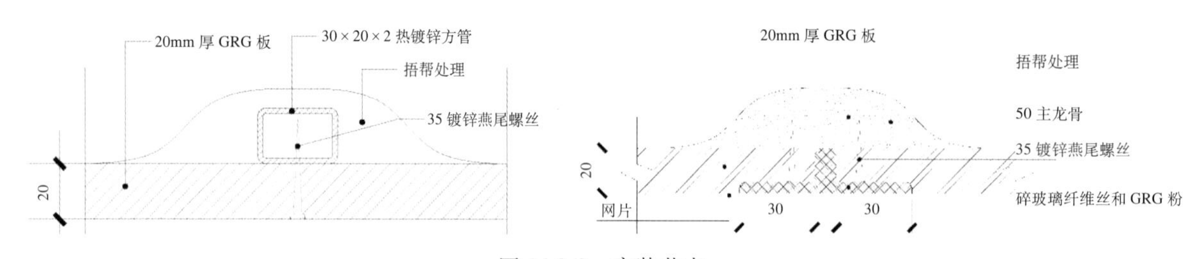

图 14.2-8 安装节点

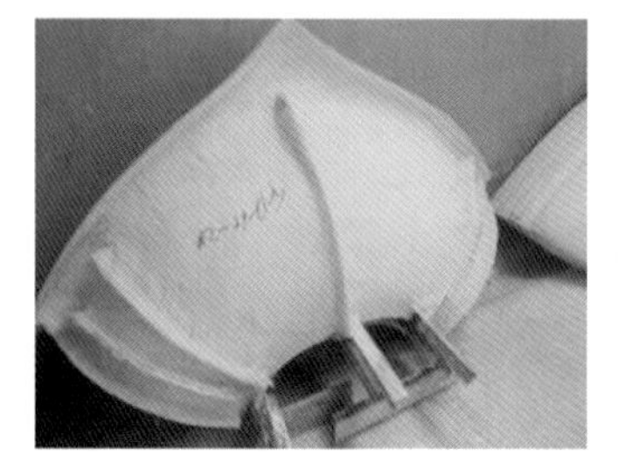

图 14.2-9 后场预埋杆件与温房烘干

④一区检测完成，才可接缝处理，接缝处理如下：

填缝时，先用进口填缝材料加碎玻璃纤维；填缝填满，然后在接缝处用玻璃纤维带处理（第一道工序）；干固时用进口填缝材料满批（第二道工序）；对表面进行刮灰、打磨处理，使表面光滑圆润（第三道工序）；固定完成后，背后用生产原材料进行捂帮处理。

⑤阴角处 GRG 板材留补缝口，进行补缝处理，确保阴角轮廓清晰，板材衔接牢固。

⑥对已完成的模具进行扫描比对，是否与提供的三维数据模型相符，如不符合则进行修正（图 14.2-10）。

图 14.2-10 模具扫描与构件制作示意图

⑦对成品进行扫描比对检测，出具比对合格报告，合格产品进行打包，不合格产品进行重新加工生产（图 14.2-11）。

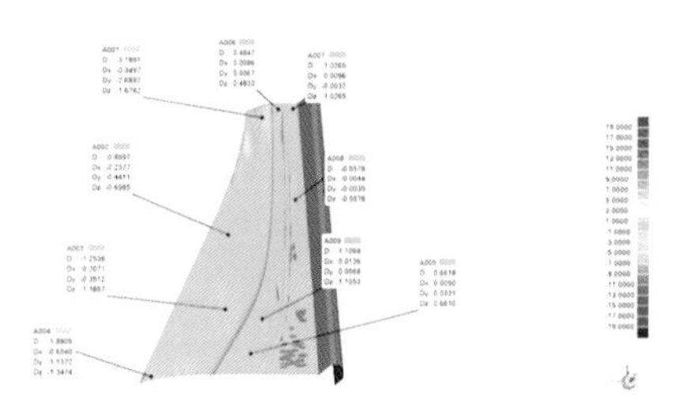

图 14.2-11 成品部件扫描示意图

⑧对已安装部件进行三维扫描比对，及时调整安装偏差，并固定。对安装完成区域进行扫描比对，生成相应数据报告，根据报告数据做好整改工作。

3）施工中检验：

①骨架符合平直；

② GRG 吊装时检查平整度；

③接缝处理按照规范；

④批涂前应全面检查平整度；

⑤闭合尺寸是否完成。

4）GRG 板材验收标准如下：

①表面平整 ±1.5mm，用 2m 直尺和楔形塞尺检查。

②接缝平直 ±1mm，拉 5m 线检查；

③接缝高低 ±1mm，用直尺和楔形塞尺检查；

④立面骨架 ±3mm，用 2m 托线板检查；

⑤ GRG 板安装完成后保证不裂缝。

5）批涂油漆：

①第一道腻子：轻抹板面并修边，宽度均为 180mm。

②第二道腻子：抹一层嵌缝石膏腻子，其宽度为270mm。表面腻子凝固后，用150号砂纸打磨。

③满刮腻子、打磨。

第一遍满刮腻子、打磨：要求刮薄、刮匀，不留野腻子。腻子干燥后，用砂纸磨平。

第二遍满刮腻子及磨光：收缩裂缝、不平处要复补腻子，腻子干燥后，打磨平整后清扫干净。

第三遍满刮腻子及磨光：用2m靠尺先检查，不平整的部位，再用腻子抹平，腻子干燥后，打磨平整后清扫粉尘。

4. 小结

因GRG在制模、加工、安装等过程中都会存在偏差，需要每道工序都要严格把控，样板先行可预知在后期大面积的施工过程会存在的问题，提前解决。在施工过程中，各道工序之间的配合衔接做到无缝对接。

第4篇　佛语声光——现代佛教建筑机电关键施工技术

禅语：坐亦禅，行亦禅。

本篇从声学营造、剧场舞台机械、光学照明运作的角度介绍了现代佛教建筑的室内机电关键施工技术。

光学照明部分通过大功率灯具、智能照明、灯光控制、多媒体照明等各种奇思构造表达出建筑庄重恢宏、威武大气、佛国天宫的佛教文化，精妙绝伦。如莲剧场舞台、圣坛剧场舞台的设计和机械设备的配置突破传统，构思巧妙，既满足了佛教剧场的演绎要求，同时兼顾其他类型的演出，是现代杰出的多功能佛教剧场。佛教剧院的声学设计，既是最终舞台效果达成的重要部分，也是舞台效果设计的一个难题。千佛殿穹顶音响系统、圣坛剧场音响系统所展示的佛音如梦似幻的氛围，为以后多功能佛教建筑的设计、施工提供了良好范例。

第15章 现代佛教建筑照明工程关键施工技术

“光”在佛教之中有两种：一为“色光”，即眼睛看得到的光明；二为“心光”，即悟世的智慧。

佛教建筑照明工程，要做好照明的各种指标，如照度、亮度、显色性、均匀性等，充分地运用好照明工具赋予的“色光”，还要用心去体会佛教语汇，点亮处于建筑中信徒的“心光”。要在佛教建筑中成功地达到照明效果，就先要对佛教文化有一定的认识。做到充分体现出以佛教建筑的美，来深深触动人们的心弦，以佛教的善意规劝、博爱精神来更多地促进社会和谐。

15.1 梵宫圣坛主廊照明系统施工技术

1. 技术概况

（1）设计主题：通过灯光的明暗虚实、色彩还原等艺术手法来体现佛教的博大精深与崇高，使之成为既充满传统文化元素，又富有创新意识的传世建筑。

（2）灯具的设计选用原则：外形美观、光源寿命长、材料防腐蚀抗老化、节能环保。

梵宫圣坛照明是一个规模宏大的室内装饰照明工程，其独特的灯光载体、复杂的结构形式、系统的有机组合，烘托出绚丽的佛教氛围环境，都为以后照明工程在灯光更高层次上的应用开创了一个很好的先例。

2. 技术特点

（1）基于网络的系统场景切换

采用工业控制机对全场景模式进行系统的管理，利用TCP/IP组网技术，可以将DMX512信号长距离地传输到相距数百米的各个功能空间，实现诸如宗教模式、参观模式、重要活动模式等的控制。

（2）28种LED灯具及系统的整合应用

应用到灯具的种类有：点光源、投光灯、轮廓灯、地埋灯、筒灯5大类，LED光源以单颗3W 700mA的为主；控制器，有两种系列，一种是以RS485通信为基础的DMX512控制器，另一种是以串行移位寄存方式的串行控制器；多种灯具、多种系统，在梵宫建筑丰富的空间内，将LED的色彩、动感按照设计师的构思进行渲染。

（3）简化工程布线的LED灯具驱动控制集成设计

梵宫内部空间，因其艺术的展现，变得极其复杂，整个工程的布线如果不加以规划，也会变得复杂起来，进而有可能会影响到工程长期运行的可靠性。针对这样的环境，设计时灯具内部集成了220V的开关电源、恒流驱动器、DMX512的解码模块，灯具连接组成系统时，采用航空接头连接器，将电源、信号“手拉手”的形式连接，方便工程施工和调试。

（4）融入宗教艺术场合的配光设计

投光灯具的配光，在做全彩配光时，设计师为突出宗教的艺术氛围，突破传统地设计了 3A+RGB 组合方式；品字形 RGB 像素混光均匀，能够在较短照射范围内灯光色彩柔和过渡。此外，75m 高的穹顶，采用白色 LED 点光源，在深蓝背景下闪烁，出现虚幻星空效果。

（5）照明光源选择

1）具有良好的光色，以满足室内装饰的需求，显色指数为 80 ~ 100，色温为 3000 ~ 4000K。

2）具有较高的效率（≥ 80lx/W），优先选择高效节能型光源，并可以调光。

3）具有较长的寿命，卤素光源≥ 2000h，节能型≥ 10000h

（6）梵宫采用的光源种类

梵宫光源种类见表 15.1-1。

梵宫采用的光源种类列表　　表 15.1-1

指标	CFL 节能荧光灯	CDM 陶瓷金卤灯	T5 直管荧光灯	低压卤钨灯	PAR 灯	LED 灯	CCFL 冷阴极管
光源效率（Lm/W）	66-75	90	92	20+	20+	60-75	80
寿命（h）	10000	12000	12000	3000	2000	50000	30000
色温（K）	3000 4000	3000 4200	3000 4000	3000	2900	——	2700
显色指数	82	8896	85	100	100	80	80
使用区域	门厅 中庭等	廊厅 塔厅等	灯槽	会议室 包房 餐饮区中庭	门厅 圣坛前厅	廊厅 塔厅 圣坛	灯槽

3. 工艺措施

室内景观照明采用高效率的 LED 灯具以及控制系统。整个照明分为四个部位，分别是廊厅、塔厅、华藏世界、圣坛。

（1）廊厅

廊厅照明系统见图 15.1-1。

廊厅系统控制说明：

1）廊厅弧顶灯槽共用 1 套串行控制系统（含 1 套主控器、6 套分控器、48 套差分器）。

2）本系统中的每个分控制器可输出 8 条通路，每个通路各控制 24 套灯具。

3）系统能控制灯具实现整体渐变、单色跳变等效果。

4）SCS-3000 为串行间通路主控制器。

5）SCS-300 为串行 8 通分控制器。

6）SCS-301 为串行系统专用差分器。

廊厅设计照度 300lx，立面照明设计指标见表 15.1-2。

图 15.1-1 内部楠木廊厅、佛教飞天

廊厅照明设计指标 表 15.1-2

建筑元素	重要性	照明效果	照明指标
壁画	重要	均匀而明亮	照度：500lx
			均匀度：> 0.6
飞天塑像	重要	明亮有立体感	照度：750lx
			均匀度：> 0.4
木刻装饰	较重要	柔和的存在	照度：300lx
			均匀度：> 0.6
顶面装饰	较重要	装饰的存在	照度：500lx
			均匀度：> 0.6

对于古典建筑，在对其进行照明设计时，要了解该建筑的深刻设计理念和严谨的结构形式，解读建筑特有的形神意韵，确定需要采用照明的技术和产品，力求用科学的照明手法对建筑进行诠释与再现时，既保持廊厅艺术风貌，又平添灯光环境下的独特意境和效果。

合理的灯具布置能使廊厅上照度均匀，照射角度适当，无眩光，检修维护方便、安全，并能做到整齐、美观，与建筑和谐统一。利用光的变化及合理的布置来创造各种视觉效果，以加强室内空间层次氛围。利用外形美观、构造简洁的轮廓灯与点光源等灯具，与梵宫廊灯吊顶装饰共同组成一个完整的建筑艺术图案，可以产生特殊的格调并加深层次感，使室内气氛宁静而不喧闹。

对廊厅的弧形顶部的木雕藻井装饰，设计成可变色的LED背光照明，让光均匀地从藻井中流出，同时对藻井与藻井节点上的垂头莲花木雕设计成镂空，在木雕中放置LED点光源，让光从莲花内部发出，在莲花周围形成一圈光晕，朵朵莲花漂浮于空中。

（2）塔厅

塔厅位于梵宫的中心，是梵宫内的最高空间，高61m，上下贯通。在61m的空间中共有三层，最下一层是八大佛龛彩绘，以八则生动的佛教故事为主线，描写了众生和乐的美好场景，体现了佛教众缘和合，众生平等的价值理念。第二层的木刻艺术，采用佛传、本生、因缘故事，诸如鸽子救火、以身饲虎、巨龟救人、猕猴被缚灯生动画面，揭示了佛教菩萨精神。佛龛上方塑有飞天伎乐，烘托气氛。最高层的蓝色穹顶星光闪烁，深邃幽远，象征着心灵纯净智慧，众生世界美妙祥和。

灯光设计时主要考虑两点：一是灯光表现建筑内部装饰的华美，在仔细考量内部装饰的布置后，决定对木雕装饰采用分层水平交错对打光，尽量将灯具隐藏起来。还有一个考虑是要在封闭的塔厅内营造浩渺天空的感觉，希望能激发人的神圣感，所以设计了以蓝光和采用 LED 点光源模拟星空的效果。

塔厅照明层次分明：下部的立面照明，塔内的平伽鸟层，T5 灯带，88 佛及飞天，三层主塔的金卤灯，塔顶的星光等。层次虽多，从现有的照明效果来看，还是比较和谐的。星空产生的蓝光给人一种安静祥和的感觉，很好的中和了整个照明中的红色。而蓝色的出现也使照明层次更加丰富，犹如醍醐灌顶的感觉。塔厅是梵宫建筑的最高点，也使梵宫灯光表演的一大高潮。塔厅 60 多米的高度给了各种艺术手段以充分的展现空间，使游人久久伫立，不断发现新的细节（图 15.1-2）。

（3）华藏世界

华藏世界是梵宫南块建筑的视觉终端，进入廊厅后有一种想直接走到琉璃前膜拜的冲动，琉璃的光影效果可说是重中之重（图 15.1-3）。

这幅面积 $100m^2$ 的“华藏世界图”，以琉璃为主材质，配有大量的珍贵的猫眼石、翡翠、玉石、珊瑚、黄金、水晶等，经特殊工艺，熔铸为火焰、群山、海洋、祥云、莲花、动物、植物、佛殿、菩萨等形象，构成美丽庄严的图景。正中的金色大莲花上，端坐着主佛毗卢遮那佛，与周边的四方佛一道，形成五方五佛的大圆满格局。设计中采用了 LED 灯在琉璃背后照明，透过琉璃颜色，突出了琉璃表面的浮雕，形成了良好的光影效果。顶部加装的金卤灯不但打亮了题匾，还把佛像更加衬托得金光万道，令人如同置身西方极乐世界。

（4）圣坛

圣坛前厅顶部的花饰没有像普通的装饰那样处理，是敦煌研究院精心手绘而成的飞天杰作。飞天形象尤其生动，着重用 150W 金卤灯描绘。天顶的重点照明也正好形成了淡雅的飞天壁画的漫反射，类似发光天顶，结合筒灯的直接照明，和剧场前厅的气氛相吻合，给了人们相对较为明亮的疏散场所。圣坛参观模式实测照度为 22.4lx（图 15.1-4）。

梵宫圣坛又称“妙音堂”，是世界佛教论坛的主会场。2000 多平方米的中心场地，可安排近 2000 个席位。圣坛空间建筑采用圆穹顶形态，体现了佛教圆融和合的理念。梵宫是整个建筑的终点，

图 15.1-2　塔厅、苍穹、点光源星星

图 15.1-3　华藏世界照明

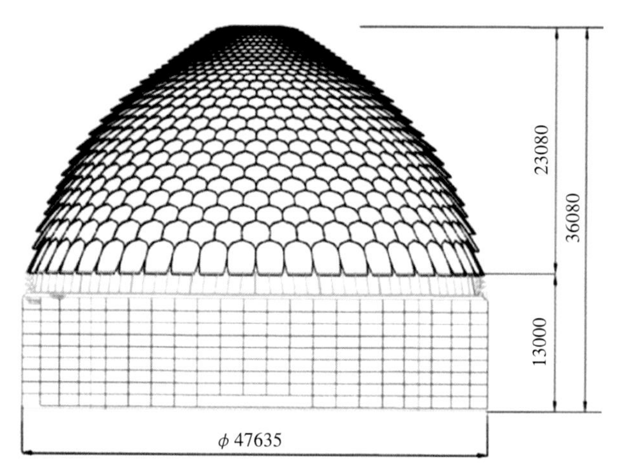

图 15.1-4 圣坛品字形投光灯具

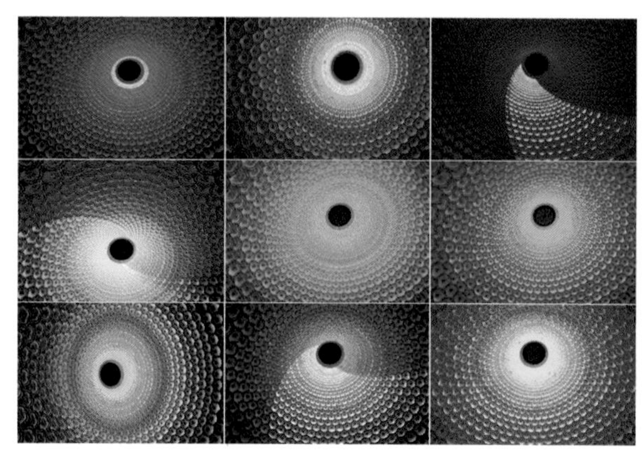

图 15.1-5 圣坛穹顶变幻莫测的照明效果

图 15.1-6 佛之光圣坛照明效果

也是重点，最大的亮点。

很多最新的科技在这里展示，表演的却是古老的佛教文化。对面积达 4000m^2 的圣坛，设计把 LED 灯的灯光从穹顶的一层层莲花瓣背后发出，可产生上下左右无穷变化的动态变化，千姿百态，气象万千，提供给导演组控制使用，穹顶的灯光效果可融合进舞台剧的情节中。

在中心还设计了一个白色的光顶，当中心的光顶打开时，穹顶中心仿佛光从天而降，能激发游客在建筑中与天交流的神圣感觉。设计最终选择了 RGB 全彩和单色琥珀相结合的品字形条形 LED 泛光灯作为莲花瓣的照明灯具，由于每一片莲花瓣都是一个独立的全彩发光点，而中间的巨大穹顶净高超过 40m，穹顶上层层环抱组合着 28 层莲花瓣，每层均为 48 瓣，共有 1344 片，色彩旋换，光光相互，寓意美妙无穷的华藏世界（图 15.1-5、图 15.1-6）。

4. 小结

光的亮度和色彩是决定光环境氛围的主要因素。适度、愉悦的色彩能激发和鼓舞人心，而柔弱的光令人轻松和心旷神怡。圣坛的氛围随着不同的光色的变化而变化。室内照明艺术不仅直接影响到室内环境气氛，而且对人们的生理和心理也产生影响。室内照明，应根据室内空间环境的使用功能、视觉效果及艺术构思来设计。一个好的灯光艺术作品，不仅能表现空间、调整空间，还能创造空间。因而现代室内的光照环境设计通过运用光的无穷变幻和颇具魅力的特殊“材料”来创造、表现、强调、烘托空间感所取得的多层次效果，这些是其他手法所无法替代的。

15.2 佛顶宫千佛殿穹顶多媒体照明技术

1. 技术概况

为突出设计效果，要在千佛殿的穹顶投影一个长30m、宽11m的画面。根据大殿的实际建筑结构，并考虑到地面观众的行走流线，须在观众视线以上的位置找到合适的投影点。由于建筑结构比较复杂，根据多轮方案比选，决定采用多点投影后再融合的方式，需要设置投影机的立面和平面的投影区域，调整投影机参数，进行安装调试，确保实施效果。

2. 投影机光路图设计

首先考虑穹顶中央区域投影机光线的覆盖，根据建筑结构，绘制投影机的光路图（图15.2-1）。

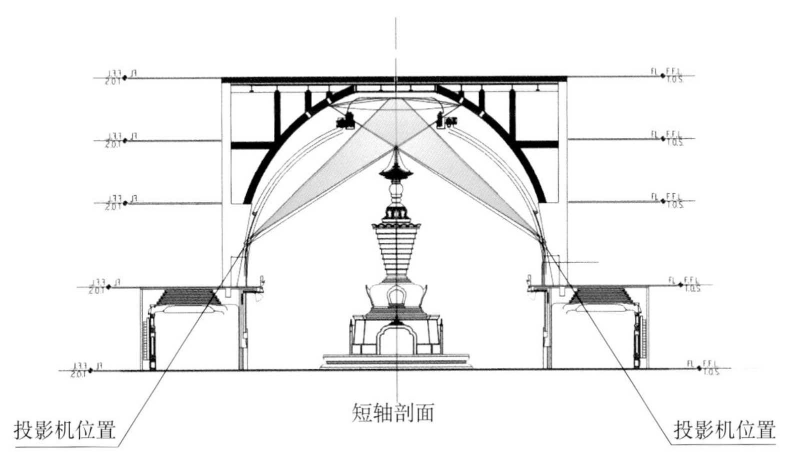

图15.2-1 投影机短轴光路图

根据侧向光路图，推算出单个投影画面的大小约为5600mm×4200mm（不考虑画面变形），由于投影机无法正对屏幕，所以会产生画面变形，变形后实际有效画面为5800mm×5800mm（图15.2-2）。

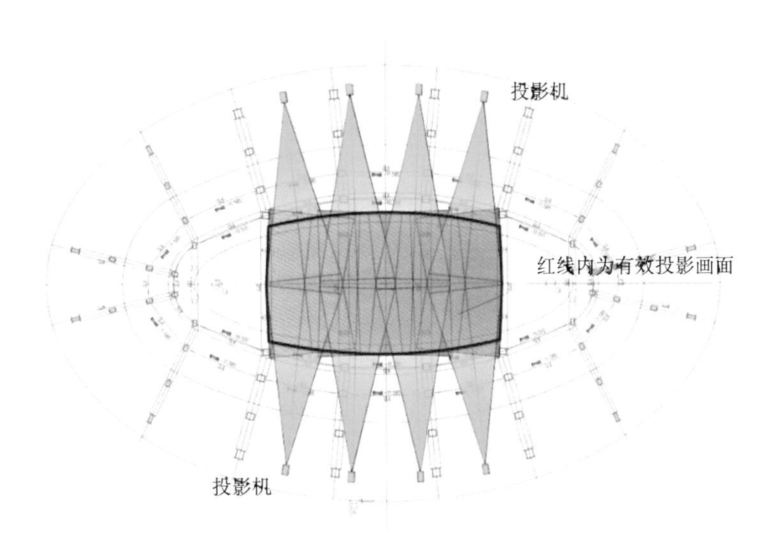

图15.2-2 投影机平面光路图

根据平面光路图，需要用 8 组投影画面来组成一个 18000mm × 10500mm 的穹顶画面。因此根据穹顶的平面尺寸，计算出每个单画面投影机的安装位置，设定三维坐标（图 15.2-3）。

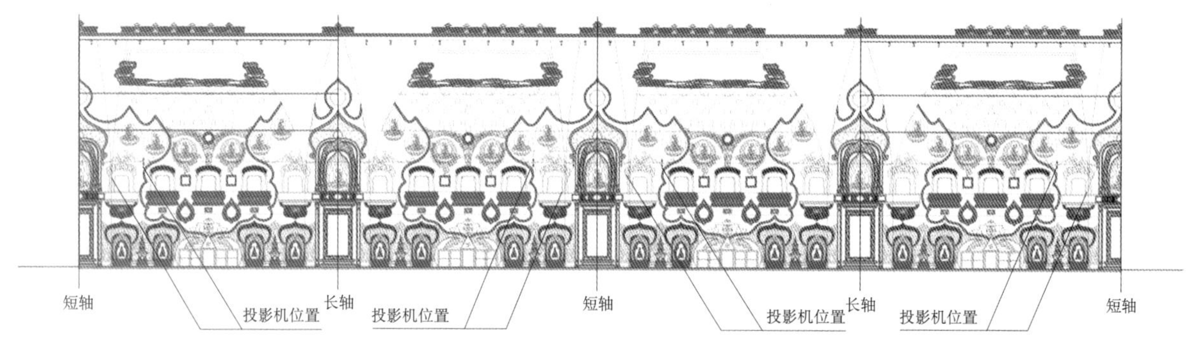

图 15.2-3　投影机平面光路图

由于单个投影画面约 34m^2，根据 450 ~ 500lm/m^2 计算，单个画面需要用 16000lm 的亮度。采用两台 8000lm 的投影机来做亮度叠加，一方面满足亮度的要求，另一方面还起备份的作用。

考虑穹顶两端区域投影机光线的覆盖，根据建筑结构，绘制投影机长轴光路图（图 15.2-4）。

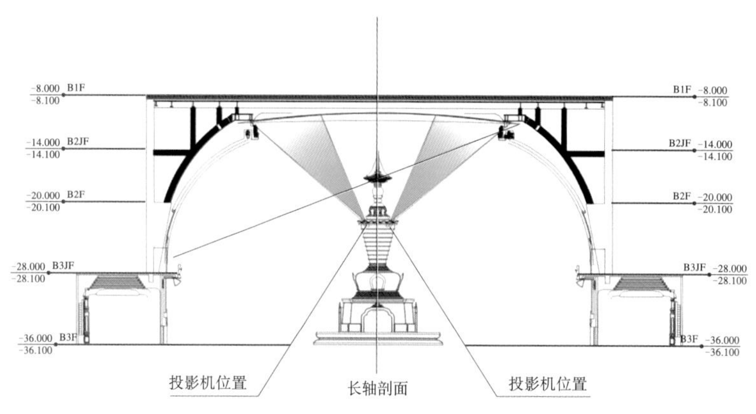

图 15.2-4　投影机长轴光路图

根据侧向光路图，计算出单个投影画面约为 8200mm × 6150mm（不考虑画面变形）。由于投影机无法正对屏幕，所以会产生画面变形，变形后实际有效画面为 8200mm × 7800mm。

由于单个投影画面约 56m^2，根据辅助图像 350 ~ 400lm/m^2 计算，单个画面需要用 20000lm 的亮度。需要采用两台 10000lm 的投影机来做亮度叠加，一方面满足亮度的要求，也起到备份的作用。

3. 投影机参数

根据投影机光路设计，得到了 10 个投影机的安装位置。在本项目中，采用 1024 × 768 的分辨率的投影机，画面的像素为 5.5mm，观众的观看距离约为 24m，看不出画面的颗粒，整个画面的清晰度也高达 3400mm × 1400mm。在每个投影机的安装位置上，有下列要求：

（1）每个安装点的重量载荷大于 250kg。

（2）每个安装点的用电载荷大于 2500W（最好单独集中供电）。

（3）每个安装点有两组光纤，两组 6 类网线接入控制室。

根据投影机光路设计，绘制投影系统拓扑结构图，如图 15.2-5 所示。

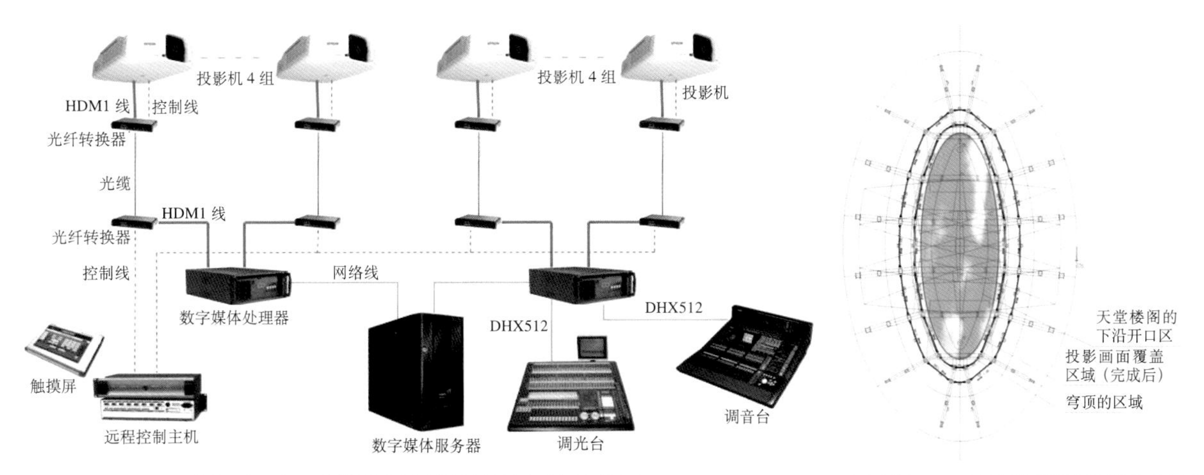

图 15.2-5　千佛殿穹顶投影系统拓扑结构图

图 15.2-6　千佛殿穹顶多媒体平面投影覆盖区域

图 15.2-7　千佛殿穹顶多媒体投影效果

4. 实施效果

千佛殿穹顶多媒体平面投影覆盖区域如图 15.2-6 所示。

投影机安装完成后，衬托出穹顶的装饰效果如图 15.2-7 所示。

15.3　佛顶宫室内照明设计管理

1. 室内照明设计管理总则

佛顶宫室内灯光设计服务于室内设计的规划目标，承担起营造大空间不同环境氛围的重要任务。

本节对七宝莲道、禅境大观、舍利大殿、舍利藏宫四大主要核心空间的灯光设计管理作详细说明。

2. 照明设计指标

根据《建筑照明设计标准》（GB 50034—2013）规定，光源色表分组见表 15.3-1。

光源色表分组 表 15.3-1

色表分组	色表特征	相关色温（K）	适用场所举例
Ⅰ	暖	＜ 3300	客房、卧室、病房、酒吧、餐厅
Ⅱ	中间	3300 ～ 5300	办公室、教室、阅览室、商场、诊室、检验室、实验室、控制室、机加工车间、仪表装配
Ⅲ	冷	＞ 5300	热加工车间、高照度场所

博览建筑照明标准值见表 15.3-2 ～表 15.3-5 规定。

美术馆建筑照明标准值 表 15.3-2

房间或场所	参考平面及其高度	照度标准值（lx）	UGR	U_0	R_a
会议报告厅	0.75m 水平面	300	22	0.60	80
休息厅	0.75m 水平面	150	22	0.40	80
美术品售卖	0.75m 水平面	300	19	0.60	80
公共大厅	地面	200	22	0.40	80
绘画展厅	地面	100	19	0.60	80
雕塑展厅	地面	150	19	0.60	80
藏画库	地面	150	22	0.60	80
藏画修理	0.75m 水平面	500	19	0.70	90

注：绘画、雕塑展厅的照明标准值中不含展品照明。

科技馆建筑照明标准值 表 15.3-3

房间或场所	参考平面及其高度	照度标准值（lx）	UGR	U_0	R_a
科普教室、实验区	0.75m 水平面	300	19	0.60	80
会议报告厅	0.75m 水平面	300	22	0.60	80
纪念品售卖区	0.75m 水平面	300	22	0.60	80
儿童乐园	地面	300	22	0.60	80
公共大厅	地面	200	22	0.40	80
球幕、巨幕、影院	地面	100	19	0.40	80
常设展厅	地面	200	22	0.60	80
临时展厅	地面	200	22	0.60	80

注：常设展厅和临时展厅的照明标准值中不含展陈照明。

博物馆建筑照明标准值 表 15.3-4

房间或场所	参考平面及其高度	照度标准值（lx）	*UGR*	U_0	R_a
门厅	地面	200	22	0.40	80
序厅	地面	100	22	0.40	80
会议报告厅	0.75m 水平面	300	22	0.60	80
美术制作室	0.75m 水平面	300	22	0.60	80
编目室	0.75m 水平面	300	22	0.60	80
摄影室	0.75m 水平面	100	22	0.60	80
熏蒸室	实际工作面	150	22	0.60	80
实验室	实际工作面	300	22	0.40	80
保护修复室	实际工作面	750	19	0.70	80
文物复制室	实际工作面	750	19	0.70	80
标本制作室	实际工作面	750	19	0.70	80
周转库房	地面	50	22	0.40	80
藏品库房	地面	75	22	0.40	80
藏品提看室	0.75m 水平面	150	22	0.60	80

注：保护修复室、文物复制室、标本制作室的照度标准值是混合照明的照度标准值。其一般照明的照度值应按混合照明照度的 20% ～ 30% 选取。如果对象是对光敏感或特别敏感的材料，则应减少局部照明的时间，并应有防紫外线的措施。

博物馆建筑陈列室展品照明标准值 表 15.3-5

类别	参考平面及其高度	照度标准值（lx）
对光特别敏感的展品：纺织品、织绣品、绘画、纸质物品、彩绘、陶（石）器、染色皮革、动物标本等	展品面	50
对光敏感的展品：油画、蛋清画、不染色皮革、角制品、骨制品、象牙制品、竹木制品和漆器等	展品面	150
对光不敏感的展品：金属制品、石质器物、陶瓷器、宝玉石器、岩矿标本、玻璃制品、搪瓷制品、珐琅器等	展品面	300

注：1. 陈列室一般照明应按展品照度值的 20% ～ 30% 选取；
2. 陈列室一般照明 *UGR* 不宜大于 19；
3. 辨色要求一般的场所 R_a 不应低于 80，辨色要求高的场所，R_a 不应低于 90。

3. 照明设计管理

（1）七宝莲道——轮回普度，静心之路

设计思路：首先从入口开始，满足其游览活动的功能性照明条件下，通过各厅的光色设计不同，光色逐渐强化莲道的莲花元素，营造不同情境变化引导游客不同心理和视觉感受（图 15.3-1）。

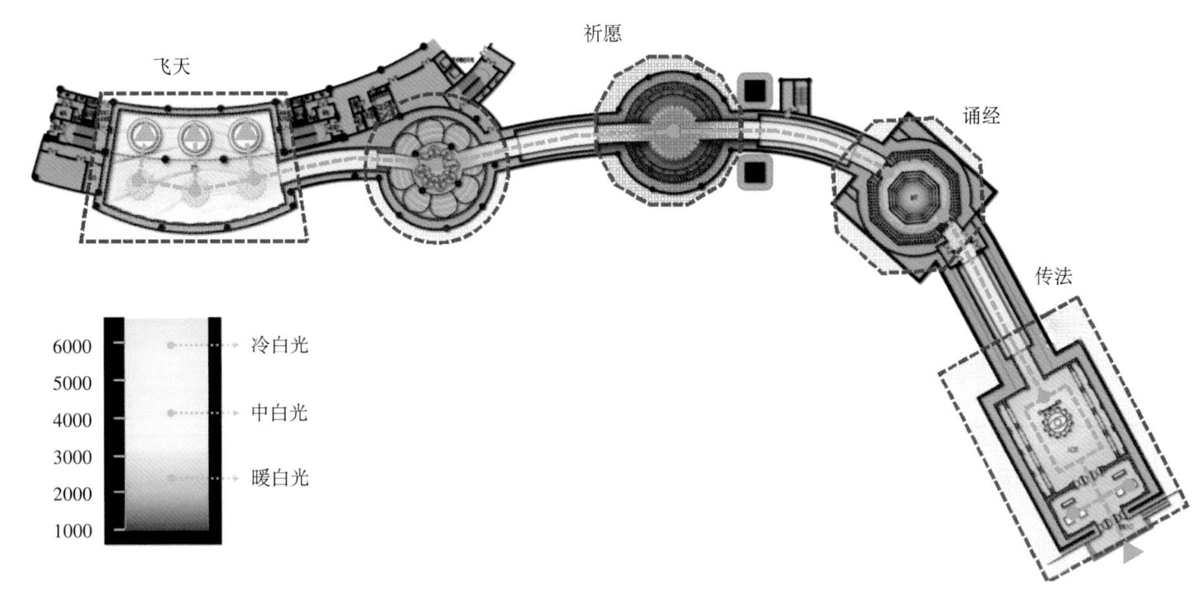

图 15.3-1 七宝莲道区域照明设计色调

照明控制规划：结合各厅的使用功能，设计不同的照度（表 15.3-6）。

七宝莲道各区域照明设计的色温和照度值 **表 15.3-6**

区域	传法厅	莲道	诵经厅	心灯厅	沐莲厅	佛风厅
色温	5600K	3000K	2700K	2300K	5000K	4000K
照度	200lx	100lx	100lx	100lx	100lx	300lx

七宝莲道各区域照明设计彩图（图 15.3-2）。

（2）禅境大观——此间即世界，刹那有芳华

照明思路：禅境大观的照明需求呈现多样化，既要满足游览参观的功能照明，又要配合佛教仪式和表演时刻的特殊照明，同时需要考虑大型空间的绿色节能，以及后期运营管理的便捷性。故而针对禅境大观的使用功能及装饰设计特色，照明设计师通过结合自然光应用的多层次照明设计，既满足平常参观时的需要，又能配合演艺表演的需求，在短时间内营造出一个天光从早晨快速过渡到正午、再到夜晚星空满天的效果，以模拟佛祖在星空下涅槃的场景（见图 15.3-3）。

自卧佛背后方向慢慢升起夕阳，发光膜色彩模拟夕阳由红过渡至黄色的色彩变化，顶部中心强光照射至卧佛身上，营造出强烈戏剧效果。

照明控制规划：禅境大观照明采用分时段场景控制，常态模式为自然天光环境，除自然采光照明外，发光膜可根据不同时段的室外光环境，呈现蓝天白云等简单色彩变幻；在佛教仪式和表演的时刻，自然光可完全遮蔽，穹顶发光膜照明可以模拟短时间内的晨昏日暮，还原不同时刻天空的色彩变化，或展现清新爽朗的早晨，或模拟蓝天白云的正午；在佛教仪式举办时刻，可以模拟佛祖星空涅槃的情景（见图 15.3-4）。

模拟深夜星空，在穹顶各枝干交汇处设置 LED 点光源，形成漫天星辰的效果（见图 15.3-5）。

传法厅：纯净素雅 洗涤心灵

莲道：行七宝莲道

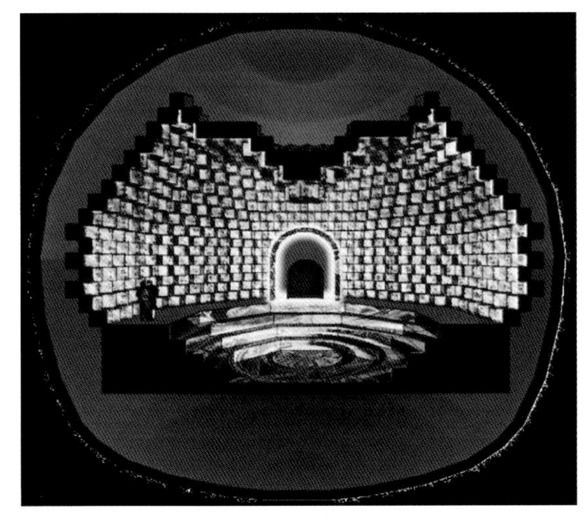

诵经厅：深沉庄重 铭刻心灵

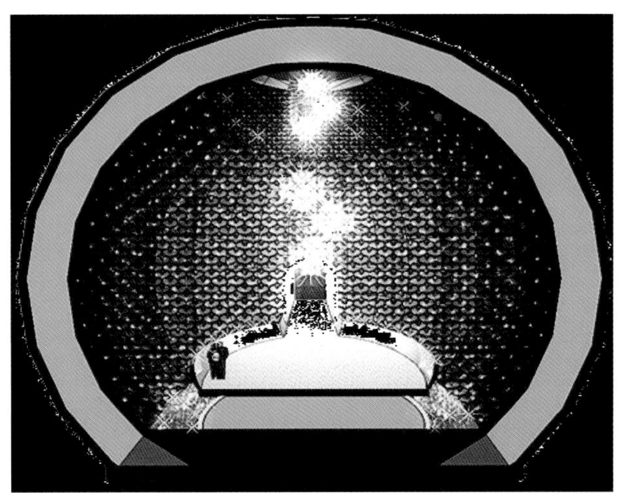

心灯厅：神秘广阔 启迪心灵

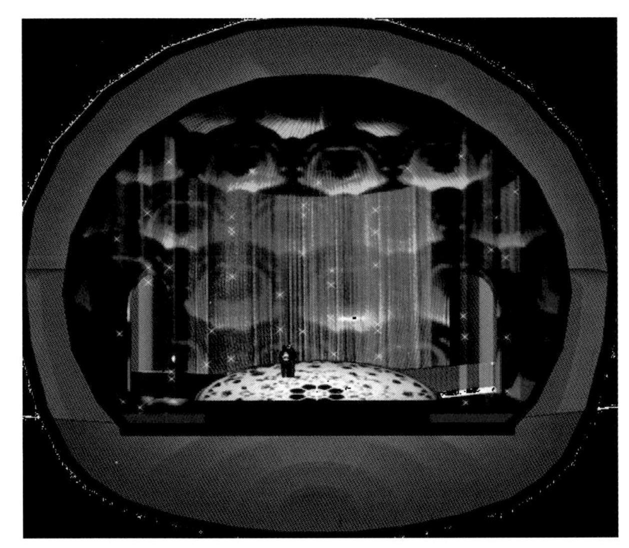

沐莲厅：身临其境 震撼心灵

佛风厅：轮回普度升华心灵

图 15.3-2　七宝莲道各区域照明设计彩图

图 15.3-3　清新爽朗的光环境

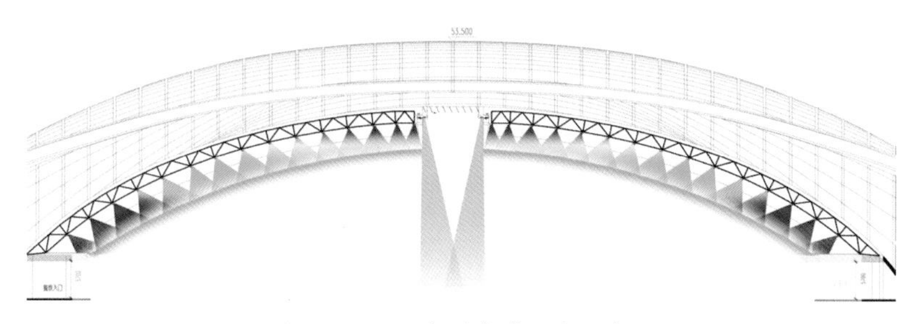

图 15.3-4　天空透光膜照度示意图

图 15.3-5　模拟傍晚时分晚霞场景

LED 白光泛光 +LED 全彩光：LED 全彩光部分作为白光的补充，可模拟从如朝霞的橘红到紫色到蓝色等天光的无穷变化。LED 聚光部分可以调光，可实现在卧佛身上出现高光的效果。LED 投光灯在平时状态暗藏于暗槽，暗槽底铺设导轨，需要投光时灯具可顺着导轨滑出侧壁向下方投光，形成多种场景模式（图 15.3-6）。

禅境大殿照度示意图如图 15.3-7、图 15.3-8 所示，从图中看出，地板平均照度 171lx，最小照度 19lx，最大照度 284lx。

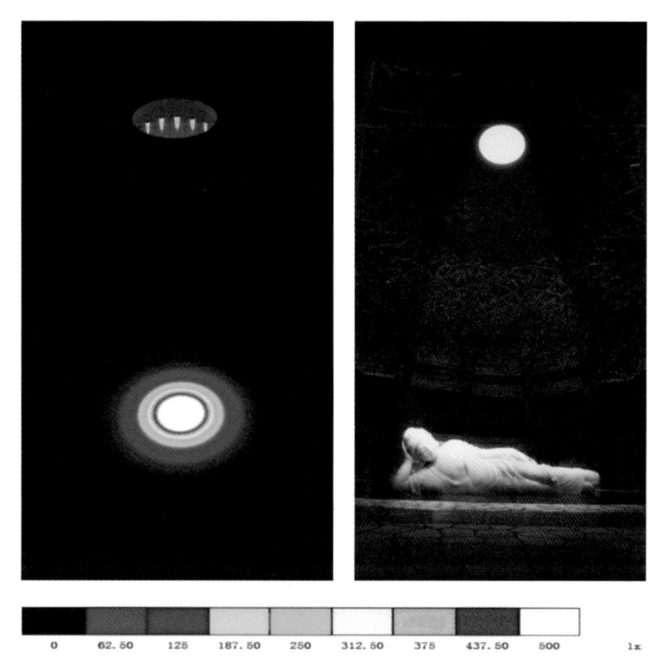

图 15.3-6　多种场景 LED 调光模式

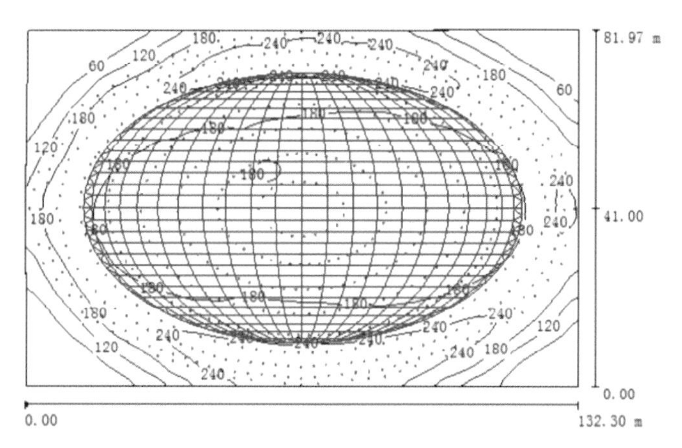

图 15.3-7　禅境大殿照度平面分布图

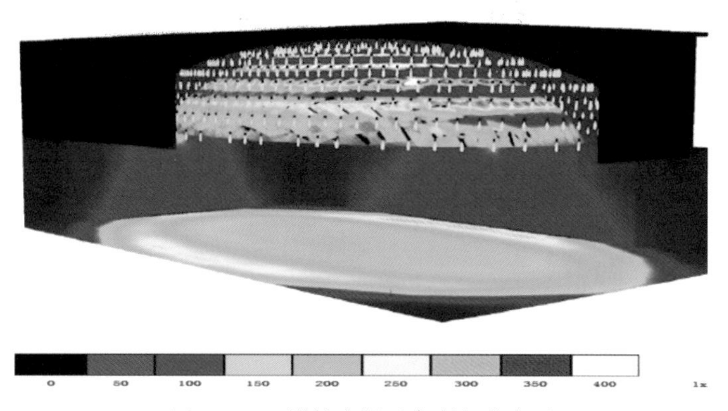

图 15.3-8　禅境大殿照度彩色分布图

（3）舍利大殿——观佛国天宫场景，悟众生即佛妙

1）照明思路：照明设计以满足人在空间内的游览为基础，对舍利塔及佛像和飞天用重点远投光方式进行展现，通过对立面装饰轮廓的勾勒营造出不同层次的空间氛围。由于千佛殿空间造型特殊，立面佛像及飞天只能从舍利塔三层平台上采用LED超窄光束投光灯远距离投射。同时，殿内艺术品的照明，经过多次试灯最终确定对立面琉璃佛及立面佛像的打光方式。

2）照明控制：千佛殿灯光可以通过智能控制设置不同的场景模式。其中常态化模式为普通的参观模式，此模式无动态变化，仅呈现千佛殿佛像及立面精美的装饰。灯光表演模式是同舞台灯光以及音乐相结合营造出佛国殊胜、众生成佛的场景，灯光从舍利塔下部开始亮起，通过在立面上层层上升展现立面装饰及佛像，并与舍利塔上的灯光互动，来表现舍利升腾，光芒从舍利发出，层层点亮环绕的空间和立面及佛像的变化，使游客对佛舍利产生神圣及崇敬的心境（图15.3-9～图15.3-15）。

图15.3-9 佛顶骨舍利显现一级模式

图15.3-10 佛顶骨舍利显现二级模式

图 15.3-11　佛顶骨舍利显现三级模式

图 15.3-12　佛顶骨舍利显现四级模式

图 15.3-13　佛顶骨舍利显现五级模式

图 15.3-14 佛顶骨舍利显现六级模式

图 15.3-15 佛顶骨舍利显现七级模式

万佛廊是一条环形的回廊，共有两层，每一层由若干佛龛墙与不同形式的壁画组合而成。整体照明除了满足人在空间内的游览外，还针对每一层不同佛像材质设置了相应的照明方式（熔金、熔银、古法琉璃、水晶、白瓷、紫砂、锡金铜、铜鎏金、木雕极彩等）（图 15.3-16 ~图 15.3-18）。

（4）舍利藏宫——宇宙佛种，佛藏心中

舍利藏宫位于佛顶宫地下六层，是真身佛顶骨舍利永久供奉的场所，定期对公众开放，供佛教信众和游客进行瞻仰膜拜。

1）照明思路：从 B6 层入口到供奉佛顶宫舍利的藏宫中心，有一条长长的通道，室内设计定义为“供养之路”。照明设计通过智能照明控制系统的设置，从入口安检处约 300lx 的较高照度，逐渐变暗，一直到约 20lx 的低照度水平，最后进入舍利藏宫。主轴线的照明在满足基本行走需求下，大部分艺术品重点照明以下照式为主，部分天花及立面增加灯带以二次反射照明来呈现空间氛围。舍利藏宫是一个中间设置供奉舍利宝塔，正面放置供桌和拜垫，供信众参拜的一个圆形环绕空间。舍利宝塔内还有一个宝幢，中间供奉佛顶骨真身舍利。对舍利采用在舍利宝幢内设置窄光束可调光 LED 重点照明的方式，舍利藏宫顶面采用间接照明表现顶面莲花瓣造型，并采用 LED 点光源

图 15.3-16　万佛廊幽暗模式

图 15.3-17　万佛廊强化立面模式

图 15.3-18　万佛廊辉煌模式

模拟天穹星光。四面佛像和立面有佛教故事天然图案的大理石则采用投光照明（图 15.3-19）。

2）照明控制：由于舍利宝幢造型及内藏有佛顶骨舍利的特殊性要求，舍利的照明以最严格的保护标准来考虑，采用高显色性 LED 光源照射，无紫外和红外光伤害。

图 15.3-19 舍利藏宫照明效果

4. 小结

考虑到整个佛顶宫空间结构的特殊性，对于灯具的维修和保护极为困难，故佛顶宫室内大部分灯具采用 LED 光源和 DALI 驱动器。LED 光源相比传统光源节省电力消耗 50% 以上，再加上优质的电源驱动在电源的转化率方面可以达到 90% 以上，更加减少了在传输及转化上损耗的电能，达到节能的目的。佛顶宫室内智能照明控制系统以营造一个舒适、安全、节能的游览空间为总原则，集智能集中总控、场景时序切换控制、就地场景面板控制、就地开关控制等功能于一身，同时兼容舞台、声控、消防、安防、旅游管理等第三方系统，满足不同空间的功能需求，同时以稳定可靠、施工方便、成本合理、操作简单等优点，满足管理者的使用需求。

15.4 牛首山景区泛光照明设计管理

1. 景区泛光照明设计标准依据

《城市道路照明设计标准》CJJ 45-2015；

《城市夜景照明设计规范》JGT/T 163-2008；

《民用建筑电气设计规范》JGJ 16-2008；

《建筑照明设计标准》GB 50034-2013；

《会展建筑电气设计规范》JGJ 333-2014；

图 15.4-1 牛首山佛顶宫景区夜间照明图

图 15.4-2 牛首山佛顶宫景区夜景航拍图

《低压配电设计规范》GB 50054-2011；

《泛光照明指南》GB/Z 26207-2010 等。

2. 照明管理目标

南京牛首山景区照明设计效果重点表达建筑的庄重恢宏、威武大气的佛教文化，灯光的运用突出园区及建筑的鲜明特色，利用不同的照明设计手法，在设计过程中坚持“以人为本”绿色照明的设计原则，大量采用高科技的绿色、节能 LED 灯具，既能用灯光营造安全、舒适的夜间环境，又能强化突出景区的佛教圣地氛围（图 15.4-1、图 15.4-2）。

3. 照明设计标准

（1）设计原则

根据《城市夜景照明设计规范》JGT/T163-2008，设计原则如下：设计应符合夜景照明专项规划的要求并宜与工程设计同步进行。景观照明规划设计应以“人为本”，注重整体艺术效果，突出重点，兼顾一般，创造出舒适和谐的夜间光环境，并兼顾白天景观的视觉效果。照度、亮度及照明功率密度值应控制在城市夜景照明规范规定的范围内。应合理选择照明光源、灯具和照明方式；应合理确定灯具安装位置、照射角度和遮光措施，以避免光污染。照明设施应根据环境条件和安装方式采取相应的安全防范措施。

（2）设计照度及亮度标准

牛首山景区根据城市照明规划场所的功能、性质、环境区域亮度、表面装饰材料及所在城市规模等，确定照度或亮度标准值，参考《城市夜景照明设计规范》JGT/T 163-2008 规定，将建筑定位在 E3 城郊区中亮度环境区（城郊工业和居民区等），对建筑的亮度及照度进行设计，设计值见表 15.4-1。

不同城市规模及环境区域建筑物泛光照明的照度和亮度标准值 **表 15.4-1**

建筑物饰面材料		城市规模	平均亮度（cd/m^2）				平均照度（lx）			
名称	反射比 ρ		E1 区	E2 区	E3 区	E4 区	E1 区	E2 区	E3 区	E4 区
白色外墙涂料，乳白色外墙釉面砖，浅冷、暖色外墙涂料，白色大理石等	0.6 ~ 0.8	大	—	5	10	25	—	30	50	150
		中	—	4	8	20	—	20	30	100
		小	—	3	6	15	—	15	20	75

续表

建筑物饰面材料		城市规模	平均亮度（cd/m²）				平均照度（lx）			
名称	反射比 ρ		E1 区	E2 区	E3 区	E4 区	E1 区	E2 区	E3 区	E4 区
银色或灰绿色铝塑板、浅色大理石、白色石材、浅色瓷砖、灰色或土黄色釉面砖、中等浅色涂料、铝塑板等	0.3 ~ 0.6	大	—	5	10	25	—	50	75	200
		中	—	4	8	20	—	30	50	150
		小	—	3	6	15	—	20	30	100
深色天然花岗石、大理石、瓷砖、混凝土，褐色、暗红色釉面砖、人造花岗石、普通砖等	0.2 ~ 0.3	大	—	5	10	25	—	75	150	300
		中	—	4	8	20	—	50	100	250
		小	—	3	6	15	—	30	75	200

建筑物立面夜景照明采用功率密度值（LPD）作为照明节能的评价指标。建筑物立面夜景照明的照明功率密度值不宜大于表 15.4-2 的规定。

建筑物立面夜景照明的照明功率密度值（LPD） 表 15.4-2

建筑物饰面材料		城市规模	E2 区		E3 区		E4 区	
名称	反射比 ρ		对应照度（lx）	功率密度（W/m²）	对应照度（lx）	功率密度（W/m²）	对应照度（lx）	功率密度（W/m²）
白色外墙涂料，乳白色外墙釉面砖，浅冷、暖色外墙涂料，白色大理石	0.6 ~ 0.8	大	30	1.3	50	2.2	150	6.7
		中	20	0.9	30	1.3	100	4.5
		小	15	0.7	20	0.9	75	3.3
银色或灰绿色铝塑板、浅色大理石、浅色瓷砖、灰色或土黄色釉面砖、中等浅色涂料、中等色铝塑板等	0.3 ~ 0.6	大	50	2.2	75	3.3	200	8.9
		中	30	1.3	50	2.2	150	6.7
		小	20	0.9	30	1.3	100	4.5
深色天然花岗石、大理石、瓷砖、混凝土，褐色、暗红色釉面砖、人造花岗石、普通砖等	0.2 ~ 0.3	大	75	3.3	150	6.7	300	13.3
		中	50	2.2	100	4.5	250	11.2
		小	30	1.3	75	3.3	200	8.9

（3）广场照明照度标准

广场照明应有构成视觉中心的亮点，视觉中心的亮度与周围环境亮度的对比度应符合建筑物和构筑物的入口、门头、雕塑、喷泉、绿化等，可采用重点照明突显特定的目标，被照物的亮度和背景亮度的对比度宜为 3 ～ 5，且不宜超过 10 ～ 20 的规定；广场绿地、人行道、公共活动区及主要出入口的照度标准值应符合表 15.4-3、表 15.4-4 的规定。

广场绿地、人行道、公共活动区和主要出入口的照度标准值　　表 15.4-3

照明场所	绿地	人行道	公共活动的区				主要出入口
			市政广场	交通广场	商业广场	其他广场	
水平照度（lx）	≤ 3	5 ~ 10	15 ~ 25	10 ~ 20	10 ~ 20	5 ~ 10	20 ~ 30

公园公共活动区域的照度标准值　　表 15.4-4

区域	最小平均水平照度 $E_{h,min}$（lx）	最小半柱面照度 $E_{sc,min}$（lx）
人行道、非机动车道	2	2
庭园、平台	5	3
儿童游戏场地	10	4

4. 照明设计管理

（1）灯光设计目标

1）形成南京市新的夜景地标。

2）吸引信众夜晚前来游览和参拜。

3）满足游客和信众夜间户外活动的需求。

（2）户外灯光设计要点

1）以灯光营造一个安全、安心、舒适的夜间环境。

2）强化景区的佛教圣地氛围。

3）表现建筑在夜晚自然环境中的美。

4）宫和塔灯光彼此协调呼应。

（3）广场灯光设计要点

1）满足广场活动的游客以及信众的灯光需求。

2）引导游客进出各主要入口。

3）强化佛教建筑艺术元素，如莲花等。

4）必要时进行灯光表演，形成与游客的互动。

（4）建筑室外灯光设计要点

园区建筑灯光照明根据不同的属性和地理位置，设计不同的灯光效果，目标是在满足基本舒适的视觉环境外，还要利用好的灯光引导游客从单纯的“游览”到心灵的“感悟”。

1）佛顶宫外穹顶的灯光。以夜景灯光表现建筑的气质及宗教文化氛围。

2）宏觉寺塔立面灯光。以灯光表现塔的独特气质，并与佛顶宫灯光呼应。

3）佛顶宫外广场灯光。以灯光满足夜间参观的游客需求，营造独特氛围。

4）摩崖石窟的灯光。以灯光表现摩崖佛像，满足参观游客的视觉需求。

5. 照明控制管理

（1）管理中控。根据夜景照明分级控制要求，分为平日模式、深夜节能模式两级，采用智能集中控制，灵活机动且有效节约用电量。

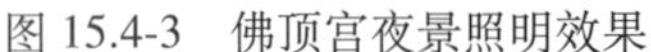

图 15.4-3 佛顶宫夜景照明效果

图 15.4-4 夜景照明效果

（2）LED 灯具。项目中用量较大的灯具均采用优质 LED 灯具，绿色环保，如 LED 点光源、LED 投光灯、LED 洗墙灯等，在保证夜景照明效果的前提下将用电量控制在较低的数值内。

（3）控制系统。该项目的智能控制系统为 KNX 系统。连接方式为 TP 方式（四线电缆，由两对双绞线构成，平时只用红、黑两根，另外两根作为备用）。一个 KNX 系统里面必须有指令发送器（面板、触摸屏或时间控制器）、执行器（开关模块、调光模块）以及系统电源。系统电源并联在总线上，电压为 DC30V。控制系统采用先进的智能模块控制，智能时钟进行定时控制、电脑手动控制、面板手动控制结合的模式（见图 15.4-3、图 15.4-4）。

6. 小结

施工总承包单位需要对建筑和景观的照明设计作出统筹管理，需要强化设计管理能力，为提升项目整体的照明水平，达到设计效果做好综合管理工作。建筑和城市的泛光照明得到越来越多的关注，总承包单位需要了解设计参数、灯具布置要求、布线施工工艺、防水漏电施工工艺、穿插施工工期布置等问题。

15.5 舍利佛光灯光艺术智能照明控制技术

1. 技术概况

南京大报恩寺汇集了佛顶骨舍利、感应舍利、玄奘顶骨舍利和诸圣舍利四份佛门至宝。另外，根据佛经记载，阿育王统一印度后将佛舍利分为八万四千份，建八万四千塔。

走进舍利佛光厅大厅璀璨夺目、熠熠生辉。头顶的灯光不时变换，“菩提树”上挂着“八吉祥”，穹顶下面是一尊涅槃造型的释迦牟尼佛；走进“舍利佛光”展区，仿佛进入了一个神奇的圣地。圆形的穹顶上布满 4200 盏琉璃佛灯，在玻璃面的反射下又呈现一倍数量，8400 盏琉璃光亮对应佛法八万四千法门。

舍利佛光展馆拥有七次放光的视觉效果，其中主要体现的舍利本身，每当一种颜色缓缓地变换过程中，让人感受到它的神奇，当七次色彩变换结束后回到展馆原有的本色时，让人在惊叹的同时也感受到一种空灵感，其效果如图 15.5-1 所示。

2. 技术特点

该技术采用 DMX512 智能灯光控制系统控制，LED 光源（RGB，RGBW）由 PC 控制，视频导入，实现任何动态和静态彩色灯光效果。由控制台控制可以实现任何静态调光场景效果。

DMX512 智能灯光控制系统由效果设计软件、主控器和 LED 灯具陈列组成，采用多控制器并联工作的方案，每个控制器驱动 512 路对象，控制器之间实现信息同步（图 15.5-2）。

图 15.5-1　舍利佛光效果

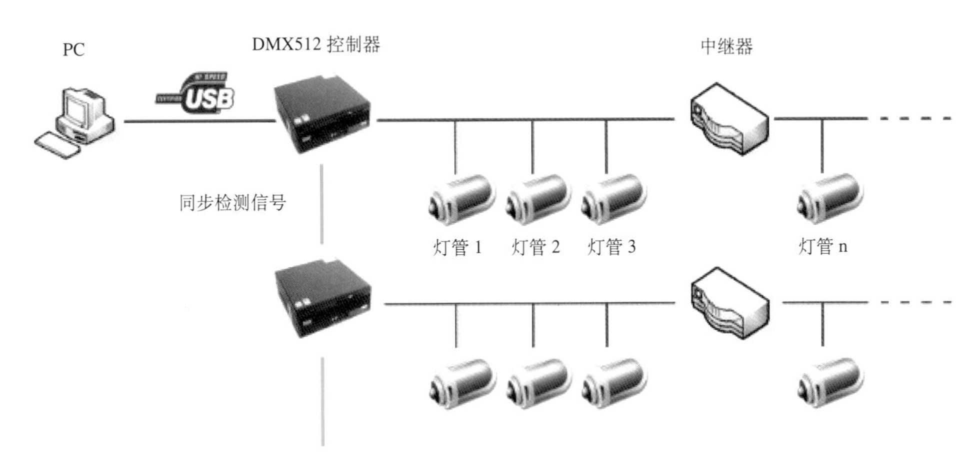

图 15.5-2　智能灯光控制系统

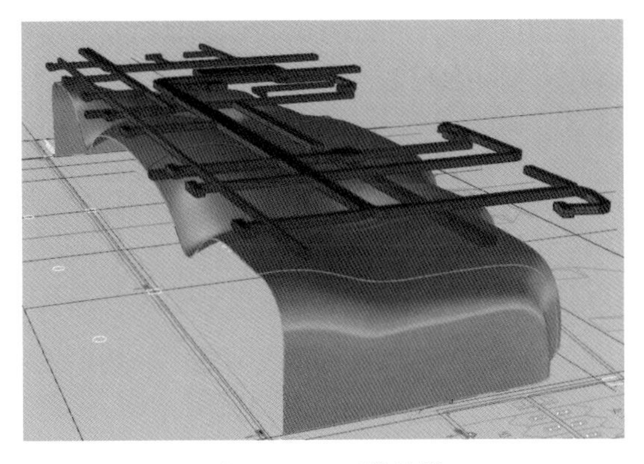

图 15.5-3　三维建模

为保证灯具安装间距的一致性，通过对多曲面 GRG 大穹顶三维建模（图 15.5-3），多次模拟分析，分块编号（图 15.5-4），吊顶材料工厂分块制作、打孔，以解决 4200 盏 LED 灯安装定位难题。现场实景如图 15.5-5 所示。

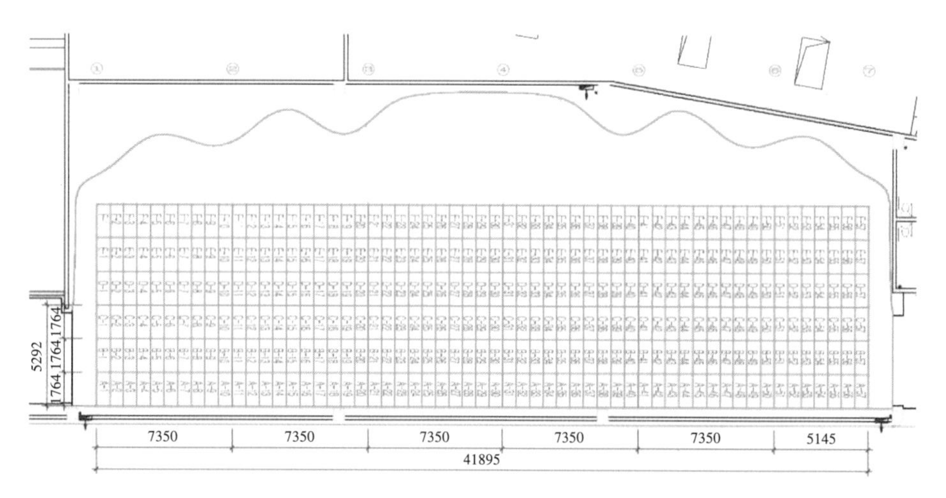

图 15.5-4 顶面分块编号图

图 15.5-5 舍利佛光现场实景

3. 实施效果

该技术很好地实现了大厅的照明效果，达到令人耳目一新的视觉环境，仿佛置身于幻境，感悟高深的佛学文化。

15.6 时空长廊光纤佛头灯光控制技术

1. 技术概况

在大报恩寺公园里，看到一个水晶的佛祖头像与玄奘对望凝视的场景，在一尊由 8000 多根光纤和 8000 多颗水晶珠子组合而成的 3D 立体佛首前，铜质玄奘坐像面朝佛首静思，以背影的形态面视长廊，在禅境之下形成与佛祖凝神对视的场景，就是“千年对望”的时空长廊。“佛陀涅槃与玄奘求法相距千年，玄奘距今又千年，这也给千年对望赋予更深层的含义”。“千年对望”采用目前最顶级的数字科技，脚步踩上步道，脚下对应的电子屏即会“激活”，脚下便有“莲花”光芒绽放。七块屏幕对应“七步生莲”，而与此同时，立柱上的摇铃会轻轻响起。释迦牟尼头像体积约为 $40m^3$，利用光纤立体化塑形而成（图 15.6-1）。

设计团队的创意：平时看到很多球形的灯，想到一个空灵的、悬浮的效果，由此受到启发。但是难度在于，球的形状比较简单，变人形之后，它有大大小小的珠，该发光和不该发光的珠，编程就显得非常重要，八千个珠在编程中就要控制好，首先是电脑内设计好，尤其是轮廓线，比如眉毛、鼻梁、发际的轮廓线要特别细致，这样有助于使整体更生动，形态更准，效果更好。

图 15.6-1　光纤佛头实景

2. 技术特点

该技术应用三维软件将释迦牟尼头像雕塑转化为数据模型，根据模型形体进行数据编程，生成 18000 个数据点阵，分为发髻与面部的数据点，发髻部分悬挂直径 2cm 的多棱水晶珠，面部悬挂直径 1cm 的多棱水晶珠。同时每个点的数据显示着该点对应光纤的垂直距离与该数据点水晶珠大小的选取。通过对佛头进行一系列的优化设计，最终优化确定为 8644 根光纤和 15732 个数据点，即水晶珠的个数，光纤总长度达 2 万多米（图 15.6-2）。

图 15.6-2　光纤佛头三维建模

为了满足施工需求，利用参数化手段将 Excel 中冗长的点数据对应到 CAD 平立面上，用最简洁的方式进行施工图纸的表达，大大缩短了施工的周期（图 15.6-3、图 15.6-4）。

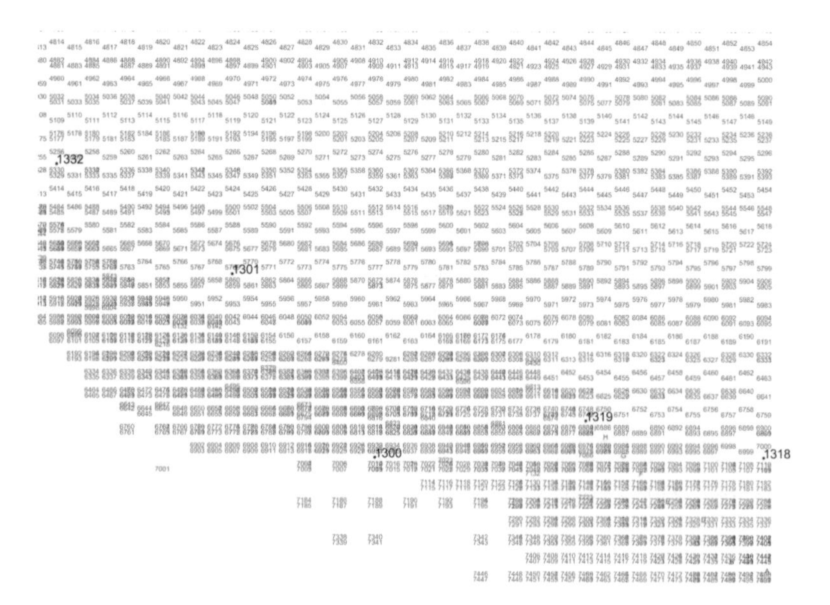

图 15.6-3　数据分析

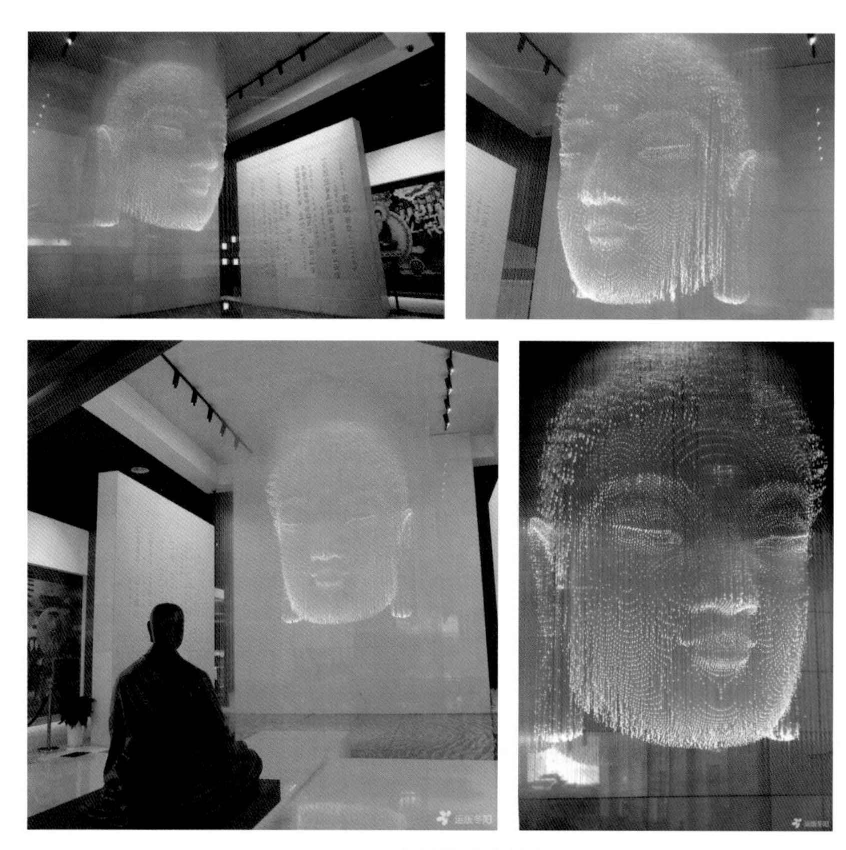

图 15.6-4　光纤佛头实施效果

3. 实施效果

该技术不论设计手法还是施工工艺，都是巨大创新。用复杂的科技去设计和表现佛像很少见。千年对望佛头创意在大报恩寺遗址博物馆内得以实现，博物馆展陈设计团队做了大量的尝试和实验，呈现的效果较好。

15.7　曹溪广场夜景灯光照明技术

1. 技术概况

“顿悟之门”位于曹溪文化小镇南广场比较重要的入口位置，不仅在功能上具有“门”的作用，同时也兼具了修禅的意象。大门以多层次复合的结构构成，原木色喷涂钢结构，外部形态勾勒出菩提叶的外形，内部结构构造出禅定坐像的虚影，在夜空下禅定坐像呈现出光影轮廓。技术使用专业的灯光控制系统来控制 LED 线条灯缓缓变幻，与后方隐约看到的智慧树下静坐无相佛的场景构成了一个统一的整体，营造出了“非风动、非幡动、仁者心动”的艺术氛围。

实现以上照明效果有几大技术难题：

（1）安装方面：灯具和管线要做到牢固可靠的安装在多层钢结构上，从正面及侧面尽量减少对视觉的干扰；灯光控制器及低压开关电源更不可安装在钢结构上。

（2）灯光控制方面：灯光的画面越精细，就要求灯具的像素点越多，控制的难度越大，每米线条灯需要分为 12 个像素点，这对灯具的生产及控制也是一个巨大的挑战（图 15.7-1）。

图 15.7-1　顿悟之门整体设计效果图

2. 技术特点

（1）不锈钢灯槽和线槽采用氩弧焊焊接在多层次的不锈钢复合结构，外表面喷涂与环境色一致的氟碳漆。

（2）LED 线条灯使用结构胶牢固地安装在不锈钢灯槽内，电线接头和控制线路隐藏在灯具下固定。

（3）控制器及电源放置在左右两侧的六个落地防雨配电箱内，配电箱到大门处预埋足量的穿线管路。

3. 工艺措施

（1）灯槽的做法：灯槽及线槽进场后先对金属表面做除尘处理，然后外表面喷涂不锈钢表面专用氟碳底漆，再使用氩弧焊焊接到灯具的安装位置，最后统一喷涂与环境色一致的面漆（图 15.7-2、图 15.7-3）。

图 15.7-2 不锈钢专用氟碳漆喷涂

图 15.7-3 灯光安装测试照片

（2）灯光控制及配电系统：LED 线条灯配电回路共计 140 个，回路的数量较多，而可供敷设线路的竖向位置只有 9 个立向线槽，只能采用多点布置穿线的方式来满足线路敷设的要求。同样网线的控制回路也有 124 条，布置难度较大，施工过程容易混淆，我们采用了在每个线路上标记标签，确保每个回路都能准确的对应好控制点（图 15.7-4 ～图 15.7-6）。

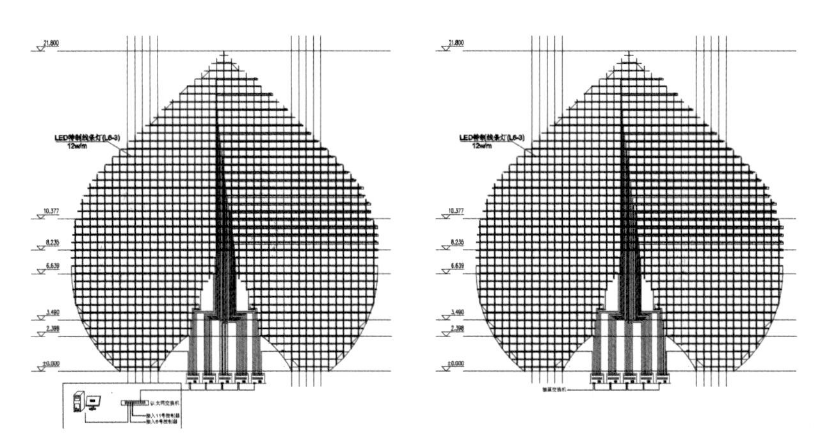

图 15.7-4 LED 控制及配电系统安装图

图 15.7-5 LED 控制系统示意图

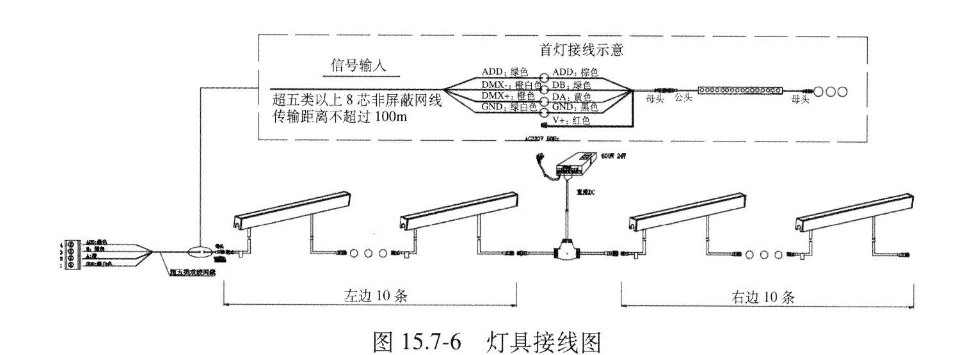

图 15.7-6　灯具接线图

(3）工艺流程

1）工艺流程，见图 15.7-7。

2）照明设计实施效果，见图 15.7-8 ～图 15.7-10。

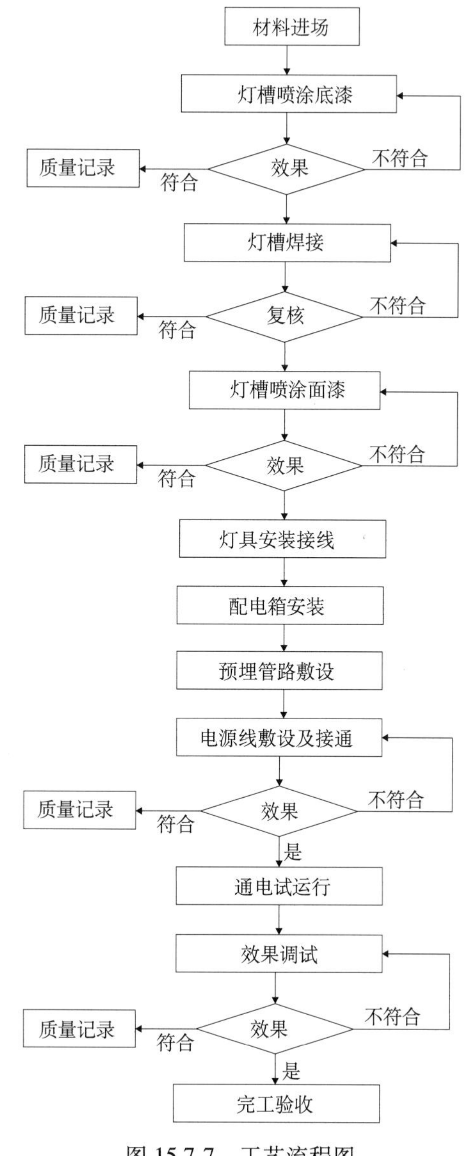

图 15.7-7　工艺流程图

图 15.7-8 夜景照明实施效果

图 15.7-9 无相佛夜景照明设计效果

图 15.7-10 无相佛夜景喷泉照明设计效果

4. 小结

曹溪广场的夜景泛光照明设计，设计理念先进，用现代照明设计技术展现佛学特殊文化场景，营造特殊氛围。技术路径可行，实施效果较好。

第 16 章　现代佛教剧场舞台机械工程关键施工技术

近年来，随着国家经济的持续发展，人们物质生活水平的不断提高，旅游业发展迅速，以佛教文化为主题的朝圣和旅游场所受到越来越多人的欢迎，将传统文化（儒、释、道、休闲文化）与旅游文化相结合的场所建设，成为一种特色。作为佛教场所重要功能设备的专业化剧场舞台，需要满足演出、会议、展览等多种功能，建筑形式更加复杂、智能、异形、大型，也给施工技术的创新与发展，予以新的挑战。

16.1　圣坛剧场舞台机械施工技术

1. 工程概况

灵山梵宫圣坛剧场作为一个室内剧场，打破了传统剧场概念，采用比较罕见的圆形舞台布置形式。整个剧场是由一个直径 50m 穹顶形的圣殿和宽度近 10m 的环形长廊组合而成，这两个空间的分界面是大殿的圆形墙面，墙面被设计成八扇可沿圆弧轨道旋转移动并可沿水平方向前后移动的活动大门。

圣坛的地面部分由 1 块旋转升降台、2 块大旋转台和 24 块升降台组成，这些设备由内向外形成 5 个同心圆舞台。在大殿的上空设置单点吊、活动灯光架和旋转活动窗等设备。大殿空间构成了观众席的主体，这部分空间通过升降台的升降可以变换成多种形式的人性化观演模式，既可以满足中心式讲禅或圆桌式会议使用，也可以满足其他形式的使用功能。

观众观看演出时，舞台可以随剧情需要作各种形式的运动。大殿外围的环形长廊是表演区的主体，由两圈（270°）共 14 条升降台组成，在升降台的上空布置有 126 道环形吊杆。为了满足某些特殊的临时性大型演出的需求，在北区还设置一个后舞台，以便形成一个标准的镜框式舞台。舞台工艺布局如图 16.2-1、图 16.2-2 所示。

图 16.1-1　圣坛剧场圆形舞台演出场景

图 16.1-2 圆形舞台大门和演出实景

2. **技术重点、难点**

（1）C、D 转台

观众区的第三圈是由 6 块升降台 C 和其下面的 1 块旋转台 C0 组成；第四和第五圈由 14 块升降台 D、E 和其下面的 1 块旋转台 D0 组成，旋转台带动其上的升降台一起旋转（图 16.1-3、图 16.1-4）。

两个圆形转台直径分别为 28m 和 44m，内部还有两圈升降台，这两个转台的圆心不是固定的。要想保证转台的圆心在 10mm 之内跳动是非常困难的。从设计、加工制造、现场安装分三个阶段严格控制偏差，利用全站仪进行放线和控制偏差。实际运行中，转台的径向跳动偏差≤ ±5mm。

（2）活动大门

八扇活动大门是舞台的重中之重，舞台场景变换全靠其完成。整个大门系统包括活动大门、大门升降台、上部推拉台、下部推拉台、推拉小车等组成。系统具有设备多、动作复杂、同步精度要求高等特点。八扇活动大门需要完成沿弧形轨道旋转，水平移动回收至台仓两种动作。旋转运动采用链条驱动车轮自行运动，驱动车轮采用凹槽形式，门体上方设置环形凹形轨道，防止大门跑偏。水平运动采用上下推拉台同步带动门体进行平移。

整个流程需要十几步动作，系统中所有设备参与运动，一个动作完不成直接影响下一步动作的进行，对设备的可靠性要求很高。同时，大门升降台依靠两台电机同步驱动，下部推拉台依靠两台电机同步驱动，而 3 个上部推拉台要和下部推拉台同步，同时需要 5 台电机同步，对设备的同步精度要求也很高。

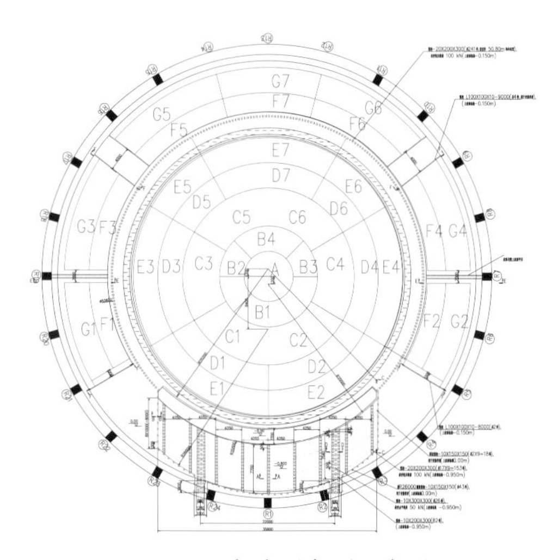

图 16.1-3 舞台设备平面布置图

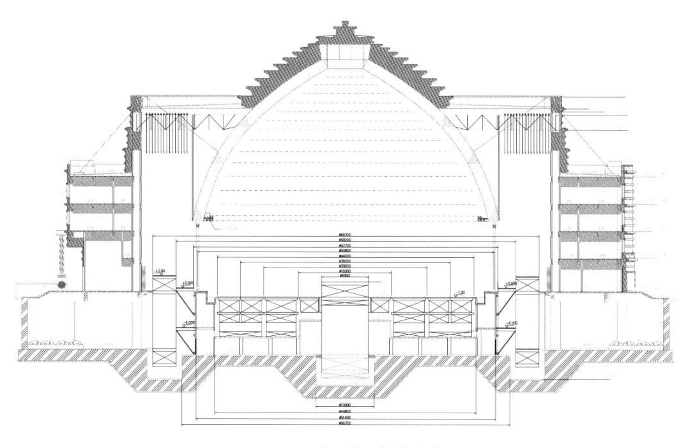

图 16.1-4　舞台总体剖面图

3. 舞台设备特点

（1）舞台功能丰富，不仅满足专业的演出需要，同时还兼顾会议使用，使剧场功能多样性，表演丰富。

（2）整个舞台机械设有机械式、机械控制安全系统，以及为演出时提供安全管理控制通道，最大限度地保证人员的安全。

（3）驱动采用国外进口电机，配有静声制动器，噪声低，运动平稳、可靠。环形电动吊杆、单点吊的灵活运用，形成多个景区、多种舞台形式；与台下设备相配合，可形成三维一体、平面布景切换。

（4）台上、台下所有电机采用一对一和切换控制方式，可以同时使台上和台下设备运行，满足各种各样的表演。

4. 舞台机械安装流程及方法

（1）升降旋转台 A 的安装

以土建提供的环形舞台圆心和两条垂直直径（R1 ~ R13、R7 ~ R19）为参照点或线，在升降旋转台 A 所在区域的 −15.5m 地坑放线，确定驱动系统基础的具体位置。

（2）升降旋转台 A 吊装系统设置

1）用于安装导轨立柱的 4 根混凝土立柱（R4、R10、R16、R22/CA，顶标高为 −1.5m）上面安装钢梁。在钢梁上安装一个 5t 单轮滑轮，单轮滑轮在钢梁上自由滑动选择吊点。该吊装系统用于升降旋转台 A 的所有设备的安装。

2）利用设置好的吊装系统将已倒运到 −10.5m 地坑夹层的所有驱动设备吊至地坑的 −15.7m 地面。依次安装下台板托架、下台板、下台板驱动系统。再依次安装上台板连接柱、上台板、传动链条。

3）升降旋转台 A 空载试运行调试：以上工作安装完成后，连接临时电源进行空载试运行。先进行升降系统试运行，检查运行是否平稳、无卡滞、无噪声，在行程范围内垂直度允许偏差 ±3mm，制动可靠，动作灵活。

4）升降系统试运行检查合格后进行旋转台运行，检查运行是否平稳、无卡滞、无噪声，旋转架体径向跳动及上下跳动允许偏差为 ±3mm。

（3）升降台 B 的安装

1）设备从卸货平台倒运至 ±0.0m 夹层后，使用钢结构屋顶上方吊点吊至 −4.7m 的升降台 B

安装面。以土建提供的环形舞台圆心和两条垂直直径为参照点或线，在升降台 B 所在区域的 -4.7m 安装面放线，确定驱动系统基础的具体位置。

2）在舞台上方钢结构屋顶设置吊点，安装一个 10t 单轮滑轮，使用 ϕ24 钢丝绳作为主吊装绳索。该吊装系统用于升降台 B 的所有设备的倒运和安装。

依次安装驱动系统传动设备、驱动系统支架、导轨，并精确调整。再依次安装链轮、升降台体辅助支撑、升降台体侧支架、主台架、斜支架、辅助台架、拉杆、链条吊杆、传动链条等。选择相应的润滑脂对舞台的驱动、传动系统进行充足润滑。

3）升降台 B 空载试运行调试：以上工作安装完成后，连接临时电源进行空载试运行。检查运行是否平稳、无卡滞、无噪声，在行程范围内垂直度允许偏差 ±3mm，制动可靠、动作灵活。

（4）旋转台 C 的安装

1）设备从卸货平台倒运至室内 ±0 夹层后，使用钢结构屋顶上方吊点吊至 -7.5m 的旋转台 C 安装面。以土建提供的环形舞台圆心和两条垂直直径为参照点或线，在舞台 C 所在区域的 -7.55m 安装面放线，确定驱动系统、定位轮组和轨道 A、B 基础的具体位置。

2）安装驱动系统、定位轮组和轨道 A、B，并精确调整。在上方吊点正下方最近的轨道 A、B 处采用辅助卡具临时固定安装两组台车（前后各 2 个，共 4 个）。

3）安装第一套转台骨架，并与台车固定牢固，按照工厂预拼装的编号对应安装该骨架的链条座装置及链条。

4）按照上述方法及工厂预拼装的编号，安装第二套转台骨架等，并与第一套骨架连接牢固。将安装完成并与驱动系统、定位轮组和轨道 A、B 接触良好的第一、二套骨架紧靠圆环外侧推行，至第三套骨架位于上方吊点正下方。依次安装第三套、第四套及其他，直到完成，在安装至多组骨架人力无法推行时，采用 3t 卷扬机辅助牵引。

5）安装、推行过程中，时刻观察台车与轨道、链条与驱动齿轮、链条座导向板与定位轮的接触面情况。有过紧或卡滞情况时应立即停止并调整。

6）安装其他辅助、控制系统。选择相应的润滑脂对舞台的驱动、传动系统进行充足润滑。

7）旋转台 C 空载试运行调试：以上工作安装完成后，连接临时电源进行空载试运行。进行升降系统试运行，检查运行是否平稳、无卡滞、无噪声，转台径向、上下跳动允差 ±5mm，制动可靠、动作灵活。

（5）安装其余升降台按上述方法，依次安装升降台 C、旋转台 D、升降台 D、E、F、G1 ~ G7。

（6）活动大门系统的安装

1）活动大门系统的安装包括大门升降台 F20、大门下部推拉台及牵引车 F21 ~ F24、活动大门 F25 ~ F27、大门上部推拉机构 F28 ~ F30。

2）根据台上卷扬机的位置，测量卷扬机轨道、滑轮梁的位置尺寸，并在其上方做好安装定位标记。

3）台上设备的运输路线：设备从卸货平台倒运至室内 ±0 夹层后，沿进料通道到达指定位置后，使用钢结构屋顶上方吊点吊至 +29.00m 的格栅层。

4）舞台上空设备安装顺序：卷扬机安装、定位、固定→滑轮安装→钢丝绳安装→吊杆拼接→吊杆安装→吊杆直线度、水平度调整→钢丝绳卡扣紧固→卷扬机编码器、行程开关安装→吊杆升降载荷试验。

5. 舞台机械的测试与验收

（1）测试与验收具备的条件

1）设备（包括所有机械设备、控制设备、传感器和其他附件）安装已经完成并取得安装合格证，设备已经具备运转条件。

2）永久性电源的供电线路已经铺设完毕，可以正常供电。临时供电线路只能用于对一些装置和部件进行试验。

3）设备各主要部件和单个机构的运动和性能试验已经进行并达到规定的技术指标。

4）由设备承包商或设备安装公司提出的检测与验收的程序、方法、标准、要求指标、使用的工具仪器、考核标准和工作计划等已经得到业主或 / 和业主委托单位的认可。

5）由设备承包商提交的用于试验验收的资料已准备完毕。资料主要包括：设备所使用主要材料的出厂合格证书或实验报告：标准机电产品的出厂合格证书；主要机械加工件的检验合格证书；钢丝绳及其附件、链条、高强螺栓和其他受力元件的出厂合格证书；组件和部件的工厂装配质量检验合格证书；焊接质量检验合格证书；液压元器件及其附件的产品合格证书；涂装检验合格证书等。

6）提交与现场情况相一致图纸。图纸包括：舞台机械的工艺配置图（含平面、纵剖面和横剖面）；单台机械的总装配图、主要部件图和表示安全装置的其他有关图纸；设备的钢结构强度计算书；控制系统的原理图、方框图和控制设备布置图；电气系统的原理图、布线图和设备布置图；液压、气动原理图、设备布置图和说明书；设备操作和维修说明书等。

（2）验收设备的检查与测试

1）外观检查：以目测检查为主，辅以简单的工具。主要检查设备的规格和状态，重点是传动、支撑、承重、平衡、导向等各类机构、安全装置、钢丝绳缠绕系统、电气与控制设备等。

2）外观检查的主要内容如下：

设备安装的位置是否正确、数量是否齐全；所有机构和装置是否安装牢固；

所有结构是否有变形或损伤，如有变形或损伤必须修复；应特别注意现场焊接的钢结构接头的焊缝质量是否良好；行程开关、安全装置、锁紧装置等的位置是否正确，安装是否牢固；电气与控制设备的布置是否正确，安装是否牢固；电气和控制设备的电缆接头是否牢固、标记是否准确、布线是否整齐美观；涂漆色泽是否均匀、有无漏刷、裂纹和脱落等缺陷；在现场进行焊接和其他加工的部分，其油漆是否已经补刷等。

（3）功能测试

1）单台设备的性能测试：针对其主要技术参数进行的对设备的载荷、速度、停位精度等参数以及设备的安全设施进行测定，以考核其驱动装置的能力、传动系统的强度、载荷和位置保持设备（如制动器、液压阀等）的功能是否足够，停位是否准确，各种安全保护装置的动作是否灵敏准确等。

2）对台下设备应逐台进行测试：多台设备的性能测试在单台设备性能测试完成后进行，同类设备或不同类设备应根据设计规定的各种运动状态进行组合试验，以核定其运动精度、同步精度和连锁程序是否达到要求。台上设备和台下设备的组合试验则是在有场景参数要求时，台上设备和台下设备的运动及停位是否协调有效。

3）操作与控制设备的功能测试：对操作与控制设备的各种规定的功能，如手动、自动、预置、编程、修改、插入、省略、默认、显示、打印等逐项进行测试，对系统的各种电气保护装置特别是紧急停车系统要进行单独的测试，对系统中冗余配置设备的测试也应逐个进行。

4）噪声测试：在观众厅某一特定位置上测得的设备运转时产生的噪声水平。噪声测试应按照规定的测试条件如背景噪声、舞台状态（侧台门是否关闭、吊杆是否悬挂幕布等）、测点位置与高度、观众厅状态（满场或空场）等进行。

5）性能测试的顺序：先进行空载状态下的性能测试，同时检查各种行程开关、安全开关的状态，然后进行负载状态下的性能测试，考核驱动装置的能力、传动系统的强度、载荷和位置保持设备（如制动器、液压阀等）的性能。先进行单台设备的性能测试，后进行多台设备的性能测试，按设计所规定的各种运动状态进行组合测试，以核定其运动精度、同步精度和联锁程序是否达到要求。

（4）载荷测试

1）升降设备的载荷测试：对设备的驱动装置、传动系统、支撑和承载结构在运动和静止状态下负载能力的考核，在负载状态下对操作和控制系统的性能进行考核。测试的重点是制动器、离合器、锁紧装置和液压、气动及电气元件。

2）对具有固定平衡重的设备（采用绳轮驱动的设备除外），其载荷试验的载荷为 1.25 倍的总载荷差（即额定载荷与起升部件自重之和与平衡重量之差）。对具有可变平衡重的设备，其试验载荷为 1.25 倍的最大可用载荷差（即额定载荷与起升部件自重之和与最小设定平衡重量之差）。对绳轮驱动（即曳引驱动）的设备，其运动时的试验载荷为 1.3 倍额定载荷，而其平衡重量等于额定载荷。

（5）电气防护装置的测试

电器设备的防护装置（如过流、过压、欠压、缺相、接地等）均应进行逐项测试。在测试中，如果出现某项参数或指标不符合设计技术要求，视为测试缺陷并记录在测试缺陷清单中。对测试缺陷必须采取措施予以消除，并按要求进行再次测试直至合格为止。只有在全部测试项目都达到要求后，方可办理验收手续。

6. 小结

灵山梵宫剧场打破了传统剧场的概念，整个剧场是穹顶形圣殿和环形长廊组合而成。以圆形舞台布置形式，墙面有八扇可沿圆弧轨道旋转移动，并沿水平方向前后移动的活动大门。同时形成了由内向外形成 5 个同心圆舞台，以及在大殿的上空设置的单点吊、活动灯光架和旋转活动窗等设备。演出时八扇活动大门可以徐徐打开，佛教中的人物故事一一展现在观众面前。通过舞台的升降，转台 360º 的旋转，借助光影的魔幻变化、空间场景的位移变换，观众可以在任何角度观赏演出，感受“没有死角”的观赏体验（图 16.1-5）。

图 16.1-5　舞台全景与中央升降菩提树

16.2　如莲剧场舞台机械施工技术

1. 技术概况

佛顶宫首层设置有大型莲花创意机械舞台，庞大如莲的造型与佛顶宫宏伟的气势争相呼应，在千变万化的舞台机械中无处不体现着佛教文化，如莲剧场的莲花中心机械舞台直径长达38m，整个机械舞台可以升降、旋转、打开、合拢，让观众以一种新奇而刺激的氛围来享受；属于专业定制的佛教演艺舞台，其舞台的成形工艺、空间定位及安装过程复杂，具有唯一性、不可复制性、不可替代性，是创新科技和艺术文化的智慧结晶。如莲剧场的莲花瓣逐步升起如图16.2-1所示。

图 16.2-1　如莲剧场的莲花瓣逐步升起图示

2. 舞台运行说明

（1）莲花舞台共有三层莲花瓣，即第一层、第二层、第三层莲花瓣（由外至内）。其中第一层莲花瓣共 12 片，安装固定在外圆环升降台上、跟着外圆环升降台一起升降。第二层、第三层莲花瓣各有 12 片。外圆环升降台、第二层、第三层莲花瓣共用 12 套动力机组。初始状态所有莲花瓣暗藏在台面以下，6 套伸缩升降补台伸出、升起，使得内环固定台和 ϕ 38m 外台形成 6 条通道。当演出需要莲花瓣升起时，6 套伸缩升降补台全部降下、收回。全部到位后莲花瓣的 12 套动力机组开始工作，通过钢丝绳同时拉动第二层、第三层莲花瓣底脚，底脚安装有走轮，走轮行走在倾斜的轨道内，实现莲花瓣的同时升降。第二层、第三层莲花瓣升到外圆环升降台上到位后，倾斜轨道同时开始翻起，与此同时升降装饰墙也升起。第二层、第三层莲花瓣到达终点位置后固定挡块碰撞，使得莲花瓣不能继续向上升起，此时继续拉动钢丝绳，带动外圆环升降台开始升起，第一层、第二层、第三层莲花瓣跟着外环升降台同时升起，升降行程 8.3m，升起后形成一完整的剧场供演出使用（图 16.2-2）。

（2）莲花瓣全部降下时台面上设有 6 条约 2m 宽的通道，可供“借花献佛”场景使用。

（3）该方案 ϕ 38m 台边线和固定台之间有一条 4m 宽的圆环空洞，固定台的空洞边设有扶手，防止人员跌落，通道和空洞边安装有扶手（图 16.2-3）。

图 16.2-2 舞台运行示意图一

图 16.2-3 舞台运行示意图二

（4）6个伸缩通道方案是初始状态安装在固定台台面下，伸出时和 ϕ38m 台基坑边线接拢，再有一套机构升降补台，把台面补平。

（5）该方案的佛像移出需要在标高 -5.00m 处设有一个 5m 宽移动盖板。当佛像需要移出中心圆台时，移动盖板伸出，和固定通道接拢，形成 -4.50m 平台，供卧佛移出。

（6）该方案台面由七个相对独立的水中升降台组成，每个水中升降台均可独立升降，水中升降台完全升起时为舞台台面，下降时形成一个水舞台，可根据导演组创意要求满足表演需求（图16.2-4）。

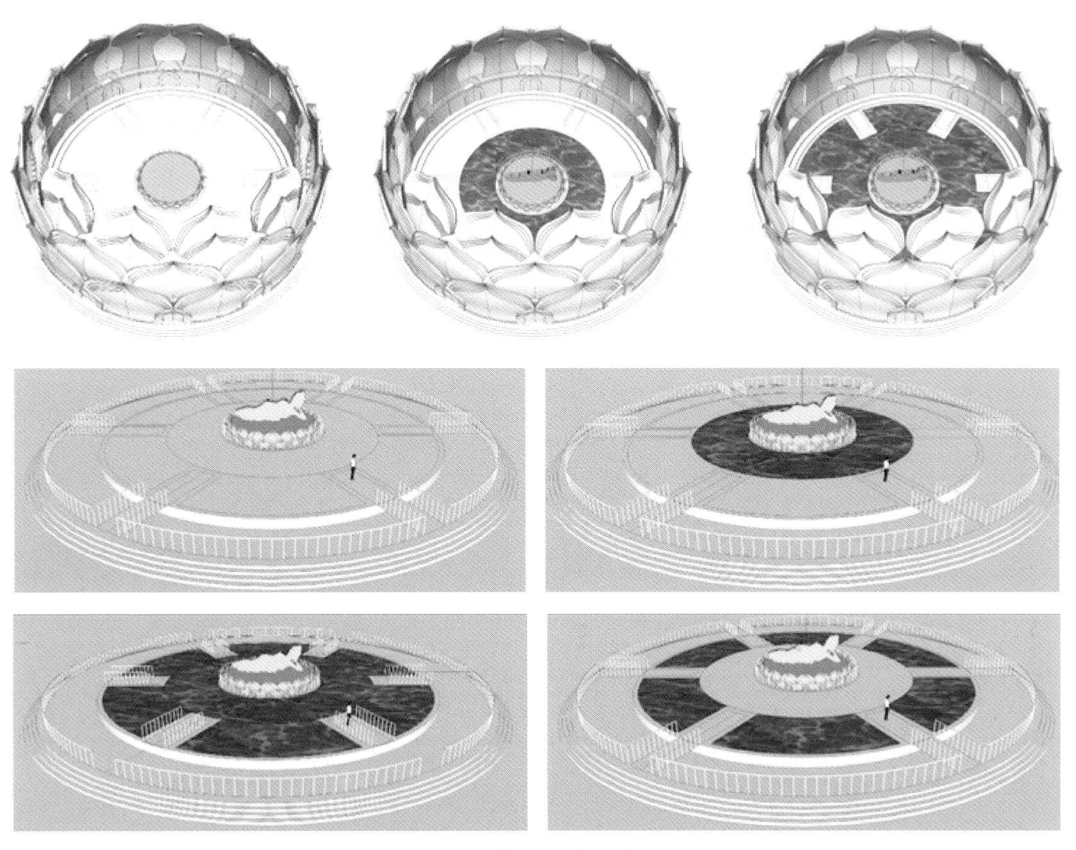

图 16.2-4　舞台运行示意图三

（7）装饰：莲花装饰由36片花瓣装饰、12个门面装饰、台面花岗石装饰、礼佛墙装饰、升降环升降柱装饰、小穹顶升降花环装饰组成，其中装饰图案和花纹都遵循着佛的主题展开（图16.2-5）。

（8）总用电量约为1908kW，同期使用系数约0.8，实际同期使用电量约1530kW。

（9）在演出全面停演后，必须切断总电源。在需要演出前，必须由专业人员检修各项设备后，在保证安全使用的前提下，可以重新恢复演出，演出前先让液压站开始工作，等1min压力稳定后再操作。

（10）特别提出，在机械舞台动作时，附近水域必须有专人负责、严格看管，确定全部无人员等方可作升级旋转动作，否则一切责任自负。在机械舞台的区域内严禁站人和漂浮物，以免碰伤人、碰坏物。

图 16.2-5 礼佛墙装饰方案

3. 技术特点

（1）采用 1 : 1 模拟建模技术，将体系中的结构主要部件分解，确定构件的精确尺寸，实现构件工厂化精确生产制作及过程模拟安装指导，提高工效。

（2）舞台安装 360° 共 24 等分轴线，造型莲花状，可完成升降、打开、合拢等动作，24 等分轴线定位精度偏差≤ 2mm，翻转轨道与莲花升降台轨道连接在同一轴线，翻转轨道固定，莲花升降台轨道活动，两者拼接，精度控制要求高。

（3）通过三维建模、模型切割、模拟安装等技术，确定舞台构件、分块、大小、连接、安装顺序等，同时运用 MIDAS（GEN）有限元分析软件进行整体受力分析、稳定性验算、工况分析复核等。

（4）通过舞台环吊装置技术，实现 360° 行走吊装功能，实现狭小空间下舞台内部设备的倒运、吊装就位及安装。

（5）根据三维模拟安装图，依据构件编号及安装顺序，对莲花舞台设备运行的立柱、桁架构件主体、设备主体、驱动装置、传动设备、监测装置、莲花瓣蒙皮等进行安装。

（6）对莲花瓣装饰、门面装饰、礼佛墙装饰、升降环升降柱装饰等的装饰图案和花纹进行彩绘。

4. 工艺措施

（1）工艺流程

施工工艺流程如图 16.2-6 所示。

（2）操作要点

1）施工准备：

①按照设计意图进行图纸深化设计，三维建模后，生成构件加工图，供需要进行场外加工和采购订货的材料、部件加工订货（图 16.2-7）。

②根据设计图纸复核尺寸，对实际标高、轴线、预埋件复核后，进行平面定位及空间位置确定。

③编制安装方案并对操作人员进行交底。

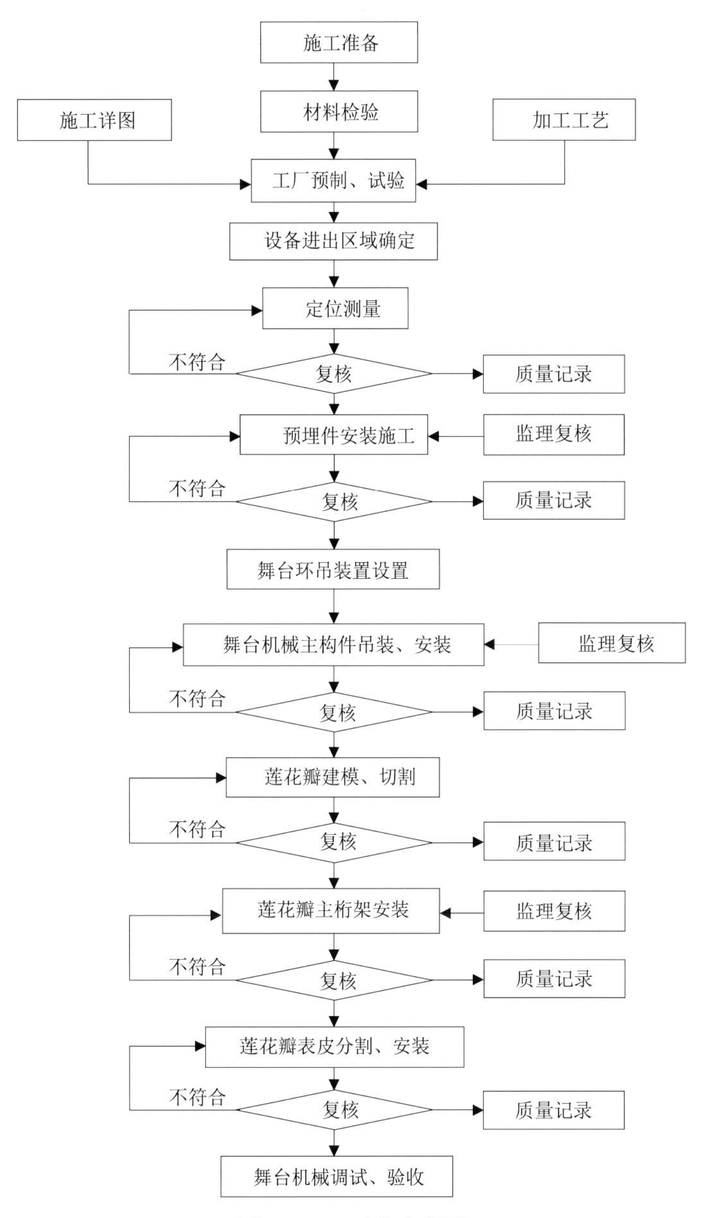

图 16.2-6　工艺流程图

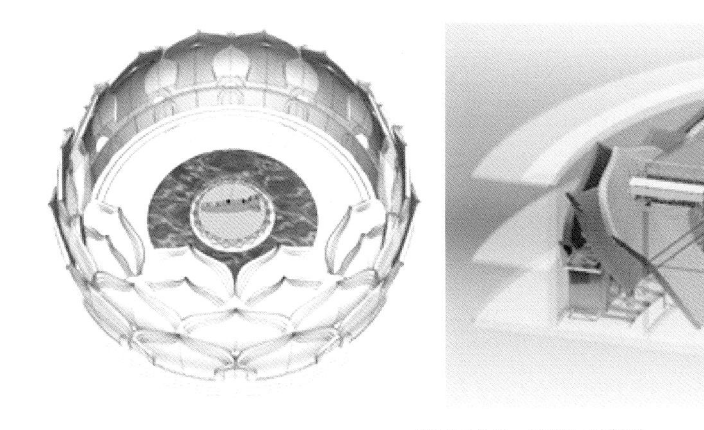

图 16.2-7　穹顶三维图

2）工厂预制、试验。

整个莲花的打开和下降过程，莲花瓣打开需要12套共660kW的电机同步运作，机械结构庞大，难度极高，需进行大量的设计计算和试验工作，同时专门制作试验样品，反复计算测量，邀请各个专业、各个工种的技术专家进行验证、检验，进行厂内完全模拟现场进行试验，确保无问题，然后镀锌发往现场（图16.2-8）。

图16.2-8 工厂预制及试验图

(*a*) 莲花舞台模型制作；(*b*) 舞台钢架预制；(*c*) 莲花瓣主体桁架制作；(*d*) 莲花瓣转轴制作；(*e*) 莲花瓣主体钢架；(*f*) 莲花瓣1∶1制作；(*g*) 技术交流；(*h*) 卧佛小车试验；(*i*) 莲花瓣门洞造型制作；(*j*) 门；(*k*) 凹佛安装

3）设备进出区域确定。

根据设备尺寸、大小，确定舞台的设备进出线路及构件的堆放区域，并将材料按编号放至相应区域内（图 16.2-9）。

4）定位测量：

①确定基准标高、轴线后，选用偏差较小的结构主体作为定位标准主体，标准主体的定位为安装基准位置，标准位置设定后，按照图纸轴线安装位置基准线进行画线并做好永久性标记。

②确定轴线，将圆分为 24 等分标记轴线，利用经纬仪和全站仪确定圆心，进行实地放样，根据图纸实际尺寸将莲花机组位置、卧佛升降台机组位置标记；利用水准仪将标高设置到可参照位置标记好，作为施工依据。

5）预埋件施工：

①对已放置预埋件核查，确认埋放的种类其位置、牢固程度是否符合要求，如有偏差，修补措施征得设计同意后修补，并做好记录。

②对增加反梁部分的埋件，埋件放置后，复核标高、位置、数量，确认无误后，浇筑混凝土（图 16.2-10）。

6）舞台环吊装置设置：

①吊装装置根据现场建筑结构和舞台安装的要求设计，经过结构计算和力学分析在工厂按照施工详图将立柱、悬臂预制完成，分段运输至现场。

②经过放样确定中心点位，经过复核无误后做好舞台中心点永久性标记，将环吊立柱分段连接成一个整体，利用卷扬机通过转向绳轮将立柱立在 ϕ 38m 圆中间位置，确保立柱的垂直。

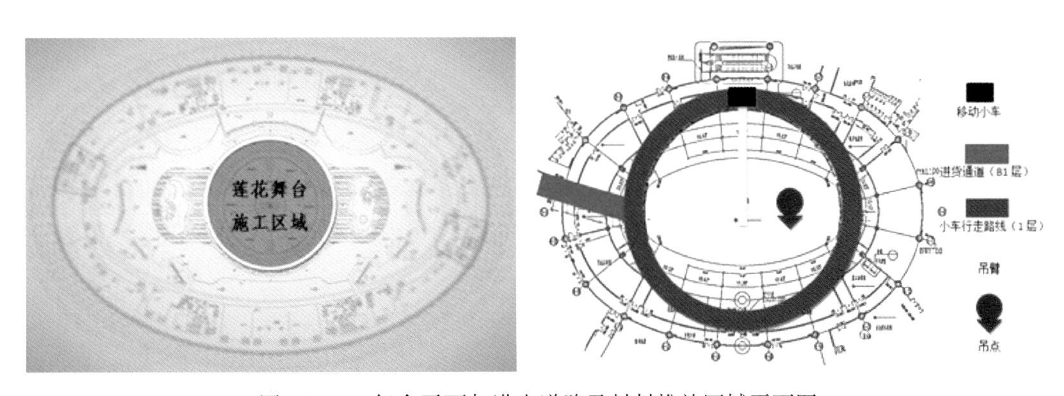

图 16.2-9　舞台平面与进出道路及材料堆放区域平面图

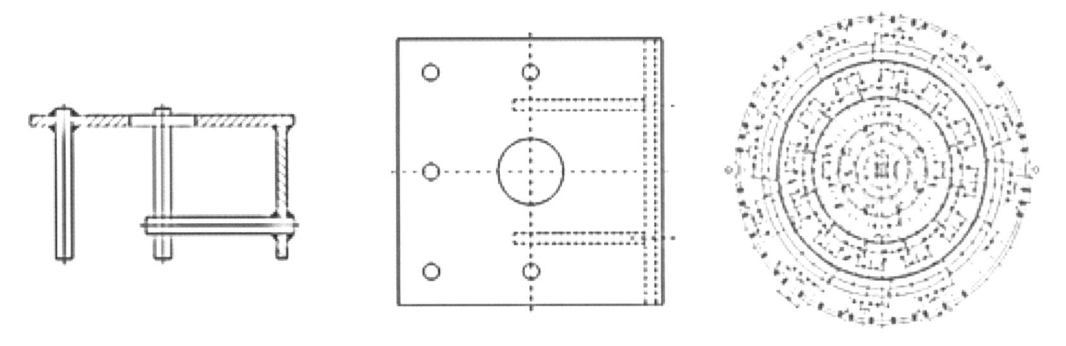

图 16.2-10　舞台预埋件位置及平面、剖面图

③将立柱底板通过化学螺栓固定，用 8 根缆风绳拉紧，保证立柱的稳定性。将悬臂拼装成一个整体，通过卷扬机转向将悬臂一端与立柱顶端转轴连接，将悬臂另一端与移动小车连接，再将电动葫芦与悬臂装配电气安装。环吊装置外环行走依靠人工驱动，最大吊装荷载为 1t。

④吊装设备参数：

电动葫芦型号：TYPE OF PR ODUCT

吊装设备自重：2.15t

最大起重荷载：1t

吊装起升高度：12m

结构受力分析：使用材料为 Q235，横梁最大应力 32.7MPa，强度满足使用。横梁挠度 10.9mm，10.9/18900=1/1733 < 1/800，符合规范要求。移动支架使用 Q235 材料，强度满足使用（图 16.2-11）。

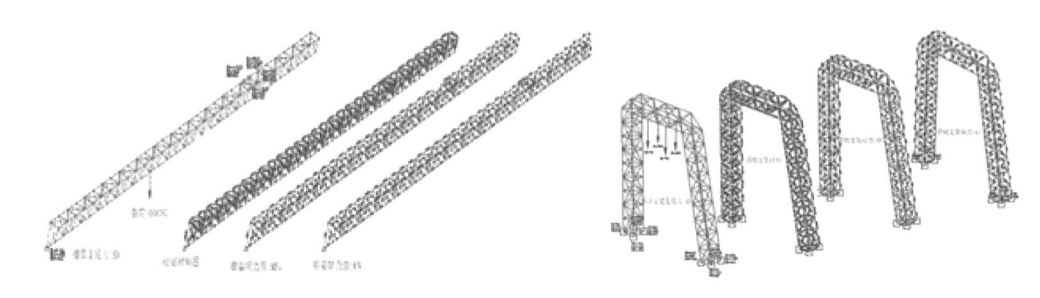

图 16.2-11 舞台环吊设备有限元分析图

⑤吊装设备安装工艺：

利用回转立柱固定于舞台中心，通过轨道桁架梁将回转立柱与移动支架连接，轨道桁架梁与回转立柱采用关节轴承连接，可以自由转动；移动支架下部安装实心轮胎，可由人工推动；轨道桁架梁下部的工字轨上安装有行车；可吊起重物前后滑动。满足在场地空间狭小情况下，下沉式坑内完成舞台设备的安装（图 16.2-12）。

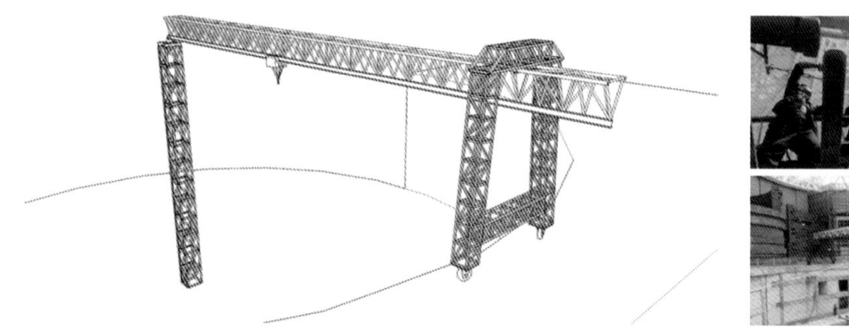

图 16.2-12 舞台环吊设备三维图

7）舞台机械构件吊装。

利用舞台环吊装置的 360° 行走吊装功能，将各个主要机械构件吊装进入下沉式坑内，舞台机械安装顺序：外圆环钢架→固定台立柱及 -4.6m 平台钢架→固定台池底钢架（图 16.2-13）。

8）莲花瓣建模、切割。

莲花瓣的体量庞大，将莲花瓣支架和表皮进行切割；同时莲花瓣桁架既要包在莲花瓣曲面内，又要满足强度要求。需对其进行大量的三维建模、切割、计算工作，为后期的安装施工做准备。莲花瓣模型和桁架三维模型如图 16.2-14、图 16.2-15 所示。

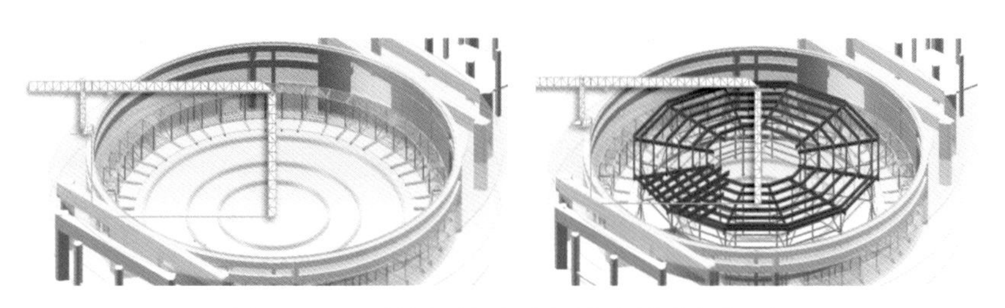

图 16.2-13　外圆环钢架与固定台池底钢架图

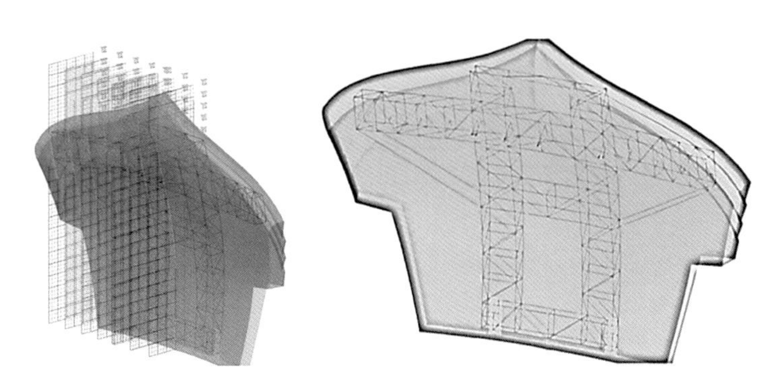

图 16.2-14　S2 莲花瓣切割模型图

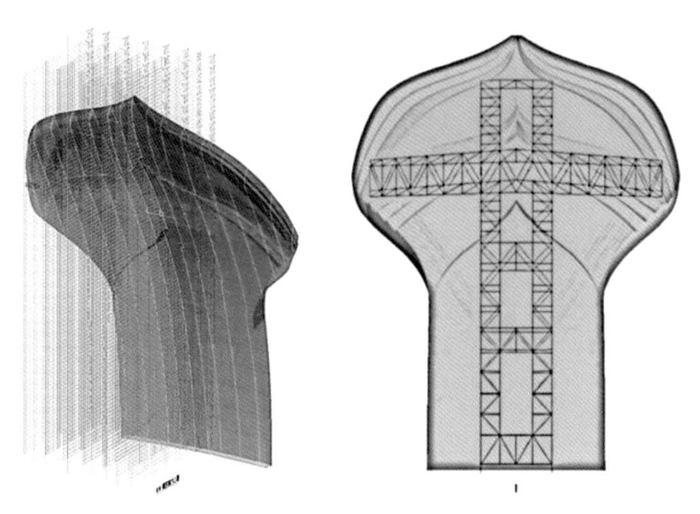

图 16.2-15　S3 莲花瓣切割模型图

9）莲花瓣主体桁架安装。

莲花瓣主体桁架采用 6061-t6 铝合金材质，采用叉车运至下沉式基坑边，再利用舞台环吊吊装装置将其吊运至基坑，安装顺序：S3 主体桁架→ S3 横梁桁架及斜撑→ S2 主体桁架→ S2 横梁桁架及斜撑（图 16.2-16）。

10）莲花瓣表皮分割、安装。

① S3、S2 莲花瓣表皮根据造型需求、内部桁架要求以及运输、吊装局限进行详细的分割（图 16.2-17、图 16.2-18）。

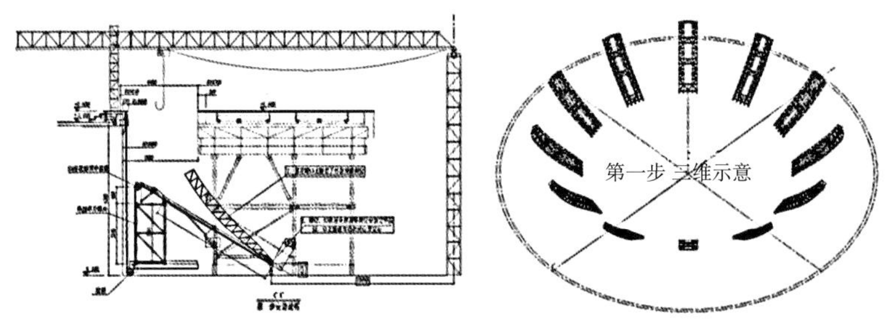

第一步：安装 S3 主体桁架

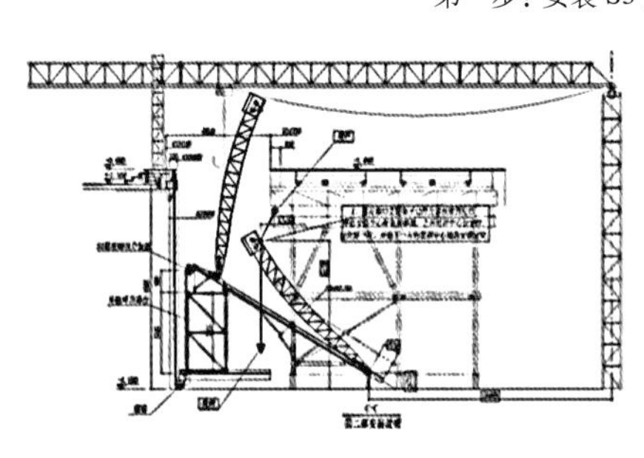
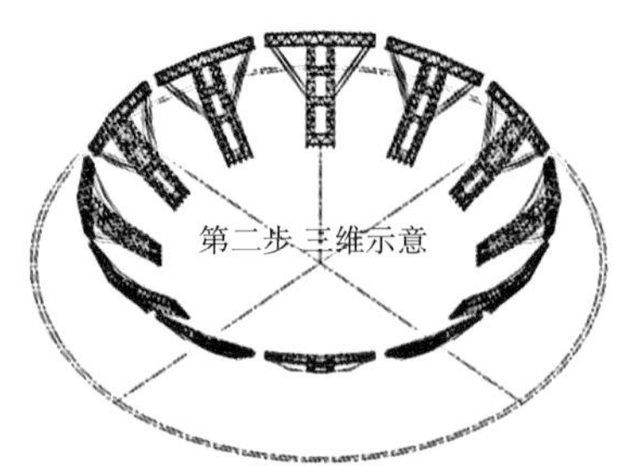

第二步：安装 S3 横梁桁架与斜撑

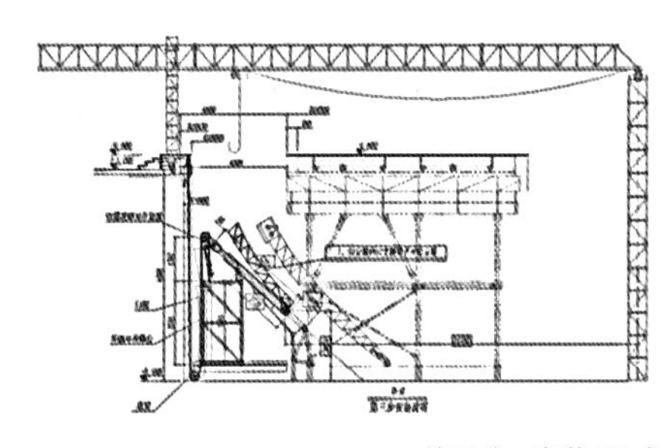
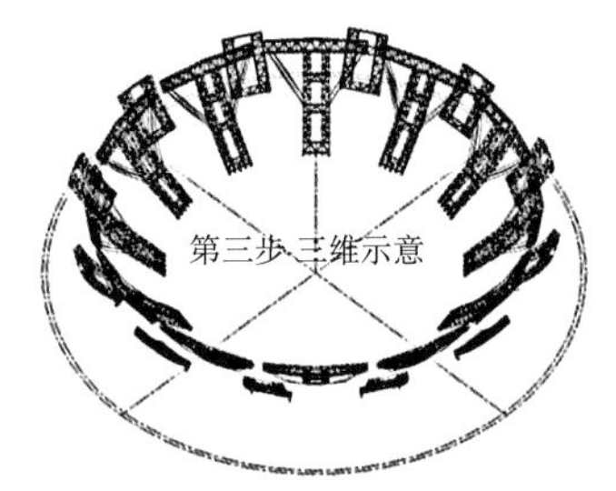

第三步：安装 S2 主体桁架

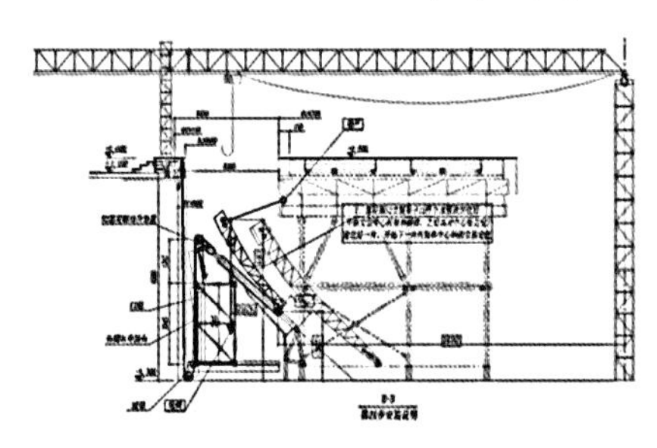
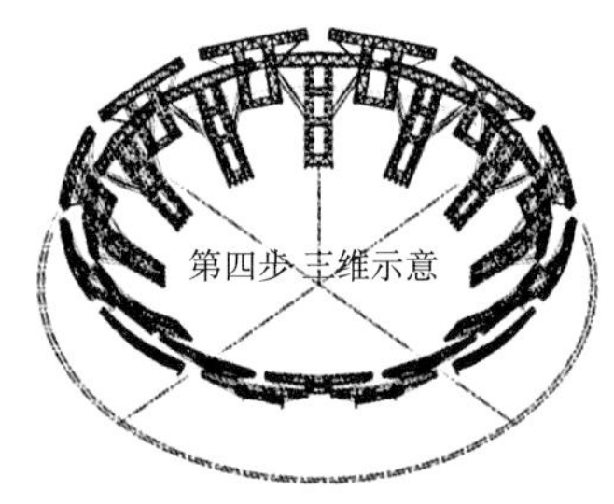

第四步：安装 S2 横梁桁架与斜撑

图 16.2-16　S3 莲花瓣主体桁架安装图

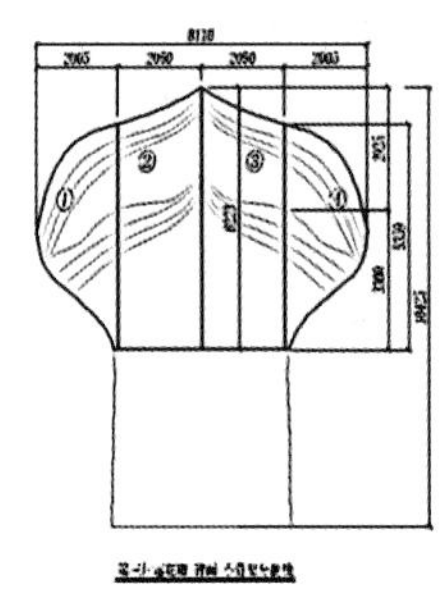
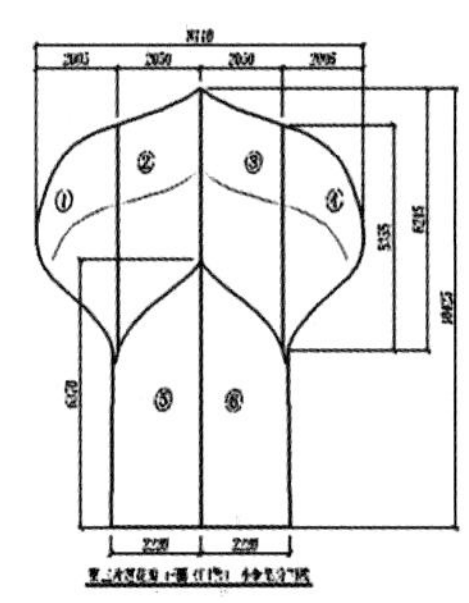
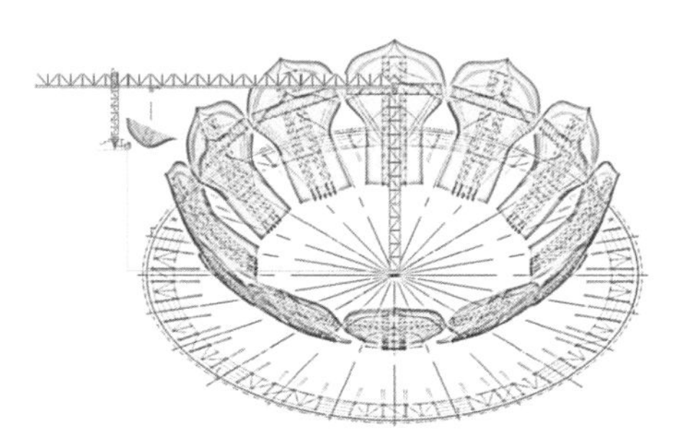

图 16.2-17　S3 莲花瓣背面表皮分割图

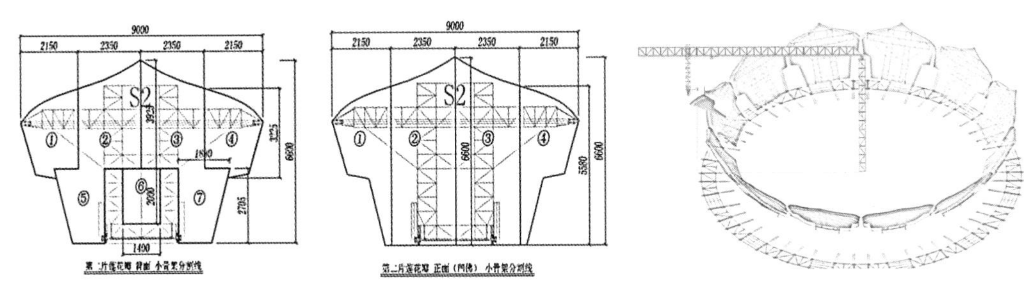

图 16.2-18　S2 莲花瓣表皮分割图

②莲花瓣 S1 表皮除了根据造型需求和运输、吊装局限进行详细分割外，考虑到其附装在外圆环钢架上的受力状况较好，将桁架和表皮制作为一体，待莲花瓣 S2、S3 安装好后，舞台升于台面后进行安装（图 16.2-19）。

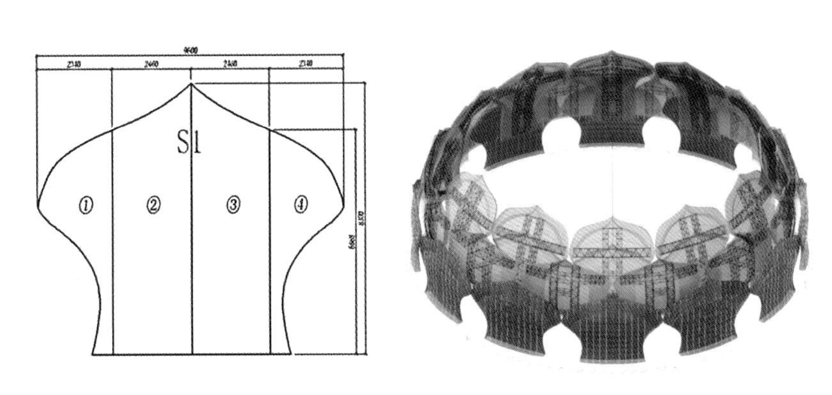

图 16.2-19　S1 莲花瓣表皮桁架分割图

11）舞台机械调试、验收。

舞台机械安装完成以后，各单项机械设备首先进行单机运行测试，包括无荷作用下运行以及满荷作用下的运行；各单项测试满足设计要求性能后，进行舞台机械的联动测试，检验舞台联动机械是否能够同步协调地运行，保证舞台机械的一体化运行、安全运行及共同运行的噪声低于设计要求。完成联动调试，各性能指标满足设计要求后，方可完成验收。

5. 小结

大型莲花全自动升降旋转舞台工艺设计和机械设备的配置满足了佛教剧场的演绎要求，同时兼顾其他类型的演出。其舞台的成形工艺、空间定位及安装过程复杂；而圆形莲花舞台布置形式，通过舞台的升降，转台的旋转及空间场景位移变换，使游客能感受“没有死角”的观赏体验。庞大如莲的造型与佛顶宫宏伟的气势争相呼应。工程中所使用的钢丝绳传动升降舞台、舞台环吊装置、舞台专用低噪声卷扬机、莲花瓣同步升降控制系统、水舞台不锈钢板无渗拼接技术、莲花瓣表面叶片制作、效果处理等，提升了专业佛教剧场舞台设计和施工水平。

第 17 章 佛教剧场音响工程关键施工技术

佛教剧场的专业化和多功能化已是一个新的趋势。声学设计作为剧场建筑效果实现的重要组成部分，需要融于建筑整体设计之中。如何通过精巧的构造做法和新型的声学材料，营造出契合佛乐庄严清净、蕴涵慈悲的效果是声学设计、现场施工应着重解决的问题。

17.1 圣坛剧场音响系统控制技术

大型佛教音乐剧《觉悟之路》以弘扬佛教文化、启迪心灵智慧为主旨，依托圣坛独有的剧场条件（国内先进的音响、视频、灯光技术），为观众呈现出一幅幅如梦如幻的篇章。

1. 演出对声音的艺术要求

《觉悟之路》描述了佛陀悉达多从一国太子走入民间、体验生老病死、最终悟道成佛的故事。其音乐的特点是既有气势磅礴的深远乐音、空灵优美的天籁女声，还有纯净悠扬的童声合唱、曼妙欢畅的东方舞乐，以及诗意酣然的民俗器乐。因此，实现演出效果尤为重要。确保声音效果的三个关键要素：建筑声学环境、作曲及录音方式，以及扩声系统的设计与工程品质。

2. 多声道扩声系统技术

梵宫圣坛剧场是一个圆形空间，圆形的大穹顶，最高离地面 38m（图 17.1-1），绿色代表观众区，蓝色代表舞台区。观众区直径 50m，中心舞台直径 8m，270° 视角，环形舞台宽 10m。这种特殊观演环境，传统的扩声模式已完全不能满足要求；配合全景式舞台，采用了多声道扩声系统，从穹顶、墙面、地面 3 个不同方向布置发声点，让观众真正感受到身临其境的效果。

（1）扩声声场设计

梵宫圣坛多声道扩声系统由顶部至地面共 3 圈组成，实现真正的全景声场效果。针对场地的情况，声场设计必须考虑 3 个关键因素：

1）长混响时间。

由于剧场室内容积较大，穹顶材料吸声系数小，导致较长的混响时间。如何通过电声设计，尽量避免长混响带来的不利影响，是首先要考虑的因素。

2）高还原品质。

由于是穹顶状空间，音箱之间的声干涉比较严重。如何通过阵列设计和声场调试，达到高保真的还音效果，同样是比较大的挑战。

3）大动态余量。

由于覆盖距离比较远，而演出必须要有气势磅礴的声音效果，所以，必须考虑大动态的音箱选型或阵列设计，以及超低频的指向性控制。

（2）四周环绕主扩音箱组

观众区环绕主扩声采用线阵列与常规音箱的组合，均匀设置了8组音箱，每组包括4只全频线阵列音箱和1只全频常规音箱，每组音箱覆盖大部分观众席。全频线阵列音箱性能参数：频率响应60～19kHz，±3dB；最大声压级140dB；覆盖角：90°×5°。全频常规音箱性能参数：频率响应60～19kHz，±3dB；最大声压级136dB；覆盖角：120°×40°。采用线阵列技术，提高阵列的Q值及最大声压级，不但避免了长混响的不利影响，还保证了大动态余量。采用线阵列和常规音箱的结合，很好地满足了声场不均匀度，并且节约了投资。全部音箱暗装于活动莲花瓣后面，演出时莲花瓣自动打开，从而保证了天花造型的完美。

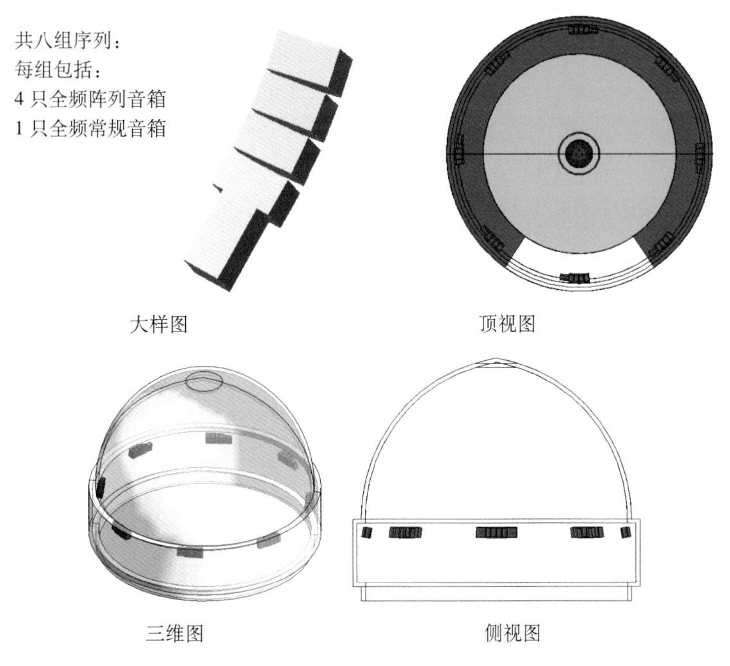

图17.1-1 观众取四周环绕主扩声音箱组布置

（3）地面坛心舞台音箱组

坛心舞台周围落地布置了8组音箱，每组包括2只全频音箱和1只超低频音箱。由于坛心舞台是升降式舞台，所有音箱采用流动布置方式。全频音箱性能参数：频率响应40～18kHz，±4dB；最大声压级136dB；覆盖角：80°×40°。超低频音箱性能参数：频率响应30～125Hz，±4dB；最大声压级139dB；双18英寸超低频单元。通过采用有源消噪声技术，控制音箱阵列的指向性，特别是超低阵列达到了心形指向的水平，大大减少相互间的干扰，也避免了超低能量向上覆盖，带给观众超低声震撼效果（图17.1-2、图17.1-3）。

（4）穹顶音箱组

为了克服空间混响时间过长的问题，穹顶上空固定暗装了4组强指向性的音箱，每组包括1只全频音箱和1只超低频音箱，还原真实的顶部效果声。全频音箱性能参数：频率响应140～19kHz，±3dB；最大声压级142dB；覆盖角：30°×20°。超低频音箱性能参数：频率响应38～140Hz，±3dB；最大声压级142dB。

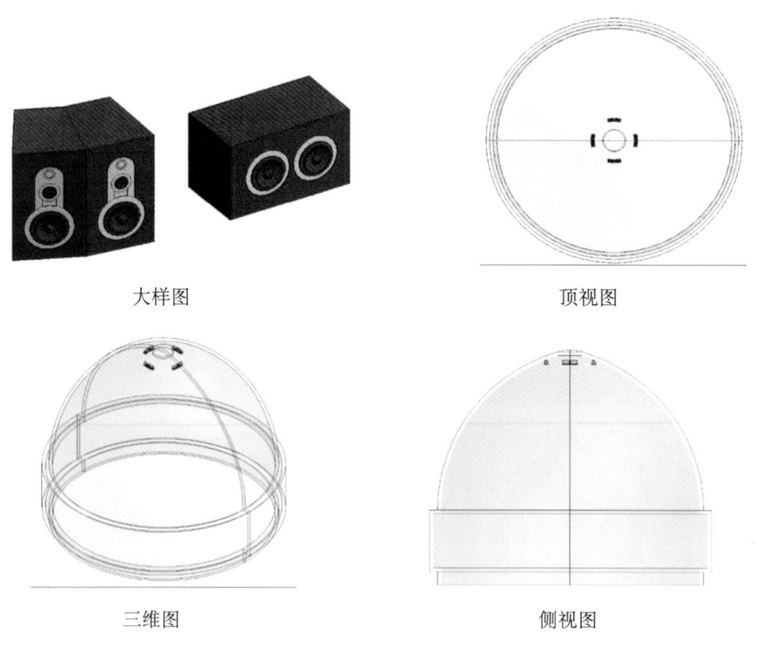

图 17.1-2 圣坛中心舞台音箱组布置图

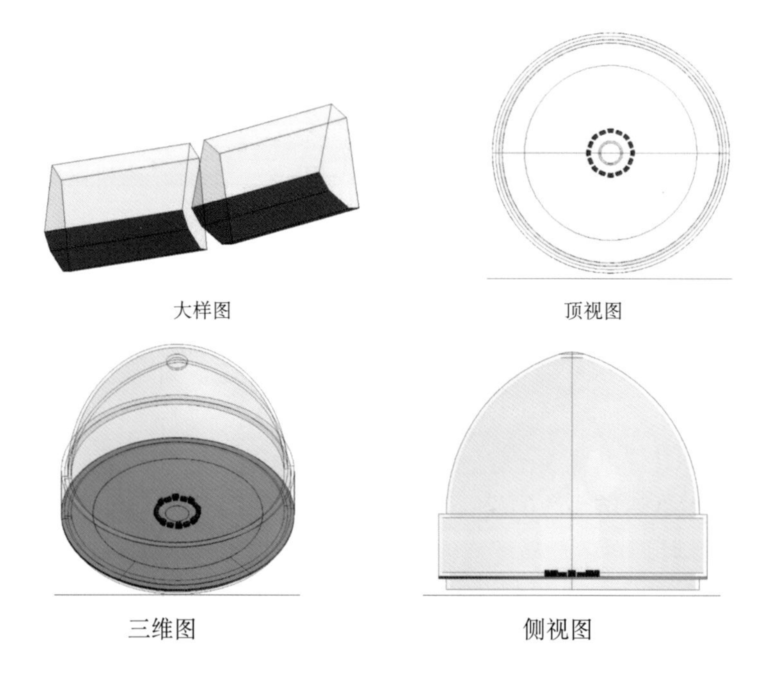

图 17.1-3 穹顶音箱组布置图

（5）控制系统设计

控制系统是一个多声道音源的缩混和播放系统，多声道音频工作站在现场使用，制作的音乐可在现场实时监听。音乐经多声道音频工作站制作完成后，导入到信号处理矩阵系统的双硬盘储存器。演出时，双硬盘储存器作为主音源，经过预先设置的信号处理后，分别进入到各个还声通道。为确保系统的安全可靠，设计了自动备份的声源。一旦主音源的信号中断（双硬盘储存器、信号处理矩阵系统或者多声道音频增强处理矩阵崩溃），音频切换箱会自动切换到 48 轨硬盘录音机的播放，而观众不会听到切换声，确保演出顺利进行。

现场缩混：多声道音频工作站设计成流动形式，可以在声控室或现场调音位接入使用。本系统最大的特点之一就是所有的多声道音源都是现场缩混制作，凭借着现场多声道扩声系统的真实效果，作曲家和录音师可以充分展现才华，使观众听到的就是他们想要表现的。

（6）扩声系统的调试

扩声系统调试使用高精度声源独立调测系统（快速傅里叶变换技术的多通道实时频谱分析仪），并和艺术家进行现场沟通，针对梵宫圣坛多声道扩声系统特点，提出以下调试目标：

1）每声道音箱组的还原度。针对每声道音箱组内部音箱关系作处理，使其具备高保真的还原能力。

2）每声道音箱组之间的一致性。主要是电平和延时的调整。由于声场布置和观演模式的特殊性，观众区四周环绕主扩音箱组、坛心舞台音箱组和穹顶音箱组之间延时关系的调整难度比较大。

3）低频与全频的匹配。超低音箱与各个声道之间匹配，包括延时匹配、相位匹配和电平匹配。经过调试，最终把音箱之间的关系调整到最优状态，取得一致认同的演出声场效果。

3. 小结

通过对音响设计目标的设置，采用多声道扩声系统技术，设置环绕音箱组，对扩声系统进行安装调试，达到预期设计目标。应用三维多声道扩声系统技术在第二届世界佛教论坛大会期间播放了《觉悟之路》舞台剧，让全场观众感到震撼，艺术效果极佳。

17.2 千佛殿穹顶音响系统控制技术

1. 设计理念

为展现千佛殿在牛首山项目中的重要地位，音响系统设计的主要理念为：神秘、静寂、烘托氛围、音效多变。

神秘：声音在不同时间、不同空间展现佛教精神的宽广无边。

静寂：通过音乐及音效的变化，凸显千佛殿的无尽含义。

烘托氛围：通过音响系统的完美阐释，使入殿的信徒感受神圣千佛殿的氛围。

音效多变：音乐音效在音响系统的配合下，实现空间定位上的多重变化，让人仿佛置身佛境。

2. 系统要素

（1）音箱的选型要求。千佛殿相对于佛顶宫项目而言，是一个格调和情感都非常不同的空间。为满足此空间内的声音处理的神秘、静寂、氛围、多变的特点，音箱的选型以小箱体，高音质，覆盖均匀，频响范围宽广，音色柔美等方面作为主要的考虑方向。

（2）音箱的分布。音箱的位置正是营造神秘和多变的重要因素。采用在三维空间上分布两层箱体来达到对设计理念的阐释，通过整体空间内多点、多层的音箱分布，让殿内声音的均匀度达到最佳，同时这种音箱分布的优势在于降低对单个箱体能量的要求，从而让使用小箱体音箱成为可能。

（3）音箱类型的筛选。传统的扩声音箱多为音箱和功放独立的形式，即功放输出通过线缆将电能量传递给音箱。这种方式并不太适合千佛殿。由于千佛殿空间很大，且控制室距离音箱很远，如果采用传统的无源音箱，将有很大一部分能量损耗在长长的音箱线缆上，同时声音信号受到干扰的可能性也增大了很多。因此使用有源扩声音箱，通过将数字音频信号传输至离音箱最近的位置后转化为模拟信号的方式，可以大大减少能量的损失以及受干扰的可能性。

(4) 控制设备。由于千佛殿内仪式或演出多为固定形式，因此音频的控制设备可以做到最精简，同时采用和视频、灯光同步控制的方式。这样可以节约大量前端处理音频设备的不必要花费，而且由于系统的精简，提高了系统整体的安全性与稳定性。

(5) 声音的回放方式。声音的回放将可以在多声道环绕和非环绕中任意选择，同时环绕的组合方式也任意可变，这就为千佛殿的声音应用提供了无限可能。

3. 系统阐释

(1) 控制部分。为了提高系统的整体可用性和灵活性，在系统中选用了调音台作为控制核心。为了避免不必要的浪费，选用性价比较高的数字调音台 CL1。该调音台的特点就是自带数字卡，可将音频信号通过网线传输至很远的地方且无任何损失。

(2) 信号处理部分。使用伽利略 408 处理器。该处理器是多种分区、硬件和软件相结合的系统，可提供驱动以及扩声系统调试所需要的所有功能。系统包含两台伽利略 408 处理器(4 输入 /8 输出、1u 机柜安装空间、全数字处理矩阵)，以及通过运行电脑对所有的参数进行全面控制的 Compass 控制软件。用户可以在殿内任意位置对殿内声学环境进行实时调整。

(3) 声音回放部分。为了提供更灵活的通道选择以及完整的多声道控制，选用 Qlab 软件作为声音回放的主要软件，该软件具有极高的稳定性和灵活性（图 17.2-1)。

图 17.2-1　声音回放控制软件界面

(4) 音箱部分。音箱选用 Meyersound。整个千佛殿内共布置 28 只音箱。顶部 4 组，每组 4 只，在殿内二层的莲花台及金刚台的下沿共布置 12 只。从而组成了场内的音箱系统。使用 Meyersound 的最大优势是每只音箱都内置独立功放，无须考虑功放与音箱的匹配问题，同时可以将不同的信号直接发送到音箱，这就为多样的环绕声应用提供了可能性。

（5）系统分析。为了能够对该系统的可行性作验证，可以通过 Meyersound 提供的软件对殿内音质效果进行模拟分析。不同型号的音箱对殿内不同角度的覆盖以及频响，如图 17.2-2 ～图 17.2-7 所示。

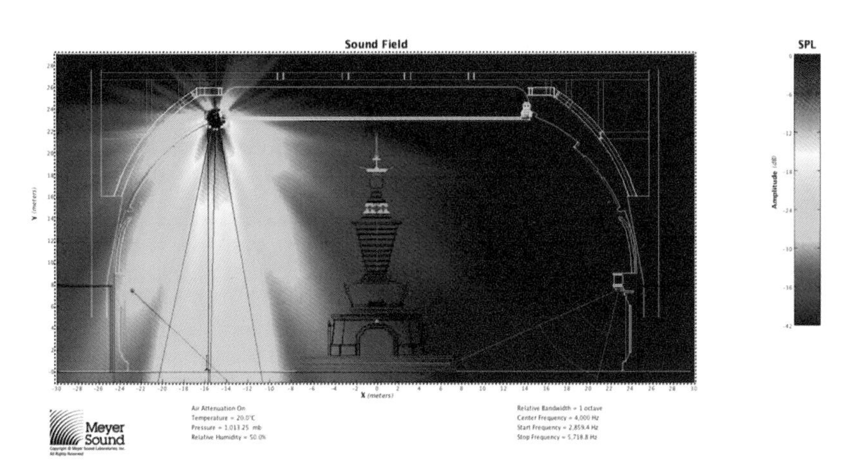

图 17.2-2　音质覆盖角度和 4000Hz 频响模拟

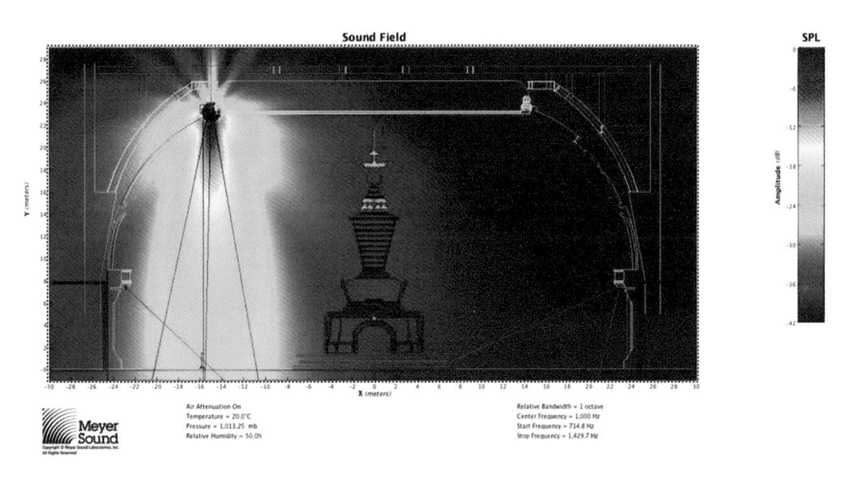

图 17.2-3　音质覆盖角度和 1000Hz 频响模拟

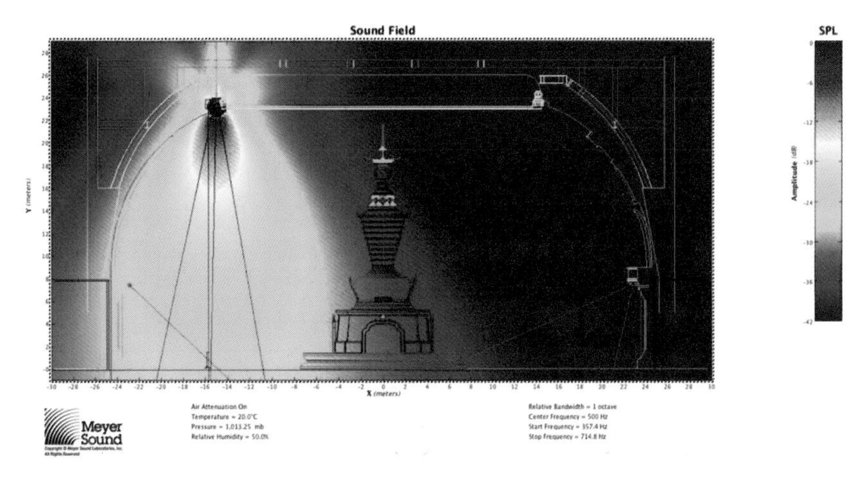

图 17.2-4　音质覆盖角度和 500Hz 频响模拟

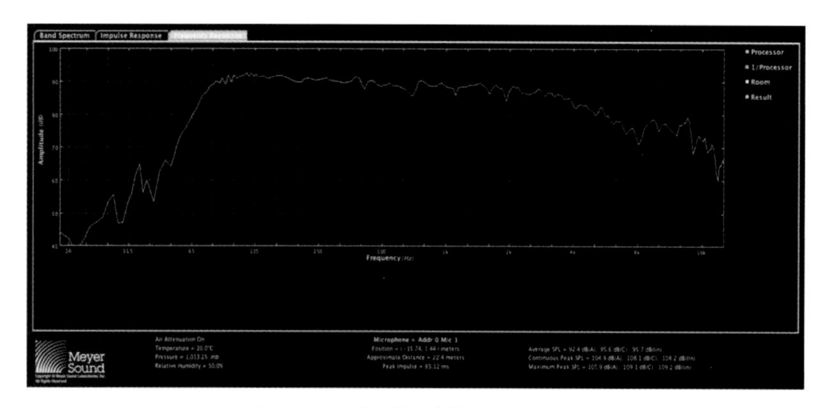

图 17.2-5 音质频响倍频程分布图

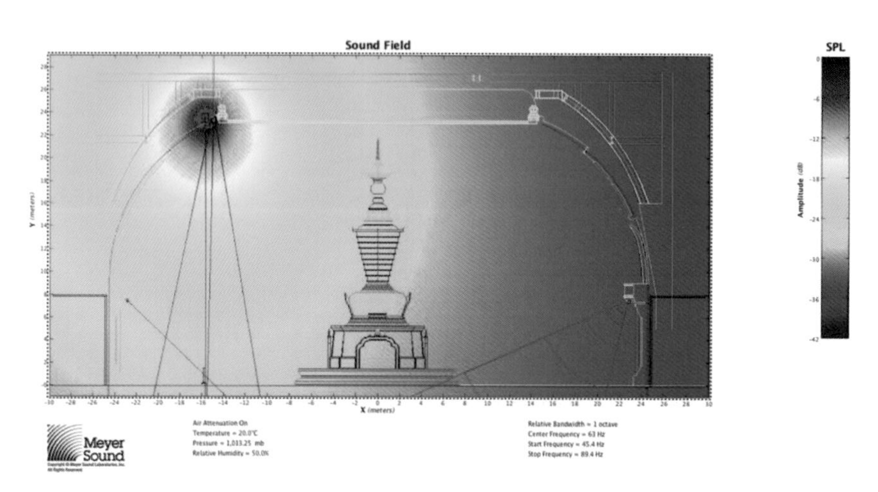

图 17.2-6 音质覆盖角度和 63Hz 频响模拟

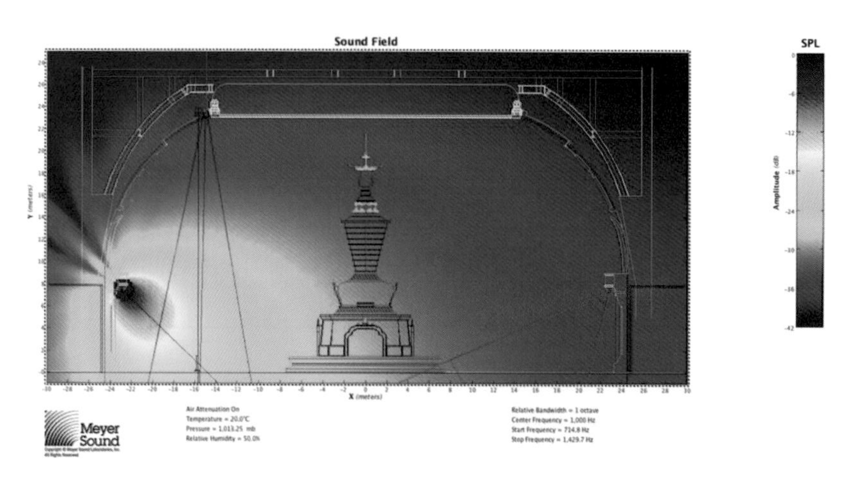

图 17.2-7 中间声源音质覆盖角度和 1000Hz 频响模拟

通过以上分析图形可以看出，音箱的覆盖及频响完全能够满足千佛殿各功能的使用。平均声压级能都达到 100dB 以上，在这样的特定环境空间内最大声压控制在 80 ～ 90dB 即可。

4. 小结

通过以上分析可看出，该设计系统在声音音质、系统合理性、系统多样性、系统安全性以及性价比等方面都可行，是与千佛殿地位及功能最佳配套的音响系统。

第 5 篇　菩提寺塔——现代禅寺佛塔建筑关键施工技术

禅语：刹那便是永恒。

中国传统建筑文化历史悠久，源远流长。佛教在传入中国两千多年的历史长河中，与华夏文明交汇融合，形成独特的建筑形制。谈及佛教建筑避不开塔、寺建筑。现代塔、寺建筑在继承古制传统的基础上推陈出新，谱写出既能表现宗教精神特性，又能反映时代精神的建筑篇章。

本篇从佛寺建筑入手，介绍了仿唐寺庙大跨屋檐简易斗栱古建装饰施工技术、仿真铝茅草屋面施工技术、仿古建筑屋面树皮瓦施工技术在现代佛寺建筑中的应用；继而介绍了钢结构塔身、塔顶施工技术，仿古钢结构与斗栱木结构屋檐体系安装施工技术，南京大报恩寺塔亮化技术，报恩寺塔身全玻幕墙动态影像技术等在佛塔建筑上的应用。

塔寺建造中如何用现代的材质、技术、理念营造符合现代人宗教需求的场所，并加以现代诠释，谱就出现代建筑深邃的精神境界是现代佛教建筑需要完成的一个历史性命题。

第 18 章 现代禅寺建筑关键施工技术

本章介绍仿唐寺庙屋檐斗栱、仿铝茅草屋面、仿古树皮瓦等的施工技术，着重介绍仿古建造技术的重点难点，详细介绍工艺流程和施工步骤，对现代仿古佛寺佛塔建筑施工进行了深入研究，用现代技术和材料为古典建筑营造新的内涵，形成的技术具有良好的推广应用前景。

18.1 仿唐寺庙大跨屋檐斗栱梁架施工技术

1. 技术概况

在我国渊远辉煌的古代文化中，唐代的建筑体系是古代建筑文化的集大成时期，具有极为重要的地位，在全世界范围内产生了巨大的影响。而作为唐式建筑重要建筑构件的斗栱，更以独特的建筑形制与均衡灵巧的结构，实现了结构和建筑造型艺术的完美结合，使其成为表现建筑民族风格的重要文化符号与判断建筑时代的重要标志之一。

牛首山仿唐寺庙院落式布局台地建筑群，建造采用禅宗伽蓝七堂之制，分佛堂、大雄宝殿、法堂、观音殿、方丈殿、天王殿、藏经楼、僧房及斋堂等，整个寺庙建筑群大量采用了简易斗栱构件及承托梁相互拉结工艺，节点复杂，连接量大（图 18.1-1）。

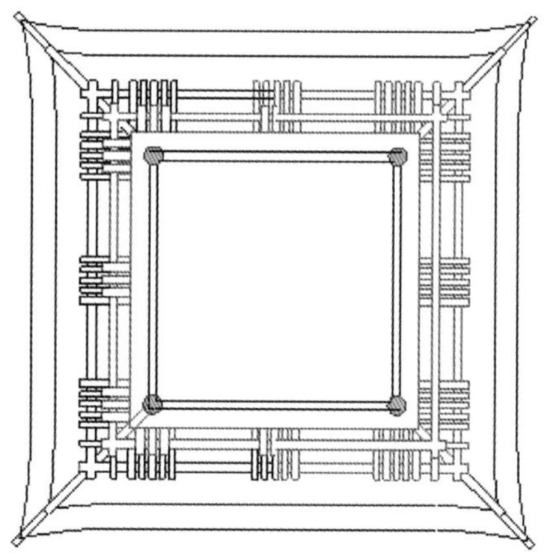

图 18.1-1 仿唐建筑屋面

2. 技术特点

（1）利用计算机仿真技术，将斗栱体系中的各个主要部件进行分解，按构件的几何尺寸画出大样图，确定构件的精确尺寸，实现实物模型的有效制作，提高工效。

（2）构件工厂批量化生产，采用木钉、自攻螺钉及螺杆进行连接固定，现场装配安装、连接施工，速度快，大大缩短施工周期。

（3）构件组装式施工，施工简便，无污染、无辐射，有利于环境保护和减少噪声、扬尘。

（4）根据古建施工图纸，按斗栱的特点将方形的斗、升，矩形的拱、斜的戗，圆形、方形的椽等构件拆分，进行计算机模拟放样后，进行构件批量化加工制作并编号，在现场通过木钉、自攻螺钉及螺杆等进行连接固定安装。

（5）斗栱承托的梁插入斗栱中，通过螺杆连接，使斗栱和梁架拉结在一起，同时顺屋身左右横出的拱和梓枋交搭连接，形成斗栱、梁架体系，保证整个木构架的整体稳定性。

3. 工艺流程

施工工艺流程如图18.1-2。

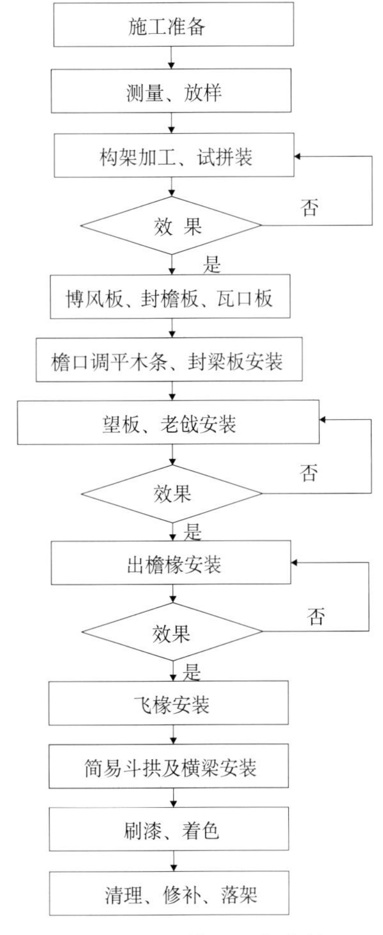

图18.1-2 施工工艺流程

4. 操作要点

（1）施工准备

1）熟悉图纸，配合深化设计师进行现场复核，检查混凝土结构施工偏差，发现问题及时解决；确定构件尺寸、划分、编号及从上至下安装顺序。

2）采用钢管脚手架或工具式脚手架搭设操作架，验收合格后方可使用。

（2）测量、放样、钻孔

对土建提供的基准中心线、水平线进行复测，并在檐口、屋面板、梁及柱面弹出规方的安装控制线及标高，用记号笔定出螺栓及木钉位置后，逐个钻孔及植入木钉、螺栓（图 18.1-3）。

图 18.1-3 安装控制线及打眼植入木钉图

（3）构件加工、试拼装

1）枋类构件制作：枋木的长度及端头形式由柱距或梁距及柱或梁的截面形式决定；枋两端与柱或梁连接处留有榫卯，将榫卯用尺量取并画在枋的相应位置处，用手持电动木工工具进行切割加工，相互扣接的榫卯要保证各枋上榫卯尺寸的准确，保证连接严实，并将制作成形的枋进行分别标记，分类码放。

2）梁构件制作：制作中一般两个人进行，将选好的荒料在场地上垫起 200mm 以上放好，按点好的总长、中线和尺寸进行弹线。两人分别在两头吊墨线，按垂直线找出梁底 90° 线，再找出梁头宽窄线，用弯尺规方，量出梁身长截线、梁头长度等，弹出中线和两肋线，在梁身顶面空处写上梁的名称、位置或编号，依线进行加工制作（图 18.1-4）。

3）斗栱构件制作：斗栱依据不同位置，斗口分别开一字或十字槽，斗底面用螺杆与柱、额枋或下层拱连接，各层拱件根据设计式样画线制作，拱眼的刻痕深度在拱的上平面统一确定画线，采用手工雕刻。制作好的斗栱构件要分攒进行试拼装，试拼时构件连接处如不吻合，进行局部细微修整。

（4）博风板、封檐板、瓦口板安装

为便于屋面瓦施工，根据檐口控制线钻孔植入木钉，利用螺栓安装博风板及封檐板，封檐板安装完成后，在其上采用钢钉安装固定瓦口板（图 18.1-5）。

（5）檐口调平木条、封梁板安装

檐口混凝土基层平整度有偏差，采用设置木条找平，带线确保木条在同一面上，空隙部分用木楔填充，并将安装斗栱、横梁的螺栓、螺杆预留，将檐下梁采用封檐板包裹（图 18.1-6）。

（6）望板，老、嫩戗安装

檐口调平条安装结束后，在其上用自攻螺钉安装望板，望板安装依据设计的飞椽及檐口椽的面层位置进行调整，望板的椽子面自下而上排列，以铁钉与椽面连接，望板拼接应严密，表现基本平整；用木板、木方在檐口斜梁部位与混凝土螺栓连接制作老戗、嫩戗（图 18.1-7）。

图 18.1-4　构件加工及刷防腐料图

图 18.1-5　封檐板、瓦口板完成图

图 18.1-6　檐口调平木条安装图

图 18.1-7　望板与老戗安装图

（7）出檐椽、飞椽安装

铺正角椽前，先在翘椽起点的两端拉紧直线，用直尺分好椽档，椽档应做到均匀一致，侧面垂直，采用螺杆钉置牢固，出檐椽与飞椽铺吻紧密，坡度符合设计要求，特别是飞椽应起跳一致，各椽头平齐，长度一致，在同一直线上，角部摔网椽应按照斜向长度、角度安装，两侧对称（图 18.1-8）。

（8）简易斗栱及横梁安装

1）在斗栱安装前，先对试拼好的斗栱逐件打上记号，并用绳子临时捆好，正式安装时将组装在一起的斗栱成攒地运抵安装现场，摆在对应的位置。桁条安装必须按桁条名称，对名就列，严禁错位。

2）按成攒斗栱就位的平面图再次确认各攒斗栱的标识，无误后，开始安装。

3）确认构件标识和安装顺序，无误后开始横梁安装。先安装最下层架梁（架数最大），将柱面与斗栱对应位置钻孔，螺杆拧入斗栱构件，将斗栱的螺杆放入钻孔内，同时利用上部预留的螺杆穿入斗栱，用线锤调整校正后拧紧；将多余螺杆割除，同时用自攻螺钉将横梁侧面钉牢；将梁位置调整校正后再进行上一层架梁的安装，直至最下层梁架安装。通过各层梁架的层层收缩，体现屋面的折线形式和隐喻斗和翘的构件（图 18.1-9）。

图 18.1-8 出檐椽、飞椽安装完成图

图 18.1-9 简易斗栱、横梁安装及完成图

（9）刷漆、着色

刮腻子前先检查简易斗栱构件有无缺陷，如有缺陷可先用砂浆或腻子修补，刮完腻子待表面干燥后用砂纸打磨光滑后，进行糊麻布，以延长使用寿命；糊麻布前，首先用刷子蘸浆，在拟糊麻布的部分均匀涂布一层生漆腻子，厚度恰好使浆料把夏布里子抓住。糊好麻布后，布的边缘需把浆料

咬出，然后用刮板将多余的浆料刮净，将夏布挤压严实，待干燥后上漆。上漆依次顺序：抄底—批灰—糊麻布—二遍灰—三遍灰—四遍灰—操一遍—操二遍—面漆—批瓦灰（图 18.1-10、图 18.1-11）。

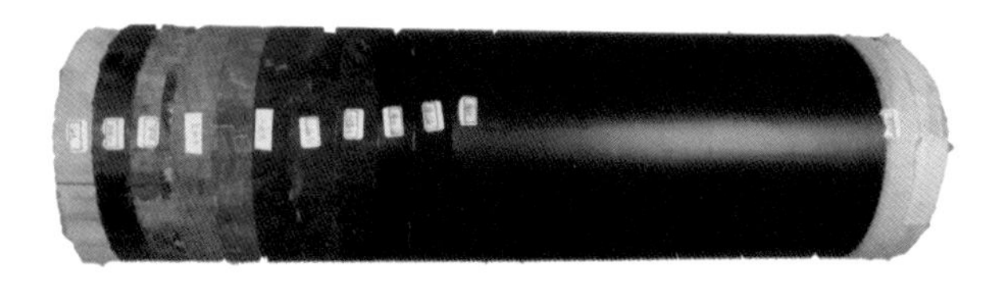

图 18.1-10 上漆顺序图

图 18.1-11 上漆及完成图

（10）清理、修补、落架

架子拆除前，所有构件进行全面检查，由于材料为木材，施工过程中因材质影响会有缺棱掉角、开裂的现象，要及时用胶或穿木销的方法进行粘结修补；待检查验收后即可落架。拆架时特别注意安全和对木构件的成品保护，不得乱掷，避免砸坏构件。

5. 小结

仿唐寺庙大跨屋檐施工通过计算机模拟放样、工厂构件化加工技术，加工精度高，减少了构件加工返工，木材料损耗率大大降低。其中计算机模拟放样技术，精确地确定了构件加工尺寸，减少了构件加工过程中过长、过短、接头尺寸偏差等问题的产生，减少了安装过程的调整返工，大大加快了结构的安装速度。木钉、螺杆、自攻螺钉连接技术，安装简单快捷，减少了结构安装难度，加快了构件安装速度。同时现场木屑量大大降低，减少了消防隐患，减低了对环境的污染程度。

18.2 仿真铝茅草屋面施工技术

1. 技术概况

茅草屋面是指以天然茅草类（如水稻秸秆、小麦秸秆、棕榈叶等）为材料的屋面，具有自重轻、良好的防水性、隔热性、易取性及体现人文气息等特点，在我国自古以来得到了广泛的应用。但天然茅草也存在着易着火、易腐烂、易虫蛀、寿命短、维修难、维护费用高等缺点，现代渐渐被其他屋面所取代。

本建筑整体采用仿唐代风格，为木结构古建，结构类型采用木框架结构，同时为反映与大自然融为一体的原生态环境，屋面采用仿真铝茅草屋面。其构件批量生产，现场铆钉连接，劳动强度低，节能环保；施工过程不受屋顶形状、坡度、细部节点等要求限制，施工简便，无污染、无辐射，后期维护费用低（图 18.2-1）。

图 18.2-1 仿真铝茅草屋面

2. 技术特点

（1）构件批量生产，采用铆钉固定连接，没有任何冷加工，无需焊接，标准化程度高，大大提高了施工效率。

（2）铝制仿真茅草片固定牢固，有效保证屋面防水，使屋面不易产生渗漏现象，保证了施工质量。

（3）施工简便，施工不受屋顶形状、坡度、细部节点等要求限制，且劳动强度低，铺设过程投入人力少，安装之后基本没有维修和更换，后期维护费用低。

（4）装配式作业，节能环保，无污染、垃圾少、噪声低，有利于环境保护和减少噪声、扬尘。

（5）在施工好防水层的混凝土屋面保护层上铺设耐镁板材，用防水钉固定，并在板材拼接处及有防水钉的部位用密封材料封堵，后安装仿真茅草。

（6）仿真铝茅草由实瓦片部分和毛须部分组成，安装时从屋檐处开始往屋顶递增将实瓦片部分重叠搭接，采用铆钉连接；实瓦部分在搭接时，产生更佳的凌乱感效果。

（7）仿真茅草整体铺设完毕，进行局部、细部整修，使毛发无压弯变形，观感逼真。

3. 工艺流程

施工工艺流程见图 18.2-2。

4. 操作要点

（1）施工准备

1）编制安装方案并对操作人员进行交底。

2）按照设计图检查验收铝茅草及相关组件的规格、型号，并将安装所需用的机具、辅料、水电准备到位，搭设好安装用脚手架。

3）铝茅草铺贴及采购量按下式计算：

$1/a \times 10=n$

式中 a——退铺尺寸（mm）；

n——$1m^2$ 用量。

（2）屋面骨架及椽子搭设

木结构屋架安装，先安装好立柱，立柱上依次安装阑额、栌斗，再安装固定四椽栿，在其上依次安装童柱、平梁，平梁上依次安装蜀柱、脊博、帮脊木等，在连机、斗栱、檐博安装完成后，铺设椽子，在椽起点的两端拉紧直线，用直尺分好椽档，采用钢钉置牢固，角部摔网椽按照斜向长度、角度安装，两侧对称；立柱与阑额采用木销连接，帮脊木与椽子采用铁钉固定，其余采用榫卯连接（图 18.2-3）。

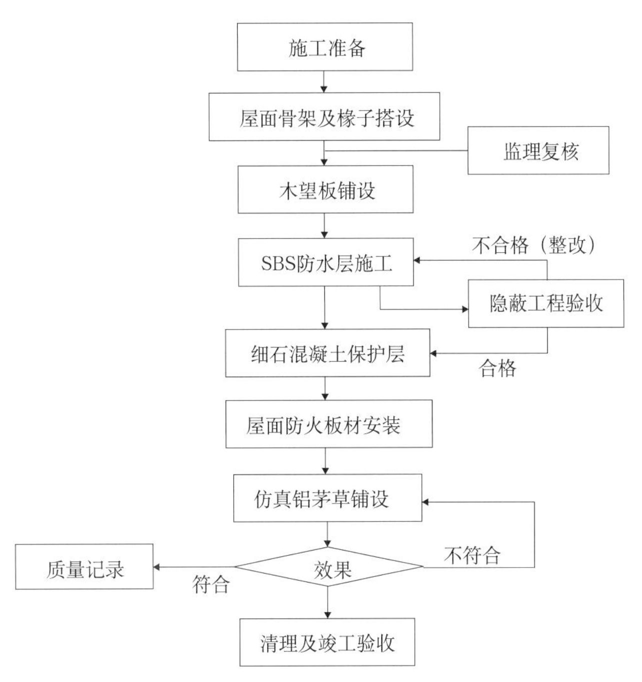

图 18.2-2　工艺流程图

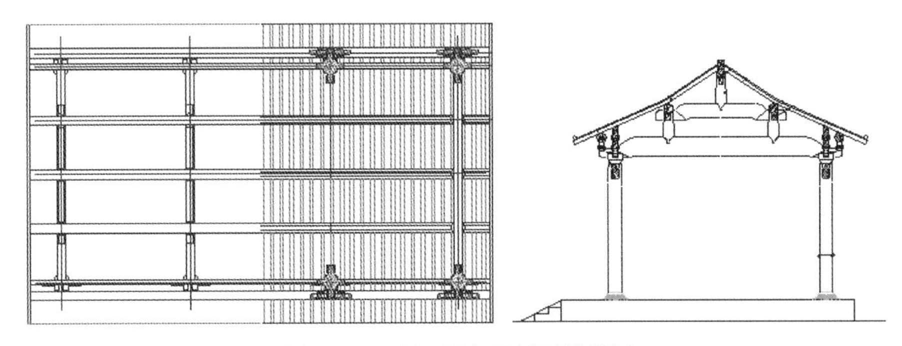

图 18.2-3　屋面骨架及椽子搭设图

(3) 木望板铺设

檐口调平条安装后，在其上用自攻螺钉安装望板，望板安装依据设计的椽面层位置进行调整，望板在椽子面自下而上排列，以铁钉与椽面连接，望板拼接应严密，表面基本平整（图 18.2-4）。

图 18.2-4　木望板安装及完成图

（4）SBS 防水层施工

屋脊处采用细石混凝土局部找坡处理；SBS 卷材铺贴采用冷粘法，短边搭接宽度为 80mm，长边搭接宽度为 80mm；两坡交接的戗脊增铺一层附加层，宽度每边各 500mm；檐口收边，SBS 卷材向下翻至连檐木并加钉 2mm 厚彩色薄钢板（图 18.2-5）。

（5）细石混凝土保护层施工。

细石混凝土粗骨料选用 1 ~ 3mm 粒径碎石，细骨料选用中砂，所用材料需有进场合格证及复验报告；铺设前按设计厚度用木条 6m × 6m 分块进行控制，浇筑时坍落度不宜大于 30mm，摊铺刮平后用滚筒压实；压实后必须做好面层压光工作，并在 24h 内用塑料布进行覆盖，浇水养护避免空裂。

（6）屋面防火板材安装

用防水钉将屋面防火矿棉板材安装在细石混凝土层上，板与板之间的缝隙为 5mm，接缝处及安装有防水钉部位，注入密封材料密封。为确保防水效果，再在板材结合处铺设 10cm 宽的 SBS 改性沥青防水卷材进行二次防水处理（图 18.2-6）。

图 18.2-5　SBS 防水层施工图

图 18.2-6　矿棉防火板施工图

（7）仿真铝茅草铺设

1）铺设前，将基层清扫干净，用墨线从檐口向上弹出排列控制线，仿真茅草根据控制线采用排钉枪钉在防火矿棉板上，每一片茅草片横向重叠 2mm。

2）铺设屋檐的仿真茅草草线应留长点，重叠 3 层，突出飘垂厚重效果（图 18.2-7）。

3）屋面铺设：第一层沿着参照线将茅草片的草发沿着屋檐边钉实，屋檐端到茅草瓦顶端的距离为60mm，第二层比第一层向上退后30mm，中心线向左或向右偏移50mm，第三层、第四层照此钉实，第五层比第四层向后退65mm，第七层以上照此方法钉实（图18.2-8）。

图18.2-7 屋檐茅草铺设施工图

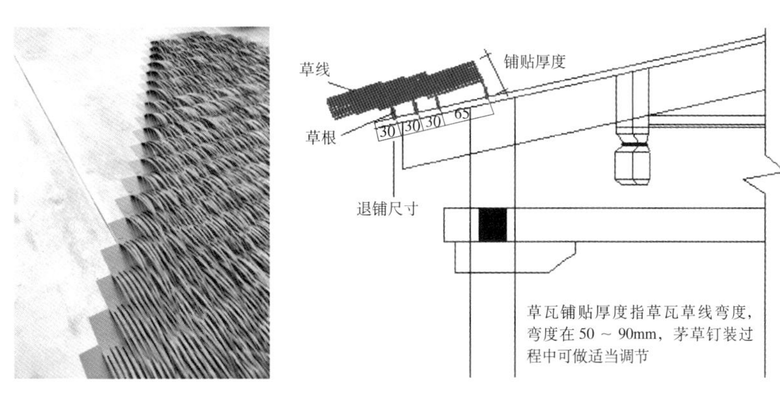

图18.2-8 铝茅草屋面铺贴图

4）屋脊铺设：

斜脊：先铺茅草屋两侧主面，再同步进行从下向上铺出脊梁形状，形成雨水导向。

正脊：把屋面茅草瓦片铺完再做正脊收口。

斜脊和正脊茅草片角度要压住主面茅草实瓦部分来调整大小，根据需要把茅草瓦剪切成小片安装，方便收口，数量2～3小片（根据屋脊宽度决定剪切尺寸），先铺两边再铺中间一片，形成脊梁效果（图18.2-9）。

图18.2-9 铝茅草屋面屋脊铺设图

5）铺设过程中茅草片不应过于紧凑、稀松，草线压弯过程中不要出现死角，茅草片颜色分配均匀，茅草片与茅草片之间的搭接达到自然过渡，做到自然凌乱的效果更佳。

6）草须应自然下垂，增加强度和雨水导向。斜脊要从下向上，铺出脊梁形成雨水导向。整个屋顶安装完之后，可将茅草瓦的弯度适当压一压，挑一挑，使之顺坦自然。

（8）竣工清理

架子拆除前，进行全面检查，仿真铝茅草施工过程中易受到污染、踩踏等破坏，要及时修补；待检查验收合格后即可落架。拆架时特别注意安全和对构件的成品保护，不得乱掷，避免砸坏构件。

5. 小结

随着社会的发展，茅草屋面受到了国内外设计者的青睐，被广泛应用于景区、别墅、公园等场所，为现代化的气息增添几分乡土味。仿真铝茅草是经过特殊阻燃工艺制成的仿天然茅草制品，能弥补天然茅草的不足，装饰效果达到以假乱真的程度，不受区域、气候限制，不仅体现现代建筑的环保、安全理念，而且让使用者体会到接近大自然的乐趣，在国内外得到了越来越多应用。铝质茅草屋面由于其质轻，易于施工，节约了人工费用，缩短了施工周期。安装过程采用木钉、自攻螺钉连接，简单快捷，减少了现场加工作业量，使得现场废料量大大降低，减低了对环境的污染程度。

18.3 仿古建筑屋面树皮瓦施工技术

1. 技术概况

度假村、园林景观及风景区建筑等仿古建筑发展十分迅速，因其独特的造型以及传统的风格，受到了较多的关注。通常为体现仿古建筑不同风格，屋面采用天然树皮瓦，给人以回归自然、返璞归真的感受。树皮瓦采用杉树树皮制作成形，表面喷洒或浸泡药水，待充分吸收药水后，把树皮剥离，剥离完后的树皮加工成工程所需的规格，放入池里，加入高分子防腐清漆、促进剂等原料，使其充分吸收。再将树皮挂晾后，放入烘烤生产线烘干，而后定型装箱，运至屋面安装。树皮瓦屋面安装完成后，层次感强，屋檐厚实丰满，颜色逼真，生态环保，展示了传统建筑风采与自然景观。

无锡耿湾禅意小镇拈花湾及游客中心等建筑群在坡屋面施工中，屋面坡度均大于27°，为满足外立面建筑设计要求，采用大坡度屋面树皮瓦的施工方法满足了防火、防腐、防水等各项指标要求，使用至今不渗不漏，达到了很好的使用和装饰效果（图18.3-1）。

2. 技术特点

（1）使用寿命长，防虫、防腐，立体感强，可安装于不同结构、不同形状屋面。

（2）树皮瓦施工不受各种屋顶形状限制，装配式施工，实现树皮瓦与结构快速连接，简易便捷，标准化程度高，可大大缩短安装工期，安装之后维修和更换的工作量及成本小。

（3）树皮瓦经过防腐处理后更耐用。并采用不锈钢金属板作屋檐壁防水层组成屋面防水系统，提高建筑屋面的耐久防水性能。

（4）大坡度屋檐铺设树皮瓦，把裁切后的树皮瓦均匀压实在钢支架支撑架上，用防腐木龙骨固定，使屋檐的厚度既紧密又结实，屋檐最上面一层用防腐木龙骨固定在螺栓杆上，使屋面与屋檐处于水平、平整。

（5）大坡度屋面上大面积铺设树皮瓦，采用从屋檐角钢处开始往屋顶递增的重叠搭接铺装，木龙骨将裁切好的树皮瓦重叠三层递增的安装在屋面上（用码钉枪固定），确保瓦与屋面不产生相对滑移。

3. 工艺流程

施工工艺流程见图 18.3-2。

图 18.3-1　树皮瓦屋面实景图

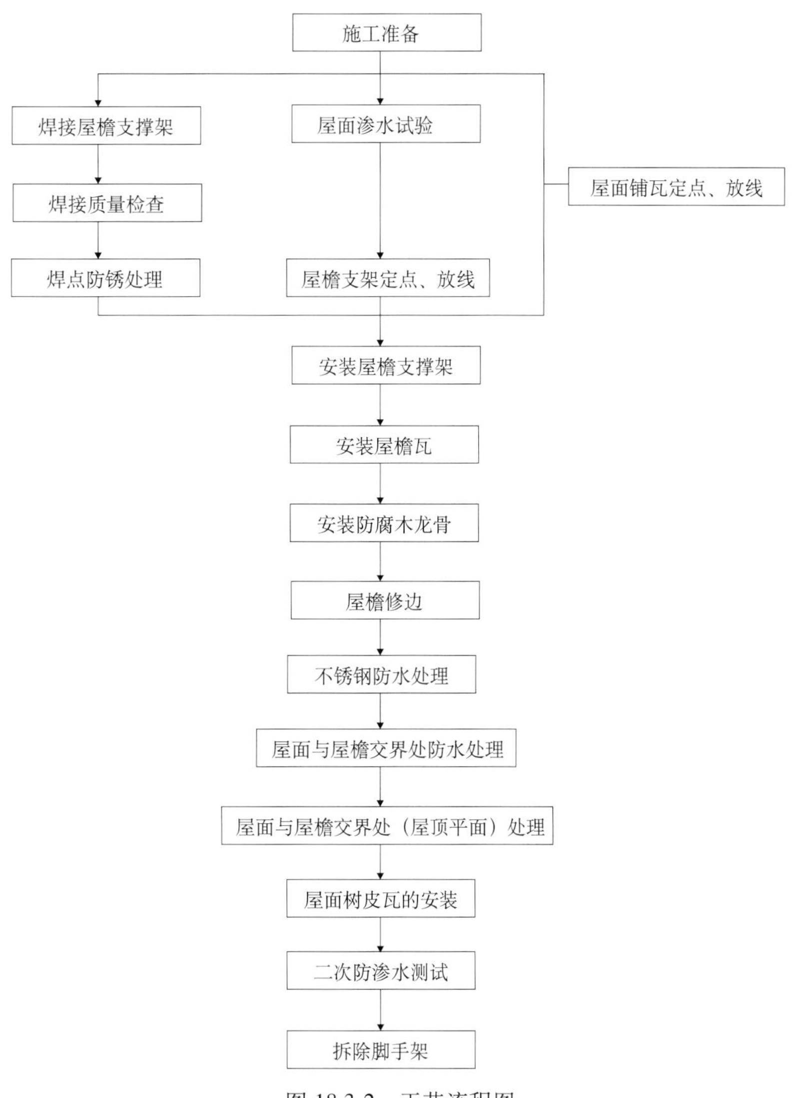

图 18.3-2　工艺流程图

4. 操作要点

（1）施工准备：先将水电拉到现场、准备好工具、辅料，检查脚手架安全性、稳定性，符合施工需要。

（2）渗水试验：在屋面进行防渗水试验，用水管或高压水枪对做好防水屋面的屋顶进行防渗水试验。

（3）定点、放线：渗水试验合格后，再在屋面进行定点放线。

（4）焊接屋檐支撑。先将镀锌方钢[30mm×30mm×6000mm(±50mm)/根]裁切成需要的规格，用电焊焊接成如图18.3-3所示的支撑架。

（5）焊接质量检查：检查是否虚焊、假焊、漏焊（用铁锤以适度力敲击支撑架上的焊点），如有虚焊、漏焊、假焊的，返工处理。

（6）焊点防锈处理：用防锈漆均匀的刷在焊点处，待自然风干后，进入下一道工序。

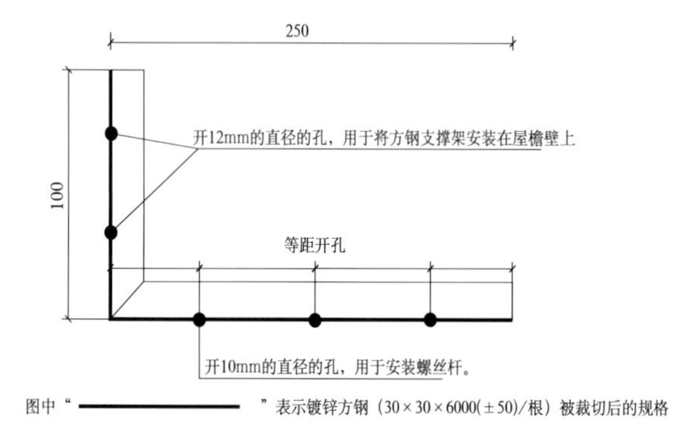

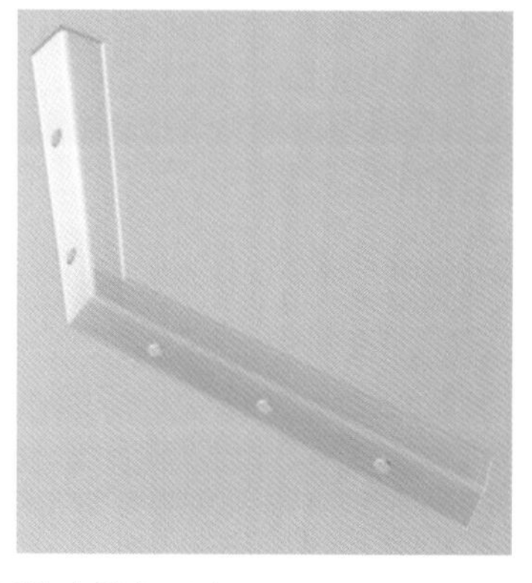

图18.3-3 屋檐支撑架示意图

（7）打孔：在焊接好后的支撑架上开孔。

（8）在屋檐壁上定点、放线：用墨斗在屋檐壁上定点放线（以便于安装、确定支撑架的固定位置）。在屋檐壁上（屋檐与屋面毗邻往下），以屋面为基准，在屋檐壁的35cm处找一条水平线。

（9）安装屋檐支撑架：在水平线上，用工具（电锤）在定点放线的位置打孔，每间隔50cm处装入ϕ8膨胀螺栓（安装一个支撑架），把支撑架安装在屋檐壁上，用螺帽固定紧。

（10）安装防腐木龙骨：将防腐木龙骨（30mm×30mm×4000mm/根）裁切成需要的规格后，比对到支撑架的方钢（规格为250mm的支撑件）上开的孔，用钻头将防腐木龙骨打孔后，把螺丝杆与防腐木龙骨固定在支撑架上（图18.3-4）。

（11）安装屋檐瓦（树皮瓦安装在屋檐壁上）：把裁切后的400mm×250mm规格的树皮瓦均匀压实在支撑架上，约50mm厚，用防腐木龙骨（规格为30mm×30mm）固定一次，使屋檐的厚度既紧密又结实。屋檐最上面一层用防腐木龙骨（规格为30mm×90mm）固定在螺丝杆上，使屋面与屋檐处于相对水平、平整。

（12）屋檐修边：将安装在屋檐一周的树皮瓦的最顶端靠外位置上，有一根已固定好树皮的防腐木龙骨（规格为30mm×90mm），用普通方钢（规格为30mm×30mm）把防腐木龙骨及屋檐口树皮瓦固定整齐，做法如图18.3-5所示。

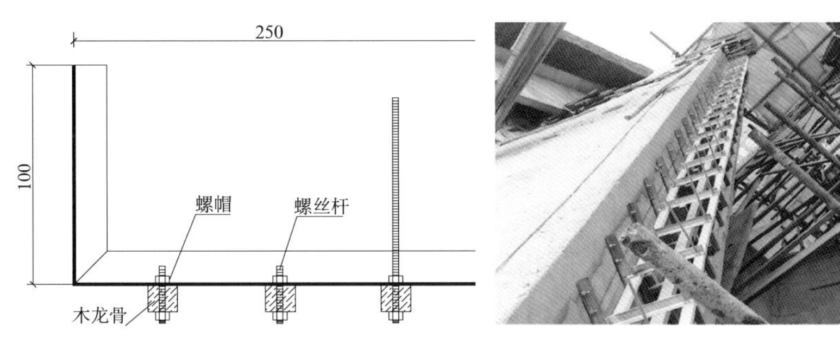

图 18.3-4　安装屋檐防腐木龙骨

图 18.3-5　屋檐瓦安装与修边

（13）屋面与屋檐的交界处基层修补：将混凝土屋面上的不平整处铲除，把凹凸不平的地方修补平整。

（14）屋面与屋檐交界处防水处理：将防水卷材裁切成 200mm 宽条及需要的长度，铺在屋面与屋檐树皮瓦的平面上（在屋檐瓦最顶层的防腐木龙骨上打密封胶，把防水卷材粘贴在打好密封胶的防腐木龙骨上）（图 18.3-6）。

（15）不锈钢防水处理：在屋檐壁处，即屋面往下 20cm 处找一条水平线，在水平线上用切割机切割一条深 20mm 的缝。先用防水密封胶打入缝隙中，再把提前裁切好的不锈钢板材（宽 200mm × 厚 0.5mm）放于切割好的缝中，并固定住（图 18.3-7），而后再用防水密封胶填入不锈钢插入后的上下边缘。

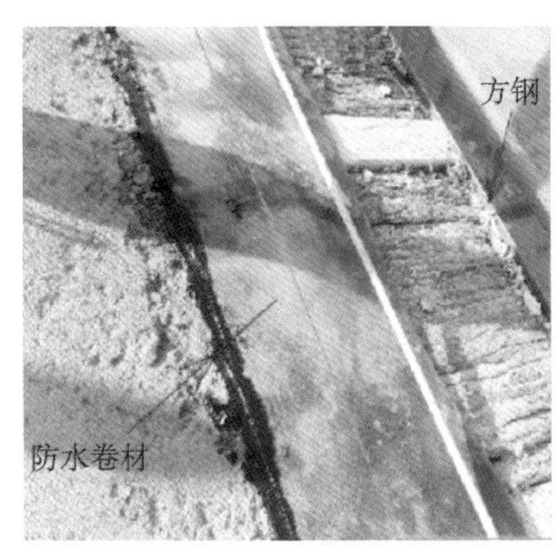

图 18.3-6　屋檐防水处理

图 18.3-7 不锈钢防水处理

(16) 屋面树皮瓦的安装：从屋檐角钢处开始往屋顶递增的重叠搭接铺装，即：用木龙骨（在树皮的根部压上 10mm × 30mm 的防腐木龙骨，用 T64 钢排钉固定在水泥屋面上）将裁切好的树皮瓦重叠三层递增的安装在屋面上（用码钉枪固定）。逐层搭接的屋面有效间距为 250mm 左右，如图 18.3-8 所示。

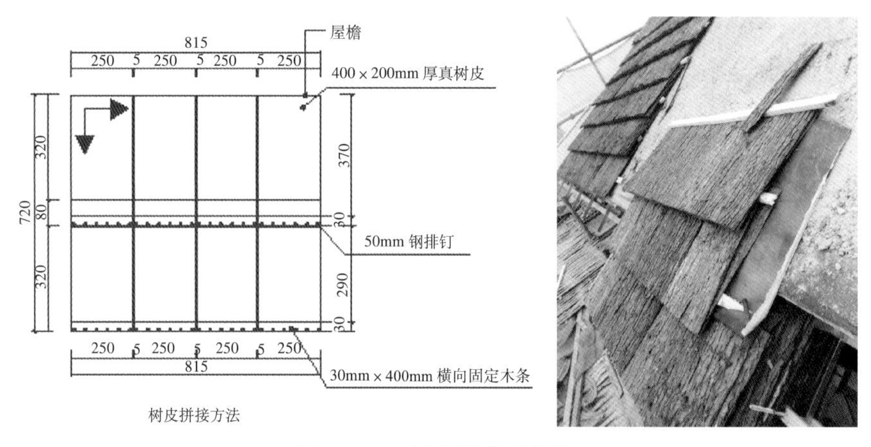

图 18.3-8 屋面树皮瓦安装

(17) 二次防渗水测试：在屋面上进行防渗水试验，用水管或高压水枪对做好防水屋面的屋顶进行防渗水试验。

(18) 竣工清理：架子拆除前，进行全面检查，树皮瓦施工过程中易受到污染、踩踏等人为破坏，要及时修补；待检查验收合格后即可落架。拆架时特别注意安全和对构件的成品保护，不得乱掷，避免砸坏构件。

5. 小结

树皮瓦已在园林景观、特色小镇等仿古建筑中得到广泛应用，作为一种艺术表现形式，它体现了传统文化内涵，给人们带来宁静、乡土氛围体验。树皮瓦安装不受屋面形状限制，可实现建筑屋面造型的多样化；装配式安装，施工过程不产生环境污染、材料损耗小，安装方便及维修成本低；经过无锡耿湾禅意小镇等多项工程实践总结，形成了仿古建筑大坡度屋面树皮瓦施工关键技术，做到了传统工艺技术的现代化与时俱进，社会效益显著，在仿古建筑中有很好的推广应用前景。

第 19 章　现代佛塔建筑关键施工技术

钢结构、钢木组合结构、光影技术的使用将佛塔建筑推向了新的高度。新材质的应用在保留古佛塔形式的基础上赋予了现代佛塔坚固、精美、灵巧的艺术特色。光影技术画龙点睛，使佛塔建筑呈现出变幻莫测、神秘庄严之感，远近观之，气象万千。

19.1　仿古钢结构与斗栱木结构屋檐体系施工技术

1. 技术概况

在我国渊远辉煌的古代文化中，唐代是古代建筑文化的集大成时期，在全世界范围内产生了巨大的影响；随着当前建筑形式的多元化发展，越来越多的仿唐古建筑呈现在人们面前，以其坚固、精美、灵巧实现了完美的建筑造型艺术。

本仿唐塔为九级四角仿唐塔，为表现唐塔建筑造型及椽飞、斗栱布置的艺术效果，采用了大跨仿古钢结构和斗栱木结构的组合屋檐体系，屋檐造型工艺复杂，异形构件多、悬挑长度大、施工难度大（图 19.1-1）。

图 19.1-1　佛顶塔效果图及实景图

2. 施工要点

（1）利用计算机模拟技术，将组合体系中的各个主要部件进行分解，确定构件的精确尺寸，实现构件工厂化批量生产制作，提高工效。

（2）采用螺杆连接件的方式将木构件与钢结构进行组装连接施工，安装工艺标准化，速度快，大大提高了施工效率。

（3）充分运用钢、木两种材料的性能和优点，形成合理稳固的结构构架，准确完整地把握古建筑艺术效果的同时，提高了屋面系统的抗渗能力。

（4）组装式施工，施工简便、节能环保，无污染、垃圾少、噪声低，有利于环境保护和减少噪声、扬尘。

（5）根据古建施工图纸，仿唐屋檐按飞檐、钢椽、挑檐檩、斗栱等构件详细拆分，通过计算机模拟放样后，将构件在工厂批量化制作并编号，运至现场后，进行装配施工。

（6）采用钢 - 木组合结构的施工工艺，梁与柱、梁与梁间均采用焊接与栓接的栓焊连接，柱头的斗、拱、枋部位采用传统的木斗栱施工工艺，通过采用螺杆连接件的方式将木构件与钢结构进行组装连接，将钢结构隐蔽在木构件内，使整体构造表现出古代建筑形式和风貌。

（7）采用冲压铜瓦技术（材料 H62 黄铜），从檐口往屋脊方向铺设板瓦，板瓦和预埋件之间用“U”形连接板固定，连接板焊接在板瓦两直角边，板瓦与板瓦对接焊接，焊接处进行打磨、校形。筒瓦一端通过卡钩与“几”字形支架连接，另一端的搭接边用自攻螺钉与“几”字形支架固定连接技术。

3. 施工流程

施工安装流程如图 19.1-2 所示。

4. 操作要点

（1）操作架搭设

1）唐塔构造逐层向内收缩，需根据塔式外形、铜屋面瓦、主次钢龙骨安装要求搭设安装架体，从搭设高度、安全性、经济性综合分析后，采用盘扣承插式的连接架，利用可调托座与可调底座调节支撑高度，利用普通钢管与结构柱环抱式连接；架体结合结构、挑檐长度、木斗栱安装设置悬挑转换层（最大悬挑跨度为 6m）（图 19.1-3。）

2）考虑山顶高空风荷载较大，不设置竖向防护网（密目安全网），仅设置水平层防坠网（尼龙井架网），工作面层外围设置一道密目安全网；每层安装层设置一组物料中转平台，荷载不得大于 200kg/m^2（图 19.1-4、图 19.1-5）。

3）九层坡屋面上设置工作架用于塔刹的安装，针对操作架搭设高度高、施工困难，在坡屋面结构上预埋 ϕ12 定位钢筋。在屋面梁处设置两道预埋件，以便用 ϕ12 钢丝绳与架体相拉结，增强架体的稳定性（图 19.1-6）。

（2）测量、放样

对土建提供的基准中心线、水平线进行复测，并在梁、柱、预埋件面上弹出安装控制线及标高，确定螺栓及焊接件位置后，钻孔、植入锚固螺栓，焊接连接板（图 19.1-7）。

（3）构件加工、试拼装

1）通过建立实体三维模型，进行二次深化设计，确定每一根构件在空间的相互关系、形状、材料截面及节点做法等，经设计确认无误后交加工厂加工制作。

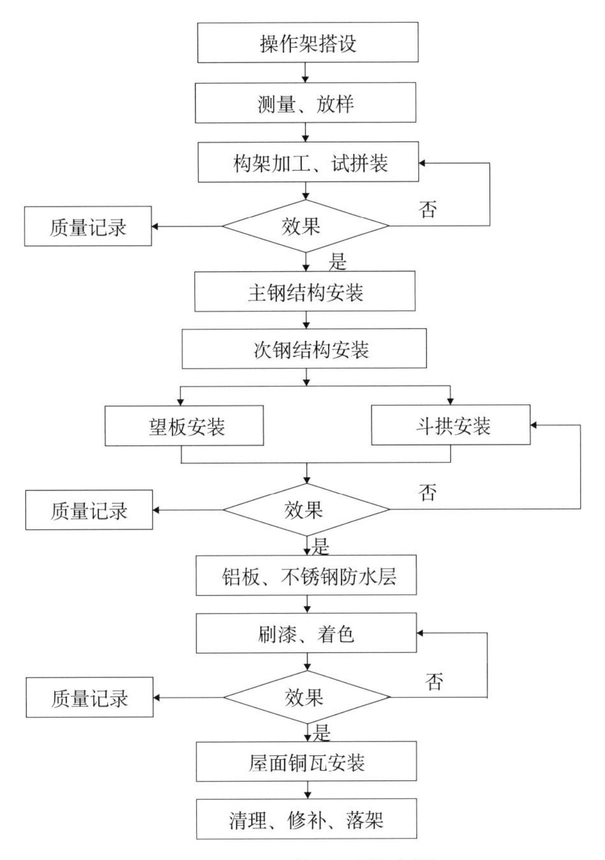

图 19.1-2　施工工艺流程

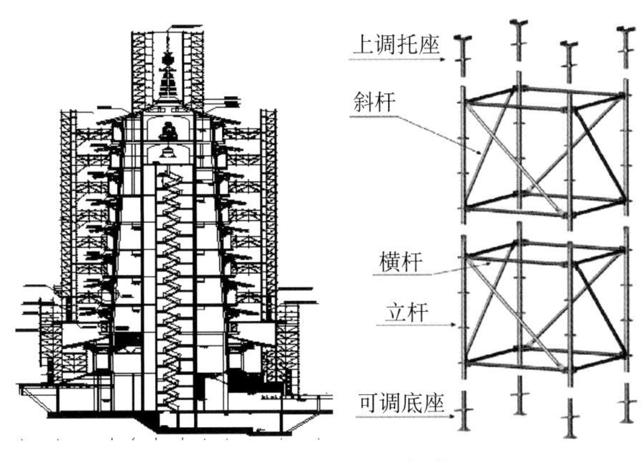

图 19.1-3　唐塔操作架搭设

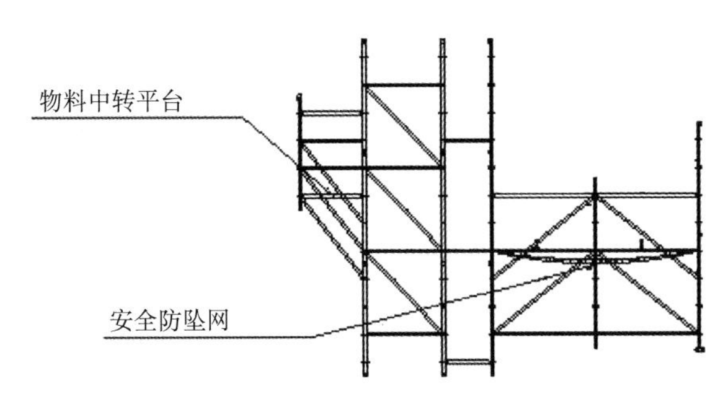

图 19.1-4　水平防坠网及物料平台设置示意图

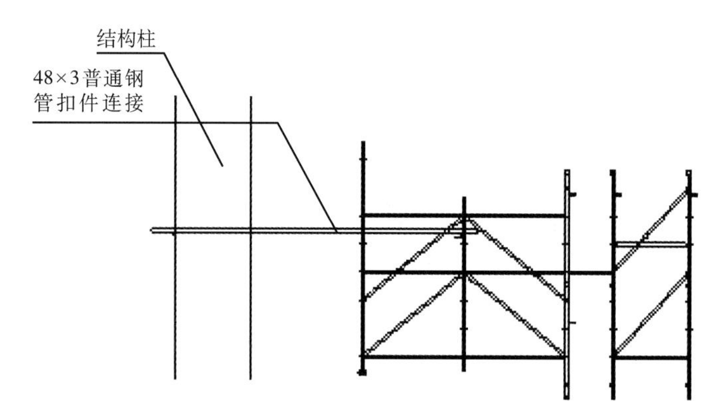

图 19.1-5 连墙件示意图

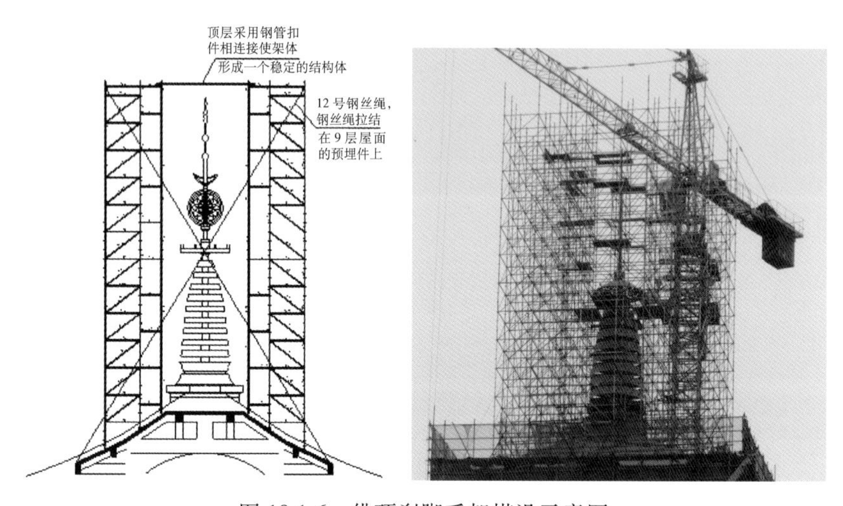

图 19.1-6 佛顶刹脚手架搭设示意图

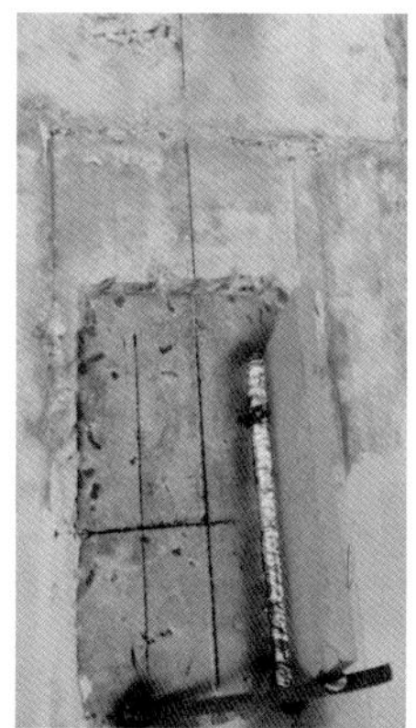

图 19.1-7 安装控制线及锚固螺栓示意图

2）为确保构件制作精度，所有节点均应按 1∶1 放样，对过长的构件分段放样，不分段测量长度，避免累积误差。

3）连接板上的孔用数控钻床或摇臂钻床加工完成，钢梁上的孔用磁力钻加工完成。连接板安装时位置、尺寸、方向应准确，零部件装配后采用 CO_2 气保焊和电弧焊焊接，并对构件进行抛丸及防腐处理。

4）钢挑檐主、次结构部分檐椽、檩条为Q345B材质；除圆管檐椽、方管飞椽、C形檩条和飞椽上收采用边热镀锌外，其余构件采用一般的油漆，出厂前除锈后喷涂水性无机富锌底漆+环氧云铁防锈中间漆（图19.1-8）。

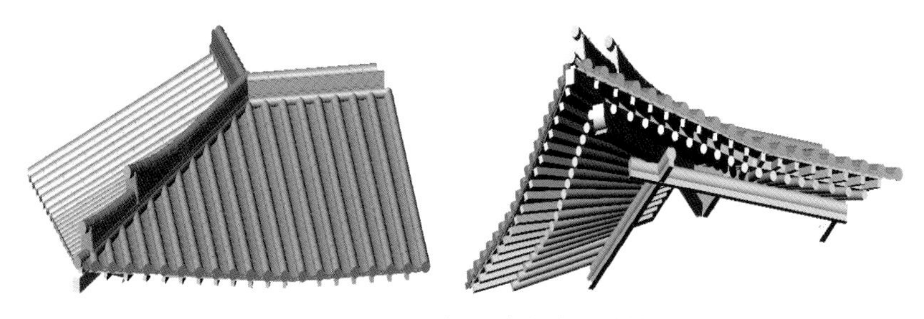

图19.1-8　钢结构挑檐实体三维模型

5）斗栱构件：在制作前，各种斗栱按照宋式斗栱营造法例，对设计斗栱进行解剖做放样，根据放样要求选料和取料，制作斗栱中的各种昂等构件的墨尺样板，在已刨光的木坯面上逐块逐根画墨。依据样板选做各品种的一组斗栱实样；斗依据不同位置，斗口分别开一字或十字槽，斗底面用螺杆与柱、额枋或下层拱连接，拱眼的刻痕深度在拱的上平面统一确定画线，采用手工雕刻。制作好的斗栱构件要分攒进行预拼装，检查制作效果、几何尺寸、拼缝，预拼时构件连接处如不吻合，局部细微修整（图19.1-9）。

图19.1-9　分攒捆扎示意图

（4）主钢结构安装

1）从下至上逐层安装主钢结构挑檐的主次钢梁，钢梁采用矩形空心钢管，与预埋件连接处采用焊接的刚性节点，主次钢梁采用螺栓连接的铰接节点（图19.1-10）。

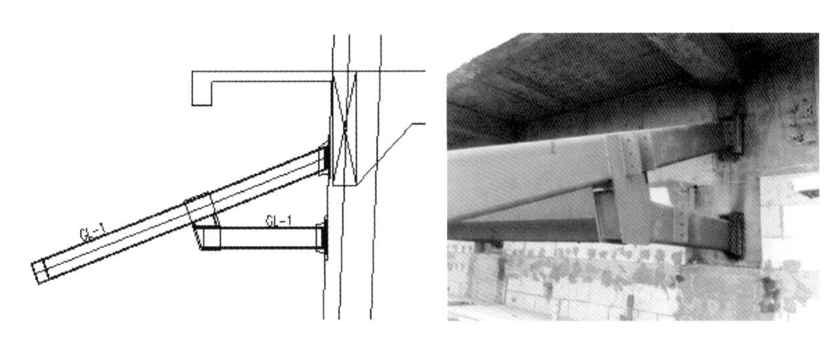

图19.1-10　主钢结构连接图

2）钢梁吊装采用一绳两点法进行吊装，吊装过程中在两端系挂控制长绳，吊起后，缓慢起钩，吊到离地面 200mm 时，吊起暂停，检查吊索及塔机工作状态；合格后，继续起吊。吊到钢梁基本位后，进行点焊固定；对于角部老戗部分较长钢梁，采用上层楼面预埋吊用埋件，进行过程临时起吊固定（图 19.1-11）。

图 19.1-11　主钢结构连接图和老戗吊装连接图

（5）次钢结构安装

主结构钢架安装完成后，逐层安装圆管檐椽、飞椽、翼角椽、嫩戗、檩条、挑檐檩、钢连檐等，在主钢结构上梁按事先编号先焊接安装圆管檐椽。

1）钢（正身）椽安装前首先在檐檩上按“一椽一档”的形式排出椽身的位置，椽身标记后，先安装中间及两边的 3 根椽，作为控制整体椽的基准，位置调整固定后，在檐头挂钢丝线开始从中部向两侧安装，以每轴间距离为安装节点，椽距、椽头标高、直线度复核后，将前后连接位置焊接固定；钢椽安装后，依照圆管檐椽的位置及飞椽编号，安装飞椽（图 19.1-12、图 19.1-13）。

图 19.1-12　钢椽安装图

图 19.1-13　飞椽安装固定图

2）翼角椽在老戗安装后，根据挑角位置算出的样板叉势，从正身出檐椽头起匀和地过渡至老戗根部的中心线，确定翼角部位的空间曲线，采用单根吊装办法逐个安装（图 19.1-14）。

3）钢连檐是形成翼角曲线的关键，安装时钢连檐贴紧翼角椽，通过机械校正、焊接，控制连檐曲线的顺畅，并与翼角椽贴合严密（图 19.1-15）。

图 19.1-14　翼角椽平面及安装图

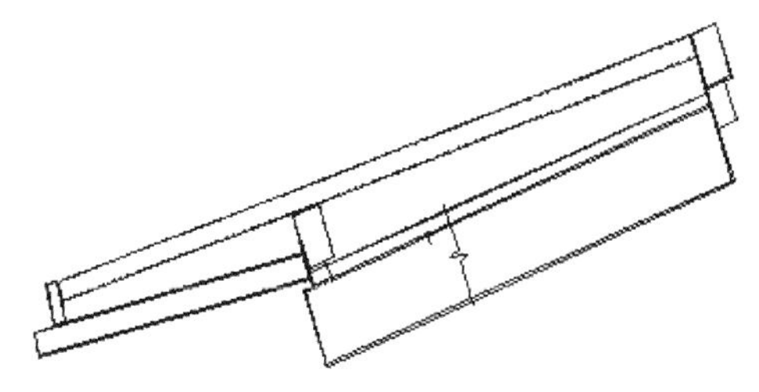

图 19.1-15　钢连檐椽安装图

（6）望板及斗栱安装

1）主次钢结构安装后，在飞椽、圆管檐椽上按一定间距量测、标记望板间距，放置望板，望板分块采用凹凸企口卡接，利用螺钉按一定间距固定望板（图 19.1-16、图 19.2-17）。

2）斗栱安装前，先对试拼好的斗栱逐件打上记号，并用绳子临时捆好，正式安装时将组装在一起的斗栱成攒地运抵安装现场，摆在对应的位置。桁条安装必须按桁条名称，对名就列，严禁错位。

3）按成攒斗栱就位的平面图再次确认各攒斗栱的标识，无误后开始安装。

4）确认构件标识和安装顺序，无误后先安装最下层架梁，利用直径 ϕ12 螺栓与钢梁焊接，并穿过挑檐檩下穿入斗栱，用线坠调整校正后拧紧（图 19.1-18）。

图 19.1-16　望板间距测量、加工图

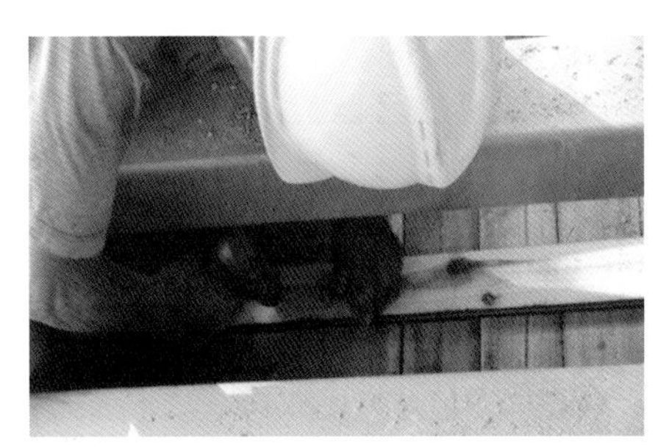

图 19.1-17 望板安装图

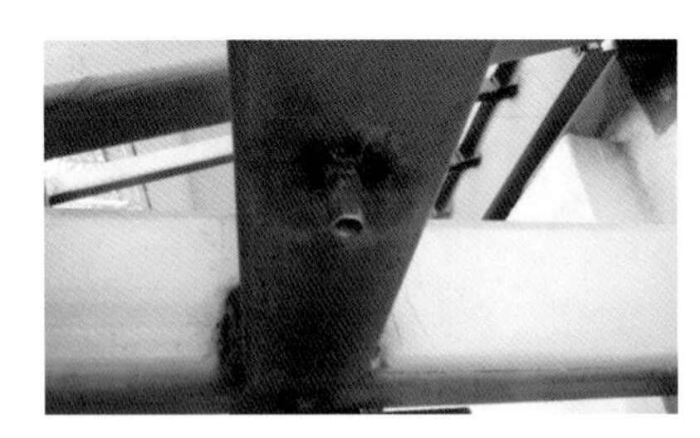

图 19.1-18 螺栓、螺杆预留、连接图

5）斗栱在分件安装时，采用螺杆固定斗栱的栱身钻出直径不大于螺杆直径 2mm 的螺杆眼，并保证眼的顺直；固定斗栱用双螺帽固定牢固，且凹入拱身内，将多余螺杆割除，避免露在外面而影响视觉效果（图 19.1-19）。

6）斗栱安装以角柱为起点，由两边向内安装，柱头斗栱由下而上分件组装，层间、柱间斗栱安装需相互衔接、统一。斗栱安装按照斗→栱→升→翘→昂→檐檩的顺序，自下向上，对号就位，逐件安装，逐组安装。正立面斗口与栱、散斗、昂、耍头等构件应在同一垂直线上，侧立面斗口与栱、散斗等所有横向构件均应列在井口枋的中线垂直线上（图 19.1-20、图 19.1-21）。

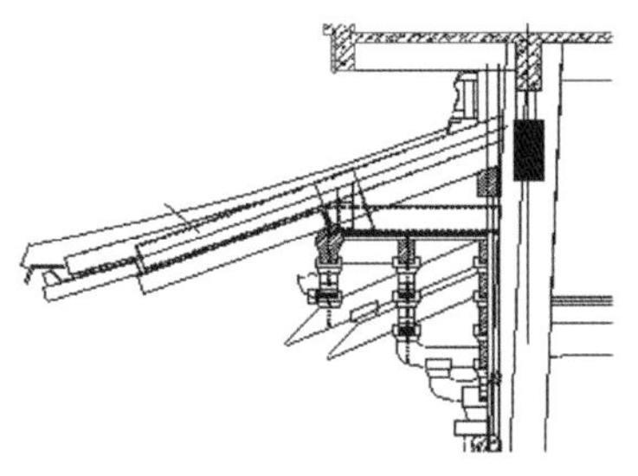

图 19.1-19 斗栱安装连接图

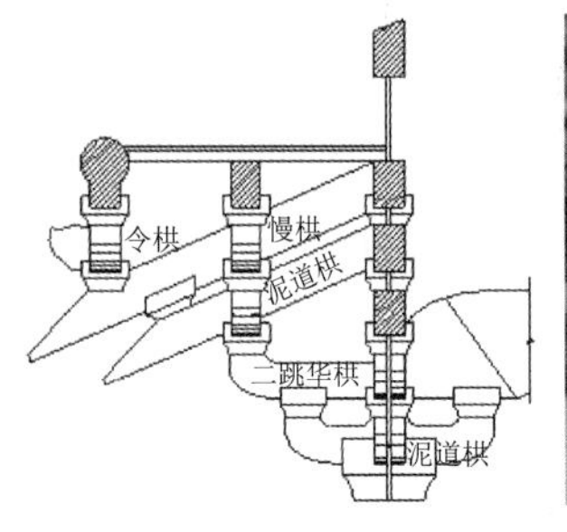

图 19.1-20 柱头斗栱侧立面及安装图

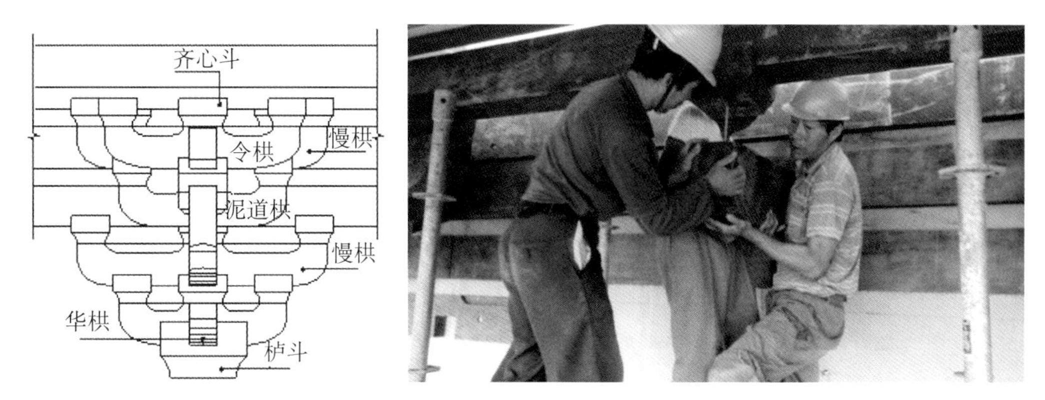

图 19.1-21　柱头斗栱正立面及安装图

（7）铝板、不锈钢防水层安装

钢梁、檩条及望板安装完成后，在望板上安装铝合金板。在檩条上安装不锈钢防水铝板，铝板采用搭接胶粘后，其上用望板木条与铝板螺钉固定；不锈钢防水铝板采用搭接胶粘，不锈钢防水铝板上设置压条构件，利用防水自攻螺钉将防水铝板和压条以一定间距固定（图 19.1-22）。

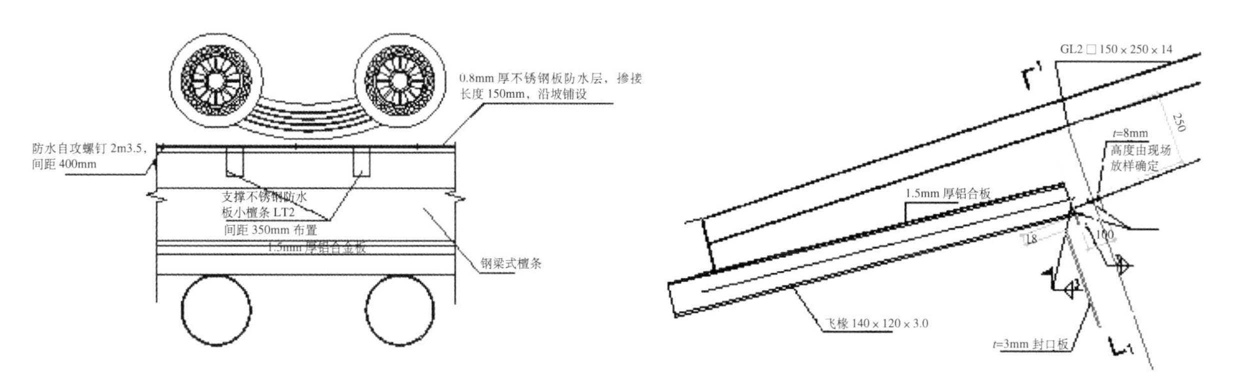

图 19.1-22　铝板、不锈钢防水层构造图

1）望板安装完成后，铺设铝板及面层望板木条连接（图 19.1-23）。

图 19.1-23　铝板安装及连接图

2）不锈钢防水铝板采用搭接并胶粘，其上设置压条构件，用于屋面瓦安装，利用防水自攻螺钉将防水铝板和压条以一定间距固定（图 19.1-24）。

图 19.1-24 防水铝合金板及压条安装图

（8）刷漆、着色

刮腻子先将主次钢构件焊接处焊渣清除，并用腻子修补平整，刮完腻子待表面干燥用砂纸打磨光滑后，涂布一层生漆腻子，待干燥后上漆。上漆依次顺序：抄底→批灰→二遍灰→三遍灰→四遍灰→操一遍→操二遍→面漆→批瓦灰（图 19.1-25）。

（9）屋面铜瓦安装

1）从屋面的檐口往屋脊方向铺设板瓦，其中板瓦和预埋件之间用连接板固定，连接板为“U”形，与板瓦两直角边用螺栓连接，间隔一定距离设一块连接板，板瓦与板瓦为无缝焊接，焊接处进行打磨、校形（图 19.1-26）。

2）铺设筒瓦。筒瓦一端通过卡勾与“几”字形支架连接，另一端的搭接边用自攻螺钉与“几”字形支架固定（图 19.1-27）。

图 19.1-25 钢梁及椽构件刷漆、着色图

图 19.1-26 板瓦及连接板安装图

图 19.1-27 筒瓦及“几”字形支架安装图

3）铺设筒瓦。筒瓦与板瓦之间点焊连接，焊点尽量在隐蔽处，保证屋面美观（图 19.1-28）。

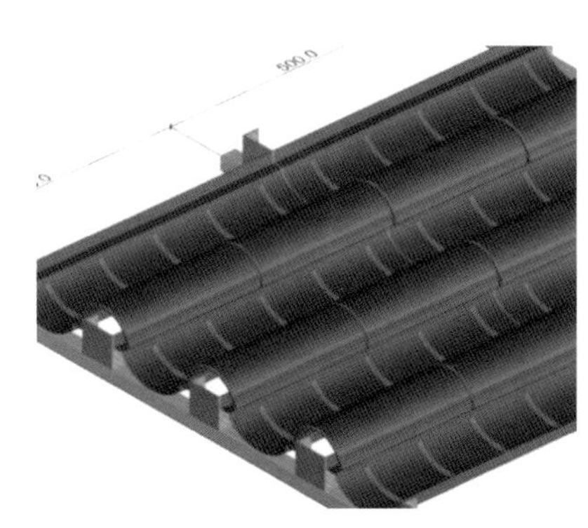

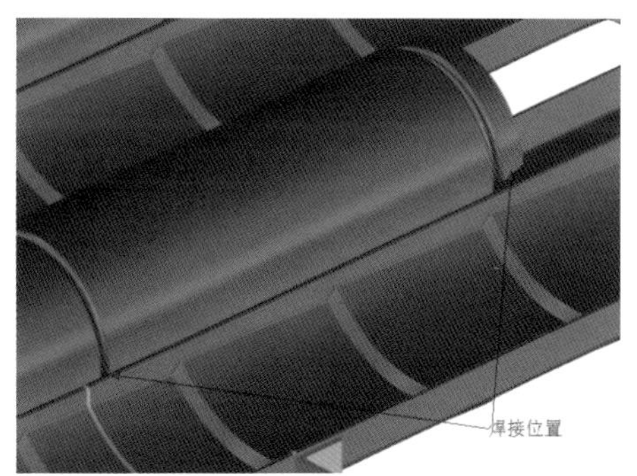

图 19.1-28 筒瓦及筒瓦连接安装图

4）安装屋脊。屋脊由方钢型面钢架和屋脊壁板组成。屋脊内部型面钢架与屋面预埋件焊接，底部露出部分用当勾封闭。两边侧连板通过铆钉与骨架连接；筒瓦安装与屋面相同；当勾的压边通过铆钉与屋脊一起固定在骨架上。图 19.1-29 所示中红线画出位置需要用建筑胶密封，做到防水，不影响美观。

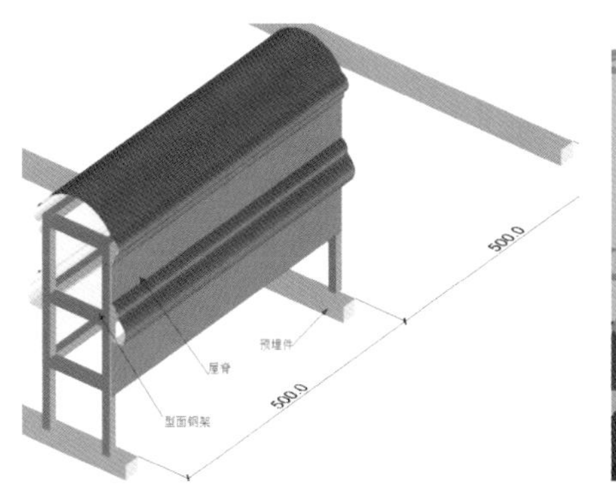

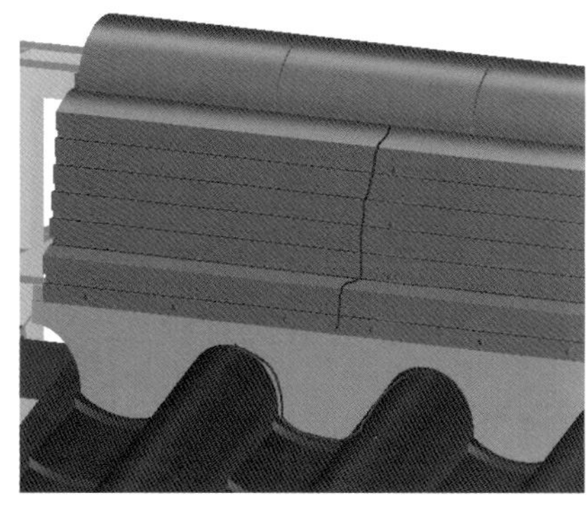

图 19.1-29 屋脊部分连接安装图

（10）清理、修补、落架

架子拆除前，所有构件进行全面检查，对因施工造成的砸坏、上漆污染现象，要及时用进行更换、修补，表面化学处理符合要求；待检查验收后即可落架。拆架时应注意安全和对屋面瓦及构件斗栱的成品保护，不得乱掷，避免砸坏构件（图 19.1-30）。

图 19.1-30 架体落架图

5. 小结

仿唐塔屋檐构造采用大跨钢结构与斗栱木结构组合体系，屋檐结构上为筒瓦屋面，主要构件为：筒瓦、勾头、板瓦、滴水、戗脊、围脊等，表面采用喷涂着色，喷涂底漆、中漆、面漆，整体造型舒展自然，外檐起翘平缓，出檐深远，古朴雍容。施工过程中通过计算机模拟放样后，将构件在工厂批量化制作并编号，进行工厂批量化生产，现场采用装配式施工。梁与柱、梁与梁间均采用焊接与栓接的栓焊连接，柱头的斗、拱、枋部位采用传统的木斗栱施工工艺，通过采用螺杆连接件的方式将木构件与钢结构进行组装连接固定。屋面铜瓦通过冲压技术制作，并从檐口往屋脊方向铺设板瓦，板瓦和预埋件之间用“U”形连接板固定，板瓦与板瓦对接焊接。筒瓦通过卡勾及自攻螺钉与“几”字形支架连接固定连技术，施工简便、无污染、大大减少了木材的消耗，大幅度缩短了安装工期及降低了工人安装费用，为今后类似项目的实施提供借鉴与参考。

19.2 钢结构塔身与塔顶施工技术

1. 技术概况

（1）为充分回避原寺庙地宫保护区域，本新塔基座由 16 根倾斜 45° 的钢管斜柱构成，每个角部 4 根，塔基高度 13m，跨度 34m，钢材用量 180t。塔基结构及位置如图 19.2-1 所示。

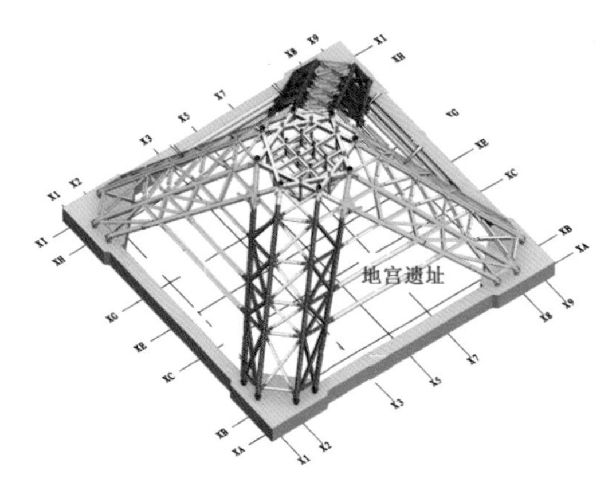

图 19.2-1 塔基座结构及位置状况

（2）塔身结构支撑于塔基座上。框架筒由位于凸出角部的 8 根直径 500mm（600mm）的钢管框架柱（与基座斜柱顶连接）和位于凹处的 8 根直径 299mm 的钢管柱组成（落在 18.20m 标高处框架梁上），在每层楼面处及夹层处采用 400mm（500mm）高 H 型钢将这 16 根钢管柱连接成塔身的框架筒体。塔身结构如图 19.2-2 所示。

建筑楼面层和夹层均设置楼面钢梁，楼面层采用 120mm 厚组合楼板（图 19.2-3）。

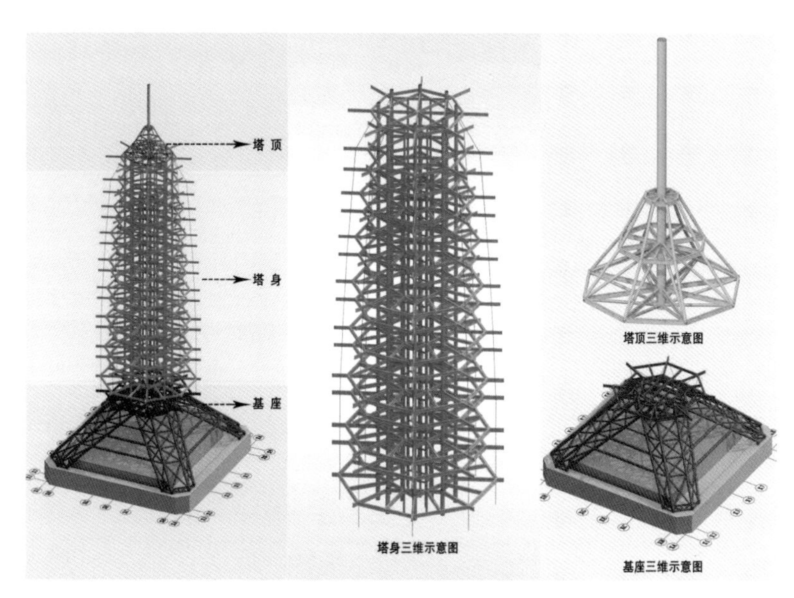

图 19.2-2　塔结构模型

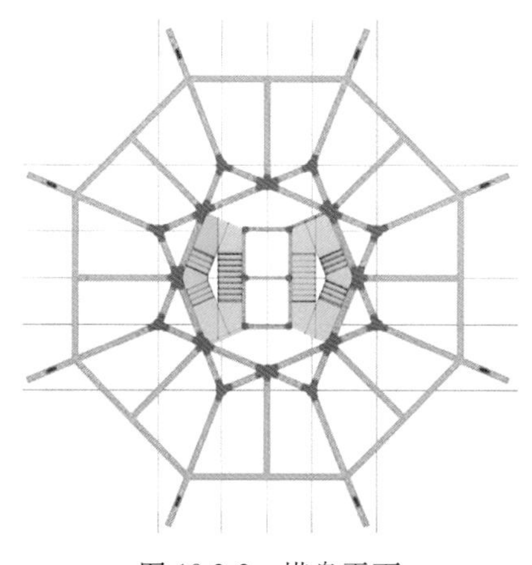

图 19.2-3　塔身平面

（3）塔顶部分沿 8 根钢框架柱设置 8 根钢管斜柱，在三个标高平面内均设置径向及环向钢梁，连接钢管斜柱与中间的钢桅杆柱。

2. 技术特点

（1）新塔塔身基座横跨地宫遗址上方，且西侧及东侧均距离遗址较近，在考虑遗址保护的前提下，如何选取吊装位置和塔基支座的临时支撑为本工程施工难点。

（2）整个塔基座整体重量大，如何合理的划分吊装单元、规划安装次序，以确保塔基座、支撑胎架变形满足要求，为工程施工难点。

(3) 新塔塔身钢管框架柱单层分段吊装繁琐，不利于工期。在满足吊装工况的情况下，需合理划分吊装单元，加快施工进度。

(4) 8 根主要钢管框架柱沿径向挑出 8 根钢梁，钢梁端部设有穿过钢梁连接于塔顶和基座的拉索，以增强结构整体的抗侧性能。

3. 工艺技术要点

(1) 塔基座安装技术

1) 通过对塔基座结构特点、分段形式的反复研究，采用设置跨越遗址的格构支撑架的方案。支撑架由两道门式格构支撑架组成，其间连接两道水平格构支撑，确保基座的 4 个角部框架柱均有支撑点，并在支撑架底部设置预埋件，门式组合框架支撑格构柱截面为 1.5m × 1.5m，格构横梁截面为 1.5m × 2m（2m 为横梁高度方向），框架主弦杆采用钢管 ϕ180 × 10，腹杆采用钢管 ϕ102 × 5，在基座安装过程中，通过格构支撑架，将安装构件荷载转换至单独设置的混凝土承台。其间连接两道水平格构支撑，确保基座的 4 个角部框架柱均有支撑点。支撑架如图 19.2-4 所示。

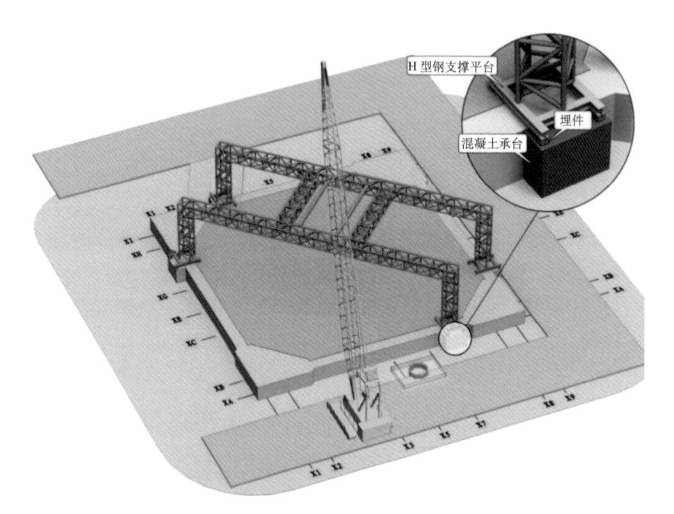

图 19.2-4 支撑架

2) 根据塔基的结构形式及特点，每个角部框架柱分成两个吊装单元（图 19.2-5），吊装单元杆件工厂加工，在现场组拼，焊接完成后，采用 180t 履带吊进行分片定位安装。

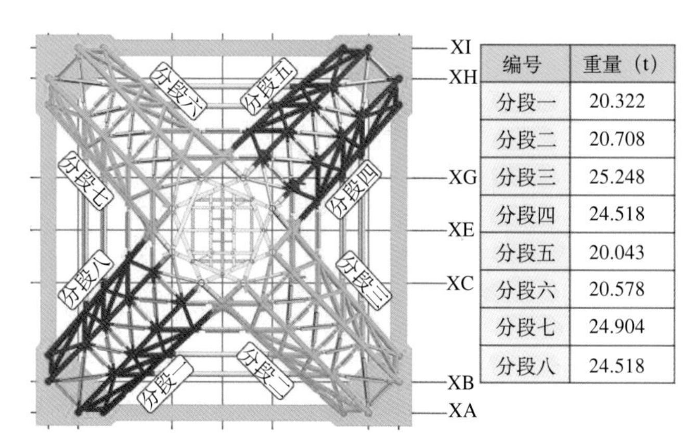

编号	重量（t）
分段一	20.322
分段二	20.708
分段三	25.248
分段四	24.518
分段五	20.043
分段六	20.578
分段七	24.904
分段八	24.518

图 19.2-5 吊装单元划分图

3）先进行分段一、八和分段四、五角部框架柱单片桁架的安装定位（此四片桁架上部铸钢件随桁架一并安装）；随后进行分段二、三和分段六、七角部框架柱单片桁架的安装定位（图19.2-6）。

4）安装桁架时，在门式支撑架上设置定位支撑，以便进行定位安装。

5）主桁架定位完毕后，利用150t履带吊进行角部桁架柱以及框架柱内嵌补杆件的定位安装。

6）最后进行对角部铸钢件的安装。安装时先在地面进行铸钢件与嵌补杆件的拼装，随后整体吊装就位。

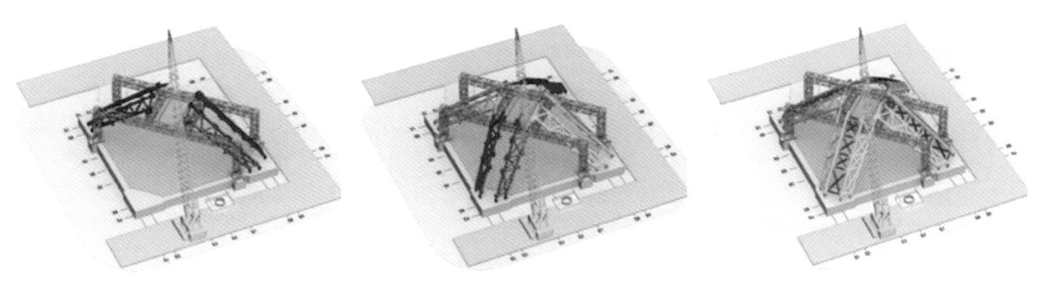

图19.2-6　塔基吊装流程图

（2）钢柱、钢架安装技术

1）根据机械吊装性能、构件运输及结构特点，对钢管柱进行分段划分，以3个结构楼层为一个柱吊装单元，于结构楼层标高以上1.2m的位置进行分段，分段长度控制在12m以内，以方便运输（图19.2-7）。

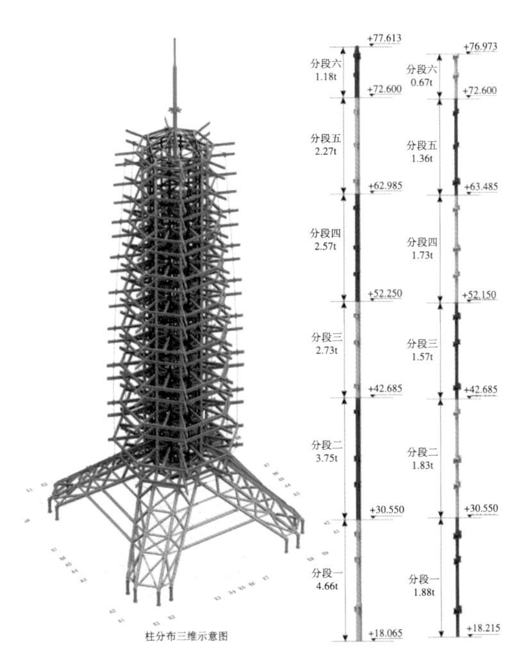

图19.2-7　分段示意图

2）塔身外环钢梁为悬挑梁结构，悬挑端安装就位控制难度大，故在钢梁前端设置临时钢拉索及调节装置，对钢梁安装就位进行固定和调整（图19.2-8）。

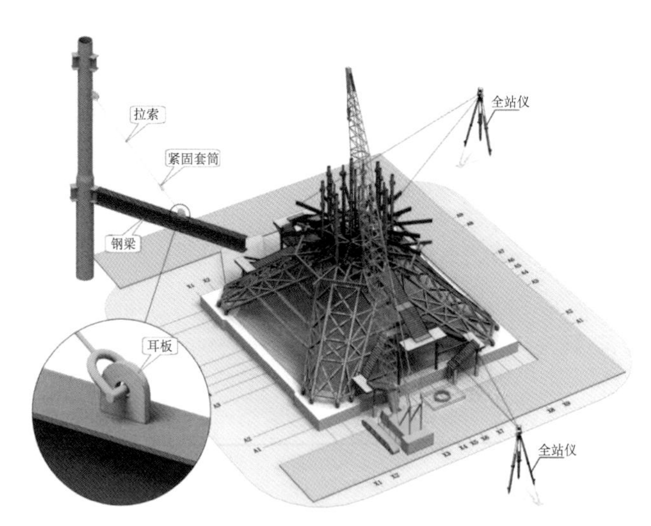

图 19.2-8 悬挑端临时拉结示意图

3）悬挑钢梁端部垂直方向设有八根钢索，在结构明层部位断开，通过节点耳板连接；在暗层钢梁处，穿过暗层钢梁腹板，以增强结构整体的抗侧性能。为解决这一问题，对暗层钢梁分两段进行加工，现场对接，钢梁与钢索一并吊装就位。穿钢梁节点见图 19.2-9，拉索分布如图 19.2-10 所示。

（3）塔顶安装技术

塔顶构件安装采用散装安装，先在塔顶桅杆底部设置一根横向支撑工字钢，工字钢与结构框架柱进行焊接；桅杆第一段吊装定位后，对塔顶构件逐根进行吊装就位并焊接，最后吊装桅杆第二段，完成塔顶结构的安装。吊装流程如图 19.2-11 所示。

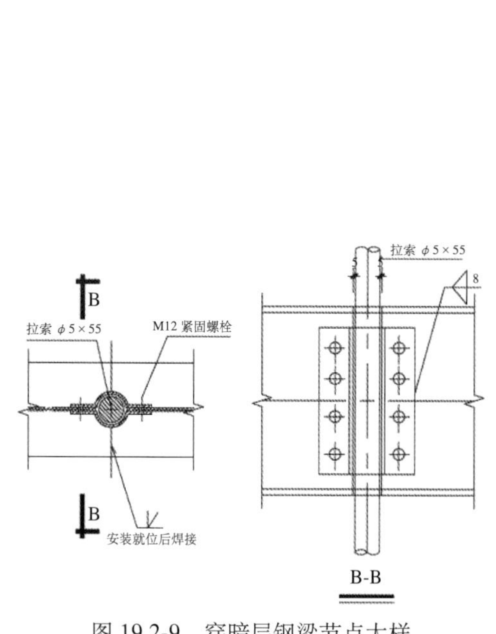

图 19.2-9 穿暗层钢梁节点大样

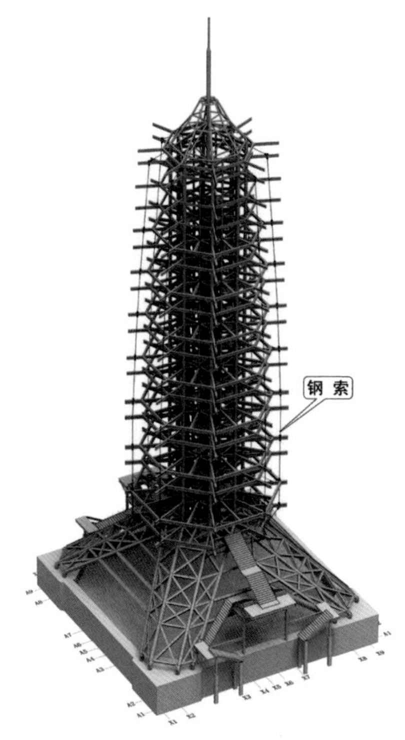

图 19.2-10 拉索分布示意

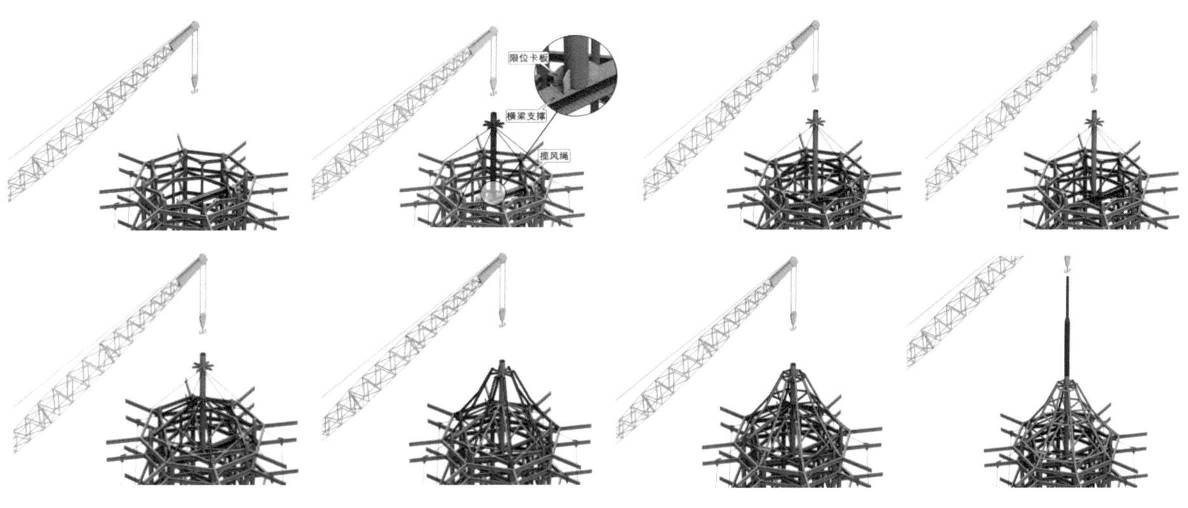

图 19.2-11　塔顶吊装流程示意

4. 小结

新塔塔身基座横跨地宫遗址上方，且西侧及东侧均距离遗址较近，在考虑遗址保护的前提下，如何选取吊装位置和塔基支座的临时支撑为本工程施工难点。最终实施效果良好，如图 19.2-12 所示。

图 19.2-12　南京大报恩寺塔实施效果

19.3　南京大报恩寺塔亮化技术

1. 技术概况

从亮化的功能上，建筑设计师希望在白天让群众看到新塔，晚上通过亮化凸显琉璃色，观看古塔。同时通过灯光的变化，在不同时段、不同季节呈现特定的效果。

灯光主要是白色和彩色，彩色主要运用琉璃色（红、黄、蓝、绿），并将日常、节日庆典及佛教盛典采用不同的设计，亮化效果如图 19.3-1 和图 19.3-2 所示。大型节庆灯光设计动态灯光由下向上，明亮的彩色侧翼顺时针方向螺旋向上旋转，数次地重复。

2. 创新技术及相关措施

（1）通过在 8 个塔翼内设置 2528 盏灯（图 19.3-3），实现整塔的亮化效果。

图 19.3-1　平日的静态灯光“古迹的回忆”和“灯火长明”

图 19.3-2　大型节庆的动态灯光“无限轮回”

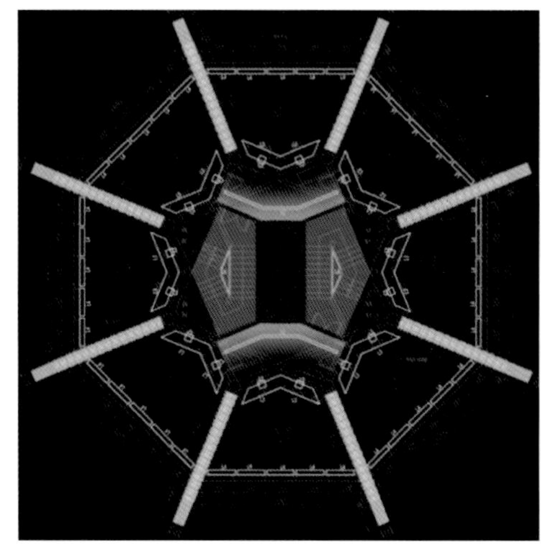

图 19.3-3　灯具位置示意

(2)为实现“见光不见灯”的效果，研制专用灯槽及盖板(图19.3-4)，将灯具安装到不锈钢灯槽内，并满足灯具散热及防水功能。灯槽与玻璃塔翼空隙处增加与地面相同的石材，保证装饰效果的统一。

(3)为满足后期效果的实现，给每只灯具赋予唯一的地址码（图19.3-5），在图纸深化后，将指定地址码的灯具安装在指定位置，实现单灯单控。

(4)不同品牌甚至同品牌不同批次的灯具，混色后会存在色差。调试中发现，在控制软件中红、绿、蓝、白按照同样的百分比混色，从塔的灯光表现出的颜色存在色差。所以针对不同品牌灯具产生的色差，通过在软件的红、绿、蓝、白配比的改变，使颜色达到基本一致。

(5)在亮化项目中，好的设计可以制定合理的亮度，勾勒出建筑的外形，突显主题；而过度的光亮即会造成光污染，也会浪费能源。该技术通过对灯具角度、灯具间距的设定，实现了亮度的合理化（图19.3-6）。

3. 实施效果

通过上述设计与亮化实施，达到了整塔的亮化效果（图19.3-7）。

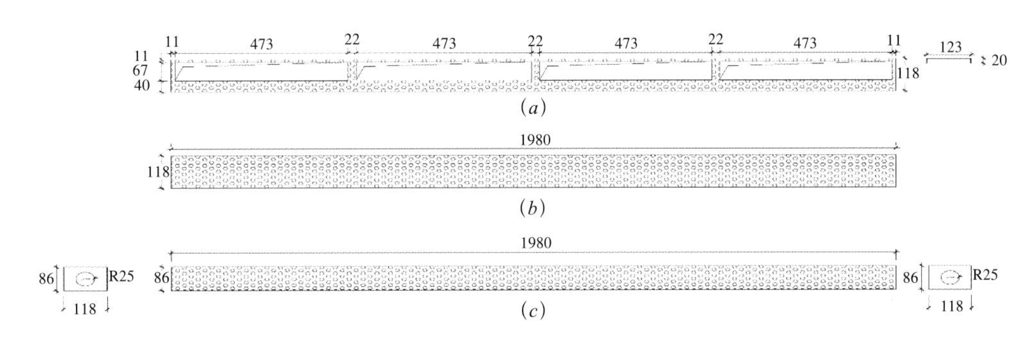

图19.3-4　灯槽详图

(a) 灯槽盖板；(b) 灯槽底面；(c) 灯槽立面

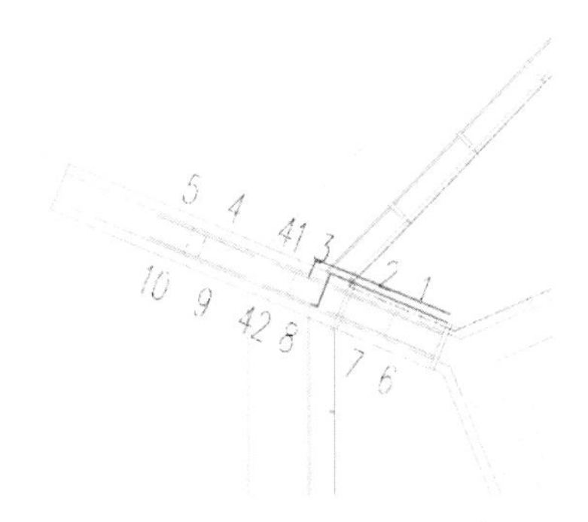

图19.3-5　塔翼灯具编码示意

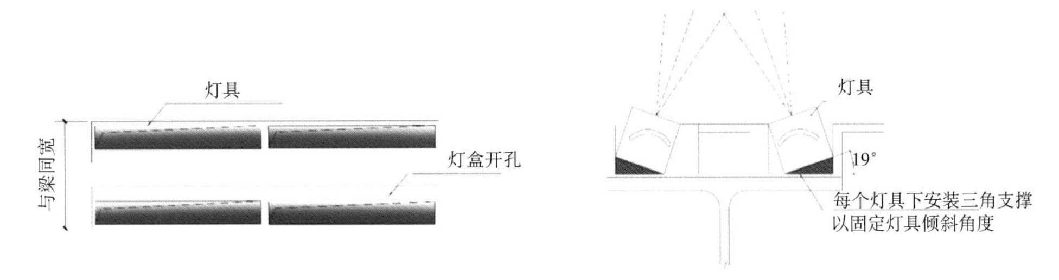

图19.3-6　塔翼灯具距离与角度调节

图 19.3-7 塔身亮化效果

19.4 报恩寺塔身全玻幕墙动态影像技术

1. 技术概况

根据要求，报恩新塔需在夜景中展现报恩塔的特点，并且要配合将来园区的仪式演出，在不改变塔身结构和材质、保证白天玻璃塔的通透性以供游客观光的基础上，夜晚在玻璃幕墙塔身上呈现 35m 高神幻的动态影像。

2. 技术特点

（1）成像技术的选择。

结合报恩新塔自身结构的特点，借鉴国内外先进的投影技术应用，经过多次研究论证，通过制作 1∶1 模型反复进行模拟实验，最终决定在玻璃塔身采用高新光显技术成像。模型试验如图 19.4-1 所示。

图 19.4-1 1 ∶ 1 模型 LED 成像

(2) 塔身结构复杂难以成像。

通过在全玻璃幕墙塔身内设置全息投影幕，在全玻璃幕墙塔身外150m处布设12台投影机，并使多台投影机的投射区域的叠加区域与全息投影幕的成像区域相匹配，克服了全玻璃幕墙塔身结构由于多棱多面、逐层收缩，而难以成像的问题。成像示意见图19.4-2，成像效果见图19.4-3。

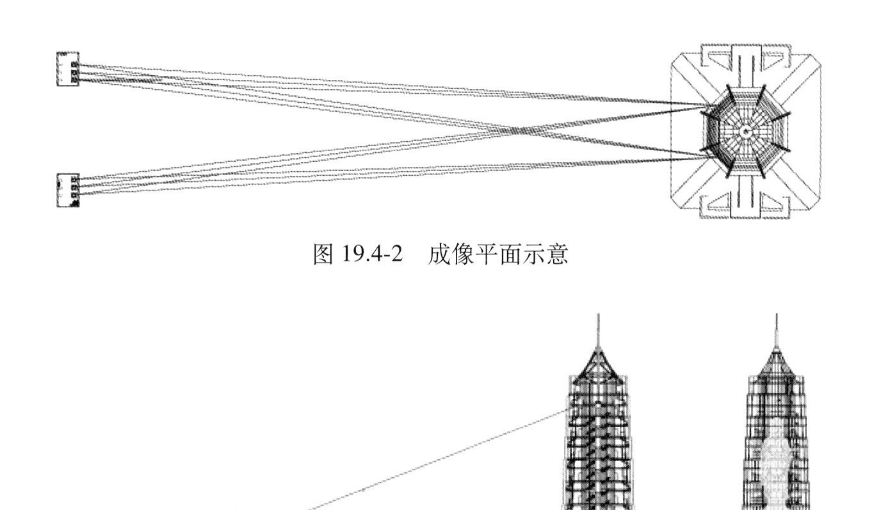

图19.4-2　成像平面示意

图19.4-3　成像立面示意

3. 实施效果

该技术属首次在国内外全玻璃的塔身上使用的裸眼3D光影技术，投射出立体、逼真、动感的影像效果（图19.4-4）。

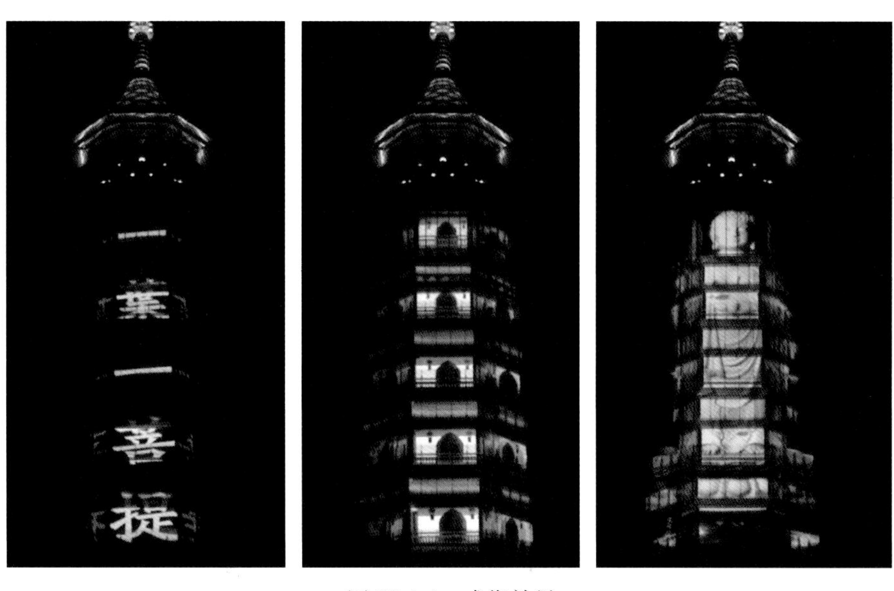

图19.4-4　成像效果

第6篇　禅境景观——现代佛教建筑景观关键施工技术

禅语：月影松涛含道趣，花香鸟语透禅机。

本篇介绍了园林工程、雕塑工程及室外装饰品三种现代佛教建筑景观建造的关键施工技术，包括塑石假山生态恢复覆绿施工技术，佛教元素装饰浮雕石材幕墙施工技术，干挂琉璃拼花 +GRC 幕墙系统施工技术等技术。

本篇内容是以牛首山旅游文化区佛顶宫、无锡灵山小镇·拈花湾、南华曹溪小镇等工程实例，项目团队开展科技攻关，成功提炼出现代佛教建筑景观工程的多项施工关键技术，为类此景观工程提供相应技术参考。

第 20 章 园林工程关键施工技术

本章通过牛首山景区、无锡灵山小镇·拈花湾等工程实例，介绍了现代佛教建筑园林工程关键施工技术，含塑石假山生态恢复覆绿施工技术、景观高填土体 EPS 板减荷施工技术、竹篱笆及苔藓装饰施工技术等内容。

20.1 塑石假山生态恢复覆绿施工技术

1. 技术概况

伴随经济迅猛发展，近年来废弃矿坑不断增多，不仅造成大量土地资源的浪费，并且对周围生态环境造成严重破坏。传统边坡修复工程，往往只注重边坡的安全性和可靠性，对绿化景观、生态恢复重视不够。为实现可持续发展、保护环境，将这些废弃矿坑进行合理改造形成景观资源，成为急需解决的问题。

为实现废弃矿坑的边坡治理与生态恢复，通过采用预应力锚索、格构梁、锚墩复合结构进行矿坑加固，利用平整、咬花、雕刻、喷色、景观覆盖等工艺设置塑石假山，实现废弃矿坑边坡生态修复。本节以牛首山旅游文化区佛顶宫的建设为例，介绍废弃矿坑边坡塑石假山恢复覆绿施工技术，为今后类似工程施工提供借鉴（图 20.1-1）。

图 20.1-1 牛首山景区废弃矿坑加固及覆绿图

2. 技术特点

（1）采用塑石假山对山体外露的格构梁、锚墩进行地形塑造、覆土植树等，使恢复后的环境尽量接近自然。

（2）根据设计构思的意境效果，在山石的适当位置留设种植穴，种植需要的树木花草。

（3）边坡面育树种草、保护坡面，减少坡面的流失量，调节坡面水流，削减坡面径流量，增加坡体的抗冲蚀能力，防止水土流失，保护生态环境。

（4）所用材料取材方便，体量可大可小，造型可塑性强，能广泛应用于景观、山体和矿坑治理中的覆绿及生态恢复工程。

（5）根据框格梁、锚墩的承载能力和塑石假山的重量，经过计算确定覆盖面积和尺寸大小后，采用在山体框格梁、锚墩上植入膨胀螺栓后，通过与槽钢、角钢相互焊接连接形成骨架，将细的圆钢弯折焊接、捆扎形成造型。

3. 施工操作要点

（1）矿坑山体加固

采用现浇混凝土格构梁、预应力锚索、锚墩复合结构对矿坑山体进行加固。矿坑山体加固施工工序：测线定位→开挖梁槽、基底砂浆调平→钢筋制安及锚头结构绑扎→模板制安→浇筑混凝土→拆模→养护。

1）测放网格梁梁槽线，采用机械或人工进行网格梁沟槽开挖。

2）横梁模板侧模、底模采用18mm厚的胶合板，侧板、底模内格栅用45mm×80mm木枋；竖梁基础采用240mm厚砖胎模，竖梁采用三面支模，增加面层模板，支撑体系采用扣件、钢管、可调托撑与纵横向爬坡架相连接支撑。

3）纵、横梁筋绑扎时，主筋沿梁通长布置，纵横受力钢筋在节点处绑扎，锚索孔位处适当调整钢筋布置。

4）塑石假山施工流程如图20.1-2所示，格构架大样及实景见图20.1-3。

5）锚索框架梁施工至一定标高后，施作锚墩：用风钻在锚索孔周围坡面上对称打孔4个，插入ϕ20骨架钢筋并固定，将钢绞线束穿入导向钢管并把导向钢管插入孔口，焊接钢筋网并固定于骨架钢筋上，将垫板牢固焊接在钢筋骨架上，安设好补浆管、排气管后，浇筑混凝土（图20.1-4）。

（2）矿坑三维扫描及塑石分布设计

采用Lieca C10三维激光扫描仪对已完成加固矿坑区域进行三维扫描，依据建立的三维地形模型，深化设计方案，确定塑石景观面积、分布区域、单块大小及与矿坑体周边景观协调性等，确保尺寸比例准确、位置合理、造型自然（图20.1-5）。

（3）塑石骨架结构计算

根据框格梁、锚墩的承载能力和树池、土壤的最大覆土高度、植物的重量，计算确定塑石骨架的最大尺寸。取最大的塑石骨架按重力式挡土墙进行相应的滑动稳定性、倾覆稳定性、地基应力及偏心距、墙底截面强度验算；同时按最大塑石骨架内的护坡梁净尺寸，对骨架内的钢梁按最不利两端简支梁计算最大弯矩，从而确定骨架内钢梁的截面参数及布置数量；最后根据山体的框格梁的轮廓、走势，锚墩的大小、间距，造景的要求等确定塑石假山的造型。对形状变化大的复杂山体造型，骨架按需要进行加密（图20.1-6）。

（4）塑石骨架造型

按照设计的山体形状的位置、高低起伏的变化、假山体量的大小，采用槽钢及角钢等材料形成骨架，按假山的造型构造将直径6 mm的钢筋弯折焊接制作成不同的自然凹凸的变化，钢筋的交叉点用电焊焊牢，所有山体骨架均为一体式焊接而成，倚靠并固定在工字钢梁上（图20.1-7）。

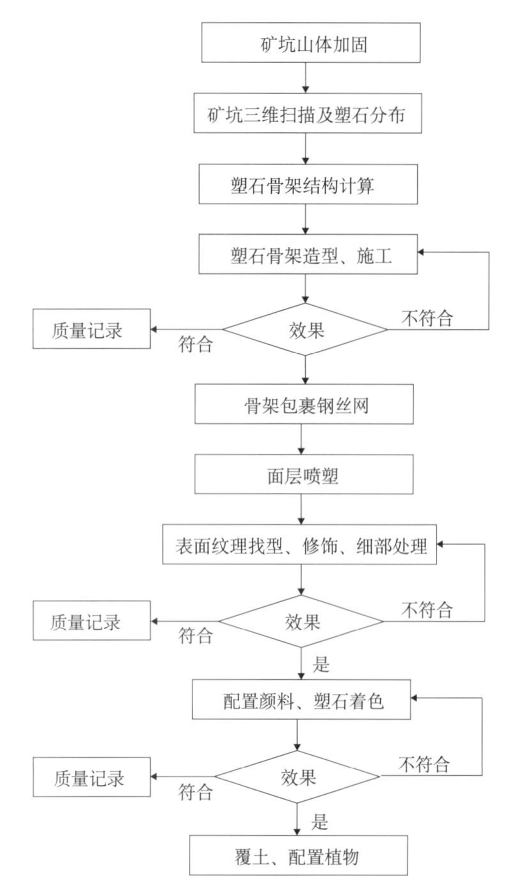

图 20.1-2　施工工艺流程

图 20.1-3　框格梁大样和实景图

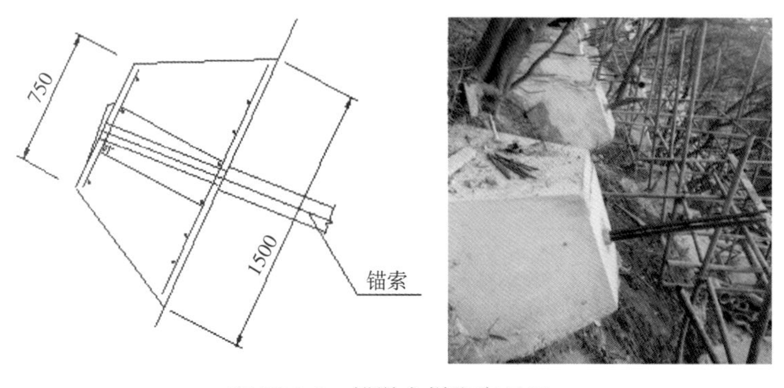

图 20.1-4　锚墩大样和实景图

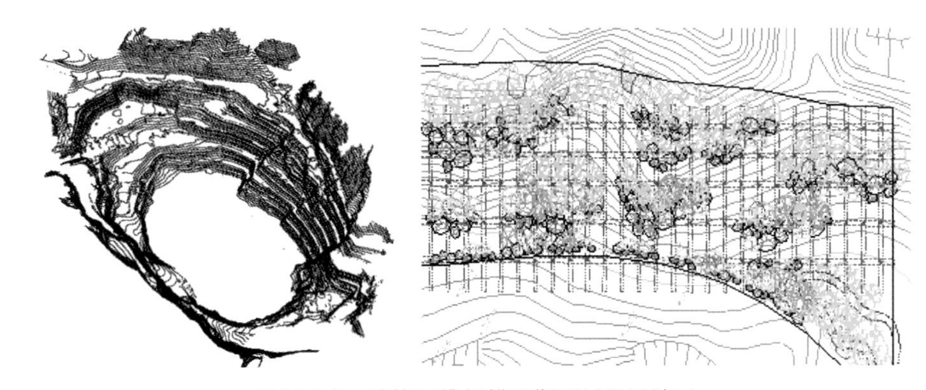

图 20.1-5　矿坑三维扫描及塑石景观设计图

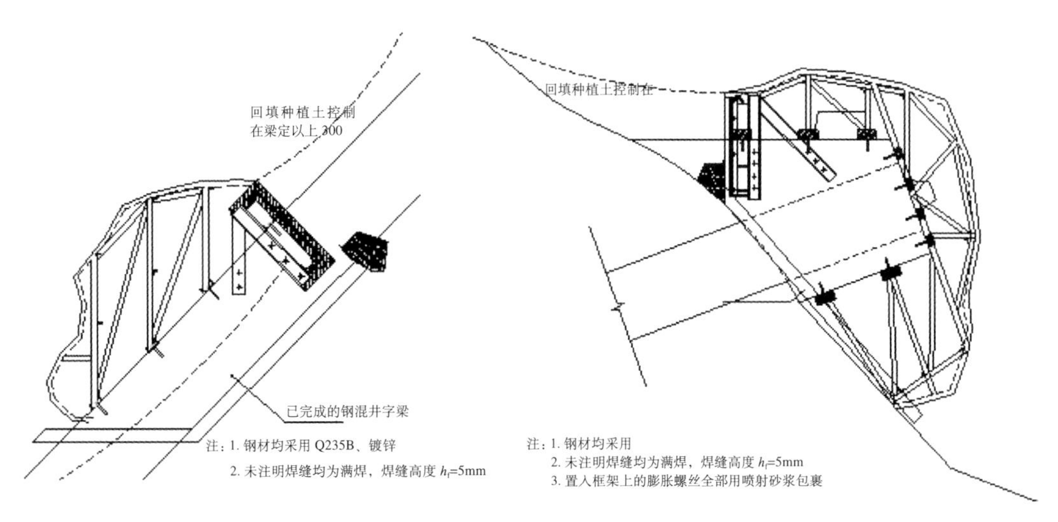

图 20.1-6　框格梁与连续锚墩骨架构造计算模型图

图 20.1-7　塑石假山骨架施工图

（5）骨架包裹钢丝网

为挂牢喷射的直塑水泥形成面层，在造型钢筋面层和内层分别覆挂钢丝网。依照钢筋网格的高低起伏逐块绑扎固定，再根据设计山体质感纹理的造型要求进行局部敲压修整处理。钢丝网选用 ϕ0.3mm，孔 4mm × 4mm 的电焊网，扎丝为 20 号冷拉铁丝，钢丝网要与造型钢筋贴紧扎牢，不能有浮动现象（图 20.1-8）。

图 20.1-8　骨架钢丝网绑扎图

（6）面层喷塑

采用邦得士 S-1 喷射砂浆和喷浆机，运用研发的专用抹刀机具找平、拉毛，进行机械喷涂，循环三遍，面层完成厚度不小于 150mm，砂浆应挂满整个网面。挂浆施工完 24h 后进行不间断浇水养护（图 20.1-9）。

图 20.1-9　喷浆、找平图

（7）表面纹理找型、修饰、细部处理

按照山体的初步造型，对洞穴、断层、石质、纹理用切、凿、塑等方法进行细部造型处理。反复观察、边塑边改，使各部位达到自然山石的质感效果和天然景观的艺术效果。

采用撒播各种细土粒、大块泡沫至未凝固塑石水泥，待塑石水泥凝固后，扣除泡沫、用水冲出土粒，采用印、拉、勒等手法来形成石头的丰富造型、力感、楞角，采用特殊钢丝刷刷出石头肌理、节理效果（图 20.1-10）。

图 20.1-10　纹理找型、修饰、细部处理图

（8）配置颜料、塑石着色

1）山体着色前应浇水湿润，但不能有水迹，以免流浆，配制水泥色浆前按各种颜色的配合比进行小样配制并刷样块，小样经过确认后方可实施。

2）依照设计要求的基本色调用颜料粉和水泥加水拌匀，逐层洒染，选用不同颜色的矿物颜料加白水泥再加适量的 108 胶配制而成，每层完成后均要待其干透再进行下一层的着色，至少经过 4 层着色处理，以保证整体色调耐久、稳定、均匀和逼真。

3）采用喷浆泵进行大面积着色，上色应分出山体的阳光面和背阴面的色泽浅深度，并在凹皱处从上往下注一定量的特深色浆，自然往下渗流，增加山石的自然感效果。

4）对 GRC 塑石假山的整体着色进行微调、完善，并进行强化明与暗、高与低、深与浅的美化处理，使完成后效果融入周边环境，达到浑然天成的效果（图 20.1-11）。

图 20.1-11　塑石着色及完成图

（9）覆土、配置植物

利用吊车将土吊运至塑石假山内树池及局部面层，覆土厚度根据坡面凹凸面不同有效控制；接着移植灌、乔木及爬藤、草等植物；绿化使用的苗木经过层层筛选，采用成活率高、适合当地生长的苗木，如：泰山松、女贞、龙柏、小叶水蜡、朴树、速铺扶芳藤等植物材料。藤类植物有利于将野生草本和灌木连片，增强坡面绿化防暴雨能力，同时减少坡面敷土的流失；实现绿化景观及生态恢复要求（图 20.1-12）。

图 20.1-12　覆土及配置植物图

4. 小结

超高边坡工程通过采用预应力锚索、格构梁、锚墩复合结构矿坑加固后，设置塑石假山及采用平整、咬花、雕刻、喷色景观覆盖等工艺、措施，实现了废弃矿坑边坡灾害治理及生态恢复、景观覆绿的目的；既快速消除地质灾害隐患，又保证风景名胜区内整体景观的协调，同时塑石假山制作、找型、喷涂等技术提高了工效，降低了成本，特别是在我国大力提倡矿山灾害治理覆绿修复的当前，具有广泛的推广应用前景。

20.2 景观高填土体 EPS 板减荷施工技术

1. 工程概况

目前国内建筑对绿化、园林造景要求越来越高，在结构顶板、屋面上绿化造景越来越常见，园林造景通常采用亭、桥、河、山（假山）、石的艺术表现手法来达到建筑与自然的融合效果。为达到错落有致的要求，必须在平面地形上人为制造出高差较大的地形，但是高地形对应的高堆土使得结构局部荷载急增，通常结构受力无法满足而产生开裂的现象。在结构板顶铺设柔性材料能够有效降低结构板顶所受的垂直土压力，改善结构受力状态，确保结构安全。

无锡灵山小镇·拈花湾项目依山傍水而建，规划庄严和谐，布局恢宏大气，大量运用仿唐瓦、树皮瓦、茅草屋面、碳化木饰面、仿古饰面砖，现代建筑手法与传统装饰工艺交相辉映，巧妙融合，堪称经典（图 20.2-1）。

景观高填土区域位于地下室结构顶板上部，总用地面积约 2100m^2，泡沫板最高处换填 2.5m，最薄处 0.5m，换填保温材料采用 EPS 泡沫板（规格：2400mm × 1200mm × 500mm），用量约 5000m^3。高填土布置如图 20.2-2 所示。

图 20.2-1 项目效果图

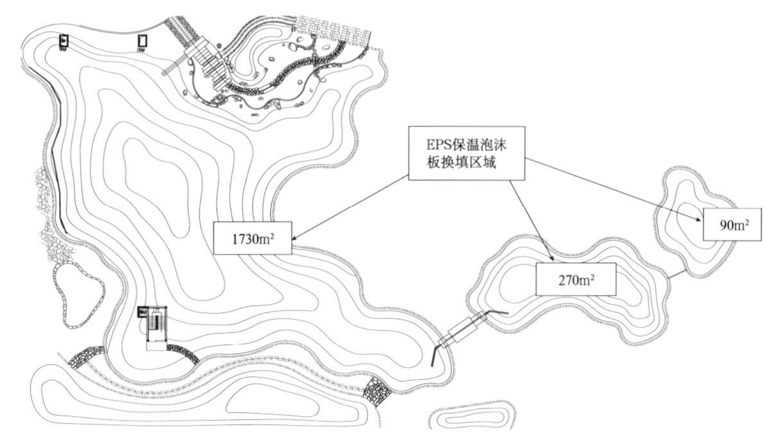

图 20.2-2 高填土体布置范围

2. 施工工艺流程

景观高填土体 EPS 板减荷施工工艺流程见图 20.2-3。

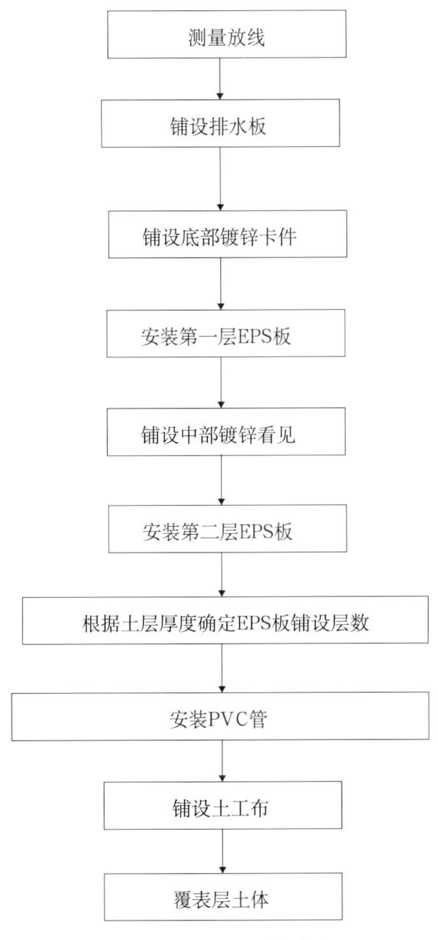

图 20.2-3　施工工艺流程图

3. 施工操作要点

（1）施工准备

熟悉施工图纸，明确各部位所用材料的要求。对 EPS 板用量作出准确计算，以保证能够满足现场的需求。施工员对班组长做好施工技术交底，班组长对本班组人员做好交底。

准备 EPS 板、L 形镀锌钢销、聚乙烯排水板、镀锌卡件、PVC 管、土工布等材料。L 形镀锌钢销采用 ϕ16 的 HPB235 级钢加工制作；排水板采用 25mm 厚聚乙烯排水板；镀锌卡件采用 1mm 厚镀锌钢板，切割机切割加工制成；EPS 板采用 100mm（厚）×600mm（宽）×1200mm（长）的规格；排水管采用 2.3mm 厚直径为 75mm 的 PVC 管；土工布采用短纤土工布，厚度为 2.1mm。

（2）操作工艺

1）预埋 L 形镀锌钢销。

采用预埋 L 形固定件与 EPS 板连接的方式，保证 EPS 板堆体与顶板连接牢固，不滑移。在基础垫层施工时将 ϕ10L 形镀锌钢销提前预埋在 C15 混凝土垫层里，L 形固定件间距为 1m，梅花形布置。

2）铺设 HDPE 排水板。

在高填土体范围内预先铺 HDPE 排水板，排水板采用搭接连接，并保证不空鼓、不开裂（图 20.2-4）。

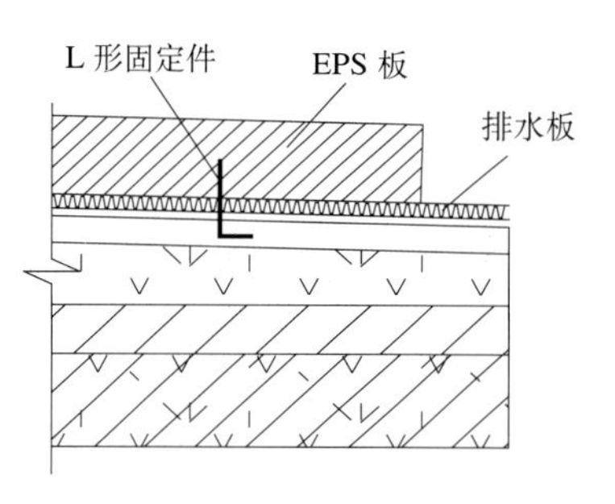

图 20.2-4 EPS 板底固定示意图

3）为了保证 EPS 板堆体安装的稳定、可靠，抵抗面层土的荷载，且在长时间荷载与雨水渗透作用下 EPS 板堆体不松散、不变形，设计了一种 EPS 板安装卡具，保证 EPS 板之间连接可靠（图 20.2-5）。

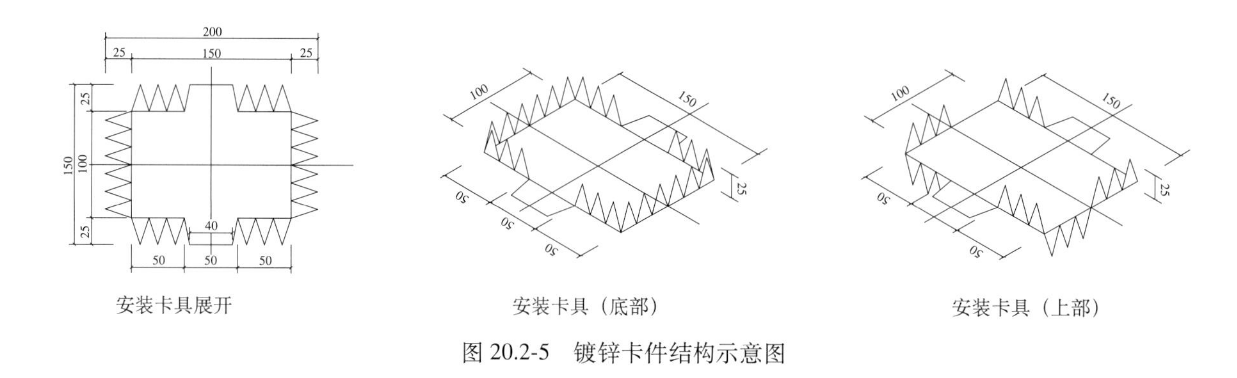

图 20.2-5 镀锌卡件结构示意图

4）铺设 EPS 泡沫板。

铺设 EPS 泡沫板前，准备好 2mm 厚的镀锌卡件，EPS 泡沫板铺设范围内的每块 EPS 泡沫板之间拼接应密实、平整。在确定第一层每块 EPS 板的位置后，通过 EPS 板的位置确定镀锌卡件的位置，确保镀锌卡件位于 EPS 板接缝处正中心。

完成第一层 EPS 板铺设后，继续在第一层 EPS 板面上设置安装卡具（上部），继续铺设第二层 EPS 板，按照事先排好的尺寸切割 EPS 泡沫板，从拐角处垂直错缝连接，要求拐角处沿全高顺直、完整。挤塑板以长向水平铺贴，保证连续结合，上下两排板须竖向错缝 1/2 板长，局部最小错缝不得小于 200mm。以此类推，根据高填土体设计高度完成相应 EPS 板铺设层数。

5）安装 PVC 排水管。

铺设 EPS 泡沫板时，要注意留设 Ø80PVC 排水导管贯穿 EPS 轻质材料，并且与排水板连接，PVC 排水导管间距 2400mm，梅花形布置，将 PVC 管内垃圾清理干净，保证排水通畅（图 20.2-6、图 20.2-7）。

6）土方回填。

EPS 泡沫板铺设完毕后，在泡沫板上铺设一层土工布，完全覆盖住 EPS 板堆体，再在其上覆土，覆土厚度控制在 1.5 ～ 1.8m。回填土应分层铺摊和夯实，回填土材料必须符合设计要求，回填土顺序为由边到中，由于考虑挖机在 EPS 板堆体上施工，会造成底部 EPS 板损坏，回填土时在土面上铺设钢板，以方便挖机等机械在其上的行驶施工。覆土及土面修整完毕后，撤离机械及钢板，高填土体施工作业完成（图 20.2-8）。

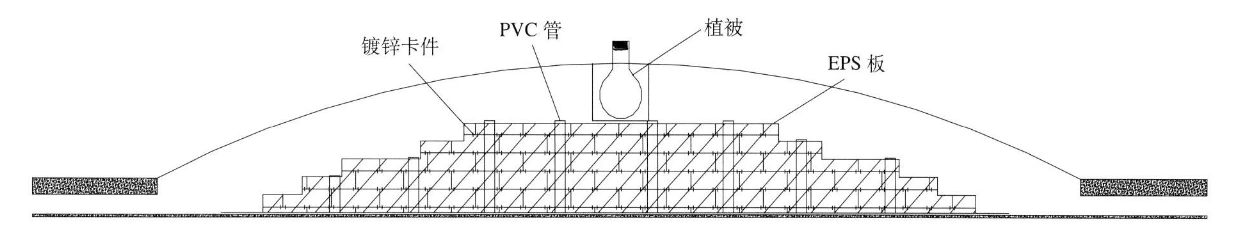

图 20.2-6　EPS 板堆体剖面示意图

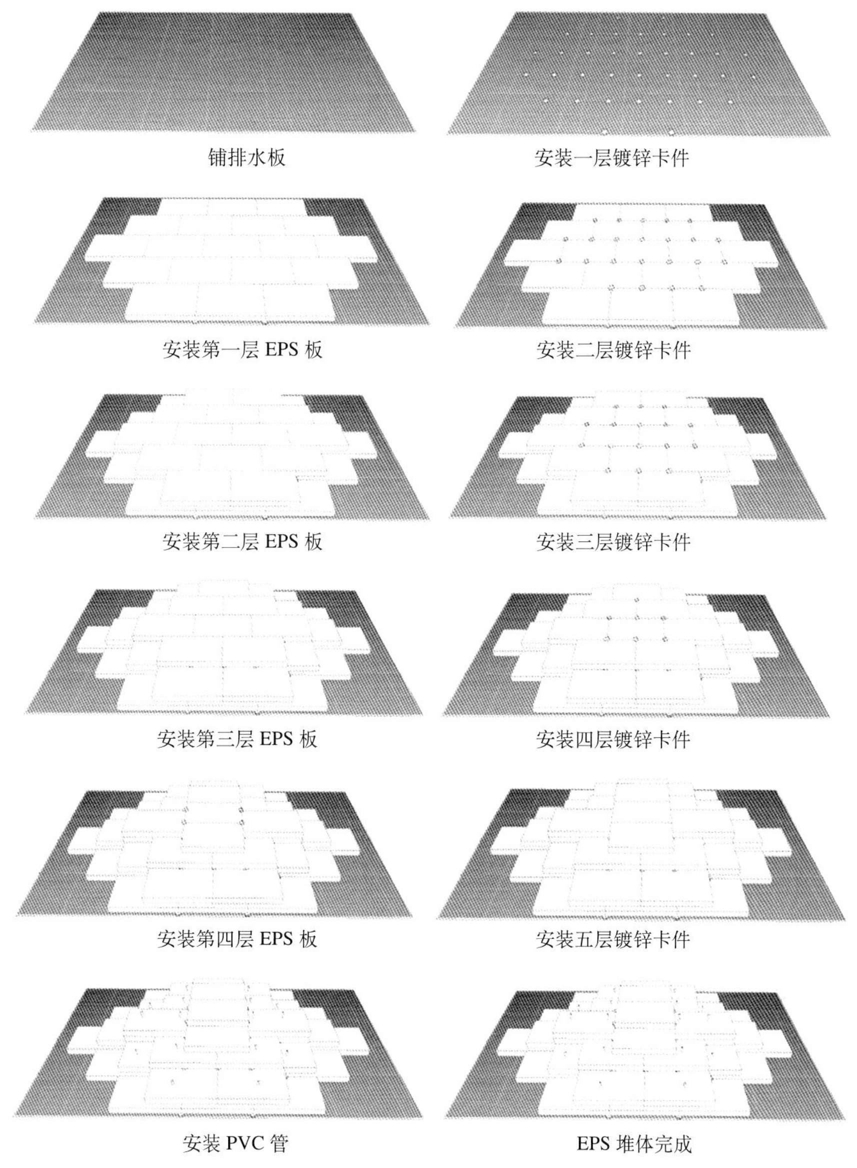

图 20.2-7　EPS 板堆体施工三维示意图

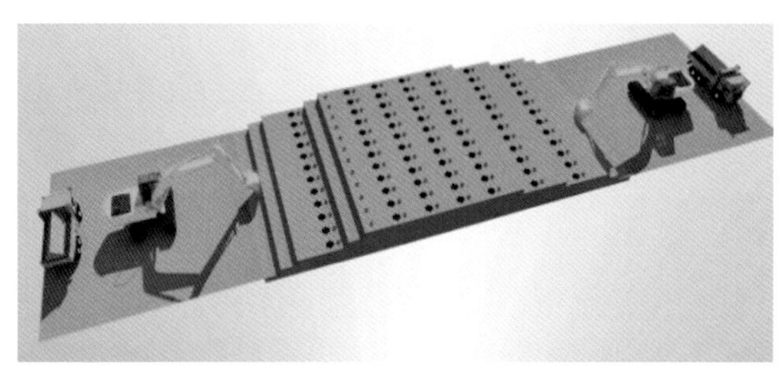
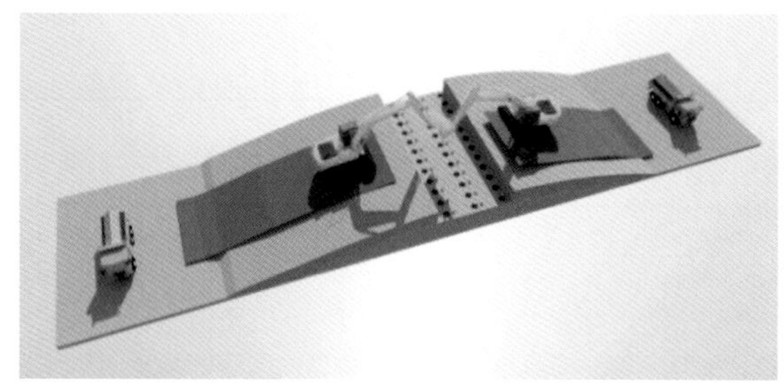

图 20.2-8 EPS 堆体土方回填前后

4. 质量控制要点

（1）EPS 板的安装需保证与镀锌卡件及 L 形钢销固定件连接紧密，每块 EPS 板之间拼接应密实、平整。施工时要求在事先用墨斗弹好水平线，以确保水平铺贴。在区段内的铺贴应由下向上、由角到面进行。铺设 EPS 泡沫板时，板缝应挤紧，相邻板应齐平，施工时控制板间缝隙不得大于 2mm，板间高差不得大于 1.5mm。当板间缝隙大于 2mm 时，须用同材质的 EPS 泡沫板条将缝塞满，板条不得用砂浆或胶粘剂粘结；板间平整度高差大于 1.5mm 的部位应在施工面层前用木锉、粗砂纸或砂轮打磨平整。

（2）回填土方前后进行两次排水试验，检查景观土层排水是否顺畅。

（3）回填土必须按规定分层夯压密实。取样测定夯（压）实后土的最大干密度，其合格率不应小于 90%；不合格土的最大干密度的最低值与设计值的差不应大于 $0.08g/cm^3$。

（4）土方填筑完工后，首先对填筑部位进行自检，回填的土料、分层厚度及含水量、表面平整度、回填土标高必须符合设计要求和施工规范的规定，自检合格后报请工程师进行验收。

5. 小结

结合灵山小镇·拈花湾工程实例，介绍的这种景观高填土体 EPS 板减荷施工方法，解决了高填土体荷载过大引起结构破坏的问题，并利用 L 形固定件与镀锌卡件组合，保证了 EPS 板的有效固定和连接，以及 EPS 板堆体整体的稳定性，确保了后续景观造型不滑移、不变形。实现了在结构顶板上自由设置高堆土造景的建筑要求，既满足景观高填土要求，又满足结构荷载要求。有效地解决了高填土体荷载过大引起结构破坏的问题，取得了良好的效果。对今后类似在结构顶板上部园林景观工程施工提供一定的参考。

第 21 章　雕塑工程关键施工技术

佛教文化雕塑是中国古代雕塑最主要的部分，包括石材雕塑、石材雕刻、高浮雕石材等，创作要塑绘兼长，要从色彩美、线条美和意境美三个角度进行品质把控。本章介绍现代佛教建筑景观雕塑工程关键施工技术，含佛教元素装饰浮雕石材幕墙施工技术、艺术石材雕塑及雕刻施工技术等内容，并介绍了曹溪小镇的菩提叶大门雕塑施工技术。

21.1　佛教元素装饰浮雕石材幕墙施工技术

1. 技术概况

建筑室外石材工程，是以浮雕石材幕墙为主要外装饰的佛教题材。本建筑造型为阶梯式的方形宝殿，呈对称的四面体，立面装饰面积约为 30000m^2。主要采用佛像浮雕、唐草纹、莲花、柱子等装饰。

2. 技术特点

（1）浮雕安装不仅要达到一般装饰石材安装标准，如安装表面平整、整齐等，还必须考虑石雕图案拼接完好。只有每一细部完好连接，整个石雕图案才能连贯完整，达到高品质艺术效果，而本工程采用比较难调整的背栓干挂及密缝安装，更加加大了石雕图案的拼接难度。

（2）钢龙骨不同于常规石材幕墙使用的小型钢桁架结构，特别是首层外挑 3m 左右，结构跨度大。

（3）浮雕石材为了保证美观等特殊要求，存在体积大、重量沉的特点，最小的分割长度为每块 1.5m，特别是上下莲花重达 2t，八相成道达 3.6m × 4.5m（6t），三层柱子高达 11m（13t），这造成施工两个难点：一个是八相成道石材的运输超高又超宽，另一个是大部分石材的安装不能像常规石材幕墙仅用人工安装，都需要用吊装设备配合，施工中石材调整角度、紧密度的难度都很大。

（4）每批浮雕石材都是经过加工厂精加工而成，如果在运输及安装过程中造成某块损坏，不但重新制作运到现场需超过一个月的时间，且单独制作一块浮雕很难保证浮雕图案能与其他浮雕图案完好地衔接。

3. 施工操作要点

（1）石材加工工艺

根据本工程石雕的工艺流程，分为石材选料布局、排版制作、粗坯切割、镂空雕刻、预排修整、石材防护、背栓扩孔、编号装箱等工序，多为技师人工制作。

1）选料布局。

从同一个矿山中选择质地坚硬、颜色单一无明显杂质的荒料石块运至加工厂。然后根据所需浮雕石板、石柱的规格初步切割石材并分类。

2）排版制作、粗坯切割。

经与设计单位充分沟通，确认各类型浮雕石材的分割及浮雕图案。石材荒料先按图纸所需的尺寸用大切设备切割，然后根据浮雕图案，由加工厂设计人员出图至石雕技师，然后技师先在石块上勾画出线条，进行初步的雕凿，人工去除粗坯凿去多余部分，一直到初具大体轮廓的阶段，进一步打出体与面关系基本形状。

鉴于石材使用密缝安装，并且建筑宽度较大，为保证石柱各段结合紧密、连接牢固，要求加工厂于各石材结合部位拼接面以角度为 89° 的倾斜度向内倾斜处理，这样不仅可以避免因石材结合面因切割不均匀或生产与安装的偏差造成安装拼接不吻合问题。

为了配合较大型的浮雕石材的吊装，在加工厂加工阶段在不影响外观的条件下对石材做了必要的隐蔽留洞或预埋工作，比如在八相成道的莲花宝座底部预埋两个吊孔，可用于安装时吊索的连接点；在莲花瓣的背部预埋带钩膨胀螺栓，用于吊装时的垂直度的调整。

3）镂空雕刻。

镂空前需先对石材进行放洞，放洞是一道花时最多、技艺最复杂的重要工序。根据图案需要，把内部无用的石料挖掉，为了给镂空创造条件，镂空是放洞的继续和深入。镂空后再剔去雕件的外部多余的石料精刻，深入刻划细部、修饰外貌，使作品显得更有生气，更美观、传神，抹去作品上不必要的刀痕凿迹，使作品简洁大气。

4）预排修整。

石材使用密缝安装，并且建筑宽度较大，要求加工完毕的浮雕石材需要在加工厂进行预排列，一方面可以修改、调整每一块浮雕石材的拼接平整、吻合，包括浮雕石材的每一个起伏点的整齐；另一方面可以对浮雕的质量进行整体的检查；更重要的是使浮雕拼接后尺寸符合图纸的尺寸要求。在整个石材预排列整改完毕后，从左至右、从下至上按类别对每一块石材进行安装位置编号，便于安装。

5）石材防护。

由于花岗石石材内部均具有数量、大小各异的空隙，石材表面或底部的污染物可以通过这些空隙渗透到石材内部，形成难以去除的水斑、白华、锈迹和污渍，为了保证本项目建筑的耐久性，加工厂使用油性防护剂涂刷石材表面，阻止水性及油性污染物渗入石材。

6）石材拓孔。

根据浮雕石材的图纸要求，定位各类型石材的开孔位置，采用专用设备磨削柱状孔，为保证钻头与石材面的垂直度，石材需放置于专用的操作平台上。石材板成孔后，对孔径、孔深、拓底孔进行检查、清理（见图 21.1-1），钻孔尺寸见表 21.1-1。

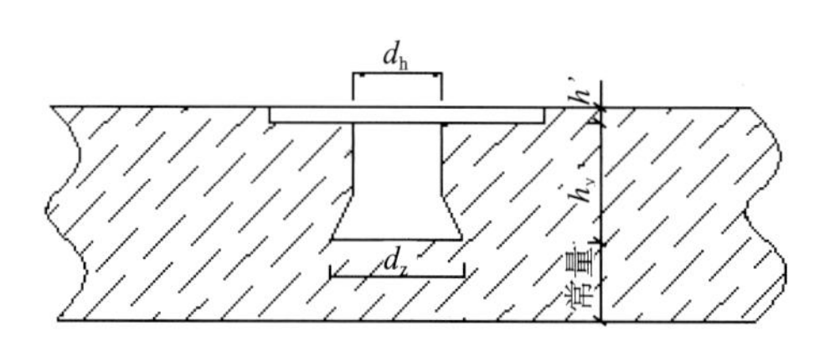

图 21.1-1 石材拓孔示意图

钻孔尺寸要求（mm）　　表21.1-1

锚栓规格	M6	M8	M10 ~ M12
d_h（允差 -0.2 ~ +0.4）	ϕ11	ϕ13	ϕ15
d_z（允差 ±0.3）	ϕ13.5±0.3	ϕ15.5±0.3	ϕ18.5±0.3
H_v（允差 -0.1 ~ +0.4）	10、12、15、18、21	15、18、21、25	15、18、21、25

注：h'的厚度由石材厚度允许偏差决定。

（2）石材安装工艺

预埋件跟随主体结构同期埋入，钢材进场后在现场加工厂制作钢龙骨桁架，同时测量员进行测量放线，检查预埋情况，增补后置预埋。采用背栓式干挂石材工艺安装石材，通过连接件将钢龙骨与预埋件连接，然后使用背栓让石材板与骨架连接，石材安装之前植入锚栓。

1）预埋件施工方案。

石材的钢结构龙骨通过预埋件与主体结构连接，整个浮雕石材幕墙系统荷载靠预埋件锚固钢筋与混凝土的锚固作用来承受，预埋件的安装直接影响幕墙立柱水平分布和竖向的垂直度，所以在预埋之前需先与设计单位确认施工图纸，并与结构施工方充分沟通，确认每一批浇筑混凝土的时间，提前做好预埋工作，以确保预埋没有遗漏。

2）工艺流程，见图21.1-2。

3）掌握施工图纸与现场施工条件。

根据施工图纸，结合现场主体结构施工状况，如发现问题及时向设计方反映，找出预埋的难点、易混淆的部位，在与工人的技术交底中进行专项说明，让操作人员掌握操作要领和技术要求。根据主体结构方的施工进度，制定预埋方案。

4）在施工段找出定位轴线。

根据现场水平标高控制点及每个轴线的控制线，尽可能按照各段轴线来划分水平分布尺寸。找出各轴线后，测量建筑物外轮廓线，并绘制测量出的建筑物图，与建筑施工图对比，尤其是立面、平面外轮廓变化较多的地方、转角处、凸出的部位等，将实际测量尺寸标注在施工图纸上，及时将测量结果传递至设计师，由设计师对偏差进行分析并作出修改。

5）定出垂直、水平分布位置。

上述步骤完成后，用钢卷尺根据图纸确认每一施工段（为避免偏差积累，要求预埋放线时每一施工段不超过三个轴间距）埋板的首尾位置，然后放钢线连接这两个位置，再用粉笔或记号笔等工具在现场进行预埋件位置确定，不同施工段从中段轴线起，分别向两边排布，最后核对埋件相对位置是否正确。

6）预置埋件。

按照定位标记，将预埋件初步定位，埋在梁（或柱）侧的预埋件在梁（或柱）钢筋绑完后即进行埋设，用电焊点焊于梁非主受力钢筋（如箍筋、加筋等），梁（或挑板）底的埋件在梁（或挑板）底模支完后，用铁钉轻敲定位。预埋件的锚固钢筋必须放在梁（柱或板）外排主筋的内侧（图21.1-3）。

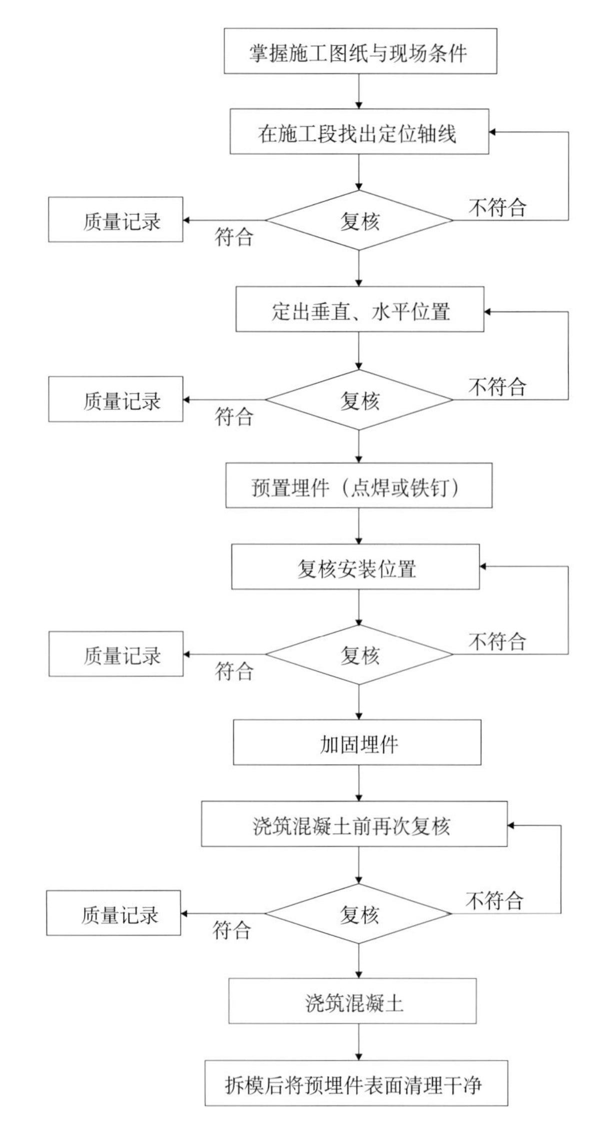

图 21.1-2 石材安装工艺

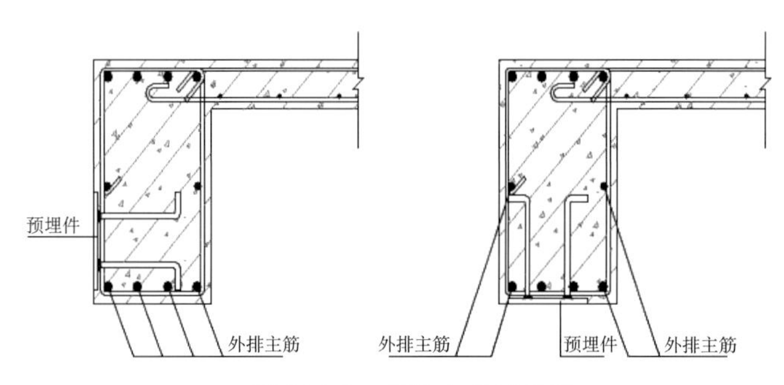

图 21.1-3 埋件定位示意图

7）复核位置、加固埋件。

固定预埋件之前，复核预埋件的位置是否正确，复核无误后，则将预埋件加固，焊接牢固或铁钉钉牢，避免在浇筑混凝土时振捣脱落移位，加固过程中应保证预埋件的垂直度、平整度偏差均不大于 3mm，水平标高偏差不大于 10mm，预埋件位置与设计位置偏差不大于 20mm。

8）拆模后将预埋件表面清理干净。

拆模后应将拆模部位预埋件找出并将表面清理，不可使用钢丝刷等硬质工具，以免将表面防腐层划伤。对于不合格的预埋件应补加后置埋件代替。

（3）测量放线

1）钢龙骨基本都为外挑桁架钢结构形式，且建筑不存在结构墙墙面，因此无法使用常规的幕墙放线方法在结构墙墙面弹线确定龙骨位置，又因为建筑特点为每一层递进式缩进，所以应分别对每一层分开测量放线。

2）浮雕安装为密缝安装，无法用胶缝消化板块拼接偏差，且浮雕石材必须保持图案的完整性而无法进行切割调整，所以本工程放线的水平分割以每一轴间距为一段独立的复核间距。

3）测量放线工依据现场水平标高控制点及每个轴线的控制线复测无误后，在每一层的梁上弹出龙骨的水平安装完成面控制线，然后在角柱上根据龙骨外挑距离制作每个面水平方向的首、尾道钢龙骨竖框，再根据此竖框拉出每个节点龙骨完成面的控制线，为避免受其他因素影响，水平钢线每 7m 设一个固定支点。

（4）预埋件偏差处理

1）埋件的检查：

①埋件上下、左右的检查。在测量放线过程中，预埋件的检查与结构的检查相继展开，测量人员将埋件标高线、分格线均用墨线弹在结构上，依据十字中心线，施工人员用尺子进行测量，检查出埋件左右、上下的偏差（图 21.1-4）。

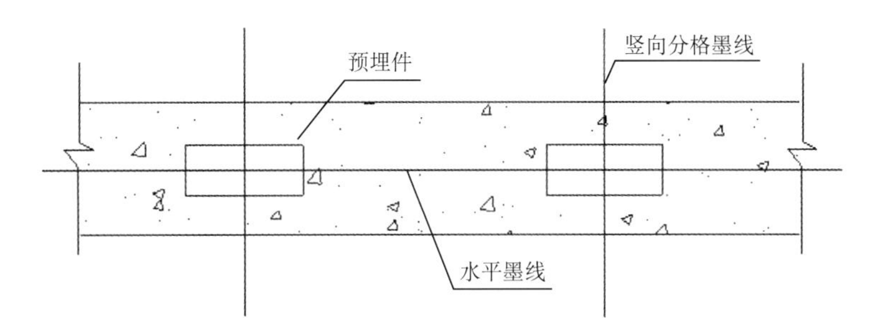

图 21.1-4　预埋件平面定位检查

②埋件进出检查。埋件进出时，测量放线人员根据每层使用钢线检查，每两个轴间距布置一根钢线，为减少垂直钢线的数量，横向使用鱼丝线进行结构检查，检查尺寸计算：理论尺寸 − 实际尺寸 = 偏差尺寸（图 21.1-5）。

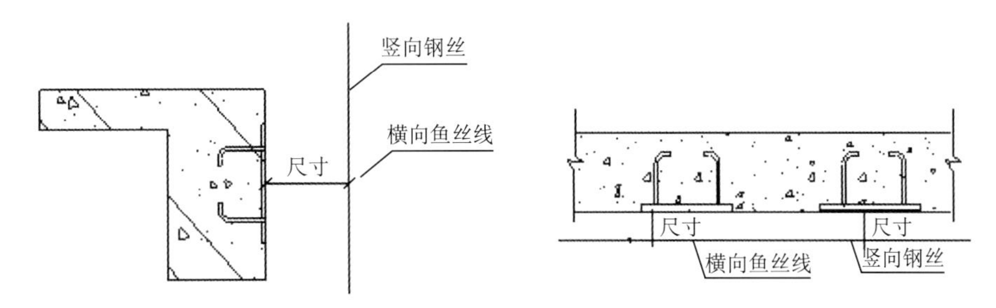

图 21.1-5　预埋件平面外进出尺寸检查

2）预埋件偏移处理：

①当锚板预埋左右偏差大于 30mm 时，角码一端已无法焊接（图 21.1-6）。

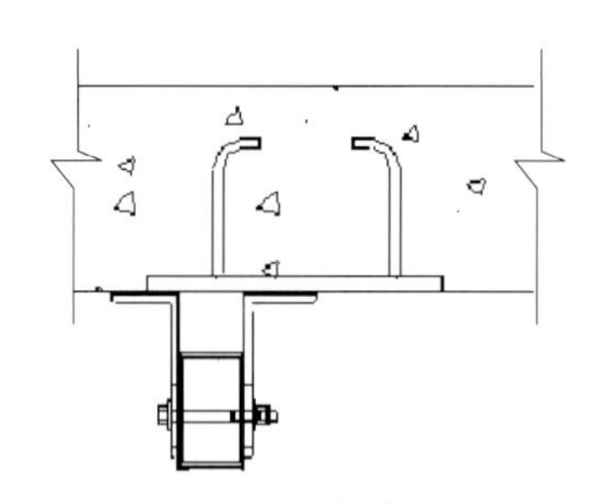

图 21.1-6 预埋件偏移处理方法一

②预埋件若超过偏差要求，应采用与预埋件等厚度、同材质的钢板进行补板。锚板埋件补埋一端采用焊接方式，另一端采用化学螺栓固定，平板埋件见图 21.1-7。

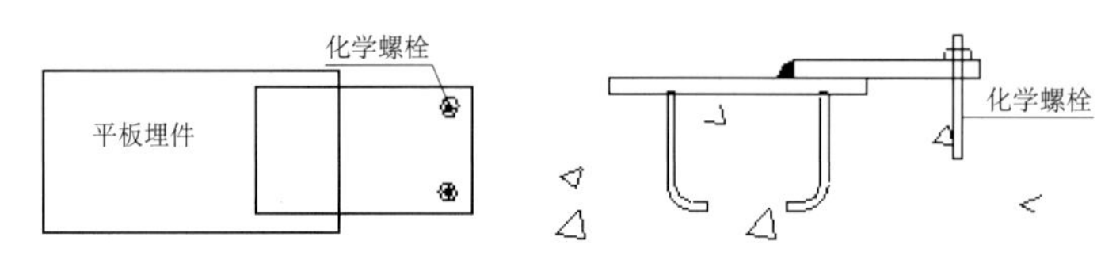

图 21.1-7 偏移处理方法二

3）化学锚栓施工：

①埋件发生偏差，应将结构检查表提供给设计师，设计师依据偏差情况制定埋件偏差处理施工方案，以及补埋的方式，并提供施工图及强度计算书，然后根据施工图进行施工。

②化学锚栓在施工之前应进行拉拔试验，按照各种规格每三件为一组，试验可在现场进行（图 21.1-8）。

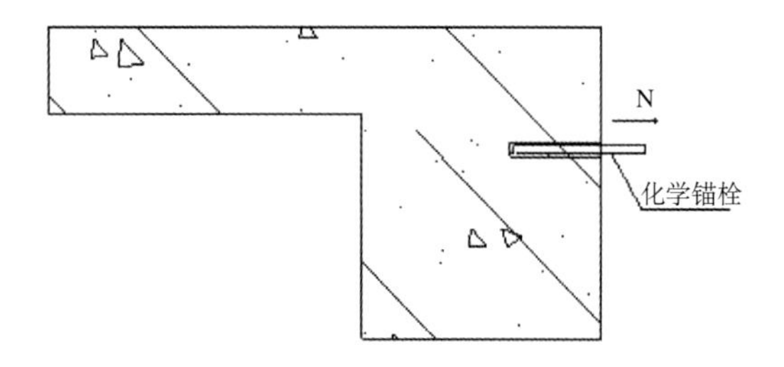

图 21.1-8 化学锚栓拉拔试验示意

（5）钢龙骨加工、安装

1）钢龙骨竖框的加工。

针对本工程的龙骨外挑及多斜面和节点的特点，可采用先制作小桁架（钢龙骨竖框）模板，然后依照模板加工的方式先在现场钢材加工场地进行钢龙骨制作。小桁架模板根据剖面图的尺寸及构造方式制作，采用拼装焊接，焊接时应在专用的平台上进行。拼装时，先将主方钢管用连接钢管点焊连接，再将腹杆角钢与主管点焊。待调整至设计图纸所要求的尺寸后，可按此桁架为模板加工其他相同的桁架。切割钢材时可注意每根钢材原料的长度分配，调配所需钢材的长度，以最优的切割组合方式分段钢材，避免材料浪费。

2）钢龙骨的安装：

①钢龙骨竖框安装。安装时每一层单独放线安装，先在梁上弹出水平墨线，通过墨线控制每道钢龙骨的水平位置，然后在梁、柱上弹出每道竖向钢龙骨的竖向位置，再通过同立面角柱两端的竖框拉的各节点位置的完成面通线按顺序安装中间竖框。

②连接件安装。钢龙骨与埋板之间通过连接件连接，先对照施工图检查主梁的加工孔位是否正确，然后用螺栓将立柱与连接件连接，调整竖向龙骨的垂直度与水平度，然后上紧螺母。立柱的前后位置依据连接件上长孔进行调节。上下依据方通长孔进行调节，见图21.1-9。

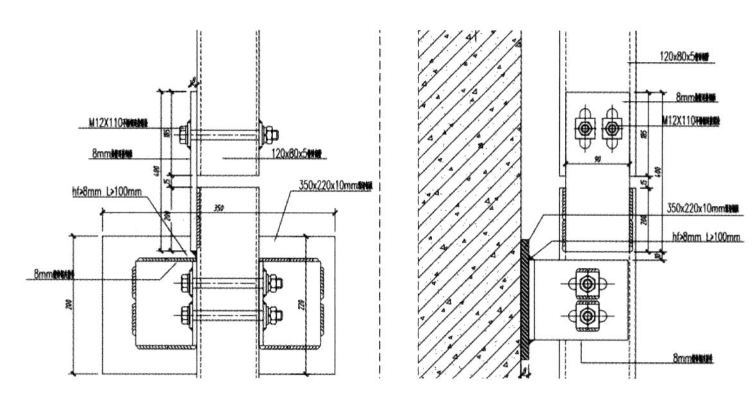

图21.1-9 钢龙骨连接件安装

③钢龙骨竖框安装就位后，根据拉的通线、结合施工图进行安装检查，各尺寸、垂直度符合要求后，对各焊接点进行满焊处理，焊接完毕后除渣，涂防锈漆。

④横龙骨安装。在同立面角柱两端的竖框拉的各横龙骨位置的通线将作为水平控制线，并用水平尺校核。按照设计尺寸安装横龙骨角钢，横龙骨一定要与竖框垂直，且横龙骨的位置确定了背栓挂件的位置，也就决定了石材的水平位置，为避免造成安装误差，横龙骨的位置需根据图纸认真复核，复核调整完毕后，横龙骨与竖框之间采用焊接方式连接。

⑤钢龙骨安装、检查完毕、合格后，填写隐蔽工程验收单。

（6）锚栓植入

1）植入程序：安置工作台（台面放置合适的橡胶板）→放置已成孔的石材板→将背栓植入石材板孔中→完成背栓紧固→组件抗拉拔试验。

2）使用旋进式背栓植入方法埋设，即旋进螺栓使胀管端扩张紧固（图21.1-10）。

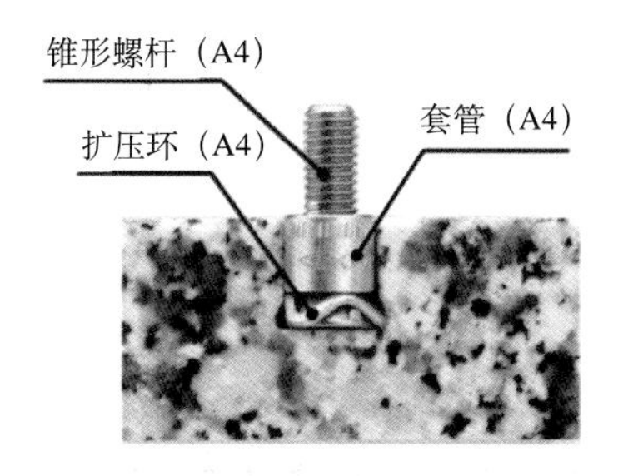

图21.1-10 锚栓植入示意

3）在背栓表面增加尼龙网套，提高背栓挂件的抗震性能，排除背栓与石材板硬性接触而降低热胀冷缩效应。

（7）花岗石的安装

1）建筑物为多层的递进式石材幕墙的特点，施工以每一层为单位，将组装完成的石材浮雕板按照从下到上安装，为便于石材收口，施工方向从每个里面角柱向中部楼梯方向施工。

2）先按幕墙面基准线仔细安装好底层角柱部石材浮雕板，进行定位画线，确定石材板块的水平、垂直位置，然后根据各石材节点拉出石材完成面通线，便于控制石板安装的进出位，保证安装后石材在同一面上。按顺序完成中间的石材安装。由于本工程属密缝浮雕石材，所以项目部以每一个轴间距为偏差控制点复核距离，调整至图纸要求水平距离，并注意调整垂直度偏差，减少偏差的积累（图 21.1-11）。

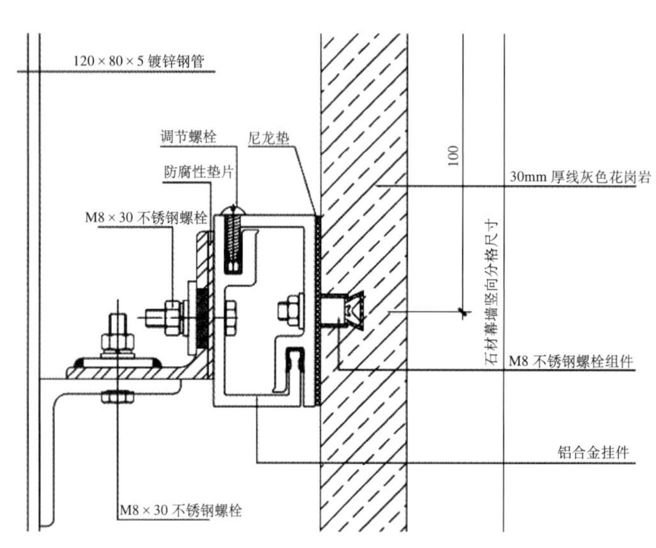

图 21.1-11 安装示意

3）用设计规定的不锈钢螺栓固定或用不锈钢焊条焊接转接钢板，然后用不锈钢螺栓连接挂件。调整挂件的位置，保证所有的挂件在同一个平面或曲面上，将其固定牢靠，用力矩扳子拧紧。

4）先将专用橡胶垫片安装好，放入铝合金挂件槽内，把组合石材面板扣装就位。安装时，将子挂件直接插入母挂件底座，再通过微调高低保证板材接缝差额符合验收要求。对挂好的每一块石板，都要进行水平度、垂直度检测并及时调整。

5）大型吊装说明：

①除三层以外每层在屋面沿口处安装吊装系统，配重系统位于柱子后方（图 21.1-12）。

②安装时吊装工具为电动葫芦（3t、5t）及手动葫芦（1.5t）。

③每层莲花瓣下面的线条先不做安装，以便莲花瓣吊装时用于吊索的退出，吊装时先使用电动葫芦垂直向上吊，然后使用手动葫芦连接预埋于石材背部的带钩膨胀螺栓，调整莲花瓣的竖向位置。

④八相成道使用吊索穿过莲花底座预埋的洞口，用电动葫芦吊起后对齐扣装。

⑤在主体结构四层施工阶段于三层 11m 高的柱子上方四层楼板预留孔径 200mm 的吊装孔；并且在柱子的施工阶段在柱子埋设角钢用于吊装时使用（图 21.1-13）。

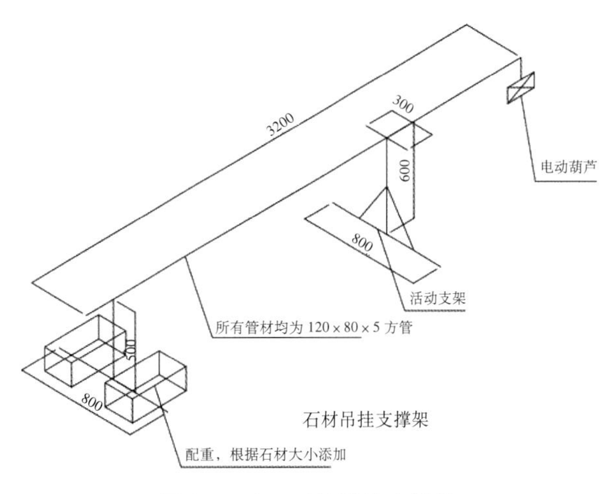

图 21.1-12　石材吊装支撑架

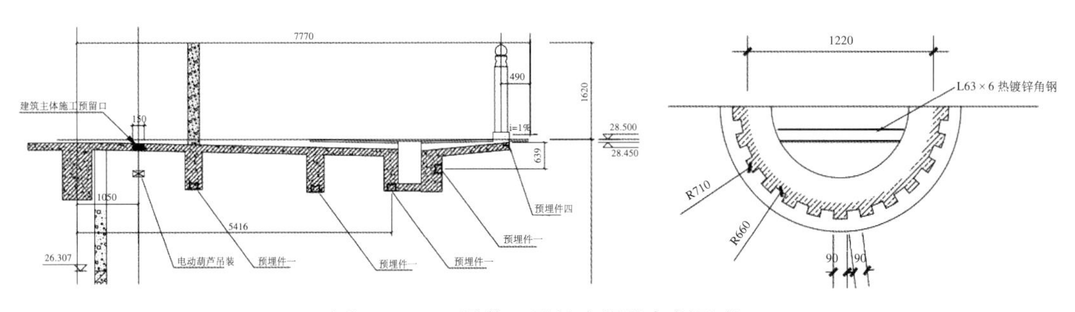

图 21.1-13　吊装口及柱内埋设角钢示意

4. 小结

牛首山佛顶摩崖的石材浮雕总长 83.4m，总重达 1260t；形如佛手握着一串无量宝珠，总高约 16.2m，石材总共 1058 块，整幅摩崖石刻共分为两层。全体共分上下两层，上层依照北方石窟之形态，取天然巨石雕凿十三座大小石窟；下层以各种浅深浮雕和经文石刻为主，上下两层合为一只巨型佛手，指示佛法修行的真谛（图 21.1-14、图 21.1-15）。

图 21.1-14　牛首山佛顶摩崖的石材浮雕效果

图 21.1-15 佛牛图

21.2 艺术石材雕塑及雕刻施工技术

佛教文化雕塑是中国古代雕塑最主要的部分，包括石材雕塑、石材雕刻、高浮雕石材等，结合建筑设计方总规划理念，融合地域丰富历史文化、佛教文化和生态文化，反复推敲、修改与深化设计，制作 1 : 1 实样细节把控。飞天菩提门石材雕塑具有造型及工艺复杂、空间定位难、施工难度大等特点（图 21.2-1）。

图 21.2-1 佛顶宫飞天菩提门石材雕塑

1. 石材生产加工

（1）阅图：加工前认真阅读、学习生产加工单、排版图、零件图，确保加工准确性。

（2）选料：选料是关键，要保证各立面之间颜色、纹路过渡自然，同立面材料颜色、纹路基本一致。

（3）开料：用锯石机将石材荒料锯割成毛板（一般厚度为 20mm 或 10mm），或条状、块状等形状的半成品。

（4）介料：介料是指异形石材的轮廓加工，参照零件分解图、排版图进行介料操作，严格控制误差，提高石材利用率（图 21.2-2）。

(5) 摆板调色：根据客户提供的排版图进行调色，保证同种材料同一立面风格基本一致，板材与异形颜色基本一致。

(6) 造型：按设计要求的截面形状制作，造型模板，用意仿机进行造型加工。先粗加工再精加工，根据材质状况，粗加工时可以适当调整走刀间隔（图 21.2-3）。

(7) 打磨：对成形后的工件廓型进行打磨，需按照模版，控制偏差，不能出现波浪。

(8) 检验：检验产品尺寸公差、表面缺陷和表面光泽度（图 21.2-4）。

图 21.2-2　开料

图 21.2-3　摆板调色造型

图 21.2-4　打磨、检验

2. 石材雕塑流程及工艺

根据放大比例尺寸搭建基础骨架，骨架采用圆钢龙骨支撑，木条均匀搭建，重点区域加固处理。

(1) 画线稿

按照小稿绘制整体轮廓，确定基本的内容、比例、层次、框架，将整个浮雕的整体轮廓展现出来。

1）调整比例、重心、动态关系

2）第二次上泥：建立大型塑造浮雕雏形，调整层次之间的叠加，确定形体的基本厚度，形体与形体之间的相互借用关系，高点与低点对比关系。

3）第三次上泥：深入刻画，通过对每个局部的具体刻画来充实和丰富整体造型，深入分析和研究各种高点低点，元素和层次之间的空间关系，造型规律，比例关系，压缩关系。

4）多角度检查调整，确保浮雕在多种角度、多种光线下的检查调整，确保其艺术效果与现场协调一致。

5）艺术上总体把控、整体调整：当浮雕刻画达到一定阶段后，组织专家、教授现场艺术指导，进行整体调整、修改、校正，检查作品造型是否准确，形体结构是否充实严谨，体感、量感、空间感是否充分，强调统一的雕塑语言，确保最终的艺术效果。

(2) 浇注翻制施工

1）石膏外模翻制：材料：偏岩石膏粉，洗衣粉，棕丝麻绳。

2）分模线：选择其隐蔽部分进行模线分布，尽量避开主体部分。

3）喷隔离剂：在浮雕表面进行隔离剂喷洒。

4）插片：在模线上进行插片，封泥条。

5）浇石膏浆：将石膏调成浆，洒在浮雕表面，从上至下，相同步骤操作四遍，使石膏外模平均厚度达到 3cm 左右。

6）开外模：等石膏冷却后，打开外模线，掏泥，洗模。

7）修模：修补石膏气泡部分，表面清洁处理。

8）刷隔离剂：将地板蜡在石膏模上均匀刷上一层，置于通风口晾晒。

9）配置 191 树脂：将适量树脂倒入塑料盆加入适量滑石粉；填充搅拌均匀后，加适量催化剂及固化剂，按一定比例加入，搅拌，使其产生化学反应。

10）刷玻璃钢：将调好的树脂浆倒入模具，用刷子均匀刷在模壁上，使模壁有一层均匀厚度的树脂浆；待树脂化学反应完成后，开始第一次贴玻璃纤维布，将剪成方块的玻纤布用树脂浆贴上，待其凝固，开始操作第二遍、第三遍，共计五遍；当树脂完全固化后，进行开模处理。

(3) 石材雕塑工艺

1）将改料后的石材置于平整的场地内，进行编号。

2）在石材表面上进行弹线、分格，根据翻制的玻璃钢造型进行表面描线，将主要轮廓用实线方式描绘出来。

3）用电动切割机对浮雕轮廓进行切割，根据玻璃钢造型将浮雕的内容、比例、层次关系切割出来。

4）用电动切割机将浮雕的高点、低点、深度等点位定好。

5）人工雕刻画面层次，运用雕、剁、削、劈、磨等雕刻手法，让背景、人物层次、形成机理效果、对比关系、存托关系显现。

6）运用点像机对玻璃钢造型卡准，人工雕刻画面人物形象。

7）进行精细调整，精雕细磨，塑造整体效果。

8）专家现场指导、检验艺术效果。

（4）包装

采用木箱 + 泡沫，木箱垫板、围边、盖板等方式包装，确保强度可靠。

（5）注意事项

1）阅图：认真阅读、学习生产加工单，排版图、零件图，不可盲目加工。

2）选料：考虑板材与板材、板材与坯料、坯料与坯料的位置关系进行选料，做到整栋样板间同种材料各立面之间颜色、纹路过渡自然，同立面同种材料颜色、纹路基本一致，不能出现跳跃式色差，确保整体效果。

3）介料：根据零件图中尺寸介料，长度、宽度尺寸偏差控制在 0 ～ 0.5mm，造型方向偏差控制在 +1 ～+3mm。

4）摆板调色：根据提供的排版图进行调色，保证同种材料同一立面风格基本一致，板材与异形颜色基本一致（图 21.2-5、图 21.2-6）。

图 21.2-5 切割石料

图 21.2-6 排版区

5）造型：严格按模板造型，偏差控制在 +1 ～ +2mm，仿形后严格按架号放置，与板材配合粘接的注明。

6）打磨：严格按模板打磨，对模板度偏差控制在 0 ～ +0.3mm，直线度控制在 0.3mm 以内，绝不能出现波浪。

7）水磨：将拼接打磨好的产品编好号后拆开，严格按水磨程序打磨，光度控制在 10° ～ 15°，表面绝不能有划痕。

8）包装：产品包装前，在干净、干燥的基础上做防污、防水处理。产品边角易崩处用角纸或硬塑料角板进行处理后再装箱，确保产品完好无损。石材装箱时，板与板中间用泡沫或珍珠棉隔开。

3. 石材雕刻流程及工艺

（1）浮雕泥塑放样及措施

做泥稿的过程是把设计画面变为立体模型过程。泥塑通俗的说是“加、减法”，根据雕塑效果可以用以通过泥巴去、添，反复修改；而石雕加工是“减法”，即只能去不能添，加工出现失误只能重做或留下遗憾，因此为了保证石雕的最佳艺术效果，通常都要预先做泥塑，达到最佳效果后，再参照模型进行石雕加工。

浮雕模型制作分为以下步骤：

1）备泥：选用做泥塑专用陶土，粉碎至所需的细度，通过筛分去除大粒和杂质，铺一层土，洒上一层水，依次进行堆成一堆，放置24h后，待水分分布均匀，用木槌或木棒、铁锹等工具进行人工捣炼，也可用搅泥机加工，太湿的泥要先放在室内通风处，让泥土吹干达到合适的湿度；太干的泥则要把泥土砸碎，放在容器内浇上适量的水浸泡，然后进行捣炼或用搅泥机重新加工；最后达到泥土软硬适度又不沾手为佳，准备好的泥要放在容器内，用湿布或塑料布盖好以保持一定的湿度备用。

2）浮雕模型加工基面选择：浮雕泥塑加工一般情况下在墙面上进行，根据浮雕面积选择一定面积的墙面，首先要在墙面上钉上一层2～3cm厚木板，并在木板上按一定距离分布钉上铁钉，在铁钉上用钢丝绑上十字架，这样做的目的是为了让泥巴更好地吸附在墙面上，防止浮雕模型在制作过程中出现脱落。

有以下几点需要重点关注：木板与墙面要结合牢固，以保证上泥后泥塑的稳定性，保证上泥后不能倾斜，不倒塌；背面铁钉及配件高度不要超过浮雕底板；木板基层要平整，以保证模型的平整度。

3）上泥：上泥前将木板上喷洒一次水，以便泥与骨架能牢固的结合不易脱落，上泥时，将泥块一块一块地堆贴在木板上，用手按紧拍实，然后层层加泥，用木槌或拍泥板将泥砸实贴牢，整个画面部位均匀地贴上一层泥，泥层的厚度要达到深化的雕刻深度，并留足背板厚度，防止泥层脱落。

4）泥层抹平：上泥完成后，用平尺板逐层将泥的表面找平，将坑洼处填泥，多余处去掉，使泥的胎面平整，外形符合浮雕尺寸要求。

5）放图、定型：将设计画稿放大至所需要尺寸，打出大图纸，并把图纸贴在泥胎上，贴图纸时要保证图纸平整，不起皱，以免图形变形。待图纸张贴完成后，用竹刀按照图形轮廓线在图纸轻轻滑刻，使图形印迹拓刻在泥胎上，在泥胎上确定图形基本轮廓线。

6）起胎：在泥胎上刻划出浮雕图形的外轮廓线以后找出底板部位，用刮刀逐层刮去泥层直至底板，底板刮制完毕后，浮雕层便凸显出来了，底板在刮制过程中需做到底板平整厚度一致。

7）深入塑造：在大的形体与比例准确的基础上，进入深化塑造阶段，根据浮雕题材，分清画面的主次，找出艺术高潮点，并结合石雕制作工艺特点，确定合适的表现形式，逐块进行深化塑造。随着局部和细部的深入刻划，使泥的体量逐渐到位，做局部要经常与整体比较，使局部服从于整体，从而保证整块浮雕的艺术风格。

在深入塑造的过程中，要不断调整和把握整体与局部的关系，处理局部与细部的关系，反复推敲，掌握整体 - 局部 - 整体的原则，整体把握准确，局部才能做得正确，而局部做得正确了也更充实完善了整体。模型师在深入刻划局部时精力非常集中，常在一个局部塑造时间太久而忽略了整体。因此模型师要做到一个阶段后，要站在远处仔细对比整个浮雕的艺术风格，保证整体浮雕风格和谐和统一。

8）泥塑制作过程中保护：浮雕泥塑在制作过程中要注意经常对泥塑作品喷水，特别是在夏季，水分容易挥发。更要定时喷水，使泥塑始终保持在合适的干湿程度，以便塑造形体，不作业时在浮雕表面覆盖上塑料薄膜，防止水分挥发，在冬季气温低时，泥塑如不注意保暖，经冻结后，整个泥塑会粉裂，要在暖和的室内工作室工作，确保泥塑不会粉裂，每次工作结束后，要用塑料薄膜把浮雕泥稿包好，使泥稿不易干裂，水分不易挥发，以便继续塑造。

9）艺术监制：泥塑制作全过程，由原设计人员进行艺术监制，对画面的布局、艺术高潮、主次关系、表现形式等进行详细指导，确保泥塑符合设计风格，保证最佳艺术效果。

10）定稿：待模型制作完成以后，由设计方、艺术监制方等进行评定，提出修改意见，然后再对这些意见进行整改，直至定稿。

11）翻制：浮雕模型定稿后，便选用优质树脂进行翻制成模型，以备雕刻使用。

4. 浮雕石材雕刻流程及工艺

（1）浮雕制作方案

1）艺术交底及深化排版：由原设计人员及雕刻大师组成技术小组，深入了解体会作品创作、设计意图，找出浮雕艺术所要表达的高潮部位、重点部位。制定翔实的雕刻方案及具体艺术加工手法。浮雕分块前要对模型进行细致研究，对脸部重要部位要避免对缝。并根据安装要求对浮雕图案进行合理分割，使分块尺寸便于制作及安装，同时兼顾艺术性的统一。切忌将主要人物脸部分成两部或四部分。

2）选料：浮雕图案分割完毕以后，购料人员要根据浮雕所使用石料的规格及数量，在矿山选好所用石料。要求石料长、宽、高适合加工板材的尺寸，尽量减少浪费，所选石料要出自同一采石场，这样可以最大限度的保持石料的色相一致。如果选用不同采石场的石料，虽然品种一样，但是石材在颜色、组织颗粒等方面可能出现细小差别，石料还要做到无裂缝及色斑等缺陷，从原材料上把好第一关。

3）切割板材：板材切割规格符合分块设计要求，厚度一致，切角要保证 90°。转运时要做好防护处理，避免磕坏棱角。板材切割完成后，重新筛选一遍，要求板材无裂缝，色泽一致，棱角完整，厚度一致。对不符合要求的石材要报废处理。

4）石材制作前的铺设：根据石材排版图选择在宽敞水平的坚固地面上，把石材铺开排版，板材要用方木垫实、垫牢。石材壁缝之间要用 2mm 厚的防护材料隔开，防止相互碰伤。

5）艺术雕刻：

①定点：根据模型关键点在已铺好的石材上，定点并逐步勾画出整体图案大形。

②开荒：开荒也称“打坯”，根据模型将石料粗坯凿去多余部分，一直到初具大体轮廓的阶段。用点型仪所固定的三维空间尺寸进一步打出体与面之间基本形状的过程叫做“开中荒”。一般加工打到离模型形体 1cm 厚左右叫“开小荒”。三个过程有时交替进行，所使用的工具为大、中、小錾子。

③打细：打细是将“开小荒”余下的多余部分凿掉，重点是刻划形象和找准形体的起伏结构等微妙变化。打细是对浮雕进行艺术处理的重要阶段，使用的工具为齿凿、平凿、石锉等，需耐心

精雕细刻，把作品的设计理念和艺术风格充分的表现出来。

④打磨：打磨是在打细石雕的基础上，用研磨工具进行打磨、抛光以显示石材的质感，增添石雕作品的光彩，提高其艺术感染力。打磨的工具和材料有抛光机、砂轮、砂纸、抛光膏等。本道工序根据艺术效果进行操作，有通体打磨或局部打磨（图 21.2-7）。

图 21.2-7 石材打磨

（2）石材加工要点

1）同一石种颜色一致，无明显色差、色斑、色线的缺陷，不能有阴阳色。

2）纹路基本相同，板面无裂痕。

3）外围尺寸、缝隙、图案拼接位偏差小于 1mm。

4）平面度偏差小于 1mm，没有砂路。

5）表面光泽度不低于 80°。

6）对角线、平行线要直，要平行，弧度弯角不能走位，尖角不能钝。

7）包装时光面对光面，并标明安装走向指示编号，贴上合格标签。

（3）石材构件干挂安装

1）在钢骨架上插固定螺栓，镶不锈钢固定挂件。

2）根据设计尺寸，将石材固定在专用模具上，进行石材上、下端开槽。开槽深度 15mm 左右，槽边与板材正面距离约 15mm，并保持平行，背面开一企口，以便干挂件能嵌入其中。

3）用嵌缝胶嵌入下层石材的上槽，插连接挂件，嵌上层石材下槽。

4）临时固定上层石材，镶不锈钢挂件，调整后用 AB 结构胶粘结固定。

5）安装上部石材。

6）清理饰面石材，贴防污胶条、嵌缝。用塑料膜覆盖保护，墙、柱角用木制护角保护。

（4）注意事项

1）绘制石材下单图时，根据图纸提供的石材分块、布局、颜色品种及搭配、表面加工形式、线角处理做法，结合现场实际状况绘制石材加工大样图。石材加工时按编号进行加工，加工完成后进行后场预拼装，发现拼接问题立即整改，避免现场安装时出现重大石材加工问题。

2）石材干挂过程中，要注意雕刻类石材纹路的流畅性、美观度，切勿盲目进行安装，将花纹断开或者拼缝过大，影响整体装饰效果（见图 21.2-8）。

3）石材安装时要考虑石材荷载及结构沉降对石材安装质量带来的影响，采取必要的防治措施。

图 21.2-8　佛顶宫石材雕刻制作的飞天菩提门

5. 小结

结合承建佛教建筑项目情况，通过工程实践对艺术石材雕塑与雕刻技术进行总结，形成艺术石材雕塑与雕刻施工技术；通过传统技艺结合现代技术，使艺术石材精致优美、栩栩如生；其制作工艺复杂、精细，在美化建筑，满足人们对审美的心理需求的同时，体现了中国传统文化精湛技艺，为今后类似建筑项目的施工提供参考。

21.3　大南华无相佛雕塑施工技术

1. 技术概况

无相佛雕塑位于韶关市曲江区曹溪文化广场中心，中心广场以“无相为体”作主题。《六祖坛经》有云：“外离一切相，名为无相。能离于相，即法体清净，此是以无相为体。”“无相为体”是坛经禅理的核心观点之一。惠能认为“佛法在世间，不离世间觉，离世觅菩提，恰如求兔角”。所以“无相为体”并不是要离世隐居，而是要在世间修行，而又不执着于世相。抽象的禅定坐像正是对这一思想的诠释。

无相佛尺寸（长）9.8m×（宽）4.6m×（高）9.8m，总重约为 800t，外部为白色花岗石，内部为钢筋混凝土结构。无相佛整体设计震撼人心，整体造型简约大气、创新独特、主体突出、内涵丰富，具有较强的艺术感染力和视觉冲击力。在慨叹其不凡艺术效果的同时，无相佛雕塑的施工技术难题亦不可忽视，尤其是无相佛雕塑石材的加工、石材的安装及石材的固定等一系列技术难题（图 21.3-1）。

2. 技术特点

（1）无相佛模型分层分块、模型编号、模型分层切割、模型分层等高线数据收集采样、雕塑模型分块数据收集采样。分层分块的合理与不合理直接影响到雕塑的加工、安装及雕塑最后的艺术效果。

（2）电脑绘图仪放样、无相佛石材荒料加工、石材粗加工、石材精加工，加工完成的石材由雕塑专家验收合格后进行包装并运往施工现场。

（3）无相佛安装前测量定位、石材安装、拉结筋安装及焊接、无相佛内部混凝土填充、表面修整。无相佛是构成景观的重点要素，放样必须精确、石材安装的精确度要求高。

图 21.3-1 无相佛效果图

3. 施工操作要点

塑像的结构形式为：雕塑基础采用混凝土独立基础，上部结构为现浇混凝土框架结构，作为雕塑的核心框架柱。外部花岗石雕塑石材安装采用雕塑石材内侧植钢筋与框架柱钢筋拉结焊接。

（1）基础做法

在无相佛石材进场前，提前施工完成雕塑基础。无相佛基础采用柱下独立基础，基础采用 C30 混凝土（图 21.3-2 ～图 21.3-4）。

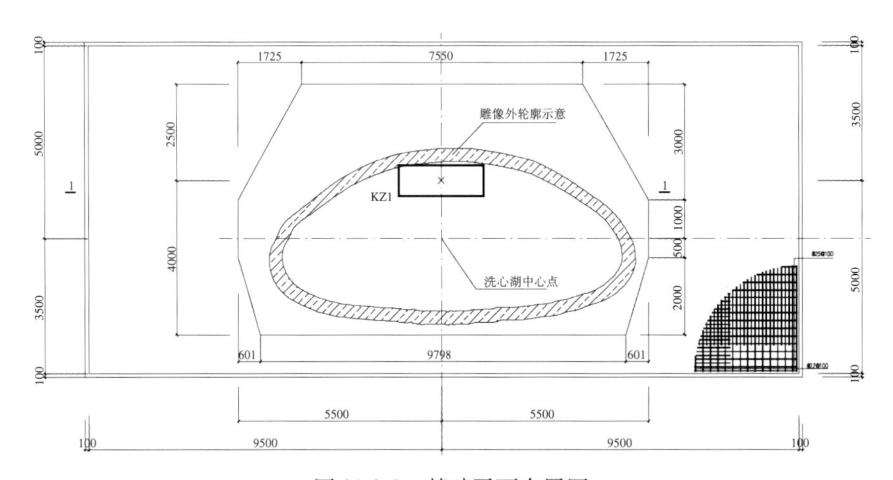

图 21.3-2 基础平面布置图

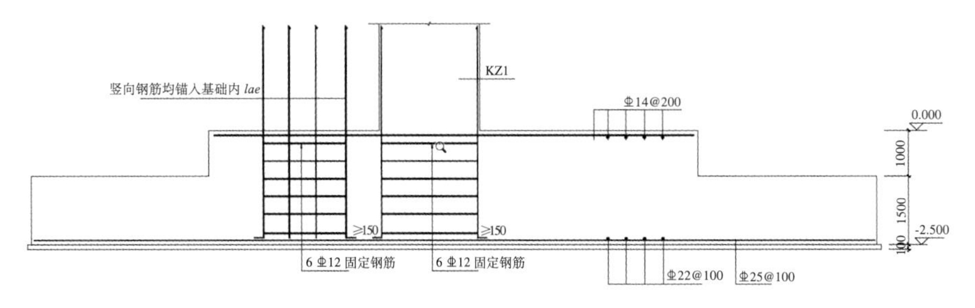

图 21.3-3 基础剖面图

图 21.3-4　基础施工

（2）无相佛石材的加工

1）雕塑石材的加工流程：

无相佛模型定位→模型分层分块及编号→模型分层、分块切割→模型分块数据收集采样→无相佛石材加工。

2）无相佛模型定位。

无相佛定位在雕塑工程中起到了非常重要的作用，雕塑的加工、安装要以此为依据，如果定位不好、不准，会影响安装后的艺术效果及雕塑整体的朝向。根据本工程每组雕塑模型的特点，模型定位需要的拼装场地大，所以雕塑模型整体定位采用电脑三维技术，用三维电脑软件整体定位后把模型分成若干段，按电脑分段的情况把雕塑实物模型也分成相同的若干段进行定位，定位后建立总平面坐标体系及各辅助控制线，并对分段后各段与总平面定位的位置关系标示清楚，便于加工、安装及内结构放线使用。

3）无相佛模型分层分块及编号。

模型分层分块是雕塑工程中的关键步骤，分层分块的合理与不合理直接影响到雕塑的加工、安装及雕塑最后的艺术效果。所以模型分层分块要考虑雕塑的整体性、结构的安全性、加工安装的可行性，具体分层分块尺寸原则上按放大到 1：1 后的尺寸来进行分割分块，特殊部位及头部的尺寸会有调整。步骤如下：

①对要分层分块的实物模型建立平面坐标及辅助线（与定位模型相同）。

②用红外线水平仪把建立好的平面坐标及辅助线延伸到 1：5 实物模型上，使模型、与总定位及分段定位的坐标体系保持一致。

③用红外线水平仪划好分段模型的水平等高层（高度 1m），根据情况（如加工安装及结构安全等问题）等高层会有调整，水平等高层进行逐层分块。

④按各段模型分成 A、B、C、D…段，对模型按水平等高层从第一层开始逐层编号（如 01、02、03…），对等高层的每块逐块编号（如 001、002、003…），分块原则上从模型中线位置开始编为 001，所产生第一段第一层第一块编号为 A01001，以此类推。

雕塑石材的合理分块对雕塑成品的最终艺术效果有着影响，必须保证不要将分块线分在最重要的脸部和手部或其他复杂的造型上，以便后一步在整体精修过程中使接缝做到既隐蔽又美观，达到设计方案的完美效果。

4）雕塑模型分层、分块切割及数据收集采样：

①在模型分层切割前对模型整体加固，防止模型因切割而产生变形。

②切割片采用薄切片，切割时切片保持水平角度。

③切割好的分层分块等高线放在透明塑料底版上，在透明塑料底版用不褪色记号笔描出分层等高线的外轮廓线，透明塑料底版上要建立与雕塑模型一致的平面坐标体系及辅助线。

④依据模型分层分块后的位置，在透明塑料底版上标出每块模型的具体位置，并编上与模型相同的编号。

⑤依据上、下两层的等高线轮廓线（在各层平面坐标体系及辅助线完全重合的情况下）确定每块模型的几何尺寸（放大后尺寸就是雕塑石材加工所需的加工尺寸）。

⑥用坐标纸描出每块模型的四个加工面的外轮廓线及加工雕塑石材的加工尺寸。

⑦扫描坐标纸上所画的模型轮廓线，用电脑软件按实际比例放大到加工尺寸，加工成 1∶1 雕塑石材的四个面的轮廓线纸板，用于雕塑石材加工。

5）石材加工：

①对每块毛坯石材尺寸进行复核，并进行粗切割整理，达到基本三维尺寸要求；对每块毛坯石材进行纹理标记，确定石雕工作面。

②对确定石雕工作面的石材，上下边打水平线切割，保证长方体石材之上下两边与地面平行，同时保证长方体石材左右两个面与地面垂直。

③技术员将模型分层、分块编号和确定了石雕工作面的石材编号一一对应，画出每块模型的四个侧面瓣（正面和背面除外）并由生产调度分派任务。

④雕塑技师拿到同样编号的模型分块样板以及石材，在石材的雕塑工作面上进行放样，采用十字坐标打格放大的做法，经雕塑专家组以及专职质检员检查核对无误后，方可进行粗加工处理，得到初步轮廓。

⑤在粗加工的基础上，再次进行十字坐标打格放样，局部采用点型仪测试放样，精确度要求达到 100%，经雕塑专家组以及专职质检员检查核对无误后，方可进行细加工处理，得到基本轮廓。

⑥在细加工的基础上，再次进行十字坐标打格放样，头部采用点型仪测试放样，精确度要求达到 100%。经雕塑专家组以及专职质检员检查核对无误后，方可进行精加工处理，得到与模型分块样板完全一致的轮廓。验收由雕塑专家现场评审，合格石雕运往包装车间。

为确保能将雕塑成品还原到与模型保持一致的效果，甚至高于模型的艺术效果，在雕塑石材的加工过程中全程使用点型仪，在模型上找出 3 个基准点，用点型仪上的定位钢针对准并固定，利用点型仪上可滑动的部件和万向关节及指针，对准模型上空间位置，把可移动的部件锁定。再把点型仪挪到需要加工的石材上，钢针对准相应的基准点，指针能把模型上的点标于石材上，就能确保石雕技师准确地对雕塑石材进行加工雕刻。

（3）无相佛石材的安装

1）石材的安装流程：

雕塑石材定位放线→雕塑石材安装→拉结筋安装及焊接→雕塑内部混凝土浇筑→雕塑整修、清洗和防护。

2）雕塑石材定位放线：

①雕塑石材的施工测量应与主体工程施工测量轴线相配合，使雕塑石材坐标、轴线与建筑物

的相关坐标、轴线相吻合（或相对应），测量偏差应及时纠正不得积累，使其符合安装的构造要求。

②根据现场施工总平面布置和施工放线的需要，对各雕刻石材墙面分别选择合适的点位坐标，做到既能全面控制雕刻石材墙面的安装，又有利于长期保留应用。

③雕塑是构成景观的重点要素，放样必须精确。放样采用全站仪和钢卷尺，根据图纸上的坐标系统进行精确的方格网放样，确定雕塑的位置后，将雕塑石材由下往上逐层进行安装，雕塑每一层都有 12 个固定的控制坐标，与此同时，每块石材都有 4 个控制点，安装时严格按照三维坐标控制定位，不能有任何偏差。每块雕塑石材安装后应立刻检验其三维坐标，每层雕塑石材安装完成后同样需要检测其三维坐标。

3）雕塑石材安装：

①采用 200t 吊车进行吊装，用尼龙带或特制有胶垫的钢架进行绑捆固定，以保证不伤边碰角。

②使用吊车将雕塑石材吊装到位后，开始结合相关图纸尺寸进行位置调整，保证构件左右上下平齐匀称，经细部整理确定位置无误后，将雕塑石材植筋与核心框架柱的钢筋拉结点焊初步定位。待同标高整圈雕塑石材初步安装到位后，进行加焊处理。

③每层相邻石材采用高强度云石胶掺以适量相同石材所磨制而成的粉末进行嵌缝，这样胶缝颜色与石材颜色便趋于一致，整体效果就不会受到不必要的影响。相邻石材之间用钢材预制连接件稳固，并在接缝处用云石胶填缝（图 21.3-5 ～图 21.3-8）。

图 21.3-5　石材安装

图 21.3-6　石材安装完成

图 21.3-7　相邻石材连接

图 21.3-8　相邻石材云石胶填缝

4）拉结筋安装及焊接：

①雕塑石材植筋。采用专用植筋胶将 ϕ18 的钢筋植入石材背部，钢筋植入石材长度不小于 15d，每块石材植筋不少于 6 处（图 21.3-9）。

②雕塑石材与内部结构钢筋拉结、焊接。植入石材的钢筋临时与内部结构钢筋焊接固定，待混凝土浇筑后即与内部结构成为一个整体。植入石材的钢筋锚入内部结构长度不小于 1000mm。

雕塑头部含脖子由整石雕刻，安装方法如下：先将 4 根 ϕ50 钢棒插入核心框架柱并与柱上部钢筋焊接后，在雕塑头部石材定位钻直径 60mm 的孔洞、注入石材胶，并在 10min 内将头部雕塑石材底部的孔洞对准钢棒进行吊装安装（图 21.3-10）。

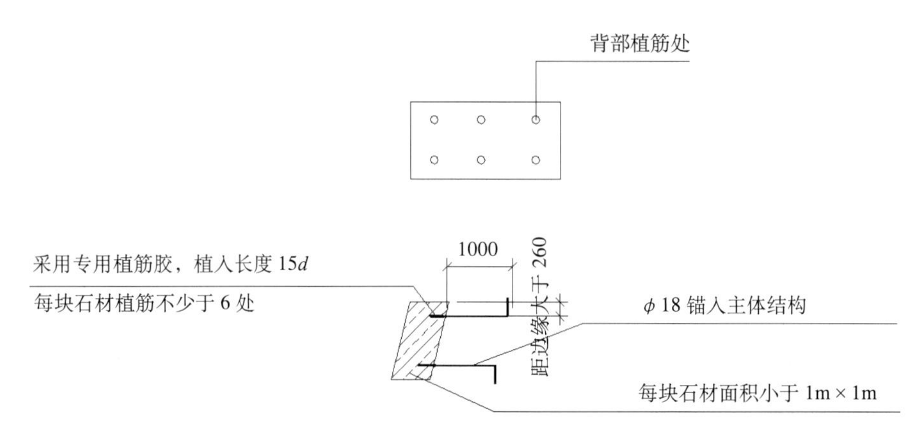

图 21.3-9 雕塑石材植筋示意图

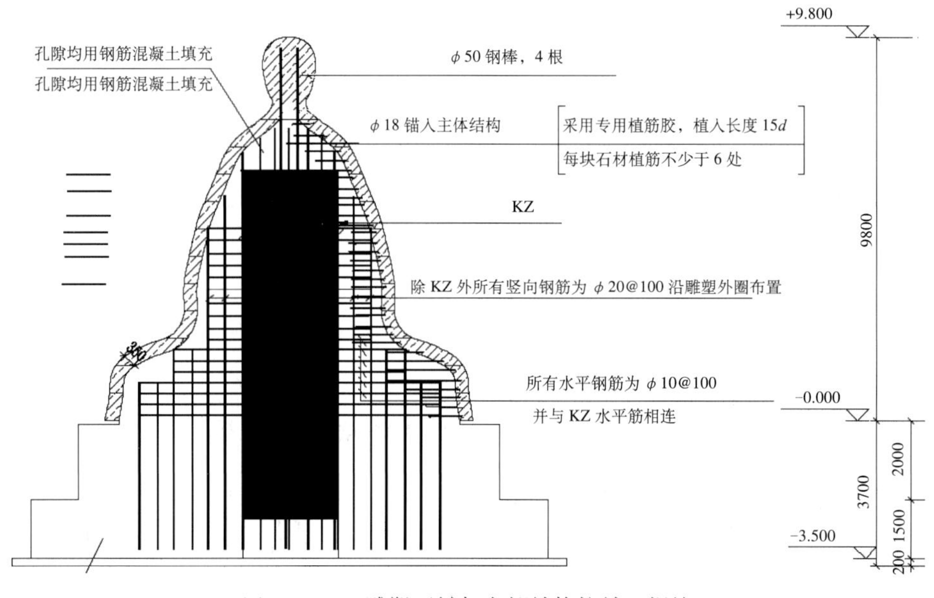

图 21.3-10 雕塑石材与内部结构拉结、焊接

5）雕塑内部混凝土浇筑：

①每完成一层雕塑石材的安装，内部浇筑一次混凝土。

②浇筑混凝土时应经常观察钢筋、雕塑石材等有无移动、变形或堵塞情况，发现问题应立即停止浇筑，并应在已浇筑的混凝土凝结前修正完好。

6）雕塑整修、清洗和防护。

对拼装后雕塑石材进行局部调整和深加工整修，需由专业雕刻技师进行整修，务求达到艺术效果，全面满足设计要求。

整修完成后，需进行一次全面的清洗，清洗时，用中性清洗剂，清洗剂间不能相互产生反应，不能错用，清洗时应隔离。清洗前须先对清洗剂作检查试验，证明对石材表面无腐蚀作用之后方可使用，清洗后用清水冲洗干净。

清洗后进行石材表面防护。用气泵喷涂，手扫刷，滚筒刷，或海绵等工具将养护剂均匀涂刷于石材以及填缝料表面，石材表面反复涂抹让其渗入；在第一次防护剂的基础上，2h 后涂第二次防护剂。石材防护剂能有效渗入石材内部，表面不留任何痕迹，不影响石材的透气性能，能反复涂刷，从而实现其防护效果（图 21.3-11 ～图 21.3-13）。

图 21.3-11　无相佛白天实景

图 21.3-12　无相佛夜晚实景

图 21.3-13　无相佛实景

4. 小结

采用无相佛雕塑施工技术的优点是：

（1）雕塑模型整体定位采用电脑三维技术，便于加工、安装及内结构放线使用。

（2）模型分层分块充分考虑雕塑的整体性、结构的安全性、加工安装的可行性，保证最重要的脸部和手部不被破坏，达到完美的艺术效果。

（3）雕塑石材的加工过程中全程使用点型仪，保证雕塑成品还原到与模型一致，甚至高于模型的艺术效果。

（4）雕塑每一层有 12 个固定的控制坐标，每块石材有 4 个控制点，安装时严格按照三维坐标控制定位，确保石材安装定位准确，体现曹溪文化广场的禅宗文化，凸显富有地域特色的文化景观，达到提升文化品位的目的，形成独特的地域标识。

（5）塑像外部采用花岗石石材、内部采用钢筋混凝土结构，减小石材的加工及运输工程量，缩短工期。

（6）雕塑石材与核心框架柱连接，雕塑头部用钢棒与核心框架柱连接，保证雕塑的可靠性及安全性。

第 22 章　室外装饰品关键施工技术

本章介绍室外装饰品关键施工技术，含干挂琉璃拼花 +GRC 幕墙系统施工技术、造型艺术融色钢化玻璃幕墙施工技术内容，使用现代技术满足坚固、耐久的功能需求，并展现和突出佛学文化的艺术美感，是室外装饰品关键施工技术的核心内容。

22.1　干挂琉璃拼花与 GRC 幕墙系统施工技术

1. 技术概况

为实现报恩寺琉璃古塔的艺术效果，塔基部位采用琉璃拼花 +GRC 幕墙系统。该系统幕墙面板是在 3cm 厚玻璃纤维增强水泥板中镶嵌 2cm 厚琉璃瓦片，以呼应古琉璃塔的艺术特点，幕墙形式新颖独特，效果见图 22.1-1。

图 22.1-1　塔基 GRC+ 琉璃拼花幕墙

2. 技术特点

该形式幕墙位于塔基 45° 大斜面，对测量放线及安装过程控制要求高。

3. 施工操作要点

该技术通过现场测量形成现场排版图（图 22.1-2、图 22.1-3），工厂根据现场排版图制件，如此便很好地规避了结构与测量偏差。

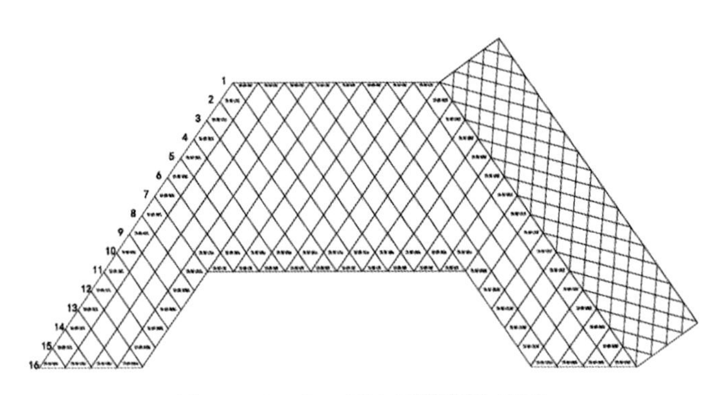

图 22.1-2 东、西立面排版编号图

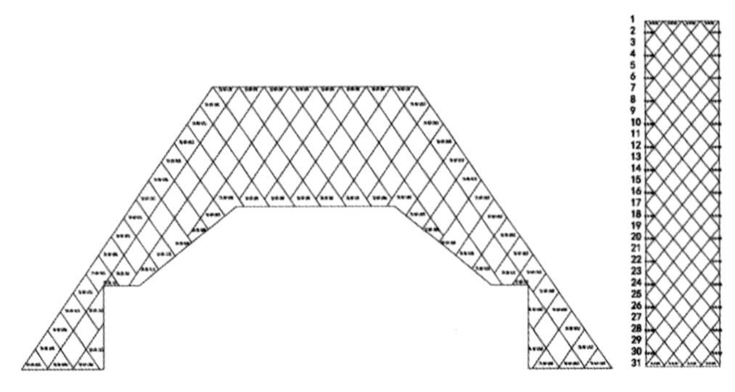

图 22.1-3 南、北立面排版编号图

（1）测量放线

塔基幕墙施工测量重点是控制塔基的倾斜角度，包括标高测量和轴线的测量以及仰角测量。

（2）标高和仰角测量

结合施工实际情况，首先对标高控制点进行闭合复核，无误再进行下部测量。进行测量时，利用水平仪绕基座幕墙一圈，最后进行复核，超出偏差进行重新测量，保证标高放线测量的精度，为幕墙施工水平度的准确提供保证。为减少幕墙施工偏差累积，根据标高控制点，利用一层标高（+5.700m）和二层标高（+18.200m）的控制点对幕墙标高进行测定，以避免偏差的累积。两层标高测量完成后，对塔基座的仰角进行测控。采用全站仪在一层外沿的轴线上，按设计的仰角对二层的 1m 线进行测量，找出点位后，做好标记，向下 1m，即为二层的楼面标高。一层点位与二层点位连线后，即为塔基的斜面完成线。塔基的幕墙施工以此线为基准进行龙骨及面板施工。

（3）轴线测量（幕墙面测量）

塔基幕墙施工在塔基混凝土层浇筑完成后进行。为了保证在幕墙施工过程中能随时对测量放线的复核，根据控制点建立幕墙施工的测量控制网，此控制网布置于最接近幕墙面的偏移轴线 1m 处，形成一个闭合的线圈。此控制网用全站仪进行测设，测设完成进行闭合复核，无误后报验，然后进行幕墙面的放线工作。塔基幕墙的特点是由东南西北四个斜立面组成的，因此测量的重点，是测量出每个立柱的分格。在上部和下部分别做好线架，外围幕墙线架全部完成后进行闭合复核，复核无误后，用细钢线将上下线架上标注的点连起来，这样就形成幕墙的立面，然后报请验收，验收合格后方可进行幕墙的安装施工。

（4）后补埋件

1）通过测量定位，将分隔位置弹到主体钢结构及混凝土结构上，并做标识。

2）后埋件采用镀锌钢板化学螺栓固定，水平放置。埋板钻两个不同方向的四个腰形孔。

3）化学螺栓施工步骤及要求：确认化学螺栓位置，施工人员按照定位十字线进行打孔；打孔深度，孔径依据标准进行，冲击钻上设立标尺确保孔深；打孔完毕吹清孔内灰尘，放入环氧树脂与固化剂的混合物；放入螺杆进行搅拌，待孔口有少量混合物外露后即完成；凝固后进行施工。

（5）钢龙骨安装

1）竖向龙骨是从结构的底部向上安装，安装时将已加工的立柱通过连接螺栓与转接件连接，根据控制线对立柱进行复核，调整立柱的垂直、平整度，达到要求后再将立柱与转接件相连接的螺栓上的备件焊固，并做防锈处理，以利于立柱与转接件连接牢固。

2）竖向龙骨立柱安装完毕后，再装横龙骨，将横梁两端的连接件安装在主梁的预定位置，要求安装牢固，接缝严密，同一层横梁安装应由下向上进行，当安装一层高度时，要进行检查、调整、校正、固定，使其符合质量要求。

3）连接件可实现前后方面的微调，可实现上下、左右方面的调整，在三维空间上，最大限度地满足了安装需要。

4）横竖框安装定位后，应进行自检。对不合格的应及时进行调校修正，自检合格后，再报质检人员进行抽检，抽检横竖框量应为总数量的5%以上，且不少于5件。所有检测点不合格数不超过10%，可判为合格。抽检合格后才能进行下道工序。

（6）铝型材挂件安装

1）转接件是用来连接幕墙龙骨和铝挂件的，转接件的安装基准和安装质量将直接影响下一步工作。

2）转接件安装时按照测量放线标记的基准，将转接件用螺栓固定在钢龙骨上。

3）钢龙骨安装后要进行一次全面的表面防腐处理。处理时，不能单独考虑焊缝的位置，要同时考虑整个所用区域，进行全面防腐。

（7）GRC+琉璃复合板安装

1）依据编号图的位置，进行GRC+琉璃复合板的安装，安装GRC+琉璃复合板要拉横向和竖向控制线，因为整个钢架总有一些不平整，GRC+琉璃复合板支承点处需进行调整垫平。

2）GRC+琉璃复合板在搬运、吊装过程中，应竖直搬运，不宜将GRC+琉璃复合板饰面上下平台搬运。这样可避免GRC+琉璃复合板的挠曲变形。

3）GRC+璃复合板安装过程中，依据设计规定的不锈钢套管组件的数量进行安装，不得有少装现象，安装过程中，不但要考虑平整度，而且要考虑分格缝的大小及各项指标，控制在允许偏差范围内。

4. 小结

通过各项古塔新建技术的研究与实施，诸多先进技术、材料得以充分运用，向外界展示了别具风格、彰显当代特征的报恩新塔。

22.2　造型艺术融色钢化玻璃幕墙施工技术

1. 技术概况

为完美呈现独具特色的佛塔造型，还原古塔在白天呈现的若有若现的艺术效果，新塔塔翼幕墙采用造型艺术融色钢化玻璃，将古剪影蚀刻于幕墙玻璃中，通过对现有玻璃造型融色工艺进行改进，复原古塔塔翼图案并艺术化，实现“古塔新做”（图 22.2-1）。

图 22.2-1 幕墙玻璃实景

造型艺术融色钢化玻璃幕墙施工技术，所用玻璃是将造型艺术融色钢化玻璃与普通超白玻璃通过夹胶经高温高压处理后粘合在一起，形成的玻璃面板。

2. 技术特点

（1）玻璃面板形式新颖，玻璃制作成功率低，其加工工艺需不断改进。

（2）512 块幕墙玻璃图案及肌理造型均不相同，图形排版、图案拼接难度高。

（3）单块玻璃最大尺寸 2450mm × 4025mm、重量 0.54t，场内出于遗址保护的需要不能设置塔吊、施工电梯等运输机械，且结构外轮廓异形，安装精度控制及运输难度大。

3. 施工操作要点

（1）创新技术

1）通过多次试验，对现有技术改进创新，提高玻璃面板制作成功率。

2）在楼板预留运输通道、设置专用垂直运输装置，解决幕墙板块的运输难题。

3）运用 BIM 技术对玻璃板块预先排版、编号、依次安装，确保相邻板块玻璃图案的一致性、连续性。

（2）工艺流程

玻璃加工制作。该技术通过对现有技术改进创新，在普通玻璃进行蚀刻工艺处理，形成既定的造型肌理并进行酸洗，在造型内进行手工填色后进行低温烧制，经过钢化处理，在玻璃表面形成牢固釉层，使之具有肌理效果。玻璃加工制作工艺流程（图 22.2-2、图 22.2-3）。

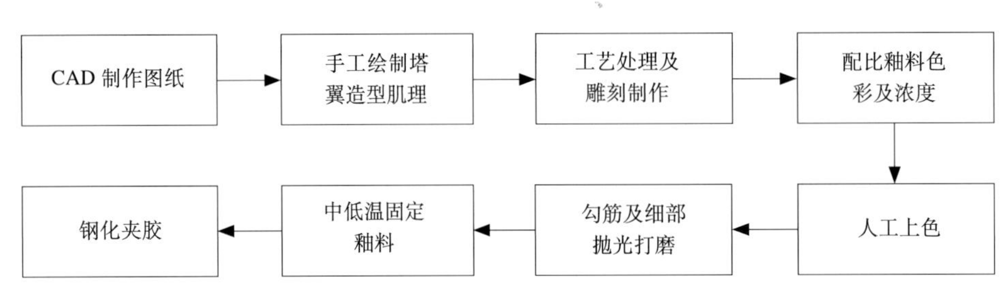

图 22.2-2 工艺流程图

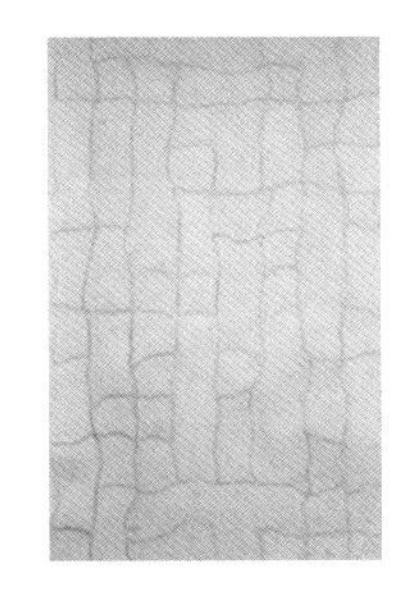

图 22.2-3　绘制肌理并配制釉料手工上色

由于玻璃在蚀刻、搬运、烧制、夹胶过程中极易破损，原玻璃制作成功率仅有 30%。在与生产厂家开展技术攻关后，经过多次试验，通过加厚玻璃及夹胶厚度，由原 10mm（蚀刻）+1.52PVB+TP8mm 的玻璃面板加大为 TP12mm（蚀刻）+2.25PVB+TP10mm)；调整炉温，由原 630℃调整为 710℃。最终玻璃面板制作成功率逐步提高至 80%。

（3）玻璃安装工艺流程及操作要点

1）施工准备。

施工前做好图纸审查、技术交底、材料、机具、劳动力准备等工作，各材料、构配件应符合设计及国家现行产品标准和工程技术规范的要求。建筑外造型为异形，无塔吊、施工电梯可用，综合考虑高空风力、玻璃碰撞等问题，在结构施工期间提前规划楼层预留洞口，设置玻璃垂直运输通道。在首层和顶层之间的同一结构位置上分别安装两根钢支架，再在上、下支架之间安装两根钢丝绳，作为固定玻璃板块纵向运行的滑道。索道钢丝绳上端固定在顶层索道上支架上，下端在首层与下支架用绳卡锁紧，形成两条由钢绳组成的索道。将提升的卷扬机及起重滑轮安装在顶层，使用时顺着索道吊运幕墙所需的玻璃等材料到相应的楼层，如图 22.2-4 所示。

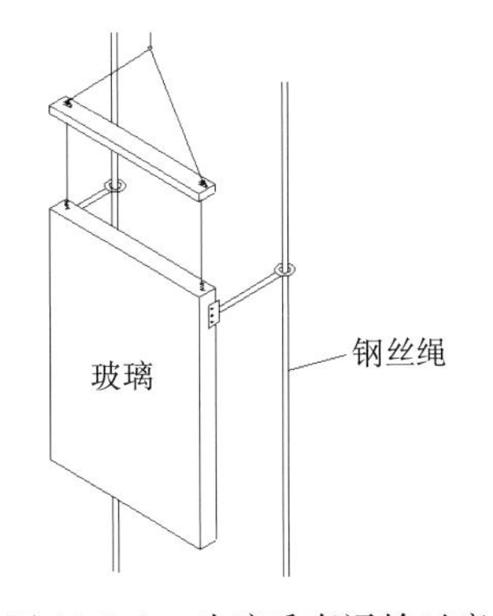

图 22.2-4　玻璃垂直运输示意图

2）测量放线。

复核原基准轴线，无误后依设计图纸放线，在工作层上放出 X、Y 轴线，用激光经纬仪依次向上定出轴线，根据各层轴线定出楼板预埋件中心线，用经纬仪逐层校核，定出安装基准线，并按分格图、埋件图将基础构件、埋件位置定出并做好标识。分格线放完后，检查预埋件的位置，以便调整。风力不大于 4 级时每天定时对玻璃幕墙的垂直度及立柱位置进行校核。

3）基座安装。

根据测量放线结果，将预焊接槽钢基座与主体结构连接固定，通过紧固件与每层楼板连接。

立柱槽钢随安装随用水平仪调平、固定。全部立柱安装完毕后，复验其间距、垂直度（图 22.2-5）。

4）支座安装。

在母座焊接前，在每条玻璃缝位置即母座中心线处拉好竖向钢丝并于钢丝上做好空间定位点，点焊时应采用定位头来控制母座的水平间隔、标高以及与幕墙之间的距离，做到三维定位保证。幕墙构件焊材选择应与焊接母材相配套。结构调整后按照控制单元所控制的驳接座安装点进行驳接座安装，对结构偏移造成的安装点偏差用偏心座和偏心头校正，用激光指向仪校准（图 22.2-6）。

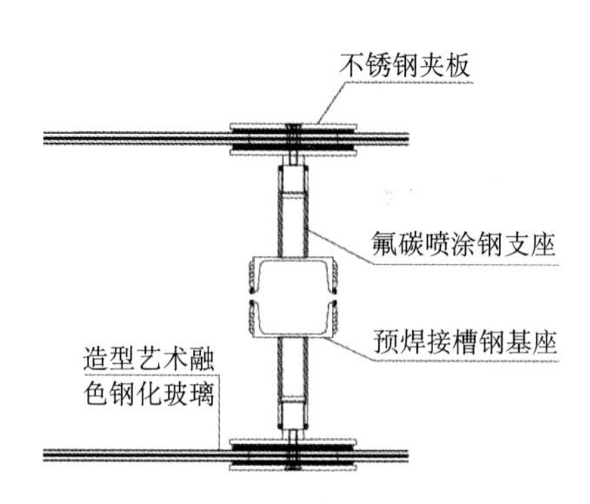

图 22.2-5 预焊槽钢基座示意图

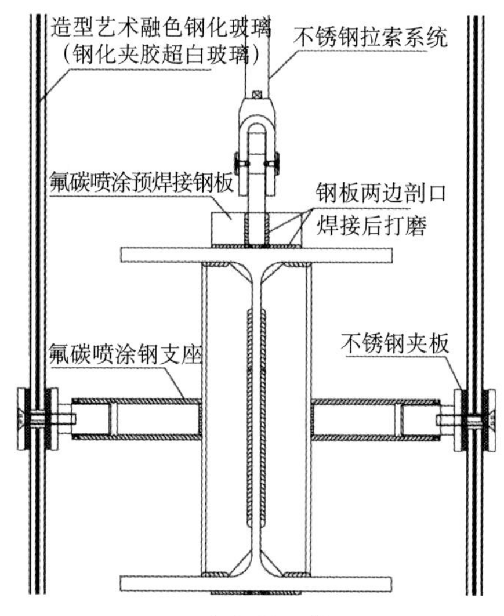

图 22.2-6 支座节点构造示意图

5）氟碳喷涂。

焊接结束后，用电动打磨机清除钢构件表面的颗粒及杂物，对焊缝进行打磨处理；大的凸起砂磨平整，大的凹陷或孔洞用原子灰填补并打磨平整。待基层处理完毕且经验收合格后，进行钢构氟碳喷涂防腐处理。发现有批刮印痕或蜂眼现象，必须打磨至符合要求；底涂干燥且验收合格后进行中涂漆喷涂，中涂漆施工完毕后进行面漆喷涂两遍。喷涂应均匀，密度合理，无流挂、明暗不均，无批刮印痕和凸凹不平等现象。施工时做好防污和防毒工作，同时严禁烟火。

6）不锈钢驳接夹板安装。

支座安装完毕后，根据测量放线结果，安装中间位置的不锈钢夹板。将不锈钢夹板放置到安装位置，与玻璃之前铺设柔性垫片，对好孔位，将螺栓对穿并连接固定。

7）玻璃安装。

①玻璃安装前检查校核不锈钢驳接夹板的标高、安装部位，并对玻璃规格、外观等进行检查。

②按玻璃重量合理确定吸盘个数，安装时应清洁玻璃及吸盘上的灰尘。

③通过夹板连接的玻璃，安装前应检查玻璃钻孔的位置与连接套管的位置是否相同，以便及时调整。

④板块起吊到楼层相应高度后，板块尾绳由楼内工人拖拽，平稳落入平板接料小车上，由人工送至板块相应位置，等待吊装（图22.2-7）。

⑤用捯链并配置专用吊装工具和手动吸盘进行玻璃吊装（图22.2-8）。

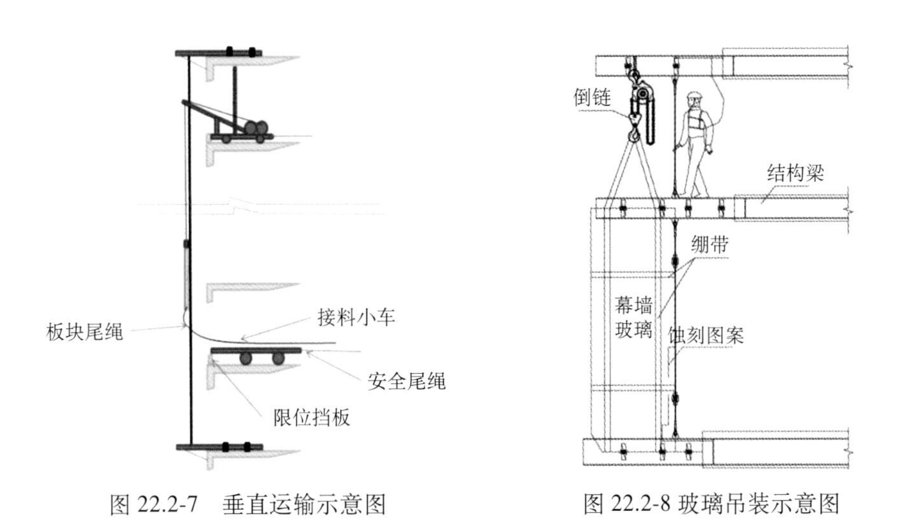

图22.2-7　垂直运输示意图　　图22.2-8 玻璃吊装示意图

⑥玻璃安装，用捯链并配置专用吊装工具和手动吸盘进行吊装。玻璃安装首先采用起重吊带绑扎好，然后通过上部结构部位设置的捯链进行玻璃整体吊运及安装。现场最大玻璃板块重0.7t，采用3t捯链（图22.2-9）。

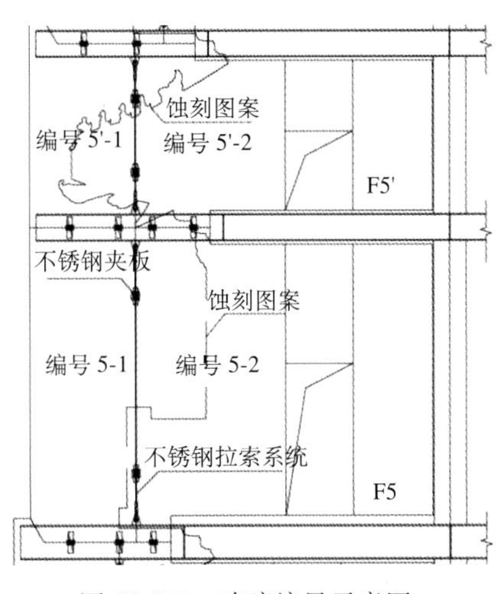

图22.2-9　玻璃编号示意图

⑦玻璃安装应根据现场部署及排版编号图依次按序进行。玻璃吊运到位后，直接放入到定好的玻璃底槽内，在不拆除捯链的情况下，在底槽放入EPDM胶片来调整玻璃水平。待玻璃水平调

整到位后，拆除玻璃安装吊带，安装玻璃上口水平夹具，夹具调整水平后，安装下一块玻璃。幕墙玻璃节点构造，见图 22.2-10。

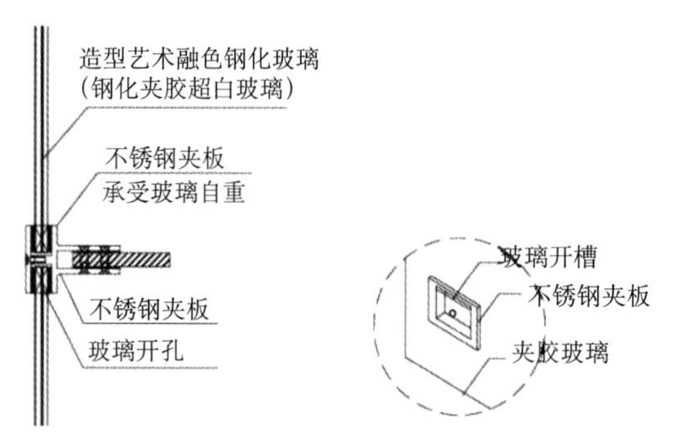

图 22.2-10 幕墙玻璃节点构造示意图

⑧每层玻璃全部安装完成后，再统一进行一次调整，保证玻璃及玻璃胶缝的平面度、垂直度等符合图纸及规范要求，以确保图案连续，造型美观。全部调整好后，再次进行垂直度、水平度、平面度的检查，确认无误且符合图纸要求后，进行打胶。

8）封修。

在幕墙框架与主体结构交接处选用镀锌板和防火岩棉做防火封修处理。首先根据封修节点把封修板加工成设计要求的形状。安装时一侧用抽钉与幕墙框架连接在一起，另一侧与主体结构保持足够的接触面，并用射钉固定。封修之间相互搭接，搭接面用抽钉固定，搭接缝注入相应的密封胶。封修板与主体结构结合处注入建筑密封膏。封修板内部及层间封修之间用防火岩棉等材料填充达到防火效果，镀锌钢板外面刷防火漆。

9）玻璃打胶。

①打胶前用“二甲苯”或工业乙醇和干净的毛巾擦净玻璃及钢槽打胶的部位。

②玻璃之间的缝隙用相应的泡沫棒塞紧并注意平直，还应留净高 6mm 的打胶厚度。当设计对于外胶缝有特殊美观要求时（如嵌不锈钢筋），施工前还应先按设计要求做好嵌缝处理。

③所有需打胶的部位粘贴美纹胶纸，与胶缝平行。打胶要持续均匀，竖向胶缝应自下向上。接驳式幕墙打胶先横向缝，后竖向缝。胶注满后，检查胶缝里面是否有气泡并及时消除气泡。胶表面修饰好后，迅速将粘贴在玻璃上的胶带撕掉。待胶表面固化后，清洁内外玻璃，做好防护标志，及时做好自检，隐检验收记录。

4. 小结

新塔塔翼幕墙全部采用造型艺术融色钢化玻璃，将古塔剪影蚀刻于幕墙玻璃中，造型美观、艺术色彩浓郁，技术实施效果良好，为后续类似工程提供良好的技术参考。

22.3 大南华菩提叶大门雕塑施工技术

1. 技术概况

菩提叶大门雕塑位于韶关市曲江区曹溪文化广场南部，是整个广场的主入口，也是统摄整个广场的核心标志。南广场以“无念为宗”作为主题。“于诸境上，心不染，曰无念”，南大门并未采取传统宗教形象的表现手法，而是以菩提叶为喻，空无为佛形，巧妙地将禅宗哲理融入大门，将其作为主题，构建南广场的形象标志。

南广场大门不仅是交通上的重要节点，也是景观结构的重要节点，不仅在功能上具有“门”的作用，同时兼具“佛”的意象。大门采用现代公共艺术创作手法，以钢结构交接的形式，勾勒出菩提叶的形状。大门整体长度 20.4m，宽度 12.3m，总高度 21.8m。大门色彩采用具有自然意象的原木色，钢架结构上面附着金属菩提叶，形成风动装置，对应“心动与风动”的经典偈语。此大门为大型轻钢结构雕塑，结构形式为门式钢架，雕塑整体体量较大，施工各部位的准确衔接有一定难度（见图 22.3-1）。

图 22.3-1　菩提叶大门雕塑效果图

2. 技术特点

（1）所有钢结构加工制作均在现场完成，现场放置 1∶10 模型比照，加工、安装方便，容易达到设计效果。

（2）雕塑模型的所有构件均有编号，现场加工的龙骨编号与模型编号一一对应，避免龙骨位置错误。

3. 施工操作要点

雕塑的结构形式为：基础采用筏板基础；雕塑为门式单体钢结构工程，柱距 0.54m，最高点 21.8m，支撑系统的主龙骨采用□ 40 × 40 × 4 不锈钢方管与混凝土基础的预埋钢板的满焊焊接，非支撑主龙骨及次龙骨均采用□ 40 × 40 × 2 不锈钢方管满焊焊接。

（1）模型制作

按 1∶10 比例在工厂制作菩提叶大门雕塑的模型。由于进场的钢结构原材均为 6m 长，所以需对模型的每根龙骨进行编号并标记分段连接位置，以指导现场下料、方便加工。模型制作好后放置在施工现场，见图 22.3-2。

图 22.3-2 菩提叶大门雕塑模型

(2) 基础做法

混凝土底板采用 C30 混凝土，混凝土基础内预埋 1310mm × 250mm × 20mm 的钢板（图 22.3-3 ~图 22.3-5）。

(3) 雕塑施工

1）工艺流程，如图 22.3-6 所示。

2）埋件轴线、标高复核。

采用全站仪对基础及埋件轴线及标高进行查核，确保雕塑与埋件的相对位置精确无位移。

3）钢结构制作、安装。

①按照雕塑模型加工出所需各种尺寸的龙骨，并对各龙骨进行编号，编号与模型一一对应。

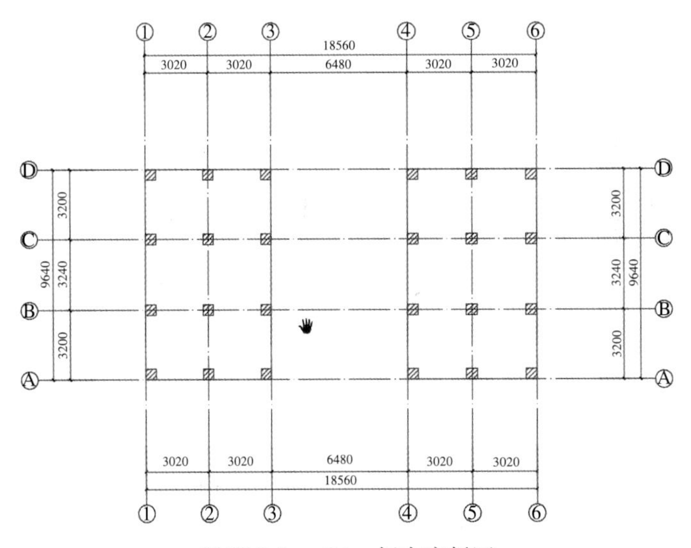

图 22.3-3 −0.1m 标高底板图

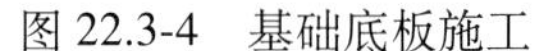

图 22.3-4　基础底板施工

图 22.3-5　基础预埋件安装

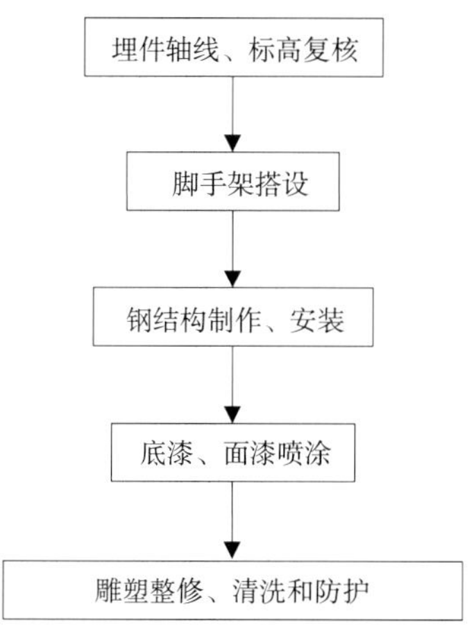

图 22.3-6　工艺流程图

②按照竖向主龙骨中心间距 540mm，放出地面定位线，不锈钢方管等距排列，放出不锈钢方管位置线。

③焊接 50mm × 50mm 加固钢板：根据不锈钢方管定位线位置，将 50mm × 50mm 加固钢板焊接在 1310mm × 250 mm 的埋设钢板上。

④焊接支撑系统主龙骨不锈钢方管（□ 40 × 40 × 4）：根据放好的完成面定位线确定方管位置，保证垂直，在预埋钢板上分别固定焊接支撑系统主龙骨不锈钢方管。先焊接两端竖向的支撑系统主龙骨方管，拉通线调平保证在同一条直线上且保证垂直，再逐一焊接两端内的其他方管，要求间距均匀。

⑤焊接横向、纵向次龙骨及非支撑系统主龙骨不锈钢方管（□ 40 × 40 × 2）：按照先横向后纵向的顺序焊接方管，即横向次龙骨方管焊接后，再将纵向次龙骨方管靠在横向方管上面，调整至分别垂直于竖向支撑系统的主龙骨方管、横向次龙骨方管时开始焊接。

⑥每完成一层龙骨随即复核主龙骨的垂直度与次龙骨的轴线、标高，确保雕塑的艺术效果（图 22.3-7、图 22.3-8）。

4）钢结构底漆、面漆喷涂。

本雕塑不锈钢方管均采用德国进口汽车环氧底漆和面漆。

采用喷砂方法，将工件表面的锈迹、氧化皮等附着物清理干净，使工件表面呈现原金属色。经喷砂处理后的工件必须在 8h 内喷涂环氧底漆，并要保证不受湿气或雨水侵蚀。所有待涂覆的表

图 22.3-7 龙骨焊接

图 22.3-8 菩提叶

面均应清洁、干燥，无污染。如工件在喷砂后需要补修、整形处理，则要在喷砂后 8h 内完成。否则，要重新进行喷砂处理。

喷漆前要用干燥的压缩空气吹净工件表面和内腔中的灰尘及砂子等物，如有油污，必须用汽油或稀料清洗干净。

喷涂采用空气喷枪，喷嘴宽幅 0.45 ~ 0.58mm，空气压力：3 ~ 5kg/cm^2。

先将涂料和固化剂分别搅拌均匀。桶底的沉淀物要完全搅起，使漆质均匀。按比例将涂料和固化剂搅拌均匀。调配比例：4 体积漆：1 体积固化剂。按调配后的底漆总量的 5%（体积比）加入专用稀释剂 GTA220，并搅拌均匀。工件喷涂底漆两遍，两遍间隔为半小时。喷涂底漆 16h 后，方可进入下一道工序（图 22.3-9、图 22.3-10）。

图 22.3-9 喷涂环氧底漆和面漆

图 22.3-10 菩提叶大门实景

4. 小结

采用菩提叶大门雕塑施工技术的优点是：雕塑模型所有构件编号与现场加工龙骨的编号一一对应，所有钢结构加工、制作均在现场完成，现场放置模型比照，加工、安装方便，容易达到设计效果。透过多层次复合钢结构，观众可隐约看到门后风景。清风徐来，菩提叶飘动，折射出闪闪微光，营造出一种“非风动，非幡动，仁者心动”的艺术氛围，既是禅宗公案的再现，又是禅意哲学的具象化。

第 7 篇　禅修顿悟——现代佛教建筑施工总承包管理

禅语：法本法无法，无法法亦法。今付无法时，法法何曾法。

本篇对现代佛教建筑建造的总承包管理实践与探索进行了全面思考和分析，并着重介绍了大型现代宗教文旅项目的项目管理模式，以及现代佛教建筑装饰总承包管理实践与探索，提升"五大能力"，规范总承包管理。

项目团队通过系列现代佛教建筑工程的实践管理，对大型宗教文旅项目的特点、认识进行总结，形成针对性的标准化管理模式，并融入到总承包管理体系，为今后类似工程的项目管理提供参考。

第 23 章 现代佛教建筑项目管理模式

本章通过对大型现代文旅类工程—现代佛教建筑的实践经验总结，介绍现代佛教建筑项目管理模式，含现代佛教建筑项目特点与认识、实践与探索等内容，其管理模式值得同类工程参考。由于现代佛教建筑的显性特征是装饰工程，因此本章也探索了现代佛教建筑的装饰工程总承包管理，对外立面艺术建造和建筑艺术装饰项目标准化管理进行系统介绍。

23.1 现代佛教建筑项目特点与认识

1. 概述

近年来，随着人们物质生活水平的提高，旅游业发展迅速，以宗教文化为主题的旅游场所受到越来越多人的欢迎，宗教建筑与现代旅游文化之间的关系也越来越密切。这种以传统文化（儒、释、道、休闲文化）为主题的场所建设与旅游文化相结合的方法，成为风景区开发建设的特色。

笔者 2006 年首次承接无锡灵山胜境三期—梵宫建筑施工，高质量完成，受到了社会各界的一致好评；企业也以此为契机，进入了现代宗教文化建筑领域。经过多个项目的成功实践与积累，已在宗教文化类建筑形成了差异化的竞争优势。本节结合既有宗教文旅工程实践，探讨了现代大型宗教文旅项目的特点及管理经验和不足之处，以期进一步充实和完善对现代宗教文旅项目管理的研究。

2. 大型现代佛教建筑工程特点

（1）该类型建筑依托宗教文化的本源，通过对传统地域文化、民俗文化以及建筑文化内涵的探究，利用现代科技的支持，将现代设计理念与传统文化进行完美融合；它的文化内涵与精神是宗教历史与传统文化长期积淀的结果。

（2）在空间装饰上，既要利用传统山林佛寺的理念，又要利用现代设计思维，迎合现代大众兴趣喜好，将宗教文化与许多传统元素体现其中（涉及彩绘、书法、木雕、铜雕、景泰蓝、金银器等，融合宗教图腾、宗教艺术、民俗艺术于一体）；它的建筑装饰艺术不仅体现建筑实体本身的文化内涵，同时也使宗教文化在装饰艺术中得以延伸和发展。最终打造成集旅游、会议、观演、宴会、展览、宗教文化体验和清修等多种功能于一体的现代宗教文化建筑综合体。

（3）文化创作、艺术原创先于建筑创作。作为宗教文化与现代旅游文化相结合的产物，需要将宗教文化融合于旅游文化中，在具体建筑中体现宗教文化的本源，如“花开见佛”、“竹林精舍”、“听禅说法”、“悟了自渡”、“一沙一世界，一花一如来”等，这就需要先进行建筑的文化创作，根据所要表达的文化本源，吸收并结合当地的传统文化，进行相应的建筑外形、建筑结构、室内装饰创作。

（4）艺术原创先行。根据文化创作内容，通过宗教建筑装饰及景观设计的现代化尝试来改善传统景区游览的单一性，丰富宗教文化主题，增加游览过程中的视觉体验和趣味。这就需要对室内装饰的具体表现内容、手法进行创作：

1）具体空间的内涵表现，如园区内景观小品石灯柱、莲花喷泉、佛主降魔、佛手的表现，室内神秘、梦幻的佛国意境的表现等。

2）具体构件，如须弥座的形态、开间的数量、菩提门的造型、佛像、佛龛的大小、方位，彩画的内容、大小、篇幅，莲花纹样、忍冬纹样、卷草纹样、宝相纹样、龙形纹样的选择，以及相关用材的材质，灯光的型式、照度、色调、点位等，再根据完成的艺术原创，反馈至建筑、结构、安装等相关专业，进行设计的补充、修改、完善。

（5）工艺作品、功能性设备先于建筑，并与建造过程有效融合：

1）现代宗教文化建筑综合体注重融合众多的传统元素来营造震撼的视觉效果，完成对新形式、新风格的装饰探索，如彩绘、壁画、书法、木雕、铜雕、瓷雕、景泰蓝、铜像、云锦、琉璃、地面石材嵌铜、瓷板画、脱胎大漆等。

2）传统工艺及大空间（空间的想象与实样的结合：如艺术品与空间完成面的交接关系，与预置灯光的点位关系，预装前与空间点位预埋件的关系等）、室外小品效果往往需要进行手稿创作（表现图案及排版），经过泥稿（直观反应、图案比例、雕刻工艺、细部处理）或小样、大样（1：1的制样，来控制空间效果及确定室内装饰标准）制作等多道工艺才能成形；有时为了保证艺术效果，过程还可能经过原稿的反复修改，往往周期较长。因此，涉及到的传统元素具体内容一旦确定，需要进行先期创作，将可能用的材质、成形的构件重量、大小、具体位置，提交建筑设计进行合规性检查；提交结构设计进行荷载复核；提交施工单位进行安装路线、方案设计，避免后期不必要的调整、返工、拆解等。

（6）主要功能设备：

1）现代宗教建筑综合体都会提供一个供游客观看、欣赏宗教文化演出的会议、观演功能的剧场或会场，是一个功能性很强的建筑；它需要演艺剧场及舞台工艺专业人员同步甚至先行设计，邀请导演、演员参与探讨，确定剧场类型（专用型、通用型）、建设规模，对剧场的功能有一个比较明确的定位，根据演出剧目的内容和构思、演出需要、节目内容需要、工艺要求进行建筑外形、内部空间、功能定位设计。根据定位先期进行舞台机械、灯光、音响、声学、舞美等方面的设计，再将所需要的条件提交土建专业，由建筑设计单位进行配合设计，做到建筑设计与工艺设计融为一体。

2）在剧场的建设规模、舞台设备的配置、规格、数量、经济技术指标确定后，对舞台机械进行选型，确定舞台机械对建筑物的载荷要求，确定舞台机械的详细配置方案、驱动方式等，向建筑设计单位提交基础尺寸、预埋件、管线走线、预留孔洞、机坑的深度、天桥的宽度、栅顶的高度等资料，便于建筑设计单位进行设计、计算。

3. 大型现代佛教建筑工程难点

（1）有别于传统房建工程，属于有特定用途、特定功能的宗教文化建筑，建筑规制有专业要求，有文化内涵要求；单个建筑体量大，而且大量的高大异形空间结构（高大的廊柱、大跨度的梁柱、高耸的穹顶、超大面积厅堂等），从建筑技术上讲大量运用大跨钢结构、预应力混凝土结构、重型幕墙结构、内外装饰大量采用传统工艺等；要求施工单位及相关人员必须要有此类工程的建设经验及施工管理经验。

（2）复杂的建筑外立面，非标的室内异形高大空间艺术装饰与机电配合（末端点位处理）等。基本无常规的施工技术标准可循，且要以现代的技术来打造传统的文化效果；对空间找型、艺术构件二次创作，整体空间的比例把控难度大，需作为原创设计师的紧密助手，与原创设计师进行紧密配合。

（3）装饰综合应用了现代技术与传统工艺，大量采用石材、木雕、琉璃干挂工艺，敦煌壁画等，单件重量大，高度高，安装难度大，对总承包单位除建安技术以外的特殊工艺、材料的资源集成能力提出很高要求，非常规材料，需提前进行材料供应考察、采购及场外的制作加工。

（4）原设计一般为概念或方案设计，二次深化设计的内容多，专业性强。大部分专业单位应有二次施工图设计，三次深化设计能力；总承包单位还应具有将各专业单位深化设计整合的能力。

（5）某些专业为非常规工程应用，如：大型舞台机械、灯光、音响系统、室内布展、智慧旅游系统、交通游线规划、艺术品与工程相结合等；技术相对复杂，安装、综合调试要求高，空间大、异形结构多。

（6）复杂、非标的艺术装饰工程形式多样，异形构件多，打样、制样、空间比例关系协调等控制难度大。

（7）项目大多数经历边设计、边深化、边施工、边修改，过程变更量、返工量较大。

（8）参建单位多、交叉作业多、总承包管理协调量大、深度深。除了分包外，更有大量的艺术品供应商、设备供应商、佛教元素构件制造商，不同工种、不同专业立体交叉作业，对总承包的进度、平面、协调管理提出很高的要求。

4. 小结

随着文化产业不断发展，大型现代佛教建筑的发展模式越来越被认可，数量和规模也会越来越大，越来越多，它既有大型景区工程的特点，也有现代佛教文旅建筑的特性，其在室内艺术装饰空间的实现，艺术构件的二次创作、深化，通过现代建造手段打造传统文化项目，缩短建造周期，加强设计和施工协调等方面，具有独有特性。通过工程实践对大型宗教文旅项目的特点、认识进行总结，为今后类似工程项目管理提供了一定的参考。

23.2 现代佛教建筑项目管理实践与探索

1. 现代宗教文旅项目管理的要求

（1）大型现代宗教文旅项目建设现状

1）国内建设方在这方面，有的单位经过多年的发展，走在了文化旅游建筑产品开发的前沿，具备了较为成熟的开发经验与资源集成能力，具备了将文化、艺术、剧场、特殊工艺、各小专业方面有效整合的能力。

2）部分建设单位，缺乏此类项目管理与资源集成经验，因此对总承包单位期望值较高，要求做好总承包扩大管理服务，包括将项目管理向前、向后延伸，融入业主项目管理，拓展服务功能等。

（2）现代佛教建筑项目各专业占比

通过对已完、在建项目的各专业造价占比进行分析，在现代宗教建筑综合体项目中，土建、精装修、安装、景观、艺术品、石材等为主要建设内容，占比较大，为主要建设内容，建设过程

需要更多的专业人才。现代佛教建筑各专业造价占比如图23.2-1所示。

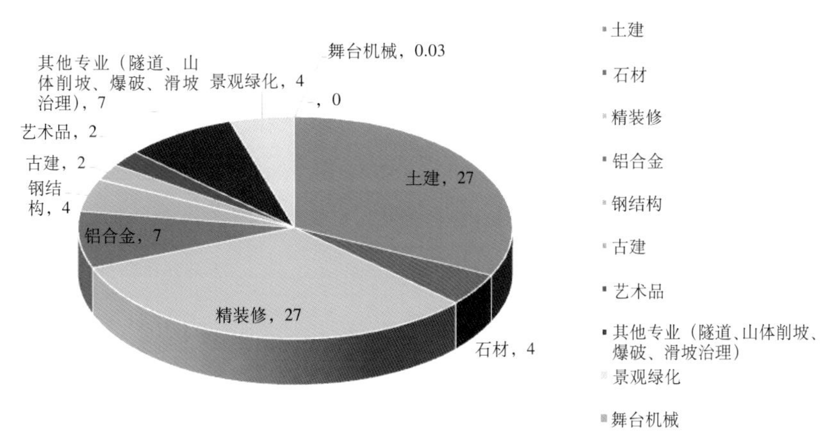

图23.2-1　现代佛教建筑各专业造价占比

（3）项目管理内容及要求

项目管理内容，见图23.2-2。

（4）项目管理要求

1）做好自有土建施工部分。

2）有效集成项目资源：总承包单位应有很强的资源集成能力；对各专业、各传统工艺应了解，并能有效组织实施。

3）全建造周期协调：总承包单位应有很强的协调能力，协调设计、施工、制作、安装等。

4）建造节奏感：总承包单位应有很强的整体把控能力，把控好建造节奏，具体哪个阶段、哪些单位、做哪些内容、建造周期等。

5）引领各项深化设计：总承包单位应有很强的引领深化设计能力，能系统性带领及指导各专业分包单位进行相应的图纸二次深化设计。

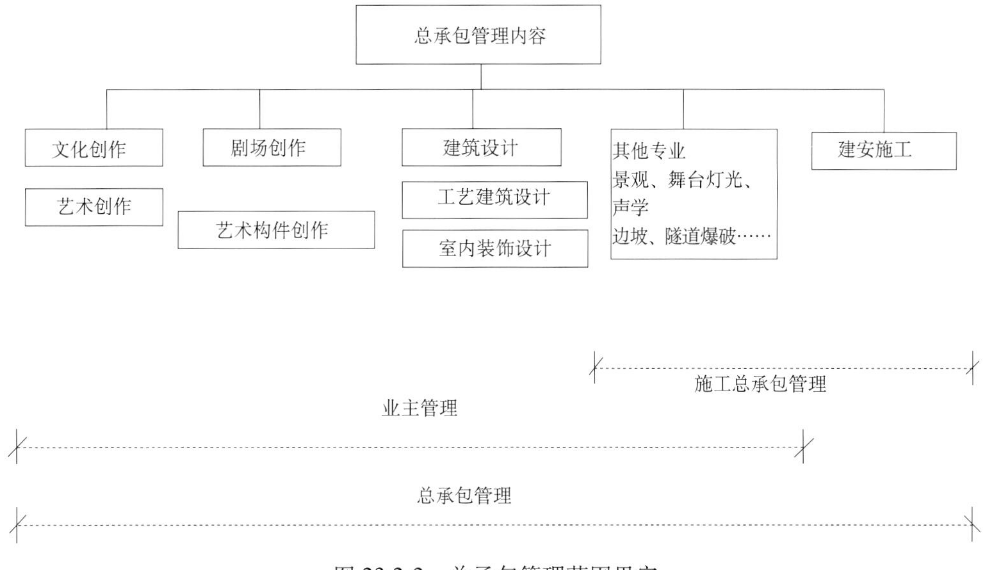

图23.2-2　总承包管理范围界定

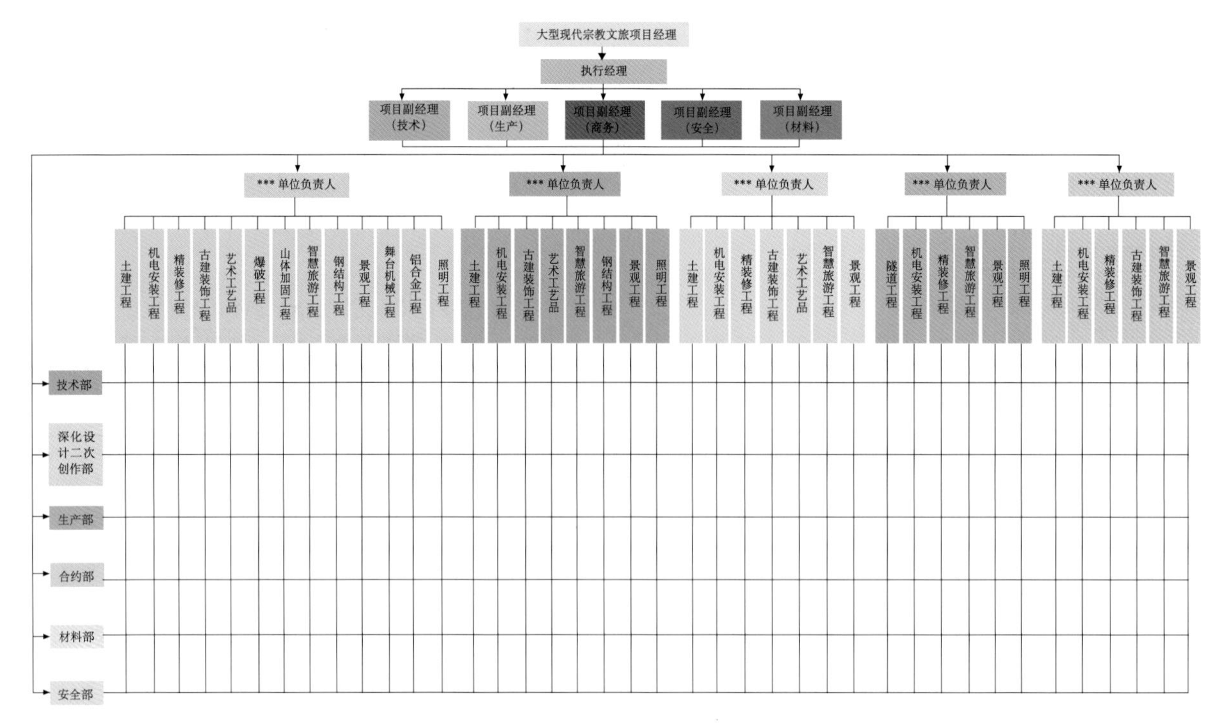

图 23.2-3　大型现代宗教建筑总承包管理架构图

6）跨行业、跨专业综合管控：总承包单位应有很强的跨行业、跨专业综合施工管控能力；总承包管理人员应具有一专多能的技能与管理经验。

（5）项目管理组织

按照指导性、控制性和实用性的原则，根据工程规模、特点，总承包项目经理部将整个项目划分为若干个子项目部，根据建筑单体功能不同进行区域划分，总包项目部提供管理、协调、技术支持见图 23.2-3。

2. 大型现代宗教文旅项目管理的实践与体会

（1）文化先行，延伸管理内涵

1）从员工个人、项目部、经理部职能部门，根据建筑特点分别进行相应的宗教文旅知识学习。如了解中国宗教历史、宗教偈语由来、含义、表现手法，建筑与宗教的渊源，禅意文化及中国特色的宗教支流“禅”由来、意境等。

2）邀请高校的宗教研究人员为项目主要员工分别讲授佛教的主要典故、汉传佛教的宗派特点及项目主要涉及的宗教文化知识。

3）邀请与建筑相关的设计主创人员为管理人员讲授项目主要的创意及涉及的文化本源，加深对项目的文化内涵理解。

（2）文化资源有效整合，支撑总包管理

在既有工程建造经验的基础上，对宗教建筑资源进行梳理、集成，协助业主进行特殊工艺创作主体的选择、管理，将项目管理向上下游产业链延伸，有效支撑总承包管理。

（3）计划执行书有效管控

1）根据进度要求，编制计划执行书。执行书中包括进度计划、图纸和材料问题汇总，人员和主要设备的情况，需业主协调解决的问题汇总等，对出图计划，各个部位图纸深化，材料小样、大样、价格确认，设备参数、品牌、价格确认等情况进行跟踪确认、管控。

2）对应计划执行书，项目部每天按时召开各区域的协调短会，处理当天现场需要解决的问题，提出解决办法和解决时间，落实责任人，推动执行。

3）在协调会上处理不了的问题应进行汇总，每周三整理提交业主，业主每周五开例会解决，问题紧急的，由业主召开专题会议解决问题。

（4）编制装饰管理手册与管理表格

手册指导流程，表格管控形成标准化。编制室内装饰管理手册，从饰面材料、功能灯具、活动家具、装饰地毯、艺术品、构件深化、打样，标识设计、采购、现场工作等方面进行流程管控，根据管控流程，编制相应的管理表格，对具体的内容进行管控，如：功能性灯具采购的整体进行情况，采购清单从型号、数量、标准等确认情况，灯具布置、颜色、试照情况；艺术品材质、加工、制作、加工周期、数量、深化设计方案、图纸等方面进行控制管理。最终形成一个统一的控制和管理，确保在每一步对相关单位进行控制协调，保证每个环节各单位之间的协作合理与顺畅。

3. 大型现代宗教文旅项目管理的体会

（1）强化在总承包管理架构中二次创作与深化设计部的作用。

在总承包管理体系中，设置单独的二次创作与深化设计部，负责各专业单位的深化设计引领、整合及艺术构件的二次创作、多次深化、综合比选与最终确认工作。

（2）样板引路、样品确认、强化品质管理。

为保证大空间的艺术效果满足设计想象与预期的空间比例关系，如艺术品与空间完成面的交接关系、比例关系，与预置灯光的点位关系，预装前与空间点位预埋件的关系等。对室内外艺术装饰、幕墙均1：1制样，确保空间比例与构件细节达到完美，控制空间效果及确定装饰标准；根据样板及样品情况，保障实际空间关系与大面积实施的工程质量。

（3）对因条件限制无法规划、设计部分，根据现场条件绘制手绘稿或效果图，确定表现图案及排版；由深化设计单位进行创作施工，经过泥稿（直观反应、图案比例、雕刻工艺、细部处理）、小样、大样、制作等多道工艺成形确认后，进行大面积施作。

（4）剧场演绎提前规划。

现代大型宗教文旅建筑都会提供一个供游客观看、欣赏宗教文化演出的会议、观演功能的剧场或会场，这些剧场从规划（音乐、演出影像、剧场机械、剧场灯光、音响、多媒体）、制作（音乐作曲、演出影像创意）、设计（舞台、灯光、音响、灯光）、舞台预制、试验，预备预定、定制（灯光、音响、多媒体）等直到安装施工，周期较长，往往需要1.5～2.5年的时间；期间需将舞台机械、灯光、音响、声学、舞美等方面的设计及可能用的材质、机械、灯光等的配置方案、驱动方式、成形的构件重量、大小、具体位置等，提交建筑设计进行合规性检查；提交结构设计进行荷载复核，最后提交施工单位进行安装路线、方案设计，以避免后期不必要的调整、返工、拆解等，因此剧场应尽量提前规划、设计。

（5）对墙面、地面、天花上的设备末端（风口、灯具、烟感、喷淋、插座、面板灯）位置进行确定，确保从功能和美观上满足要求。同时，各设备末端外露饰面颜色尽早提交安装单位或设备供应商，确保供应商及早进行订货、加工，保证提交的风口、面板、插座、逃生指示灯的视觉效果满足要求。

（6）消防部门提前沟通，保障原创效果。为了营造建筑震撼的艺术与视觉效果，往往在装饰的材质上、门洞的尺寸上、装饰上有异于常规建筑（如为达到装饰效果，在防火门上做藤饰面、木饰面、铜饰面和石材饰面），同时为了保证饰面能固定在防火门上，需对防火门的锁具、把手、合页、闭门器进行处理和更换，对防火条、防烟条安装位置进行调整等。因此，应尽早与消防部门进行相关沟通协调，尽量保证原创效果的前提下避免后期的返工、调整、修改。

（7）特殊功能空间、专业服务配合单位（含厨房、展览、餐饮、专业五金、门禁系统、音响系统、灯光控制系统等）设计及早介入、确定，并落实好装饰单位和专业单位各自分工范围，避免过程盲点。

（8）外加工环节（含大面积石材加工、整体木作加工、铜雕等）去外加工厂进行检查、修正；当材料实样样品在制作工艺上由于客观原因无法达到设计要求效果时，在保证效果尽量不受影响及工艺品质在原创设计可接受前提下，对材料进行变更。

（9）艺术品陈设方案、艺术点位深化图纸尽早确定，确保艺术品陈设与室内设计尺度和谐；并确定艺术品实施施工图（大型雕塑作品与工程装饰界面有紧密结构性关联的作品），及早将重量、吊挂方式反馈设计单位与施工单位，以便及时发现是否符合结构载荷要求及现场条件，对可能产生的调整做出反映。

（10）根据设计效果，确定有灯光设计能力的照明厂家，确定灯具配置方案及样品，确保灯具外露尺寸及颜色适合室内空间效果；检查艺术品的最终实际灯光需求与原灯光配置的差别，针对艺术品照明效果，对灯具位置、参数进行调整，确保最佳的灯光效果。

（11）标识实施单位宜尽早确定后，根据布置图，对标识现场模拟摆放，核对标识摆放方式、尺寸及标识的灯光需求是否满足要求，对个别标识的摆放方式及照明效果进行位置、色彩、亮度等调整，以达到最佳的空间效果。

（12）作为功能性建筑，机电安装一定要确保安装品质和运维的稳定，确保使用功能；所有的机电末端，将其纳入装饰专业管理、专业深化，除满足基本功能外，追求末端的艺术化，做到美与巧、隐与巧的结合。

（13）在总承包管理的基础上，应进一步整合资源，如材料、艺术构件及设备采购、供应，深化设计引领等，作为供应链主向前、向后整合供应商，向上、下游产业链拓展。

4. 小结

本文针对近几年承建的宗教文旅类项目情况，系统阐述该现代佛教建筑项目管理要求及独特性等，通过工程实践对大型现代宗教文旅项目的管理进行总结与探索，为今后类似工程的项目管理与顺利履约提供一定的借鉴与参考意义。

第 24 章　现代佛教建筑装饰总承包管理探索

本章介绍现代佛教建筑装饰总承包管理探索，含现代佛教建筑外立面艺术建造总承包管理实践与探索、现代佛教建筑艺术装饰项目标准化管理研究与应用等内容。通过实践总结形成的标准化管理体系，为创造制度化、规范化的项目管理模式提供保障。

24.1　外立面艺术建造总承包管理实践与探索

以浙江普陀山观音圣坛工程为例。

1. 技术特点

（1）外立面建造

突破了常规幕墙概念的外立面建造，要作为一个造像雕塑作品来建造和把控。由金属艺术构件、石材艺术构件和玻璃构件组成。

1）表面都是由三维双曲线、抛物线组成，无规则定位点多达数百个，稍有差错就会造成金属完成面因无法闭合而返工。

2）金属艺术构件：对艺术的深化创作，对平面转换为立体模型的效果，对艺术构件成形的过程，对涂装时间季节的进度安排等进行把控。

3）石材艺术构件：对雕刻类石材纹样的深化创作，对矿藏荒料的一次性选择，对厂内预拼装色差的有效控制等进行把控。

（2）造型复杂的金属饰面

本工程金属外饰面具有三维曲面造型复杂、背光薄壁大平面整体无缝隙、整体形态艺术化等特点。

1）其创作、设计、深化的过程需有配合默契的艺术家、雕塑美术大师、工艺美术大师等担任艺术总监进行整体空间效果及细部比例的把控。

2）安装过程需具有三维空间定位、三维深化设计能力、现场施工百米高度施工安装经验。

（3）异形雕刻的石材饰面

项目地属海岛，具有台风频繁、雨雾天气多等气候特点，因而对石雕外饰设计及施工有其特殊的要求。

1）由于佛教文化内涵的特殊要求，建筑外观效果上，石雕外饰墙面要有加厚、加大及多种三维雕刻纹样的异形造型。

2）要防止海洋气候环境下对构件的侵蚀。

3）要有艺术大师对每层花饰雕刻等细节进行现场监制及严格把关。

4）单体石材偏厚、偏重、造型复杂，安装难度较大，因此要反复校对，检查每层每块石雕组合分批、拼装，需要具备类似工程的施工经验。

（4）系统复杂，交界面多，节点处理难度大

系统包括金属莲花瓣、重檐歇山顶钛瓦屋面、金属背光艺术构件饰面、雕刻石材饰面等各分部工程，采用了铜、铝、钛、石材、玻璃等多种材质。不同分部工程的施工次序，不同材质的构造搭接，不同接驳处细部收口繁杂、施工处理难度大。

（5）需融合佛教文化元素

本项目属于佛教活动场所，不同于常规的旅游景点建筑，建筑形制、饰面元素要符合佛教规制。

2. 创新管理措施

（1）管理策划及创新

根据项目特点进行策划，总承包管理形成以下6点创新：①建立文旅特色的模块化计划管理；②整合资源、重塑设计流程、设计管理前置化；③建立基于BIM、VR、3D打印新技术应用协同管理；④研究数控化生产和信息化管理技术；⑤整合供应链、形成完备的文旅专业资源库；⑥强化专业及工艺采购集成化管理（图24.1-1）。

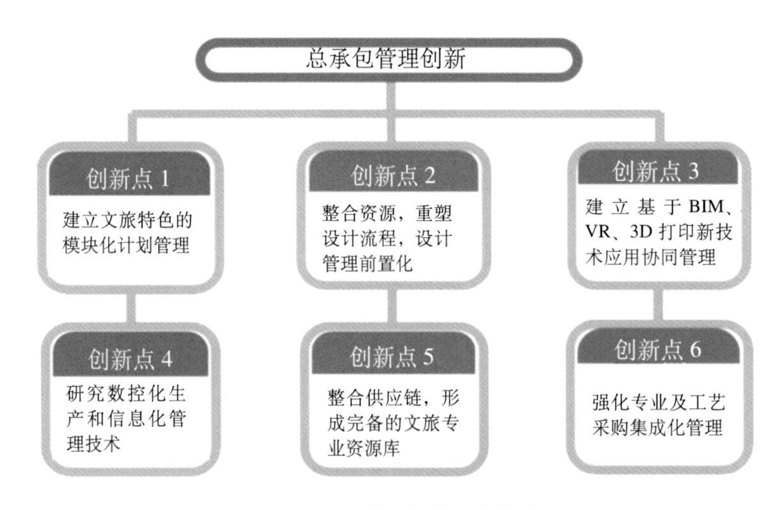

图24.1-1 总承包管理创新点

（2）现代佛教建筑外立面艺术建造总承包管理实践

1）建立具有佛教文旅特色的设计/深（优）化设计管理体系。

建立具有文旅特色的设计/深（优）化设计管理体系，体系包含总包单位、专业单位、工艺厂家设计人员、工艺大师，并将体系延伸到设计单位、文创单位。完善管理流程，组织各专业分包进行设计/深（优）化设计，组织上下资源链无缝对接。

建立一支具专业性和艺术性的经验及水平的专家团队。要以设计、创造的诉求，来把控整体到各部位构件的方案细节要求，做到由始至终对整个流程品质的把关。

成立深化设计部门，由项目总工程师负责管理，按需求配备专门的项目设计/深（优）化设计管理人员，负责项目设计/深（优）化设计的管理工作，规范总承包设计管理组织架构，并制定总承包设计管理制度（图24.1-2）。

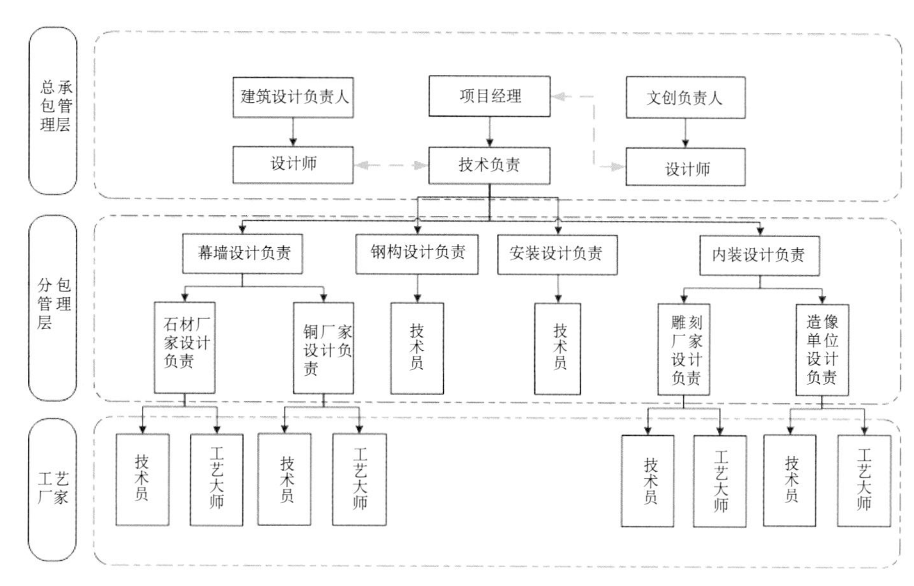

图 24.1-2 佛教文旅特色的设计 / 深（优）化设计管理体系

2）整合资源，协同设计、佛教文旅特色设计管理流程。

针对本工程设计管理，项目在常规设计管理流程的基础上，根据项目特点建立以文创单位、设计单位、施工单位、工艺厂家为主体，以设计阶段、文创深化阶段、定样阶段、施工阶段为主线的设计管理流程。

不同于传统项目，本项目外装饰工程形态及纹饰深化过程中，因文创二次深化、原材备料加工、构件打样、样板制作、看样等流程周期长，设计流程管理尤为关键（图 24.1-3）。

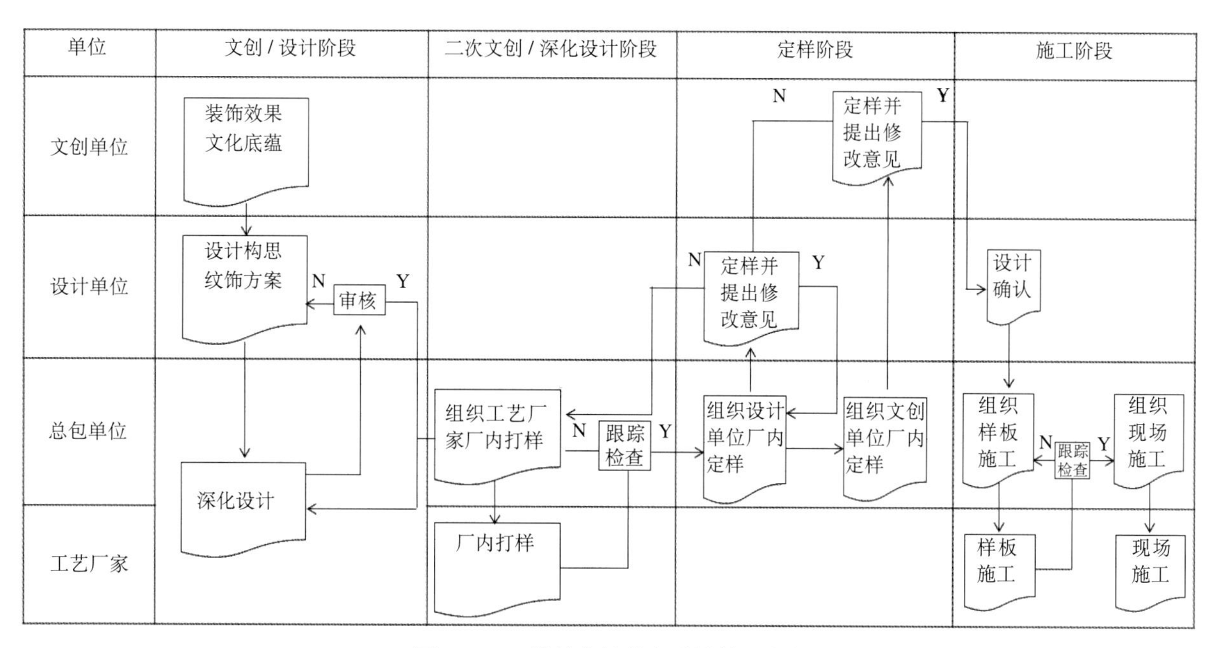

图 24.1-3 佛教文旅特色设计管理流程

3）文创及深化设计。

深化、优化设计，通过将普陀山的历史文化、观音文化融入建筑装饰设计方案之中，来保证项目建成后达到预期设计要求并且体现艺术性。

需要建设单位及设计单位提供正确的结构图纸，外观的效果意向，雕刻主题的意向。

融合各专业资源，最大程度发挥团队设计能力，组织专业单位、工艺大师提前介入与设计师沟通，简化流程，提高深化设计效率。

4）打样及看样策划。

根据工期进度，倒推文创设计节点，组织工艺厂进行实体打样工作。根据节点目标，提前做好工艺厂看样策划工作，包括看样人员、行程安排、看样手册等方面的组织工作。

5）看样定样。

组织建设单位、设计师、专业分包商至工艺厂家进行看样，根据看样意见跟进文创调整，确保装饰效果满足业主要求，有效推进样板施工进度。

（3）建立基于 BIM、VR 技术全过程协同设计、施工

1）BIM 协同设计、施工。

建立协同集成的文旅建造 BIM 族库，向制造、安装环节扩展，族库包括与各个构件模型相对应的生产模具族库，实现 BIM 应用已有标准化族库快速集成。

要求各专业全面运用 BIM 技术协同设计管理，总包每周组织各专业单位召开 BIM 协调会议，通过对各专业模型的整合提前发现问题，针对问题进行优化设计，以满足现场施工需求。同时要求分包单位深化设计过程中将 BIM 模型建到 LOD400（加工精度），结合加工图，可以直接导出构件（包括面板、型材）加工尺寸参数，直接用于加工。在赋予要求的必要的厂家、材质等属性后，要求完成后提交 LOD500 精度模型。

通过 BIM 建立外装饰精细模型，可解决造型、系统衔接、模拟安装。通过 BIM 模型建立外装饰测量体系和控制点，可解决造型测量定位。通过 BIM 分析，可找出最佳外装饰解决方案，解决项目重点、难点。通过 BIM 技术，可导出材料清单和加工清单，提高项目加工、安装精度。

2）VR 形态及纹饰观感设计支持。

引入 VR（虚拟现实）技术，组织投入程序人员、美术人员、建模人员全部投入到项目的 VR 制作当中。佛协领导通过 VR 直观感受设计效果，提出了一些建议，并反馈到各位设计师提前进行完善。

通过基于 VR 的虚拟施工模拟和交互式仿真场景技术，提供平台，将身在不同地区的业主、设计师置于统一的虚拟仿真环境中，在空间比例、选材、选色中发挥了重要作用，降低深化设计的时间成本、资金成本、空间成本，提高了客户体验。

（4）基于 BIM 的数控切割工厂化生产和信息化管理的技术

在 BIM 和三维技术深化设计的基础上，充分结合 CNC 加工、数控切割、3D 打印、模型放样、钣金下料、测量安装等数字化制造工艺和传统设计及工艺，保证了设计、制造、安装全过程高效可控。制造和安装过程中又保证艺术形象的体现，从而达到项目最终的艺术性。

（5）整合完备的佛教文旅供方资源库

整合文创、设计、专业分包、分供商等供方资源库，供方资源库建设运行由项目负责人成立小组负责实施。根据不同业务特点建立长期的互访与沟通，不断完善相应的合作模式，在资源上实现互补和共享，推进项目各项工作顺利开展，建立文旅特色专家库、数据库，及时更新与维护。

（6）采购管理

根据“全方位、全专业、全过程”的“三全”指导思想，在开工之初拟定详细的采购计划，采购计划涵盖专业招采、分供商招采、常规材料采购、设备采购、工艺厂家采购、特色材料采购、咨询服务采购。

1）创新招标采购体系：项目从观音圣坛外立面艺术建造整体视角出发，发现以传统“幕墙”的设计理论和管理方法，很难突破性地发挥优势。项目创新性建立“幕墙 + 工艺厂（石材雕刻 + 金属工艺）”，为核心的全新外装饰管理体系。

2）编制考察策划：拟定专业分包和工艺厂商考察清单，确定不少于 5 家石材工艺厂家及金属工艺厂家、不少于 3 家幕墙单位的考察计划，编制考察手册，制定考察路线。

3）组织考察：组织技术、工程、采购人员对全国范围内的雕刻石材、铜材、钛瓦的生产厂家、专业施工单位进行了全面考察，系统了解各类专业资源的生产能力、价格体系、专业施工能力等情况，完成合理的清单编制。

4）展开对金属工艺厂家、雕刻石材厂家考察，形成考察报告。

5）组织竞标：对工艺厂家考察单位进行两轮筛选，采用邀请招标方式，组织晋级单位竞标，确定中标单位，完成工艺厂家采购。幕墙单位由总包联合建设单位邀请 3 家国内一线幕墙单位参与幕墙工程竞标，确定幕墙中标单位，完成幕墙施工单位采购。

6）专业单位材料采购管控：制定五维一体进度计划，“五维”即包括设计下单计划、供应商生产计划、车间加工计划、供货计划、现场安装计划。通过全面的监控及考核，对专业单位材料采购管理有效管控。

（7）计划管理

作为总承包项目管理核心能力之一，计划管理将进度计划以及相关的支撑性计划和工作计划纳入总承包管理，并全面地将与工程相关的所有参与方集成在一起，有利于总承包管理中各相关方的协调工作。

本项目阶段分为文创阶段、设计阶段、主体阶段、外装饰阶段、内装饰及展陈阶段、市政景观及运维阶段，特点是先有文创后有设计。每个阶段为一个模块，项目通过“灵山梵宫”“牛首胜境”“禅意小镇”等精品文旅项目积累的实施计划及计划管理经验，提炼模块节点及经验数据，编制本项目模块化计划，并编制计划执行书，强化内控计划模块管理（图 24.1-4、图 24.1-5）。

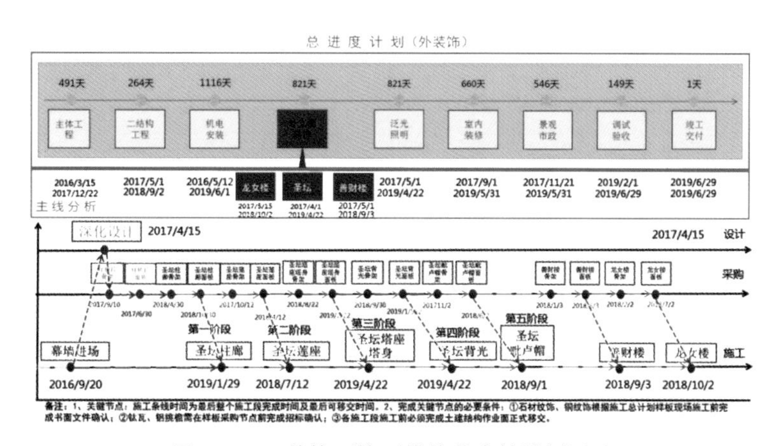

图 24.1-4　外饰面施工模块化实施计划图示

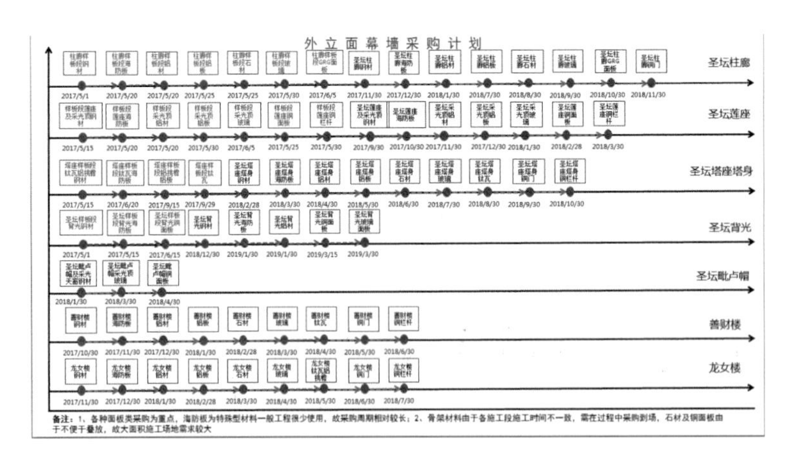

图 24.1-5 外饰面采购模块化实施计划图示

3. 小结

通过佛教文旅项目外立面艺术建造总承包管理的策划与创新，提升了深化设计、招标采购、专业协调、供应链资源整合、计划模块化“五大能力”。认识到今后项目管理升级的方向（深化设计、专业招采、大数据集成、信息化应用等）。在打造工程总承包管理核心竞争力的同时，获得了良好的社会效益和经济效益，培养了一批复合型管理人才，助推了佛教文旅项目工程总承包管理升级。

24.2 现代佛教建筑室内艺术装饰标准化管理

1. 技术概况

结合现代佛教建筑建造业务管理流程与多年积累的项目实践经验形成本节技术，达到佛教文旅建筑艺术装饰基础管理模式标准化，提高项目管理效益的目标。

2. 实施内容

（1）总体思路

深入剖析佛教艺术装饰普遍性遇到的管理和技术问题及原因，将艺术装饰创作的制度、招采、施工流程与佛教建筑项目实践经验相结合，以简洁、实操性强的标准化管理，确保佛教建筑艺术装饰的设计效果与施工品质。

（2）技术路线

1）对国内佛教建筑艺术装饰施工项目实践归纳总结，提炼管理原则和要点。

2）整合各专业单位、各部门专业资源。

3）与公司总承包管理指南、项目管理手册相结合，建立佛教建筑艺术装饰项目标准化管理操作体系。

4）结合实际项目，对佛教建筑艺术装饰项目管理手册进行实践和推广运用。

5）针对项目运作过程及后期的反馈，对项目进行评估，总结经验，提炼优势点，分析不足，调整优化标准化手册。

（3）装饰施工单位的控制管理

1）对于装饰施工单位的标准化管理，主要包括以下内容：

①装饰施工单位及安装单位告知书。

②构件深化、打样清单、打样制作及试安装通知单、构件打样制作及试安装完成检查报告。

③样板间（段）制作通知单、样板间（段）检查表、现场需放线要求告知书（包括设备点位放线）、现场需放线部位清单。

④现场装饰完成面放线检查表、现场机电设备点位放线检查表。

⑤图纸、资料提资返资记录单、深化图纸检查记录表。

2）在管理过程中，以下要点应严格把控：

①对墙面、地面、天花上的末端设备（风口、灯具、烟感、喷淋、插座、面板等）进行检阅及确认，确保从功能和美观上都能符合最重的使用和外观效果的需要。

②将各区域末端设备外露饰面颜色要求（设备周边材质类似颜色）提供给安装单位或设备供应商，对其提交的风口、面板、插座、逃生指示灯等影响视觉效果末端的外观进行审阅和确认。

③对重要的外加工环节（如大面积石材加工、整体木作加工），去加工厂家进行外场检阅，及时纠正外观、质量上错误、疏漏。

（4）专业设备单位的控制管理

1）对于专业设备单位的标准化管理，主要包括以下内容：

①专业设备单位项目配合工作告知单。

②专业设备现场需放线要求告知书。

③现场专业设备点位放线检查。

2）在管理过程中，以下要点应严格把控：

①对厨房、智能化、专业门五金、门禁系统、音响系统、灯光控制系统、舞台控制系统等专业配合服务单位、厂家进行筛选，协助业主对其制作能力、生产特长进行评估。

②协助业主确定装饰单位和专业厂家各自的分工范围，避免施工过程中的扯皮、盲点等情况出现，组织对专业厂家的深化设计、实施方案与最终设计外观效果进行审查，避免冲突。

③对厂家提供的样板和样品的颜色、造型、材料质地进行审核、并安排装饰单位和专业厂家之间的协调会议，确保装饰和厂家密切配合，避免错、漏、碰、缺等。

④发现与最终图纸或样品不符的情况，及时提交业主或专业单位，及时整改。

（5）项目饰面材料选购的控制管理

1）对于饰面材料选购的标准化管理，主要包括以下内容：

①饰面材料供应厂商告知书。

②建议甲供材料清单。

③材料厂家考察结果对比表、材料样品检查计划及情况统计单、材料打样制作及试安装完成检查报告。

④图纸、资料提资返资记录单、深化图纸检查记录表。

2）在管理过程中，以下要点应严格把控：

①陪同业主实地考察厂家，了解厂家实际情况，参观审查饰面材料的制作工艺流程，协助选择合适的材料投标单位。

②协助业主审阅各材料厂家投标文件，整理各材料厂家信息，制作各个饰面材料品牌的产地、报价等相关信息对比表，帮助客观评价各厂家综合实力。

③对厂家提供的深化图纸、制作工艺、流程方案、实样的质量、外观、工艺等进行控制，确

保供应厂家供应的饰面材料满足设计要求。

④当饰面材料实样样品在制作工艺上由于客观因素无法达到设计要求时，在保证最终设计效果尽量不受影响的情况下，进行合理变更，同时确保工艺水平达到要求。

(6) 功能灯具的控制管理

1) 对于功能灯具的控制标准化管理，主要包括以下内容。

①功能灯具告知书。

②功能灯具及设备外观颜色要求提资表、功能灯具样品检查清单、灯具配置技术说明。

③定制功能灯具送样及检查单、图纸、资料提资返资记录单、深化图纸检查记录表。

2) 在管理过程中，以下要点应严格把控。

①配合设计单位，对照明单位提交的灯具配置方案及灯具样品的外观尺寸进行核实，确保外露面的尺寸适合室内空间效果，对安装单位核实其深度可满足每一处的预留深度。

②对重点照明空间，要求厂家做好实地灯具试照工作，以确保最终的完成效果。

③对照明公司提供的灯具布置图，核实每一处灯位都有专款灯具灯位，确保安装单位正确无误的实施灯具安装。

(7) 装饰灯具设计与实施环节的控制管理

1) 对于装饰灯具设计与实施环节控制的标准化管理，主要包括以下内容：

①装饰灯具厂家考察对比表、各厂家灯具材料样板、样品对比清单、装饰灯具价格厂家对比清单；

②针对装饰灯具的告知书、装饰灯具清单、打样产品清单及检查结果记录表；

③装饰灯具样品检查报告；

④图纸、资料提资返资记录单、深化图纸检查记录表。

2) 在管理过程中，以下要点应严格把控：

①协助业主考察装饰灯具生产厂家，并对各厂家的制作能力，特长等进行综合评估。

②整理各装饰灯具厂家报价，制作报价对比表 / 统计表，做好工艺分析，客观评价各厂家的综合情况。

③组织设计和安装单位对装饰灯具厂家的装饰灯具整体重量进行核实，做好基层加固工作；对光源方案做好审核，确保装饰灯具在光源的选择和光源荷载上满足灯光控制要求和现场条件。

(8) 活动家具设计与实施环节的控制管理

1) 对于活动家具与实施环节的标准化管理，主要包括以下内容：

①活动家具厂家考察对比表、各厂家活动家具材料样板、样品对比清单、活动家具价格对比清单。

②针对活动家具的告知书、活动家具清单、打样产品清单及检查结果记录表、活动家具样品检查报告。

③图纸、资料提资返资记录单、深化图纸检查记录表。

2) 在管理过程中，以下要点应严格把控：

①对部分家具因实际功能需要，活动家具内出现需走线及安装面板等事宜，协调安装单位，落实修改，满足使用功能需求。

②对所有活动家具的现场摆放进行核实，根据现场情况及时调整排放方式，确保室内空间达

到最佳效果。

(9) 装饰块毯设计与实施环节的控制管理

1) 对于装饰块毯设计与实施环节的标准化管理，主要包括以下内容：

①装饰块毯厂家考察对比表、各厂家装饰块毯材料样板、样品对比清单、装饰块毯价格对比清单。

②针对装饰块毯的告知书、装饰块毯清单、打样产品清单及检查表、装饰块毯检查报告。

③图纸、资料提资返资记录单、深化图纸检查记录表。

2) 在管理过程中，以下要点应严格把控：

①审核装饰块毯的深化图纸，校核装饰块毯的尺度，确保与室内尺度相协调。

②根据装饰块毯施工图，符合现场条件，对可能矛盾的地方，及时作出施工调整。

③对提供的材质样品进行审核，确保最终效果的品质，满足项目整体要求。

(10) 艺术品设计与实施环节的控制管理

1) 对于艺术品设计与实施环节的标准化管理，主要包括以下内容：

①艺术品厂家考察对比表、针对艺术品的告知书、艺术品深化方案检查表。

②艺术品打样种类清单、艺术品构件打样检查表、艺术品样品检查表、艺术品现场检查表。

③图纸、资料提资返资记录单、深化图纸检查记录表。

2) 在管理过程中，以下要点应严格把控：

①审核艺术品点位的深化图纸，校核艺术品的尺度，确保艺术陈设与室内尺寸相和谐。

②审核艺术品实施图（大型雕塑类作品或与工程装饰截面有紧密结构性关联的作品），及时发现是否符合现场条件，对不符合地方作出调整，反馈装饰施工单位及艺术品实施单位。

③检查每一处艺术品的最终实际灯光需求与原灯光配置的差别，反馈灯光单位作出针对艺术品照明效果的调整方案，协调安装单位调整灯光位置，满足艺术品所需的最佳灯光效果。

④根据艺术品陈设布置图，根据现场实际情况及时调整摆放方式，达到室内空间的最佳效果。

(11) 标识设计与实施环节的控制管理

1) 对于标识设计与实施环节的标准化管理，主要包括以下内容：

①标识厂家考察对比表、针对标识的告知书、标识深化方案检查表。

②标识打样种类清单、标识构件打样检查表、标识样品检查表、标识现场检查表。

③图纸、资料提资返资记录单、深化图纸检查记录表。

2) 在管理过程中，以下要点应严格把控：

①审核标识设计单位的标识点位图、校核标识的尺度，确保和室内空间相协调。

②审核标识实施单位的材质样品，确保最终标识的品质符合项目的整体品质。

③复核标识的灯光是否满足要求，协调灯光单位对照明效果作出调整，协调安装单位对安装位置作出调整，满足标识的最终照明效果。

④安排标识单位做好标识纸样模型样本，现场拟安装来核对标识尺寸、位置满足功能及美观需求。

(12) 采购工作实施环节的控制管理

1) 对于采购工作实施环节的标准化管理，主要包括以下内容：

①采购工作实施计划表。

②采购合同清单、采购合同支付清单、采购工作交付清单。

2）在管理过程中，以下要点应严格把控：

①确定供应商考察名录，确定考察计划，制定考察路线。

②了解各类专业资源的生产能力、价格体系、专业施工能力等情况，编制考察情况报告。

③供应商制作样品、样板，组织设计、业主、艺术创作等单位检查、评定；根据综合情况，确定资金支付进度。

④编制采购工作交付清单，确定实物编号、图片，空间名称、使用位置、规模、数量等信息进行动态管控。

（13）现场工作控制管理

对于现场工作控制的标准化管理，主要包括以下内容：项目工程室内效果施工控制管理工作内容、现场控制文件总目录、项目控制告知书、现场控制工作范围及职责。

（14）内部检查现场控制管理

对于内部检查现场控制管理的标准化管理，主要包括以下内容：

1）现场控制管理信息表、现场控制需提交文件清单、现场控制系列告知书文件签收清单。

2）现场控制进程表、现场控制文件检查目录、现场控制工作计划进度表。

3）图纸、资料提资返资记录单、深化图纸检查记录表。

4）收到文件记录单、发出文件记录单、现场工作日记单、现场工作周报告、现场工作月报告、中间验收检查表、竣工前现场问题检查表。

3. 小结

（1）首次在行业内形成了大型佛教建筑艺术装饰项目管理标准化手册；将项目较为复杂的制度、流程、深化标准、项目管理指引汇总提炼，结合实际操作，有机整合形成一套参与性较强的项目管理手册。统一规范类似项目操作，同时也注意到因内容不同产生的项目差异化问题。

（2）在行业内全面、系统地形成了管理操作流程标准和各专业管理要点控制标准。手册将艺术装饰建造流程全面剖析，从专业施工单位，饰面材料选购，专业设备单位，功能灯具，装饰灯具设计与实施环节，艺术品设计与实施环节，采购工作实施环节，标识设计与实施环节等12个方面100项，在各阶段、各专业，以管理流程、控制要点两方面指导工作。

（3）将项目较为复杂的流程、制度、标准整合精简，并结合实际操作有机整合形成一套参与性较强的项目标准化管理手册。既是操作指导文件，也是项目在建造过程中的操作记录文件。

该标准化管理体系已在文旅项目范围内推广应用，在南京牛首山、舟山观音圣坛项目的艺术装饰建造管理过程中均按照该手册中的指引执行，为创造制度化、规范化的项目管理模式提供保障，以提高工作效率，保障产品品质，增强产品的竞争力。截至目前，各项目在节约建安成本，提高工作效率等方面取得了良好效益，本体系还将继续在其他文旅项目推广使用，以期产生更多的经济效益。

后 记

随着我国经济和技术的快速发展，物质生活水平的提高，人们的精神文化需求日益增长。现代文旅建筑正在各地如雨后春笋般涌现，带动了地方经济发展。现代佛教建筑作为文旅建筑的典型代表，其设计、施工、选材、安装、维护技术需要考虑独特的佛教文化特征，技术实施难度相对较大，值得深入研究和系统总结。

南京牛首山佛顶宫项目的技术含量在中建八局承建的已建成的诸多现代佛教建筑中首屈一指，项目实施和专著编写过程中得到局内外领导、专家、学者、同仁的大力支持，再次表示衷心的感谢!

牛首山佛顶宫主要项目管理人员:陈斌、孙晓阳、曹浩、张帅、颜卫东、许春生、于健伟、韩桂圣、邢利兵、戴渊、左岗、卢水堂、曹艳军、王剑锋、陈彬彬、王荟懿、张国庆、王延生、徐骞、张志良、张立平、谢建辉、唐鑫坤、刘俊、周威、路兴翠、徐珊珊、朱楷、杨锋、赵平福、王凤道、周道清、李星、宋传华、曹刘明、黄晓群、赵海、李星、常奇、黄丽娟、徐巧、赵娟、萧星星、匡泉、吕有本、卞靖、李政、梁涛、王红成、林朋朋、田智都、史文言等。

现代宗教建筑工程技术方案研讨人员：于科、李忠卫、程建军、叩殿强、周光毅、亓立刚、蔡庆军、陈俊杰、戈祥林、朱健、丁志强、徐玉飞、冯国军、刘永福、毕磊、苏亚武、潘玉珀等。

本专著主要写作人员：孙晓阳、张晓勇、张世武、陈新喜、陈斌、曹浩、张帅、颜卫东、杨锋、李赟、匡泉、汪贵临、周海贵、张爱军、窦安华、王静、武江龙、田宝吉、张健健、叶建长等。专著的建筑手绘图由中建八局装饰公司设计院陈彬、包昕、赵斌、席子龙、徐晓健等创作。

附：牛首山佛顶宫项目的参建单位和中建八局现代宗教建筑工程简表（附表 1、附表 2）。

南京牛首山佛顶宫工程的参建单位 附表 1

类别	单位名称	工作内容
建设单位	南京牛首山文化旅游发展有限公司	发包方
勘察、设计与咨询单位（含建筑、室内、景观、机电、幕墙、照明、钢结构、智能化等设计单位，以及室内环境、空气质量咨询单位等）	华东建筑设计研究院有限公司	建筑设计
	上海禾易建筑设计有限公司	装饰装修设计
	江苏地质工程有限公司	勘察
	北京新蝉戏剧艺术有限公司	舞美集成设计
	杭州佳合舞台设备有限公司	舞台机械设计、施工

续表

类别	单位名称	工作内容
勘察、设计与咨询单位（含建筑、室内、景观、机电、幕墙、照明、钢结构、智能化等设计单位，以及室内环境、空气质量咨询单位等）	广州地铁设计研究院有限公司	隧道设计
	南京广元市政设计有限公司	市政道路设计
	南京柏景景观设计有限公司	景观园林设计
施工单位（较多，不全部列出）	中国建筑第八工程局有限公司（总承包公司实施）	施工总承包
	中建八局装饰工程有限公司	精装、幕墙
	四川菩提装饰工程有限公司	彩绘工程
	天津华彩信和电子科技集团股份有限公司	泛光照明
	新中原建筑装饰工程有限公司	石材施工
	南京富斯特智能科技有限公司	弱电工程
	深圳市洪涛装饰股份有限公司	装饰
	苏州金螳螂建筑装饰股份有限公司	装饰
	中建安装工程有限公司	暖通、消防、钢结构施工
	上海东尼建筑装饰有限公司	装饰
	上海通用金属结构工程有限公司	铝合金穹顶
	浙江良康园林绿化工程有限公司	山体绿化
	安徽佛光工艺美术集团	铜艺工程
	上海浦宇铜艺装饰制品有限公司	铜艺工程
	南京朗辉光电科技有限公司	照明工程
	南京东大现代预应力工程有限责任公司	预应力工程
	南京晨光艺术工程有限公司	金属屋面工程
	苏州鑫祥古建园林工程有限公司	古建园林工程
	江苏江都古典园林建设有限公司	古建园林工程
	福建鼎立雕刻集团	石材雕刻
监理单位	无锡华诚建设监理有限公司	工程监理

中建八局承建的现代宗教建筑简表 **附表 2**

序号	文化背景：项目名称	总建筑面积（m^2）	承建年份
1	佛教：无锡灵山胜境三期工程—梵宫建筑	7.2 万	2006 年
2	佛教：山东兖州兴隆文化产业园项目	15 万	2011 年
3	佛教：南京牛首山文化旅游区工程	25.6 万	2012 年
4	佛教：无锡耿湾禅意小镇	53 万	2012 年
5	佛教：南京大报恩寺遗址公园—报恩寺塔	0.318 万	2012 年
6	佛教：云南维景酒店药师佛	5.46 万	2013 年
7	儒家：山东曲阜尼山胜境	25 万	2013 年
8	佛教：舟山观音法界观音圣坛项目	6.19 万	2015 年

续表

序号	文化背景：项目名称	总建筑面积（m^2）	承建年份
9	佛教：上海太平大报恩寺重建	0.58 万	2016 年
10	佛教：海南三亚南海佛学院	4.07 万	2016 年
11	佛教：舟山观音法界居士学院项目	5.5 万	2017 年
12	本土文化和道教：山东日照太阳神殿	4.95 万	2017 年
13	佛教：广东韶关南华寺曹溪广场一期	景观 48 万，建筑 2.5 万	2018 年

欢迎扫码：

中建八局微信公众号	南京牛首山游览动画	南京牛首山宣传片